水利信息化建设理论与实践

主编　马德辉　于晓波　苏拥军
李丽丽　杨自锋　刘国凤

天津出版传媒集团
天津科学技术出版社

图书在版编目（CIP）数据

水利信息化建设理论与实践 / 马德辉等主编. -- 天津 : 天津科学技术出版社, 2021.5

ISBN 978-7-5576-9046-5

Ⅰ. ①水… Ⅱ. ①马… Ⅲ. ①水利工程－信息技术－研究 Ⅳ. ①TV-39

中国版本图书馆CIP数据核字(2021)第068085号

水利信息化建设理论与实践

SHUILI XINXIHUA JIANSHE LILUN YU SHIJIAN

责任编辑：吴　頔

责任印制：兰　毅

出　　版：天津出版传媒集团 / 天津科学技术出版社

地　　址：天津市西康路35号

邮　　编：300051

电　　话：（022）23332377（编辑部）

网　　址：www.tjkjcbs.com.cn

发　　行：新华书店经销

印　　刷：北京时尚印佳彩色印刷有限公司

开本 787×1092　1/16　印张 36.5　字数 730 000

2021 年 5 月第 1 版第 1 次印刷

定价：148.00 元

前　　言

信息化是当今世界经济和社会发展的大趋势，也是我国产业优化升级和实现工业化现代化的关键环节。水利信息化建设就是指在全国水利业务中充分利用现代信息技术深入开发和广泛利用水利信息资源，包括水利信息的采集、传输、存储、处理和服务，建设水利信息基础设施，解决水利信息资源不足和有限资源共享困难等突出问题，提高防汛减灾、水资源优化配置、水利工程建设管理、水土保持、水质监测、农村水利水电和水利政务等水利业务中信息技术应用的整体水平，带动水利现代化，全面提升水利事业活动效率和效能的过程。因此，开展水利信息化建设是水利现代化的基础和重要标志，是保障水利与国民经济发展相适应的必然选择。

近年来，我国水利信息化建设工作已取得重大进展，主要体现在信息采集和网络设施建设逐步完善、水利业务应用系统开发逐步深入、水利信息资源开发利用逐步加强、水利信息安全体系逐步健全、信息化新技术应用逐步扩展、水利信息化行业管理逐步强化等。但目前我国水利信息化建设仍然处于起步阶段，存在地区发展不均衡、建设体制不完善、信息资源不充足、管理维护不及时等一系列亟待解决的问题。鉴于这一目的，撰写了《水利信息化建设理论与实践》一书。

本书共有十五章，第一章是水利工程信息化建设概论，分别从水利信息化建设的必要性、水利信息化建设的规划和任务、水利信息化建设的现状以及水利工程地理信息技术基础及应用四方面进行论述；第二章是水利信息化系统的配套保障技术，分别从水利信息化安全体系设计、水利信息化规范体系设计以及水利信息化系统集成设计三方面进行论述；第三章是 GIS 技术在水利信息化中的应用基础，分别从 GIS 概述、GIS 技术应用、常用 GIS 软件介绍、WebGIS 技术以及 3D GIS 技术五方面进行论述；第四章是水利信息化系统建设与运行管理，分别从建设管理和运行管理两方面进行论述；第五章是水利工程建设管理信息化技术，分别从信息化技术、云计算技术、物联网及相关技术、大数据挖掘与分析技术以及信息化技术发展与工程应用五方面进行论述；第六章是水利工程管理体制改革，分别从概述、水利工程维修养护定额标准、水管体制改革试点、水管体制改革实施、山东黄河水管体制改革以及水利部水管体制改革试点六部分进行论述；第七章是主要业务系统建设方案，分别从实时信息接收与处理系统、防汛抗旱指挥调度系统、水资源管理系统、灌区信息管理系统、水土保持管理系统、水利工程建设与管理系统以及协同办公系统七方面进行论述；第八章是黄河工程养护与验收，分别从黄河工程管理考核标准、维修养护实施方案、维修养护内业资料构成以及维修养护项目验收四方面进行论述；第九章是黄河工程建设，分别从建设程序、工程勘测、工程设计、开工文件、工程技术交底、图纸会审、设计变更与洽商记录、施工质量管理以及工程施工质量评定八方面进行论述；第十章是山东黄河防汛信息化建设实施方案研究，分别从综述、需求分析、建设目标与任务、总体设计、工程进度计划、可行性分析、建设与运行管理、投资估算以及效益分析九方面进行论述；第十一章是水利财务业务管理信息系统建设，分别从水利财务业务管理信息系统、水利财务业务流程设计、水利财务业务管理控制、水利财务业务信息化制度建设、水利财务业务管理信息系统实施以及水利财务业务管理信息系统整合优化设计六方面进行论述；第十二章是水利工程建设文档信息化管理，分别从水利工程建设文档管理现状、建设过程产生的文档及管理模式、以文档为主线的水利工程建设管理设计与实现、水利工程建设电子化文档管理体系的建立以及水利工程建设文档管理系统应用五方面进行论述；第十三章是水利信息化建设工程物联技术开发研究，分别从水利工程物联技术应用现状、土料含水状态实时监控技术开发、坝料压实状态实时监控技术开发以及基于移动数据终端的施工质量检测技术开发四方面进行论述；第十四章是工程施工安全管理，分别从安全生产管理主要内容、施工安全管理体系、职业健康安全管理、职业健康安全管理体系、安全生产应急救援以及安全事故应急预案六方面进行论述；第十五章是水利信息化建设项目评价与信息管理，分别从项目评价、财务评价、环境影响评价、社会评价、项目信息系统、计算机在项目管理中的运用、项目管理信息系统应用以及项目信息沟通八方面进行论述。

在本书的编著过程中，参考了大量的文献和资料，学习和借鉴了许多参考书，再次向参考文献的作者们表示最诚挚的感谢！

由于作者水平有限，错误和不妥之处在所难免，衷心希望专家、同行和广大读者给予批评指正，不胜感激！

本书作者

2020 年 8 月 12 日

目　录

第一章　水利工程信息化建设概论

第一节　水利信息化建设的必要性

一、概述

随着科学技术的发展，信息化已成为一种世界性的大趋势。信息技术的高速发展和相互融合，正在改变着我们周围的一切。当今世界，信息化水平已成为衡量一个国家综合实力、国际竞争力和现代化程度的重要标志，信息化已成为社会生产力发展和人类文明进步的新的强大动力。《中共中央关于制定国民经济和社会发展的第十个五年计划的建议》中明确指出："信息化是当今世界经济和社会发展的大趋势，也是我国产业化升级和实现工业化、现代化的关键环节。要把推进国民经济和社会信息化放在优先位置"。将信息化发展和建设提到生产力的高度来加以重视，充分体现了我们党和国家依靠科学技术强国富民的决心和勇气。水利部"十五"规划中明确指出："利用水利信息化推动水利现代化"。2003 年的全国水利厅局长会议提出了"以水利信息化带动水利现代化"的发展思路，强调指出，"水利信息化是水利现代化的基础和重要标志"。

水利信息化，就是充分利用现代信息技术，开发和利用水利信息资源，包括对水利信息进行采集、传输、存储、处理和利用，提高水利信息资源的应用水平和共享程度，从而全面提高水利建设和水事处理的效率和效能。

水利部门作为政府的水务主管部门，肩负着为社会提供有效的防汛减灾服务、高保证率的清洁水源以及保护和谐的水生态环境的重任。经过长期不懈努力，我国已经在全国范围内建成了基本配套的水利工程体系，并且在抗御洪水、提供水源和保护生态等方面发挥了重要作用，取得了巨大的社会效益和经济效益。在水利工程体系初步形成的条件下，为了更好地发挥其作用，提高科技对水利的贡献率，必须广泛利用信息技术，充分开发水利信息资源，提升水利为国民经济和社会服务的整体能力和水平，实现工程水利向资源水利转移，追求治水过程中人与自然的和谐共处。

水利信息化可以提高信息采集、传输的时效性和自动化水平，是水利现代化的基础和重要标志。水利信息化建设要在国家信息化建设方针指导下进行，要适应水利为全面建设小康社会服务的新形势，以提高水利管理与服务水平为目标，以推进水利行政管理和服务电子化、开发利用水利信息资源为中心内容，立足应用，着眼发展，务实创新，服务社会，保障水利事业的可持续发展。

水利信息化的首要任务是在全国水利业务中广泛应用现代信息技术，建设水利信息基础设施，解决水利信息资源不足和有限资源共享困难等突出问题，提高防汛减灾、水资源优化配置、水利工程建设管理、水土保持、水质监测、农村水利水电和水利政务等水利业务中信息技术应用的整体水平。

二、水利信息化建设的必要性

（一）由水引发的问题

1. 洪涝灾害

我国是一个洪涝灾害频繁的国家。近几年来，虽然国家加大了对防洪工程建设的投入，但是每年洪涝灾害造成的直接经济损失仍然比较严重，同等量级洪水造成的损失呈增加的趋势，因洪涝灾害每年都造成数千人员死亡。如 2002 年虽然没有大江大河发生流域性洪水，但全国仍有 1.51 亿人不同程度地受到洪涝灾害影响，直接经济损失达 840 亿元。这些损失虽然低于 20 世纪 90 年代的平均水平，但是绝对数值仍然很大。

我国大江大河防洪体系还不完善，控制性工程不足，一些在建工程还没有发挥效能。蓄滞洪区安全建设滞后，运用难度大。中小河流的防洪标准仍然很低，病险堤防、涵闸和水库的数量仍然很大，防洪工程抗御洪水的能力仍然有限。

此外，非工程措施建设严重滞后，信息不灵，基础设施严重不足。有的防汛指挥部门没有配备传真机、计算机、打印机等必要的设备。甚至有的基层防汛指挥部门工作人员不会操作计算机，不会使用防汛相关软件，存在信息采集与报送不及时、重点不突出、程序不规范等问题。整体抗御洪水灾害的能力与国民经济的发展不相适应。

2. 水资源短缺

随着人口的增长、经济的高速发展和社会的不断进步，水资源短缺的形势日益严峻，旱灾发生的频率、范围和影响领域不断扩大，旱灾造成的损失也越来越大。农作物年均受灾面积、损失粮食及其占粮食产量的比例由20世纪50年代的1.74亿亩、435万吨、2.5%分别增加到20世纪90年代的4.07亿亩、2450万吨、4.7%；全国669个建制市中有400多个供水不足，110座城市严重缺水，年缺水量60亿米^3；工业方面，因干旱缺水平均每年直接影响工业产值2300多亿元；全国沙化、荒漠化土地面积已占国土面积的45.5%；因超采地下水，全国地下水漏斗区面积达8.7万公里^2。据世界银行分析，20世纪90年代我国每年因水资源短缺造成的直接经济损失以及由于缺水导致生态环境恶化造成的损失超过500亿美元。干旱缺水已经直接影响到国家经济发展、社会进步和生态改善，影响人民生活质量和健康水平的提高。工农业用水效率低等方面的问题仍比较突出，全国19.5亿亩耕地，目前有效灌溉面积只有8.3亿亩，还有11亿多亩耕地没有水利灌溉设施，农业生产很大程度上还是靠天吃饭。

3. 水土流失严重

全国现有水土流失面积356万公里^2，占国土面积的37%，严重的水土流失导致土地生产力下降，洪涝干旱灾害加剧，生态环境恶化，沙尘暴频繁发生，江河湖库淤积严重，对国民经济、社会发展和人民生活造成严重影响。

4. 水污染加剧

仅1999年全国污水排放总量达606亿米^3，且80%未经处理直接排入江河湖库，远远超过天然水体的自净能力，导致天然水体大范围污染，严重破坏了生态环境，不但造成巨大的经济损失，而且引起的环境破坏难以恢复。

洪涝灾害、干旱缺水、水土流失和水污染四大问题还远没有解决，每年带来的损失越来越巨大，已经严重影响全面建设小康社会目标的实现。

面对严峻形势，水利需要全面提高效率与能力，需要与国民经济和社会发展相适应，需要用水利信息化来带动水利现代化。

（二）水利信息化是治水观念的创新

水利信息化是国民经济和社会信息化的重要组成部分。国民经济各部门是一个相互联系的有机整体。国民经济和社会信息化程度，取决于各部门和社会各方面信息化的程度。推进国民经济和社会信息化，必须在国家信息化整体规划的指导下，统筹安排，分部门实施，社会各方面联动。水利信息化建设是整个国民经济和社会信息化建设的重要组成部分。水利作为国民经济和社会的基础设施，不但水利事业要超前发展，而且水利信息化也要优先发展、适度超前。这既是国民经济和社会信息化建设的大势所趋，也是水利事业自身发展的迫切需要。一方面，在国民经济各部门中，水利是一个信息密集型行业，为保障经济社会发展，水利部门要向各级政府、相关行业及社会各方面及时提供大量的水利信息。譬如，水资源、水环境和水工程的信息，洪涝干旱的灾情信息，防灾减灾的预测和对策信息等。另一方面，水利建设发展也离不开相关行业的信息支持。譬如，流域、区域社会经济信息、生态环境信息、气候气象信息、地球物理信息、地质灾害信息等。因此，水利行业必须加快水利信息化建设步伐，在国民经济和社会信息化建设中发挥应有的作用，这是对治水观念的创新要求。

1. 水利信息化是实践新时期治水思路的关键因素

中央关于“十五”计划的“建议”，把实现水资源可持续利用提到事关我国经济社会发展的战略高度，要求要下大力气解决洪涝灾害、水资源不足和水污染问题。按照这一新的要求，水利部在全面历史地总结治水经验教训、深入分析水利新形势的基础上，明确提出要从传统水利向现代水利、可持续发展水利转变，以水资源的可持续利用支持经济社会的可持续发展。实现新时期治水战略目标，必须大力研究、引进、推广先进技术，加速水利信息化建设。

2. 推进水利信息化可满足提高防汛决策指挥水平的需要

水情和工情信息是防汛方案编制的依据和决策的基础。运用先进的水利信息技术手段，可以大大提高雨情、水情、工情、灾情信息监测和传输的时效性和准确性，提高预测、预报的速度和精度，降低灾害损失。

3. 推进水利信息化可满足提高水利科技含量和管理水平的需要

水利作为传统行业，技术创新和管理创新的任务十分繁重。通过推进水利信息化，可逐步建立防汛决策指挥系统、水资源监测、评价、管理系统、水利工程管理系统等，改善管理手段，增加科技含量，提高服务水平，促进技术创新和管理创新。

4. 推进水利信息化可满足政府职能转变的需要

通过组建水利系统水利信息化专网，可以实现水利系统内部信息资源的共享，进行数据、语音、视频的网上传输，以及非机密文件、资料的网上交换等，最大限度地提高工作效率。通过水利互联网站的建立，可以推行政务公开，加强政府机关与社会各界的联系，通过互联网发布招标公告，公布水利政策法规及办事程序，普及水利知识，也便于社会各界更加有效地监督水利工作。

（三）水利信息化带来的效益

有效地利用政府内部和外部资源，提高资源的利用效率，对改进政府职能、实现资源共享和降低行政管理成本具有十分重要的意义。水利信息化可以把一定区域乃至全国的水利行政机关连接在一起，真正实现信息、知识、人力以及创新的方法、管理制度、管理方式、管理理念等各种资源的共享，提高包括信息资源在内的各种资源利用的效率。

水利信息化还可以大大降低政府的行政管理成本。在电子网络政府状态下，由于行政系统内部办公自动化技术的普遍运用，大量以传统作业模式完成的行政工作，可以在一种全新的网络环境下进行，从而可以有效地降低行政管理成本。

第二节　水利信息化建设的规划和任务

一、水利信息化建设的总体规划

水利信息化是一项庞大而系统的工程，不能一蹴而就，需要我们有统一的指导思想，要做到统一规划，各负其责；平台公用，资源共享；以点带面，分步实施。我国水利工程信息化建设的近期目标是：从现在起用五年左右的时间基本建成覆盖全国水利系统的水利信息网络；全面开发水利信息资源，建成和完善一批水利基础数据库；健全管理体制，形成法规、标准规范和安全体系框架；全面提供准确、及时、有效的水利信息服务；建立水利工程信息化教育培训体系；重点建成六大应用系统，并部署实施其他应用系统。2010 年，要在水利系统基本实现信息化，全面完成水利信息公用平台的建设，全面完成十大应用系统和安全体系的建设并投入运行。

水利信息化的发展思路，应从两个方面来考虑：首先，要与国家信息化建设的方针和原则相一致，以保证水利信息化建设的统一性；其次，要符合信息化技术发展的趋势，以保证技术的先进性。

国家信息化建设的指导方针是24字方针，即统筹规划、国家为主、统一标准、联合建设、互联互通、资源共享。因此，水利信息化发展的总体思路是开发和利用各种水利信息资源，建设和完善水利工程信息化网络，推进电子信息技术的应用，加快办公自动化的进程，培养信息化人才，制定和完善水利工程信息化的政策和技术标准，构筑和不断完善水利工程信息化体系。

二、水利信息化建设的主要任务

（一）国家水利基础信息系统工程的建设

水利基础信息系统工程的建设包括国家防汛指挥系统工程、国家水质监测评价信息系统工程、全国水土保持监测与管理信息系统、国家水资源管理决策支持系统等。这些基础信息系统工程包括分布在全国的相关信息采集、信息传输、信息处理和决策支持等分系统建设。其中，已经开始部分实施的国家防汛指挥系统工程，除了近三分之一的投资用于防汛抗旱基础信息的采集外，作为水利信息化的龙头工程，还将投入大量的资金建设覆盖全国的水利通信和计算机网络系统，为各基础信息系统工程的资料传输提供具有一定带宽的信息高速公路。

（二）基础数据库建设

数据库的建设是信息化的基础工作，水利专业数据库是国家重要的基础性的公共信息资源的一部分。水利基础数据库的建设包括国家防汛指挥系统综合数据库含实时水雨情库、工程数据库、社会经济数据库、工程图形库、动态影像库、历史大洪水数据库、方法库、超文本库和历史热带气旋等 9 个数据库，以及国家水文数据库、全国水资源数据库、水质数据库、水土保持数据库、水利工程数据库、水利经济数据库、水利科技信息库、法规数据库、水利文献专题数据库和水利人才数据库等。

上述数据库及应用系统的建设，将很大程度上提高水利部的业务和管理水平。信息化的建设任务除上述内容外，还要重视以下三方面的工作：

第一，切实做好水利信息化的发展规划和近期计划，规划既要满足水利整体发展规划的要求，又要充分考虑信息化工作的发展需要；既要考虑长远规划，又要照顾近期计划。

第二，重视人才培养，建立水利信息化教育培训体系，培养和造就一批水利信息化技术和管理人才。

第三，建立健全信息化管理体制，完善信息化有关法规、技术标准规范和安全体系框架。

（三）综合管理信息系统设计

水利综合管理信息系统主要包括：①水利工程建设与管理信息系统；②水利政务信息系统；③办公自动化系统；④政府上网工程和水利信息公众服务系统建设；⑤水利规划设计信息管理系统；⑥水利经济信息服务系统；⑦水利人才管理信息系统；⑧文献信息查询系统。

第三节　水利信息化建设的现状

一、水利信息化建设所取得的成绩

我国水利行业的现代信息技术应用工作起步较早，特别是经过“九五”期间的努力，已取得了一定的进展，在水利工作的各个方面均有不同程度应用。目前，信息技术在某些业务信息采集、传输、存储、处理、分析和服务的部分环节中已发挥了显著作用。但从总体上看，业务处理仅实现了部分数字化，相关技术规范不完善，信息共享机制不健全，有限的数据资源总体质量不高，使用效率较低。水利信息化总体上仍处在起步阶段，地区发展极不平衡。

（一）信息采集

在水利信息采集方面，全国水利系统已有50%雨量监测数据和近50%的水位监测数据采集实现了数字化长期自动记录，流量和其他要素的自动测验方面也在进行积极地探索。部分重点防汛地区建成了水文信息自动采集系统，工情、旱情、灾情、水资源、用水节水、水质、水土保持、工程建设管理、农村水利水电、水利移民、规划设计和行政资源等信息采集也具有一定的手段。航空航天遥感、全球定位等技术在部分业务中得到应用。但从整体上看，信息采集系统不健全、不配套，直接通过数字化手段进行采集的信息要素类型较少，时间、空间、采集频度和精度与水利各项工作的整体需求不相适应，数字化的信息量占水利信息总量的比例严重偏低。

（二）计算机网络与信息传输

在计算机网络与信息传输方面，目前从水利部到各流域机构和各省（自治区、直辖市）水文部门之间，初步形成了基于中国分组交换网的全国实时水情计算机广域网，能进行实时水情信息传输；部分地区建成了宽带计算机广域网，全国部分省级以上水行政主管部门建立了信息发布网站，并连入Internet，开始向社会提供部分水利信息。部分重点防洪省（自治区、直辖市）已初步实现了水雨情信息传输网络化、接收处理自动化和信息管理数字化，提供水雨情信息服务的水平与能力有了一定的改善。

水利部机关、流域机构、多数省级水行政主管部门内部已初步实现以网上公文流转为主要内容的办公自动化。部与流域机构间、流域机构与省（自治区、直辖市）间的联网办公也在积极推进中，部分单位之间已经实现了远程文件传输、公文和档案的联机管理等。

但从整体上看，现有网络覆盖面窄，传输能力低，远远不能满足水利业务的需求。从采集点到计算机网络基层节点之间缺乏有效的信息传输手段，制约了信息技术应用整体水平的提高。

（三）数据库

在全国范围内80%以上的历史水文整编资料已经入库，初步能够对外提供查询服务。国家级水利政策法规数据库初步建成，也已提供社会公众服务。

其他在建的数据库有：

综合性数据库。主要包括人事劳动、计划财务、水资源公报信息、灌区信息、水土保持、重点工程档案和文献等。

水利水电工程建设专业数据库。主要包括各类水工建筑物、环境影响及对策、跨流域调水、施工技术、工程监理适用规范等。

灾害监测与评估专业数据库。主要包括历史洪水、洪水风险、洪水仿真、滩区蓄滞洪区、水体光谱标准、遥感监测图像等。

虽然数据库建设已涉及相当多的水利业务，但这些已建或在建的数据库模式多样、标准化程度低、存储数据难以同化、安全与更新机制缺乏、技术水平差距明显，难以实现信息共享。

（四）信息处理及应用

水利技术实际应用中的复杂运算工作已能在计算机上实现，地理信息系统等技术在数据分析与表达方面也有了一定程度的应用。在水利部机关、流域机构、部分省（自治区、直辖市）等水利部门的不同业务中，建立了相应的信息系统，并发挥了积极的作用。各种新理论、新方法的引入进展迅速，个别系统还达到了国际先进水平。但由于信息资源不足，软硬件和数据资源整体协调困难，致使已经形成的信息处理能力难以充分发挥。

二、当前水利信息化的主要问题

虽然在水利业务中广泛应用现代信息技术、开发信息资源为特征的水利信息化建设已经起步，但进展比较缓慢，各级水利行政主管部门、各水利业务领域发展也很不平衡，覆盖全国的水利信息网络尚未形成。对照国民经济信息化的发展要求，当前水利信息化存在的问题主要表现在以下几个方面。

（一）信息资源不足

水利工作管理要面对洪涝、干旱及水污染灾害的防范、水资源调配、水土保持和水环境监测四大主题，所需支撑信息在内容上涉及面广，信息采集的时空间隔、数据类型、数据精度、，交换格式与表达方式具有多样化特征。

尽管多年来水行政主管部门做了大量的基础性工作，积累了一些基本观测资料，初步建设了一些基础数据库。但涉及减灾决策、水资源优化配置和水利建设管理等众多急需的相关基础信息资源建设还极不完善，如服务于多层次业务需求的空间数据，水资源调度，工程现状与工程规划设计及其他各专业数据库的建设尚未全面启动。

信息资源不足主要表现为：时效较差、种类不全、内容不丰富、基准不同、时空搭配不合理等，特别是信息的数字化和规范化程度过低，更加重了信息资源开发利用的难度。

此外，信息的规范化和数字化程度过低。从水利系统自身的角度看，一是动态信息采集环节薄弱，二是信息积累未能全面规范化，有许多宝贵的原始观测记录、历史文档、规划与设计等资料已因年代久远，未能得到妥善保护而损毁或散失，造成信息损失。与相关行业的信息交流受信息交换机制的制约，要么获取困难，要么因业务侧重点不同，所获得的信息不完全符合其他水利业务应用的要求。

（二）信息共事困难

可重用性与共享性是信息资源价值优势的突出体现，共享是充分开发和广泛利用信息资源的基础。由于水利信息化还处于起步阶段，各种信息基础设施与共享机制仍不配套，导致有限的信息资源共享困难。主要表现在以下几个方面。

1. 服务目标单一，导致条块分割

目前在水利系统结合各项业务应用目标，开发建设了一些专用数据库及相应的应用软件。但由于各自技术水平、任务来源和资金渠道不同，这些数据库及其应用大多分散建设在各个地区和不同业务部门，呈现条块分割的特征，形成以地域、专业、部门等为边界的信息孤岛。各数据库之间缺乏信息共享机制与手段，有些内容还相互重复、甚至互相矛盾。许多数据库为解决特定研究或业务应用而建，服务目标单一、相关文档不全，给后续扩展和改造增加了困难，更难以被其他系统调用和共享。受各方面条件的限制，许多数据库不具备持续运行条件，难以向外界用户提供服务。

2. 标准规范不全，形成数字鸿沟

水利信息标准规范尚需进一步健全，行业内大多数数据库与具体业务处理紧密绑定，服务目标单一。多数已建数据库规范性较差，冉成体系。对数据库文档普遍不重视，导致数据库只能在有限范围、有限时段内由少数人员熟悉使用。在共享环境中，这些数据库内的信息内容很难理解，其价值无法判断。客观上形成了难以逾越的数字鸿沟。

3. 共享机制缺乏，产生信息壁垒

由于以信息共享政策法规为主体的信息共享机制还未建立，社会公益与市场化服务界限不清，信息服务合理补偿机制尚未形成，导致信息资源的占有者都希望共享其他占有者的信息资源，却不愿意将自己所拥有的信息资源提供共享，单向的共享愿望形成事实上的信息壁垒。

4. 基础设施不足，阻碍信息交流

在当前水利行业网络系统等软硬件基础设施还很不完善的条件下，难以构成有效的信息资源共享技术支撑环境，导致信息交流的通道不畅、能力不足、效率不高，安全没有保障，阻碍了信息资源的共享。

（三）应用基础薄弱

信息开发与应用的基础是信息的共享与水利业务处理的数字化，除因信息资源限制导致的应用水平低外，对信息技术在水利业务应用的研究不充分、大多数水利业务数学模型还难以对实际状况做出科学的模拟。各级水利业务部门低水平重复开发的应用软件功能单一、系统性差、标准化程度低，信息资源开发利用层次较低、成本高、维护困难，不能形成全局性高效、高水平、易维护的应用软件资源。

第四节　水利工程地理信息技术基础及应用

一、水利工程地理信息的技术基础

水利信息绝大部分都是空间信息，水利空间信息非常复杂，涉及点、线、面和三维空间的复合问题。因此，水利行业对地理信息系统的要求也具有一定的特殊性。总体来说，水利工程地理信息的技术基础主要有以下四类。

（一）数字地图技术

数字地图主要用于信息服务、汛情监视、防汛抗旱管理、水资源实时监控、气象产品应用等到多个系统中，作为系统操作的背景界面和实现各种图形操作的基础。对数字地图应用的技术要求主要为：①支持分层分级地图的叠加显示及显示次序的调整；②支持各层显示属性的调整；③支持图形的缩小、放大、开窗、漫游、导航等功能；④支持各类属性数据的分布式表达，表达方式可以是数据、文本或图形；⑤支持基于空间位置的分布式属性数据查询和反向查询；⑥支持基于空间位置的分布式可运行模块或外部程序链接；⑦支持基于空间对象（点、线、面）的各种图形操作，如空间距离量算、任意多边形圈定等；⑧支持各类防洪和抗旱专题地图的生成和输出。

（二）空间分析与网络分析技术

空间分析功能是 GIS 区别于普通图形信息系统的主要标志，水利行业对空间分析方面的技术要求主要有：①不同图层之间的空间叠加 (overlay) 分析，尤其是多边形叠加，如降雨区域与流域边界的叠加等; ②缓冲区 (buffer) 分析，如抢险物资的有效辐射区域分析，暴雨、台风的影响区域分析等；③网络 (network) 分析，包括最佳路径分析、确定最近的设施和服务范围等，如分洪区内人口迁移路径分析、抢险物资的快速调拨分析等。

（三）数字高程模型和数字地形模型技术

数字高程模型 (DEM) 技术主要用于灾情评估子系统对洪水淹没范围和淹没水深的计

算，由数字高程式模型产生的数字地形模型 (DTM) 可用于分布式水文预报模型的开发。对 DEM 和 DTM 的技术要求主要有：① DEM 生成。采用从地形图其他数据源输入的等高线及高程点数据，经插值生成 DEM 数据；②结合 DEM 和水位数据，计算洪水淹没范围和各处的水深；③在洪水演进条件下，结合 DEM 和洪水演进的有关数据，计算洪水淹没范围、各处的水深和淹没历时；④支持 DEM 各要素的生成和分析，如坡度、坡向等；⑤支持三维地形立体显示。

（四）WebGIS 技术

利用 Internet/Intranet 技术在 Web 上发布空间数据 (WebGIS 技术) 已经成为 GIS 技术发展的必然趋势。具体来说，信息服务、防汛抗旱管理和会商等系统均需采用 WebGIS 技术通过数字地图实现信息查询、图形操作等功能。WebGIS 实现如下功能：专题图制作、缓冲区分析、对象编辑、绘制图层、查找、图层控制、空间选择、访问各种数据源等。

二、GIS 在水利工程方面的应用需求

地理信息系统 (GIS) 是近年发展起来的对地理环境有关问题进行分析和研究的一种空间信息管理系统。它是在计算机硬件和软件支持下对空间信息进行存储、查询、分析和输出，并为用户提供决策支持的综合性技术。它利用计算机建立地理数据库，将地理环境的各种要素，包括其地理空间分布状况和所具有的属性数据，进行数字存储，建立有效的数据管理系统。通过对要素的综合分析，方便快速地获取信息，并能以图形、数字和多媒体等方式来表示结果。GIS 最大的特点在于它能够把水利防汛旱业务中的各种信息与反映空间位置的图形信息有机地结合在一起，并可根据用户的需要对这些数据进行处理和分析，把各种信息和空间信息结合起来提供使用者，GIS 技术与水利工程管理紧密结合的应用前景远大。

近年来，随着 Internet/lntranet 技术的发展，基于 Web 方式的空间信息检索和信息发布也日渐增多，WebGIS 技术业已走向成熟，可以利用 WebGIS 技术以 www 方式获得地图数据及相关的属性数据。此外，随着“数字地球”的提出和虚拟现实 (VR) 技术的发展，GIS 技术也经历了一场由二维平面系统向三维立体系统的变革，三维地理信息系统是完善地理信息系统空间分析能力、拓展 GIS 信息表现形式的一项新技术。基于数字高程模型和数字地形模型的三维地理信息系统提供了空间处理分析地理数据及相关属性信息的直观手段，并且在叠加上相应的地理要素后就可以获得表现力丰富的三维地图。地理信息系统在水利工程系统中的应用体现在以下几方面：

（1）水、雨、工、灾情的信息管理、查询和分析。提供可视化的图形查询界面和丰富信息的表述方式。

（2）洪水的预测预报。研究给定降水区域和降水量所产生的径流和洪水的时空分布，真实模拟洪水演进和淹没过程。

（3）防汛抢险救灾指挥。可以利用灾害分析模型结合 GIS 进行灾前分析，也可以利用 GIS 的网络分析功能确定救灾物资调配的最佳期路径，还可以为受灾人员、财产的安全有效转移提供决策依据。

（4）进行灾情统计与评估。对快速采集来的洪涝灾害和水淹没情况进行综合分析与评价，统计灾害情况，估计社会经济损失。

（5）为防洪规划提供依据。可以根据预告设定的前提条件，进行某一区域范围内的静态或者动态的模拟，为有效地设置拦洪设施的点位和选择分洪、泄洪措施提供辅助决策支持。

（6）水科学问题的研究。研究问题主要包括水的地域分布、循环以及水的应用、开发与管理，这些问题均与地理空间信息紧密相关。

三、在水利工程管理信息系统中应用的主要信息技术

水利工程管理信息系统是以 GIS(地理信息系统)技术为主，结合其他现代科学技术的综合性业务系统。GIS 作为对地球空间数据进行采集、存储、检索、建模、分析和表示的计算机系统，不仅可以管理以数字、文字为主的属性信息，而且可以管理以可视化图形图像为主的空间信息，在水利工程管理信息化建设中有着广泛的应用。该系统主要有以下几点技术特征。

（一）系统以 WebGIS 作为 GIS 网络平台

系统以 WebGIS 作为 GIS 网络平台，体现了 GIS 方法和网络技术的完美结合。WebGIS 技术使通过 Internet 浏览空间数据成为现实，促进了 GIS 应用领域的扩展，实现了信息传播和资源共享。大量的 GIS 数据分析、处理功能可以通过 Internet 实现，而不仅限于数据的查询和浏览。

（二）海量数据综合处理技术

Web 系统的核心问题是如何有效地组织利用现有网络资源进行网络数据的传输。针对水利工程管理信息系统中三维地理信息数据传输、数据综合两方面的问题，系统设计采用数据分割技术、多线程技术、面向对象的空间数据库技术、数据抽稀、加密等技术。运用这些数据综合策略，成功地解决了三维地理信息在网络上的传输问题，提高系统整体性能。

（三）GIS 的三维可视化开发技术

三维可视化在水利工程中的应用使水利工程建设进程更加形象化、直观化。水利工程

管理信息系统中的 WebGIS 三维可视化创作系统主要以 VRML 为开发平台，采用数字高程模型 (DEM) 技术及基于格网模型的算法来实现。

（四）网络多媒体信息处理技术

播放水利工程项目的视频、声音资料；查询、显示任意缩放、漫游相关的图片、图形信息；任意设定、打开、使用文字编辑器。

（五）报表综合处理技术

针对水利工程数据报表种类繁多、极不规范的状况，开发一套基于 B/S 模式的具有报表录入、测试、安装、数据绑定。无极显示、打印等功能的报表综合处理技术。

第二章 水利信息化系统的配套保障技术

第一节 水利信息化安全体系设计

一、设计思想及原则

建立完整有效的水利信息化安全体系，首先应该有一个科学的、整体的、适合目标环境的设计思想作为整个体系建设的理论依据和指导思想，以确保整个体系的先进性和有效性。水利系统目前处于安全体系建设的起步阶段，需要确立符合水利系统业务特点和网络状况，并且具有充分的前瞻性和可行性，以保证体系建设的可扩展性、可持续性以及投资的有效性和最终目标的达成。

从建设进度、经费和性能多个因素考虑，安全体系需分期实施，近期工程主要从物理安全、网络安全和应用安全以及系统可靠性四个方面进行重点安全设计。而系统平台安全和通信安全在远期工程中设计。

近期工程安全设计内容：

（1）设计保障系统运行安全的各种措施，如防病毒措施、冗余措施（范围涉及线路、数据、路由、关键设备等）、备份与恢复措施（关键数据除采取本地备份措施外，还建立异地备份系统）。

（2）设计各种主动防范措施，如入侵防御系统。

（3）设计审计系统，以便于事后备查取证。

（4）考虑到安全的动态性，需要采用漏洞分析工具不断地对系统进行漏洞检查、安全分析、风险评估，以及安全加固和漏洞修补等。

（5）设计物理安全措施，如冗余电源、防雷击、机房安全设计等。

远期工程安全设计内容：

（1）建立全系统安全认证平台，如何更好地支持广域范围应用认证的 CA 系统。

（2）建立完善的安全保障体系，即以可信计算平台为核心，从应用操作、共享服务和网络通信 3 个环节进行安全设计，如移动用户、重要用户、关键设备的系统加固、在骨干线路上配置 VPN 以及保护移动用户和重要用户安全通信的 IPSec 客户端，保护重要区域的安全隔离与信息交换系统，并在授权管理的安全管理中心以及可信配置的密码管理中心的支撑下，来保证整个系统具有很高程度的安全性。

（3）完善近期已有的安全措施，如更大范围的审计系统、主机入侵检测系统、异地业务连续性系统等。

同时，水利信息化安全体系设计过程中应遵循以下原则：①风险与代价相平衡原则；②主动与被动相结合原则；③部分与整体相协调原则；④一致性原则；⑤层次性原则；⑥依从性原则；⑦易操作性原则；⑧灵活性原则。

二、安全管理体系

（一）安全策略

安全策略包括各种法律法规、规章制度、技术标准、管理规范和其他安全保障措施等，是信息安全的最核心问题，是整个信息安全建设的依据。安全策略用于帮助建立水利信息化系统的安全规则，即根据安全需求、安全威胁来源和组织机构来定义安全对象、安全状态及应对方法。安全策略通常分为三种类型：总体策略、专项策略和系统策略。

总体策略为机构的安全确定总体目标（方向），并为其实现分配资源。此策略通常由机构的高级管理人员（如 CIO）制订，用来规定机构的安全流程和管理执行机构，主要包括：①确定安全流程、涉及的范围和部门；②将安全职责分配到对应的执行部门（如网络安全／管理部门），并规定与其他相关部门的关系；③规范／管理机构范围内安全策略的一致性。

专项策略通常针对一项业务（服务）制订，它规定当前信息安全特定方面的目标、适用条件、角色、负责人以及策略的一致性要求。如针对电子邮件系统、因特网浏览等制订的安全策略。

系统策略是针对某个具体的系统（包含涉及的硬件、软件，人员等）制订的安全策略，它主要包含：①安全对象；②不同安全对象的安全规则；③实现的技术手段。

安全策略目前主要作为规定、指南，通过文件方式在全系统范围内发布。在水利信息化系统这样的大型系统内，由于有关的策略变动、系统变动频繁，因此要求对安全策略进行计算机化管理。

（二）安全组织

全系统使用一个安全运行中心 (SOC)，为全网范围提供策略制订和管理、事件监控、响应支持等后台运行服务。同时，通过 SOC 对全系统的安全部件进行集中配置和管理，处理安全事件，对安全事件实施应急响应。

安全运行中心 SOC 功能如下。

1. 安全策略管理中心

安全策略管理中心制订全系统的安全策略，并负责维护策略的版本信息。

2. 安全事件管理中心

安全事件管理中心提供全系统安全事件的集中监控服务。它与网络运行中心 (NOC) 使用同一个事件系统，但专注于与安全相关事件的监控。

安全事件管理中心进行实时的安全监控，并且将安全事件备份到后台的关系数据库中，以备查询和生成安全运行报告。

安全事件管理中心可根据安全策略设置不同事件的处理策略，例如可将关键系统的特定安全事件升级为事故，并自动收集相关信息，生成事故通知单 (Trouble Ticket)，进入事故处理系统，也可生成本地的安全运行报告。

3. 安全事件应急响应中心

安全事件应急响应中心提供全系统安全事故的集中处理服务。它与 NOC 使用同一个事故处理系统，但专注于安全事故的处理。

安全事件应急响应中心接收从事件监视系统发来的事故通知单，以及手工生成的事故通知单，并对事故通知单的处理过程进行管理。

安全事件应急响应中心将所有事故信息存入后台关系数据库，并可生成运行事故报告。

（三）安全运作

安全系统是由安全策略管理、策略执行、事件监控、响应和支持、安全审计 5 个子系统构成的一个有机的安全保证和运行体系。

1. 安全策略管理

安全策略是水利信息化系统安全建设的指导原则、配置规则和检查依据。安全系统的建设主要依据水利信息化系统统一的安全策略管理。

2. 策略执行

通过采购、安装、布控、集成开发防火墙系统、入侵防御系统、弱点漏洞分析系统、内容监控与取证系统、病毒防护系统、内部安全系统、身份认证系统、存储备份系统，执行安全策略的要求，保证系统的安全。

3. 事件监控

集中收集安全系统、服务器和网络设备记录及报告的安全事件，实时审计、分析整个系统中的安全事件，对确定的安全事件进行报告和通知。

4. 响应和支持

对安全事件进行自动响应和支持处理，包含事件通知、事件处理过程管理、事件历史管理等。

5. 安全审计

对整个系统的安全漏洞进行定期分析报告和修补；定期检查审计安全日志；对关键的服务器系统和数据进行完整性检查。

三、安全技术体系

安全技术体系主要从系统可靠性和系统安全性两个方面进行建设。系统可靠性主要通过数据、线路、路由、设备的冗余设计，软件可靠性设计，雷电防护和断电措施设计来保证；系统安全性主要从防黑客攻击和安全认证角度进行了网络安全和应用安全设计。

（一）可靠性设计

为了保证系统的可靠运行，主要考虑数据、信道、路由、设备、防雷、接地和电源等因素，具体设计如下。

1. 数据可靠性

数据可靠性主要包括数据本地备份、数据异地备份和数据传输的可靠性三个方面。为了保证所有测站观测数据能够被正确自动地重传，需要配置固态存储器。针对各种数据库，采用数据库备份软件来实现数据的备份，并实现历史数据的导出转储，因此社网络中心配置大容量磁带库进行数据库的本地备份。

在沈阳市水利信息化系统中，数据存储架构为集中与分散的架构。从数据存储的架构来看，分中心的数据与测站的数据互为备份，市水利局网络中心的数据（中心）与市水利局直属异地办公单位的数据互为备份，因此此数据架构保证在某地出现意外情况时，数据能够被恢复，实现了数据的异地备份。

采集系统发送方在数据发送的过程中，遇到网络问题等造成通信中断时，发送方要保留没有正确发送的所有数据（整个本次需要发送的数据文件），待系统故障解决后，由系统自动将整个文件重新发往接收方；接收方在接收过程中，遇有网络问题等造成通信中断时，接收方要删除已经接收的部分数据（已经正确接收的部分数据——文件的一部分），从而保证接收数据的完整性。

2. 信道可靠性

骨干网络采用光纤专线作为信道，确保信息传输的畅通。测站到中心 / 分中心的信道采用光纤专线（有视频监控的测站）、VPN（无视频监控的测站）和 GSM/CDMA（无线测站）。另外，沈阳市水利局还配备右卫星应急指挥车和前端单兵通信设备，保障在应急状态下的信息传输的畅通。

3. 设备可靠性

针对路由器，在网络中心配置两台路由器，主路由器具有双电源、双引擎和模块热插拔等功能；针对服务器，重要的服务器采用双机系统，并采用磁盘阵列增加可靠性；针对安全设备，网络中心的防火墙、入侵防御均为冗余配置；针对采集设备，数据采集和交换服务器采用两台，互为备份。

4. 路由可靠性

在骨干网中，主线路采用 OSPF 动态路由，备份线路采用静态路由。

5. 雷电防护

测站通信的传感器信号线、电话线、电源线和其他各类连线都应进行屏蔽，并给出抗雷电的措施。

6. 接地

网络中心接地电阻小于 1Ω；分中心接地电阻小于 5Ω；测站接地电阻小于 10Ω。如接地电阻难以达到要求，对野外站可视情况稍加放宽，对分中心和重要测站则可在屋顶安装闭合均压带，室内安装闭合环形接地母线等措施改进防雷性能。

7. 电源可靠性

电源设计是提高系统可靠性的又一重要措施。目前各地电源系统均采用双路供电，因此电源设计应考虑电源电压范围、直流电池防过电和欠压、电源管理等，主要设计内容包括：交流供电线路应安装漏电开关、过压保护；交流稳压器应具有瞬态电压抑制的能力，即抑制谐波的能力；直流电池防过电和欠压措施；遥测终端设备具有基于休眠和远程唤醒的电源管理技术；各级机房配置 UPS 电源。

8. 软件可靠性

应用软件能检测信道和测站设备的工作状态，发现故障时，能自动切换到备用信道上。

9. 其他方面

在设计时应注意各种设备的接口保护、抗电磁干扰和抗雷击保护，并注意电源电压的适应性。

（二）安全性设计

近期工程主要从物理安全、网络安全和应用安全三个方面进行安全设计。而系统安全和通信安全要从建设进度、经费、性能等多个方面考虑，在远期工程中设计。

1. 物理安全

物理安全是保护计算机网络设备、设施以及其他媒体免遭地震、水灾、火灾等环境事故以及人为操作失误或错误及各种计算机犯罪行为导致的破坏过程。它主要包括三个方面。

（1）环境安全：对系统所在环境的安全保护，如区域保护和灾难保护(参见国家标准《电子计算机机房设计规范》(GB50173–93)、《电子计算机场地通用规范》(GB2887–2000)、《计算站场地安全要求》(GB9361–1988)。水资源管理系统建设在这方面，主要根据国家的相关标准对现有机房条件进行改进。

（2）设备安全：主要包括设备的防盗、防毁、防电磁信息辐射泄漏、防止线路截获、抗电磁干扰及电源保护等。

（3）媒体安全：包括媒体数据的安全及媒体本身的安全。水资源管理系统的建设中有关介质的选择，主要考虑介质的可靠性，充分利用各种存储介质的优点。

显然，为保证信息网络系统的物理安全，除对网络规划和场地、环境等有要求外，还要防止系统信息在空间的扩散。计算机系统通过电磁辐射使信息被截获而失密的案例已经很多，在理论和技术支持下的验证工作也证实这种截取距离在几百米甚至可达千米的复原显示给计算机系统信息的保密工作带来了极大的危害。为了防止系统中的信息在空间上的扩散，通常是在物理上采取一定的防护措施，来减少或干扰扩散出去的空间信号。

正常的防范措施主要有三个方面：

（1）对主机房及重要信息存储、收发部门进行屏蔽处理，即建设一个具有高效屏蔽效能的屏蔽室，用它来安装运行主要设备，以防止磁鼓、磁带与高辐射设备等信号外泄。为提高屏蔽室的效能，在屏蔽室与外界的各项联系、连接中均要采取相应的隔离措施和设计，如信号线、电话线、空调、消防控制线，以及通风波导、门的关启等。

（2）对本地网、局域网传输线路传输辐射的抑制。由于电缆传输辐射信息的不可避免性，现均采用了光缆传输的方式，且大多数均在 Modem 出来的设备用光电转换接口，用光缆接出屏蔽室外进行传输。

（3）对终端设备辐射的防范。终端机尤其是 CRT 显示器，由于上万伏高压电子流的作用，辐射有极强的信号外泄，但又因终端分散使用不宜集中采用屏蔽室的办法来防止，故现在的要求除在订购设备上尽量选取低辐射产品外，主要采取主动式的干扰设备如干扰机来破坏对应信息的窃复，个别重要的首脑或集中的终端也可考虑采用有窗子的装饰性屏蔽室，此方法虽降低了部分屏蔽效能，但可大大改善工作环境，使人感到似在普通机房内工作一样。

其他物理安全还包括电源供给、传输介质、物理路由、通信手段、电磁干扰屏蔽、避雷方式等安全保护措施建设。

2. 网络安全

网络安全设计实现基本安全的原则，通过在网络上安装防火墙实现用户网络访问控制；通过 VLAN 划分实现网段隔离；通过网络入侵防御系统实现对黑客攻击的主动防范和及时报警；通过漏洞扫描系统实现及时发现系统新的漏洞、及时分析评估系统的安全状态，根据评估结果及时调整系统的整体安全防范策略；通过防病毒系统实现病毒防范，综合以上多种安全手段，实现对网络系统的安全管理。

网络中心的安全设计如下：

（1）配置两台千兆防火墙，构成双机热备防火墙系统，提供对外部连接的安全控制。

（2）配置两台千兆入侵防御设备，提供对外部非法入侵的防范。

（3）配置一套漏洞扫描系统，实现对服务器、网络设备系统漏洞的侦测和修正。

（4）配置一台病毒防范服务器，在网络服务器和工作站上配置防病毒客户端软件，实现对网络病毒的防范。

（5）配置两台安全监控工作站，实现对网络安全设备的配置及监控。

直属异地办公单位的安全设计如下：

（1）病毒防范，在网络服务器和工作站上安装安全防病毒客户端软件。

（2）配置一台百兆防火墙，提供对外部连接的安全控制。

3. 应用系统安全

在水利信息化系统的各种应用中，用户在对应用平台进行访问时，首先需要通过安全认证。根据分期实施的原则，近期工程主要考虑内部用户访问应用平台的安全认证，即通过在中心设置 AAA 认证服务器来实现用户的认证、授权和审计；远期工程再建设基于 CA 的用户集中管理、认证授权系统。因此，近期工程应用系统安全主要考虑主机操作系统安全、数据安全。

主机操作系统作为信息系统安全的最小单元，直接影响到信息系统的安全；操作系统安全是信息系统安全的基本条件，是信息系统安全的最终目标之一。主机操作系统的安全是利用安全手段防止操作系统本身被破坏，防止非法用户对计算机资源及信息资源（如软件、硬件、时间、空间、数据、服务等资源）的窃取。操作系统安全的实施将保护计算机硬件、软件和数据，防止人为因素造成的故障和破坏。操作系统的安全维护不是一个静止的过程，几乎所有的操作系统在发布以后都会或多或少地发现一些严重程度不一的漏洞。

结合沈阳市水利信息化系统的应用现状，各种操作系统的安全保障措施包含如下要求：

（1）主机系统安全增强配置：对沈阳市水利信息化系统中的各类主机系统采用配置修改、系统裁剪、服务监管、完整性检测、打 Patch 等手段来增强主机系统的安全性。

（2）主机系统定制：对 Web 服务器、DNS 服务器、E-mail 服务器、FTP 服务器、数据库服务器、应用服务器等主机系统根据各自的应用特点采用参数修改、应用加固、访问控制、功能定制等手段来增强系统的安全性。

（3）部署安全审计系统：定期评估系统的安全状态，及时发现系统的安全漏洞和隐患对安全管理来说极为重要，在网络中心的核心服务器网段部署安全审计系统，使其在预定策略下对系统自动地进行扫描评估，并可通过远端对审计策略根据需要随时调整。在网管中心控制台上可方便地查阅审计报告，预先解决系统漏洞和隐患，防患于未然。

（4）部署集中日志分析系统：如果系统内部无日志采集分析系统，导致重要日志信息淹没在大量垃圾信息之中，最终导致根本无法保留日志，因此需在中央网络中心部署一套集中日志分析系统，通过该系统对日志进行筛选、异地（不同主机）安全存储和分析，使得出现的安全问题容易追查、容易定位，通过进行科学分析可对入侵取证提供技术方面的证据。

同时，结合沈阳市水利信息化系统的应用现状，各种数据的安全保障措施如下：

（1）工情、灾情信息等信息在传输过程中采用加密方式传输，待相关系统接收到数据后，再对数据进行解密、处理，并将其入库。

（2）通过构造运行于不同地域层次的雨水情、工情、旱情、灾情等实时信息的接收与处理设施和软件，实现数据入库前的分类综合、格式转换等，并构造支持数据分布与传输的管理系统，保障系统信息分散冗余存储规则的实现及数据的一致性。

四、安全保证体系

（一）应用操作的安全

应用操作的安全通过可信终端来保证。可信终端确保用户的合法性，使用户只能按照规定的权限和访问控制规则进行操作，具备某种权限级别的人只能做与其身份规定相符的访问操作，只要控制规则是合理的，那么整个信息系统不会发生人为攻击的安全事故。可信终端奠定了系统安全的基础。可信终端主要通过以密码技术为核心的终端安全保护系统来实现。

（二）共享服务的安全

共享服务的安全通过安全边界设备来实现。安全边界设备（如 VPN 安全网关等）具有身份认证和安全审计功能，将共享服务器（如数据库服务器、浏览服务器、邮件服务器等）与访问者隔离，防止意外的非授权用户的访问（如非法接入的非可信终端），这样共享服务端主要增强其可靠性，如双机备份、容错、紧急恢复等，而不必作繁重的访问控制，从而减轻服务器的压力，以防拒绝服务攻击。

（三）网络通信的安全

网络通信的安全保密通过采用 IPSec 实现。IPSec 工作在操作系统内核，速度快，几乎可以达到线速处理，可以实现信息源到目的端的全程通信安全保护，确保传输连接的真实性和数据的机密性、一致性。

目前，许多商用操作系统支持 IPSec 功能，但是从安全可控和国家政策角度，沈阳市水利信息化系统必须采用国家密码管理部门批准算法的自有 IPSec 产品。IPSec 产品不仅可以很好地解决网络之间的安全保密通信，还能够很好地支持移动用户和家庭办公用户的安全。

（四）安全管理中心

当然，要实现有效的信息系统安全保障，还需要授权管理的安全管理中心以及可信配置的密码管理中心的支撑。

安全系统进行集中安全管理，将系统集成的安全组件有机地管理起来，形成一个有机整体。安全系统具有前述 SOC 一样的功能。

（五）密钥管理中心

密钥管理中心保证密钥在其生命周期内的安全和管理，如密钥生成、销毁、恢复等。

（六）其他安全保障措施

通过以上的安全保障措施，可以有效地避免导致防火墙越砌越高、入侵检测越做越复杂、恶意代码库越做越大的问题，使得安全的投入减少，维护与管理变得简单和易于实施，信息系统的使用效率大大提高。

在安全防护系统中，一般还有如下保障措施。

（1）通过防病毒系统实施，建立全网病毒防护、查杀、监控体系。

（2）安装弱点漏洞分析工具，定期检查全网的弱点漏洞和不恰当配置，及时修补弱点漏洞，调整不恰当的配置，保证网络系统处于较高的安全基准。

（3）通过入侵防御系统的实施，实施对网络网外攻击行为和网内违规操作的检测、监控和响应，实现全网入侵行为和违规操作行为的管理。

（4）通过信息监控与取证系统的实施，阻止敏感信息的流出，阻止不良信息、有害信息和反动信息的流入，对违规行为、攻击行为进行监控和取证。

（5）通过系统完整性审计系统的实施，监视服务器资源访问情况，识别攻击，实现对关键服务器的保护。

（6）通过远程存储备份系统的实施，实现对敏感数据、数据库的远程安全备份。

（7）通过网站监控与恢复系统的实施，实现对信息发布系统的保护。

（8）通过安全认证平台的实施，实现对应用系统访问控制、资源访问授权和审计记账。

五、安全设施要求

为确保沈阳市水利信息化系统安全，需要提高入侵防御系统和防火墙的安全设施。

（一）入侵防御系统

入侵防御系统用于保护数据库服务器、应用服务器等重要服务器。在水利信息外网的网络中心，配置两套入侵防御系统，互为备份。对入侵防御系统的要求如表 2–1 所示。

表 2–1　对入侵防御系统的要求

技术指标	参数要求
产品结构	机架式独立 IPS 硬件设备，系统硬件为全内置封闭式结构，稳定可靠，加电即可运行，启动过程无须人工干预
业务网络接口	10/100/1000M 接口≥ 4 个
硬盘	内置大硬盘，硬盘容量≥ 80G
业务功能指标	攻击特征库数量≥ 3000+
	集成第三方专业防病毒厂商的专业病毒库
	病毒特征库数量≥ 8000+
	支持的协议识别数量≥ 800+
	支持深入七层的分析检测技术，能检测防范的攻击类型包括：蠕虫 / 病毒、木马、后门、DoS/DDoS 攻击、探测 / 扫描、间谍软件、网络钓鱼、利用漏洞的攻击、SQL 注入攻击、缓冲区溢出攻击、协议异常、IDS/IPS 逃逸攻击等
	可以识别迅雷、BT、eDonkey/eMule、KuGoo 下载协议、多进程下载协议（网络快车、网络蚂蚁）、腾讯超级旋风下载协议、TuoTu 下载协议、Vagaa“画”时代、Gnutella、DC 等 P2P 应用，可以识别 MSN、QQ、ICQ、YahooMessenger 等 IM 应用，可以识别 PPLive、PP—Stream、HTTP 下载视频文件、沸点电视、QQLive 等网络视频应用，可在识别的基础上对这些应用流量进行阻断或限流
	支持 IP 碎片重组、TCP 流重组、会话状态跟踪、应用层协议解码等数据流处理方式

续表

业务功能指标	采用全面深入的分析检测技术，结合模式特征匹配、协议异常检测、流量异常检测、事件关联等多种技术，能识别运行在非标准端口上的协议，准确检测入侵行为，能提供支持的网络协议列表
	支持URL过滤；URL过滤可以基于时间、主机，能够精细到单一IP地址
	IPS检测到攻击报文或攻击流量后，支持阻断、隔离、Web重定向、限流的响应方式
	支持基于时间、方向、用户IP对网络滥用流量进行限流
	支持对病毒感染主机或黑客主机的网络隔离或访问重定向，支持对攻击报文进行抓包追踪
	支持白名单和黑名单功能
	支持策略自定制能力
	支持对不同的网段运用不同的检测策略
	支持细粒度的特征规则设置，可以为单条不同的特征规则设置不同响应方式，包括告警、阻断、隔离、限流、重定向等
	可以识别并检测802.1Q、MPLS、QinQ、GRE等特殊封装的网络报文
	支持手动、自动升级特征库
部署模式	支持在线部署模式（IPS模式），同时，支持旁路部署模式（IDS模式），两种模式可以同时工作
	在线部署时，支持透明部署，即插即用
管理方式	支持基于Web的图形化管理方式，支持HTTP、HTTPS登录Web图形管理系统进行管理
	不需要部署额外的管理系统，通过基于Web的图形化管理方式，即可实现完备的单机的设备管理、安全策略管理、攻击事件统计分析功能
	支持基于串口、Telnet的命令行管理
	支持对多台分布式部署的IPS设备进行集中管理
	IPS支持对设备本身电源的监控
	支持分布式和一站式管理
日志功能	提供全面的系统日志、审计日志功能，日志可导出
	支持本地硬盘、Syslog服务器、远端服务器等多种日志告警保存方式
	支持实时的攻击日志归并功能，可以根据用户需要，对告警日志执行任意粒度的归并，有效避免告警风暴
	能够按照用户需求生成各种风格的统计报表，并可导出报表
	支持Syslog日志发送接口
可靠性	支持二层回退功能，当检测引擎在极端情况下失效时，设备可退回到二层模式，保证网络连通
	支持掉电保护功能，可提供掉电保护装置，保证设备掉电时网络可连通
解决方案	支持与业界主流的桌面终端控制系统联动，当IPS检测到攻击后，可通知桌面终端控制系统，以保证攻击源在接入层就被隔离，同时将隔离原因（与攻击源相关的攻击事件）通知到攻击源的桌面终端控制系统的客户端上

续表

资质证明	必须具有中华人民共和国公安部核发的《计算机信息系统安全专用产品销售许可证》，提供有效证书的复印件； 必须具有《国家信息安全评测中心认证》，提供有效证书的复印件
	必须具有《IS09001 质量管理体系认证》，提供有效证书的复印件； 必须具有《IS014001 体系认证》，提供有效证书的复印件
	必须具有《入侵抵御系统软件知识产权证书》，提供有效证书的复印件
	建议具有《信息安全服务资质认证》，提供有效证书的复印件； 至少有两年以上产品实际使用历史，并具有广泛的用户群体，能提供相关客户列表，能提供快速本地化现场技术支持，能提供 7×24h 技术服务支持
	必须具有《ROHS 环保标准认证》，提供有效证书的复印件
	必须具有《CE 认证》，提供有效证书的复印件
	国际知名的专业防病毒厂商的合作证书
产品性能	开启安全策略后的吞吐量≥ 200M
	最大并发连接数≥ 100 万
	每秒新建连接数≥ 10 万
	时延≤ 200μs
其他	厂家必须在当地设有备件库，并提供其备件库地址及联系方式
	在本地有售后服务人员，提供相关证明
	能提供快速本地化现场技术支持，能提供 7×24h 技术服务支持

（二）防火墙

防火墙用于提供对外部连接的安全控制。在水利信息内网上，在网络中心配置两台千兆防火墙，在部门网络上配置 1 台百兆防火墙。在水利信息外网上，配置 1 台千兆防火墙。对千兆防火墙的要求如表 2-2 所示，对百兆防火墙的要求如表 2-3 所示。

表 2-2　对千兆防火墙的要求

功能及技术指标	参数要求
认证	必须具有中华人民共和国公安部核发的《计算机信息系统安全专用产品销售许可证》，中国国家信息安全产品测评认证中心的《国家信息安全认证产品型号证书》
体系架构	必须采用专用硬件平台；必须采用专用的安全操作系统平台，非通用操作系统平台
固定端口数	≥ 2 个 10/100/1000M 以太网端口（光电 Combo）
可扩展性	≥ 1 个扩展槽，最大可扩展≥ 4 个 10/100/1000M 以太网端口，或者≥ 2 个 10/100/1000M+4 个 10/100M 以太网端口
电源	提供双电源冗余
吞吐量	≥ 1.5G
3DES 加密能力	≥ 600M
最大并发链接数	≥ 100 万，每秒新增连接数≥ 20000

续表

状态报文过滤	支持 FTP、HTTP、SMTP、RTSP、H323 协议簇的状态报文过滤，支持时间段安全策略设置，支持 ASPF 技术
虚拟防火墙系统	必须支持虚拟防火墙系统，可以灵活划分安全区
VPN	必须支持 IKE/IPSEC 协议标准，支持加密算法 (DES、3DES) 及数字签名算法（MD5、SHA—1），支持 NAT 穿越草案，支持 L2TPVPN、GREVPN、MPLSVPN 等多种 VPN 功能
动态 VPN	支持 DVPN 技术，简化 VPN 配置，实现按需动态构建 VPN 网络
SSLVPN	能够扩展支持专用 SSLVPN 硬件处理模块，SSLVPN 吞吐量≥ 150M，并发连接数≥ 5000；最大并发用户≥ 1000
病毒防护能力	能够扩展支持专用独立硬件防病毒功能，具有独立的操作系统、CPU、内存和存储设备等计算机资源，开启防病毒功能不影响防火墙转发； 防病毒吞吐量≥ 300M，并发连接数≥ 15000，每秒新建连接数≥ 250，病毒库≥ 40 万
抗攻击能力	要能够抵抗包括 Land、Smurf、Fraggle、WinNuke、PingofDeath、TearDrop、IPSpoo—fing.ARPSpoofing.ARPFlooding、地址扫描、端口扫描等攻击方式在内的攻击，必须支持 JavaBlocking.ActiveXBlocking.SQL 注入攻击防范
防蠕虫病毒攻击能力	防火墙要能够抵抗蠕虫病毒暴发时的 DoS 和 DDoS 攻击
应用防护能力	可以有效地识别网络中的 BT、Edonkey、Emule 等各种 P2P 模式的应用，并且对这些应用采取限流的控制措施
NAT 功能	防火墙必须支持一对一、地址池等 NAT 方式；必须支持 NAT 多实例功能，必须支持多种应用协议，如 FTP、H323、RAS、ICMP、DNS、ILS、PPTP、NBT 的 NATALG 功能，支持策略 NAT
HTTP 过滤功能	必须支持 HTTPURL 和内容过滤
SMTP 过滤功能	必须支持 SMTP 邮件地址、标题和内容过滤
高可靠性	必须支持负载分担和冗余备份，支持双电源冗余备份，支持接口模块热插拔，机箱温度自动检测并报警
服务质量保证	支持流量监管（TrafficPolicing），支持 FIFO、PQ、CQ、WFQ、CBWFQ、RTPQ 等队列技术，支持 WRED 拥塞避免技术，支持 CTS 流量整形，支持 CAR、LR 接口限速
维护性	支持中文图形化管理界面，支持网管软件统一网管，支持 Telnet、SSH、CONSOLE、SNMPv1、SNMPv2C、SNMPv3，支持 NTP 时间同步
安全维护	支持管理员分级，可分≥ 4 级
日志功能	支持 Syslog、NAT 转换、攻击防范、黑名单、地址绑定等日志，支持流量监控日志，支持二进制格式日志，支持用户行为流日志
认证	支持本地认证，同时支持远端 RADIUS 认证、TACACS 认证、域认证、CHAP 验证、PAP 验证
路由协议	支持静态路由、RIP、OSPF、BGP、策略路由、MPLS 协议

表 2-3　对百兆防火墙的要求

功能及技术指标	参数要求
认证	具有中华人民共和国公安部核发的《计算机信息系统安全专用产品销售许可证》，中国国家信息安全产品测评认证中心的《国家信息安全认证产品型号证书》
体系架构	采用专用硬件平台；必须采用专用的私有的安全操作系统平台，非通用操作系统平台
固定端口数	≥ 4 个 10/100M 以太网端口
可扩展性	≥ 1 个扩展槽，最大可扩展≥ 8 个 100M 以太网端口，或者≥ 2 个 1000M+4 个 100M 以太网端口
最大千兆接口数	≥ 2
功能及技术指标	参数要求
电量	提供双电源冗余
吞吐量	≥ 400M
3DES 加密能力	≥ 200M
最大并发连接数	≥ 50 万，每秒新增连接数≥ 10000
状态报文过滤	支持 FTP、HrITP、SMTP、RTSP、H323 协议簇的状态报文过滤，支持时间段安全策略设置，支持 ASPF 技术
虚拟防火墙系统	支持虚拟防火墙系统，可以灵活划分安全区
VPN	必须支持 IKE/IPSEC 协议标准，支持加密算法 (DES、3DES) 及数字签名算法（MD5、SHA—1），支持 NAT 穿越草案，支持 L2TPVPN、GREVPN、MPLSVPN 等多种 VPN 功能
动态 VPN	支持 DVPN 技术，简化 VPN 配置，实现按需动态构建 VPN 网络
SSLVPN	能够扩展支持专用 SSLVPN 硬件处理模块，SSLVPN 吞吐量≥ 100M，并发连接数≥ 1500；最大并发用户≥ 200
抗攻击能力	要能够抵抗包括 Land、Smurf、Fraggle、WinNuke、PingofDeath、TearDrop、IPSpoo-fing、ARPSpoofing、ARPFlooding、地址扫描、端口扫描等攻击方式在内的攻击，必须支持 JavaBlocking、ActiveXBlocking、SQL 注入攻击防范
防蠕虫病毒攻击能力	防火墙要能够抵抗蠕虫病毒暴发时的 DoS 和 DDoS 攻击
应用防护能力	可以有效地识别网络中的 BT、Edonkey、Emule 等各种 P2P 模式的应用，并且对这些应用采取限流的控制措施
NAT 功能	防火墙必须支持一对一、地址池等 NAT 方式；必须支持 NAT 多实例功能，必须支持多种应用协议，如 FTP、H323、RAS、ICMP、DNS、ILS、PPTP、NBT 的 NATALC 功能，支持策略 NAT
HTTP 过滤功能	必须支持 HTPURL 和内容过滤
SMTP 过滤功能	必须支持 SMTP 邮件地址、标题和内容过滤
高可靠性	必须支持负载分担和冗余备份，支持双电源冗余备份，支持接口模块热插拔，机箱温度自动检测并报警

续表

服务质量保证	支持流量监管 (TrafficPolicing)，支持 FIFO、PQ、CQ、WFQ、CBWFQ、RTPQ 等队列技术，支持 WRED 拥塞避免技术，支持 CTS 流量整形，支持 CAR、LR 接口限速
维护性	支持中文图形化管理界面，支持网管软件统一网管，支持 Telnet、SSH、CONSOLE、SNMPv1、SNMPv2C、SNMPv3，支持 NTP 时间同步
安全防护	支持管理员分级，可分≥ 4 级
日志功能	支持Syslog、NAT转换、攻击防范、黑名单、地址绑定等日志，支持流量监控日志，支持二进制格式日志，支持用户行为流日志
认证	支持本地认证，同时支持远端 RADIUS 认证、TACACS 认证、域认证、CHAP 验证、PAP 验证
路由协议	支持静态路由、RIP、OSPF、BGP、策略路由、MPLS 协议

第二节　水利信息化规范体系设计

为了避免相关单位在水利信息化系统建设中各自为政，没有统一的总体框架和标准体系，形成信息孤岛，给数据的互联互通和共享带来困难，有必要在水利信息化系统全面实施之前，先期开展标准规范建设，统一标准，对实现各系统节点间的互联互通，促进信息交换和共享，具有十分重要的意义。

水利信息化系统的标准体系建设，必须依据水利信息监测、管理与应用的特点，在全面分析现有的相关国际、国家标准和行业标准的基础上，结合水利信息化系统建设现状，识别标准建设方面存在的主要问题与差距，通过业务需求分析，在水利技术标准体系的指导下，在水利信息化标准框架范围内，提出水利信息化系统标准体系的框架设计和主要建设内容，设计出需要补充编制与调整的标准，并对标准体系的建设提供合理性建议。

水利信息化系统标准体系作为“水利信息化标准体系”的组成部分，其主要内容应涵盖水利信息化系统所包含信息的分类和编码标准化、信息采集标准化、信息传输与交换标准化、信息存储标准化、信息处理过程标准化以及设计建设维护的管理等多个方面。

水利信息化系统的数据源包括：基本信息、社会经济动态信息、需水信息、供 / 用水信息、水情信息、地下水信息，水质与水环境信息、工情信息、旱情与墒情信息、灾情信息、可利用的气象产品、管理信息、文本信息（包括超文本语音、视频信息）等，标准体系中要涵盖这些信息的采集、传输、存储、处理、维护和管理等环节的一系列技术标准。

标准化体系要按照“五统一”原则，即“统一指标体系、统一文件格式、统一分类编码、统一信息交换格式、统一名词术语”，对原有标准体系进行扩充和完善。

标准的建设过程需要考虑如下因素：

（1）科学性：在标准制定工作中首先要保证科学性，合理地安排制定各个标准，正确处理各个标准的作用和地位。

（2）全面性：充分反映各项业务的需求，将水利信息化所需的标准全面纳入标准体系中。同时要突出重点，优先解决急需的标准工作，逐步对标准体系进行完善，达到全面性。

（3）系统性：将各个标准纳入标准体系，充分考虑各标准之间的区别和联系，将具体的标准安排在标准体系中相应的位置上，形成一个层次合理、结构清楚、关系明确、内容完善的有机整体。

（4）先进性与继承性：充分体现相关技术和标准的发展方向，对于最新的相关国家标准、国际标准和国外先进标准要积极采纳，或者保持与它们的一致性或兼容性，与行业信息化接轨。同时要根据具体的业务实际考虑现有的大量标准化工作，进行适当的修订。

（5）可预见性和可扩充性：由于当前信息技术处于迅速发展阶段，制定标准时既要考虑到目前的技术和应用发展水平，也要对未来的发展趋势有所预见，便于以后工作的开展。同时考虑到目前有些需求还不甚明朗，因此所编制的标准体系要易于扩充，能够随信息技术、网络通信技术的发展增加相应的模块。

以沈阳市为例，从建设内容上看，沈阳市水利信息化系统项目需要首先明确系统建设在信息采集、交换、存储、处理和服务等环节应采用或制定的相关技术标准。在这些环节中，已存在各个层面的国际、国家及行业技术标准，但这些标准不能完全满足系统建设对标准的需要，需要结合沈阳市水利信息化系统的特点，制定相关标准、协议与规范，逐步实现水利信息化系统建设的标准化和规范化。具体建设内容包括：

（1）收集整理与沈阳市水利信息化系统建设密切相关的技术标准，全面分析这些标准是否满足系统建设需要，提出现有标准存在问题。

（2）设计沈阳市水利信息化系统技术标准体系框架，理清标准体系内各组成部分之间的关系，以及该标准体系与外部各有关方面的关系。

（3）确定沈阳市水利信息化系统建设应采用的现有相关标准。

（4）对没有国家标准和行业标准可依据的内容进行识别认定，并结合沈阳市水利信息化系统的特点，确定拟开展新编的标准及其范围和内容。

系统标准规范建设内容如表 2—4 所示。

表 2-4 系统标准规范建设内容

编号	建设内容	备注
1	相关技术标准整编	
2	水利信息化系统技术标准体系框架设计	
3	待编标准编制	

续表

3.1	业务标准	对业务工作的各个环节过程进行规范，从业务流和信息流两个角度抽取共用业务过程、信息流动变化的过程，以及各业务独有的业务过程、信息流动变化过程
3.2	信息标准	对各项业务应用到的相关数据信息进行定义，并进行分类编码
3.3	信息技术标准	对信息的存储、处理、管理、传输和交换进行定义

标准体系的建设需要设立相应的组织机构，负责标准的建设管理工作，制定信息化标准建设管理办法，并完善相关的管理制度，涵盖计划，标准形式，标准的制定、实施、监督、维护等各个方面。按照急用先行的原则，制定基础性标准和互联、互通、互操作、信息共享、安全、运营管理等标准。加强对内、对外的沟通协调，制定、修订标准和标准的监督实施并重。

第三节　水利信息化系统集成设计

一、设计内容和任务

水利信息化系统是一个大型的信息系统工程项目，需要通过集成设计来统一考虑系统的硬件、软件配置，减少由于部门、系统的划分造成的硬件、软件重复建设，达到提高系统建设资金使用效益的目的。系统集成包括硬件、数据库、应用软件、系统软件集成方案和设备配置。

系统集成设计的内容和任务是：

（1）提出水利信息外网的硬件、数据库、应用软件、系统软件集成方案和设备配置。

（2）提出水利信息内网的硬件、数据库、应用软件、系统软件集成方案和设备配置。

（3）提出应用系统集成技术实现方案。

二、系统配置原则

以沈阳市为例，系统配置应遵循以下原则：

（1）在沈阳市水利局（中心）和水利局直属异地办公单位，数据库服务器、应用服务器、系统软件等不以部门或应用系统的划分分别配置，而是统一考虑各系统对硬件、系统软件的功能和性能要求进行配置，避免重复建设。

（2）为保证数据服务的可靠性，数据库服务器采用双机系统。

（3）配置高性能应用服务器为各应用系统提供硬件运行环境。

（4）系统软件应为商用软件，符合业界标准。

（5）统一配置系统软件（包括数据库、应用支撑平台等），为各应用系统提供软件运行环境。

三、应用系统集成方式

应用系统集成方式包括：

（1）系统集成通过门户系统实现各应用系统的集成。

（2）对于按照新的体系架构开发的系统直接通过门户系统进行集成。

（3）对于原来的 B/S 结构应用可以通过封装的方式将原有应用的页面包含在 portlets 中，简单容易地集成到门户中。

（4）对于原来的 C/S 结构应用，需要将原来的表示逻辑和业务处理逻辑分离，而后封装到 portlets 中，最后集成到门户中。

（5）对于不能进行改造（如不能得到源代码）的系统，但知道输入、输出数据格式的，通过数据集成实现对原有应用的集成，原有系统运行模式不变。

（6）对于完全独立的系统，保持原有系统运行模式不变。

四、应用系统集成技术实现

（一）水利信息化中的应用集成

水利信息化系统是由许多应用系统和数据资源组成的。这些应用系统和数据资源分散于不同的企业部门，并且可能是通过不同的技术实现的。但是，水利信息化中的很多系统，如网上审批系统、决策支持系统、电子公文交换系统等，对应用系统的集成提出了越来越高的要求。只有实现了各个应用系统之间的互联互通，水利信息化才能从根本上发挥其价值。

应用集成所涉及的范围比较广泛，包括函数 / 方法集成、数据集成、界面集成、业务流程集成等。

（二）用户界面集成

用户界面集成是一个面向用户的整合，它将原先系统的终端窗口和 PC 的图形界面使用一个标准的界面（有代表性的例子是使用浏览器）来替换。一般地，应用程序终端窗口的功能可以一对一地映射到一个基于浏览器的图形用户界面。新的表示层需要与现存的遗留系统的商业逻辑或者一些封装的应用等进行集成。

企业门户应用 (Enterprise Portal) 也可以被看成是一个复杂界面重组的解决方案。一个企业门户合并了多个水利信息化应用，同时表现为一个可定制的基于浏览器的界面。在这个类型的 EAI 中，企业门户框架和中间件解决方案是一样的。

（三）数据集成

数据集成发生在企业内的数据库和数据源级别。通过从一个数据源将数据移植到另外一个数据源来完成数据集成。数据集成是现有 EAI 解决方案中最普遍的一种形式。然而，数据集成的一个最大的问题是商业逻辑常常只存在于主系统中，无法在数据库层次上去响应商业流程的处理，因此这限制了实时处理的能力。

此外，还有一些数据复制和中间件工具来推动在数据源之间的数据传输，一些是以实时方式工作的，一些是以批处理方式工作的。

（四）业务流程集成

虽然数据集成已经证明是 EAI 的一种流行的形式，然而，从安全性、数据完整性、业务流程角度来看，数据集成仍然存在着很多问题。组织内大量的数据是被商业逻辑所访问和维持的。商业逻辑应用加强了必需的商业规则、业务流程和安全性，而这些对于下层数据都是必需的。

业务流程集成产生于跨越了多个应用的业务流程层。通常通过使用一些高层的中间件来表现业务流程集成的特征。这类中间件产品的代表是消息中介，消息中介使用总线模式或者是 HUB 模式来对消息处理标准化并控制信息流。

（五）函数和方法集成

函数和方法集成涵盖了普通的代码 (COBOL，C++，Java) 撰写、应用程序接口 (API)、远端过程调用 (RPC)、分布式中间件如 TP 监控、分布式对象、公共对象访问中介 (CORBA)、Java 远端方法调用 (RMI)、面向消息的中间件以及 Web 服务等各种软件技术。

面向函数和方法的集成一般来说是处于同步模式的，即基于客户（请求程序）和服务器（响应程序）之间的请求响应交互机制。

在水利信息化方案中，我们综合使用了各种集成技术，并形成了完整的应用集成框架。

（六）基于 ESB 的应用集成

1. 产生背景

随着计算机与网络技术的不断发展，以及近几年信息化系统建设的不断发展，很多的单位（行政事业单位以及企业）都拥有了不止一套系统。与此同时，业务规则的不断变化，使得越来越多的单位在信息化建设的过程中，不得不加强自己业务的灵活性，同时简化其基础架构，以更好地满足其业务目标。

随着单位系统建设的越来越多，各个系统间数据、业务规则、业务流程的整合成为了最终用户非常关心的问题。如何通过整合已有系统，使各个系统的综合数据成为决策者的决策依据；如何通过系统整合，建设更加完整的、合理的业务流程；如何通过系统整合，降低工作人员的工作量，提高工作效率，以达到降低成本以及提高工作效率的目的。

正是因为存在以上种种的需求，人们开始希望能有一种比较好的解决方案，以从业务和架构上满足需求。ESB 的出现令人眼前为之一亮，它为解决以上种种问题提供了一种完整的设计与实施规范。ESB 以总线为基础，定义了各种功能组件以及一系列的技术规范，从业务角度和系统架构的角度上满足了大多数的需求。

2. 架构设计

系统的总体架构即ESB组成如图2-1所示。从图中可以看到，ESB主要包括消息的路由、消息的转换、权限的管理以及各种适配器。

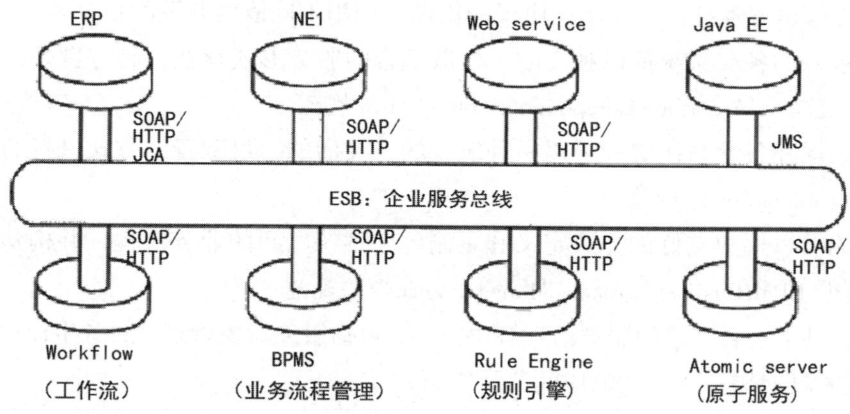

图 2-1　ESB 组成

消息路由以与实现方式无关的方式，将发送到消息通道中的数据，准确地发送到接收端。对于实现协议无关，只需针对不同类型的传输方式，建立相应的传输通道即可。

消息转换主要用来在消息的消费者和消息提供者之间转换数据。

权限模块主要用来进行一些与权限相关的操作，包括授予权限，查看权限。同时，权限还需要结合安全模型，以进行一定的安全管理。

适配器是服务与 ESB 总线交互的“接口”，是一个比较宽泛的概念，图 2—1 中给出的各种类型的服务，均是通过适配器接入总线上的。

3. 功能特点

单位内部存在多个需要被整合的系统，各个系统需要能够以统一、快速的方式集成。同时被集成的各个系统之间业务规则会存在一定的变化，并可能引起各个系统间交互数据的格式以及内容发生变化，因此需要构建敏捷的业务流程，并能够对交互的数据格式进行统一的、快速的定制。

ESB是一种在松散耦合的服务和应用之间进行集成的标准方式，是在SOA架构中实现服务间智能化集成与管理的中介，ESB是逻辑上与SOA所遵循的基本原则保持一致的服务集成基础架构，它提供了服务管理的方法和在分布式异构环境中进行服务交互的功能。同时，它也提供了服务的监控、统计、服务的发现等功能。

ESB系统中将集成的对象统一到服务，消息在应用服务之间传递时格式是标准的，这使得直接面向消息的处理方式成为可能。ESB能够在底层支持现有的各种通信协议，这样就使得开发人员对消息的处理可以完全不必考虑底层的传输协议，可以将所有的注意力都集中到消息内容的处理上来。在ESB中，对消息的处理就会成为ESB的核心，因为通过消息处理来集成服务是最简单可行的方式。这也是ESB中企业服务总线功能的体现。

业务和数据的快速集成工作使用ESB来完成，应用ESB可以完成以下功能：

（1）能够迅速地挂接基于不同协议的传输、使用不同语言开发的系统。

（2）接入的各个系统都以独立的、松散耦合的服务形式存在，具有良好的扩展性和可延续性，遵循SCA(Service Component Architecture)规范。

（3）数据在各个系统之间，以一种统一的、灵活的、可配置的方式进行交互，遵循SDC(Service Data Objects)规范。

（4）能够以用户友好的方式定义和定制各个系统之间的业务流程，并构建敏捷的业务流程，遵循BPM(Business Process Management)相关规范。

（5）提供了一套完整的服务治理解决方案，包括服务对象管理、服务生命周期管理、服务的监控及针对服务访问与响应的统计等。

（6）封装多种协议适配器，使开发人员能够透明地与基于不同通信协议和技术架构的系统进行交互。

（7）能够以用户友好的方式，方便地对服务的生命周期进行管理。

（8）应用一定的安全策略，保证数据和业务访问的安全性。

（9）能以用户友好的方式进行服务的注册以及管理。

（10）支持多种服务集成方式，如Web服务、适配器等。

第三章　GIS 技术在水利信息化中的应用基础

第一节　GIS 概述

一、地理信息系统的概念

（一）地理信息

地理信息是表征地理系统诸要素的数量、质量、分布特征、相互联系和变化规律的数字、文字、图像和图形等的总称。是有关地理实体的性质、特征和运动状态的表征和一切有用的知识，它是对地理数据的解释。地理信息中的位置是通过数据进行标示的，这是地理信息区别于其他类型信息的最显著的标志。

（二）信息系统

信息系统是具有数据采集、管理、分析、表达和输出数据能力的系统，它能够为单一的或有组织的决策过程提供有用的信息。在计算机时代，信息系统的部分或全部由计算机系统支持，人们常常使用计算机收集数据并将数据处理成信息，计算机的使用导致了一场信息革命，目前，计算机已经渗透到各个领域。一个基于计算机的信息系统包括计算机硬件、软件、地理数据和用户四大要素。

（三）地理信息系统

地理信息系统 (geographical information system，GIS) 是一门介于地球科学与信息科学之间的交叉学科，它是近年来迅速发展起来的一门新兴技术学科。顾名思义，地理信息系统是处理地理信息的系统。一般来说，GIS 可定义为：“用于采集、存储、管理、处理、检索、分析和表达地理空间数据的计算机系统，是分析和处理海量地理数据的通用技术。”从 GIS 系统应用角度，可进一步定义为：“GIS 由计算机系统、地理数据和用户组成，通过对地理数据的集成、存储、检索、操作和分析，生成并输出各种地理信息，从而为土地利用、资源评价与管理、环境监测、交通运输、经济建设、城市规划以及政府部门行政管理提供新的知识，为工程设计和规划、管理决策服务的综合信息技术。”

二、GIS 的组成要素

完整的 GIS 主要由四部分构成，即计算机硬件系统、计算机软件系统、地理空间数据和系统开发、管理与使用人员。其核心部分是计算机系统，包括软件和硬件。空间数据反映 GIS 的地理内容，而系统开发、管理人员和用户则决定系统的工作方式和信息表示方式。

（一）计算机硬件系统

地理信息系统的建立必须有一个计算机硬件系统。按用户的要求及系统所要完成的任务和目的，能满足地理信息系统运行的硬件设备的规模可大可小，一般可以有四种配置情况。

1. 简单型配置

最简单的硬件系统只需要中央处理器、图形终端、磁盘驱动器和磁盘，再加一台打印机即可运行。中央处理器 (CPU) 的任务是完成运算、处理、协调和控制计算机各个部件的运行，图形终端主要用作显示、监视和人机交互操作，如编辑、删改、增加、更新图形数据等。为了存储要处理的数据和程序，也为了存储运算的中间结果及处理后的结果。

简单型配置适用于家庭、办公室等环境，完成较简单的工作，如数据处理、查询、检索和分析等。由于输入输出的外围设备不完善，只能用键盘输入各种数据，或者先在别的系统上完成输入数据的工作，然后通过软盘做媒介，将数据调入这个系统的磁盘再进行其他运算。由于简单型配置的系统功能较少，因而在数据输入的种类、数据量、数据更新及成果输出等方面都会受到诸多限制。

2. 基本型配置

这种硬件系统的配置规模比简单型配置要大一些：除了中央处理器、磁盘驱动器、磁盘、图形终端和打印机外，还需要配置数字化仪和绘图仪等。数字化仪是地理信息系统硬件中的重要输入设备：它可以利用光标或光笔人工跟踪图形，将各种地图数字化并送入磁盘存储。绘图仪主要用于输出各种图件。

基本型硬件系统配置解决了地图的数字化输入和专题地图的输出问题，这种系统有条件完成 GIS 任务，能比较顺利地进行空间数据的输入、输出、查询、检索、运算、更新和分析等工作。当然，系统中主机的硬盘和内存空间还应适当增大，以确保大量地图数据的存储、处理和运算。

3. 扩展型配置

为了克服一般的 GIS 中不能输入图像数据的缺点，在上述的基本硬件配置基础上增加一个图像处理子系统，即可以建立一个扩展型的地理信息系统，图像处理子系统应包括 1 至 2 台磁带机、光盘机，1 台视频终端和高分辨率彩色监视器。如果经费充足，还可增设图像扫描输入和影像输出设备。磁带机的用处是便于直接输入 CCT(计算机兼容磁带) 遥感数据。视频终端和高分辨率彩色监视器可用于处理和显示遥感图像，然后送入 GIS 与图形数据一并进行分析。图像扫描输入输出设备比较昂贵，但它可以直接进行模，数转换或数，模转换，即可将照片或图像变成可供计算机直接处理的数字图像形式，又可将数字图像转变为照相底片，经洗印和放大后做成影像供专业人员分析使用。

扩展型的硬件系统配置功能比较齐全、性能强大，能输入、处理和输出各种类型的数据，完成一般系统不能完成的工作，实现遥感和 GIS 的综合处理。因此它是 GIS 进行复杂运行处理的有力保证。

4. 网络型配置

这种配置能实现 GIS 联网，计算机主机和外围设备既可以自成系统，又可以与其他计算机系统连接：既能使输入的数据或输出的数据供多用户共享，又能充分发挥各种计算机及其外围设备的作用，实现设备共享。这样既减少了设备浪费，节省了资金，又提高了工作效率。

GIS联网是一种比较理想的方案,也是发展趋势,但对网络设备及基础条件要求比较高。

（二）计算机软件系统

计算机软件系统是指地理信息系统运行所必需的各种程序及有关资料，主要包括计算机系统软件、地理信息系统软件和应用分析软件三部分。

1. 计算机系统软件

它是由计算机厂家提供的为用户开发和使用计算机提供方便的程序系统。通常包括操作系统、汇编程序、编译程序、库程序、数据库管理系统以及各种维护手册。

2. 地理信息系统软件

地理信息系统软件应包括五类基本模块，即下述诸子系统：数据输入和校验、数据存储和管理、数据变换、数据输出和表示、用户接口等。

（1）数据输入和校验：包括能将地图数据、遥感数据、统计数据和文字报告转换成计算机兼容的数字形式的各种转换软件。

许多计算机工具都可用于输入，例如人机交互终端（键盘与显示器）、数字化仪、扫描仪（卫星或飞机上直接记录数据，或用于地图或航片的扫描仪）以及磁带、磁盘、磁鼓上读取数字或数据的装置等。数据校验是通过观测、统计分析和逻辑分析检查数据中存在的错误，并通过适当的编辑方式加以改正。事实上数据输入和校验都是建立地理数据库必需的过程。

（2）数据存储和管理：数据存储和数据库管理涉及地理元素（表示地表物体的点、线、面）的位置、连接关系以及属性数据如何构造和组织，使其便于计算机和系统用户理解，用于组织数据库的计算机程序，称为数据库管理系统 (DBMS)。地理数据库包括数据格式的选择和转换及数据的查询、提取等。

（3）数据变换：包括两类操作，一是变换的目的是从数据中消除错误，更新数据，与其他数据库匹配等；二是为回答 GIS 提出的问题而采用的大量数据分析方法。空间数据和非空间数据可单独或联合进行变换运算。比例尺变换、数据和投影变换，数据的逻辑检索、面积和边长计算等，都是 GIS—般变换的特征。其他一些变换可以偏重于专业应用，也可以将数据合并到一个只满足特定用户需要的专门化 GIS 系统。

（4）数据显示与输出：是指原始数据或分析、处理结果数据的显示和向用户输出。数据以地图、表格、图像等多种形式表示。可以在屏幕上显示或通过打印机、绘图仪输出，也可以以数字形式记录在磁介质上。

（5）用户接口模块：用于接收用户的指令和程序或数据，是用户和系统交互的工具，主要包括用户界面、程序接口与数据接口。由于地理信息系统功能复杂，且用户又往往是非计算机专业人员，因此用户界面（或人机界面）是地理信息系统应用的重要组成部分，它通过菜单技术、用户询问语言的设置，还可采用人工智能的自然语言处理技术与图形界面等技术，提供多窗口和光标或鼠标选择菜单等控制功能，为用户发出操作指令提供方便。该模块还随时向用户提供系统运行信息和系统操作帮助信息，这就使地理信息系统成为人机交互的开放式系统。而程序接口和数据接口可分别为用户连接各自特定的应用程序模块和使用非系统标准的数据文件提供方便。

3. 应用分析软件

应用分析软件是指系统开发人员或用户根据地理专题或区域分析的模型编制的用于某种特定应用任务的程序，是系统功能的扩充和延伸。应用程序作用于地理专题数据或区域数据，构成 GIS 的具体内容，这是用户最为关心的真正用于地理分析的部分，也是从空间数据中提取地理信息的关键。用户进行系统开发的大部分工作是开发应用程序，而应用程序的水平在很大程度上决定系统实用性的优劣和成败。

（三）地理空间数据

在计算机环境中，数据是描述地理对象的一种工具，它是计算机可直接识别、处理、储存和提供使用的手段，是一种计算机的表达形式，地理空间数据是 GIS 的操作对象，是 GIS 所表达的现实世界经过模型抽象的实质性内容，地理空间数据实质上就是指以地球表面空间位置为参照，描述自然、社会和人文经济景观的数据，主要包括数字、文字、图形、图像和表格等。这些数据可以通过数字化仪、扫描仪、键盘、磁带机或其他系统输入GIS，数据资料和统计资料主要是通过图数转换装置转换成计算机能够识别和处理的数据。图形资料可用数字化仪输入，图像资料多采用扫描仪输入，由图形或图像获取的地理空间数据以及由键盘输入或转储的地理空间数据，都必须按一定的数据结构将它们进行存储和组织，建立标准的数据文件或地理数据库，以便于 GIS 对数据进行处理或提供用户使用。

（四）系统开发、管理和使用人员

人是地理信息系统中的重要构成因素，GIS不同于一幅地图，而是一个动态的地理模型，仅有系统软硬件和数据还构不成完整的地理信息系统，需要人进行系统组织、管理和维护以及数据更新、系统扩充完善、应用程序开发，并采用地理分析模型提取多种信息。

地理信息系统必须置于合理的组织联系中。如同生产复杂产品的企业一样，组织者要尽量使整个生产过程形成一个整体。要做到这些，不仅要在硬件和软件方面投资，还要在适当的组织机构中重新培训工作人员和管理人员方面投资，使他们能够应用新技术。近年来，硬件设备连年降价而性能则日趋完善与增强，但有技能的工作人员及优质廉价的软件仍然不足，只有在对 GIS 合理投资与综合配置的情况下，才能建立有效的地理信息系统。

三、GIS 的功能

实践中不同的地理信息系统，具有不同的功能。尽管目前商用 GIS 软件的优缺点各不相同，而且实现这些功能所采用的技术也不一样，但是大多数商用 GIS 软件包都提供了如下的功能：数据的获取、数据的编辑、数据的存储，数据的查询与分析以及图形的显示与交互等。

（一）数据采集与输入

数据采集主要用于获取数据，保证地理信息系统数据库中的数据在内容与空间上的完整性、数值逻辑一致性与正确性等。一般而论，地理信息系统数据库的建设要占整个系统建设投资的 70% 以上。

数据输入是地理信息系统研究的重要内容，它是把现有资料转换为计算机可处理的形式，按照统一的参考坐标系统、统一的编码、统一的标准和结构组织到数据库中的数据处理过程。

目前，可用于地理信息系统数据采集的方法与技术很多，数据输入子系统包括将现有地图、野外测量数据、航空相片、遥感数据、文本资料等转换成与计算机兼容的数字形式的各种处理转换软件。许多计算机操纵的工具都可以用于输入，如：人机交互终端、数字化桌、扫描仪、数字摄影测量仪器、磁带机、CD-ROM 和磁盘机等。针对不同的仪器设备，系统应配置相应的软件，并保证将得到的数据规范化后送入地理数据库中。

（二）数据编辑

数据编辑是指对地理信息系统中的空间数据和属性数据进行数据组织、修改等。针对数据的不同，可分为空间数据编辑和属性数据编辑。其中，空间数据编辑是 GIS 的特色，是利用地理信息系统软件工具，对现有的已采集到的空间数据进行处理和再加工的过程。通过各种渠道，运用各种手段采集而来的数据，在建立空间数据库和应用分析以前，都需要按照系统设计要求进行数据组织，然后进行修改。

现在的地理信息系统都具有很强的图形编辑功能，图形编辑包括：矢量数据编辑和栅格数据编辑。矢量数据编辑功能包括：图形编辑、属性检查与编辑、拓扑关系检查与编辑、注记和符号编辑等。栅格数据编辑用于处理以栅格结构表示的数据，如数据高程模型 (DEM) 数据、卫星影像、航空影像、数字栅格地图等。在进行地图数字化时，普遍采用扫描矢量化方式。如果扫描图的质量不是很好，那么要对扫描所得的影像进行预处理，以提高矢量化的效率和影像的质量。

（三）数据存储管理

数据存储管理是建立地理信息系统数据库的关键步骤，涉及空间数据和属性数据的组织。数据存储和数据库管理涉及地理元素（地物的点，线、面）的位置，空间关系以及如何组织数据，使其便于计算机处理和系统用户理解等。用于组织数据库的计算机程序称为数据库管理系统 (DBMS)。数据模型决定了数据库管理系统的类型。目前通用数据库的模型一般采用层次模型、网状模型和关系模型。最近，一些扩展的关系数据库管理系统（如 Oracle 等）增加了空间数据类型，可以用于管理 GIS 的图形和属性数据。

（四）空间查询与分析

空间查询是地理信息系统以及许多其他自动化地理数据处理系统应具备的最基本的分析功能。空间分析是地理信息系统的核心功能，也是地理信息系统与其他计算机系统的根本区别。模型分析是在地理信息系统支持下，分析和解决现实世界中与空间相关的问题，是地理信息系统应用深化的重要标志。

虽然数据库管理系统一般提供了数据库查询语言，如 SQL 语言，但对于 GIS 而言，需要对通用数据库的查询语言进行补充或重新设计，使之支持空间查询。在人们的日常生活中，许多衣食住行等实际问题，都与地理信息系统的应用密切相关。例如，某个商场在哪里？这个商场距离居住地有多远？走哪一条路才能以最短的距离到达该商场？在某一城市中，居住用地、城市绿地、水域的面积各是多少？这些查询问题是 GIS 所特有的。所以，一个功能强的 GIS 软件，应该设计一些空间查询语言，满足常见的空间查询的要求，增加空间查询模块。

空间分析是比空间查询更深层的应用，内容更加广泛，包含地形分析、土地适应性分析、网络分析、叠加分析、缓冲区分析和决策分析等。随着 GIS 应用范围的扩大，GIS 软件的空间分析功能将不断增加。

就一般空间查询而言，用户可以就某个地物或区域本身的直接信息进行双向查询，即根据图形查询相应的属性信息。反之，可以按照属性信息，查找相对应的地理目标。除此之外，经过适当的选择变换方法，还可以从 GIS 目标之间的空间关系中获得新的派生信息和新的知识，来回答有关空间关系查询和进行空间分析。基本的查询与空间分析操作主要包括拓扑空间查询、拓扑叠加分析、缓冲区分析等。

（五）数据显示与输出

地理信息系统的可视化表现，就是将已经获取的各种地理空间数据，经过空间可视化模型的计算机分析，转换成可以被人们的视觉感知的计算机二维（或二维）图形和图像。地理空间数据包括图形、图像和属性信息，还包括与地理对象有关的音频、视频、动画等多媒体信息，这些存储于计算机中的空间地理数据是看不见、摸不着的东西，而人们在日常生活和交往中，早已习惯运用图形、照片、表格等方式来表达各种地理要素的空间分布和关系。因此，地图是空间地理数据可视化表现最常见的形式。

随着计算机技术、信息技术和网络技术的发展，空间地理数据可视化的表现方法和模式也正在日新月异地改变。现在除了二维的静态地图表示以外，已经出现了动态三维表现、图形数据和多媒体数据混合表现、网上地图和多媒体信息浏览以及虚拟现实技术等。

地理信息系统为用户提供了许多用于地理数据表现的工具，其形式既可以是计算机屏幕显示，也可以是诸如报告、表格、地图等硬拷贝图件，尤其要强调的是地理信息系统的地图输出功能。一个好的地理信息系统应能提供一种良好的、交互式的制图环境，以便地理信息系统的使用者能够设计和制作出高质量的地图。

第二节　GIS 技术应用

一、数据的获取与处理

（一）地理信息系统的数据

地理信息系统的一个重要部分就是数据。陈述彭先生曾经把地理信息系统中的数据比作水利设施中的水，没有了水，水利设施便无法发挥作用。GIS 中没有了数据，便成了无米之炊。可见，地理空间数据是地理信息系统的血液，如同汽油是汽车的血液一样。实际上整个地理信息系统都是围绕空间数据的采集、加工、存储、分析和表现展开的。空间数据源、空间数据的采集手段、生产工艺、数据的质量都直接影响到地理信息系统应用的潜力，成本和效率。

从总体上分类，地理信息系统的数据可以分为图形图像数据与文字数据两大类。其中，各种文字数据包括各类调查报告、文件、统计数据、实际数据与野外调查的原始记录等，如人口数据、经济数据、土壤成分、土地分类数据、环境数据；图形图像数据包括现有的地图、工程图、现状图、规划图、照片、航空与遥感影像等。

属性数据也称为统计数据或专题数据。属性数据是对目标的空间特征以外的目标特性的详细描述，包含了对目标类型的描述和目标的具体说明与描述。目标类型的定义是每个空间目标所必需的，所以该项内容也称为地物类型的定义。至于其他说明信息则视需要丽定。有些地物类型可能不需要说明属性；而有些地理信息目标的属性很多，如在土地利用信息系统中，一个地块的属性可能有 20~30 项。

属性数据一般采用键盘输入，输入的方式有两种：一种是对照图形直接输入：另一种是预先建立属性表结构输入属性，或从其他统计数据库中导入属性，然后根据关键字与图形数据自动连接。

属性数据一般为字符串和数字，但随着多媒体技术的发展，图片、录像、声音和文本说明等也常作为空间目标的描述特性。

（二）地图的数字化

基础地理信息来源多种多样，如现有地图（地形图，专题地图）、全野外数字测图 (GPS/全站仪，电子手簿）、卫星影像、航空相片、调查统计数据、现有的数据文件、数据库等。

随着技术的发展，人们对地图的要求进一步提高。由于传统纸质地图效率、速度和精度很低，因此难以适应现代和未来科技的发展。而通过 GIS 工具，可以把纸质地图经过一系列处理转换成可以在屏幕上显示的矢量化地图，满足人们使用地图的新的要求。

把纸质地图经过计算机图形图像系统光电转换量化为点阵数字图像，经图像处理和曲线矢量化，或者直接进行手扶跟踪数字化后，生成为可以为地理信息系统显示、修改、标注、漫游、计算、管理和打印的矢量地图数据文件，这种与纸质地图相对应的计算机数据文件称为矢量化电子地图。这种地图工作时需要有应用软件和硬件系统的支撑。对矢量化地图的操作是以人机交互方式，通过 GIS 应用软件对硬件设备的控制来实现的。

手扶跟踪数字化 (manul digitising) 工作量非常繁重，但是它仍然是目前最广泛采用的将已有地图数字化的手段之一。

手扶跟踪数字化的工作效率受 3 种因素的影响：首先是地图的预处理，操作员应该不假思索或仅简单考虑就能区分出地图上哪些要素应该输入，哪些要素不应该输入；其次是操作员的熟练程度；再次是计算机软件的设计是否便于操作。而数字化工作的质量主要受原地图的精度、操作者的经验和对工作的负责态度，以及数字化仪本身的分辨率和误差的影响。

随着计算机软件和硬件价格的逐渐降低，并且提供了更多的功能，空间数据获取成本成为 GIS 项目中最主要的成分。由于手扶跟踪数字化需要大量的人工操作，使得它成为以数字为主的应用项目瓶颈。扫描矢量化技术的出现无疑为空间数据录入提供了有力的工具。

多数扫描仪是按栅格方式扫描后将图像数据交给计算机处理。

在扫描后处理中，需要进行栅格转矢量的运算，一般称为扫描矢量化过程。扫描矢量化可以自动进行，但是扫描地图中包含多种信息，系统难以自动识别分辨（例如，在一幅地形图中，有等高线、道路、河流等多种线状地物。尽管不同地物有不同的线型、颜色，但是对于计算机系统而言，仍然难以对它们进行自动区分），这使得完全自动矢量化的结果不那么“可靠”，所以在实际应用中，常常采用交互跟踪矢量化或者称为半自动矢量化。

（三）野外数据采集

对于大比例尺的地理信息系统而言，野外数据采集可能是一个主要手段，这里仅介绍与 GIS 数据采集有关的内容。

全站仪是电子经纬仪和激光测距仪的集成，它可以同时测量空间目标的距离和方位数据，并且可以进一步得到它的大地坐标数据。

现在已经普遍采用全球定位系统 (global positioning system，GPS) 直接测量地面点的大地经纬度和大地高度。这种卫星定位系统是 20 世纪 70 年代末由美国国防部主持发展起来的，它由 24 颗轨度高约 20000km 的卫星网络组成。这 24 颗卫星分布在 6 个均匀配置的轨道上。在地球表面任一地点均可以同时接收到 4 颗以上卫星信号。卫星定位是在地心空间大地直角坐标系 (O–XYZ) 中进行的，其中的大地直角坐标系和地心大地坐标系（B，L，H，）

加可以通过几何关系互相转换。

航空摄影获得的航空影像为数据源，利用立体相对的方法，在解析测图仪或立体测图仪上采集地形特征点，获得三维坐标数据。摄影测量在我国基本比例尺测图生产中起到了非常关键的作用。我国绝大部分 1 ： 10000 和 1 ： 50000 基本比例尺地形图使用摄影测量方法。同样，在 GIS 空间数据采集的过程中，随着数字测量技术的推广，摄影测量也将起到越来越重要的作用。摄影测量包括航空测量和地面摄影测量。地面摄影测量一般采用倾斜摄影或交向摄影，航空摄影一般采用垂直摄影。

遥感图像可以采用模拟法处理或数字图像处理。目前一般采用数字图像处理方法，特别是对 GIS 数据采集而言，遥感数字图像处理系统与 GIS 有着密切的关系。

（四）数据编辑处理

空间数据和非空间数据都输入计算机后，就要对输入的数据进行处理，数据处理是建立和应周地理信息系统过程中不可缺少的一个阶段。在这个阶段中，一方面可对输入的数据进行质量检查与纠正，其中包括图形数据和属性数据的编辑、图形数据和属性数据之间的对应关系的校验及纠正、空间数据的误差校正等；另一方面是对输入的图形数据进行整饰处理，以使这些图形数据能满足地理信息系统的各种应用要求，其中包括对矢量数据的压缩与光滑处理、拓扑关系的建立、矢量数据与栅格数据的相互转换、图形的线性变换和投影变换，地图符号的设计及调用、图框的生成、地图裁剪以及图幅拼接等。

数据编辑又叫数字化编辑，它是指对地图资料数字化后的数据进行编辑加工，其主要目的是在改正数据差错的同时，相应地改正数字化资料的图形。大多数数据编辑都是消耗时间的交互处理过程，编辑时间与输入时间几乎一样多，有时甚至更多。全部编辑工作都是把数据显示在屏幕上并由键盘和鼠标控制数据编辑的各种操作。因此，GIS 的图形编辑系统，除具有图形编辑和属性编辑的功能外，还应具有窗口显示及操作功能，以达到数据编辑过程中交互操作的目的。

空间和非空间数据输入时会产生一些误差，主要有：空间数据不完整或重复、空间数据位置不正确、空间数据变形、空间与非空间数据连接有误以及非空间数据不完整等。所以，在大多数情况下，空间和非空间数据输入以后，必须经过检核，然后才能进行交互式编辑。对图形数据编辑是通过向系统发布编辑命令（多数是窗口菜单）用光标激活来完成的，编辑命令主要有增加数据、删除数据和修改数据三类。

我们知道，地理信息系统所要获取、管理以及分析加工的地理信息有三种形态：即空间信息、属性信息和关系信息。

属性数据就是描述空间实体特征的数据集，这些数据主要用来描述实体要素类别、级别等分类特征和其他质量特征。

对属性数据的输入与编辑，一般在属性数据处理模块中进行。但为了建立属性描述数据与几何图形的联系，通常需要在图形编辑系统中设计属性数据的编辑功能，主要是将一个实体的属性数据连接到相应的几何目标上，亦可在数字化及建立图形拓扑关系的同时或之后，对照一个几何目标直接输入属性数据，一个功能强的图形编辑系统可提供查询、删除、修改、拷贝属性等功能。

二、空间查询与分析

空间查询是 GIS 的最基本最常用的功能，也是它与其他数字制图软件相区别的主要特征。空间分析功能是 GIS 的主要特征和评价 GIS 软件的主要指标之一。

空间分析主要包括基于空间图形数据的分析运算、基于非空间属性的数据运算以及空间和非空间数据的联合运算。空间分析的目的是解决人们所涉及地理空间的实际问题，提取和传输地理空间信息（尤其是隐含信息），以便进行辅助决策。

（一）空间查询

查询和定位空间对象，并对空间对象进行量算是地理信息系统的基本功能之一，它是地理信息系统进行高层次分析的基础。图形与属性互查是最常用的查询，主要有两类。第一类是按属性信息的要求来查询定位空间位置，称为“属性查图形”。第二类是根据对象的空间位置查询有关属性信息，称为“图形查属性”。

一般 GIS 中，提供的空间查询方式有：空间定位查询、空间关系查询、SQL 查询。

空间定位查询是指给定一个点或一个几何图形，检索出该图形范围的空间对象以及相应的属性。空间实体间存在多种空间关系，包括拓扑、顺序、距离、方位等关系。通过空间关系查询和定位空间实体是地理信息系统不同于一般数据库系统的功能之一。

空间关系查询包括空间拓扑关系查询和缓冲区查询。空间关系查询有些是通过拓扑数据结构直接查询得到，有些是通过空间运算，特别是空间位置的关系运算得到。

将 SQL 查询和空间关系查询结合起来是 GIS 研究的一个重要课题，即将 SQL 的属性条件和空间关系的图形条件组合在一起形成扩展的 SQL 查询语言。这些空间关系与属性条件组合在一起，进行复杂的空间查询，可以给用户带来很大的方便。

（二）缓冲区分析

所谓缓冲区就是地理空间目标的一种影响范围或服务范围。从数学的角度看，缓冲区分析的基本思想是给定一个空间对象或集合，确定它们的邻域，邻域的大小由邻域半径决定。

邻近度 (proximity) 描述了地理空间中两个地物距离相近的程度，其确定是空间分析的一个重要手段。交通沿线或河流沿线的地物有其独特的重要性，公共设施（商场、邮局、银行、医院、车站、学校等）的服务半径，大型水库建设引起的搬迁，铁路、公路以及航运河道对其所穿过区域经济发展的重要性等，均是一个邻近度问题。缓冲区分析是解决邻近度问题的空间分析工具之一。

（三）叠加分析

大部分 GIS 软件是以分层的方式组织地理景观，将地理景观按主题分层提取，同一地区的整个数据层集表达了该地区地理景观的内容。每个主题层，可以叫作一个数据层面。数据层面既可以用矢量结构的点、线、面图层文件方式表达，也可以用栅格结构的图层文件格式进行表达。

叠加分析是地理信息系统最常用的提取空间隐含信息的手段之一。该方法源于传统的透明材料叠加，把来自不同的数据源的图纸绘于透明纸上，在透光桌上将其叠放在一起，然后用笔勾出感兴趣的部分，提取出感兴趣的信息。地理信息系统的叠加分析是将有关主题层组成的效据层面，进行叠加产生一个新数据层面的操作，其结果综合了原来两层或多层要素所具有的属性。叠加分析不仅包含空间关系的比较，还包含属性关系的比较。地理信息系统叠加分析可以分为以下几类：视觉信息叠加、点与多边形叠加、线与多边形叠加、多边形叠加、橱格图层叠加。

（四）网络分析

对地理网络（如交通网络）、城市基础设施网络（如各种网线、电力线、电话线、供排水管线等）进行地理分析和模型化，是地理信息系统中网络分析功能的主要目的。网络分析是运筹学模型中的一个基本模型，它的根本目的是研究、筹划一项网络工程如何安排，并使其运行效果最好，如一定资源的最佳分配，从一地到另一地的运输费用最低等。其基本思想则在于人类活动总是趋于按一定目标选择达到最佳效果的空间位置。这类问题在社会经济活动中不胜枚举，因此在地理信息系统中此类问题的研究具有重要意义。

三、GIS 二次开发与应用

地理信息系统 (geographic information system，GIS) 根据内容可分为两大基本类型：一是应用型 GIS，以某一专业、领域或工作为主要内容，包括专题 GIS 和区域综合 GIS；二是工具型 GIS，也就是 GIS 工具软件包（如 ArcInfo 等），具有空间数据输入、存储、处理、分析和输出等 GIS 基本功能。随着 GIS 应用领域的扩展，应用型 GIS 的开发工作日显重要。如何针对不同的应用目标，高效地开发出既合乎需要又具有方便、美观、丰富的界面形式的 GIS，是 GIS 开发者非常关心的问题。

（一）GIS 二次开发的实现方式

1. 独立开发

独立开发指不依赖了任何 GIS 工具软件，从空间数据的采集、编辑到数据的处理分析及结果输出，所有的算法都由开发者独立设计，然后选用某种程序设计语言（如 VisualC++，Delphi 等），在一定的操作系统平台上编程实现。这种方式的好处在于：无须依赖任何商业 GIS 工具软件，可减少开发成本。但对于大多数开发者来说，能力、时间、财力方面的限制使其开发出来的产品很难在功能上与商业化 GIS 工具软件相比，而且在 GIS 工具软件节省下的钱可能还抵不了开发者在开发过程所花的代价。

2. 单纯二次开发

单纯二次开发指完全借助了 GIS 工具软件提供的开发语言进行应用系统开发。GIS 工具软件大多提供了可供用户进行二次开发的宏语言，如 ESRI 公司的 ArcView 提供了 Avenue 语言，Maplnfo 公司研制的 Maplnfo Professional 提供了 MapBasic 语言等，用户可以利用这些宏语言，以原 GIS 工具软件为开发平台，开发出针对不同应用对象的应用程序，这种方式虽省时省心，但进行二次开发的宏语言作为编程语言只能算是二流语言，功能极弱，用它们来开发应用程序仍然不尽如人意。

3. 集成二次开发

集成二次开发是指利用专业的 GIS 上具软件（如 ArcView，Maplnfo 等），实现 GIS 的基本功能，以通用软件开发工具，尤其是可视化开发工具，如 Delphi，VisualC++，Visual Basic．PowerBuilder 等为开发平台，进行二者的集成开发。

集成二次开发目前主要有 OLE/DDE 和 GIS 组件两种方式。

采用 OLE(object linking and embedding，对象链接与嵌入) 自动化技术或利用 DDE 技术，用软件开发工具开发前台可执行应用程序，以 OLE 自动化方式或 DDE 方式启动 GIS 工具软件在后台执行，利用回调 (Callback) 技术动态获取其返回信息，实现应用程序中的地理信息处理功能。

利用 GIS 工具软件生产厂家提供的建立在 OCX 技术基础上的 GIS 功能组件（如 ESRI 的 MapObjects、Maplnfo 公司的 MapX 等），在 Delphi 等编程工具编制的应用程序中，直接将 GIS 功能嵌入其中，实现地理信息系统的各种功能。

（二）数据管理设计

数据管理部分设计的目的是确定在数据管理系统中存储和检索数据的基本结构，其原则是要隔离数据管理方案的影响，而不管该方案是普通文件、关系数据库、面向对象数据库或者是其他方式。

目前，主要有下述三种主要的数据管理方法：

（1）普通文件管理：普通文件管理提供基本的文件处理和分类能力。

（2)关系数据库管理系统 (RDBMS)：关系型数据库管理系统建立在关系理论的基础上，

采用多个表来管理数据，每个表的结构遵循一系列“范式”进行规范化，以减少数据冗余。

（3）面向对象的数据库管理系统(OO-DBMS)：面向对象的数据库是一种正在成熟的技术，它通过增加抽象数据类型和继承特性以及一些用来创建和操作类和对象服务，实现对象的持续存储。

在地理信息系统软件中，需要管理的数据主要包括：中间几何体数据、时间数据、结构化的非空间属性数据以及非结构化的描述数据。

（三）界面设计

对于成功的GIS软件，好的界面是不可或缺的。在进行GIS界面设计时，其界面应允许用户选择并检索相应的空间数据，操作这些数据，并且表现分析的结果。对于基本的数据检索、操作和表现，与普通的软件是一致的，在GIS中要考虑的是以下几个要素。

（1）数据处理由一系列空间的和非空间的操作组成，一个设计良好的界面使实现这些操作更加容易。与标准的关系数据库相比，GIS所管理的数据更具有面向对象的特征，所以一个面向对象界面有利于用户与系统的交互操作，以完成数据处理。在GIS软件中，面向对象的界面设计包括将地理实体（如点、线、多边形）以及一些操作以象形的符号表现出来，而用户可以通过简单的点击、拖放等操作实现相应的数据处理。

（2）由于地理信息系统是基于图形的，其分析和解释的结果通常是以可视化的形式表现出来。可视化是指为了识别、沟通和解释模式或结构，概括性地表现信息的过程。空间分析需要考虑信息模式以及空间特征的感受，对于GIS，可视化可以描述为从信息到知识的转化过程。对于地理信息系统，除了以可视化的形式表现各种信息，实现表达的所见即所得亦是界面设计的重要原则。

（四）组件式GIS的开发

由于独立开发难度太大，单纯二次开发受GIS工具提供的编程语言的限制差强人意，因此结合GIS工具软件与当今可视化开发语言的集成二次开发方式就成为GIS应用开发的主流。它的优点是，既可以充分利用GIS工具软件对空间数据库的管理、分析功能，又可以利用其他可视化开发语言具有的高效、方便等编程优点，集二者之所长，不仅能大大提高应用系统的开发效率，而且使用可视化软件开发工具开发出来的应用程序具有更好的外观效果、更强大的数据库功能，而且可靠性好、易于移植、便于维护。尤其是使用OCX技术利用GIS功能组件进行集成开发，更能表现出这些优势。

组件式软件技术已经成为当今软件技术的潮流之一。为了适应这种技术潮流，GIS软件同其他软件一样，已经或正在发生着革命性的变化，即由过去厂家提供全部系统或者具有二次开发功能的软件，过渡到提供组件由用户自己再开发的方向上来。无疑，组件式GIS技术将给整个GIS技术体系和应用模式带来巨大影响。

GIS 技术的发展，在软件模式上经历了功能模块、包式软件、核心式软件，如今发展到组件式 GIS 和 WebGIS 的过程。传统 GIS 虽然在功能上已经比较成熟，但是由于这些系统多是基于 10 多年前的软件技术开发的，属于独立封闭的系统。同时，GIS 软件变得日益庞大，用户难以掌握，费用昂贵，阻碍了 GIS 的普及和应用。组件式 GIS 的出现为传统 GIS 面临的多种问题提供了全新的解决思路。

组件式 GIS 的基本思想是把 GIS 的各大功能模块划分为几个控件，每个控件完成不同的功能。各个 GIS 控件之间，以及 GIS 控件与其他非 GIS 控件之间，可以方便地通过可视化的软件开发工具集成起来，形成最终的 GIS 应用。

把 GIS 的功能适当抽象，以组件形式供开发者使用，将会带来许多传统 GIS 工具无法比拟的下述优点。

1. 小巧灵活、价格便宜

由于传统 GIS 结构的封闭性，往往使得软件本身变得越来越庞大，不同系统的交互性差，系统的开发难度大。在组件模型下，各组件都集中地实现与自己最紧密相关的系统功能，用户可以根据实际需要选择所需控件，最大限度地降低了用户的经济负担。组件化的 GIS 平台集中提供空间数据管理能力，并且能以灵活的方式与数据库系统连接。在保证功能的前提下，系统表现得小巧灵活，而其价格仅是传统 GIS 开发工具的 1/10，甚至更少。这样，用户便能以较好的性能价格比获得或开发 GIS 应用系统。

2. 无须专门 GIS 开发语言，直接嵌入 MIS 开发工具

传统 GIS 往往具有独立的二次开发语言，对用户和应用开发者而言存在学习上的负担。而且使用系统所提供的二次开发语言，开发往往受到限制，难以处理复杂问题。而组件式 GIS 建立在严格的标准之上，不需要额外的 GIS 二次开发语言，只需实现 GIS 的基本功能函数，按照 Microsoft 的 ActiveX 控件标准开发接口。这有利于减轻 GIS 软件开发者的负担，而且增强了 GIS 软件的可扩展性。GIS 应用开发者，只需熟悉基于 Windows 平台的通用集成开发环境，以及 GIS 各个控件的属性、方法和事件，就可以完成应用系统的开发和集成。目前，可供选择的开发环境很多，如 VisualC++，VisualBasic，Visual FoxPro. BorlandC++，Delphi，C++Builder 以及 Power Builder 等都可直接成为 GIS 或 GMIS 的优秀开发工具，它们各自的优点都能够得到充分发挥。这与传统 GIS 专门性开发环境相比，是一种质的飞跃。

3. 强大的 GIS 功能

新的 GIS 组件都是基于 32 位系统平台的，采用 InProc 直接调用形式，所以，无论是管理大数据的能力还是处理速度方面均不比传统 GIS 软件逊色。小小的 GIS 组件完全能提供拼接、裁剪、叠合、缓冲区等空间处理能力和丰富的空间查询与分析能力。

4. 开发简捷

由于 GIS 组件可以直接嵌入 MIS 开发工具中，故对于广大开发人员来讲，就可以自由选用他们熟悉的开发工具。此外，GIS 组件提供的 API 形式非常接近 MIS 工具的模式，开发人员可以像管理数据库表一样熟练地管理地图等空间数据，无须对开发人员进行特殊的培训。在 GIS 或 GMIS 的开发过程中，开发人员的素质与熟练程度是十分重要的因素。这将使大量的 MIS 开发人员能够较快地过渡到 GIS 或 GMIS 的开发工作中，从而大大加速 GIS 的发展。

5. 更加大众化

组件式技术已经成为业界标准，用户可以像使用其他 ActiveX 控件一样使用 GIS 控件，使非专业的普通用户也能够开发和集成 GIS 应用系统，推动了 GIS 大众化进程。组件式 GIS 的出现使 GIS 不仅是专家们的专业分析工具，同时也成为普通用户对地理相关数据进行管理的可视化工具。

（五）组件式 GIS 的应用

各个 GIS 控件之间，以及 GIS 控件与其他非 GIS 控件之间，可以方便地通过可视化的软件开发工具集成起来，形成最终的 GIS 应用。控件如同一堆各式各样的积木，他们分别实现不同的功能（包括 GIS 和非 GIS 功能），根据需要把实现各种功能的“积木”搭建起来，就构成应用系统。

传统 GIS 软件与用户或者二次开发者之间的交互，一般通过菜单或工具条按钮、命令以及 GIS 二次开发语言进行。组件式 GIS 与用户和客户程序之间则主要通过属性、方法和事件进行交互，如图 3—1 所示。

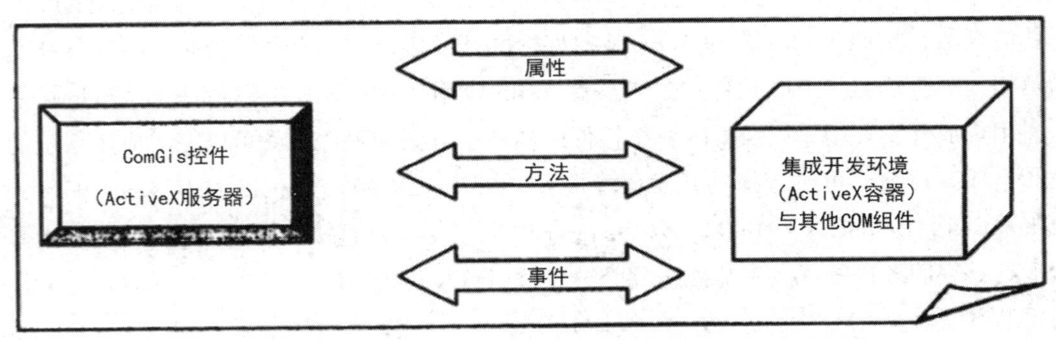

图 3-1　ComGIS 与集成环境及其他组件之间的交互

属性 (Properties) 指描述控件或对象性质 (Attributes) 的数据，如：BackColor（地图背景颜色）、GPSIcon(用于 GPS 动态目标跟踪显示的图标) 等。可以通过重新指定这些属性的值来改变控件和对象性质。在控件内部，属性通常对应于变量 (Variables)。方法 (Methods)

指对象的动作(Actions)，如：Show(显示)、AddLayer(增加图层)、Open(打开)、Close(关闭)等。通过调用这些方法可以让控件执行诸如打开地图文件、显示地图之类的动作。

事件(Events)指对象的响应(Responses)。当对象进行某些动作时(可以是执行动作之前、动作进行过程中或者动作完成后)激发一个事件，以便客户程序介入并响应这个事件。比如用鼠标在地图窗口内单击并选择一个地图要素，控件产生选中事件(如 ItemPicked)通知客户程序有地图要素被选中，并传回描述选中对象的个数、所属图层等有关选择集信息的参数。

属性、方法和事件是控件的通用标准接口，适用于任何可以作为 ActiveX 包容器的开发语言，具有很强的通用性。目前，可以嵌入组件式 GIS 控件集成 GIS 应用的可视化开发环境很多，根据 GIS 应用项目的特点和用户对不同编程语言的熟悉程度，可以比较自由地选择合适的开发环境，见表 3—1。其中，Microsoft 公司的 Visual Basic 和 Borland 公司的 Delphi 功能强大、易于使用，适合大多数 GIS 应用；而 Visual FoxPro 等开发环境适合建立数据库管理功能强大的 GIS 应用。

3-1　几种可以使用组件式 GIS 应用集成的开发环境比较

可视化开发环境	特点及使用范围
VisualBasic Delphi C++Builder	具有较强的多媒体和数据库管理功能，且易于使用，适合大多数 GIS 应用
VisualC++ BorlandC++ VisualFoxPro PowerBuildcr	功能强大，但对编程人员要求很高，适用于编程能力强的用户以及需要编写复杂的、底层的专业分析模型的 GIS 应用 数据库管理功能强，适用于建立有大量关系数据的 GIS 应用

第三节　常用 GIS 软件介绍

一、ESRI 产品

ESRI 公司(美国环境系统研究所公司，Environmental Systems Research Institute. Inc.)，于 1969 年在美国加利福尼亚州雷德兰兹(RedLands)市成立，公司主要从事 GIS 工具软件的开发和 GIS 数据生产。

ESRI 的产品中，在 ArcInfo 软件家族中，主要由 ArcInfo Desktop 和 ArcInfo Workstation 组成。

ArcInfo Desktop 包含 ArcEditor 所有功能，并加上一套数据管理、分析和转换工具。

用这些工具可进行数据转换，概括、聚合、覆盖、创建缓冲区、统计计算等。每个工具都有向导式菜单驱动界面。ArcInfo Desktop 可运行于 Windows NT/2000/XP。

ArcInfo Workstation 使用传统的用户界面进行空间处理 (ARC，ARCEDIT，ARCPLOT，ARC 宏语言 [AML] 以及更多)。除了提供对许多 ArcInfo 用户熟悉的环境，ArcInfo Workstation 包含空间处理功能。它运行在 WindowsNT/2000/XP 和许多 UNIX 平台。

ArcView 是 ESRI 金司的桌面 GIS 系统，它以工程为中心，实现了对地图数据、结构化的属性数据、统计图、地图图面配置、开发语言等多种文档的管理。ArcView 还以“插件”的形式提供了一些扩展模块。

MapObjects 是一组供应用开发人员使用的制图与 GIS 功能组件。它由多个 ActiveX 控件和一系列可编程 ActiveX Automation 对象组成。利用 MapObjects，开发人员可以在应用程序中添加制图和 GIS 功能。

ArcIMS 是一个基于 Internet 的 GIS，它允许集中建立大范围的 GIS 地图，数据和应用并将这些结果提供给组织内部的或 Internet 上的广大用户。ArcIMS 包括了客户端和服务器端两方面的技术。它扩展了普通站点，使其能够提供 GIS 数据和应用服务。ArcIMS 包括了免费 HTML 和 Java 浏览工具，ArcIMS 同时也支持其他的客户端，比如：ArcGIS Desktop，ArcPad 和无线设备。

ArcPad 通过手持和移动设备为野外用户提供数据访问，制图及 GIS 分析和 GPS 集成功能。使用 Arcpad 可快速且容易的采集数据，并在对数据合法性与有用性进行及时的验证。

二、MapInfo 产品

MapInfo 公司子 1986 年成立于美国特洛伊 (Troy) 市，成立以米，该公司一直致力于提供先进的数据可视化、信息地图技术，其软件代表是桌面地图信息系统软件——MapInfo。

Maplnfo 公司的主要系列产品有如下：

（1）MapInfo Professional。MapInfo 公司主要的软件产品，它支持多种本地或者远程数据库，较好地实现了数据可视化，能生成各种专题地图。此外还能够进行一些空间查询和空间分析运算，如缓冲区等，并通过动态图层支持 GPS 数据。

（2）MapBasic。在 Maplnfo 平台上开发用户定制程序的编程语言，它使用与 Basic 语言一致的函数和语句，便于用户掌握。通过 MapBasic 进行二次开发，能够扩展 MapInfo 功能，并与其他应用系统集成。

（3）MapInfo ProServer。应用于网络环境下的地图应用服务器，它使得 MapInfo Professional 运行于服务器端，并能够响应用户的操作请求，而客户端可以使用任何标准的 Web 浏览器。在服务器上可以运行多个 MapInfo Professional 实例，以满足用户的服务请求，从而节省了投资。

（4）MapInfo MapX。MapInfo 提供的 OCX 控件。

（5）MapInfo MapXtreme。基于 Internet/Extranet 的地图应用服务器，它可以帮助配置企业的 Internet。

（6）SpatialWare。在对象—关系数据库环境下基于 SQL 进行空间查询和分析的空间信息管理系统，在 SpatialWare 中，支持简单的空间对象，因而支持空间查询，并能产生新的几何对象。在实际应用中，一般使用 SpatialWare 作为数据服务器，而 MapInfo Professional 作为客户端，可以提高系统开发效率。

（7）Vertical Mapper。提供了基于网格的数据分析工具。

三、MapInfo MapXtreme

（一）MapInfo MapXtreme 简介

MapInfo MapXtreme 是基于 Internet 和 Intranet 的地图应用服务器，利用 MapXtreme 所提供的强大功能，可以快速部署基于 Internet 和 Intranet 的地图应用，实现地图数据和其他商业信息的发布和共享。通过 Web 形式的地图应用系统，实现数据可视化。以图形的方式，方便、直观地展现数据和地理信息的关系，揭示出数据背后不易察觉的规律和发展趋势，改善企业的运营机制，提高生产效率，辅助客户做出更具洞察力的分析和决策。

（二）MapXtreme 功能特点

MapXtreme 的主要功能是：通过 MapXtreme，用户可以在 Internet/Intranet WWW 上发布基于电子地图的应用系统。所有的最终用户只需在自己的机器上安装浏览器（如 Microsoft Internet Explorer 或 Netscape) 即可访问存放征服务器端的空间数据，用户可以很方便地对地图进行放大、缩小、漫游、查询、统计等操作。此外，MapXtreme 还提供了许多强大的地图化功能满足用户的不同层次的需要，包括：专题图、缓冲区分析、对象（地图）编辑、绘制图层、查找、直接读取 LotusNotes、图层控制、空间选择、访问各种数据源等。访问空间数据（如存储运行在 Oracle/Informix 上的 MapInfo SpatialWare 的图形数据）是 MapXtreme 的一大特点。MapXtreme 的功能特点如下。

1. 基于 Internet/Intranet 的地图发布

通过 MapXtreme，用户可以在 Internet/Intranet 上发布基于电子地图的应用系统。所有的最终用户只需在自己的机器上安装浏览器即可访问存放在服务器端的空间数据，用户可以很方便地对地图进行放大、缩小、漫游、查询、统计等操作。能够将矢量地图通过 MapXtreme 转化成 GIF 或 JPG 格式的栅格图像，使用户可以通过 www 浏览器访问地图。

并提供 Java 或 ActiveX 的 Widget，完成多平台上的地图缩放、平移等操作。由于传递到浏览器端的只是一幅经过高度压缩的栅格地图，而真正的矢量地图及数据仍保留在服务器端，因此减少了网络传输负担，同时降低了原始数据被盗用的可能。

2. 强大的地图功能

MapXtreme 强大的地图功能，满足用户的不同层次的需要，包括：专题图、缓冲区分析、对象编辑、绘制图层、查找、图层控制、空间选择、访问各种数据源等。

专题图：利用晕渲、等级符号、独立值、点密度、饼图、直方图进行区域值的显示。

缓冲区分析：合并、缓冲区、相交、删除对象（点，线，面）、返回结果数据。

对象编辑：生成、修改、删除。

绘制图层：允许开发人员绘制定制的地图对象，例如尺标、天线传送方向的箭头。

查找：通过省市名、邮政编码、城市名、街道名或客户进行查找。

图层控制：允许用户管理多层地理信息，诸如层的颜色、缩放、可视和层的风格。

空间选择：允许用户在规定的矩形框内，规定的半径范围内和多边形内进行选择和操作。

访问各种数据源：使用通用的数据界面，包括：ODBC、DAO、ClipBoard 和 OLEData 界面访问数据。

3. 集中式数据管理模式降低运营成本

使用 MapXtreme，开发人员能集中地控制和维护地图和数据库数据，并集中实现应用程序功能，避免了以往系统的维护、同步困难的问题，尤其适合信息量大、用户众多的情况。MapXtreme 集中式的软件管理和数据管理方式使管理成本和运营成本大大降低。

4. 与 DBMS 无缝结合

MapXtreme 能够和 MapInfo 的 SpatialWare 无缝接合。两者的结合能够提供更优异的性能、集中化的管理和可靠的安全保障。

5. 高度的可伸缩性

当需要增加客户容量时，只需增加服务器即可，而不需要进行新的开发。

6. 标准的开放式结构

MapXtreme 的开放式结构可以和所有的 Web 服务器兼容，并能够和 ISAPI、NSAPI 以及 CGI 很好的协作，支持从瘦客户到胖客户的各种 Web 体系结构。

7. 支持多种浏览器

MapXtreme 不需要在客户端安装任何插件，所以 PC 和 UNIX 工作站上的浏览器都可以方便地浏览地图信息。

8. 信息可视化

除了在网页上显示和浏览地图，通过 MapXtreme，还可以在网页上增加信息可视化的能力。通常在网页上所能完成的功能，只是通过文字或数字表格联系起来的声音、图像、文字等信息，无论查询或分析，都是输入数字或文字，无法利用地图这种直观而信息量丰富的方式。

9. MapXtreme 的地图引擎功能强大

MapXtreme 以 MapX 为引擎。MapX 是一个可编程的 OCX 控件，是可重复利用的可编程对象，它提供绝大部分 Maplnfo Professional 支持的地图功能，可以利用编程平台所提供的数据库访问机制，也可以利用自身提供的 ODBC 接口，并可进行数据的智能绑定，在客户端安装并可在授权范围内分发，它是全新的桌面地图应用方式，为 MapXtreme 提供了强大的地图引擎功能。

10.Internet，Intranet 标准

MapXtreme 是基于 Internet/Intranet 的地图应用服务器。它采用标准的 TCP/IP 协议，通过 HTTP 进行文档和文件传输，在浏览器端为标准的 HTML 语言，从而保证了与客户端浏览器的无关性。MapXtreme 在客户端提供了两种工作模式，一种是标准的 HTML 网页的模式，只要任何支持 HTML 的浏览器都可正常工作，例如 IE、Netscape 或 UNIX 平台的浏览器。推荐在 Internet 上采用这种工作模式。另一种是 JavaApplet 插件，这种方式能够增强在浏览器端的交互性。但对网络速率要求较高，建议在 Intranet 上采用。MapXtreme 向用户提供 JavaApplet 的源码，便于用户添加和维护自己的应用。在 ASP(active server page) 环境下，MapXtreme 在 Server 端的开发语言为 VBScript 或者 JavaScript. 开发环境为 Visual InterDev，在客户端可方便的扩展 HTML，Java 或者 JavaScript 支持。

（三）MapXtreme 的优势

使用 MapXtreme，开发人员能集中地控制和维护地图和数据库数据，并集中实现应用程序功能，避免了以往系统的维护、同步困难的问题，尤其适合信息量大、用户多的单位的实际情况。另外，由于使用 Web 浏览器作为客户端，更使开发人员可以将地图信息系统紧密地与其他系统结合，给用户提供统一完整的综合信息系统。

（四）MapXtreme 的系统结构设计

WebGIS 较件是面向公司的生产和管理人员，依附于主站系统服务器的分布式实时配电 AM/FM/GIS 软件。其界面风格和操作方式与 GIS 工作站保持一致。系统分为服务器端 (BSRV)、客户端 (BCLND 部分，结构如图 3—2 所示。

在 MapXtreme 的工作方式下如图 3—3 所示，所有的地图数据和应用程序都放在

Server 端如图 3—4 所示，客户端只是提出请求，所有的响应都在 Server 端完成，只需在 Server 端进行系统维护即可，客户端无须任何维护，大大降低了系统的工作量。由于采用 B/S 方式，不仅可满足目前各点的需求，今后用户数还可以任意增加，符合发展潮流。对数据的修改更新可由服务器端集中处理，也可由各分站修改后通过 C/S 结构传输上报。

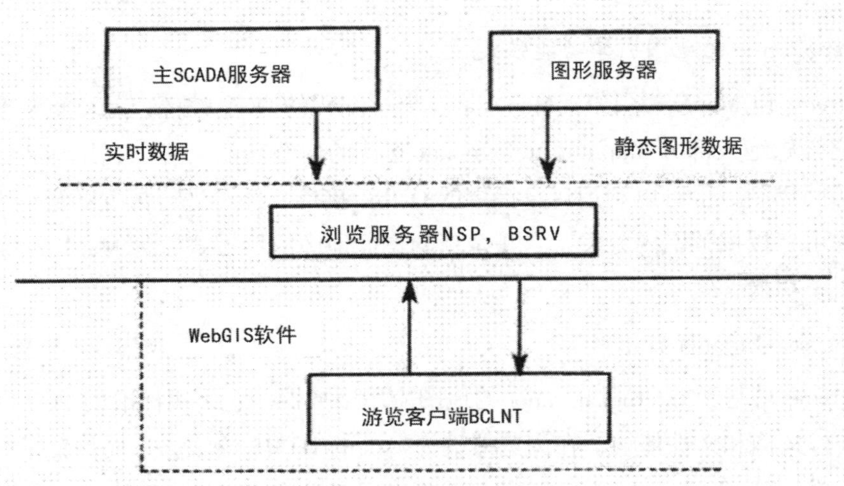

图 3-2　WebGIS 软件系统结构图

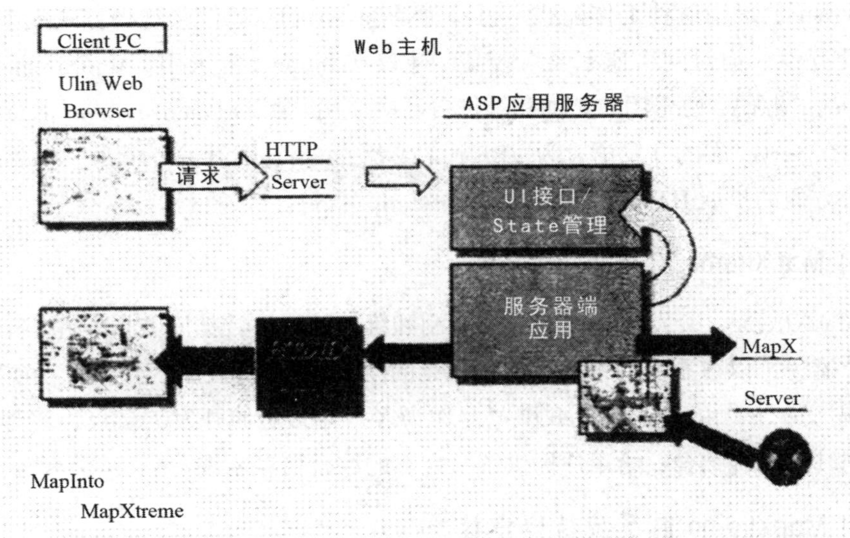

图 3-3　MapXtreme 的系统的联网工作方式

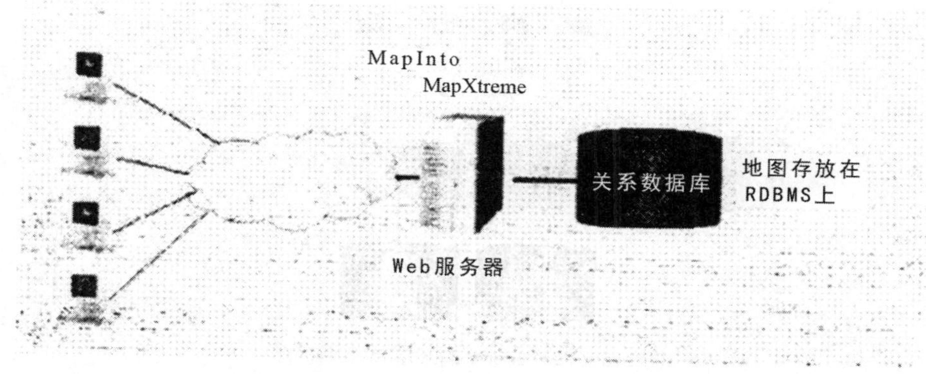

图 3-4 MapXtreme 的系统结构图

MapXtreme 的系统结描述如下：

1. 分布式服务体系结构

支持分布式服务体系结构是 MapXtreme 的一个重要的特性。MapXtreme 支持分布式结构的重要因素在于它的良好的开放性。因为它能与任何标准的 Web Server 相连，MapX-treme 与 WebServer 的连接是通过应用服务器完成的，如 Microsoft 的 ASP，或者国外流行的 Haht hahtsite(MapXtreme 自带 Hahthahtsite 开发环境，用户无须另外单独购买网络应用开发工具。一个 WebServer 可以任意挂接多个 MapXtreme 地图应用服务器。MapXtreme 的 Server 可以自动维护和协调 WebServer 和多个 MapXtreme 之间的请求响应关系。无须用户编程解决。

2. 瘦客户机 / 智能文档

瘦客户机系统是指在客户机端没有或者有很少的应用代码。在以往的终端和主机的体系结构中，所有系统都是瘦客户机系统。现在随着 Internet 技术以及 Java，ActiveX 技术的出现，瘦客户机系统又重新出现。MapXtreme 采用的是三层结构，三层结构包括客户机、客户机服务器以及服务器如图 3—5 所示。客户机具有用户接口，进行数据的显示，客户机 / 服务器负责应用处理过程，服务器端只进行数据的管理工作。这种体系结构使得应用系统能够在客户机和服务器端实现共享，或者运行在一些中间平台，一般称之为“应用服务器”。应用服务器能够进行大量的数据分析工作，因此减少了网络的阻塞。在 MapXterme 的工作方式下，所有的地图数据和应用程序都放在 Server 端，客户端只是提出请求，所有的响应都在 Server 端完成，只需在 Server 端进行系统维护即可，客户端无须任何维护，大大降低了系统的工作量。

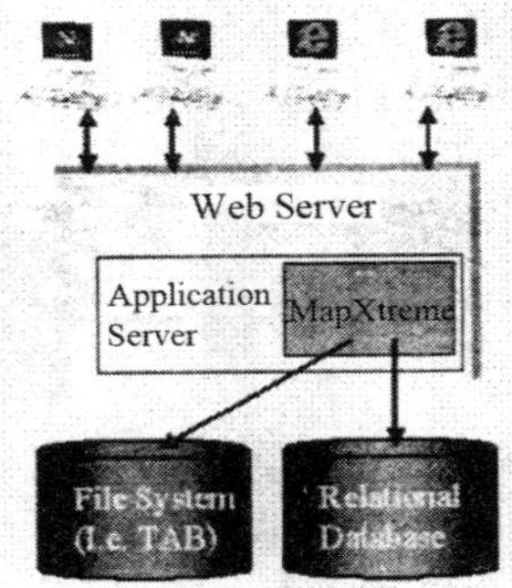

图 3-5 MapXtreme 的三层体系结构图

（五）MapXtreme 的开发

MapXtreme 提供的开发环境是南 Microsoft 公司提供的 Visual InterDev。Visual InterDev 是高度集成化的 Internet 开发环境。开发人员可以利用它可视化地创建并维护 HTML 文档，在 www 应用系统中集成高级应用逻辑，并管理整个 www 应用开发过程。Visual InterDev 提供的开发语言 VBScript 已经早已为广大的开发人员所熟悉，这也为 MapXtreme 在中国的应用前景打下了良好的基础。从技术角度出发，在 Visual InterDev 上的开发过程相对于过去比较典型的 CGI 程序开发过程要简单得多。一方两，Visual InterDev 提供了非常易用的可视化开发环境，而且所采用的编程语言很容易掌握，从新保证了开发周期能够得以控制；另一方面，相信编写过 CGI 程穿的程序员对 HTTP 协议的面向无连接的特性一定会感到非常不便，因为他们在编程时往往需要在 HTML 中用大量的隐藏变量来记录状态参数，以便下一次 CGI 程序再度被激活时用来作初始化。由 Visual InterDev 创建的 ASP 在 IIS 上运行时，能够自动为每一个客户端维持状态参数。这个特征将使开发人员的工作量大大减轻。

四、MapGIS 产品

MapGIS 是武汉中地信息工程有限公司开发的地理信息系统软件。它分为数据输入、图形编辑、数据库管理、空间分析、输出、实用服务六个子系统如图 3—6 所示。

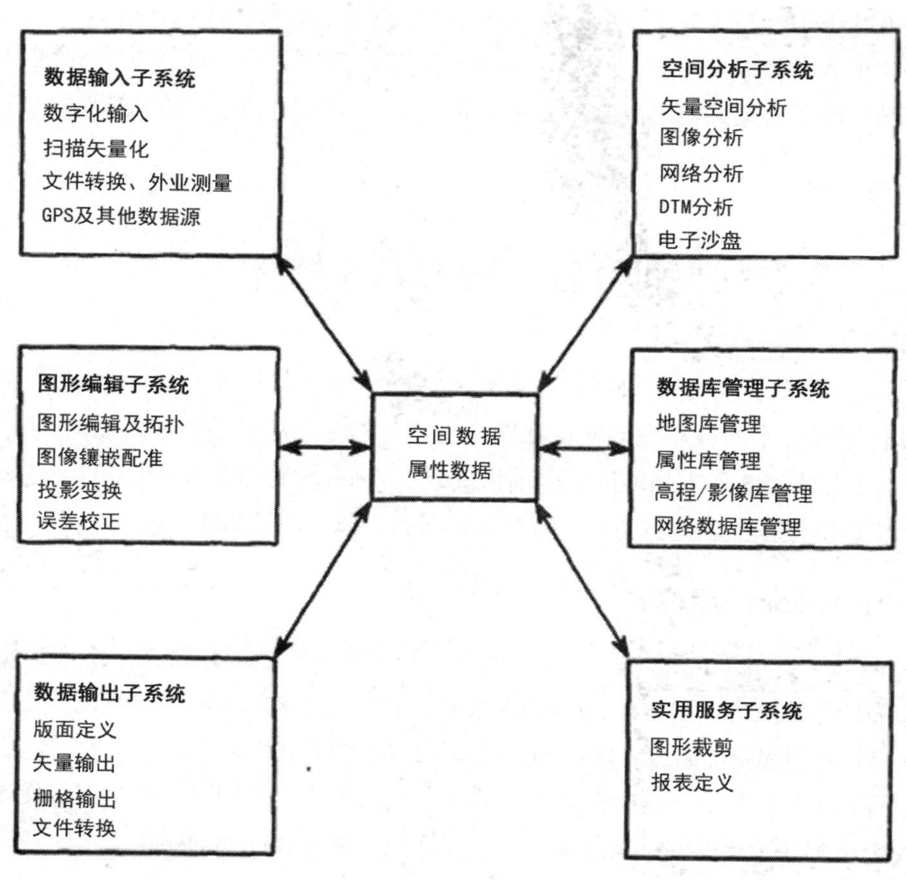

图 3-6　MAPGIS 系统总图

数据输入：在建立数据库时，我们需要有转换各种类型的空间数据为数字数据的工具，数据输入是 GIS 的关键之一，它的费用常占整个项目投资的 80% 或更多。MAPGIS 提供的数据输入有数字化仪输入、扫描矢量化输入、文件转换和外测量 GPS 输入和其他数据源的直接转换。

图形编辑：输入计算机后的数据及分析、统计等生成的数据在入库、输出的过程中常常要进行数据校正、编辑、图形的整饰、误差的消除、坐标的变换等工作。MAPGIS 通过图形编辑子系统及投影变换、误差校正等系统来完成。

MAPGIS 数据库管理：数据库管理分为网络数据库管理、地图库管理、属性库管理和影像库管理网个子系统。

空间分析：地理信息系统与机助制图的重要区别就是它具备对空间数据和非空间数据进行分析和查询的功能，它包括矢量空间分析、数字高程模型 (DTM)、网络分析、图像分析、电子沙盘五个子系统。

数据输出：如何将 GIS 的各种成果变成产品供各种用途的需要，或与其他系统进行交换，就是 GIS 中不可缺少的一部分。GIS 的输出产品是指经系统处理分析，可以直接提供给用户使用的各种地图、图表、图像、数据报表或文字报告。MAPGIS 的数据输出可通过输出子系统、电子表定义输出系统来实现文本、图形、图像、报表等的输出。

第四节　WebGIS 技术

计算机网络技术的最新发展使得在网络上实现 GIS 应用日益引起人们的关注，Web-GIS 技术是近年来 GIS 研究领域的一个前沿课题。WebGIS 是指在 Internet 的信息发布、数据共享、交流协作基础之上实现 GIS 的在线查询和业务处理等功能。

一、Internet 和 GIS

Internet 为 GIS 的发展带来了极大的便利，同时也为 GIS 理论及技术研究提供了新的领域。作为信息系统的一门学科，Internet 给 GIS 的发展带来的影响主要有以下几个方面。

GIS 研究者利用新闻组或者电子邮件进行 GIS 技术问题的探讨。

GIS 网络远程教育，即教授将教案以 HTML 文档形式放在网上，学生下载使用，并且可以利用电子邮件进行提问，这样就形成了“虚拟大学 (virtual university)”。

GIS 软件的下载，GIS 软件公司可以定期将其开发软件的最新版本放在其站点上，以供用户下载试用。

空间数据发布和下载，数据是 GIS 系统中最为重要的部分，数据的录入和预处理也是 GIS 应用开发过程中耗费时间、资金最多的一个环节，而通过 Internet 实现数据共享，可以降低 GIS 工程的开发成本。由于 Internet 的迅速发展，促进了电子商务的兴起，空间数据当然也可以作为一种特殊的商品在 Internet 上发售。与后面提及的 WebGIS 方式相比。这里的数据下载还主要是利用文件传输的方式实现，由于 Internet 上信息量大，经常使得找到真正需要的数据成为一件困难的事情，而空间元数据可以使用户迅速定位需要的数据，并进行下载。1994 年美国政府开始发展国家空间数据基础设施 (NSDI) 通过确定元数据标准，要求各级政府机构采用元数据的方式在网络上对其所生产的数据进行描述，达到各机构间数据生产和共享的目的。

此外，由于 Internet 的发展打破了传统的时间，空间联系方式，形成了空间事物的新的组织形式，称为计算机网络信息空间 (cyberspace)，这是目前人文地理学研究中的热点，也将是 GIS 探讨的重要课题。

二、WebGIS 简介

Web 技术和 GIS 技术结合，最为激动人心的产物就是 WebGIS(互联网地理信息系统)。WebGIS，简言之，就是利用 Web 技术来扩展和完善地理信息系统的一项新技术。由于 HTTP 协议采用基于 C/S 的请求，应答机制，具有较强的用户交互能力，可以传输并在浏览器上显示多媒体数据，而 GIS 中的信息主要是以图形、图像方式表现的空间数据，用户通过交互操作，对空间数据进行查询分析。这些特点，使得人们完全可以利用 Web 来寻找他们所需要的空间数据，而且进行各种操作。具体地讲，WebGIS 的应用可以分为以下几个方面：

（一）空间数据发布

与单纯的 FTP 方式相比较，采用图形方式显示空间数据，用户更容易找到需要的数据。

（二）空间查询检索

用浏览器提供的交互能力，进行图形及属性数据库的查询检索。

（三）空间模型服务

在服务器端提供各种空间模型的实现方法，接收用户通过浏览器输入的模型参数后，将计算结果返回。换言之，利用 Web 不仅可以发布空间数据，也可以发布空间模型服务，形成浏览器，服务器结构 (Browser/Server，B/S)。

（四）Web 资源的组织

在 Web 上存在着大量的信息，这些信息多数具有空间分布特征，如分销商数据往往有其所在位置属性，既可以利用地图也可以通过 WebGIS 对这些信息进行组织和管理，并为用户提供基于空间的检索服务。与传统的地理信息系统相比，WebGIS 有其特殊之处，主要表现在：

WebGIS 必须是基于网络的客户机，服务器系统，而传统的 GIS 大多数为独立的单机系统。

WebGIS 利用 Internet 来进行客户端和服务器之间的信息交换，这就意味着信息的传递是全球性的。

WebGIS 是一个分布式系统，用户和服务器可以分布在不同地点和不同的计算机平台上。

三、WebGIS 实现方法

WebGIS 是网络 GIS 的一个重要组成部分，网络 GIS 的一些概念，例如客户机，服务器模式、分布式数据管理等，也可以应用于 WebGIS。但是在 WebGIS 实现时，还要着重考虑两个问题，即控制网络传输数据量及必须通过浏览器与用户进行交互。

目前已经有多种不同的技术方法被应用于研制实现 WebGIS，包括 CGl(common gate-way interface，通用网关接口) 方法、服务器应用程序接口 (ServerAPI) 方法、插件 (plug-in) 方法、JavaApplet 方法以及 ActiveX 方法等，下面对这些技术进行简单的描述和比较。

（一）CGI 方法

CGI 是一个用于 Web 服务器和客户端浏览器之间的特定标准，它允许用户通过浏览器发送命令来启动一个存在于网页服务器主机的程序（称为 CGI 程序），并且接收这个程序的输出结果。CGI 是最早实现动态网页的技术，它使用户可以通过浏览器进行交互操作，并得到相应的操作结果。

利用 CGI 可以生成图像，然后传递到客户端浏览器（目前大多数主页的访问者计数器就是采用 CGI 程序实现的）。这样，从理论上讲，任何一个 GIS 软件都可以通过 CGI 连接到 Web 上去，远程用户通过浏览器发出请求，服务器将请求传递给后端的 GIS 软件，GIS 软件按照要求产生一幅数字图像，传回远程用户。

实际上，由于设计的原因，大多数 GIS 软件不能直接作为 CGI 程序连接到 Web 上，但是，有以下的两种技术比较成功。

用 CGI 启动后端的批处理制图软件，这种软件的特点是用户可以直接在计算机终端一行一行地输入指令来制图。其特点是用户的每一个要求都要启动相应的 GIS 软件，如果软件较大，启动时间就会很长。

CGI 启动后端视窗 (Windows)GIS 软件，CGI 和后端 GIS 软件的信息交换是通过“进程间通信协议 (inter process communication，IPC)”来完成，常用的 IPC 有 RPC(remote procedure call) 和 DDE(dynamic data exchange)。其优点在于，由于 GIS 软件是消息驱动的，CGI 只要通过发送消息，驱动 GIS 软件执行特定操作即可，不需要每次重新启动。

（二）ServerAPI 方法

ServerAPI 类似于 CGI，不同之处在于 CGI 程序是单独可以运行的程序，而 ServerAPI 往往依附于特定的 Web 服务器，如 MicrosoftISAPI 依附于 IIS(lnternet Information Server)，只能在 Windows 平台上运行，其可移植性较差。但是 ServerAPI 启动后会一直处于运行状态，其速度比 CGI 快。

（三）插件方法

利用 CGI 或者 ServerAPI，虽然增强了客户端的交互性，但是用户得到的信息依然是静态的。用户不能操作单个地理实体及快速缩放地图，因为在客户端，整个地图是一个实体，任何 GIS 操作，如放大、缩小、漫游等操作都需要服务器完成并将结果返回。当网络流量较高时，系统反应变慢。解决该问题的一个办法是利用插件技术，浏览器插件是指能够同浏览器交换信息的软件，第三方软件开发商可以开发插件使浏览器支持其特定格式的数据文件。利用浏览器插件，可以将一部分服务器的功能转移到客户端，此外对于 WebGIS 而言，插件处理和传输的是矢量格式空间数据，其数据量较小，这样就加快了用户操作的反应速度，减少了网络流量和服务器负载。插件的不足之处在于，像传统应用软件一样，需要先安装，然后才能使用，给使用造成了不方便。

（四）JavaApplet 方法

WebGIS 插件可以和浏览器一起有效地处理空间数据，但是其明显的不足之处在于计算集中于客户端，称为“胖客户端”，而对于 CGI 方法以及 Server API 方法，数据处理在服务器端进行，形成“瘦客户端”。利用 Java 语言可以弥补许多传统方法的不足，Java 语言是一种面向对象的语言，它的最大的优点，就是 SUN 公司提出的一个口号“写一次，任何地方都可以运行 (Write once Run anywhere)”，即指其跨平台特性，此外 Java 语言本身支持例外处理、网络、多线程等特性，其可靠性和安全性使其成为 Internet 上重要的编程语言。

Java 语言经过编译后，生成与平台无关的字节代码 (Bytecode)，可以被不同平台的 Java 虚拟机 (java virtual machine，JVM) 解释执行。Java 程序有两种：一种可以独立运行，另一种称为 Java Applet，只能嵌入 HTML 文件中，被浏览器解释执行。用 Java Applet 实现 WebGIS，优于插件方法的方面是：运行时，Applet 从服务器下载，不需要进行软件安装。

由于 Java 语言本身支持网络功能，可以实现 Applet 与服务器程序的直接连接，从而使数据处理操作既可以在服务器上实现，又可以在客户端实现，以实现两端负载的平衡。如图 3—7 所示是利用 Java Applet 实现的 WebGIS 系统结构。

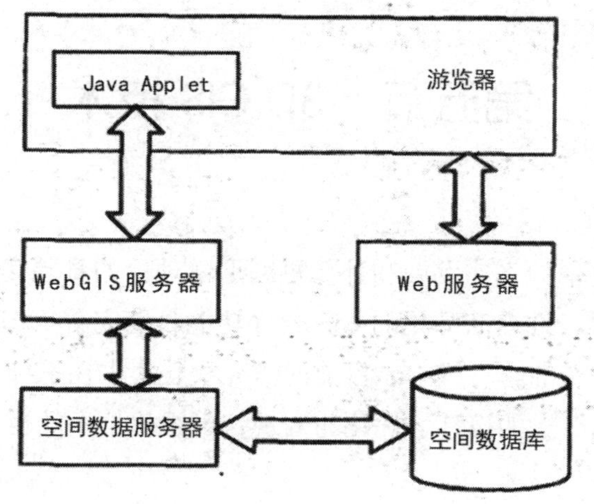

图 3-7 利用 JavaApplet 实现的 WebGIS 系统框架

（五）ActiveX 方法

另一项可以实现 WebGIS 的技术是 ActiveX，它是在微软公司 OLE 技术基础上发展起来的 Internet 新技术，其基础是 DCOM(distributed component object model)，它不是计算机语言，而是一个技术标准。基于这种标准开发出来的构件称为 ActiveX 控件，它可以像 JavaApplet 一样嵌入到 HTML 文件中，在 Internet 上运行。与 Java Applet 相比，其缺点是只能运行于 MS-Windows 平台上，并且由于可以进行磁盘操作，其安全性较差，但是优点是执行速度快，此外由于 AcriveX 控件可以用多种语言实现，这样就可以复用原有 GIS 软件的源代码，提高了软件开发效率。

上面描述了几种 WebGIS 的实现方案，在实际的系统建设中，可以根据待发布数据的数据量、数据类型、Web 服务器软件、客户端的要求等确定采用不同的方案，选择相应的软件。

四、WebGIS 的保密性及安全性

通过 Internet 技术和 www 技术传送资料从本质上是不安全的，因为 Web 数据在传送过程中必须经过不同的服务器或主机，这些信息完全可能被中间环节获取或把持。自网络诞生以来，发生的黑客入侵截获机密信息，攻击摧毁网站事件频频发生，今后相当长的一段时间仍将难以避免。这一点对于 WebGIS 应用更为重要，因为 WebGIS 数据是为各部门分析决策使用的，有些数据属于国家机密，一旦被入侵将产生严重的后果。对于企业级的 Internet GIS 来说，这方面更应引起重视，在软硬件体系架构设计中做好防火墙、访问权限设置等综合防范措施。

第五节　3D GIS 技术

目前随着计算机技术的飞速发展和计算机图形学理论的日趋完善，GIS 作为一门新兴的边缘学科也日趋成熟，许多商品化的 GIS 软件功能日趋完善。GIS 处理的空间数据，从本质上说是三维连续分布的，三维 GIS 目前的研究重点集中在三维数据结构（如数字表面模型、断面、柱状实体等）的设计、优化与实现，可视化技术的运用，三维系统的功能和模块设计等方面。

一、三维可视化应用实现方式

VRML(virtual reality modeling language，虚拟现实建模语言)，是一种有效的3D文件交换格式，是可内置于浏览器中的插入式软件，用VRMI，格式设计的3D虚拟景观描述文本文件(. wrl)是HTML的3D模拟，是一种可以发布的3D网页的跨平台语言。利用VRML，应用服务器端可按用户的请求，抽取数据库服务器中的地理信息空间数据，使用WebGIS三维可视化开发人员设计的创作系统，将空间数据转化为VRML格式的文本交换文件，并传输至客户端，由客户端的VRML插件执行，显示生成3D动态虚拟场景，供用户交互、浏览。用户一次下载到VRML文件，启动后，所有的交互操作场景显示均由客户端浏览器中内置的VRML插件执行完成，不再与服务器做新的数据传输的通信。由于VRML描述文件为文本格式，与图像文件比较，数据量很小，且只需传输一次，故大大减轻了客户机与服务器之间的通信负荷。同时，用户所作的三维可视化图形的交互操作只在客户端计算、运行，大大提高了执行速度，使动态响应、图形显示质量可达到一般图形系统的水平，具有较强的真实感，基本能满足用户要求。

因为VRML是一个通用的描述三维环境场景的国际标准，已内置于常用的浏览器软件中，用户一般不需要下载，适用面广，普及程度高，对运行的软、硬件环境要求较低，因此，可作为WebGIS三维可视化实现技术的一种较好的方案。

另一方面，同样，因为VRML的通用性，一定程度上造成了地理要素的三维描述的复杂和烦琐。设计三维可视化创作系统难度高，工作量大，运行效率不太高等问题，对此提出了一个解决方案——设计一个类似于VRML的地理信息三维可视化描述的专用插件。该插件除了具有一般的三维场景描述功能外，重点根据每类地理要素的三维动态特征，建立面向地图符号对象的描述语言，自动实现地理信息的三维可视化格式文件转换和解释、执行。

二、三维GIS的功能

目前，三维GIS所研究的内容以及实现的功能主要包括：

数据编码：是采集三维数据和对其进行有效性检查的工具，有效性检查将随着数据的自然属性、表示方法和精度水平的不同而不同。

数据的组织和重构：这包括对三维数据的拓扑描述以及一种表示法到另一种表示法的转换（如从矢量的边界表示转换为栅格的八叉树表示）。

变换：既能对所有物体或某一类物体，又能对某个物体进行平移、旋转、剪裁、比例缩放等变换。另外还可以将一个物体分解成几个以及将几个物体组合成一个。

查询：此功能依赖于单个物体的内在性质（如位置、形状、组成）和不同物体间的关系（如连接、相交、形状相似或构成相似）。

逻辑运算：通过与、或、非及异或运算符对物体进行组合运算。

计算：计算物体的体积、表面积、中心、物体之间的距离及交角等。

分析：如计算某一类地物的分布趋势，或其他指标，以及进行模型的比较。

建立模型：通过以上计算分析步骤后，根据选定的模型建模。

视觉变换：在用户选择的任何视点，以用户确定的视角、比例因子、符号来表示所有地物或某些指定物体。

系统维护：包括数据的自动备份、安全性措施，以及网络工作管理。

三、三维数据的显示

三维显示通常采用截面图、等距平面、多层平面和立体块状图等多种表现形式，大多数三维显示技术局限于CRT屏幕和绘图纸的二维表现形式，人们可以观察到地理现象的三维形状，但不能将它们作为离散的实体进行分析，如立体不能被测量、拉伸、改变形状或组合。借助三维显示技术，通过离散的高程点形成等高线图、截面图、多层平面和透视图，可以把这些最初都是人工完成的工作，用各种计算机程序迅速高效地完成。

第四章　水利信息化系统建设与运行管理

第一节　建设管理

水利信息化系统建设工程需严格遵循国家基本建设管理有关的法律法规，采用先进的管理手段，建立一套行之有效的工程建设管理制度，保障各种规章制度有效执行，探索多种考核与激励机制，对管理制度的执行进行监督，确保工程建设保质保量顺利完成。下面以沈阳市水利信息化系统建设为例，介绍水利信息化系统的建设管理。

一、建设管理机构及职能

沈阳市水利局是水利信息化系统建设工程的项目法人，对建设和管理进行宏观指导与监督。沈阳市水利局信息中心对工程中各个项目的立项进行技术审核。各个业务处室具体负责与本处室业务有关的项目的立项和具体建设管理工作。

二、建设管理程序

（1）信息中心负责监督编制水利信息化系统建设工程的建设方案，并组织专家评审。

（2）信息中心根据专家审批通过的建设方案和工程建设的进度安排，提出水利信息网络系统、综合数据库、应用支撑平台、实时信息接收与处理系统、协同办公系统、网上审批系统、内网门户系统、外网网站系统、安全体系与标准规范的年度投资建议和建设计划，报送水利局。

（3）防汛办公室根据专家审批通过的建设方案和工程建设的进度安排，提出防汛抗旱指挥调度系统的年度投资建议和建设计划，报送信息中心进行技术审核，技术审核通过后报送水利局。

（4）水资源处根据专家审批通过的建设方案和工程建设的进度安排，提出水资源管理系统的年度投资建议和建设计划，报送信息中心进行技术审核，技术审核通过后报送水利局。

（5）灌区管理处根据专家审批通过的建设方案和工程建设的进度安排，提出灌区信息管理系统的年度投资建议和建设计划，报送信息中心进行技术审核，技术审核通过后报送水利局。

（6）水土保持工作站根据专家审批通过的建设方案和工程建设的进度安排，提出水土保持管理系统的年度投资建议和建设计划，报送信息中心进行技术审核，技术审核通过后报送水利局。

（7）水利工程建设与管理处根据专家审批通过的建设方案和工程建设的进度安排，提出水利工程建设与管理系统的年度投资建议和建设计划，报送信息中心进行技术审核，技术审核通过后报送水利局。

（8）水利局将水利信息化系统建设工程的年度投资建设计划下达各业务处室，各业务处室将项目建设的具体计划报水利局，水利局以文件形式下达年度建设任务。

（9）各业务处室根据有关规定组织招标，选定承建单位或供货商，并签订合同。

（10）各业务处室编制相关工程的报表和决算，工程的竣工决算由水利局审核后按规定上报财政局审批。

三、工程建设

（1）工程建设严格按照基本建设程序组织实施，执行项目法人负责制、招标投标制、建设监理制和合同管理制。

（2）各单项工程的建设严格按照批准的设计进行。不得擅自变动建设规模、建设内容、建设标准和年度建设计划。因外部环境发生变化（如技术进步、价格变化等），需要修订工程的重要指标、技术方案和设备选型等设计的，应及时报请原审批单位批准。

（3）各单项工程实施招标投标选取施工单位，各业务处室根据情况邀请纪检监察部门参加较大项目的招标全过程。

（4）水利信息化系统建设工程的建设实施监理制。

（5）各业务处室要建立工程建设进度报告制度，向水利局分管领导报告月、年工程建设进度。按照基础建设项目有关规定指派专人准确收集、整理项目建设情况，及时上报。

（6）建立科学、严格的档案管理制度。各业务处室要指定专人负责档案管理，及时建档保存工程建设过程中的各种文件（如标准、规范、规章制度、各种设计报告和验收报告等），并建立完整的文档目录。

四、工程质量控制

（1）水利信息化系统建设工程的质量由各业务处室负责。项目的设计、施工、监理，以及设备、材料供应等单位应按照国家有关规定和合同负责所承担工程的质量，并实行质量终身责任制。

（2）监理单位、参与建设的单位与个人有责任和义务向有关单位报告工程质量问题。质量管理应有专人负责，定期报告工程质量，责任人和监理人要签字负责。

（3）工程建设实行质量一票否决制，对质量不合格的工程，必须返工，直至验收合格，否则验收单位有权拒绝验收，各业务处室有权拒付工程款。工程使用的材料、设备和软件等，必须经过质量检验，不合格的不得用于工程建设。

五、资金管理

（1）水利信息化系统建设工程建设资金严格按照基本建设程序、水利局有关财务管理制度和合同条款规定进行管理。严格执行《中华人民共和国会计法》、《中华人民共和国预算法》、《基本建设财务管理规定》、《国有建设单位会计制度》等有关法律法规的规定。

（2）各业务处室要按照基本建设会计制度，建立基础建设账户，做到专门设账，独立核算，专人负责，专项管理，专款专用。

（3）各个项目的建设严格按照批准的建设规模、建设内容和批准的概算实施。不得随意调整概算、资金使用范围，不得挪用、拆借建设资金。施工中发生必要的设计变更或概算投资额调整时，要事先报请上级单位审批。

六、监督检查

（1）水利局定期派人深入现场，对项目的进展、质量和资金使用情况进行监督检查。可组织技术专家进行技术指导，做到及时发现和解决问题。

（2）各业务处室要自觉接受计划、财务、审计和建设管理部门的监督检查。

（3)对挪用、截留建设资金的，追还被挪用、截留的资金，并予以通报批评。情节严重的，依法给予有关责任人行政处分；构成犯罪的，依法追究有关责任人的刑事责任。

七、项目验收和资产移交

（1）水利信息化系统建设工程中能够独立发挥作用的单项工程，应建设一个、决算一个、验收一个、移交一个、运行一个；实行“边建设、边决算、边移交”。

（2）编制完成的项目竣工财务决算，须先通过审计部门审计。

（3）项目竣工验收后，建设单位要按照规定落实运行维护资金，向运行管理单位办理工程移交手续，并及时将项目新增资产移交给运行管理单位，正式投入运行。

八、招标方案

（1）所有系统都采用公开招标方式选取承建单位。

（2）采用招标或委托方式确定监理单位。

（3）招标的组织形式：有关业务处室负责选择招标代理机构，委托其办理招标事宜。对于一些项目，由于涉及专业多，覆盖范围广，专业性很强，可拟采用自行招标的形式，但自行招标的应按有关规定和管理权限经建设管理部门核准后方可办理自行招标事宜。

九、项目监理

（一）需要实行监理的项目

水利部颁布的《水利工程建设监理规定》规定大中型水利工程建设项目，必须实施建设监理。信息产业部颁布的《信息系统工程监理暂行规定》中要求国家级、省部级、地市级的信息系统工程和使用国家财政性资金的信息系统工程应当实施监理。为此，沈阳市水利信息化系统工程的所有单项工程原则上都应实施项目监理。

（二）监理单位的选择

按照国家有关规定，信息工程监理的选择，可以由招标投标确定，也可以由业主选定。因此，根据沈阳市水利信息化系统工程的特点，在单项工程项目中，拟分不同情况确定项目监督管理单位：

（1）对预算费用较大的工程项目，采用招标方式确定监理单位。

（2）对小批量设备采购及安装项目和计算机网络系统集成等，由建设单位指定具有资质的监理单位。

（3）应用系统软件开发是沈阳市水利信息化系统工程中监理难度最大的一类项目，采取招标投标确定监理单位和聘请本领域专家跟踪监督项目相结合的办法进行监理。

第二节　运行管理

一、运行管理机构及职能

要保证系统正常运行，须建立运行管理机构和技术支持中心，配备必要的技术人员，购置仪器和交通工具，安排相应的运行维护经费，制定切实可行的运行管理制度，形成完整的运行维护管理体系，并调动各个单位的应用积极性，提高系统运行和维护工作的主动性，保证系统能够长期稳定地发挥作用和效益。

信息中心是本系统的运行管理机构。运行管理机构通过网络中心监控全系统的运行，并负责应用系统和骨干网的维护，协调和处理全系统运行过程中出现的重大问题，完善与制定技术标准和规范。

二、运行管理制度

工程的运行维护涉及面广，要建立可行的管理制度。各类管理制度应从如下几个方面予以考虑：

（1）明确网络中心等运行维护管理机构的地位和职责，明确各级机构间的业务关系和管理目标。

（2）建立一整套有关运行维护管理的规章制度，主要包括运行维护管理的任务、系统文档、硬件系统、软件系统的管理办法，数据库维护更新规则，管理人员培训考核办法和岗位责任制度等。

（3）监理考核激励机制，不断提高运行维护的水平，保证系统长期稳定运行。

制定严格的规章制度及其监督执行措施，是系统正常运行的根本保证。运行管理部门制定的管理办法及规章制度应包括岗位责任制度、设备管理制度、安全管理制度、技术培训制度、文档管理制度等。

三、运行管理岗位职责

（一）各级节点管理岗位配置

各级节点管理岗位配置如表 4–1 所示。

表 4–1　各级节点管理岗位配置

节点	网络管理员	数据库管理员	安全管理员	应用系统管理员	备注

续表

沈阳市水利局	2	2	1	6	职责有相通的管理岗位之间可以相互兼职，但不允许缺位
市水利局直属异地办公单位	1	1	1	1	

（二）网络管理员职责

网络管理员的职责如下：

（1）负责本单位有关计算机网络设备日常维护运行工作，定期对本单位所管辖的网络设备进行检查。

（2）自觉执行单位、部门制定的各项计算机网络设备管理制度。

（3）负责计算机网络设备使用技术培训工作。

（4）负责本单位计算机网络设备日常备品备件、消耗品及设备升级改造方面的计划编制等工作。

（5）负责管理好授权网络管理员的账号，及时为其他计算机网络用户提供指导帮助。

（6）配合有关部门做好计算机网络设备的维护、检查和改造等工作。

（7）做好网络运行情况的分析和统计工作，及时对有关问题提出改进意见并督促实施。

（三）数据库管理员职责

数据库管理员负责数据库系统的日常运行、管理和维护工作。其具体职责如下：

（1）整理和重新构造数据库的职责：数据库在运行一段时间后，有新的信息需求或某些数据需要更改，数据库管理员负责数据库的整理和修改，负责模式的修改以及由此引起的数据库的修改。

（2）监控职责：在数据库运行期间，为了保证有效地使用数据库管理系统，对用户的使用存取活动引起的破坏必须进行监视，对数据库的存储空间、使用效率等必须进行统计和记录，对存在的问题提出改进建议，并督促实施。

（3）恢复数据库的职责：数据库运行期间，由于硬件和软件的故障会使数据库遭到破坏，必须进行必要的恢复，确定恢复策略。

（4）及时对数据库进行定期和不定期的备份。

（5）对数据库用户进行技术支持。

（四）安全管理员职责

安全管理员的职责如下：

（1）针对网络架构，建议合理的网络安全方案及实施办法。

（2）定期进行安全扫描和模拟攻击，分析扫描结果和入侵记录，查找安全漏洞，为网络工程师、操作系统管理员提供安全指导和漏洞修复建议，并督促实施，协助操作系统管理员及时进行应用系统及软件的升级或修补。

（3）定期检查防火墙的安全策略及相应配置。

（4）定期举办网络安全培训和讲座，讲授安全知识和最新安全问题，以提高网络工程师、操作系统管理员的安全意识。

（五）应用系统管理员职责

应用系统管理员的职责如下：

（1）负责应用系统的安装和调试。

（2）负责应用系统设置、使用管理等日常管理工作。

（3）定期对应用系统进行检查。

（4）及时了解应用系统的使用情况，对存在问题提出改进意见并督促实施；做好应用系统使用人员的培训工作。

第五章　水利工程建设管理信息化技术

第一节　信息化技术

一、概述

21世纪是信息化、数字化、网络化和知识化的时代，随着信息技术、计算机技术、网络技术的飞速发展，整个社会进入了一个飞速发展的阶段，信息产业逐步成为国家的支柱产业，成为国民经济发展新的增长点，信息化程度已经成为各国综合国力竞争的焦点，成为评价综合国力的重要标志。“信息化”一词最初起源于日本，是相对于“工业化”概念而提出的。20世纪60年代，世界经济呈现出快速发展态势，但这样的快速发展是以资本的高投入和资源的高消耗为代价的，70年代，在世界范围内爆发了大规模的石油危机，这次危机推进了由可触摸的物质产品起主导作用向信息产业起主导作用的根本性转变。

各国学者对“信息化”的内涵和外延也进行了深入而细致的研究，从不同的角度进行了概括和阐释，其中也不乏真知灼见，但由于人们的认识角度不同，对“信息化”的理解也不尽一致，但总体对“信息化”内涵的认识基本趋近一致。信息化就是在国家的统一规划和领导下，在国民经济和社会发展的方方面面广泛应用信息、技术，大力开发信息资源，全面提高社会生产力，实现社会形态从工业化社会向信息化社会转化的发展过程。

信息化是综合国力较量的重要因素，是振兴经济、提高工业竞争力、提高人类生活质量的有力手段；信息产业的竞争，以及对开发、利用、占有、控制信息资源的争夺，是国家、跨国公司地位和实力竞争的核心。

信息技术 (Information Technology，IT) 是主要用于管理和处理信息所采用的各种技术的总称。它主要是应用计算机科学和通信技术来设计、开发、安装以及实施信息系统及应用软件。它也常被称为信息和通信技术(Information and Communications Technology，ICT)。

水利信息技术包括水利信息生产、信息交换、信息传输、信息处理等技术。广义的水利信息活动包括信息的生产、传输、处理等直接的信息活动。首先，水利信息化为一个过程，即“向信息活动转化的过程，向信息技术、信息产业的发展过程和信息基础设施的形成过程”；其次，水利信息化为信息活动能力所具备的一定水平，即水利信息活动的“量”和“质”；第三，水利信息化为水利信息活动能力发挥的效果，信息技术水平、信息工业规模和信息基础设施能力为信息活动服务、为水利现代化建设服务的效果。

现代信息技术的发展为水利工程管理信息化建设提供了强有力的支持。从系统开发技术角度看，水利工程信息化系统(Hydraulic Engineering Information System，HEIS)技术构架的基本特征如下。

（1）支持软件能力成熟度模型。软件能力成熟度模型(Capability Maturity Model，CMM)是目前国际公认的评估软件能力成熟度的行业标准，可适用于各种规模的软件系统。CMM 软件开发组织按照不同开发水平划分为 Initial（初始化）、Repeatable（可重复）、Defined（已定义）、Managed（已管理）和 Optimizing（优化中）5 个级别。CMM 的每一级是按完全相同的结构组成的，每一级包含了实现这一级目标的若干关键过程域(Key Procedure Area，KPA)。这些 KPA 指出了系统需要集中力量改进的软件过程。可指导软件开发的整个过程，大幅度地提高软件的质量和开发人员的工作效率，满足客户的需求。

（2）跨平台。HEIS 系统支持如 Windows、WindowNT、Linux、Solaris、HP-UX、JBMAIX 等平台。对于使用多个不同平台开发的 HEIS 来说，一个统一、支持多平台的 HEIS 系统是最理想的。

（3）开发并行和串行的版本控制。HEIS 系统支持多用户并行开发，支持基于 Copy-Modify-Merge（复制—修改—合并）的并行开发模式和基于 Lock-Unlock-Lock（锁定—解锁—锁定）的串行开发模式。

（4）支持异地开发。HEIS 系统能够通过同步不同开发地点的存储库支持异地开发，提供多种同步方式，如直连网络同步、存储介质同步、文件传输同步（FTP、E-mail 附件）等。

（5）备份恢复功能。HEIS 系统自带备份恢复功能，无须采用第三方的工具，也无须数据库维护人员开发备份程序。

（6）基于浏览器用户界面。HEIS 系统通过浏览器用户界面浏览所有的项目信息，如项目的基本信息、项目的历史、项目中的文件、文件不同版本的对比、文件的历史记录、变更请求问题报告的状态等。

（7）图形化用户界面。HEIS 系统提供浏览器用户界面和基于命令行的使用界面，同时也提供图形化的用户界面。

（8）处理二进制文件。HEIS 系统能够处理文本文件，还可以管理二进制文件，而且对于二进制文件也能够实现增量传输、增量存储、节省存储空间、降低对网络环境的要求。

（9）基于 TCP/IP 协议支持不同的 LAN 或 WAN。HEIS 系统的客户端和服务器端的程序通过协议通信，能在任何局域网 (LAN) 或广域网 (WAN) 中正常工作。一旦将文件从服务器上复制到用户自己的机器上，普通的用户操作无须访问网络，如编译，删除、移动等。现代的系统应支持脱机工作、移动办公，无论在什么样的网络环境、操作系统下，所有客户端程序和服务器端程序都是兼容的。

（10）高效率。HEIS 系统具有一个良好的体系结构，使得它的运行速度很快，把传输的数据量控制到最小，从而节省网络带宽、提高速度。

（11）高可伸缩性。HEIS 系统具有良好的可伸缩性 (Scalability)。随着水利工程建设规模的扩大，HEIS 系统依然能正常工作，HEIS 系统的工作性能不会因为数据的增加而受影响。

（12）高安全性。HEIS 系统能有效防止病毒攻击和网络非法复制，支持身份验证和访问控制，能对项目的权限进行配置。

二、信息化建设架构

水利是指人类社会为了生存和发展的需要，采取各种措施，对自然界的水和水域进行控制和调配，以防治水旱灾害，开发、利用和保护水资源。其中，用于控制和调配自然界的地表水和地下水，以达到兴利除害目的而修建的工程，称为水利工程。

水利工程按目的或服务对象可分为以下几种。

（1）减免洪水灾害、提高土地利用效率的防洪工程。

（2）防治旱、涝、渍灾，为农业生产服务的农田水利工程，或称灌溉和排水工程。

（3）为工业和生活用水服务，并处理和排除污水和雨水的调水、城镇供水和排水工程。

（4）防治水土流失和水质污染，维护生态平衡的水土保持工程和环境水利工程。

（5）围海造田，满足工农业生产或交通运输需要的海涂围垦工程。

（6）同时为防洪、供水、灌溉、发电、航运等多种目标服务的综合利用水利工程。

水利工程具有以下特点：工作条件复杂、规模大、技术复杂、工期长、投资多；有很强的系统性和综合性，对环境有很大影响；水利工程的效益具有随机性等。上述特点决定了水利工程管理对于水利工程效益的发挥至关重要。

水利工程管理就是在水利工程项目发展周期中，对水利工程所涉及的各项工作进行的计划、组织、指挥、协调和控制，以达到确保水利工程质量和安全，节省时间和成本，充分发挥水利工程效益的目的。

我国的水利工程信息化建设还处于起步阶段，各工程管理信息系统的建设独立且分散，缺乏整体规范的指导。因此，当前的水利工程管理信息化建设应达到信息系统内部结构的完善与稳定，使信息化建设能满足工程管理业务信息化正常运行的需要。

水利工程信息化建设的直接目标就是实现水利工程的信息化管理。而水利工程信息化管理就是运用信息理论，采用信息工具，对各种水利工程信息进行获取、存储、分析和应用，进而得到所需的新信息，为水利决策目标服务。

水利工程信息化的总体框架内容包括数据采集管理、数据管理、业务处理和数据输出方案，如图 5—1 所示。数据采集手段中，有原始数据采集和地图数据采集，数据采集成果有空间数据、关系型数据和非关系型数据。数据管理包括对空间数据管理和属性数据管理的方法。业务管理包括水利资源管理和监测、工程项目建设管理以及工程信息社会经济环境服务管理等方面。

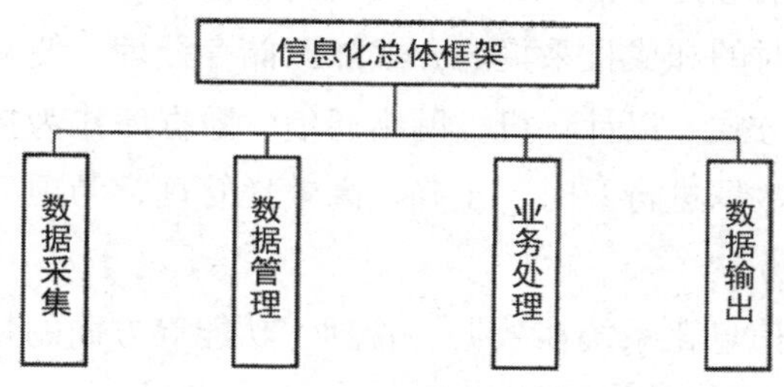

图 5-1　水利工程信息化总体框架

（一）数据采集

数据采集包括原始数据采集和地图数据采集。原始数据采集主要有：基于数字全站仪、电子经纬仪和电磁波测距仪等地面仪器的野外数据采集；基于 GIS 的数据采集；基于卫星遥感 (RS) 和数字摄影测量 (DPS) 等先进技术的数据采集。地图数据采集主要有地图数字化，包括扫描和手绘跟踪数字化。

（二）数据管理

计算机及相关领域技术的发展和融合，为水利空间数据库系统的发展创造了前所未有的条件，以新技术、新方法构造的先进数据库系统正在或将要为水利信息数据库系统带来革命性的变化。

针对不同系统 (GIS 或 DBMS)，根据系统需求和建设目标，采取不同的数据管理模式。

在数据管理模式实现的基础上，实现数据模型的研制问题，选取合适的数据模型以方便数据的管理。

尽可能采用成熟的数据库技术，并注意采用先进的技术和手段来解决水利工程信息化过程中的数据管理问题。应用面向对象数据模型使水利空间数据库系统具有更丰富的语义表达能力，并具有模拟和操纵复杂水利空间对象的能力，应用多媒体技术拓宽水利空间数据库系统的应用领域。

在数据库建立的基础上，实现数据挖掘、知识提取、数据应用和系统集成。

数据库主要数据管理模式包括以下几种。

（1）独立系统模式。

（2）附加系统模式。

（3）扩展系统模式。

（4）完整系统模式。

（三）业务处理

水利工程项目管理信息化是指将水利工程项目实施过程所发生的情况，如数据、图像、声音等采用有序的、及时的和成批采集的方式加工储存处理，使它们具有可追溯性、可公示性和可传递性的管理方式。以计算机、网络通信、数据库作为技术支撑，对项目整个生命周期中所产生的各种数据进行及时、正确、高效地管理，为项目所涉及的各类人员提供必要的高质量的信息服务。

针对水利工程项目信息化系统在数据、管理、功能等方面的特殊性要求，并结合一般项目管理内容，其业务主要包括以下几项。

（1）项目进度管理。

（2）项目质量管理。

（3）项目资金管理。

（4）项目计划管理。

（5）项目档案管理。

（6）项目组织管理。

（7）项目采购招标管理。

（8）项目监测管理。

（9）项目效益评价。

（四）数据输出

将实现对信息数据淋漓尽致的表达，使用户从多角度、多层次、实时地感受和理解对虚拟世界的分析和模拟。其数据输出主要包括以下内容。

（1）图件输出。

（2）表册输出。

（3）文档输出。

（4）多媒体输出。

三、信息化技术模式

水利工程管理信息化建设技术架构基本模式分为 4 个层次，即网络平台层次、系统结构层次、信息处理层次和业务管理层次，如图 5—2 所示。

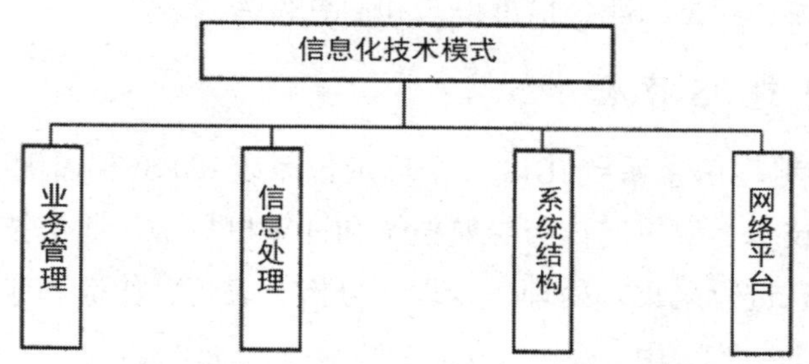

图 5-2 水利工程管理信息化建设技术架构基本模式

（一）网络平台层

网络平台层是保证信息无障碍传输的硬件设施基础。其中 Intranet 是实现水利工程管理信息化内涵发展的信息传递通道，此 Intranet/Extranet 是保证水利工程管理信息化外延发展的信息传递通道。

（二）系统结构层

根据水利工程管理信息化的信息管理功能侧重点的不同，将水利工程管理信息化系统结构层次上的技术架构分为 HESCM 模式 (Hydraulic Engineering Supply Chain Management)、HECRM 模式 (Hydraulic Engineering Customer Relationship Management)、HEERP 模式 (Hydraulic Engineering Enterprise Resource Planning) 以及三者结合的 HEERP+HECRM+HESCM 混合模式。

（三）信息处理层

任何信息都必须经过输入、处理、输出的过程。水利工程管理信息作为水利工程信息化的核心内容，从水利信息所经不同的处理阶段来划分有：基于空间数据采集管理的 HE3S 模式；基于资源、环境、经济数据处理的 HEMIS 模式；基于水利资源环境经济信息进行知识发现、挖掘以支持科学决策的 HEDSS 模式；以及以这三者结合 HE(3S+MIS+DSS) 的综合模式。

（四）业务管理层

水利工程管理信息化建设的业务管理层则是实现工程建设和水利资源管理与监测业务的数字化。从其内容来看，主要包括资源利用、管理和监测以及工程建设项目管理等。

四、信息化技术理论

水利工程管理信息化理论体系是对水利工程管理信息化本质的认识和反映，是认识水利工程信息化的基本出发点。对水利工程信息化理论体系的探索有助于认识水利工程信息基本规律、信息属性、信息功能、信息模式和信息行为。

（一）水利工程3S技术

3S技术通常指地理信息系统(GIS)、全球定位系统(GPS)和遥测技术(RS)的统称，是空间技术、传感器技术、卫星定位与导航技术和计算机技术、通信技术相结合，多学科高度集成的对空间信息进行采集、处理、管理、分析、表达、传播和应用的现代信息技术，在水利行业中有着广泛的应用。

（二）网络技术

网络技术是从20世纪90年代中期发展起来的新技术。它把互联网上分散的资源融为有机整体，包括高性能计算机、存储资源、数据资源、信息资源、知识资源、专家资源、大型数据库、网络和传感器等。

网络技术具有很大的应用潜力，能同时调动数百万台计算机完成某一个计算任务，能汇集数千科学家之力共同完成同一项科学试验，还可以让分布在各地的人们在虚拟环境中实现面对面交流。

计算机网络技术的广泛运用，使得水利等诸多行业向高科技化、高智能化转变，涉及水利工程的各项管理工作，如水文测报、大坝监测，河道管理、水质化验、流量监测、闸门监控等方面的计算机运用得到了快速、有效的发展。

水利工程管理单位将所有的信息收集到网络管理中心的服务器之后，通过网络数据库管理软件进行分析、处理，对其合理性进行判断，并根据计算处理以后的成果进行运行方案的制订、指令执行情况反馈等，最后网络中心所产生的信息成果通过网络向主管机关或相关部门发布，充分发挥网络技术在水利工程管理单位运用中所带来的社会效益。

（三）数据库技术

数据库是数据的集合，数据库技术研究如何存储、使用和管理数据，主要目的是有效地管理和存取大量的数据资源。新一代数据库技术的特点提出对象模型与多学科技术有机结合，如面向对象技术、分布处理技术、并行处理技术、人工智能技术、多媒体技术、模糊技术、移动通信技术和GIS技术等。

数据库管理系统(Database Management System，DBMS)是辅助用户管理和利用大数据集的软件，对它的需求和使用正快速增长。常见的数据库有以下几种：

（1）水利工程基础数据库。

（2）水质基础数据库。

（3）水土保持数据库。

（4）地图数据库。

（5）地形地貌数字高程模型。

（6）地物、地貌数字正射影像数据库。

（7）遥感影像和测量资料数据库。

（四）中间件技术

中间件 (Middleware) 是处于操作系统和应用程序之间的软件，是一种独立的系统软件或服务程序，也有人认为它应该属于操作系统的一部分。分布式应用软件借助这种软件在不同的技术之间共享资源。中间件位于客户机／服务器的操作系统之上，管理计算机资源和网络通信，是连接两个独立应用程序或独立系统的软件。相连接的系统，即使它们具有不同的接口，但通过中间件相互之间仍能交换信息。

中间件技术是为适应复杂的分布式大规模软件集成而产生的支撑软件开发的技术。其发展迅速且应用愈来愈广，已成为构建分布式异构信息系统不可缺少的关键技术。执行中间件的一个关键途径是信息传递，通过中间件应用程序可以工作于多平台或 OS 环境。

将中间件技术与水利工程管理系统相结合，搭建中间件平台，合理、高效、充分地利用水利信息，充分吸收交叉学科的研究精华，是水利信息化应用领域的一个创新和跨越式的发展。针对水利行业特点，建立起一个面向水利信息化的中间件服务平台，该平台由数据集成中间件、应用开发框架平台、水利组件开发平台、水利信息门户等组成，将水雨情、水量、水质、气象社会信息等数据综合起来进行分析处理，会在水利工程管理中发挥重要作用。

中间件的作用如下：

（1）远程过程调用。

（2）面向消息的中间件。

（3）对象请求代理。

（4）事务处理监控。

第二节　云计算技术

一、概述

云计算的出现并非偶然，早在 20 世纪 60 年代，约翰·麦卡锡就提出了把计算能力作为一种像水和电一样的公用事业提供给用户的理念，这成为云计算思想的起源。云计算是继个人计算机变革、互联网变革之后的第三次 IT 浪潮。

云计算的产生是 IT 技术进步的必然产物，是分布式计算 (Distributed Computing)、并行计算 (Parallel Computing)、效用计算 (Utility Computing)、网络存储 (Network Storage Technol-ogies)、虚拟化 (Virtualization)、负载均衡 (Load Balance) 等传统计算机和网络技术发展融合后产生的“新一代的信息服务模式”。

云计算是一种“新一代的信息技术服务模式”，是整合了集群计算、网格计算、虚拟化、并行处理和分布式计算的新一代信息技术。云计算最早的概念来自于 Chellappa & Gupta。

目前对云计算的概念还没有一个统一的认识。从 IBM、Google、Microsoft、Amazon 到 Wikipedia 以及各个领域的专家，都从各自不同的视角给出了超过 20 种以上的云计算概念。下面列举出其中的几个概念。

（1）IBM。云计算是一种计算模式，在这种模式中，应用、数据和资源以服务的方式通过网络提供给用户使用。云计算也是一种基础架构管理的方法论，大量的计算资源组成资源池，用于动态创建高度虚拟化的资源提供给用户使用。

（2）加州大学伯克利分校云计算白皮书。云计算包含 Internet 上的应用服务以及在数据中心提供这些服务的软硬件设施，互联网上的应用服务一直被称为软件即服务 (Soft-ware as a Service，SaaS)，而数据中心的软、硬件设施就称为云 (Cloud)。

（3）Markus Klems。云计算是一个囊括了开发、负载均衡、商业模式以及架构的流行词，是软件业的未来模式，或者简单地讲，云计算就是以 Internet 为中心的软件。

从狭义的观点来看，云计算是指通过网络以按需使用和可快速扩展和收缩的方式来使用远程的由云计算服务提供商所提供的基础设施，如计算设备、存储设备和网络带宽，用户不用了解这些设施实现的细节和存放位置，而只需为所使用的资源付费即可。

从广义的观点来看，可以将任何可以集成到云中的服务通过云来交付给用户，即用户通过网络以按需使用和可快速扩展和收缩的方式来使用远程的由云计算服务提供商所提供的服务，服务内容可以是IT基础设施，也可以是软件、应用和其他任何与之相关的服务类型，用户从云中获得的是一种广义的服务，而服务的实现对用户来说则是透明的。

二、云计算的体系结构

1983 年，Sun 公司提出了“网络即是电脑”。这是最初的概念构想，然而受限于当时的技术，这个概念一直没有得到很好实现。

2006 年，亚马逊提出了弹性计算云，即 EC2。这标志着云存储概念得到了实现。同年，在推出 EC2 服务之后不久，谷歌首先提出了 Cloud Computing（云计算）的概念。

2007 年，谷歌和 IBM 开始在美国一些著名高校推广云计算计划，希望这项计划可以降低分布式计算的研究费用。

2008 年，惠普、雅虎和英特尔联合宣布将建立 Open Cirrus，这是一个全球性的开源云计算研究测试平台，从而鼓励人们对云计算的服务等各方面领域进行研究。

一直到 2010 年 10 月，Open Stack 的第一个版本 Austin 发布，标志着云计算平台的研发开始逐步走上正轨。

计算是一个拥有超级计算资源的“云”，用户只要连接到网络中的“云”就可以获得计算资源，并根据需要动态地增加或减少使用资源的数量，用户只需要为所使用的资源付费即可。但从云计算的内部来看，云计算有自己的结构和组成。

云用户端：为用户提供请求云计算服务的交互界面，它也是用户使用云计算的入口，用户通过 Web 浏览器等简单的程序进行注册、登录，并进行定制服务、配置和管理用户等操作。用户在使用云计算服务时的感觉和使用在本地操作的桌面系统一样。

服务目录：通过访问服务目录，云用户在取得相应权限通过付费或其他机制后，就可以对服务列表进行选择、定制或退订等操作，操作的结果在云用户端界面生成相应的图表来进行表示。

管理系统和部署工具：提供用户管理和服务，对用户进行授权、认证、登录等管理，对云计算中的计算资源进行管理，接收用户端发送过来的请求，分析用户请求，并将其转发到相应的程序，然后智能地对资源和应用进行部署，并且在应用执行的过程中动态地部署、配置和回收计算资源。

监控：对云系统中资源的使用情况进行监控和计量，并据此做出快速的反应，完成对云计算中节点同步配置、负载均衡配置以及资源监控，以确保资源能及时、有效地分配给用户。

服务器集群：由大量虚拟的或物理的服务器构成，由管理系统进行管理，负责实际运行用户的应用、数据存储以及对用户的高并发量请求进行处理。

用户首先通过云用户端从服务目录列表中选择所需的服务，用户的请求通过管理系统调度相应的计算资源，并通过部署工具分发请求到服务器集群中，配置相应的应用程序来执行。

根据服务集合所提供服务的类型，整个云计算服务集合可以划分成 3 个层次，即应用层、平台层和基础设施层。其划分的顺序是由下而上，按照服务的层次而分的。它们分别是面向底层硬件的设施即服务 (IaaS)、面向平台的平台即服务 (PaaS) 以及面向软件的软件即服务 (SaaS)，如图 5—3 所示。

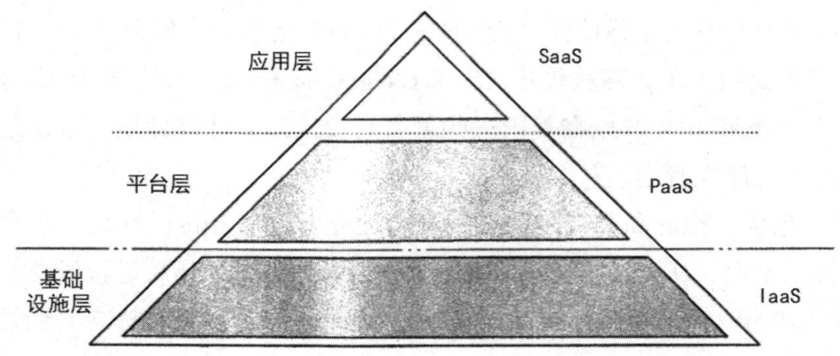

图 5-3　云计算服务集合类型

IaaS 是指将底层的物理设备网络连接等基础设置资源集成为资源池。每当用户需要资源时，会发送请求。系统在收到请求后会为其分配相应的资源，满足用户的需求。通常而言，IaaS 是利用虚拟化技术抽象化底层的基础设备资源，来达到组织现有系统中的 CPU、内存和存储空间等资源的目的。这样，就可以在这些方面做到高可定制性、易扩展性和健壮性。而在系统中真正对这些进行控制管理的是系统管理员，整个系统对用户而言是完全透明的。

PaaS 是指一个向用户提供在基础设备之上的系统软件平台。它为用户提供支持多平台的软件开发，并提供对应的库文件、服务以及与之相关的工具。用户无须管理底层实现。通常，PaaS 是建立在 IaaS 之上的，而主要用户群体是软件开发者而非普通用户。PaaS 的主要作用是让用户无须顾虑底层的物理实现，而专注于平台上的软件开发。

SaaS 是指为用户提供使用运行在 IaaS 上的应用软件的能力。用户可以通过各种终端上搭载的应用，如网页浏览器，来访问这些软件。无须控制管理硬件设备和网络设备，一切都由系统分配部署完毕，软件即连即用。

不仅可以按运行所在的层次进行分类，还可以通过服务对象来划分，可分为公有云 (Public Cloud)、私有云 (Private Cloud) 以及混合云 (Hybrid Cloud)。

公有云提供给互联网上用户的云服务，一般而言都是收费性质的。其用户群体一般是中、小型企业或者广大用户。其云服务器一般位于远端。

私有云其目标用户群体是企业内部员工，或者某些特定用户所使用。其云服务器一般位于本地。

混合云是由上述两种同时使用的云服务类型。一般是由于本地的私有云服务因为某些条件限制，不能完全满足用户的需求。从而借助外部的公有云为其资源池进行补充，以满足用户的使用需求。

将 SaaS、PaaS、IaaS 这 3 个词组的首字母组合起来的缩写是 SPI。这也就是 SPI 金字塔模型。

三、云计算的关键技术

如何通过网络更好地共享数据资源和计算资源一直是产业界和学术界重要的研究课题。当前兴起的云计算技术使用相对集中的计算资源为各种分布式应用提供服务，可以极大地提高计算资源的利用率，使用户以简单和低成本的方式来按需使用计算资源，从而为用户提供更优质的服务。云计算是一种新的计算资源提供方式，已经成为学术界和产业界的研究热点。

网格是经过较长时间发展起来的一种重要的计算资源提供技术。网格是指利用互联网把地理上广泛分布的各种资源包括计算资源、存储资源、带宽资源、软件资源、数据资源、信息资源、知识资源等连成一个逻辑整体，就像一台超级计算机一样，为用户提供一体化的信息和应用服务计算、存储、访问等。

云计算 (Cloud Computing) 被看成是对分布式处理 (Distributed Computing)、并行处理 (Parallel Computing) 和网格计算 (Grid Computing) 的发展和商业实现，而且云计算和网格都强调将大量分布式的计算资源组合成一个巨大的资源池，并将计算资源作为一种效用提供给用户使用，而不管计算资源是如何和在何处实现的。

由于网格计算目前不能作为一种提供普遍计算资源的工具，而云计算技术使用相对集中的计算资源为各种分布式应用提供服务，实际上承认了资源的异构性，资源由一个云计算平台内同构的计算资源来构成，同时将计算资源服务的对象扩大为各种普适的应用，在当前的技术条件下成为一种可行的计算资源提供方式。

数据中心是现在被大规模采用的主流计算资源提供模式。数据中心可以被分为 IDC 和 DC，数据中心通过网络向网络企业和传统企业提供大规模、高质量、安全可靠的专业化服务器托管、空间租用、网络带宽服务以及各种数据处理业务。但传统数据中心里面的计算资源利用率很低，按照现有统计大概只有 15% 左右。

而采用云计算技术后，用户只需要一台很简单的网络访问终端就可以即时获得高性能的计算能力、海量的存储和高速的带宽，而当用户对计算资源的需求减少或不再需要时，即可快速取消对资源的占用。

云计算技术具有可以大幅度降低用户使用 IT 资源的成本，提供强大的计算资源和优质低价的服务等优势。此外，云计算技术还具有以下优势。

（1）虚拟化技术。现阶段云计算平台的最大特点是利用软件来实现硬件资源的虚拟化管理、调度及应用。用户通过虚拟平台使用网络资源、计算资源、数据库资源、硬件资源、存储资源等服务，与在自己的本地计算机上使用的感受并没有什么不同，而在云计算中利用虚拟化技术可极大地降低维护成本和提高资源的利用率。

（2）灵活定制。在云计算平台中，用户可以根据自己的需要或喜好定制相应的服务、应用及资源，云计算平台可以按照用户的需求来部署相应的资源、计算能力、服务及应用。

（3）动态可扩展性。在云计算平台中，可以根据用户需求的增长将服务器实时加入到现有服务器群中，提高“云”的处理能力，如果某个计算节点出现故障，则可以根据相应策略抛弃该节点，并将运行在其上的任务交给别的节点运行，而节点在故障排除后，又可以实时加入现有的服务器集群中。

（4）高可靠性和安全性。在云计算中，用户数据被存储在云中，而应用程序也在云中运行，数据的处理交由云来执行。云提供数据备份和自动故障恢复功能，如果云中的一个节点出现故障，云会自动启动另一个节点来运行程序，这保证了云中应用和计算的正常进行，用户端可以不对数据进行备份，数据可以在任意点恢复。而且为了提供可靠和安全的云计算服务，其本身具有专业的管理团队，以提供良好的数据安全服务。

（5）高性价比。云计算对用户端的硬件设备要求很低，用户端只需要具有简单访问网络的功能和数据处理能力。和云的强大计算能力以及将来高速的网络速度相比，云计算中用户端的处理能力看起来更像一个输入和输出设备。而用户端的软件也不用购买和升级，只需要从云中定制就可以，服务器端则可以用价格低廉的组成云，计算能力却可超过高性能的计算机，用户在软、硬件维护和升级上的投入大为减少。

（6）数据、软件在云端。在云计算平台中，用户的所有数据直接存储在云服务器端，在需要的时候直接从云端下载使用用户所需要的软件并统一部署在云端运行，软件维护由服务商来完成，当用户端出现故障或崩溃时，用户对软件的使用并不受影响，用户只需要换个用户端就可以继续自己的工作。

（7）超强的计算和存储能力。云计算用户可以在任何时间、任意地点、采用任何可以访问网络的设备登录到云计算系统，就可以便捷地使用云计算服务。云端由成千上万台甚至更多的服务器组成服务器集群，提供海量的存储空间和高性能的计算能力。云计算具有以下关键技术。

（一）能源管理技术

在大、中型数据中心中，不仅需要在服务器等计算机设备上消耗电量，而且还要在降温等辅助设备上消耗电量。一般而言，在计算设备上所消耗的电量和在其他辅助设备上消耗的电量是差不多的。也就是说，如果一个数据中心的计算设备耗电量是1，那么整个数据中心的耗电量就是2。而对一些非常出色的数据中心，利用一些先进技术，耗电量最多也就能达到1.7，但是谷歌公司通过一些有效的设计，使部分数据中心到达了业界领先的

1.2，在这些设计中，其中最有特色的是数据中心高温化，也就是让数据中心内的计算设备运行在偏高的温度下。但是在提高数据中心的温度方面会有两个常见的限制条件：一种是服务器设备的崩溃点；另一种是精确的温度控制。只要能保证这两点，系统就有能力在高温下工作。云计算界的顶级专家 James Hamilton 认为，虽然计算机的处理器单元十分惧怕高温，不过与硬盘和内存比起来还是强得多，他希望在将来能够使得数据中心在 40℃以下运行，这样不仅可以节省温控的成本，并且对保护环境也非常有利。

（二）虚拟化技术

虚拟化技术是实现云计算的最基础的技术，其实现了物理资源的逻辑抽象和统一。利用该技术可以提高物理硬件资源的使用效率，根据用户的需求，对资源进行灵活快速的配置和部署。

在云计算中，通过在物理主机中同时运行多个虚拟机从而实现虚拟化。在云计算平台中，平台始终保持着多台虚拟机的监视以及资源的分配部署。

为了使用户可以"透明"地使用云计算平台，通常使用虚拟化技术来实现分割硬件物理资源的实体。通过切割不同的硬件资源，将这些资源再组合成所需要的虚拟机实例，这样，就通过虚拟化技术在平台上为用户提供了不同的云计算服务。由于以上的解决方法使得一个物理硬件资源不断地被复用，因此也让虚拟化技术成为提高服务效率的最佳解决方案。

一般而言，虚拟化平台可分为三层结构：最底层是虚拟化层，提供最基本的虚拟化能力支持；中间层则为控制执行层，所有对虚拟机进行的操作指令由该层发出；顶层是管理层，对控制层进行策略管理、控制。平台包含虚拟资源管理、虚拟机监视器、动态资源管理、动态负载均衡、虚拟机迁移等功能实体。

（三）海量数据管理技术

云计算系统需要高效率地进行数据处理和分析，并且同时还要为用户提供高性能的服务。因此，在数据管理技术中，如何在规模如此巨大的数据中找到需要的数值就成为核心问题。数据管理系统必须同时具有高容错性、高效率以及能够在异构环境下运行的特点。而在传统的 IT 系统中普遍采用的是索引、数据缓存和数据分区等技术。而在云计算系统中，由于数据量大大超过了传统系统所拥有的数据量，所以传统系统所使用的技术是难以胜任的。

目前，在云平台系统中被广泛使用的是由谷歌公司针对应用程序中数据读操作占比高的特点所开发的 BigTable 数据管理技术。有了 BigTable 技术，并结合基于列存储的分布式数据管理模式，就为海量数据管理提供了可靠的解决方案。

（四）分布式存储技术

云计算系统由大量服务器组成，同时为大量用户服务，为了能够保证数据的可靠性，采用冗余存储的方式存储海量数据。分布式文件系统就是一种采用冗余存储方式进行数据存放的系统。它是在文件系统上发展起来的适用于云平台的分布式文件系统。对于数据存储技术来说，高可靠性、I/O吞吐能力和负载均衡能力是它最核心的技术指标。在存储可靠性方面，平台系统支持节点间保存多个数据副本的功能，用以提高数据的可靠性。在I/O吞吐能力方面，根据数据的重要性和访问频率，系统会将数据分级进行多副本存储，而热点数据并行读写，从而提高了I/O吞吐能力。在负载均衡方面，系统依据当前系统负荷将节点数据迁移到新增或者负载较低的节点上。云平台提供了一种利用简单冗余方法实现海量数据存储的解决方案。该方案不仅满足了存储可靠性的要求，还有效提升了读操作的性能。

第三节　物联网及相关技术

一、概述

物联网(Internet of Things，IOT)是新一代信息技术的重要组成部分。物联网字面层次上的意思是物物相连的互联网。有两层含义：一是物联网的基础和核心是Internet，是在Internet基础上的扩展和延伸的网络；二是用户端扩展和延伸到了任何物品之间进行信息交换与互联。物联网通过感知、识别等技术以及普适计算、云计算等技术融合应用，被称为继计算机、互联网之后信息产业发展的又一次浪潮。

在美国，奥巴马政府希望借助物联网刺激经济，使美国走出经济低谷。所以，奥巴马一上任便将IBM“智慧地球”的战略构想上升为国家战略的高度。“智慧地球”具体来说就是把传感器嵌入到电网、铁路、公路、桥梁、隧道、油气管道、供水系统、大坝、建筑等各种物体中，并且将其普遍联系起来，形成物联网。奥巴马政府认为物联网是化解危机、振兴经济、确立全球竞争优势的关键战略。

其实，在政府行动之前，美国很多高校已经在无线传感器网络方面开展了大量研究工作，如加州大学洛杉矶分校的嵌入式网络感知中心实验室、无线集成网络传感器实验室、网络嵌入系统实验室等。另外，麻省理工学院、奥本大学、宾汉顿大学、克利夫兰州立大学都一直进行着物联网相关领域的研究工作。

除了高校和科研单位之外，美国的很多大型知名企事业单位也都先后展开物联网领域的研究和实践。例如，早在2003年，美国最大的零售商沃尔玛即要求其最大的100家供应商于 2005 年 1 月之前在所有的货箱和托盘上安装 RFID 电子标签；Crossbow 公司在国际上率先研究无线传感器网络，迄今为止已经为全球 2000 多所高校和上千家大型公司提供了无线传感器解决方案，与传感设备供应商霍尼韦尔、软件巨头微软、硬件设备供应商英特尔、著名的加州大学伯克利分校建立了紧密的合作关系。

欧盟委员会一直希望能够主导未来物联网的发展，所以近几年致力于鼓励和促进内部物联网产业的发展。2009 年，欧盟委员会提出了“欧盟物联网行动计划”，目的就是确保欧洲在构建物联网社会的过程中起主导作用。该行动计划描绘了物联网技术的未来应用前景，提出欧盟政府要加强对物联网的管理、完善隐私和个人数据保护，提高物联网的可信度、接受度、安全性。同时，为保证计划顺利进行，他们计划投资 4 亿欧元用于 ICT 研发设计，启动 90 多个研发项目以提升网络智能化水平，计划将在 2011—2013 年每年增加 2 亿欧元以加强研发力度，同时设立 3 亿欧元专款支持物联网公私合作短期项目。

2010 年 5 月，欧盟委员会新提出“欧洲数字计划”，该计划的重要平台就是物联网。这两项计划充分表明欧盟已将物联网建设提到议事日程上，希望通过构建新型物联网管理框架来引领世界物联网的发展。

从 20 世纪 90 年代以来，日本政府连续提出了 E-Japan、U-Japan、I-Japan 的国家信息化发展战略，大规模推动国家信息基础设施建设，希望通过信息技术推动国家经济社会发展。其中，U-Japan、I-Japan 两项战略也就是有关物联网的战略。

2004 年，日本政府提出了 2006—2010 年的发展 IT 规划“U-Japan”战略。该战略的目标是到 2010 年将日本建成一个“泛在网络社会”——任何人、任何物体可以在任何时候、任何地点互联，实现人与人、人与物、物与物之间的连接，即 4U——Ubiquitous、Universal、User-oriented、Unique。该战略的重点在于提高居民的生活水平。

2008 年，日本政府将 U-Japan 重心转移，从过去重点关注提高居民生活水平拓展到促进地区及产业的发展，即通过 ICT 的广泛应用变革原有产业、开发新应用；通过 ICT 用电子方式联系各产业、各地区和个人，促进地区经济发展，通过它的广泛应用变革生活方式，实现“泛在网络社会”。

2009 年，日本政府提出新一代的国家信息化发展战略——“I-Japan”，该战略的目的是让信息技术融入每个领域，重点聚焦三大领域的改革电子政务管理、医疗健康服务、教育人才培育。提出到 2015 年，通过信息技术实现政府行政改革，使行政流程简单化、标准化、效率化和透明化，同时推进电子病历、远程医疗和远程教育等应用领域的发展。此外，他们还投入大量资金进行研发。

在我国，物联网行业的发展也进入“应用启动”阶段，政府高度重视物联网的发展。2009 年 11 月 3 日，国务院发布名为“科技引领中国可持续发展”的重要精神，其中将物联网列为中国五大信息产业战略之一。2010 年 3 月 5 日，在“两会”工作报告中指出，要加快物联网的研发和应用，物联网被首次写进政府工作报告，它的发展进入国家层面的视野，中国计划在2020年之前投入资金3.86万亿元用于物联网的研发。

国家"十二五"期间科技部的"863"计划第二批专项课题包括了与物联网紧密相关的7个课题，包括超高频RFID空中接口安全机制及其应用、超高频读写器芯片的研发与产业化等。工信部确定了"将物联网发展成2010年我国的信息产业"的发展目标，而且与国标委成立了物联网标准联合工作组；铁道部的射频识别(RFID)应用也已经覆盖了其铁道运输的全部业务。到2008年年底，我国铁路的1.7万台机车、70.8万辆货车均安装了电子标签；卫生部的RFID主要用在卫生监督管理、食品检验检疫、医保卡等方面，此外，卫生部在食品药品安全监管、医院在对病人、药品、医疗器械的实时动态、可追溯管理、电子病历和健康档案管理等方面都开展了试点工作。

未来物联网产业链包括芯片制造、传感器制造、设备制造、网络运营、网络服务、软件开发、解决方案提供商等一系列的环节。尽管目前物联网产业链中的各项技术还不成熟，在短期内也很难实现大规模产业化、在生产和生活中全面普及。但是我国所拥有的从原材料、技术、器件、系统到网络的完整的产业链，使我国成为全球少数几个能够实现完整物联网产业链的国家之一。

二、物联网体系架构

物联网通过射频识别(RFID)、红外感应器、全球定位系统、激光扫描器等信息传感设备，按约定的协议，把任何物品与互联网相连接，进行信息交换和通信，以实现对物品的智能化识别、定位、跟踪、监控和管理的一种网络。

物联网体系架构主要包括3层，即终端及感知延伸层、网络层和应用层。其中终端及感知延伸层作为物联网的信息获取源，主要包括通信终端或网关，以及传感器等泛在网感知设备及网络。它主要实现两个方面的功能：一个是感知功能，通过传感器网络或其他短距离通信网络及技术实现对环境的感知，并上传应用数据，使网络获知物理世界的更多状况和变化，以提高应对和掌控能力，同时接受上传业务的控制指令；另一个是通信功能，提供与远程业务应用的通信能力和一些业务的处理能力。

本着高性能、高可靠性、低成本、技术实现简捷、通用性强及可扩展性好的目标，物联网体系可实现以下功能。

（1）使用4G、WiFi和北斗通信技术相结合的无线通信技术方案实现无线数据通信。在特定区域内使用WiFi技术，满足用户高速数据传输的需求。而4G技术覆盖范围大、快速移动时仍能保持144kbit/s的数据速率，在没有WiFi信号或进行快速移动时使用4G技术。而在没有移动网络覆盖的地方，使用北斗通信技术能够提供及时、可靠的数据通信服务。

（2）硬件平台采用本国自主品牌的微处理器进行二次开发，提供多种接口实现，包括实现 RS232 串行接口、USB、SDIO、CMOS 摄像头等接口实现。

（3）软件平台设计基于 Android 系统，采用模块化设计方案，从而达到灵活增减各种应用功能的目的。

多功能物联网移动终端能够完成物联网业务的以下基本功能：①通过摄像头模块采集图片、一维二维码信息。②通过 RFID 模块采集电子标签信息。③通过 ZigBee 网关模块采集无线传感器数据。④通过加速度传感器模块采集加速度值。⑤通过北斗定位模块获取位置信息。⑥通过 4G 模块、WiFi 模块以及北斗通信模块，在多通信网络下实现与后台服务终端或其他终端的数据通信。

根据目前对物联网移动的功能需求及研究热点，以及多功能物联网移动终端在现有数据感知技术和无线通信技术的水平，通过软、硬件的密切配合能够实现精确导航指向、多通信网络自适应切换、即时分组通信。

精确导航指向：利用北斗定位系统、加速度传感器和摄像头 3 种设备的采集数据，给出了一种新导航指向方案。

多通信网络自适切换：在 4G、WiFi 和北斗这 3 种现有并可用的通信技术的基础上，给出了多功能物联网移动终端的多通信网络自适应切换解决方案，可随时随地为用户提供经济、可靠、实时的网络通信数据服务。

即时分组通信：在移动通信网和北斗通信网的基础上，给出了即时分组通信的技术方案，实现即时群组通信、共同完成作业的功能。

物联网从宏观上来看，包含 3 个层次：分别是感知层，用来感知世界；网络层，用来传输数据；应用层，用来处理数据，如图 5—4 所示。

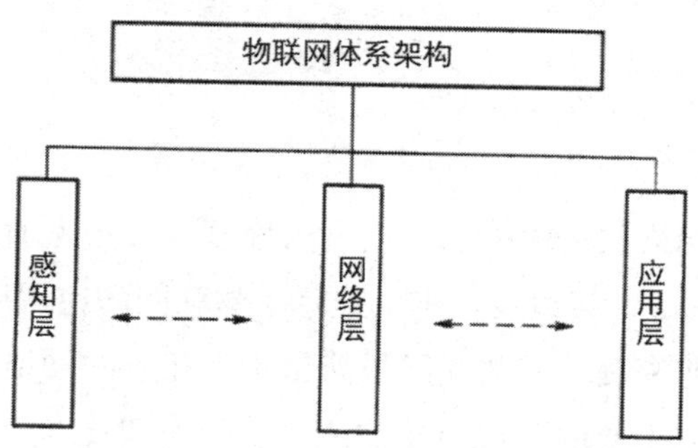

图 5-4　物联网体系架构

（一）感知层

感知层的作用是感知和采集信息。从仿生学角度来看，感知层为“感觉器官”，可以感知自然界的各种信息。感知层包含传感器、RFID 标签与读写器、激光扫描器、摄像头、M2M 终端、红外感应器等各种设备和技术。传感器及相关设备装置位于物联网的底层，是整个产业链中最基础的环节，解决人类世界与物理世界数据获取问题，首先通过传感器、RFID 等设备采集外部物理世界的数据，然后通过蓝牙、红外、工业总线、条码等短距离传输技术进行传输。

在 2009 年，我国提出“感知中国”后，国家对传感器的研发投入加大。江苏省无锡市建成了我国首个传感中心，通过国家高层次海外人才引进，纳米传感器在医学上已经应用到临床。传感器是一门多学科交叉的工程技术，涉及信息处理、开发、制造、评价等许多方面，制造微型、低价、高精度、稳定可靠的传感器是科研人员与生产单位的目标。RFID 应用广泛，如身份证、电子收费、物流管理、公交卡、高校一卡通等，且 RFID 标签可以印刷，成本低廉，得到广泛的应用与普及。

（二）网络层

网络层的任务是将感知层的数据进行传输，将感知层获取的数据通过移动通信网、卫星通信网、各类专网、企业内部网、小型局域网、各种无线网络进行传输，尤其是互联网、有线电视网、电信网进行三网融合后，有线电视网也能提供低价的宽带数据传输服务，促进了物联网的发展。

网络层的研究开发主要由高校和大企业主导。在学术界，随着 IPv6 的诞生与实际应用，我国的科技工作者做出了很多贡献，如为了解决多网融合问题，北京邮电大学教授张平所在的泛在网络研究中心已经对网络的异构问题进行了大量的研究，完成了相关的“973”和“863”计划项目。在企业界，华为、中国移动、大唐电信等已经加入 3GPP 长期演进 (Long Term Evolution，LTE) 项目，LTE 是以频分多路复用频分多址连接 (FDM/FDMA) 及多输入多输出 (MIMO) 为核心的 4G 技术，在速率、功耗、延迟、高速移动性等性能指标方面取得了突破性进展。

（三）应用层

应用层的任务是对网络层传输来的数据进行处理，并与人通过终端设备进行交互，包括数据存储、挖掘、处理、计算以及信息的显示。物联网的应用层涵盖医疗、环保、物流、银行、交通、农业、工业等领域，物联网虽然是物物相连的网络，但最终需要以人为本，需要人的操作与控制。应用层的实现涉及软件的各种处理技术、智能控制技术和云计算技术等。

三、物联网的关键技术

物联网应用涉及的领域很广，从简单的个人生活应用到工业现代化，再到城市建设、军事、金融等领域。物联网的应用涉及由传感器技术推动的各个产业领域，包括智能家居、智能农业、智能环保、智能医疗、智能物流、智能安防、智能旅游、智能交通等。物联网的发展最终将现有各种产业应用聚集成为一个新型的跨领域的应用领域。

（一）智能家居

智能家居 (Smart Home) 利用物联网平台，以家居生活环境为场景，将网络家电、安全防卫、照明节能等子系统融合在一起，为人们提供智能、宜居、安全、舒适的家居环境。与传统家居相比较，智能家居为人们提供宜居、舒适的生活场景，安全、高效利用能源，生活、工作方式得到优化，家居环境变成智慧、能动的生活工作工具，从而达到环保、低碳、节能的效果。

我国的智能家居经过市场发展培养，智能家居发展迅速，从2012年开始，随着4G技术、云计算技术的应用推广，手机、平板等智能终端设备的普及，价格下降迅速，以及各物联网相关技术的发展，智能家居进入快速发展通道。

（二）智能农业

传统农业主要依靠自然资源和劳动力，成本低廉、效率低下、劳动强度大、难度高，已不能满足现代农业的高产、高效、优质、安全的需要。随着物联网技术被引入农业中，农业信息化程度得到明显的提高。智能农业通过实时采集温湿度、二氧化碳浓度、光照强度、土壤温湿度、pH值等参数，自动开启或者关闭控制设备，使农作物处于最优生长环境中。同时通过追踪农产品的生长监控信息，探索最适宜农产品生长的环境，为农业的自动控制与智能管理提供科学依据。传统农业中的灌溉、打药、施肥等，农民都是靠感觉、凭经验，在智能农业中，这些都可通过相关设备自动控制，实施精确管理。

（三）智能环保

随着社会的进步发展，环境污染变得更加严重，且出现了一些新情况，同时伴随着人们生活水平的提高，环保意识在不断增强。我国的环境保护方面的信息化程度较低，实现环保工作的自动化、智能化是未来工作的重点。

（四）智能医疗

人们可利用物联网技术实时感知各种医疗信息，实现全面互联互通的智能化医疗。通过智能医疗系统，对病人和药品进行智能化管理，比如病人佩戴RFID设备，实时跟踪病人的活动范围；病人佩戴各种传感器，对重症病人进行全方位实时监控，特殊情况及时报警，节省了人力开支，提高了信息的准确性和及时性。智能医疗还能通过家庭医疗传感设备，实时监控家中老人或者病人的各项健康指标，并将各项指标数据传输给健康专家，并给出保健或护理建议。但是也存在标准不统一、成本高、隐私保护难度大以及国内医疗相关企业竞争力弱等问题。

（五）智能物流

物联网在物流行业已得到广泛应用，智能物流运用传感器技术、RFID、GPS 等技术，对物品的运输、配送、仓储等环境进行跟踪管理，达到配送物品的高效、智能，减少了人力资源的浪费。智能物流实现了物流配载、电子商务、运输调度等多种功能的一体化，成为运用物联网技术较成熟的行业。

（六）智能安防

我国的安防体系存在安防设备智能化不足、功能单一、可靠性差以及服务范围窄等问题。物联网技术的快速发展，给安防行业带来了技术创新，通过把物联网的快速感应、高效传输等特点应用到安防领域，实现安防系统的智能化，提高安防系统的自适应能力、自学习能力，最终实现能针对不同的应急情况自动采取各种针对性的措施来保证安全。例如，上海世博会的各种安防系统，车辆安全监控系统实现对世博会园区十余万辆汽车的安检；智能火灾监控系统，在发现烟雾时能及时采取有效措施并报警。

物联网是以应用为核心的网络，应用创新是物联网发展的核心，强调用户体验为核心的创新是物联网发展的灵魂。其应用的关键技术如下。

（1）传感器技术。物联网能做到物物相连，进行感知识别离不开传感器技术。目前通常采用无线传感器技术，大量传感器节点部署在感知区域内，构成无线传感器网络。无线传感器网络作为感知域中的重要组成部分，有很多关键技术需要研究，如路由技术、拓扑管理技术等。

（2）RFID 标签。RFID 本质上来说也是一种传感器技术，融合了无线射频技术和嵌入式技术，在物流管理、自动识别、电子车票等领域有广阔的应用前景。

（3）嵌入式技术。综合了集成电路技术、电子应用技术、传感器技术以及计算机软硬件技术，经过多年的发展，基于嵌入式技术的智能终端产品随处可见，从普通遥控器到航天卫星，从电子手表到飞机上的各种控制系统。嵌入式系统已经完全融入人们的生活中，也改变着人们的生活，推动工业生产以及国防技术的发展。

（4）应用软件技术。通过各种各样的应用软件技术提供不同的服务，满足不同的需求。应充分利用丰富的应用软件提供的各种功能，将物联网 Wed 化，物联网应用融合到 Wed 中，借助 Internet 物联网，为用户提供各式各样的服务。

虽然当前国内外在物联网领域已经取得了大量理论研究成果和部分应用示范，但问题仍较为突出。例如：封闭的内部尝试，缺乏开放性、示范性与可复制性；不能互联互通，存在严重的地区和行业壁垒，大量示范工程重复建设；产品、解决方案互不兼容，缺乏统一的概念，导致大量碎片化的框架和应用等。针对这些问题，在分析物联网系统各部分功能与特点的基础上，从基于 Wed 的物联网业务环境的基本原则出发，将物联网系统架构分为感知域和业务域，提出了基于 Wed 的物联网体系结构，将物联网 Wed 化。

构建基于 Wed 的物联网系统服务平台，汇聚产业链上的设备和平台，引进国内外先进的技术和理念，形成物联网应用设备商店，为用户提供全方位的体验与服务，最终形成物联网应用服务云，构建物联网生态系统。

第四节　大数据挖掘与分析技术

一、概述

随着信息技术尤其是网络技术的快速发展，人们收集、存储和传输数据的能力不断提高，导致数据出现了爆炸性增长。与此形成鲜明对比的是，对人们决策有价值的知识却非常匮乏。如何从海量数据中获取有价值的知识以指导人们的决策，是当前数据分析领域所面临的主要热点和难点问题。

近十几年来，随着信息技术和数据库技术的快速发展，各行各业均存储了海量数据，而且仍然会以惊人的速度不断产生数据。数据的积累速度已经远远超过人们处理数据的能力，出现“数据丰富但信息和知识贫乏”的现象。在现今信息爆炸的时代，针对“数据丰富但信息和知识贫乏”的现象，如何有效地处理和利用大规模数据成为当前所面临的挑战。如何才能不被数据的汪洋大海所淹没，使数据真正成为有效的资源，从中及时发现有用的知识，充分利用它为自身的业务决策和战略发展服务才行，于是数据挖掘和知识发现技术应运而生，并得以蓬勃发展，越来越显示出其强大的生命力。

1989 年 8 月，在美国底特律召开的第 11 届国际人工智能联合会议的专题讨论会上首次出现数据库知识发现 (Knowledge Discovery in Database，KDD) 这一术语。它泛指所有从源数据中发掘模式或联系的方法，人们接受了这个术语，并用 KDD 来描述整个数据发掘的过程，包括最开始的制定业务目标到最终的结果分析，而用数据挖掘来描述使用挖掘算法进行数据挖掘的子过程。

随后在 1991 年、1993 年和 1994 年举行了 KDD 专题讨论会，这些会议都汇集了来自各个领域的研究人员和应用开发者，集中讨论数据统计、海量数据分析算法、知识表示、知识运用等问题。随着参与人员的不断增多，KDD 国际会议发展成为年会，并成为该领域的顶级会议。1998 年在美国纽约举行的知识发现与数据挖掘国际学术会议不仅进行了学术讨论，并且有多家软件公司展示了他们的数据挖掘软件产品，此后不少软件已在北美、欧洲各地区得到很好的商业应用。

1993 年国家自然科学基金首次对该领域的研究项目予以支持。从此，国内的许多科研院所对该领域投入了大量的精力，也取得很多高质量的研究成果。南京大学的周志华所领导的机器学习与数据挖掘研究组 (Learning And Mining from Data，LAMDA) 在该领域的很多方面都做出了很好的研究工作，特别是周志华本人在“多示例多标记学习及其在场景分类中的应用”研究中所提出的框架具有很好的研究示范作用。复旦大学在生物信息学、时间序列分析、数据流挖掘等各个方面都进行了深入的研究，其数据挖掘讨论组对数据挖掘技术的推介和讨论以及对该技术在国内的研究和应用起到了很好的促进作用。中国人民大学信息学院与 NCR 共建的数据仓库与商务智能实验室在数据仓库、OLAP、商务智能方面做了很好的研究，同时和国外的研究联系也比较紧密。此外，清华大学、北京大学、中国科学院计算所和数学所、国防科技大学、郑州大学、北京交通大学、武汉大学、上海大学、西北工业大学等很多国内科研院所在数据挖掘的多个领域都做了很多出色的研究工作。

经过十几年的研究和实践，数据挖掘技术已经吸收了许多学科的最新研究成果而形成独具特色的研究分支。毋庸置疑，数据挖掘研究和应用具有很大的挑战性。像其他新技术的发展历程一样，数据挖掘也必须经过概念提出、概念接受、广泛研究和探索、逐步应用和大量应用等阶段。从目前的状况看，大部分学者认为数据挖掘的研究仍然处于广泛研究和探索阶段。当前数据挖掘领域研究的前沿问题包括以下几个。

（一）模式挖掘、模式应用及模式理解

在模式挖掘方面，除了关注如何挖掘序列模式及图模式之外，还需要研究巨大模式挖掘、大的网络或图的近似结构挖掘及压缩模式挖掘。在模式应用方面，需要研究如何利用频繁模式更有效地进行分类和图标注及相似图结构的搜索等。在模式理解方面，主要研究从冗余模式中进行提取和频繁模式的语义注释。

（二）信息网络分析

其主要包括连接分析、社会关系网分析、生物信息网分析和异构网分析等。

（三）数据流挖掘

数据流挖掘需要处理不同模式的数据，在分类、聚类、序列模式、趋势分析、噪声数据、概念漂移等各个方面都有很多问题值得研究。

（四）挖掘移动对象数据、RFID 数据及传感器网络的数据

其主要包括挖掘移动对象数据发现孤立点、RFID 数据的数据仓库建立与挖掘、传感器网络数据的分类与聚类等。

（五）时间空间数据及多媒体数据的挖掘

其主要包括空间数据的数据仓库建立和空间数据的在线分析、空间和多媒体数据的频繁模糊及相关性分析、空间数据分类以及聚类及孤立点分析。

（六）生物信息数据的挖掘

其主要包括挖掘 DNA、RNA 及蛋白质数据；挖掘基因表达数据；挖掘大的质谱分析数据；挖掘生物医学文献；挖掘生物信息网等。

（七）文本及 Web 数据的挖掘

其主要包括文本表示、特征选择与属性约减、文本聚类、文本分类等文本挖掘内容，还包括 Web 建模、Web 分类与聚类、结构化数据分析、多维 Web 数据分析、语义 Web、Web 应用挖掘及个性化网站等。

（八）用于软件系统工程及计算机系统分析的数据挖掘

复杂系统如软件系统的建立、维护和改进是非常复杂的，数据挖掘技术可以用于发现程序的孤立点，实现系统诊断、维护和改进的自动化。

（九）基于数据立方体的多维数据在线分析

其主要包括衰减立方体、预测立方体、立方体合成、高维立方体在线分析等。

数据挖掘 (Data Mining，DM)，简言之就是从大量的数据中挖掘出有用信息的过程。展开来说，数据挖掘是从大量的、不完全的、有噪声的、模糊的、随机的实际应用数据中发现和提取隐含在其中的、人们事先未知的但又是潜在有用的信息和知识的过程。这里的知识是指概念、规则、模式、规律和约束等，它们具有特定前提和约束条件，并且在特定领域中具有实际应用价值，同时还易于被用户所理解。

数据挖掘是一个多学科交叉的研究领域，融合了数据库 (Database)、人工智能 (Artificial Intelligence)、机器学习 (Machine Learning)、统计学 (Statistics)、知识工程 (Knowledge Engineering)、信息检索 (Information Retrieval)、高性能计算 (High-Performance Computing) 和数据可视化 (Data Visualization) 等多个学科领域。其中数据库、人工智能和数理统计是数据挖掘研究的 3 个主要理论支柱。

二、数据挖掘理论基础

谈到知识发现和数据挖掘，必须进一步阐述其研究的理论基础。虽然是关于数据挖掘的理论基础问题，仍然没有到完全成熟的地步，但是分析它的发展，可以对数据挖掘的概念更清楚。系统的理论是研究、开发、评价数据挖掘方法的基石。经过十几年的探索，一些重要的理论框架已经形成，并且吸引着众多的研究和开发者为此进一步工作，向着更深入的方向发展。

数据挖掘方法可以是基于数学理论的，也可以是非数学的；可以是演绎的，也可以是归纳的。

（一）模式发现 (Pattern Discovery) 架构

在这种理论框架下，数据挖掘技术被认为是从源数据集中发现知识模式的过程。这是对机器学习方法的继承和发展，是目前比较流行的数据挖掘研究与系统开发架构。按照这种架构，可以针对不同的知识模式的发现过程进行研究。目前，在关联规则、分类聚类模型、序列模式 (Sequence Model) 以及决策树 (Decision Tree) 归纳等模式发现的技术与方法上取得了丰硕的成果。近几年，也已经开始对多模式知识发现的研究。

（二）规则发现 (Rule Discovery) 架构

Agrawal 等综合机器学习与数据库技术，将三类数据挖掘目标（即分类、关联及序列）作为一个统一的规则发现问题来处理，它们给出了统一的挖掘模型和规则发现过程中的几个基本运算，解决了数据挖掘问题如何映射到模型和通过基本运算发现规则的问题，这种基于规则发现的数据挖掘构架，也是目前数据挖掘研究的常用方法。

（三）基于概率和统计理论

在这种理论框架下，数据挖掘技术被看作是从大量源数据集中发现随机变量的概率分布情况的过程，如贝叶斯置信网络模型等。目前，这种方法在数据挖掘的分类和聚类研究及应用中取得了很好的成果，这些技术和方法可以看作是概率理论在机器学习中应用的发展和提高。统计学作为一个古老的学科，已经在数据挖掘中得到广泛的应用。例如，传统的统计回归法在数据挖掘中的应用，特别是最近 10 年，统计学已经成为支撑数据仓库、数据挖掘技术的重要理论基础。

（四）微观经济学观点 (Microeconomic View)

在这种理论框架下，数据挖掘技术被看作是一个问题的优化过程。1998 年，Kleinberg 等人建立了在微观经济学框架里判断模式价值的理论体系。他们认为，如果一个知识模式对一个企业是有效的话，那么它就是有趣的。有趣的模式发现是一个新的优化问题，可以根据基本的目标函数，对“被挖掘的数据”的价值提供一个特殊的算法视角，导出优化的企业决策。

（五）基于数据压缩 (Data Compression) 理论

在这种理论框架下，数据挖掘技术被看作是对数据的压缩过程。按照这种观点，关联规则、决策树、聚类等算法实际上都是对大型数据集的不断概念化或抽象的压缩过程。按Chakrabarti 等人的描述，最小描述长度 (MinimumDescriptionLength，MDL) 原理可以评价一个压缩方法的优劣，即最好的压缩方法应该是概念本身的描述和把它作为预测器的编码长度都最小。

（六）基于归纳数据库 (Inductive Database) 理论

在这种理论框架下，数据挖掘技术被看作是对数据库的归纳问题。一个数据挖掘系统必须具有原始数据库和模式库，数据挖掘的过程就是归纳的数据查询过程，这种构架也是目前研究者和系统研制者倾向的理论框架。

（七）可视化数据挖掘 (Visual Data Mining)

1997 年，Kelm 等对可视化数据挖掘的相关技术给出了综述。虽然可视化数据挖掘必须结合其他技术和方法才有意义，但是以可视化数据处理为中心来实现数据挖掘的交互式过程以及更好地展示挖掘结果等，已经成为数据挖掘中的一个重要方面。

当然，上面所述的理论框架不是孤立的，更不是互斥的，对于特定的研究和开发领域来说，它们是相互交叉并有所侧重的。

三、数据挖掘分类方法

数据挖掘涉及的学科领域和方法很多，故有多种分类方法。

根据挖掘任务不同可以分为分类或预测模型发现、数据总结与聚类发现、关联规则发现、序列模式发现、相似模式发现、混沌模式发现、依赖关系或依赖模型发现以及异常和趋势发现等。

根据挖掘对象可以分为关系数据库、面向对象数据库 (Object-Oriented Database)、空间数据库、时态数据库、文本数据源、多媒体数据库、异质数据库以及遗产数据库等对象的挖掘。

根据挖掘方法不同可以分为机器学习方法、统计方法、聚类分析方法、探索性分析方法、神经网络 (Neural Network) 方法、遗传算法 (Genetic Algorithm)、数据库方法、近似推理和不确定性推理方法、基于证据理论和元模式的方法、现代数学分析方法、粗糙集 (Rough Set) 方法及集成方法等。

根据数据挖掘所能发现的知识不同可以分为广义型知识挖掘、差异型知识挖掘、关联型知识挖掘、预测型知识挖掘、偏离型异常知识挖掘和不确定性知识等。

当然，这些分类方法都从不同角度刻画了数据挖掘研究的策略和范畴，它们是互相交叉又相互补充的。

四、数据挖掘分析方法

（一）广义知识挖掘

广义知识 (Generalization) 是指描述类别特征的概括性知识。众所周知，在源数据（如数据库）中存放的一般是细节性数据，而人们有时希望能从较高层次的视图上处理或观察这些数据，通过数据进行不同层次的泛化来寻找数据所蕴含的概念或逻辑，以适应数据分析的要求。数据挖掘的目的之一就是根据这些数据的微观特性发现有普遍性的、更高层次概念的中观和宏观的知识。因此，这类数据挖掘系统是对数据所蕴含的概念特征信息、汇总信息和比较信息等概括、精炼和抽象的过程。被挖掘出的广义知识，可以结合可视化技术，以直观的图表（如饼图、柱状图、曲线图、立方体等）形式展示给用户，也可以作为其他应用（如分类、预测）的基础知识。

（二）关联知识挖掘

关联知识 (Association) 反映一个事件和其他事件之间的依赖或关联。数据库中的数据关联是现实世界中事物联系的表现。数据库作为一种结构化的数据组织形式，利用其依附的数据模型可能刻画了数据间的关联，如关系数据库的主键和外键。但是，数据之间的关联是复杂的，不仅是上面所说的依附在数据模型中的关联，大部分是隐藏的。关联知识挖掘的目的就是找出数据库中隐藏的关联信息。关联可分为简单关联、时序 (Time Series) 关联、因果关联、数量关联等，这些关联并不总是事先知道的，而是通过数据库中数据的关联分析获得的，因而对商业决策具有新价值。

（三）类知识挖掘

类知识 (Class) 刻画了一类事物，这类事物具有某种意义上的共同特征，并明显和不同类事物相区别。和其他的文献相对应，这里的类知识是指数据挖掘的分类和聚类两类数据挖掘应用所对应的知识。

（1）分类方法有以下几种。

①决策树。决策树方法，在许多的机器学习书或论文中可以找到，这类方法中的 ID3 算法是最典型的决策树分类算法，之后的改进算法包括 ID4、ID5、C4.5、C5.0 等。这些算法都是从机器学习角度研究和发展起来的，对于大训练样本集很难适应。这是决策树应用向数据挖掘方向发展必须面对和解决的关键问题。在这方面的尝试有很多，比较有代表性的研究有 Agrawal 等人提出的 SPRINT 算法，它们强调了决策树对大训练集的适应性。1998 年，Michalski 等对决策树与数据挖掘的结合方法和应用进行了归纳。另一个比较著名的研究是 Gehrke 等人提出了一个称为雨林 (Rainforest) 的在大型数据集中构建决策树的挖掘构架，并在 1999 年提出这个模型的改进算法 BOAT。另外的一些研究，集中在针对

数据挖掘特点所进行的高效决策树、裁剪决策树中规则的提取技术与算法等方面。

②贝叶斯分类。贝叶斯分类 (Bayesian Classification) 来源于概率统计学，并且在机器学习中被很好地研究。近几年，作为数据挖掘的重要方法备受瞩目。朴素贝叶斯分类 (Nalve Bayesian Classification) 具有坚实的理论基础，和其他分类方法相比，其理论上具有较小的出错率。但是，由于受其对应用假设的准确性设定的限制，因此需要在提高和验证它的适应性等方面做进一步工作。Jone 提出连续属性值的内核稠密估计的朴素贝叶斯分类方法，提高了基于普遍使用的高斯估计的准确性，Domingos 等对于类条件独立性假设应用假设不成立时朴素贝叶斯分类的适应性进行了分析，贝叶斯信念网络 (Bayesian Belief Network) 是基于贝叶斯分类技术的学习框架，集中在贝叶斯信念网络本身架构以及它的推理算法研究上，其中比较有代表性的工作有 Russell 的布尔变量简单信念网、训练贝叶斯信念网络的梯度下降法、Buntine 等建立的训练信念网络的基本操作以及 Lauritzen 等的具有蕴藏数据学习的信念网络及其推理算法 EM 等。

③神经网络。神经网络作为一个相对独立的研究分支已经很早被提出，有许多著作和文献详细介绍了它的原理。由于神经网络需要较长的训练时间及其可解释性较差，为它的应用带来了困难。但是，由于神经网络具有高度的抗干扰能力和可以对未训练数据进行分类等优点，又使得它具有极大的诱惑力。因此，在数据挖掘中使用神经网络技术是一件有意义但仍需要艰苦探索的工作。在神经网络和数据挖掘技术的结合方面，一些利用神经网络挖掘知识的算法被提出，如 Lu 和 Setiono 等人提出的数据库中提取规则的方法、Widrow 等系统介绍了神经网络在商业等方面的应用技术。

④遗传算法。遗传算法是基于进化理论的机器学习方法，它采用遗传结合、遗传交叉变异以及自然选择等操作，实现规则的生成。有许多著作和文献详细介绍了它的原理，这里不再赘述。

⑤类比学习和案例学习。最典型的类比学习 (Analogy Learning) 方法是 k- 最邻近分类 (k-Nearest Neighbor) 方法，它属于懒散学习法，与决策树等急切学习法相比，具有训练时间短、分类时间长的特点。K- 最邻近方法可以用于分类和聚类中，基于案例的学习 (Case-Based Learning) 方法可以应用到数据挖掘的分类中。基于案例学习的分类技术的基本思想是，当一个新案例进行分类时，通过检查已有的训练案例找出相同的或最接近的案例，然后根据这些案例提出这个新案例的可能解。利用案例学习来进行数据挖掘的分类必须要解决案例的相似度、度量训练案例的选取以及利用相似案例生成新案例的组合解等关键问题，并且它们也正是目前研究的主要问题。

⑤其他方法。如粗糙集和模糊集 (Fuzzy Set) 方法等。

另外需要强调的是，任何一种分类技术与算法都不是万能的，不同的商业问题需要用不同的方法去解决，即使对于同一个商业问题可能有多种分类算法。分类的效果一般和数据的特点有关。有些数据噪声大、有缺值、分布稀疏，有些属性是离散的，而有些是连续的，所以目前普遍认为不存在某种方法能适合所有特点的数据。因此，对于一个特定问题和一类特定数据，需要评估具体算法的适应性。

（2）聚类方法有以下几种。

①基于划分的聚类方法。k- 平均算法是统计学中的一个经典聚类方法，但是它只有在簇平均值被预先定义好的情况下才能使用，加之对噪声数据的敏感性等，使得对数据挖掘的适应性较差。因此，出现了一些改进算法。主要有 Kaufman 等人提出的 k- 中心点算法、PAM 和 Clare 算法、Huang 等人提出的 k- 模和 k- 原型方法、Bradley 和 Fayyad 等建立的基于 k- 平均的可扩展聚类算法。其他的具代表性的方法有 EM 算法、Clarans 算法等。基于划分的聚类方法得到了广泛研究和应用，但是对于大数据集的聚类仍需要进一步的研究和扩展。

②基于层次的聚类方法。通过对源数据库中的数据进行层次分解，达到目标簇的逐步生成。有两种基本的方法，即凝聚 (Agglomeration) 和分裂 (Division)。凝聚聚类是指由小到大开始，可能是每个元组为一组逐步合并，直到每个簇满足特征性条件。分裂聚类是指由大到小开始，可能为一组逐步分裂，直到每个簇满足特征性条件。Kaufman 等人详细介绍了凝聚聚类和分裂聚类的基本方法，Zhang 等人提出了利用 CF 树进行层次聚类的 Birth 算法，Guha 等人提出了 Cure 算法、Rock 算法，Karypis 和 Han 等人提出了 Chameleon 算法。基于层次的聚类方法计算相对简单，但是操作后不易撤销，因而对于迭代中的重定义等问题仍需做进一步工作。

③基于密度的聚类方法。基于密度的聚类方法是通过度量区域所包含的对象数目来形成最终目标的。如果一个区域的密度超过指定的值，那么它就需要进一步分解成更细的组，直至得到用户可以接受的结果。这种聚类方法相比基于划分的聚类方法，可以发现球形以外的任意形状的簇，而且可以很好地过滤孤立点 (Outlier) 数据，对大型数据集和空间数据库的适应性较好。比较有代表性的工作有 1996 年 Ester 等人提出的 DBSCAN 方法、1998 年 Hinneburg 等人提出的基于密度分布函数的 DENCLUE 聚类算法、1999 年 Ankerst 等人提出的 OPTICS 聚类排序方法。基于密度的聚类算法，大多还是把最终结果的决定权参数值交给用户决定，这些参数的设置以经验为主。而且对参数设定的敏感性较高，即较小的参数差别可能导致区别很大的结果。因此，这是这类方法有待进一步解决的问题。

④基于网格的聚类方法。这种方法是把对象空间离散化成有限的网格单元，聚类工作在这种网格结构上进行。1997 年，Wang 等人提出的 String 方法是一个多层聚类技术。它把对象空间划分成多个级别的矩形单元，高层的矩形单元是多个低层矩形单元的综合，每个矩形单元的网格收集对应层次的统计信息值。该方法具有聚类速度快、支持并行处理和易于扩展等优点，受到广泛关注。另一些有代表性的研究包括 Sheikholeslami 等人提出的

通过小波变换进行多分辨率聚类方法 WaveCluster、Agrawal 等人提出的把基于网格和密度结合的高维数据聚类算法 CLIQUE 等。

⑤基于模型的聚类方法。这种方法为每个簇假定一个模型，寻找数据对给定模型的最佳拟和。目前研究主要集中在利用概率统计模型进行概念聚类和利用神经网络技术进行自组织聚类等方面，它需要解决的主要问题之一仍然是如何适用于大型数据库的聚类应用。

最近的研究倾向于利用多种技术的综合性聚类方法探索，以解决大型数据库或高维数据库等聚类挖掘问题。一些焦点问题也包括孤立点检测、一致性验证、异常情况处理等。

（四）预测型知识挖掘

预测型知识 (prediction) 是指由历史的和当前的数据产生的并能推测未来数据趋势的知识。这类知识可以被认为是以时间为关键属性的关联知识，应用到以时间为关键属性的源数据挖掘中。从预测的主要功能上看，主要是对未来数据的概念分类和趋势输出。可以用于产生具有对未来数据进行归类的预测型知识，统计学中的回归方法等可以通过历史数据直接产生对未来数据预测的连续值，因而，这些预测型知识已经蕴藏在诸如趋势曲线等输出形式中。利用历史数据生成具有预测功能的知识挖掘工作归为分类问题，而把利用历史数据产生并输出连续趋势曲线等问题作为预测型知识挖掘的主要工作。分类型的知识也应该有两种基本用途：一是通过样本子集挖掘出的知识可能目的只是用于对现有源数据库的所有数据进行归类，以使现有的庞大源数据在概念或类别上被“物以类聚”；二是有些源数据尽管它们是已经发生的历史事件的记录，但是存在对未来有指导意义的规律性东西，如总是“老年人的癌症发病率高”。因此，这类分类知识也是预测型知识。

（1）趋势预测模式。主要是针对那些具有时序 (time series) 属性的数据，如股票价格等，或者是序列项目 (sequence items) 的数据，如年龄和薪水对照等、发现长期的趋势变化等。有许多来自于统计学的方法，经过改造可以用于数据挖掘中，如基于 n 阶移动平均值 (moving average of orders)、n 阶加权移动平均值、最小二乘法、徒手法 (freehand) 等的回归预测技术。另一些研究较早的数据挖掘分支，如分类、关联规则等技术，也被应用到趋势预测中。

（2）周期分析模式。其主要是针对那些数据分布和时间依赖性很强的数据进行周期模式的挖掘，如服装在某季节或所有季节的销售周期。近年来，这方面的研究备受瞩目，除了传统的快速傅里叶变换等统计方法及其改造算法外，也从数据挖掘研究角度进行了有针对性的研究，如 1999 年 Han 等人提出的挖掘局部周期的最大自模式匹配集方法。

（3）序列模式。其主要是针对历史事件发生次序的分析形成预测模式来对未来行为进行预测，如预测“三年前购买计算机的客户有很大概率会买数字相机”。主要工作包括 1998 年 Zaki 等人提出的序列模式挖掘方法、2000 年 Han 等人提出的称为 FreeSpan 的高效序列模式挖掘算法等。

（4）神经网络。在预测型知识挖掘中，神经网络也是很有用的模式结构，但是由于大量的时间序列是非平稳的，其特征参数和数据分布随着时间的推移而发生变化。因此，仅仅通过对某段历史数据的训练来建立单一的神经网络预测模型，还无法完成准确的预测任务。为此，人们提出了基于统计学等的再训练方法。当发现现存预测模型不再适用于当前数据时，对模型重新训练，获得新的权重参数，建立新的模型。

此外，也有许多系统借助并行算法的计算优势等进行时间序列预测。总之，数据挖掘的目标之一，就是自动在大型数据库中寻找预测型信息，并形成对应的知识模式或趋势输出来指导未来的行为。

五、特异型知识挖掘

特异型知识 (exception) 是源数据中所蕴含的极端特例，或明显区别于其他数据的知识描述，它揭示了事物偏离常规的异常规律。数据库中的数据常有一些异常记录，从数据库中检测出这些数据所蕴含的特异知识是很有意义的，如在站点发现那些区别于正常登录行为的用户特点，可以防止非法入侵。特异型知识可以和其他数据挖掘技术结合起来，在挖掘普通知识的同时进一步获得特异型知识，如分类中的反常实例、不满足普通规则的特例、观测结果与模型预测值的偏差、数据聚类外的离群值等。

六、数据仓库中的数据挖掘

数据仓库中的数据是按照主题来组织的。存储的数据可以从历史的观点提供信息。面对多数据源，经过清洗和转换后的数据仓库可以为数据挖掘提供理想的发现知识的环境。假如一个数据仓库模型具有多维数据模型或多维数据立方体模型支撑的话，那么基于多维数据立方体的操作算子可以达到高效率的计算和快速存取。虽然目前的一些数据仓库辅助工具可以帮助完成数据分析，但是发现蕴藏在数据内部的知识模式及其按知识工程方法来完成高层次的工作仍需要新技术。因此，研究数据仓库中的数据挖掘技术是必要的。

数据挖掘不仅伴随数据仓库而产生，而且随着应用的深入，产生了许多新的课题。如果把数据挖掘作为高级数据分析手段来看，那么它是伴随数据仓库技术提出并发展起来的。随着数据仓库技术的出现，出现了联机分析处理应用。OLAP 尽管在许多方面和数据挖掘是有区别的，但是它们在应用目标上有很大的重合度，那就是它们都不满足于传统数据库的仅用于联机查询的简单应用，而是追求基于大型数据集的高级分析应用。客观地讲，数据挖掘更看中数据分析后所形成的知识表示模式，而 OLAP 更注重利用多维等高级数据模型实现数据的聚合。

七、Web 数据源中的数据挖掘

面向 Web 的数据挖掘，比面向数据库和数据仓库的数据挖掘要复杂得多，因为它的数据是复杂的，有些是无结构的（如 Web 页），通常都是用长的句子或短语来表达文档类信息，有些可能是半结构的（如 E-mail、HTML 页），当然有些具有很好的结构（如电子表格）。揭开这些复合对象蕴含的一般性描述特征，成为数据挖掘的不可推卸的责任。

目前，Web 挖掘的研究主要有 3 种流派，即 Web 结构挖掘 (Web Structure Mining)、Web 使用挖掘 (Web Usage Mining) 和 Web 内容挖掘 (Web Content Mining)。

（1）Web 结构挖掘。Web 结构挖掘主要是指挖掘 Web 上的链接结构，它有广泛的应用价值。例如，通过 Web 页面间的链接信息可以识别出权威页面 (Authoritative Page)、安全隐患（非法链接）等。1999 年，Chakrabarti 等人提出利用挖掘 Web 上的链接结构来识别权威页面的思想。1999 年，Kleinberg 等人提出了一个较有影响的称为 HITS 的算法。HITS 算法使用 HUB 概念，HUB 是指一系列的相关某一聚焦点 (Focus) 的 Web 页面收集。

（2）Web 使用挖掘。Web 使用挖掘主要是指对 Web 上的日志记录的挖掘。Web 上的 Log 日志记录包括 URL 请求、IP 地址以及时间等的访问信息。分析和发现 Log 日志中蕴藏的规律可以帮助我们识别潜在客户、跟踪服务质量以及侦探非法访问隐患等。发现得最早，对 WebLog 日志挖掘有较为系统化研究的是 Tauscher 和 Greenberg 两位，比较著名的原型系统有 Zaiane 和 Han 等研制的 WebLog Mining。

（3）Web 内容挖掘。实际上 Web 的链接结构也是 Web 的重要内容。除了链接信息外，Web 的内容主要是包含文本、声音、图片等的文档信息。很显然，这些信息是深入理解站点的页面关联的关键所在。同时，这类挖掘也具有更大的挑战性。Web 的内容是丰富的，而且构成成分是复杂的（无结构的、半结构的等），对内容的分析又离不开具体的词句等细节的、语义上的刻画。基于关键词的内容分析技术是研究较早的、最直观的方法，已经在文本挖掘 (Text Mining) 和 Web 搜索引擎 (Search Engine) 等相关领域得到广泛的研究和应用。目前对于 Web 内容挖掘技术更深入的研究是在页面的文档分类、多层次概念归纳等问题上。

以下是最常用的机器学习算法，大部分数据问题都可以通过它们解决：线性回归 (Linear Regression)、逻辑回归 (Logistic Regression)、决策树 (Decision Tree)、支持向量机 (SVM)、朴素贝叶斯 (NaiveBayes)、k- 邻近算法（k-NN）、k- 均值算法 (k-Means)、随机森林 (Random Forest)、降低维度算法 (Dimensionality Reduction Algorithms) 和 Gradient Boosting 和 Adaboost 算法等。

（1）线性回归。线性回归是利用连续性变量来估计实际数指。通过线性回归算法找出自变量和因变量间的最佳线性关系，图形上可以确定一条最佳直线。这条最佳直线就是回归线。

这个回归关系可以用下式来表示。

$$Y=ax+b$$

式中：Y——因变量；

a——斜率；

X——自变量；

b——截距。

（2）逻辑回归。逻辑回归其实是一个分类算法而不是回归算法。通常是利用已知的自变量来预测一个离散型因变量的值（像二进制值0/1、是／否、真／假）。简单来说，它就是通过拟合一个逻辑函数 (Logic Function) 来预测一个事件发生的概率。所以它预测的是一个概率值，自然，它的输出值应该在0—1。

（3）决策树。它属于监督式学习，常用来解决分类问题。令人惊讶的是，它既可以运用于类别变量 (Categorical Variables)，也可以运用于连续变量。这个算法可以让我们把一个总体分为两个或多个群组。分组根据能够区分总体的最重要的特征变量／自变量进行。

（4）支持向量机。这是一个分类算法。在这个算法中将每一个数据作为一个点在一个n维空间上作图（n是特征数），每一个特征值就代表对应坐标值的大小。比如有两个特征，即一个人的身高和发长。可以将这两个变量在一个二维空间上作图，图上的每个点都有两个坐标值（这些坐标轴也叫作支持向量）。

（5）朴素贝叶斯。这个算法是建立在贝叶斯理论上的分类方法。它的假设条件是自变量之间相互独立。简言之，朴素贝叶斯假定某一特征的出现与其他特征无关。比如说，如果一个水果是红色的、圆状的，直径大概7cm左右，可能猜测它为苹果。即使这些特征之间存在一定关系，在朴素贝叶斯算法中都认为红色、圆状和直径在判断一个水果是苹果的可能性上是相互独立的。

朴素贝叶斯的模型易于建造，并且在分析大量数据问题时效率很高。虽然模型简单，但很多情况下工作的比非常复杂的分类方法还要好。

贝叶斯理论从先验概率P(c)、P(x)和条件概率P(xIc)中计算后验概率P(clx)。算法如下。

P(clx)是已知特征x而分类为c的后验概率。

P(c)是种类c的先验概率。

P(xIc)是种类c具有特征x的可能性。

P(x)是特征x的先验概率。

（6）k-NN（k-邻近算法）。这个算法既可以解决分类问题，也可以用于回归问题，但工业上用于分类的情况更多。K-NN先记录所有已知数据，再利用一个距离函数，找出已知数据中距离未知事件最近的k组数据，最后按照这是组数据里最常见的类别预测该事件。

距离函数可以是欧式距离、曼哈顿距离、闵氏距离 (Minkowski Distance) 和汉明距离 (Hamming Distance)。前3种用于连续变量，汉明距离用于分类变量。如果k=1，那问题就简化为根据最近的数据分类。k 值的选取时常是 k-NN 建模的关键。

（7）k- 均值算法。这是一种解决聚类问题的非监督式学习算法。这个方法简单地利用了一定数量的集群（假设 k 个集群）对给定数据进行分类。同一集群内的数据点是同类的，不同集群的数据点不同类。

k 均值算法划分集群的方法如下。

①从每个集群中选取是个数据点作为质心 (Centroids)。

②将每一个数据点与距离自己最近的质心划分在同一集群，即生成 k 个新集群。

③找出新集群的质心，这样就有了新的质心。

④重复②和③，直到结果收敛，即不再有新的质心出现。

确定 k 值的方法如下。

如果在每个集群中计算集群中所有点到质心的距离平方和，再将不同集群的距离平方和相加，就得到了这个集群方案的总平方和。

随着集群数量的增加，总平方和会减少。但是如果用总平方和对 k 作图，就会发现在某个 k 值之前总平方和急速减少，但在这个 k 值之后减少的幅度大大降低，这个值就是最佳的集群数。

（8）随机森林。随机森林是对决策树集合的一个特有名称。随机森林里有多个决策树（所以叫“森林”）。为了给一个新的观察值分类，根据它的特征，每一个决策树都会给出一个分类。随机森林算法选出投票最多的分类作为分类结果。

生成决策树的方法如下。

①如果训练集中有 N 种类别，则重复地随机选取 N 个样本，这些样本将组成培养决策树的训练集。

②如果有 M 个特征变量，那么选取数 mM，从而在每个节点上随机选取 m 个特征变量来分割该节点。m 在整个森林养成中保持不变。

③每个决策树都最大程度上进行分割，没有剪枝。

（9）降低维度算法。在过去的 4~5 年里，可获取的数据几乎以指数形式增长。公司、政府机构、研究组织不仅有了更多的数据来源，也获得了更多维度的数据信息。

当数据有非常多的特征时，可建立更强大精准的模型，但它们也是建模中的一大难题。怎样才能从 1000 或 2000 个变量里找到最重要的变量呢？这种情况下，降维算法及其他算法，如决策树、随机森林、PCA、因子分析、相关矩阵和缺省值比例等，就能解决难题。

（10）Gradient Boosting 和 AdaBoost。Gradient Boosting 和 AdaBoost 都是在有大量数据时提高预测准确度的 Boosting 算法。Boosting 是一种集成学习方法。它通过有序结合多个较弱的分类器 / 估测器的估计结果来提高预测准确度。

第五节　信息化技术发展与工程应用

一、发展现状及趋势

（一）国外水利工程管理信息化建设研究现状

1998 年，美国副总统戈尔提出了“数字地球”，“数字水利”的概念也应运而生。它是在数字地球的概念下局部的、更新专业化的数字系统。广义地说，数字水利就是综合运用遥感 (RS)、地理信息系统 (GIS)、全球定位系统 (GPS)、虚拟现实 (VR)、网络和超媒体等现代高新技术，对全流域的地理环境、基础设施、自然资源、人文景观、生态环境、人口分布、社会和经济状态等各种信息进行数字化采集与存储、动态监测与处理、深层融合与挖掘、综合管理与传输分发，构建全流域可视化的基础信息平台和三维立体模型，建立适合于全流域各不同水利职能部门的专业应用模型库和规则库及其相应的应用系统。从狭义上讲，数字水利是以地理空间数据为基础，具有多维显示和表达水利状况的虚拟平台，是数字地球的重要组成部分。

由于国外 GIS 发展比较早，在 GIS 与水利的结合应用方面已经取得了一些成果。在水资源评价和规划应用方面，Gupta 等人早在 1997 年就实现了将栅格型数据管理工具用于流域规划。随后欧洲一些研究机构也联合开发了具有水文过程模拟、水污染控制、水资源规划等功能的流域规划决策支持系统 WATERWARE。在此基础上，Bhuyan 等综合运用 GIS 及美国农业部开发的农业非点源污染模型 AGNPS，可很好地在小流域尺度上进行水资源和水环境评价。日本的 KenjiSuzuki 等也运用技术通过对高分辨率的卫星数据进行处理，实现了雨养农业区域水土资源的评价。近年来，Carlo 等在 GIS 平台上开发了 AgPIE 模型，评价由于农业生产造成的地表和地下水水质下降的程度。

在防洪减灾应用方面，Davis 将 HEC21、HEC22 与 GIS 结合对洪水、水质和土坡侵蚀进行了模拟，可很好地用于洪灾损失评估。德国 Goamer 公司研制了基于 GIS 的水动力学模型 Floodarea，用于界定洪水淹没范围，能够预警可能的洪水风险。JoySanyal 等针对发生在印度 Gangetic West Bengal 的一次特大洪水，运用遥感和 GIS 强大的空间分析功能，对易受洪水淹没的居民点区域进行了预测和分析。Overton 结合 GIS 建立了泛洪区洪水淹没模型，并在澳大利亚南部的 Murray 河进行了验证。在美国，突发事件管理委员会 (FE2MA) 已利用 GIS 技术用于淹没灾害管理，在灾害期间可以辅助预测水灾危害，如洪水峰值时间、洪水高度、为保证城市安全进行水量调配等，在灾后可以辅助政府部门和保险公司进行损失评估和灾后重建。

在水环境监测和水资源保护应用方面，美国国家环保局基于技术和地调局水文数据开发了全美河段文件。Debarry 在一个污染评价系统中利用 DLG 地形数据及土壤和地表覆盖多边形信息，计算了从每个流域输出的污染物的估计值，可用于水质监测和模拟。He 等人将 AGNPS、GRASS 与 GRASS Water Works 模型集成在一起，综合评价了非点源污染对美国密歇根州 Gass 河水质的影响。近年来，Boyle 等建立的 IDOR2D 系统将水污染模型与 GIS 集成；Lee 等在 Mokhyun 流域建立了基于 GIS 的水质管理系统 WQMS，利用水污染模型计算污染排放、预测水质。

（二）国内水利工程管理信息化建设研究现状

我国水利工程管理信息化建设起步于 20 世纪 80 年代，水利系统开始大量引进当时国际上先进的计算机设备和软件，如 IBM 的 PC 微机、VAX 系列超级小型机、APOLLO 工作站、SUP5 分析计算软件包等。与此同时，各设计院、研究所和高校也研制了一大批应用软件，这些都推动了水利系统计算机应用水平的迅速提高。水文、防汛等部门在信息化方面同样做了大量工作，他们积累了大量基础资料和工程资料。20 世纪 90 年代以来，国民经济的飞速发展给防洪减灾和水资源利用等提出了更高的要求，水利信息工作更加受到重视。国际社会信息化的浪潮也给水利系统带来了信息现代化的冲击。我国对信息化的进程十分重视，也促进了水利系统的信息化进程的发展，水利部有关部门相继制定了“国家防汛指挥系统”“水利部行政首脑办公决策支持服务系统”等信息化建设工程规划。进入新世纪以后，水利工程信息化建设的研究得到了深入发展。

1997 年，结合全国水利信息化建设的条件，从软件工程学的原理、开发方法和技术入手，结合全国水利信息化建设的任务，论述了水利信息化应用系统的初步开发设想。

1998 年，从国际信息化的发展现状、发达国家在信息化方面的举措、我国信息化的现状与发展趋势入手，对水利系统信息化现状进行了分析，指出我国水利信息化建设虽然取得了巨大的进步，但仍然在信息基础设施落后和老化、各部门信息化工作的进展极不平衡、缺乏统一的信息标准、缺乏信息或信息工作覆盖面不广、缺乏高水平的专业人才、缺乏有效的管理、政策导向不够完善等 9 个方面存在不足，并从统一规划统一标准、拓宽信息的应用领域、依托水利部门内部具有人才和技术优势的科研院所和大专院校开展信息化关键技术的研究和攻关、加强对外联系向国外先进水平看齐等方面提出了我国进一步进行水利信息化建设的建议。

2004 年，结合长江科学院近几年所开展的主要相关科研项目与技术成果，根据空间信息技术的发展趋势和对流域管理现代化的认识，展望了“数据仓库”技术在长江水利信息化事业中的应用前景。

2006 年，对数据仓库技术在水利信息化中的应用进行了系统的研究，同时指出要在水利行业更好地应用和发展数据仓库技术，必须在进一步加强标准化、规范化的基础上，大力开展基础数据库的建设，尤其是富有水利行业特色的数据库，如蓄滞洪区空间展布式社会经济数据库、雨情和水情数据库、水旱灾情数据库等。

2007 年，通过对空间信息技术发展现状的讨论，结合对水利部门信息化建设需求的调研结果，尝试将新的空间信息技术引入到水利信息化管理建设中来，以解决其现有的需求和问题。根据需求分析，结合数据库技术、网络技术等新技术，设计了一套与结构相结合的综合性的水利信息管理系统方案，并加以实现。系统主要包括二维信息管理、三维信息显示和洪水淹没分析系统三大部分，除了具有常规的信息管理功能外，还提供了强大的空间数据分析功能，本系统的设计改变了以往信息管理系统功能单一、效率低下的缺点，为水利信息化建设提供了新的发展思路。

2008 年，结合水利工程建设实例，分析了微波技术在现代水利信息化建设中的优势，不断满足水利对通信新的需求。为适应新的发展要求，利用微波技术组建了微波通信网，为数字集群系统和机房视频监控系统提供了稳定、可靠的传输链路，并在防汛演习等应急通信中发挥了明显的作用。

我国政府和各合作项目方（如世界银行）都积极地投入水利工程项目信息化建设，开发了为数不少的管理信息系统，但这些系统仍存在不少问题。首先，从单个项目管理信息系统来看，目前的信息系统设计一般是按照水利资源管理信息系统的思路，以中国三峡集团公司与加拿大公司合作开发的大型集成化工程项目管理系统——三峡工程管理信息系统为例，该系统包括编码结构管理、岗位管理、资金与成本控制、计划与进度管理、合同管理、质量管理、工程设计管理、物资与设备管理、工程财务与会计管理、坝区管理、文档管理等各模块。而一般项目管理信息系统包括进度管理、造价管理，设备管理、合同管理、财务管理、档案管理、材料管理、质量管理几个模块。当然由于水利工程项目本身的特殊性，二者很难完全一致，但从中不难发现二者的设计思路是不尽相同的。其次，从整体看，该领域存在问题主要有缺乏通用的信息系统，相似系统和相近系统不得不重复开发系统设计规划，没有前瞻性，造成系统升级能力和更新扩展能力较差，数据的格式和标准不统一，系统之间的数据转换和互操作性较差，各系统之间缺乏标准化和规范化接口系统，很难实现系统集成等。归根究底，缺乏统一的信息化标准是出现这些问题的关键，应该指出的是，目前有些大型系统在设计开发时已考虑到标准化的工作，但由于整个信息化建设没有统一的通用标准，造成不同系统遵循的标准各不相同，系统间的数据共享更侧重于与外部信息资源的交流。

二、工程应用

（一）GIS 在水利系统中的应用

地理信息系统 (Geographic Information System，GIS) 是以地理空间数据库为基础，在计算机硬、软件环境的支持下，运用系统工程和信息科学的理论，科学管理和综合分析具有空间内涵的地理数据，以提供对规划、管理、决策和研究所需信息的空间信息系统，对空间相关数据进行采集、管理、操作、分析、模拟和显示，并采用地理模型分析方法，适时提供多种空间和动态的地理信息，为地理研究、综合评价、管理、定量分析和决策服务而建立起来的一类计算机应用系统。

（1）GIS 在水利工程管理工作中的应用。水利工程建设与管理是一项信息量极大的工作，涉及水利工程前期工作审查审批状况、投资计划情况、建设进度动态管理、工程质量、位置地图检索、项目简介、照片、图纸等一系列材料的存储、管理和分析，利用 GIS 技术可以把工程项目的建设与管理系统化，把水利工程建设情况进行实时记录，使工程动态变化能够及时反映给各级水行政主管部门。还可以对河道变化进行动态监测，预测河道发展趋势，可为水利规划、航道开发以及防灾减灾等提供依据，创造显著的经济效益。

利用 GIS 技术、三维可视化技术构建三维工程模型中，建筑物之间的空间位置关系与实地完全对应，而且任意点的空间三维坐标可以测量，是真实三维景观的再现，这项技术的应用将使工程的设计和模型建立等方面更加科学、准确。

（2）GIS 水利工程管理应用效益。应用地理信息系统之后，完成各项任务与传统的方法相比，显示出许多优越性。具体说来，水利的优越性可以概括如下。

①可以存储多种性质的数据，包括图形的、影像的、调查统计等，同时易于读取、确保安全。

②允许使用数学、逻辑方法，借助计算机指令编写各种程序，易于实现各种分析处理，系统具有判断能力和辅助决策能力。

③提供了多种造型能力，如覆盖分析、网络分析、地形分析，可以用来进行土地评价、土壤侵蚀估计、土地合理利用规划等模式研究，以及用来编制各种专题图、综合图等。

④数据库可以做到及时更新，确保实时性。用户在使用时具有安全感，保证不读漏数据，处理结果令人信服。

⑤易于改变比例尺和地图投影，易于进行坐标变换、平移或旋转、地图接边、制表和绘图等工作。

⑥在短时间内，可以反复检验结果，开展多种方案的比较，从而可以减少错误，确保质量，减少数据处理和图形化成本。

（二）GPS 系统在水利工程系统中的应用

全球定位系统 (Global Positioning Systems，GPS) 是一种结合卫星及通信发展起来的技术，利用导航卫星进行测时和测距，具有海陆空全方位实时三维导航与定位能力的新一代卫星导航与定位系统。GPS 是美国国防部在 1973 年开始筹建的高精度卫星导航、授时与定位系统，截至1994年年底，用于定位的28颗GPS卫星全部发射完成并开始正常工作，历时20余年，耗资200亿美元。系统由空间部分、地面控制部分和用户部分组成。

由于定位的高精度性，并具有全天候、连续性、速度快、费用低、方法灵活和操作简便等特点，使其在水利工程领域获得了极其广泛的应用。经过近10年我国测绘等部门的使用表明，全球卫星定位系统以全天候、高精度、自动化、高效益等特点，成功地应用于大地测量、工程测量、航空摄影、运载工具导航和管制、地壳运动测量、工程变形测量、资源勘察、地球动力学等多种学科，取得了好的经济效益和社会效益。

（1）地形测绘。传统的地形测绘，基于测绘仪等基本测绘工具和测绘人员艰辛而繁重的工作，其实际效果常因测量工具误差、天气情况变化等诸多影响因素而不甚令人满意。特别是在水利工程中，相关的地形勘测是进一步设计论证的重要前提，但常常因地势地形因素，给实际工作带来相当大的麻烦。目前，一个较为先进的方法是采用航空测绘，即通过航空器材从空中摄影绘图，进而完成地形测绘，但此方法的显著缺点是大大增加了测绘成本，因此在实际工程中远未得到推广，GPS全球卫星定位系统打开了解决该问题的新思路。

测绘的关键问题是找到特定区域的重要三维坐标纬度、经度和海拔高度。而这3个数据均可直接从一部GPS信号接收机上直接读出。GPS测绘方法还具有成本低廉、操作方便、实用性强等优点，并且与计算机CAD测绘软件、数据库等技术相结合，可实现更高程度的自动测绘。

（2）截流施工。截流的工期一般都比较紧张，其中最难的是水下地形测量。水下地形复杂，作业条件差，水下地形资料的准确性对水利工程建设十分重要。传统测量使用人工采集数据，精度不高、测区范围有限、工作量大、时间上不能满足要求，而GPS技术能大大提高数据精度、测区范围等，保证施工生产的效率，保证顺利进行。利用静态测量系统进行施工控制测量，选点主要考虑控制点能方便施工放样，其次是精度问题，尽量构成等边三角形，不必考虑点和点之间的通视问题。另外，用实时差分法GPS测量系统可实施水下地形测量，系统自动采集水深和定位数据，采集完成后，利用后处理软件，可数字化成图。在三峡工程二期围堰大江截流施工中，运用技术实施围堰控制测量及水下地形测量，并取得了成功。

（3）工程质量监测。水利设施的工程质量监测是水利建设及使用时必须贯彻实施的关键措施。传统的监管方法包括目测、测绘仪定位、激光聚焦扫描等，而基于GPS技术的质量监测是一种完全意义上的高科技监测方法。专门用于该功能的信号接收机，实际上为一微小的GPS信号接收芯片，将其置于相关工程设施待检测处，如水坝的表面、防洪堤坝的表面、山体岩壁的接缝处等，一旦出现微小的裂缝、开口，乃至过度的压力，相关的物理变化促使高精度信号接收芯片的记录信息发生变化，进而将问题反映出来。若将该套 GPS 监测系统与相关工程监测体系软件、报警系统相结合，即可实现更加严密而完善的工程质量监测。

（三）遥感技术在水利系统中的应用

遥感技术 (Remote Sensing，RS) 是一门综合性的技术，它是利用一定的技术设备系统，在远离被测目标处，测量和记录这些目标的空间状态和物理特性。从广义上来讲，可以把一切非接触的检测和识别技术都归入遥感技术。如航空摄影及相片判读就是早期的遥感手段之一。现代空间技术光学和电子学的飞速发展，促进了遥感技术的迅速发展，扩大了人们的视野，提高了应用水平。

（1）遥感技术在水利规划方面的运用。水利规划的基础是调查研究，遥感技术作为一种新的调查手段与传统的手段综合运用，能为现状调查及其变化预测提供有价值的资料。现行水利规划的现状调查主要依靠地形图资料及野外调查，如果地形图资料陈旧，则需要耗费大量人力、物力和时间重新测绘。卫星遥感资料具有周期短、现实性强的特点，北方受气候条件影响较小，很容易获得近期的卫星图像，即使在南方一般每年也可以得到几个较好的图像。根据卫星相片可以分析判断已有地形图的可利用程度，如果仅仅是增加了若干公路和建筑物，就可以只作相应的修测、补测或直接利用卫星相片作为地形图的替代品或补充。

水资源及水环境保护是水利规划的一项重要内容，可利用卫星遥感资料对水资源现状及其变化做出评价。首先，利用可见光和红外线波段的资料探测某些严重污染河段及其污染源，可见光探查煤矿开采和造纸厂排废造成的污染红外波段探查热废水排放造成的污染。其次，结合水质监测数据进行水环境容量评价，确定允许河道的水容量，再根据污染物的组成及含量测定值确定不同季节的允许排放量。利用卫星遥感资料及其处理技术，可以确定不同时期的水陆边界及水域面积，因而可以把地形测量工作简化为断面测量，从而节省工作量与经费。此项技术已在珠江三角洲河网地区及河口获得成功应用。

（2）RS 技术在水库工程方面的运用。水库工程是水利建设的一项重要内容，不论防洪、发电、灌溉、供水都离不开水库工程建设。水库工程论证一般包括问题识别、方案拟订、影响评价、方案论证等几部分。论证的重点一般包括水库任务、工程安全、泥沙问题、库区淹没、生态环境评价、工程效益分析评价等。卫星遥感技术在水库淹没调查和移民安置规划方面，尤其具有应用价值和开发潜力。规划阶段的水库淹没损失研究一般利用小比例尺地形图做本底，比较粗略，且由于地形图的更新周期长，一般需要进行相当规模的现场调查进行补充修改。如果利用计算机分类统计等技术，可以显著提高工作效率和成果的宏观可靠性。在规划以后阶段的工作中，利用红外线或正影射航空相片制作正影射影像图进行水库淹没损失调查，避免了人为因素的干扰，使成果具有最高的权威性，已得到越来越广泛的使用。

（3）RS 技术在河口治理方面的运用。河口治理的目标一般是稳定河床和岸滩，顺利排洪、排涝、排沙，保护生态，改善水环境等。多河口的河流要求能合理分水分沙，通航河流还要求能稳定和改善航道，有效治理拦门沙，这就需要大量的、全面的与区域性的包括水域和陆地，水上和水下地形、地质、地貌、水文、泥沙、水质、环境及社会经济调查工作，而卫星遥感技术可为自然和社会经济调查提供大量信息。

河口卫星遥感的基本手段是以悬浮泥作为直接或间接标志。通常选择合适的波段进行图像复合，经过计算机和光学图像处理和增强，突出浮泥沙信息，抑制背景信息和其他次要信息，以获得某一水情下的泥沙和水的动力信息。经过处理的图像上悬浮泥沙显得非常清晰、直观、真实，通过研究河流的悬浮泥沙与滩涂现状、演变、发展，为治理河口提供比较真实的资料。

（四）水利信息数据仓库在水利信息化管理中的应用

水利信息数据仓库在水利信息化管理中的应用，主要体现在以下几个方面。

（1）水利工程基础数据仓库，主要包括以下信息。

①河道概况。河道特征、河道断面及冲淤情况、桥梁等。

②水沙概况。水沙特征值、较大洪水特征值、水位统计及洪水位比较、控制站设计水位流量关系等。

③堤防工程。堤防长度、堤防标准、堤防作用、堤防横断面、加固情况、涵闸虹吸穿堤建筑物、险点隐患、护堤坝工程等。

④河道整治工程。干流险工控导工程状况、支流险工控导工程状况、工程靠溜情况、险情抢险等。

⑤分滞洪工程。特性指标、水位面积容积、堤防、分洪退水技术指标、滞洪区经济状况、淹没损失估算、运用情况等。

⑥水库工程。枢纽工程、水库特征、主要技术指标、泄流能力、水位库容及淹没情况等。

（2）水质基础数据仓库。完成数据库表结构的设计，在整编基础上，逐步形成包括基本监测、自动监测和移动监测等水质数据内容的水环境基础数据仓库，开发数据库接口程序和账务软件，为水资源优化配置、水资源监督管理、水资源规划和科学研究提供水环境基础信息服务。

（3）水土保持数据仓库。规范数据格式，完成数据库表结构设计，逐步建立包括自然地理、社会经济、土壤侵蚀、水土保持监测、水土流失防治等信息的水土保持数据仓库。

（4）地图数据仓库。采用地理信息系统基础软件平台，对数字地形图进行数据入库，建立地图数据仓库。要求地图数据仓库具有各种比例尺地形图之间图形无缝拼接、图幅漫游、分层、分要素显示、输出等 GIS 基本功能。

（5）地形地貌数字高程模型。利用地形图地貌要素或采用全数字摄影测量的方法，生成区域数字高程模型，直观表示地形地貌特征，并利用 DEM 进行各种分析计算，如冲淤量计算、工程量计算、库容计算、断面生成以及洪水风险模拟、严密范围分析等。

（6）地物、地貌数字正影射影像。对重点区域、重点河段进行航空摄影成像，采用全数字摄影测量系统，编制数字正影射影像图，清晰、直观地表示各种地物、地貌要素。

（7）遥感影像和测量资料数据仓库。收集卫星遥感影像，编制区域遥感影像地图，并建立遥感影像数据仓库。根据不同时期的遥感影像，反映全区域治理开发成果，实现对本地区的动态监测。测量资料数据仓库包括各等级控制点、GPS 点、水准点资料，表示出点名、点号、等级、坐标、高程及施测单位、施测日期等。

（五）虚拟现实技术应用

虚拟现实技术 (VR) 是利用计算机技术生成逼真的三维虚拟环境。虚拟现实技术最重要的特点就是“逼真感”与“交互性”。虚拟现实技术可以创造形形色色的人造现实环境，其形象逼真，令人有身临其境的感觉，并且与虚拟的环境可进行交互作用。

现在虚拟现实技术在水利信息化建设中的应用日渐广泛。

（1）构建水利工程的三维虚拟模型，如大坝、堤防、水闸等三维虚拟模型，实现了水利工程三维空间示景。

（2）洪水流动和淹没的三维动态模拟，实现了三维空间场景中的洪水演进动画过程，三维场景中洪水淹没情况的虚拟展示。

（3）水利工程规划中枢纽布置三维虚拟模型，包括大坝、泄洪洞、发电厂、变电站等，为工程规划提供直观三维视觉效果场景。

（4）云层和降雨效果渲染三维虚拟模型，模拟云层流动、降雨过程等动态效果。

（5）土石坝、碾压混凝土坝等坝料开采、运输、摊铺、填筑碾压及施工进度和形象的虚拟展示。

（6）防渗体系（防渗墙、防渗帷幕、灌浆）灌浆效果检验及三维动态模拟效果场景。

（7）安全监测布设、效应量三维虚拟模拟，三维场景演化的虚拟展示等。

第六章　水利工程管理体制改革

第一节　概述

一、改革的由来

水利工程是国民经济和社会发展的重要基础设施。50多年来，我国兴建了一大批水利工程，形成了数千亿元的水利固定资产，初步建成了防洪、排涝、灌溉、供水、发电等工程体系，在抗御水旱灾害，保障经济社会安全，促进工农业生产持续稳定发展，保护水土资源和改善生态环境等方面发挥了重要作用。

但是，水利工程管理中存在的问题也日趋突出，主要是：

（一）单位性质不清

水管单位缺乏科学定性，既不像事业单位，又不像企业。水利工程大部分为综合利用工程，既有公益性功能，又具有一定的经营开发功能，公益性资产和经营性资产混在一起，界限不清。这样既影响了工程的管理，又阻碍了水管单位的发展。

（二）管理体制不顺，机制不活

首先是体制不顺，政府、水行政主管部门、水管单位之间的管理关系不顺，权责不明。有的地方管人的不管事，管事的不管人，相互推诿、扯皮的现象时有发生。其次是内部运行机制不活，缺乏有效的激励、约束机制。人事、分配制度仍沿用传统计划经济的做法，不能充分调动职工的积极性。

（三）经费来源不畅，大量公益性支出财政没有承担

在普查统计的5432个国有水管单位中，有拨款的水管单位1753个，占32.27%无拨款的水管单位3679个，占67.73%。1300多个纯公益性水管单位本应为各级财政全额拨款的事业单位，但大都被定为差额补助事业单位，有的甚至被定为自收自支事业单位。即使有拨款，也远远不能满足工程运行费用和人员工资的需要。全国综合性水管单位约4000个，大部分单位财政没有任何补助。不仅工程折耗和维护管理费用没有补偿渠道和来源，而且连职工的工资发放也缺乏保证。

（四）水管单位自身造血功能不足

一方面，水价、电价偏低，水费收取困难。供水水费是水管单位的主要收入来源，但是供水水价偏低，使得供水不能收回成本，更谈不上形成供水产业，实现良性循环。据部分省统计，农业供水水价仅为成本的1/3左右，而且收取率仅为40%—60%。另一方面，大多数水管单位没能依托行业和自身优势，充分利用水土资源，大力开展多种经营。

（五）机构臃肿，人员总量过剩、结构失衡

水管单位内部机构设置不科学，机构臃肿，非工程管理岗位多，因人设事，因人设岗，导致效率低下，人浮于事。全国水管单位职工47万多人，由于安排子女就业及一些地方政府随意安置人员等原因，队伍还在不断膨胀，每年仍以近万人的速度递增。在人员总量过剩的同时，各地水管单位真正急需的工程技术人员又严重短缺。据统计，具有高、中级职称的技术人员仅占职工总数的3.55%，技术力量薄弱，无法满足工程管理的基本需求。

（六）内部管理粗放

大部分水管单位资产、财务管理薄弱，内部规章制度不健全，难以做到规范化管理，更谈不上实施现代化管理。低水平的管理，导致管理成本高、运行效益差，严重影响了工程的正常运行。

（七）社会保障程度低，负担沉重

由于事业单位社会保障制度还未出台，水管单位现有职工医疗支出和离退休人员养老负担已相当沉重。即使将来全面推行事业单位社会保障制度，按目前水管单位的经济状况，也难以按时足额交纳社会保险费。这些问题不仅导致大量水利工程得不到正常的维修养护，效益严重衰减，而且对国民经济和人民生命财产安全带来极大的隐患，如不尽快从根本上解决，国家近年来相继投入巨资新建的大量水利设施也将老化失修、积病成险。对水利工程管理工作中存在的问题，水利部党组一直是十分重视的。2000年8月具体部署了水利工程管理体制改革工作，并成立了领导小组和课题组。在部党组和领导小组的领导下，理

清了改革的总体思路，提出了改革的初步框架。2001 年 9 月 3 日，李岚清副总理在反映水利工程管理单位（以下简称水管单位）存在问题的新华社“国内动态清样”（第 1867 期）上批示：请国务院体改办牵头，会同有关部门提出相应的改革方案。根据这个批示，国务院体改办多次召集有水利部、国家发改委、财政部、人事部、劳动部、中编办、税务总局和环保总局等 9 个部门参加的水管体制改革联席会议，并成立了由体改办和部课题组主要成员参加的文件起草小组。在国务院的关怀下，在国务院体改办及有关部门的积极努力和大力支持下，在水利系统广大干部职工的共同努力下，《实施意见》已于 2002 年 9 月 17 日经国务院批准，由国务院办公厅转发。

二、改革目标及原则

2002 年 9 月 17 日，国务院办公厅转发国务院体改办关于《水利工程管理体制改革实施意见》，提出水管体制改革的目标为：通过深化改革，力争在 3 到 5 年内，初步建立符合我国国情、水情和社会主义市场经济要求的水利工程管理体制和运行机制；建立职能清晰、权责明确的水利工程管理体制；建立管理科学、经营规范的水管单位运行机制；建立市场化、专业化和社会化的水利工程维修养护体系；建立合理的水价形成机制和有效的水费计收方式；建立规范的资金投入、使用、管理与监督机制；建立较为完善的政策、法律支撑体系。

水管体制改革的原则包括：一是正确处理水利工程的社会效益与经济效益的关系。既要确保水利工程社会效益的充分发挥，又要引入市场竞争机制，降低水利工程的运行管理成本，提高管理水平和经济效益。二是正确处理水利工程建设与管理的关系。既要重视水利工程建设，又要重视水利工程管理，在加大工程建设投资的同时加大工程管理的投入，从根本上解决“重建轻管”问题。三是正确处理责、权、利的关系。既要明确政府各有关部门和水管单位的权利和责任，又要在水管单位内部建立有效的约束和激励机制，使管理责任、工作效绩和职工的切身利益紧密挂钩。四是正确处理改革、发展与稳定的关系。既要从水利行业的实际出发，大胆探索，勇于创新，又要积极稳妥，充分考虑各方面的承受能力，把握好改革的时机与步骤，确保改革顺利进行。五是正确处理近期目标与长远发展的关系。既要努力实现水管体制改革的近期目标，又要确保新的管理体制有利于水资源的可持续利用和生态环境的协调发展。

三、改革内容和措施

（一）明确权责，规范管理

水行政主管部门对各类水利工程负有行业管理责任，负责监督检查水利工程的管理养护和安全运行，对其直接管理的水利工程负有监督资金使用和资产管理责任。对国民经济有重大影响的水资源综合利用及跨流域（指全国七大流域）引水等水利工程，原则上由国务院水行政主管部门负责管理；一个流域内，跨省（自治区、直辖市）的骨干水利工程原则上由流域机构负责管理；一省（自治区、直辖市）内，跨行政区划的水利工程原则上由上一级水行政主管部门负责管理；同一行政区划内的水利工程，由当地水行政主管部门负责管理。各级水行政主管部门要按照政企分开、政事分开的原则，转变职能，改善管理方式，提高管理水平。

水管单位具体负责水利工程的管理、运行和维护，保证工程安全和发挥效益。

水行政主管部门管理的水利工程出现安全事故的，要依法追究水行政主管部门、水管单位和当地政府负责人的责任；其他单位管理的水利工程出现安全事故的，要依法追究业主责任和水行政主管部门的行业管理责任。

（二）划分水管单位类别和性质，严格定编定岗

1. 划分水管单位类别和性质

根据水管单位承担的任务和收益状况，将现有水管单位分为三类：

第一类是指承担防洪、排涝等水利工程管理运行维护任务的水管单位，称为纯公益性水管单位，定性为事业单位。

第二类是指承担即有防洪、排涝等公益性任务，又有供水、水力发电等经营性功能的水利工程管理运行维护任务的水管单位，称为准公益性水管单位。准公益性水管单位依其经营收益情况确定性质，不具备自收自支条件的，定性为事业单位；具备自收自支条件的，定性为企业。目前已转制为企业的，维持企业性质不变。

第三类是指承担城市供水、水力发电等水利工程管理运行维护任务的水管单位，称为经营性水管单位，定性为企业。

水管单位的具体性质由机构编制部门会同同级财政和水行政主管部门负责确定。

2. 严格定编定岗

事业性质的水管单位，其编制由机构编制部门会同同级财政部门和水行政主管部门核定。实行水利工程运行管理和维修养护分离（以下简称管养分离）后的维修养护人员、准公益性水管单位中从事经营性资产运营和其他经营活动的人员，不再核定编制。各水管单位要根据国务院水行政主管部门和财政部门共同制定的《水利工程管理单位定岗标准》，在批准的编制总额内合理定岗。

（三）全面推进水管单位改革，严格资产管理

（1）根据水管单位的性质和特点，分类推进人事、劳动、工资等内部制度改革。事

业性质的水管单位，要按照精简、高效的原则，撤并不合理的管理机构，严格控制人员编制；全面实行聘用制，按岗聘人，职工竞争上岗，并建立严格的目标责任制度；水管单位负责人由主管部门通过竞争方式选任，定期考评，实行优胜劣汰。事业性质的水管单位仍执行国家统一的事业单位工资制度，同时鼓励在国家政策指导下，探索符合市场经济规则、灵活多样的分配机制，把职工收入与工作责任和绩效紧密结合起来。

企业性质的水管单位，要按照产权清晰、权责明确、政企分开、管理科学的原则建立现代企业制度，构建有效的法人治理结构，做到自主经营，自我约束，自负盈亏，自我发展；水管单位负责人由企业董事会或上级机构依照相关规定聘任，其他职工由水管单位择优聘用，并依法实行劳动合同制度，与职工签订劳动合同；要积极推行以岗位工资为主的基本工资制度，明确职责，以岗定薪，合理拉开各类人员收入差距。

要努力探索多样化的水利工程管理模式，逐步实行社会化和市场化。对于新建工程，应积极探索通过市场方式，委托符合条件的单位管理水利工程。

（2）规范水管单位的经营活动，严格资产管理。由财政全额拨款的纯公益性水管单位不得从事经营性活动。准公益性水管单位要在科学划分公益性和经营性资产的基础上，对内部承担防洪、排涝等公益职能部门和承担供水、发电及多种经营职能部门进行严格划分，将经营部门转制为水管单位下属企业，做到事企分开、财务独立核算。事业性质的准公益性水管单位在核定的财政资金到位情况下，不得兴办与水利工程无关的多种经营项目，已经兴办的要限期脱钩。企业性质的准公益性水管单位和经营性水管单位的投资经营活动，原则上应围绕与水利工程相关的项目进行，并保证水利工程日常维修养护经费的足额到位。

加强国有水利资产管理，明确国有资产出资人代表。积极培育具有一定规模的国有或国有控股的企业集团，负责水利经营性项目的投资和运营，承担国有资产的保值增值责任。

（四）积极推行管养分离

积极推行水利工程管养分离，精简管理机构，提高养护水平，降低运行成本。

在对水管单位科学定岗和核定管理人员编制基础上，将水利工程维修养护业务和养护人员从水管单位剥离出来，独立或联合组建专业化的养护企业，以后逐步通过招标方式择优确定维修养护企业。

为确保水利工程管养分离的顺利实施，各级财政部门应保证经核定的水利工程维修养护资金足额到位；国务院水行政主管部门要尽快制定水利工程维修养护企业的资质标准；各级政府和水行政主管部门及有关部门应当努力创造条件，培育维修养护市场主体，规范维修养护市场环境。

（五）建立合理的水价形成机制，强化计收管理

（1）逐步理顺水价。水利工程供水水费为经营性收费，供水价格要按照补偿成本、

合理收益、节约用水、公平负担的原则核定，对农业用水和非农业用水要区别对待，分类定价。农业用水水价按补偿供水成本的原则核定，不计利润；非农业用水（不含水力发电用水）价格在补偿供水成本、费用、计提合理利润的基础上确定。水价要根据水资源状况、供水成本及市场供求变化适时调整，分步到位。

除中央直属及跨省级水利工程供水价格由国务院价格主管部门管理外，地方水价制定和调整工作由省级价格主管部门直接负责，或由市县价格主管部门提出调整方案报省级价格主管部门批准。国务院价格主管部门要尽快出台《水利工程供水价格管理办法》。

（2）强化计收管理。要改进农业用水计量设施和方法，逐步推广按立方米计量。积极培育农民用水合作组织，改进收费办法，减少收费环节，提高缴费率。严格禁止乡村两级在代收水费中任意加码和截留。

供水经营者与用水户要通过签订供水合同，规范双方的责任和权利。要充分发挥用水户的监督作用，促进供水经营者降低供水成本。

（六）规范财政支付范围和方式，严格资金管理

（1）根据水管单位的类别和性质的不同，采取不同的财政支付政策。纯公益性水管单位，其编制内在职人员经费、离退休人员经费、公用经费等基本支出由同级财政负担。工程日常维修养护经费在水利工程维修养护岁修资金中列支。工程更新改造费用纳入基本建设投资计划，由计划部门在非经营性资金中安排。

事业性质的准公益性水管单位，其编制内承担公益性任务的在职人员经费、离退休人员经费、公用经费等基本支出以及公益性部分的工程日常维修养护经费等项支出，由同级财政负担，更新改造费用纳入基本建设投资计划，由计划部门在非经营性资金中安排；经营性部分的工程日常维修养护经费由企业负担，更新改造费用在折旧资金中列支，不足部分由计划部门在非经营性资金中安排。事业性质的准公益性水管单位的经营性资产收益和其他投资收益要纳入单位的经费预算。各级水行政主管部门应及时向同级财政部门报告该类水管单位各种收益的变化情况，以便财政部门实行动态核算，并适时调整财政补贴额度。

企业性质的水管单位，其所管理的水利工程的运行、管理和日常维修养护资金由水管单位自行筹集，财政不予补贴。企业性质的水管单位要加强资金积累，提高抗风险能力，确保水利工程维修养护资金的足额到位，保证水利工程的安全运行。

水利工程日常维修养护经费数额，由财政部门会同同级水行政主管部门依据《水利工程维修养护定额标准》确定。《水利工程维修养护定额标准》由国务院水行政主管部门会同财政部门共同制定。

（2）积极筹集水利工程维修养护岁修资金。为保障水管体制改革的顺利推进，各级政府要合理调整水利支出结构，积极筹集水利工程维修养护岁修资金。中央水利工程维修

养护岁修资金来源为中央水利建设基金的30%（调整后的中央水利建设基金使用结构为：55%用于水利工程建设，30%用于水利工程维护，15%用于应急度汛），不足部分由中央财政给予安排。地方水利工程维修养护岁修资金来源为地方水利建设基金和河道工程修建维护管理费，不足部分由地方财政给予安排。

中央维修养护岁修资金用于中央所属水利工程的维修养护。省级水利工程维修养护岁修资金主要用于省属水利工程的维修养护，以及对贫困地区、县所属的非经营性水利工程的维修养护经费的补贴。

（3）严格资金管理。所有水利行政事业性收费均实行“收支两条线”管理。经营性水管单位和准公益性水管单位所属企业必须按规定提取工程折旧。工程折旧资金、维修养护经费、更新改造经费要做到专款专用，严禁挪作他用。各有关部门要加强对水管单位各项资金使用情况的审计和监督。

（七）妥善安置分流人员，落实社会保障政策

（1）妥善安置分流人员。水行政主管部门和水管单位要在定编定岗的基础上，广开渠道，妥善安置分流人员。支持和鼓励分流人员大力开展多种经营，特别是旅游、水产养殖、农林畜产和建筑施工等具有行业和自身优势的项目。利用水利工程的管理和保护区域内的水土资源进行生产或经营的企业，要优先安排水管单位分流人员。在清理水管单位现有经营性项目的基础上，要把部分经营性项目的剥离与分流人员的安置结合起来。

剥离水管单位兴办的社会职能机构，水管单位所属的学校、医院原则上移交当地政府管理，人员成建制划转。在分流人员的安置过程中，各级政府和水行政主管部门要积极做好统筹安排和协调工作。

（2）落实社会保障政策。各类水管单位应按照有关法律、法规和政策参加所在地的基本医疗、失业、工伤、生育等社会保险。在全国统一的事业单位养老保险改革方案出台前，保留事业性质的水管单位仍维持现行养老制度。

转制为中央企业的水管单位的基本养老保险，可参照国家对转制科研机构、工程勘察设计单位的有关政策规定执行。各地应做好转制前后离退休人员养老保险待遇的衔接工作。

（八）税收扶持政策

在实行水利工程管理体制改革中，为安置水管单位分流人员而兴办的多种经营企业，符合国家有关税法规定的，经税务部门核准，执行相应的税收优惠政策。

（九）完善新建水利工程管理体制

进一步完善新建水利工程的建设管理体制。全面实行建设项目法人责任制、招标投标制和工程监理制，落实工程质量终身责任制，确保工程质量。

要实现新建水利工程建设与管理的有机结合。在制定建设方案的同时制定管理方案，核算管理成本，明确工程的管理体制、管理机构和运行管理经费来源，对没有管理方案的工程不予立项。要在工程建设过程中将管理设施与主体工程同步实施，管理设施不健全的工程不予验收。

（十）改革小型农村水利工程管理体制

小型农村水利工程要明晰所有权，探索建立以各种形式农村用水合作组织为主的管理体制，因地制宜，采用承包、租赁、拍卖、股份合作等灵活多样的经营方式和运行机制，具体办法另行制定。

（十一）加强水利工程的环境与安全管理

（1）加强环境保护。水利工程的建设和管理要遵守国家环保法律法规，符合环保要求，着眼于水资源的可持续利用。进行水利工程建设，要严格执行环境影响评价制度和环境保护“三同时”制度。水管单位要做好水利工程管理范围内的防护林（草）建设和水土保持工作，并采取有效措施，保障下游生态用水需要。水管单位开展多种经营活动应当避免污染水源和破坏生态环境。环保部门要组织开展有关环境监测工作，加强对水利工程及周边区域环境保护的监督管理。

（2）强化安全管理。水管单位要强化安全意识，加强对水利工程的安全保卫工作。利用水利工程的管理和保护区域内的水土资源开展的旅游等经营项目，要在确保水利工程安全的前提下进行。

原则上不得将水利工程作为主要交通通道；大坝坝顶、河道堤顶或戗台确需兼作公路的，需经科学论证和有关主管部门批准，并采取相应的安全维护措施；未经批准，已作为主要交通通道的，对大坝要限期实行坝路分离，对堤防要限制交通流量。

地方各级政府要按照国家有关规定，支持水管单位尽快完成水利工程的确权划界工作，明确水利工程的管理和保护范围。

（十二）加快法制建设，严格依法行政

要尽快修订《水库大坝安全管理条例》，完善水利工程管理的有关法律、法规。各省、自治区、直辖市要加快制定相关的地方法规和实施细则。各级水行政主管部门要按照管理权限严格依法行政，加大水行政执法的力度。

四、加强组织领导

水管体制改革的有关工作由国务院水行政主管部门会同有关部门负责。各有关部门要高度重视，统一思想，密切配合。要加强对各地改革工作的指导，选择典型进行跟踪调研。

对改革中出现的问题，要及时研究，提出解决措施。

第二节　水利工程维修养护定额标准

一、编制意义

（一）是水利事业改革和发展的客观需要

国务院体改办《水利工程管理体制改革实施意见》规定：水利工程日常维修养护经费数额，由财政部门会同同级水行政主管部门依据《水利工程维修养护定额标准》确定。因此，《水利工程维修养护定额标准》的编制一方面为水利工程管理体制改革和水利工程管养分离的顺利实施提供经费测算依据，保证水利工程维修养护资金足额到位，另一方面为建立市场化、专业化和社会化的水利工程维修养护体系，提高养护水平，降低运行成本，培育维修养护市场主体，规范维修养护市场环境提供支持。

（二）是国家财政预算体制改革的需要

为适应建立社会主义市场经济体制的要求，财政作为国家政权活动和经济管理的重要组成部分，近几年在会计制度、财务制度、税收制度和财政管理体制等方面进行了一系列改革，使我国的财政管理不断向科学化、法制化、规范化方向迈进。根据全国人大和国务院的要求，按照我国今后几年财政改革的基本思路，财政部在不断完善财政收入体系的同时，积极推进支出管理改革，加快建立公共财政体系，重点推行部门预算、国库集中支付和政府采购制度。在这三项配套改革中，部门预算是基础和前提，国库支付和政府采购是手段和保障。而对财政和各个部门来说，部门预算的编制能否做到科学合理、安排是否恰当，国库支付和政府采购的操作是否规范，最关键的是要有一个科学合理、依据充分、项目规范、便于操作的预算定额标准作为基础和依据。因此，要保证国家财政预算体制改革在水利部门及所属单位的实施，必须要编制水利部门预算定额标准。

二、任务来源

根据水利部经调司《关于开展水利部门预算定额编制工作的通知》的要求，自 2000 年下半年开始专门“预算定额标准”课题研究组，对水利工程维修养护定额和管理单位基本支出预算定额进行了研究。为适应财政预算体制改革和水管体制改革的需要，经过黄委向水利部经调司汇报争取，水利部经调司将全国“水利工程维修养护经费测算及定额标准编制”工作委托黄委承担。根据水利部部长会议纪要要求，2002 年 10 月 29 日—31 日，水利部经调司在北京召开了水利部直属水管单位经费测算工作会议，在测算工作会议上，明确我委三项工作任务：（1）研究制定水管单位经费测算办法及《水管单位水利工程运行维护经费测算表》，并组织完成部直属单位的经费测算；（2）组织编制全国《水利工程维修养护定额标准》；（3）研究制定中央《水利工程维修养护经费使用管理办法》。

三、编制过程

水利工程维修养护定额标准编制大体经过了以下三个阶段：第一阶段，《水利工程维修养护预算定额》阶段。2000 年 9 月至 2001 年 3 月，进行需求分析。由于水利预算定额的编制是一项新的工作，没有现成的东西可借鉴，因此，首先选取了水利预算单位中组织机构齐全，业务工作面比较宽的黄委为基本研究单位，对其各项业务工作和预算开支情况进行分析研究，在此基础上，根据财政预算科目和有关预算管理规定，草拟了基本支出预算定额和各项业务经费需求测算的项目和框架，于 2001 年 3 月在海南召集各流域机构及有关单位财务负责人和专家进行了研究讨论，形成了基本支出预算定额和各专项业务经费需求测算的框架，并布置各预算单位按该项目和内容进行了经费需求测算。2001 年 3 月至 2001 年 9 月，进行基本支出预算定额编制和各项业务经费需求测算，根据海南会议形成的定额编制框架和意见，同时按照财政部新颁发的《中央部门基本支出预算管理试行办法》、《中央部门项目支出预算管理试行办法》以及 2002 年财政预算收支科目，对有关开支项目和标准进行了调整，初步形成了基本支出预算定额初稿和各项业务经费需求测算成果，并对测算成果进行了初步分析验证。2001 年 8 月至 2002 年 3 月，形成水利预算定额体系和内容框架，在以前的基础上，研究工作取得了突破性进展，特别是 2001 年 12 月，水利部专题向财政部农业司进行汇报和 2002 年 1 月水利部与财政部联合调研组到黄委进行预算改革调研以后，对水利预算单位预算定额的编制起到了关键性的推动作用，进一步明确了水利预算定额编制的指导思想和方法。春节过后，黄委即根据汇报会议及调研后明确的思路，组织预算定额课题研究组十多人，分六个专题对专项业务经费预算定额进行了进一步研究修改，由原来通过业务经费需求测算推求定额转化为以单位工程（工作）量所需业务经费制定定额的方法，使水利预算定额更具有科学性、合理性和可操作性。研究组于 3 月中旬对预算定额研究成果进行了研讨和进一步修订，2002 年 10 月 11 日—13 日，黄委会组织专家评审委员会，对水利部门预算七个专项业务经费预算定额和基本支出预算定额编制成果进行了审查，专家一致认为，该预算定额的编制，既考虑了当前国家财力和实际工作需要，同时也考虑了事业发展，具有现实的可操作性和事业发展的前瞻性，是一项开创性的基础性工作。

第二阶段，《水利工程维修养护定额标准》（基本框架）阶段。10 月 27 日—31 日，水利部经调司在北京组织召开了水利部直属水管单位经费测算工作会议编制研讨会。水利部经调司、建管司、黄委、淮委、海委、天津院等有关人员参加。会议明确按照部长办公会议要求，由经调司牵头，委托黄委负责水管单位经费测算工作，并成立经费测算工作领导小组。黄委接受三项任务后，11 月 7 日，按照水利部要求，在向委主管领导和局长汇报后，召集专门会议，具体研究部署经费测算工作，确定成立工作组，编制工作计划。根据经调司要求，立即成立了研究测算工作组，由委财务局领导任组长，一名副局长具体负责，抽调委财务局、建管局、河南局、山东局、水科院以及淮委、海委业务技术骨干组成工作班子开展工作，集中编写。11 月 13 日，受水利部委托，黄委在河南紫荆山宾馆主持召开水利工程维修养护测算经费座谈会。淮委、海委、河南、湖北水利厅的有关人员参加，会议明确了水利工程维修养护定额编制组名单，会议对经费测算办法（测算表格）的制定和定额标准的编制进行了认真讨论。会后，编制工作组全体成员开始了紧张的定额标准的编制工作，至 12 月 7 日，完成了定额标准初步成果。12 月 10 日—20 日，编制工作组先后赴河南原阳、封丘、中牟县、山东济阳、齐河县黄河河务局、淮委沂沭泗管理局、河南省南湾、香山水库等水管单位进行工作调研。12 月 25 日，编制工作组在华云宾馆召开会议，研究了工作组下一步工作安排。至 12 月 31 日，完成了《水利工程维修养护定额标准》（基本框架）。2003 年元月 6 日开始进行进一步的修订完善工作和汇报准备工作。

第三阶段，《水利工程维修养护定额标准》（初稿）阶段。拟在 2003 年 2 月 10 日—4 月 20 日，进行全面调研、成果调研验证、研究成果初审、完成多媒体制作和提交工作成果等各项工作，将《水利工程维修养护定额标准》（初稿）正式上报水利部。

四、指导思想、原则、基本思路和依据

（一）指导思想

贯彻执行国家有关财政预算改革和水利发展的精神，严格财政预算支出范围，结合水利预算单位职能、任务和支出特点，坚持勤俭办事，厉行节约，充分考虑需求与可能，以现行开支标准和实际开支情况为基础，兼顾目前与长远发展趋势，力求做到实事求是、科学有据、讲求效益，预算定额项目的选取与各专项业务费管理办法的开支范围和国家财政预算科目相统一。预算定额充分反映水利的行业的工作特点，具有科学性、合理性和可操作性。

（二）编制原则

《定额标准》的编制遵循事业单位改革的方向和水管体制改革的思路，体现精简、效能的原则；充分体现近年来水利基础设施的改善、现代化管理手段的应用等特点，并具有

一定的先进性和前瞻性。

（三）基本思路

根据水利部直属水管单位的工程管理情况，将水利工程划分为五类，即堤防工程、河道整治工程、水闸工程、泵站工程和水库工程，根据各类工程管理工作内容（主要依据工程管理规定）进行项目划分和量化工程量，计算出各类工程单位工程量的经费定额标准。预算定额编制成果包括总则、定额标准项目构成、定额标准和附则等四部分，并附详细的编制说明。

编制《水利工程维修养护定额标准》适用条件是正常年度水利工程运行维修养护基本费用支出。不包括特大自然灾害出现的工程修复和工程更新改造费用。

（四）编制依据

编制《水利工程维修养护定额标准》的主要依据是：国务院颁发的《水利工程管理体制改革实施意见》、财政部“关于印发《水利事业费管理办法》的通知”和“关于颁发《中央级防汛岁修经费使用管理办法》（暂行）的通知”等。

五、基本框架的主要内容

（一）《水利工程维修养护定额标准》（基本框架）的正文

《水利工程维修养护定额标准》（基本框架）的正文包括总则、定额标准项目构成、定额标准和附则四部分。

正文部分将《水利工程维修养护定额标准》编制的目的、意义、作用、要求、适用范围以及各类水利工程级次和类别的划分都作了详细的说明。

定额标准项目构成部分的文字表达有4个层次：（1）水利工程维修养护定额标准由堤防工程、河道整治工程、水闸工程、泵站工程和水库工程5大类工程维修养护定额标准组成；（2）每一类工程维修养护定额标准包括的项目；（3）每一个项目的内容；（4）每一项内容的具体维修养护工作范围。

定额标准部分有5类工程从基本项目的维修养护定额标准、调整项目维修养护定额标准和维修养护定额标准调整系数三个方面组成。

附则部分说明了负责解释和修订开始执行的日期和负责解释和修订的部门。

（二）《水利工程维修养护定额标准》（基本框架）的编制说明

《水利工程维修养护定额标准》（基本框架）的编制说明分为两部分：第一部分说明了《水利工程维修养护定额标准》编制的必要性和编制定额标准的指导思想、原则、依据及方法；第二部分有5类工程分别进行详细阐述维修养护定额标准编制说明。

第一部分首先介绍了几十年来我国水利工程建设和管理情况、工程管理工作中存在问题以及诸多方面水利工程管理提出的更高要求，从水利事业改革和发展的客观需要、国家财政预算体制改革的需要两方面论述了编制《水利工程维修养护定额标准》的必要性。随后阐述了编制定额标准的指导思想、原则、依据和方法。

第二部分对5类工程从工程检查、工程观测、工程养护修理、工程运行和前期工作费等5个方面分项目分具体工作内容进行计算，从年频率乘以次费用得到工作内容费用，工作内容费用合计得到项目的维修养护定额标准，项目的维修养护定额标准合计得到某一方面的维修养护定额标准，5个方面的维修养护定额标准合计得到一类工程的维修养护定额标准。

第三节　水管体制改革试点

一、水管体制改革启动

2005年1月17日，陈雷副部长在水利部直属水管体制改革试点启动会暨“两定”标准培训班开班仪式上讲话指出：

（一）全国水管体制改革工作取得阶段性成果

国务院办公厅颁发《水利工程管理体制改革实施意见》以来，水利部党组高度重视，及时对贯彻落实工作进行了全面部署，财政部、中央编办、国家发展改革委等有关部门全力支持，密切配合，各地采取有效措施狠抓落实。在各方面的共同努力下，水管体制改革工作取得了明显成效。目前，全国27个省、自治区、直辖市出台了实施方案；有改革任务的6个流域机构提出了直属工程的水管体制改革方案，水利部已组织专家组进行了审查；水利部确定的7个改革试点联系市、县和24个试点联系单位的改革工作取得了阶段性成果，今年有望按水利部要求通过验收。各省积极开展试点工作，江苏省省级试点单位改革已全部通过省水利厅组织的验收，试点取得的经验正在全省推广，全省水管体制改革工作在2004内年基本完成。

“两定”标准出台后，水利部、财政部在136个水利部直属水管单位中选择了46个单位进行试点，按照“定岗标准”进行了定岗定员，按照“定额标准”全额下达了经费。地方各级水利部门也与财政、编制部门密切合作，参照“两定”标准实事求是地进行定岗定员及维修养护经费的测算，不少地方水管单位基本落实了公益性人员基本支出和公益性工程维修养护经费。江苏省通州市将市级所属的三个纯公益性水管单位经费全额纳入部门预算管理。山西省晋中市市委、市政府高度重视，在财政比较困难的情况下，已全部落实了公益性单位的财政补助资金。广西荔浦县合理合并灌区管理单位，并将灌区管理单位作为准公益性水管单位，纳入财政预算，实行“收支两条线”管理；杭州市将以防洪、排涝等公益性任务为主的水管单位经费由财政定额补助改为全额拨款实行收支两条线管理，市直属的5家公益性、准公益性水管单位全部纳入了全额拨款的事业单位。湖北省将省属漳河水库管理局定性为事业性质准公益性水管单位，核定公益性事业岗位439人，纳入省级财政预算管理，2004年落实财政资金700万元，2005年落实财政资金1405万元。

各地在科学定岗定员、落实财政资金、规范财政补助范围和方式的同时，积极、稳妥地推行管养分离。黄委直属工程管理单位全部实行了内部管养分离，其他流域机构也在试点单位中实行了内部管养分离。浙江省杭州市在制定堤防工程定员、定额标准的基础上，在市级所属水管单位中大力推行管养分离，市下沙江堤河道管理处、余杭区苕溪堤防河道管理所等单位的堤塘绿化养护、堤身保洁和防汛道路养护等任务，全部通过招标形式，委托具有一定资质的保洁公司和养护单位承担，同时还制定了考核标准和奖惩制度，既提高了养护效果，又降低了养护成本。吉林省长春市石头口门水库在改革中积极推行管养分离，以水库管理单位控股的形式组建建筑、渔业、绿化三个股份公司，分别承担工程的维修养护、水产养殖和水库管理范围内的环境卫生和绿化等生态建设，水利工程维修养护工作逐步走向专业化、市场化。

水管单位按照《实施意见》精神，大力推进内部人事、分配制度改革，建立合理的水价形成机制，改进水费计收方式，认真落实各项改革措施。湖北省漳河水库等水管单位在科学定岗定员的基础上，大力推行岗位责任制、人员聘用制，优化队伍结构，建立有效的分配激励机制，极大地调动了干部职工的积极性。针对小型水利工程面广量大、管理分散的特点，一些地方在改革试点工作中，积极探索小型水利工程集约化管理模式。浙江省乐清市对中小型水库实行集中管理，集中养护，整合原来分散的水管单位人才、技术和设备等资源优势，降低了管理成本，提高了管理水平。

在看到水管体制改革工作取得重大进展的同时，我们也要清醒地认识到，水管体制改革进程中还面临着不少困难和问题。

一是有些地方对改革的认识不到位，有的水行政主管部门内部还存在“重建轻管”思想，认为建设出政绩，是硬任务，管理见效慢，是软任务，对水管体制改革工作重视不够；有的水管单位感觉日子还过得去，安于现状、缺乏长远眼光，改革意识不强；有的单位认为水管单位存在的问题是多年形成的“慢性病”，解决难度大，存在畏难情绪和等待观望思想；有的单位想把长期积淀的问题通过这次改革一下子全部解决，改革方案求大求全，不切实际，缺乏可操作性；有的单位片面地认为改革仅仅是落实经费，以偏概全，只重视落实资金，不重视分类定性、定岗定员、管养分离等各项水管体制改革工作。

二是一些地方基础工作薄弱。水管体制改革涉及计划、财政、编制、社保等多个部门，需要协调解决经费、编制、水价调整、人员分流、社会保障等诸多复杂问题。在与相关部门沟通协调时，需要提供水管单位人员、资产、收支状况等大量基础数据，而一些地方管理粗放，家底不清，没有按照规定开展“两定”测算工作，拿不出有说服力的分析数据，影响了与有关部门沟通协调的效果，致使实施方案不能及时出台，改革措施难以到位。

三是两项经费落实难度较大。《实施意见》规定，事业性质水管单位承担公益性任务的人员工资等基本支出纳入财政预算并在 3~5 年内足额到位。中西部地区财政比较困难，把水管单位公益性人员的基本支出全部纳入财政预算的难度较大，还需要做大量的工作。另外，有些地方水行政主管部门存在“重建轻管”思想，认为当前水利建设的任务重，建设资金缺口大，不愿意通过调整水利支出结构，从水利建设基金中切出一定比例来解决工程维修养护资金缺乏的问题。

四是部分水管单位附属机构剥离难度大。由于历史原因和地区条件所限，部分水管单位存在着水利办“社会”的现象，这些单位所在地区经济条件较差，社会容纳能力有限，剥离难度较大。

五是社会保障政策和措施不到位。水管体制改革中，从事经营性资产管理和管养分离后从事维修养护的人员不再核定事业编制，将从事业编制转为企业人员，这些人员的基本养老保险等社会保障措施落实难度较大。

我们要认清形势、坚定信心、加大力度、采取措施、扎实工作，在水管体制改革的过程中，切实解决好这些问题。

（二）对下一步水管体制改革工作的几点要求

第一，提高对水管体制改革重要性的认识。水管体制改革是水利改革的重要组成部分，是通过改革市场经济体制下不利于水利工程管理的体制、机制性障碍，提高水利工程管理水平，确保水利工程安全运行和充分发挥效益的一项重大措施，同时又是解决长期以来水管单位面临的诸多实际问题，涉及全国水管单位职工的切身利益，深受广大水管职工欢迎和拥护的一项重要工作，对加强水利工程管理，促进以水资源的可持续利用支持经济社会的可持续发展，具有十分重要的现实意义和深远的历史意义。我们要从落实科学发展观，贯彻中央水利工作方针的战略高度，统一思想认识，提高对水管体制改革必要性和紧迫性的认识，增强改革的主动性和积极性，高度重视和切实加强水管体制改革工作。

第二，切实做好水利部直属工程改革试点工作。水利部直属工程改革试点工作关系重大、意义深远。这次改革试点工作是在征求国家发展改革委、中央编办等有关部门意见的基础上，由水利部、财政部共同组织实施的。试点范围涉及黄委、淮委、海委、松辽委 4 个流域机构，试点单位占水利部直属水管单位的 30%，工程类别包括堤防工程、控导工程、水闸工程和水库工程，参加改革试点的水管单位在职人员（含群管人员）约 1 万余人，约占直属水管单位现有在职人员（含群管人员）的 4 成多。试点的目的是建立职能清晰、权责明确的水利工程管理体制，建立管理科学、运行规范的水管单位运行机制，建立市场化、专业化、社会化的水利工程维修养护体系。通过试点，进一步验证水管单位体制改革后，按照“管养分离”的管理模式，“两定”标准以及各项管理办法的合理性，从而在总结试点经验的基础上，全面推进水利部直属水利工程管理体制改革，为全国的水管体制改革做出表率。

一是要按照水利部、财政部关于试点工作的统一部署，根据水利部、财政部颁发的“两定”标准、经费使用管理办法和批准的经费预算，尽快编制试点实施方案、管理岗位设置方案，编制详细的基本预算支出和水利工程维修养护经费预算，报有关部门批准后实施。

二是要认真落实各项水管体制改革任务。特别是要积极推行管养分离，明确管理单位和水利工程维修养护单位的职责，工程维修养护任务由管理单位与维修养护单位实行合同管理，管理单位要按照合同和水利工程维修养护的规程、规范、标准进行考核。

三是要切实加强财政资金的使用管理。用于公益性人员基本支出和公益性工程维修养护经费的财政资金必须专款专用，不得挪用。各有关部门要加强审计、监督和检查，对于在预算中故意提供虚假、不真实的数据资料、不按规定用途使用经费以及其他违反财经纪律的，一经查实，要按有关规定严肃处理。

四是要做好试点的总结验收工作。各试点单位要及时总结经验，对试点中遇到的问题要及时向有关部门反映，试点结束后，要对试点工作进行全面总结，提出自验报告。各流域机构和主管单位要根据试点单位提供的自验报告和试点资料，对试点完成情况进行全面验收，逐项检查试点工作任务完成情况。水利部和财政部将对 30% 以上的试点单位进行抽查验收。

五是要加强对试点工作的指导。各级主管部门要按有关规定帮助水管单位做好人员分离、资产分离、维修养护单位组建、建立健全内部管理核算制度等工作，妥善解决好离退休人员待遇、分流人员安置、转制人员社会保障等问题。没有列入试点的水利部直属水管单位，也要积极主动做好分类定性、定岗定员、经费测算、内部改革等工作，为下一步改革工作的开展打好基础。

第三，全面推进全国水管体制改革工作。全国 15000 多个水管单位、47 万水管职工，绝大部分属地方管理，《实施意见》确定的改革任务能否完成，关键也在地方。目前各地改革进程很不平衡，有的地方已基本完成改革任务，有的地方刚刚起步，个别地方、个别单位甚至还未启动。各地必须进一步加大改革力度，加快改革步伐。

一是实施方案已经出台的省，省级水行政主管部门要加强督促检查，采取切实措施，确保各项改革措施如期落实到位。其中，省直属工程要率先改革到位，在全省起到示范作用。实施方案尚未出台的省，要认真分析原因和主要制约因素，找准突破口和切入点，进一步向当地政府汇报，加强与有关部门的沟通协调。无论方案是否出台，水管单位都要积极做好分类定性、定岗定员、经费测算等基础工作，加大内部管养分离、人事、分配等运行机制的改革力度。

二是继续抓好“两项经费”的落实工作。各水管单位要在认真测算的基础上，实事求是地向财政部门沟通汇报，争取财政资金足额到位。经济欠发达地区，财政资金难以一步到位的，可分步到位，首先要千方百计落实承担公益性任务的人员工资。财政比较困难的市（县）和单位，省级水行政主管部门应予以支持，可从省级水利工程维修养护资金中拿出一部分，给予适当补助。

三是积极推进管养分离。维修养护资金已经足额到位的水管单位，要尽快实行管养分离，并积极培育维修养护企业和市场，推进水利工程维修养护市场化的步伐；维修养护资金还没有足额到位的单位，要先在内部实行管养分离，待维修养护资金足额到位后，再实行水利工程管理单位和维修养护企业的彻底分离。

四是大力开展内部管理机制改革。各单位要结合国家关于事业单位改革的有关规定，大力推进人事、劳动、分配制度改革。要全面推行岗位聘用制，按岗择人，竞争上岗。健全目标考核制度，完善工资分配制度，工资分配要发挥激励作用，要向苦、累、脏、险岗位倾斜，合理拉开各类人员的收入差距。

五是积极剥离社会职能，妥善安置富余人员，建立社会保障体系。各地、各单位要按照精简、高效的原则，撤并不合理的管理机构，推行辅助职能社会化。水管单位所属的学校、医院等社会职能部门原则上移交当地政府管理，人员成建制划转，并妥善处理好资产的划转。因特殊情况，暂时不具备剥离条件的，应积极探索新的管理模式，努力创造剥离条件。要充分利用水管单位的水土资源优势，大力开展养殖、旅游、生态农业、建筑施工等多种经营，拓宽分流人员安置渠道；鼓励职工自谋职业，符合当地提前退休条件的，支持职工提前退休；各级水行政主管部门要加强协调，千方百计帮助富余人员多的水管单位解决好人员分流问题；开展富余人员就业技能培训，提高其再就业能力，实现多渠道就业。各地应按国家和地方有关规定，建立健全职工社会保障体系。各单位要做好剥离机构人员、转变性质单位的在职人员和离退休人员、分流人员的社会保障政策衔接工作。

各地要采取有效的调控手段促进水管体制改革工作。今后，水管体制改革工作将与病险水库除险加固中央补助项目挂钩，从去年底开始，申请中央补助资金的病险水库除险加固项目，必须同时报送经有管辖权的政府或政府有关部门（水利、财政等）批准的水库管理体制改革方案。从今年起，对省级水管体制改革实施方案尚未出台的省，将不安排新的病险水库除险加固中央补助项目，对于改革工作严重滞后的省、自治区、直辖市，将视情况酌减中央水利投资计划安排。这是因为，如果水管体制不改革，良性运行机制不建立，管理措施跟不上，工程设施长期得不到正常的维修养护，即使进行了除险加固的水库，也会出现新的问题，再次成为病险水库。希望各省级水行政主管部门也采取相应措施，如将水管体制改革工作与省级水利基建投资计划挂钩，促进各市、县加大改革力度。

第四，抓好试点经验总结和“两定”标准宣传贯彻工作。各地要认真做好改革试点工作。水利部确定的改革试点联系市、县和单位，由省级水行政主管部门会同有关部门负责验收，水利部组织抽验。验收工作要对分类定性、定岗定员、经费落实、管养分离、内部改革、人员分流、社会保障等各项改革内容逐项进行。要成立验收专家组，专家组成员要包括工程管理、财务管理、机构编制、体制改革、劳动保障等方面的专家组成。省级水行政主管部门组织验收前，试点市、县和水管单位要进行自验。自验工作要在2005年6月30日之前完成；省级验收要在2005年底之前完成，验收情况要报送水利部。流域机构直属工程改革试点的验收工作，按照水利部、财政部的统一部署进行，各省的改革试点工作由省里统一安排。

各地要认真总结试点经验，对于好的做法，要在本地区及时进行交流和推广，以达到“以点带面”、“以点促面”的目的。水利部将在今年适当时间召开全国水管体制改革经验交流会，宣传推广试点单位的经验，特别是中西部地区一些好的做法和经验。

各地、各单位要积极组织“两定”标准的实施。“两定”标准是《实施意见》的重要配套文件，在制定过程中，水利部、财政部组织了大批专家，用了2年多时间，对5000多个单位进行了调研、测算，并反复征求了各方面意见。各地要按照水利部、财政部的要求，认真贯彻落实，组织好“两定”标准的试点工作，试点的面要宽一些，试点单位要有广泛的代表性。各地在试点过程中，对试点标准存在的问题要及时反馈，以便进一步修改完善。为了保证各地、各有关部门、各水管单位能够正确理解、使用“两定”标准，水利部、财政部将联合组织8期培训班，并编写了专门的培训教材，各省也可根据本地实际，组织一些培训。

第五，进一步加强对水管体制改革工作的领导。水利部党组十分重视水管体制改革工作，把这项工作列入重要议事日程。各流域机构、各级水行政主管部门和各水管单位也要一如既往地高度重视水管体制改革工作，切实加强领导，采取有力措施，大力推进水管体制改革工作。

各单位要进一步明确领导责任，一把手要亲自抓，分管领导要具体抓，有关处室要当好参谋。要进一步加大协调力度，对改革中遇到的困难和问题，要及时协调解决，要主动向政府汇报，做好与相关部门的沟通与协调工作。

部有关司局、各流域机构和省级水行政主管部门要加大组织、指导和监督检查力度，要加强有针对性的跟踪调研，及时总结改革中好的做法和经验，与水管单位一起，研究解决改革中遇到的困难和问题。

在水管体制改革中要处理好改革、发展和稳定的关系。各级水行政主管部门、各水管单位工作要深入细致，特别要做好职工的思想政治工作，要妥善安置富余人员，做好转制人员的政策衔接工作，要解决困难职工的实际困难，确保稳定大局。

二、试点要求

《水利工程管理单位岗位设置标准》和《水利工程维修养护定额标准》是《实施意见》的重要配套文件，是水管单位科学、合理配置管理人员和编制、核定水管单位基本支出预算和水利工程维修养护经费预算的重要依据，也是将公益性水利工程维修养护项目纳入公共财政体系的重要基础性文件。“两定标准”的颁发，是水利工程管理体制改革的重大突破，标志着水利工程管理体制改革进入实质性阶段，也是国家财政预算体制改革的重大突破，填补了我国财政预算管理方面的空白，实现了水利业务工作与财政、财务经济工作的有机结合。为水利工程管理体制改革的顺利实施，保证水利工程维修养护资金足额到位提供了政策依据和标准；为建立市场化、专业化和社会化的水利工程维修养护体系，保证水利工程安全运行和效益发挥提供了支持，将对全国水利工程管理单位产生长远的积极影响和巨大的促进作用。因此，各水管单位和主管部门必须加强学习，正确理解和准确使用“两定标准”。为此，财政部、水利部决定专门举办培训班，就有关水管体制改革、“两定标准”的运用、试点方案的实施等对水管单位的领导及相关部门进行培训。特别需要强调的是，“定额标准”是在对水利工程科学分类的基础上，经过 162 个水管单位进行测算，做了 7 次大的修改，按照维修养护的具体内容和项目确定的费用标准。使用时，不但要在总体上把握，而且要细化到具体的每个项目和内容。

为加强改革试点经费的使用管理，财政部、水利部联合发布了《水利工程维修养护经费使用管理办法》，对水利工程维修养护经费的使用、管理、监督作了明确规定，各试点单位要严格执行，各有关单位和部门要按照办法要求加强监督管理，确保改革试点经费的安全和有效使用，这是今后一个时期水利经济财务部门的重要工作内容。

（一）规范预算管理，严格执行预算

目前核定的 2004 年 9 月 1 日—2005 年 12 月 31 日，共计 16 个月的改革试点经费已经落实，其中：基本支出按照“管养分离”后管理人员核定，水利工程维修养护经费按照水利部、财政部发布的《水利工程维修养护定额标准》全额核定。各试点单位要按照部门预算要求编报详细的基本支出预算，水利工程维修养护经费要按照定额标准编报详细的项目支出预算，经过各主管单位和流域机构审核后，于 2005 年 2 月 15 日前报送水利部审批，

其中，2005 年的经费纳入水利部 2005 年部门预算一并审批下达。各试点单位要严格执行批复的试点经费预算，本次试点经费只能用于试点水管单位，各级主管单位不得截留或挪用。试点经费不得用于弥补试点期间之外的已往年度的支出挂账。

（二）按照本流域平均水平落实试点单位的离退休经费

根据此次水管体制改革经费核定标准政策要求，各试点单位的离退休经费标准要按照本系统的平均水平核定。各有关流域机构、各级主管单位要在安排的 2005 年预算中认真落实，不得截留、挪用。

（三）严格按照定岗标准核定管理人员，严格控制基本支出开支范围

此次，各试点单位人员的核定数字，是按照定岗标准、单位人员编制和单位实有人数，经过认真反复测算核定，并由各试点单位和各级主管单位审核确认的，执行中各试点单位、各主管单位不得自行变动，管理单位人员要按“定岗标准”核定的岗位落实到人，经费开支要严格按照核定的管理人员和基本支出标准执行，不得突破和扩大开支范围。

（四）按照“管养分离”的管理模式，加强维修养护项目经费管理

试点单位的工程维修养护经费为维修养护单位专门用于水利工程维修养护的专项资金，只能用于纳入试点范围和期间公益性水利工程和准公益性水利工程中的公益部分的维修养护开支。水利工程管理单位要按照“管养分离”的管理模式，明确管理单位和水利工程维修养护单位的任务职责，依据有关规定制定水管单位内部管理制度办法，工程维修养护任务由管理单位与维修养护单位签订维修养护合同。要统一合同文本格式，合同的主要内容应包括：项目名称、项目内容、工程（工作）量、合同金额、质量要求、考核监督、结算方式及违约责任等。维修养护经费的使用必须按照《定额标准》确定的项目内容和标准执行。要加强合同管理，加强对合同的审查，严格按照规定的程序和手续支付资金。

（五）各试点单位都要实施“管养分离”

组建水利工程维修养护单位并与管理单位分离，水利工程维修养护任务交由分离出来的水利工程维修养护单位承担；维修养护单位要单独核算，实行企业管理。各试点单位要及时办理维修养护企业的注册登记手续和领取营业执照，最迟要在 2005 年 12 月底前全部办理完毕。在此之前，应该先实行内部“管养分离”，对基本支出经费和工程维修养护经费进行分账管理，单独核算维修养护部分的财务收支，执行企业会计制度；维修养护企业正式注册后，将该账转入企业管理。维修养护人员的工资、福利及社会保障等待遇在未正式转为企业前仍维持原政策不变，其费用从水利工程维修养护经费中列支。

（六）加强试点水管单位的会计核算和财务监督管理工作

实行“管养分离”后的水利工程管理单位为水利预算单位，要执行国家统一的事业单

位财务会计制度；维修养护单位为企业，执行国家统一的企业财务会计制度。原执行财政部 1994 年颁发《水利工程管理单位财务会计制度》的试点单位，要按照最近水利部颁发的《水利工程管理体制改革试点单位财务会计制度变更衔接实施方案》的规定做好制度转换衔接工作。重点把握以下几个方面：

（1）2004 年 9 月 1 日—2004 年 12 月 31 日期间已在年度预算中安排试点单位的基本支出和岁修经费，应与追加的试点经费一起，纳入试点范围进行核算。试点单位履行其他职能所获得的经费，如：防汛费、水政水资源费、水文监测费、水资源管理费、水土保持费等，仍按现行管理办法，在工程管理单位核算。

（2）从 2005 年 1 月 1 日起，各试点单位开始分账核算，对 2004 年 9 月 1 日—12 月 31 日发生的基本支出，应按核定管理人员、维修养护人员和分流人员的比例进行分解。属维修养护部分的基本支出，应纳入维修养护账核算，并从维修养护经费（岁修费）中将上述已开支部分归还工程管理经费账。

（3）2004 年 9 月 1 日后发生的分流人员的经费，仍在原账中核算，不再分账，但应设辅助账反映。试点方案批复后，分流人员不得再开支各项财政拨款。

（4）2004 年 9 月 1 日—12 月 31 日发生的岁修费支出，应从管理单位账中划转到维修养护单位账核算；新增维修养护经费连同现已安排但尚未支出的经费部分，由管理单位与维修养护单位实行合同管理。

（5）各试点单位要加强会计核算工作，真实、准确、完整反映改革试点经费和其他资金的收、支、结余、分配等情况。各项改革试点经费都要纳入单位部门预算管理，由财务部门统一管理和监督，不得切块分割管理。水管单位要自觉遵守各项财务规章制度，各级财务部门要加强对试点经费使用情况的监督检查，确保试点经费按项目和标准安全有效合理使用，确保试点工作达到预期的效果。

第四节　水管体制改革实施

一、水管单位人员的管养分离

通过水利工程管理体制改革，将县级河务局及其所属单位按照产权清晰、权责明确、管理规范的原则，分离为由对应市级河务单位管理的县级河务局、维修养护公司和其他企业。维修养护公司、其它企业“三权”在上，即人、财、物由对应市级河务局管理，形成三者之间规范的关系，由市级河务局组建维修养护公司和其他企业。每个市级河务局可根据辖区内具体工程数量、分布、地域特点确定维修养护队伍的布局，维修养护公司下属的维修养护分公司（或称维修养护处）不追求与县级河务局一一对应。维修养护公司按照《黄河水利委员会关于水利工程维修养护单位组建的指导意见》进行组建，2005 年水利工程管理体制试点改革（以下简称“2005 年试点改革”）时成立的维修养护企业作为维修养护分公司，成建制划入对应市级河务局管理的维修养护公司，维修养护分公司为非独立法人企业。其他企业按照《黄河水利委员会关于整合与规范施工企业的指导意见》的规定进行组建。

由县级河务局管理的引黄涵闸，通过水利工程管理体制改革，其供水组织机构的设置按照《黄河水利委员会供水管理体制改革实施方案》的规定执行。2005 年试点改革单位的供水组织机构的设置按照以上规定执行。

（一）县级河务局的职责

包括水行政管理和水利工程管理两大职责。

1. 水行政管理职责

（1）负责《水法》、《防洪法》、《河道管理条例》等法律、法规的实施和监督检查，负责管理范围内的水行政执法、水政监察，依法查处水事违法行为，负责调处水事纠纷。

（2）执行水量统一调度指令，实施水量统一调度和监督管理。

（3）负责编制管理范围内防御黄河洪水预案，并监督实施；负责监督管理范围内黄河滩区的安全建设；负责管理范围内的防汛抗旱指挥部黄河防汛办公室的日常工作。

2. 水利工程管理职责

（1）负责管理范围内的黄河河道、堤防、险工、控导、涵闸等水利工程的管理、运行、调度和保护，保证水利工程安全和发挥效益。

（2）协助做好管理范围内水利工程建设项目的建设管理；负责管理范围内建设项目的监督；负责落实水利工程管理标准。

（3）负责水利工程的运行和观测；负责汛期巡堤查险的组织、指导、监督工作和水尺观测工作，并及时向上级河务部门上报汛情，负责险情抢护工作的组织。

（4）负责专业机动抢险队的管理。

（5）负责水利工程的资产管理；负责签订维修养护合同及监督检查维修养护合同的执行情况。

（6）负责管理范围内的黄河治理开发和管理的现代化建设。

（二）维修养护企业

为适应新的管理体制和运行机制需要，水管单位体制改革必须做到事、企分开，管理和维修养护任务分离。使水管单位和维修养护单位成为两个独立的法人主体，促进维修养护工作向专业化、市场化和社会化方向发展。新组建的维修养护单位定性为企业。

经营范围：按照合同要求，完成堤防、险工、控导等各类工程和设施的维修养护任务。

主要职责：按照合同要求全面完成各类工程和设施的维修养护施工和责任期的保修工作；确保施工质量符合工程维修养护规范和合同要求，并参照基本建设质量管理办法实行质量终身负责制；建立完善的现代企业管理制度，确保工程维修养护资金的规范运作；负责填报完善、规范的工程维修养护施工资料。

机构设置及定员：定员 300 人及以上的维修养护公司，设总经理 1 人、副总经理 4 人；定员 200~299 人的维修养护公司，设总经理 1 人、副总经理 3 人；定员 100~199 的维修养护公司，设总经理 1 人、副总经理 2 人；定员 99 人及以下的维修养护公司，设总经理 1 人、副总经理 1 人。党群领导职数按有关规定进行设置。

定员在 200 人及以上的维修养护公司，机关定员为 26—35 人，内部设综合部、工程部、财务部、人力资源部（党群工作部）、经营开发部五个部门；定员在 199 人及以下的维修养护公司，机关定员为 15—25 人，内部设综合部、工程部、财务部三个部门。部门经理原则上按一正一副配备。

二、供水管理体制改革

（一）供水管理体制改革的原则

（1）坚持正确处理改革、发展与稳定关系的原则。

（2）坚持黄河水资源统一调度与供水生产相结合的原则。

（3）坚持有利于治黄事业发展与提高供水效益相结合的原则。

（4）坚持近期改革目标与长远发展相结合的原则。

（5）坚持精简高效的原则。

供水单位为准公益性事业单位。

山东、河南黄河河务局供水局隶属于山东、河南黄河河务局，接受委供水局的业务指导，对本局各供水分局实施业务领导。

（1）负责本省引黄供水的生产和管理。

（2）组织执行和落实水行政主管部门的水量调度指令。

（3）负责与用户签订引黄供水协议书和供水计量、水费计收。

（4）负责本省引黄供水生产的成本核算、预算编制等财务工作。

（5）负责本省引黄供水工程的日常维修养护计划与更新改造计划的审批。

（6）负责承担有社会公益性任务的引黄供水工程投资计划（或部门预算）的编制上

报和组织实施。

（7）按照防汛责任制要求，做好防汛工作。

（8）负责本局引黄供水资产的保值增值，做好引黄供水开发。

（9）完成上级交办的其他工作。

（二）供水分局主要职责

供水分局是山东、河南黄河河务局供水局的分支机构，隶属于所在市黄河河务局（管理局）管理。

（1）负责辖区内引黄供水的生产和管理。

（2）执行水行政主管部门的水量调度指令。

（3）据省局供水局授权，与用户签订引黄供水协议书，及时完成辖区内引黄供水订单的汇总上报，负责辖区内引黄供水计量、水费计收。

（4）负责辖区内引黄供水工程管理、供水工程日常维修养护计划与更新改造计划的编报和实施。

（5）负责本分局及所属县供水处人员管理。

（6）负责本分局成本核算、预算的编报和实施。

（7）按照防汛责任制要求，做好辖区内引黄供水工程范围内的防汛工作。

（8）做好辖区内引黄供水开发。

（9）负责本分局职工队伍的管理工作。

（10）完成上级交办的其他工作。

（三）供水处主要职责

供水处直接对相应供水分局负责，并接受供水分局的领导和管理。供水处对所属引黄供水生产和供水工程实施管理。

（1）负责辖区内引黄供水的生产和管理。

（2）执行水行政主管部门的水量调度指令。

（3）根据上级授权，与用户签订引黄供水协议书，及时完成辖区内引黄供水订单的汇总上报，负责辖区内引黄供水计量、水费计收。

（4）负责辖区内引黄供水工程的运行观测、维修养护等日常管理工作。

（5）按照防汛责任制要求，做好辖区内引黄供水工程范围内的防汛工作。

（6）完成上级交办的其他工作。

第五节　山东黄河水管体制改革

一、基本情况

（一）工程情况

黄河在山东省境内流经菏泽、济宁、泰安、聊城、德州、济南、滨州、淄博、东营9市、25个县（市、区），在垦利县注入渤海，河道长628km，其特点是上宽下窄，纵比降上陡下缓，排洪能力上大下小。自东明上界到高村长56km，属游荡性河段，两岸堤距5~20km，设计排洪能力20000m^2/s，比降约为1/6000；高村至陶城铺长164km，属过渡性河段，堤距2~8km，排洪能力11000~20000m^3/s，比降约为1/8000；陶城铺至利津长298km，属弯曲性河段，堤距0.5~4km（其中艾山卡口宽275m），排洪能力11000m^3/s，比降约为1/10000；利津以下为摆动频繁的尾闾段，泥沙不断堆积，平均年造陆面积为25—30km^2。

新中国成立以来，党中央和国务院对黄河下游治理问题十分重视，在“根治黄河水害，开发黄河水利”方针的指导下，山东黄河进行了大规模的防洪工程建设，加高加固了堤防，对险工进行了石化和加高改建，修建和加固了大量的河道整治工程，初步建成了由堤防、河道整治工程和蓄滞洪区组成的防洪工程体系，为战胜洪水凌汛奠定了物质基础。在党中央、国务院和山东省委、省政府的正确领导下，取得了连续54年伏秋大汛不决口的辉煌成就。

堤防工程：山东黄河现有各类堤防1541.4lkm，其中：一级堤防1220.05km，二级堤防46.73lkm，三级堤防103.739km，四级堤防170.89km。

堤岸防护工程：山东黄河现有堤岸防护工程281处，6526道坝（段），工程长度497.62km，护砌长度403.13km。

分泄洪涵闸工程：山东黄河现有分泄洪涵闸10座，设计流量18180m^3/s；其他排水闸38座，设计流量643.93m^3/s。

（二）管理机构

山东黄河河务局隶属水利部黄河水利委员会，是山东黄河（包括大清河，下同）的主管机构，行使黄河水行政主管部门职责，并承担山东黄河防洪和工程管理任务，实行省、市、县河务局三级管理。具体详见“山东黄河河务局水利工程分级管理情况框图”。

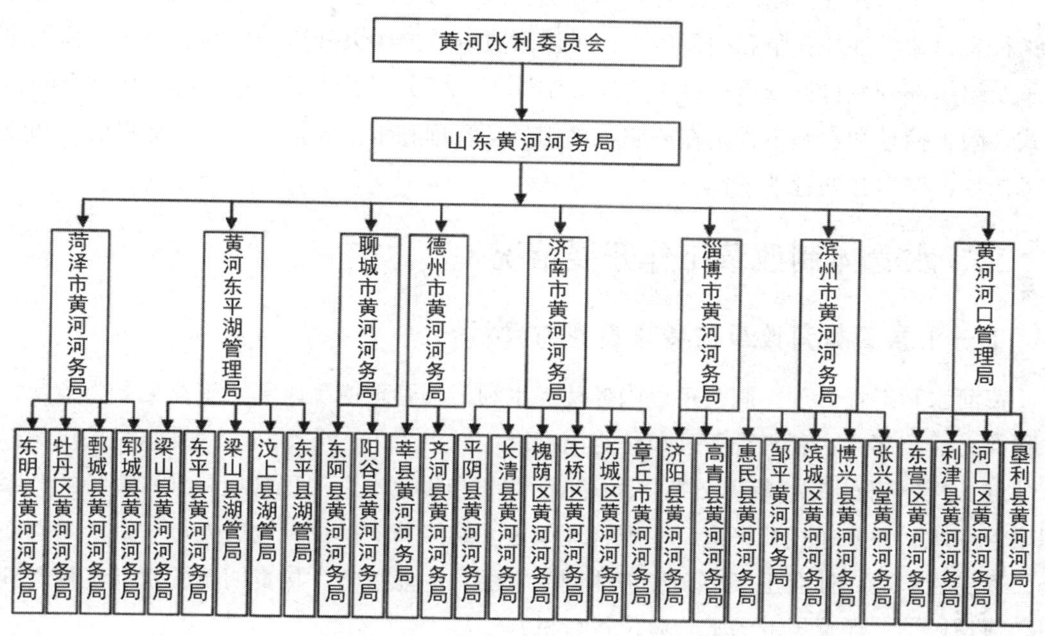

图 6-1　山东黄河河务局水利工程分级管理情况框图

山东局现有 29 个县级河务局、1 个黄河管理处（科级），共计 30 个水管单位，其中：菏泽黄河河务局 4 个、东平湖管理局 5 个、聊城黄河河务局 3 个、德州黄河河务局 1 个、济南黄河河务局 7 个、淄博黄河河务局 1 个、滨州黄河河务局 5 个、河口管理局 4 个。

截至 2002 年底，全局 30 个水管单位职工总人数为 9258 人，其中在职人员 6082 人，退离休人员 3176 人。另外，有群管人员 3092 人。

目前山东局各水管单位一般设有办公室、财务、水政、工程管理、防汛、人劳、后勤服务、经济管理、通讯、工会、纪检监察等部门。

水管单位主要职责：①负责《水法》、《防洪法》、《河道管理条例》、《防汛条例》等法律、法规的贯彻实施。②协助有关部门编制黄河综合规划和有关专业规划。③拟订、编报山东黄河供水计划、水量分配方案，并负责监督管理；实施取水许可制度和水资源费征收制度。④依法进行水政监察和水行政执法，处理职权范围内的黄河水事纠纷，承办水行政诉讼事务。⑤依法统一管理、保护行政区域内各类黄河防洪工程及设施；协助建设单位做好黄河水利基本建设项目前期工作和建设与管理任务⑥负责黄河防汛管理，组织编制防御黄河洪水方案，承担地方防汛抗旱指挥部黄河防汛的日常工作，协助地方政府对抢险、救灾等工作统一指导、统一调度，指导山东黄河滩区的安全建设。⑦负责黄河防洪工程的日常管理、维修养护。⑧作为国有资产的代表者，负责国有资产保值增值的管理与监督。⑨负责黄河治理开发组织、科学研究和技术推广，不断提高治黄工作科技含量。

管理运行模式：在长期计划经济体制下，多年来县级河务局形成了集“修、防、管、营”四位一体的管理体制。在工程管理方面，既是管理者，又是实施者；既是监督者，又是执行者，缺乏外部竞争和内部压力，难以形成有效的约束和激励机制。堤防工程由在职职工及组织部分乡村群众承担日常管理和维修养护任务，形成了专管和群管相结合的管理模式。险工控导和水闸工程由在职职工承担日常管理和维修养护任务，并加强监督和业务技术指导，努力开展管理工作。

二、水管体制改革工作开展情况

（一）水管体制改革的指导思想与目标

黄河水利工程管理体制改革以国务院《水利工程管理体制改革实施意见》为指导，以水利部、财政部《水利工程管理单位定岗标准（试点）》、《水利工程维修养护定额标准（试点）》为依据，以“管养分离”为核心，调整和规范水利工程管理和维修养护的关系，理顺管理体制，畅通经费渠道，实现管理单位、维修养护单位机构、人员、资产的彻底分离，逐步建立适应社会主义市场经济体制要求的、职能清晰、权责明确的水利工程管理体制和管理科学、经营规范的水管单位运行机制。

（二）人员分离情况

从2000年开始，山东局各水管单位积极配合水利部、黄委会进行水管体制改革前期调研和测算工作。2002年9月17日，国务院《水利工程管理体制改革实施意见》（以下简称《实施意见》）出台后，按照水利部、黄委关于水利工程管理体制改革的统一部署，我局30个水管单位积极开展工作，先后进行了定岗定员、工程管理、维护经费测算和方案编制工作，并按照“管养分离”的要求，相继成立了工程管理处，从事工程的日常维修养护工作，初步实现了管理、维护机构和人员的分离。

2003年11月上级确定山东局鄄城、梁山、东阿、齐河、槐荫、天桥、济阳、高青、惠民、利津10个县局为水管体制改革试点单位。各单位按照黄委关于做好水管体制改革试点工作的要求，积极开展了各项基础工作。

为确保水管体制改革试点工作顺利实施，按照黄委部署，济阳河务局作为黄委水管体制改革试点中的试点，于2005年初开始试点全面工作。省、市、县局三级有关部门人员反复研究、讨论，编制改革实施方案并上报。根据黄委批复的实施方案，经过济南河务局的精心组织，黄委、省局督察组现场督察、指导，从3月2日开始，到3月17日顺利完成人员上岗工作。其余9个试点单位按照黄委和省局要求，均成立了以市局局长为组长、分管副局长为副组长，人劳、财务、建管、监察等部门为成员的水管体制改革领导小组。按照黄委《关于开展水利工程管理体制改革试点工作的通知》精神，结合本单位实际，认真研究制定改革实施方案，报省局批准后实施。各领导小组住在试点单位，随时了解、研究、分析工作中的问题，及时提出指导意见。明确要求，严肃纪律，规范程序，加快推进，确保了改革严格按批复方案组织实施。经过广大干部职工的共同努力，到6月13日，全面完成了各水管单位、养护公司和施工企业的机构设置、人员上岗工作。新的水利工程管理体制初步建立，10个试点单位职工均得到了妥善安置。

10个试点单位管养分离前职工2412人，管养分离后为1350人，分流比例为44.3%。通过试点改革：一是水管单位领导班子和中层干部的年龄、知识结构得到优化，整体素质明显提高。改革前领导班子成员平均年龄46.2岁，中层干部平均年龄42.6岁；改革后领导班子成员平均年龄45.7岁，中层干部平均年龄41.4岁。改革前领导班子成员中本科学历占54%，中层干部中本科学历占28%；改革后领导班子成员中本科学历占59%，中层干部中本科学历占32%。二是企业职工平均年龄明显下降。改革前企业职工平均年龄为42.1岁，改革后为38.7岁。三是促进了人力资源合理配置，实现了人才合理、有序流动，调动了广大职工的积极性。各试点单位实行个人多岗竞聘和双向选择，激发了职工爱岗敬业的精神，提高了工作积极性，为今后工作的开展奠定了基础。四是理顺了管理体制，实现了水利工程管理、养护人员、机构的彻底分离。

（三）维修养护企业筹建情况

试点新成立的10个维修养护公司是由对应的市河务局和省河务局授权经济发展管理局共同出资，设置的具有独立法人资格的股份有限（责任）公司，实行独立核算、自负盈亏。各单位认真研究改革政策，及时办理资产划转、评估、出资、企业注册登记和非转经手续。确保新建养护企业设立程序合法、注册资本真实到位、手续完备。

养护企业主要职责是按照合同要求对各类防洪工程和设施实施维修养护；确保施工质量符合工程维修养护规范和合同要求，并参照基本建设质量管理办法实行质量终身负责制；建立和完善现代企业制度，确保工程维修养护资金的规范有效使用；负责提供真实、完整的工程维修养护施工资料。公司内部设综合、工程、财务三个部门。按照省局《关于依法规范组建维修养护企业的通知》要求，设立了公司董事会、监事会和职工代表大会。

（四）主要做法

一是加强领导，精心组织，确保改革积极稳妥地进行。黄委领导和有关部门负责人对山东局改革工作给予高度重视，在济阳试点改革动员大会上，徐乘副主任亲自做动员讲话，讲形势，讲政策，讲要求，使职工有了主心骨，吃了定心丸。试点期间，黄委观察组领导和有关同志自始至终靠在现场，及时解决出现的问题。实施改革以来，委人劳局领导带领有关人员几次进行指导，李国英主任也多次到现场检查调研，提出要求，为改革把握了整体方向。

各级领导从全局和战略的高度充分认识这次改革的重要性、艰巨性和复杂性，将其列为全局的一项重要工作。省局每周一次例会，三天一次情况通报，及时了解改革动态，研究解决改革中出现的问题。各级领导特别是市县局一把手在竞争上岗等关键时刻表现了高度负责的精神，工作深入扎实，敢于坚持原则，积极化解矛盾，不开口子，不当老好人，整个改革紧张有序，平稳顺利进行。

二是广泛发动，认真做艰苦细致的思想政治工作，妥善处理改革、发展、稳定的关系。省、市局办公自动化网络上设置了水管体制改革专栏，及时宣传改革政策、通报改革动态；各基层单位广泛张贴“实施方案”和宣传提纲；通过职工大会、座谈会、深入谈心等多种形式，宣传政策，解答问题，与职工沟通思想，千方百计把广大干部职工的思想统一到改革指导意见上来。为使广大干部职工积极参与和支持改革，省局制定了《改革宣传提纲》，把改革的意义、目标、过程、步骤做成一张“明白纸”，宣传到每位干部职工。局领导、巡视组人员始终在一线，及时分析、解决问题，稳定职工思想，激发改革热情。同时，以先进性教育活动为契机，正确处理改革、发展、稳定的关系，面对标准化堤防建设任务艰巨、经济创收压力大、水资源管理调度供需矛盾突出等困难，做到了改革、发展两不误，促进了各项工作的开展。

三是严格编制，合理设岗，积极探索新的管理体制。各单位在编制方案过程中，严格按照《定岗标准》确定岗位人员。在岗位编制上，重点突出水行政职能，合理设置公务员岗位；按照水管职能合理设置事业岗位；根据各单位工程规模和任务确定养护公司人员，进一步理顺管理体制，切实做到水管单位政事企的彻底分开。

四是竞争上岗，择优聘用，搞活用人机制。竞争上岗是人员聘用制度改革的关键环节。各单位认真对待，严密组织，制定了人员上岗实施办法，明确了不同层次岗位的竞争上岗方式、资格条件、工作程序、聘任办法。重点把好“五关”：把好报名审查关，对各类岗位报名人员，严格资格审查，一视同仁，确保报名人员符合竞岗资格规定；把好命题关，各试点单位均采取了封闭命题，严格保密；把好竞争上岗关，为确保竞争上岗过程的公开、公平、公正，在不同层次岗位公开竞争上岗中，均有市、县局（管理、养护、施工企业）有关领导、有关部门负责人组成考评组，提前公布岗位设置、上岗办法和上岗条件，由考评组随机抽签确定20~30名职工代表进行无记名投票，考评组成员和职工代表实行回避制度。计票实行百分制，考评组选票占70%、职工代表选票占30%，现场公布个人得分，按得票多少确定上岗人员；把好聘任程序关，特别是对涉及提拔的人员，均按干部管理权限和程序进行组织考察、公示后予以聘用；最后是把好合同签订关，对事业单位所有聘用人员，均按要求签订统一的聘用合同。

五是严肃纪律，公平公正，规范运作。省局下发了关于严肃改革纪律的通知，对方案执行、人事财务纪律、监察监督等提出了明确要求。竞争上岗过程中，做到了“四公开、四监督”，即上岗程序公开，上岗条件公开，岗位职责公开，竞争结果公开；纪检监督，巡视组监督，工会监督，群众监督，保证了改革规范有序进行。

六是坚持以人为本，切实维护职工利益。改革中，充分尊重职工的选择，搞好引导服务，帮助职工熟悉岗位设置和上岗条件，按演讲答辩得分到岗到位，最大限度发挥职工特长。对年老、体弱、多病、学历低、无专长的职工，给予妥善安置。如济阳县局7名、全局近百名弱势人员，通过参与竞争，尽其所能，均找到了合适的工作岗位。

（五）经费使用情况

1. 基本支出

上级核定山东局10个试点水管单位在职人员1383名，离退休职工1168名，2005年基本支出预算为5316.26万元（在职职工3540.49万元，离退休职工1775.36万元）。1—7月，各单位实际基本支出为万元，其中在职职工万元，离退休职工万元。

2. 工程维修养护

上级核定我局10个试点单位堤防长度671.6公里，控导坝垛数4182段，非受益涵闸3座。核定试点维修养护经费预算：2004年9—12月为2953.77万元，2005年为9346.43万元。

在实施工程维修养护的过程中，管理单位（县局）和养护单位签订维修养护合同。维修养护合同签订后，维修养护公司按合同要求制定维修养护计划，经管理单位批准后实施。县局按合同（计划）监督实施、组织月中抽查，月底验收，验收合格后办理结算。单独实行项目管理的完工后一次验收并结算。结算要求内容真实、手续合法、资料完备。对抽查、验收中发现的问题要求养护公司限期纠正。

在改善工程整体面貌，加强工程日常维修养护管理的同时，各试点单位结合工程实际，对部分工程进行重点维修，单独签订合同，实行项目管理。

加强维修养护项目的质量管理和监督检查。一是抓好维修养护质量的控制与管理。质量进行分层次管理，建立养护公司维修养护质量保证体系，即质量检测责任落实到人，工程部设质检员，并对部门经理负责；工程部经理对总经理负责，总经理对董事会负责的公司管理体制。各养护队自检、工程部复检、并接受监理工程师质量检查。二是抓好监督检查环节。管理单位定期对维修养护工作检查验收，运行观测人员进行维修养护跟踪检查，工管科定期检查。监督检查的主要内容有：养护公司的合同执行情况、人员和机械设备情况、养护费的使用情况、日常维修养护措施、工程面貌等。

三、改革带来的变化和发挥的作用

（1）管理体制和运行机制发生了质的变化，改变了过去政企不分、管养一体、职责不清、机制不活的局面。

水管体制改革前，长期的计划经济体制下形成的集“修、防、管、营”四位一体的管理体制，水管单位既是管理者又是实施者，外部缺乏竞争压力，内部政事企不分，维修养护经费无保障，严重影响和制约了治黄事业的发展。体制改革后，将工程的管理与维修养护业务进行了彻底分离，水管单位主要从事工程运行管理，工程维修养护业务和养护人员从水管单位剥离出来，组建专业化的养护企业，专门从事工程的维修养护工作。水管单位和维修养护公司成为两个独立的法人主体，由过去的上下级关系变为甲乙方合同关系，双方按合同享有权力、履行义务和承担责任。原体制不顺、机制不活、职责不清、管理手段落后的状况得到根本好转。

（2）提高了管理队伍素质。黄河基层水管单位改革前普遍存在管理队伍年龄老化、知识层次偏低、结构不合理、技术人员所占比例偏低现象，远远不能适应“三条黄河”的现代治河理念。通过水管体制改革和事业单位聘用制度改革，引入竞争机制，增强了管理人员的竞争意识和紧迫意识，调动了大家学知识、精业务、强技能的积极性，优化了管理队伍结构，提高了管理队伍素质。

（3）工程维修养护经费有了根本保障，水利工程管理体制得到理顺。通过水管体制改革，水利工程维修养护经费有了保证，工程维修养护经费多年严重不足问题得到有效改善，为工程安全运行提供了物质保障。水管单位管理、养护、工程施工“三驾马车”并驾齐驱的新格局开始形成，一个逐步适应社会主义市场经济体制要求，促进黄河事业发展，职能清晰、权责明确的水利工程管理体制，和以专业化为基础，并逐步向市场化、社会化迈进的水利工程维修养护体系正在建立。

（4）水利工程管理水平显著提高，工程面貌得到较大改观。多年来，由于经费严重不足，导致大量水利工程得不到正常维修养护，一些水毁、雨毁不能维修，控导工程根石不足，坦坡不顺、埽面、堤坡杂草丛生，水沟浪窝遍布，工程达不到设计标准，防洪抗洪强度降低，效益严重衰减。改革后，管理和养护业务实行彻底分离，职能明确，责任清楚。水管单位年初组织进行工程普查、探测，根据普查情况和定额标准编制维修养护项目预算并逐级上报，按照批复预算与维修养护企业签定合同，维修养护企业按合同组织实施。在实施过程中，主管部门和管理单位督促维修养护企业严格质量管理，建立质量监督监理制度，形成维修养护质量监督和质量保证体系，工程管理水平大幅度提高。其次，维修养护企业通过更新、增置部分施工机械、设备，研究应用新技术，逐步提高机械化、科技化水平，降低了劳动强度，缩短了劳动时间，提高了工作效率。工程日常维修养护得到加强，隐患得到及时消除，提高了工程的抗洪强度，工程面貌发生了深刻变化。

四、改革存在问题及建议

一是水管体制改革试点单位经费差额问题突出，离退休人员经费负担沉重，核定的基本支出标准偏低。根据2005年试点单位部门预算安排，水管单位在职人员经费2.56万元／（人·年），离退休人员1.44万元／（人·年）。与实际需要经费测算相比，在职人员经费缺口为1.4万元／(人·年)，离退休缺口为1.1万元／（人·年）。综合考虑现有收入途径外，试点水管单位经费总缺口仍有2614万元。预算与实际支出差额，缺乏合法的资金来源弥补渠道，上级提出的“原渠道解决”方案，政策依据不够充分，实际操作困难。建议提高水管单位基本支出标准，切实解决水管单位的经费差额问题。

二是养护公司进行工程维修养护施工，雇佣当地农民工和租赁农用机械时，无法取得正规发票。建议维修养护企业内部结算允许使用部分自制凭证。

三是维修养护经费到位比较晚。今年上级拨付我局试点单位维修养护经费最早的一批在6月份，由于实行了管养分离，管养双方是平等的合同关系，经费下达晚，影响了正常维修工作的开展。建议上级及时批复预算，及时下拨资金，保证水利工程管理和养护工作的正常开展。

四是人员培训问题。水管体制改革后工作职能发生了较大的变化，人员思想观念、业务知识和工作能力都应做相应的调整，建议上级在今后改革工作中继续加强监督指导，并对上岗人员进行必要的政策培训与业务培训，以适应水管体制改革的需要。

第六节　水利部水管体制改革试点

一、试点单位基本情况

根据《水利部直属水利工程管理体制改革试点方案》（以下简称《试点方案》），财政部、水利部在水利部直属水利工程管理单位中，按照工程维修养护项目齐全、工程规模适当、领导重视、管理规范、制度健全、有一定“管养分离”基础的原则，选取了46个水管单位作为试点，试点单位的基本情况如下：

改革试点水管单位，均为财务上实行独立核算的法人单位。长期以来，水利工程管理经费严重不足，水利事业费财政拨款水平严重偏低，试点单位2003年基本支出拨款3594.67万元，人均5495元／（人·年），离退休经费拨款2052.09万元，人均8758元／（人·年）。岁修经费近十年来一直维持在2300万元左右，远远不能满足工程日常维修养护工作需要，工程老化失修严重，工程质量、等级下降，工程效益难以充分发挥。

二、试点工作开展情况

《实施意见》颁布以后，水利部领导高度重视，为加强对水利工程管理体制改革试点工作的领导，确保改革试点工作的顺利实施，于2002年11月成立了水利部水管体制改革领导小组,在广泛的宣传和动员的基础上,会同财政部组织人员研究编制了《定岗标准》、《定额标准》（以下简称“两定标准”）和《试点方案》以及其他有关配套性文件，协调试点改革的组织实施，及时了解改革动态，研究解决改革中出现的实际问题。各流域机构和有关责任单位也先后成立了相应的领导组织机构，对试点单位的改革工作进行指导和监督。

在水利部的统一组织下，各试点单位以《实施意见》为指导，按照《试点方案》要求，编制了具体的试点改革方案并按照上级的批复组织实施。通过积极开展工作，顺利完成了工程管理人员岗位职数测算并明确了岗位职责；制定和完善了水管单位内部管理制度，成功实施了“管养分离”，组建了专业化、社会化的维修养护企业；调整和理顺了管理、养护和经营各单位之间的关系；加强了财务管理，按照《水利部关于印发水利工程管理体制改革试点单位财务会计制度变更实施衔接方案的通知》（水经调[2004]667号）要求完成了财务制度的变更衔接工作。截至目前，试点改革各项工作进展良好。

（一）实施进程

（1）2002年11月，水利部直属水管体制改革领导小组成立。

（2）2003年，组织开展了工程管理人员岗位职数测算工作、工程维护经费测算和水利部直属水利工程管理体制改革方案的编制工作。

（3）2003年11月，商财政部后，确定在水利部直属水利工程管理单位中选择30%（46个水管单位）进行改革试点。

（4）2004年8月，水利部会同财政部制定的“两定标准”正式颁布实施。

（5）2004年9月，水利部直属水管体制改革试点正式启动，各流域机构和试点单位水管体制改革试点工作领导小组相继成立。

（6）2005年2月，试点单位完成水利工程管理体制改革试点工作实施方案编制、上报工作。

（7）2005年3月至8月底，试点单位完成机构改革和人员、资产分离，工程维修养护工作按新型管理模式相继全面展开。

（8）2005年5月，水利部组织3个调研组分赴4个流域机构对试点单位的改革情况进行调研，实地察看了21个试点工程维修管理情况，及时总结了经验，研究探讨解决问题的方法。

（9）2005年6月，委托中介机构和流域机构对试点单位改革进展情况进行全面检查。其中按照随机抽样和重点审核的原则选择30%（14家）试点单位，由水利部委托中介机构进行重点检查，其余试点单位由流域机构成立专门的检查组进行检查。

（10）2005 年 8 月，水利部水管体制改革领导小组召开专题会议，总结上一阶段试点改革经验，研究部署下一步工作安排。下发了水利部《关于开展水利工程管理体制改革试点工作总结的通知》（水经调 [2005]91 号文），组织流域机构和试点单位对试点改革情况进行总结。

（11）2005 年 10 月，会同财政部组成联合检查组对黄委、淮委、海委部分试点单位改革情况进行了抽查，按照计划完成了对试点单位改革的阶段总结工作。

（二）积极做好分离人员社会保障政策衔接工作

各试点单位认真贯彻和落实了以人为本的科学发展观，关心职工、尊重职工、理解职工，妥善解决分离和分流人员安置、离退休人员待遇、职工社会保障等问题。在竞岗过程中，及时引导、帮助职工熟悉岗位设置和上岗条件，充分尊重职工的意愿，尽量使每位职工都能利用自身优势，找到合适岗位。对需分离、分流到养护企业或施工企业的人员，各试点单位都采取措施，妥善予以安置，符合退休条件的，办理退休手续，积极安排退（离）休人员生活保障问题。

改革后分离到企业的职工的社会保障问题在很大程度上影响着水利管理新体制与新型机制的建立，关系到水利职工和社会的稳定。水利部对此十分重视，积极协调做好分流职工的社会保障政策衔接工作，并就此与劳动与社会保障部进行多次协商。截至目前，水利部第一批转制为企业的水利工程管理单位职工的基本养老保险纳入地方省级统筹工作已基本完成。2005 年 7 月 21 日，水利部以水人教 [2005]302 号文就水利部第二批转制为水管企业的 71 家水管单位，在职职工 4122 人、离退休人员 238 人纳入所在省级管理企业基本养老保险有关问题，报请劳动和社会保障部批转有关省（区）劳动和社会保障部门执行。2005 年 9 月 21 日，水利部向劳动和社会保障部报送了《关于水利部转制为企业的水管单位纳入所在省级管理企业基本养老保险有关情况的函》（水人教劳函 [2005]43 号），就水利部直属水管单位体制改革总体部署及进展情况、第一批转制为企业的水利工程管理单位职工的基本养老保险纳入地方省级统筹工作的完成情况以及转制为企业的水管单位职工基本养老保险纳入省级社会统筹对整个水管体制改革的重要性等作了进一步说明，以加快推进第二批转制为企业的水管单位纳入所在省级管理企业基本养老保险工作，在水利部的直接推动下，现已取得显著进展。

护企业或工程养护处。新组建的维修养护单位定性为企业，按照企业化要求进行运作。

流域机构和有关主管部门为严格维修养护企业组建程序，还出台了相关配套政策，进一步明确了出资人主体资格和规范出资行为。试点单位充分结合各自实际，采取了灵活多样的形式：黄委以市级河务局为责任单位，负责人员、资产整合，在各试点单位分别组建维修养护公司；淮委考虑维修养护企业组建规模问题，试点单位未单独成立维修养护公司，而是由其上级单位所属的三个直属局负责组建区域化维修养护公司；海委多是在已注册公司基础上组建养护公司或设立新的养护公司；松辽委察尔森水库管理局由已成立的公司承担维修养护工作。为了更好地走向市场，对依法组建养护公司，一些流域机构在批复的试点方案中，还提出了要规范和完善养护公司法人治理结构，明确了维修养护公司董事会、监事会的组建方案和职权。

截至目前，大多数维修养护企业已基本完成了资产划转、产权变动、企业注册、税务登记等相关手续，并已开始运作。试点单位维修养护公司设立情况见表 6–1。

表 6–1　试点单位维修养护公司设立情况汇总表

序号	单位名称	维修养护公司名称	设立时间	备注
一	黄河水利委员会（25 个）			
1	甄城县黄河河务局	菏泽安源黄河水利工程维修养护公司	2005 年 6 月	
2	梁山县黄河河务局	梁山龙腾黄河水利工程维修养护公司	2005 年 6 月	
3	东阿县黄河河务局	东阿安泰黄河水利工程维修养护公司	2005 年 6 月	
4	槐荫区黄河河务局	槐荫黄河水利工程维修养护公司（筹）	2005 年 6 月	
5	天桥区黄河河务局	天桥黄河水利工程维修养护公司（筹）	2005 年 6 月	
6	济阳县黄河河务局	济南普泽黄河水利工程维修养护公司	2005 年 6 月	
7	齐河县黄河河务局	德州黄河水利工程维修养护有限责任公司	2005 年 5 月	
8	高青县黄河河务局	淄博瑞诚黄河水利工程维修养护公司	2005 年 6 月	
9	惠民县黄河河务局	滨州恒达黄河水利工程维修养护有限公司	2005 年 5 月	
10	利津县黄河河务局	利津黄河水利工程维修养护公司	2005 年 6 月	
11	邙金区黄河河务局	惠金黄河水利工程维修养护有限责任公司	2005 年 5 月	
12	中牟县黄河河务局	郑州牟山黄河水利工程维修养护有限责任公司	2005 年 5 月	
13	开封县黄河河务局	开封祥符黄河水利工程维修养护公司	2005 年 5 月	
14	武陟县第一黄河河务局	武陟县黄河工程维修养护公司	2005 年 5 月	
15	孟州市黄河河务局	焦作河阳黄河工程维修养护有限公司	2005 年 5 月	
16	原阳县黄河河务局	原阳县黄河工程维修养护有限公司	2005 年 5 月	
17	封丘县黄河河务局	新乡江河工程维修养护有限公司	2005 年 5 月	

续表

<table>
<tr><td>18</td><td>孟津县黄河河务局</td><td>焦作河阳黄河水利工程维修养护有限公司</td><td>2005 年 5 月</td><td></td></tr>
<tr><td>19</td><td>濮阳县黄河河务局</td><td>濮阳市承禹黄河水利工程维修养护有限责任公司</td><td>2005 年 5 月</td><td></td></tr>
<tr><td>20</td><td>渠村闸管理处</td><td>濮阳市兴河黄河工程维修养护有限责任公司</td><td>2005 年 5 月</td><td></td></tr>
<tr><td>21</td><td>永济市河务局</td><td>运城市晋禹黄河工程维修养护有限公司</td><td>2005 年 7 月</td><td></td></tr>
<tr><td>22</td><td>大荔县河务局</td><td>陕西黄河工程维修养护有限公司</td><td>2005 年 6 月</td><td></td></tr>
<tr><td>23</td><td>渭南河务局</td><td>渭南绿水生态工程有限公司</td><td>2005 年 5 月</td><td></td></tr>
<tr><td>24</td><td>芮城三门峡库区局</td><td>芮城县黄河工程维修养护有限公司</td><td>2005 年 7 月</td><td></td></tr>
<tr><td>25</td><td>灵宝市三门峡库区局</td><td>灵宝市黄河水利工程维修养护总队（有限公司）</td><td>2005 年 8 月</td><td></td></tr>
<tr><td>二</td><td>淮河水利委员会（7 个）</td><td></td><td></td><td></td></tr>
<tr><td>26</td><td>二级坝枢纽管理局</td><td rowspan="2">枣庄市安澜水利工程处</td><td rowspan="2">2004 年 8 月</td><td rowspan="2">依托原有的安澜水利工程处（2000 年南四湖投资设立的国有独资企业）进行组建，在企业原有经营业务范围内增加了水利工程维修养护项目</td></tr>
<tr><td>27</td><td>韩庄运河管理局</td></tr>
<tr><td>28</td><td>沂河管理局</td><td rowspan="3">山东省沂沭河水利工程公司</td><td rowspan="3">2005 年 8 月</td><td rowspan="3">在原有沂沭河水利工程处（2000 年沂沭河局投资成立的国有独资企业）的基础上，更名成立，承担水利工程维修养护业务</td></tr>
<tr><td>29</td><td>大官庄枢纽管理局</td></tr>
<tr><td>30</td><td>彭道口枢纽管理局</td></tr>
<tr><td>31</td><td>嶂山闸管理局</td><td rowspan="2">宿迁瑞龙水利工程维修养护公司</td><td rowspan="2">2004 年 12 月</td><td rowspan="2">骆马湖局和骆马湖防汛机动抢险分队共同出资注册成立</td></tr>
<tr><td>32</td><td>邳州河道管理局</td></tr>
<tr><td>三</td><td>海河水利委员会（13 个）</td><td></td><td></td><td></td></tr>
<tr><td>33</td><td>四女寺枢纽管理局</td><td>武城县弘泽水利工程维修有限公司</td><td>2005 年 8 月</td><td></td></tr>
</table>

续表

34	浚县河务局	濮阳市卫河工程养护中心	2004年11月	
35	大名河务局	天河水利工程有限公司	2001年12月	原工程公司改制
36	临清河务局	聊城市漳卫河堤防养护中心	2005年6月	由共同上级单位聊城河务局组建
37	冠县河务局			
38	清河河务局	临西县运河水利工程养护有限公司	2004年10月	
39	德城河务局	德州盛河水利工程处	2000年3月	原工程公司改制
40	乐陵河务局			
41	盐山河务局	沧州市沧盛水利工程有限公司	2000年10月	原工程公司改制
42	独流减河防潮闸管理处	天津中海水利水电工程有限公司	1992年7月	由原公司改制设立
43	海河防潮闸管理处			
44	屈家店枢纽管理处			
45	引滦工程局	潘家口水利枢纽工程维修养护公司 大黑汀水利枢纽工程维修养护公司	2005年4月	
四	松辽水利委员会（1个）			
46	察尔森水库管理局	科右前旗新源水电工程有限责任公司	2000年11月	2004年3月完成改制
合计46个试点单位				

（三）内部管理制度的建立

在改革过程中，各试点单位为适应“管养分离”的需要，根据实施方案及时修订和制定了有关配套管理办法，建立健全内部管理制度和内部运行机制，在各项管理上努力实现科学化、规范化、制度化。

在人员管理方面，对依照国家公务员制度管理的工作人员，按照《公务员管理条例》和有关规定进行管理。对事业岗位人员实行聘用制，签定聘用合同，执行国家统一的事业单位工资制度，建立严格的目标考核制度，与依照国家公务员管理的工作人员统一考核，统一管理。明确了管理人员的岗位和岗位职责，要求按照各自的职责开展工作，严格执行各项工作制度和工作纪律。维修养护企业也加强了企业内部管理，完善了管理层和养护层人员内部职责划分、构建起约束机制和激励机制，制定和完善了安全生产、绩效考核、工资发放、工程维修养护管理、工程维修养护检查评比考核等方面的管理规定，为维修养护公司的正常运行创造条件。

在工程管理方面，为进一步加强工程维修养护项目管理促进项目管理规范化、制度化运作，构建新型运行机制，提高管理水平，水利部正在研究制定“水利工程维修养护规程”等相关规定，黄委等流域机构已先期研究出台了“工程维修养护项目管理办法”、“工程维修养护质量评定办法”、“水利维修养护单位财务管理办法”等配套规章制度。试点单位结合各自实际也制定了有关内部管理制度，对工程维修养护项目合同签订、质量评定、检查验收和财务管理等方面作出具体规定，这些办法在试点单位都得到了贯彻落实，为试点单位改革工作的顺利开展提供了制度保障。

（四）工程管理及维修养护

1. 合同签订与执行

实行管养分离后，各水管单位与新成立的维修养护企业作为独立的法人主体，水管单位作为管理方负责水利工程的日常管理、运行、观测、检查、巡查、监测、水政监察、工程维修养护的预算编报及项目管理；维修养护公司作为养护方按照合同规定承担水利工程的日常维修养护任务。通过合同明确维修养护公司和管理单位的任务职责，约束各自行为，对工程维修养护工作实现合同化、规范化管理。

为规范试点单位维修养护合同管理，各流域机构均制定了《维修养护合同范本》，试点单位结合各单位工程实际，与维修养护企业正式签订了维修养护合同，对项目名称、项目内容、工程（工作）量、合同金额、质量要求、考核监督、结算方式及违约责任等主要合同内容都作出了明确约定。

各试点单位按照水利部统一部署，认真实施水利工程维修养护工作计划，编制了2004年和2005年维修养护经费预算，同时，各单位的维修养护项目计划经过严格的审查和审批，在维修养护经费预算下达后，与维修养护企业依照合同范本签订了维修养护合同，以合同形式保证维修养护任务的圆满完成和试点经费的有效、合理使用。

2. 质量控制与监督

在维修养护合同执行过程中，为保证工程维修养护质量，各水管单位建立、健全质量检查体系，规定了相应的岗位责任制，制定了奖惩制度，并根据维修养护工程的特点，对重要的维修项目或关键工序，现场跟踪监控和指导。有些试点单位已开始探索实行“内部监理制”，对维修养护工作定期进行检查，对达到质量标准的，根据维修养护工作进度和完成的工程量结算；对于专项维修任务，由水管单位组织验收合格后给予结算。

水利部和各流域机构也采取了不定期抽查的方式，对各试点单位的日常维修养护情况、养护标准、安全生产、质量控制措施落实情况等进行多次检查。听取各单位的建议和意见，研究解决维修养护工作中遇到的问题。对成功的经验与做法，予以推广，对于发现的突出问题及时通报，进行抽查，及时通报，以切实加强对工程维修养护质量的监督。

3. 财务经费管理

为规范维修养护经费的管理，保证资金的安全使用，水利部与财政部在制定“两定标准”的基础上，发布了《中央级水利工程维修养护经费使用管理暂行办法（试点）》（财农[2004]269号）（以下简称《经费管理办法》），同时，为保障改革过程中财务会计制度顺利衔接、平稳过渡，水利部还制定了《水利工程管理体制改革试点单位财务会计制度变更衔接方案》，作为落实国务院《实施意见》精神的重要配套性文件。

各试点单位均按以上文件要求进行了财务管理及结账工作，按照《水利工程管理单位财务制度》和《水利工程管理单位会计制度》编制了2004年年度决算报表。自2005年1月1日起，按《农业事业单位财务制度》和《事业单位会计制度》设置了账簿，对2004年报表进行了转换，按要求完成了财务制度转换及建账工作。并以《实施意见》为指导，认真学习和正确运用了“两定”标准，按照财政部、水利部《经费管理办法》规定，加强了试点经费使用管理工作。主要采取了以下措施：

（1）严格预算管理和维修养护项目安排，规范项目经费使用。

按照水利部统一部署，各试点单位都编制了2004年和2005年维修养护经费预算，对维修养护实施方案履行了严格的审查和审批手续。各单位按照“管养分离”的管理模式，严格执行《经费管理办法》及其他有关规定，按照批准的项目预算，依据定额标准和维修养护合同根据维修养护工作进度办理资金结算，保证维修养护经费的有效使用和维修养护任务的顺利完成。

（2）严格实行基本支出和维修养护经费分账管理，做到专款专用。

管养分离实施后，水利工程维修养护任务交由分离出来的维修养护单位承担，基本支出和维修养护经费实行分账管理。管理单位核算管理人员和现有离退人员的人员经费、公用费用，以及与维修养护单位结算形成的工程维护专款支出。维修养护单位实行企业管理，单独设账核算维修养护经费的财务收支。试点单位对2004年9—12月发生的基本支出按核定管理人员、维修养护人员的比例进行了分解，属于维修养护部分支出纳入维修养护项目反映。从2005年起，试点单位实行分账核算。

（3）严格合同管理，加强会计核算和财务监督检查。

按照改革试点要求，管理单位执行事业单位财务会计制度，维修养护单位为执行企业财务会计制度。管理、维修养护单位分别按业务性质、资金来源渠道、使用范围组织会计核算。为统一核算范围、口径，各流域机构也结合各自实际，制定有关水利工程维修养护经费项目管理办法、维修养护经费使用管理、维修养护单位财务管理等方面的规定，对预算管理、会计核算、合同签订，工程结算、资金使用提出明确要求。根据维修养护合同的具体约定，按照项目实施进度支付款项，规范维修养护资金的使用管理，加大对试点单位的监督检查力度，发现问题，及时纠正，促进了改革工作的顺利开展。

三、改革试点取得的成效

通过改革试点，试点单位在以下方面取得了重大变化：

（一）理顺了管理体制，激活了运行机制

管养分离前，各个试点单位是集水行政、工程管理与维护养护以及经营开发工作为一

体的综合性事业单位，公益性事务与经营性事务不分，行政性管理与事务性管理不分，公益性和非公益性难于准确界定，管理单位的职能划分不明确，人员职责不清楚，工程管理和维修养护工作困难严重。水管单位内部运行机制不活，缺乏有效的激励、约束机制，人事、分配制度沿用传统计划经济的做法，不能充分调动职工的积极性。

通过改革试点，界定了单位类别和性质，理顺了管理体制。各试点单位按照产权清晰、权责明确、管理规范的原则，将原水管单位分立为水管单位、维修养护公司、其他企业等具有独立法人主体资格的单位，并实现了这些单位机构、人员、资产的彻底分离。水管单位主要承担水行政管理职责和水利工程管理职责，作为维修养护项目法人，全面负责水利工程的日常管理、运行、观测、检查、巡查、监测、水政监察、工程维修养护的预算编报及项目管理，维修养护单位合同的签订、监督检查和履行。维修养护公司作为专业化、社会化的维修养护企业，按照合同要求全面履行维修养护合同义务。管理单位和维修养护企业的职责、任务通过合同约定得以明确。

通过“管养分离”的成功实施，一方面使工程管理的主体得到了进一步明确，管理职能更加突出，管理人员通过定岗、定编、定职、定责，实行目标管理，明确了岗位职责，使每个职工都能够按照岗位要求开展工作、承担责任，有利于职工积极性、主动性和创造性的充分发挥。另一方面调整和规范了水利工程管理和维修养护的关系，水管单位多年存在的体制不顺、机制不活、工程管理水平落后等问题得到了有效改善。初步确立了职能清晰、权责明确的水利工程管理新体制，形成了逐步适应社会主义市场经济体制要求的充满生机与活力的、能够促进工程管理工作良性循环的新型运行机制。

（二）畅通了工程管理和维修养护经费支付渠道

长期以来，受水利工程“重建轻管”思想和管理体制的影响，水利部所属水利工程管理经费严重不足，水利事业费财政拨款水平严重偏低，经费渠道不畅，工程标准降低，老化失修严重，安全隐患多，工程效益衰减。

实行水管体制改革以后，根据单位类别和性质不同，分别采取不同的财政政策，并确定了水管单位基本支出和维修养护经费的来源，财政部在《关于同意水利部直属水利工程管理体制改革试点方案并安排试点经费的函》财农函[2004]20号中，进一步明确了试点水管单位平均经费水平和工程维修养护经费数额，对试点水管单位基本预算和维修养护实行专项资金拨付，从而畅通了水管单位经费渠道，提高了财政经费保障水平，缓解了工程管理资金和维修养护资金严重不足的压力。

（三）优化了管理人员结构，提高了管理队伍素质

水管单位改革前长期存在着管理队伍人员年龄老化、知识层次偏低、结构不合理、技术人员所占比例偏低等问题，不能适应现代水利管理的新要求。通过本次水管体制改革试

点，试点单位按照精简、高效的原则，撤并了一些不合理的管理部门，精简了管理机构，解决了长期遗留下来的内部机构设置不科学，机构臃肿问题。按照“因事设岗、以工作量定员”的原则，重新核定管理人员职数，在核定的岗位总量和人员编制限额内，根据本单位的职能配置、发展目标、工作任务，按照科学合理、精简效能的原则，以工作性质、责任轻重、工作难易程度和所需资格条件为依据，设置不同类型岗位，编制《岗位说明书》，明确岗位性质、岗位职责、任务、工作标准、权利、条件等，作为确定岗位上岗人员的重要依据。“管养分离”过程中，各水管单位结合事业单位人员聘用制度改革，在定编、定岗的基础上，还结合各自的性质和特点，按照有关规定分类推进了人事、劳动和工资等一系列内部制度改革，建立了新的目标考核体系和新的内部分配制度，激发广大职工的积极性、主动性和创造性。改变了管养分离前因人设岗、工作效率低下、人浮于事的现象，优化了管理队伍结构，提高了管理队伍的素质，也为水管单位进一步转变职能、提高管理水平创造了条件。

（四）提高了工程管理水平，工程面貌得到明显改善

实行“管养分离”后，为加强工程维修养护项目的管理，进一步强化规范运作，保证项目顺利实施，提高管理水平，各试点单位积极构建适应新体制要求的运行机制，初步形成了管理科学、经营规范的新型工程管理运行机制。

水管单位的管理人员与工程数量相互协调，队伍精简，职工工作热情高涨，责任心增强。维修养护公司作为独立核算、自负盈亏的企业法人，按照现代企业制度完善法人治理结构，建立和健全内控制度，明确了职责、强化了责任，实现了职工工资和工作责任、绩效的紧密结合，注重科技创新和工作效率的提高、增强自我积累、自我开拓能力，努力降低养护成本、提高工作效率。同时由于实行合同化管理，从而在水管单位和维修养护企业建立起了有效的约束机制和激励机制。工程管理逐步向科学化、制度化、规范化方向迈进，基本实现了由过去的“突击式”管理向日常化、规范化管理的转变。工程管理水平和维修养护质量有了新的提高，工程面貌焕然一新。

四、“两定标准”的适用情况

（一）《定岗标准》的适用性分析

改革试点中，各试点单位根据《实施意见》和《定岗标准》，设置了水管单位的岗位，明确岗位职责，测算确定管理人员职数。通过试点，各水管单位对《定岗标准》在以下方面有比较一致的认识。

1. 岗位设置

在进行试点的46个单位中，除个别单位要求增加辅助人员岗位外，试点单位及其上级单位普遍认为《定岗标准》遵循了国家现行政策和法规和技术标准，坚持了“因事设岗、以岗定责、以工作量定员”的原则。岗位设置全面、科学、合理，具有前瞻性，体现了因事设岗，为核定水管单位的单位编制、合理定岗定员提供了科学的依据；为科学分类定性、预算基本支出和维修养护经费奠定了基础，能较好适应水管单位管养分离改革和提高水利工程管理水平的要求。

2. 岗位职责和任职条件

在改革试点中，试点单位引入了竞争机制，实行公开竞岗，依照《定岗标准》编制上岗说明书，将岗位设置、岗位说明书、上岗条件和上岗实施办法等向职工公示、公开，让参与竞争的职工充分了解竞岗的有关规定、程序，对照自身条件申报合适岗位。通过竞岗实践，多数试点单位认为《定岗标准》具有可操作性。同时试点单位认为虽然《定岗标准》中提出的任职条件较高，但有利于促使水管单位加强对现有职工的培训引进高素质工程技术管理人员，改变人员知识结构不合理的现状，以满足新形势下水利工程管理的需要。

3. 岗位定员

《定岗标准》定员人数体现了以工作量定员的原则，应用《定岗标准》对水管单位定岗定员，实现了管理人员的精简。按《定岗标准》核定，46个水管单位的管理人员减少46%，同时提高了水管单位的技术管理人员的比例，降低了单位负责、行政管理及辅助人员的配置比例，实现了水管单位人员结构的优化。

总之，通过一年的试点实践表明：《定岗标准》总体上岗位设置齐全，岗位职责完善，岗位定员合理，一方面强化了单位编制管理和岗位人员计划管理，严格规定了岗位任职条件，从岗位设置上决定了不符合条件的不能上岗，从制度上有利于遏制机构膨胀。另一方面由于对关键管理岗位和技术管理岗位的任职条件，提出了较高且可行的要求，对改善人员结构，提高人员素质和工程管理水平起到了促进作用，符合水利工程管理现代化、科学化的需要。

（二）《定额标准》的适用性分析

通过改革试点运行实践，各试点单位普遍认为，《定额标准》总体上贯彻了《实施意见》和国家有关财政预算改革的精神，项目设置基本合理，内容比较齐全，实现了水利工程运行维修养护经费的开支范围和国家财政预算科目相统一；工程量和单价以现行开支标准和实际开支情况为基础，兼顾了目前实际与长远发展趋势，基本符合目前水利工程维修养护工作的实际，充分反映了水管单位的行业和工作特点，具有科学性、合理性和可操作性。

1. 维修养护项目设置

《定额标准》按照国务院《实施意见》，结合水利工程维修养护工作任务特点，将水利工程划分为堤防、控导、水闸、泵站、水库和灌区六类；按照各类工程的级别和规模分别确定了维修养护等级；依据各类水利工程结构的维修养护技术修理规程和考核标准，界定了维修养护项目，并对维修养护项目中的各项具体维修养护内容进行细化分解，形成了比较严密的维修养护项目工作体系，通过试点，认为基本涵盖了水利工程的维修养护内容。

2. 维修养护项目工程（工作）量

《定额标准》中的维修养护工作（工程）量充分考虑了工程的规模、工程实际形态和外界的实际影响因素，为量化各个影响因素对实际水利工程维修养护工作（工程）量的影响关系，提高实际水利工程维修养护工作（工程）量计算精度，《定额标准》设置了调整系数，并具体规定各个影响因素的影响对象、计算基准和调整系数取值方法。经过预算编制并结合一年来的试点和工程维修养护实践，试点单位认为定额维修养护项目工程（工作）量定量比较准确，具体维修养护项目和工程（工作量）与实施养护过程中实际发生的工程量比较一致，符合水利工程实际，具有较强的代表性和适用性。

3. 维修养护项目定额标准

《定额标准》是由各维修养护项目工程（工作）量和单位工作量开支相乘得出，单位工作量开支由直接工程费、间接费、企业利润和税金构成。直接工程费包括直接费（工、料、机消耗和其他费用）、其他直接费和现场经费。单位工作量开支中的人、材、机消耗按正常的施工条件、合理的施工组织及施工工艺确定，并综合考虑维修养护工程的作业面分散等因素。通过试点，各试点单位认为除个别定额标准受单价的时效性和地域性影响与实际略有差别外，总体较为准确合理，适用性较好。

同时，试点单位也提出《定额标准》中存在个别项目缺项或定额标准偏低、调整系数不合适等一些问题。各试点单位反映的意见及处理建议见表 6 — 2。

表 6-2　各试点单位对定额标准反映意见及处理建议汇总表

序号	工程类型	项目名称	提出单位	问题类别	具体内容	分析说明	处理建议
1	堤防工程	堤顶硬化路面维修养护	黄委	缺项	《定额标准》中的堤顶维修养护定额是按土堤顶测定的，而实际有很多堤顶已硬化为沥青路面	“《定额标准》使用指南”中对硬化堤顶的维修养护建议参照公路有关规定执行	参照部分地区三级公路的养护标准制定硬化堤顶的定额标准。修改土质堤顶养护土方
2	堤防工程	堤顶路沿石维修养护	黄委	缺项		只有少数土质堤防或硬化堤防具有路沿石	属于堤顶养护内容
3	堤防工程	穿堤闸涵维修养护	淮委	缺项	维修养护的内容中未列穿堤涵闸的维修养护费用	应该分析穿堤闸涵的性质大多数堤防上的穿堤闸涵用于工农业引水，具有营利性，属于经营性水利工程	若属防洪排涝涵闸，按水闸处理
4	堤防工程	堤顶沙石砾维修养护	淮委	缺项	堤顶沙石砾改善堤顶面层雨后泥泞状况，确保防汛车辆顺利通行。维修养护项目中未列堤顶沙石砾维修养护费用	堤顶砂石砾的作用与《定额标准》中堤顶土方的作用相同，大多数水管单位采用土方进行堤顶维修养护	碎石路面的养护标准暂按土堤顶的定额标准执行
5	堤防工程	堤防砂石维修养护	淮委	缺项	土地资源管理严格，土源缺乏，费用高。建议对堤防维护中增加砂石维修的内容	砂石的作用与土方的作用相同，定额大致相当。大多数水管单位采用土方进行堤防维修养护	暂不调整
6	堤防工程	质量监督监理费	淮委	调整	“质量监督监理费”是根据《水利工程设计概（估）算编制规定》制定的，质量监督监理费标准偏低，不适应维修养护项目分布范围广，项目零碎、施工期长的工程特点	维修养护监理处于试行内部监理阶段，暂能满足目前需要，待积累和总结经验后再作调整	暂不调整

续表

7	控导工程	防汛抢险道路维修养护	海委	缺项	防汛通道没有列入	属防汛费开支内容	在防汛费中解决
8		坝坡维修养护和备防石整修	黄委	单位有误	坝坡维修养护石方定额单位是立方米，应为平方米。备防石整修的单价工日太低		印刷错误，予以修改
9	水闸工程	孔口数量对机电设备、物料消耗项目的调整系数	淮委	缺项	缺少孔口数量对机电设备、物料消耗项目的调整系数	机电设备物料消耗项已有，与孔口数量也有一定关系	孔口数量的调整对象中增加机电设备一项
10		附属设施维修养护、自动控制设施维修养护、自备用发电机组维修养护	淮委	调整	各闸管处的工程监控系统的逐步建成，系统运行维修养护的工程量也随之增加。水闸工程基本维修养护项目定额中机电设备、附属设施定额标准偏低，水闸工程调整维修养护项目定额中自动控制设施和自备发电机组维修养护定额标准偏低	定额标准是针对已建成并且处于运行中的水利工程，测算出的维修养护经费。对拟建工程及由此引起的经费变化暂不考虑	暂不调整
11		启闭机维修养护	海委	调整	建议“启闭机维修养护”增加海水增加系数。实际运用中，启闭机金属结构及钢丝绳受海水腐蚀影响很大，而《定额》中该项未增加海水调增系数	也受一定影响	接触水体的调整对象中增加启闭机、电动机、操作设备

续表

12	水闸工程	物料动力消耗中的电费消耗	海委	调整	该项中“电力消耗”定额标准为17807元/年（大三水闸）和15241元/年（大四水闸）。独流减河防潮闸（大三水闸）每年两座箱变变损消耗费用为42682元（不包括运行电费）；海河防潮闸（大四水闸）每1年闸门运行平均在200次左右，2004年全年消耗电费35000元。	《定额标准》已考虑了“运行时间”对“物料动力消耗”的调整系数	按照调整系数调整维修养护经费预算
13		接触水体对闸门及水工建筑物调整系数			据独流减处工程技术人员反映，独流减河防潮闸工程，因靠近入海口，受海水、海风侵蚀，其闸门腐蚀及混凝土碳化现象严重，闸门的防腐及水工建筑物的养护周期远低于内陆水闸，在定额标准中只增加0.1的调整明显不足		建议调整系数修改为0.2

续表

14	水库	工程消防设备设施维修养护坝内廊道及	海委	缺项		不是重要维修养护项目，而且工程量极小	暂不修改
15	水库	坝面照明设施维修养护、廊道集中排水设施维修养护	海委	缺项			建议修改《定额标准》，增加廊道集中排水设施维修养护项目。参照堤顶排水沟定额标准，考虑廊道照明，建议修订为1000元／百米
16	水库	闸门维修养护	海委	调整	定额中基准工作量较小，闸门按扇进行计算不妥，因闸门有大小，面积不同，应区别对待。建议根据闸门实际面积对闸门工作量进行调整	《定额标准》照顾的是平均水平，对整个《定额标准》总体影响极小。	暂不修改
17	水库	检修闸门维修养护	海委	调整	根据《水利工程维修养护定额标准》，检修门维修养护费用=0.2×同级别工作闸门维修费。潘家口及大黑汀水库表孔检修闸门都为浮动门，其维修养护工作量要比工作门大得多。同时，浮动门运行需要拖轮进行拖运，还要考虑拖轮的维修养护。因此，如按照定额标准进行测算，浮动门的维修养护费用与实际维修养护所需费用有较大差距		建议系数修改为0.3
18	水库	门式启闭机维修养护	海委	调整	根据《水利工程维修养护定额标准》，门式启闭机维修养护费用为门式启闭机固定资产的1.2%，这种算法对于建设较早的工程不太适宜。建议计算时门机的固定资产采用折现的资产或根据不同的运行时间设置不同的维修率	整个《定额标准》中均暂未考虑工程新旧程度对工程量的影响	暂不修改

续表

19	其他事项	科研经费	黄委	缺项	水管体制改革是一个涉及面广，复杂性、艰巨性大的系统工程，需要对改革中发现和出现的新问题、新情况进行跟踪研究，而定额标准中对科学研究费用未予以测算和明确用于维修养护技术及维修养护设置工具的研究		建议在定额修订时按基本项目的0.5%增列该项，该项资金由流域机构统筹掌握，合理运用

五、存在的其他问题及解决建议

（一）工程管理维护方面的历史欠账问题

由于多年来水利工程管理体制不顺，水利维修养护投入严重不足，工程水毁修复和维修养护经费缺乏，普遍存在工程老化失修，历史欠账多，需要的维修养护工作量很大。水管改革实施后，财政部门解决了维修养护经费，正常维修养护得以保证，这部分经费是按照标准工程需要的正常维修养护工作量核定的，并没有考虑工程老化失修的问题，试点单位只能利用维修养护经费安排一些急需解决的项目，以至短期内水利工程的面貌难以得到根本改观，也难以为维修养护项目的考核确定统一的标准。另一方面，按照《经费使用管理办法》的要求，维修养护经费解决不了以往工程水毁修复问题。由于以前年度大量水毁工程尚未得到修复，可能造成水毁工程继续积压，影响安全度汛。因此不少水管单位建议在改革初期，加大经费投入对工程进行大修，恢复设计标准，以保证以后工程维修养护正常进行，达到良性循环。

海委部分试点单位工程占地至今未划界，因此给管理工作带来被动。这些单位沿河村庄较多，靠近村庄堤段较长，由于之前经费的缺乏，造成管理不善，侵占护堤地、违章建房等历史遗留问题很难解决。建议增加专项经费，搞好划界确权和房屋迁建等工作，解决历史遗留问题。

（二）维修养护单位缺乏必要的设备和设施

水管单位“管养分离”后，维修养护企业从事业单位中分离出去，存在启动资金不足，维修养护器具缺乏，养护手段落后，生产办公条件差等问题，无法满足工作的正常需要，难以持续发展，更难以有效地参与市场竞争。建议对新组建的维修养护公司采取适当措施给予扶持，能够通过财政安排维修养护工器具购置、维修养护基础设施建设等专项经费，使维修养护企业能够顺利启动，促其技术力量和专业化水平尽快提高，以保证维修养护工作的正常运转。

（三）经费拨付办法与维修养护工作不相适应

由于工程维修养护资金来源为中央水利建设基金，试点中预算批复后，经费到 6 月才拨付，但正常维修养护工作要从元月 1 日就开始。经费到位相对滞后，导致维修养护合同支付不能及时兑现，造成维修养护人员工资、材料费和机械使用费拖欠，对维修养护工作的正常开展造成了一定影响。

建议对维修养护经费采取类似基本支出的支付方式，争取从年初开始正常拨付，保证维修养护工作的正常开展。

（四）离退休人员数较试点方案有较大出入

试点方案所列人数是 2003 年统计的 2002 年底人数，由于 2003 年水管单位机构改革和 2005 年水管体制改革，以及近年陆续增加的离退休人员（七十年代所招工人大部分在近几年退休），造成试点单位的离退休人员实际人数大于试点方案的批复人数。如松辽委（察尔森局）、河南黄河河务局 10 个试点单位现有离退休人数分别为 43 人、1085 人，试点方案批复离退休人数分别为 31 人、781 人，分别增加了 12 人、304 人，离退休人数增加比例平均为 39%，建议根据实际情况予以增加。

（五）试点单位基本支出及离退休经费不足

改革后试点单位在职职工人均基本支出经费为 2.56 万元 / 年，而目前试点单位在职人员年人均实际支出为 3.63 万 ~5.20 万元、万元，年人均经费差额为 1.1 万 ~2.6 万元。试点单位的人员经费不足，在一定程度上影响了工作的正常开展，建议适当增加。

目前，试点单位离退休人员年人均经费拨款分别为 1.2 万 ~1.5 万元，而年人均实际支出为 2.2 万 ~2.5 万元，年人均经费差额为 1.0 万元。存在较大的差额，建议适当增加。

（六）预算编报与调整问题

按照部门预算的管理要求，维修养护经费预算严格按照细化的定额标准编报和执行，由于有些维修养护预算项目及定额标准反映的多年平均情况，在预算年度内发生可能有多有少，造成预算执行过程中部分项目可能需要适当调整与预算有差异等问题。

（1）编制和审核、核定预算时，预算项目按《定额标准》项目构成中规定的项目控制，不再细化到明细项目。执行中，预算项目之间需要调整的，由上级授权，报水利部或流域机构审批。

（2）对根石加固和堤防隐患探测两个项目，可根据年际情况，在不影响工程整体养护质量和资金使用范围的情况下，由流域机构统一编报预算并安排实施。

六、结论

水利工程管理体制改革，是国民经济和社会可持续发展对水利改革发展的客观要求，符合国家经济体制和财政预算体制改革的要求。通过46个水利部直属水利工程管理体制改革试点，普遍认为：水利管理体制改革试点的实施，是国家为建立水利良性运行机制，深化水利管理体制改革的重大举措。不仅对当前加强水利工程管理，提高水利工程经营管理水平，充分发挥水利工程效益具有重要的现实意义，而且对促进水利事业在良性轨道上加快发展，对促进水资源的可持续利用，保障经济社会的协调发展等具有深远的历史意义。

改革试点表明：财政部、水利部颁发的《定岗标准》为核定水管单位编制，合理定岗定员提供了科学的依据；为科学分类定性、预算基本支出和维修养护经费奠定了基础。对优化工程人员管理结构、规范工程管理人员的职责和任职条件提出的具体要求，符合工程管理的需要。《定额标准》根据水利工程维修养护工作任务特点，将水利工程划分为堤防、控导、水闸、泵站、水库和灌区六类，又按照工程级别和规模分别将各类工程划分了等级，界定了维修养护项目，形成了比较严密的维修养护项目工作体系，《定额标准》明晰和量化了基本维修养护工程量维修养护工作量，维修养护项目设置基本齐全，分类详细，可操作性强，维修养护项目工程量的核定基本准确，与养护过程中实际发生的工程量比较一致，对水利维修养护工程预算的编制和执行，具有重要的指导作用。《经费使用管理办法》使维修养护经费在使用范围上的界定和划分明确、合理，维修养护经费实行预算编报审批和经费的专款专用制度的规定对保证资金使用安全具有重要保障作用。《定岗标准》和《定额标准》基本符合水管单位的实际，具有可操作性，对于保证工程完整，增加工程的抗洪强度，提高工程投资效益，作用巨大。

第七章　主要业务系统建设方案

第一节　实时信息接收与处理系统

一、需求分析

实时信息接收与处理的主要任务是接收处理各种实时监测数据。通过构造运行于不同地域层次的实时监测数据的实时信息的接收与处理设施和软件，实现数据入库前的分类综合、格式转换等，并构造支持数据分布与传输的管理系统，保障系统信息分散冗余存储规则的实现及数据的一致性。信息接收处理子系统的建设主要可以满足以下 3 点需求。

（1）信息接收：以信息为核心，理顺信息流程，建立具有信息共享、实时传输、方便高效的信息接收系统，可以对各测站的信息予以接收，接收到的信息种类包括数字、文本、图形图像和声音等。

（2）信息转换：将接收到的信息处理成数据库可以统一存储的格式。

（3）信息存储：对接收到的信息进行分类，并存储到不同的数据库中，供业务应用系统进行综合分析处理。

二、系统设计

系统设计主要遵循两条原则，其一是在总体规划下统一标准、统一设计；二是将现有基础站网和新的信息资源管理平台的建设开发进行充分整合。在此基础上通过分中心负责各辖区范围内的各种信息收集，通过骨干信息网传输到中心。实时信息接收与处理系统结构如图 7—1 所示。

（1）采用消息中间件技术进行各种实时信息的整合，以适应各种数据的并发处理要求和对各种协议同时支持的要求。

（2）采用信息分类处理模块进行各类信息的识别和分类，如雨水情信息类等。

（3）采用信息转换处理模块对分类信息进行处理，将其转换成为数据库可以存储的格式。

（4）利用数据库的临时表、触发器等，对数据进行错误校验、合理性检查、错误标示等二次加工处理后，写入相应的数据库表中。

三、功能设计

功能设计主要包括在线监测信息的接收处理、水文局实时监测信息的接收处理和气象信息接收处理三部分。

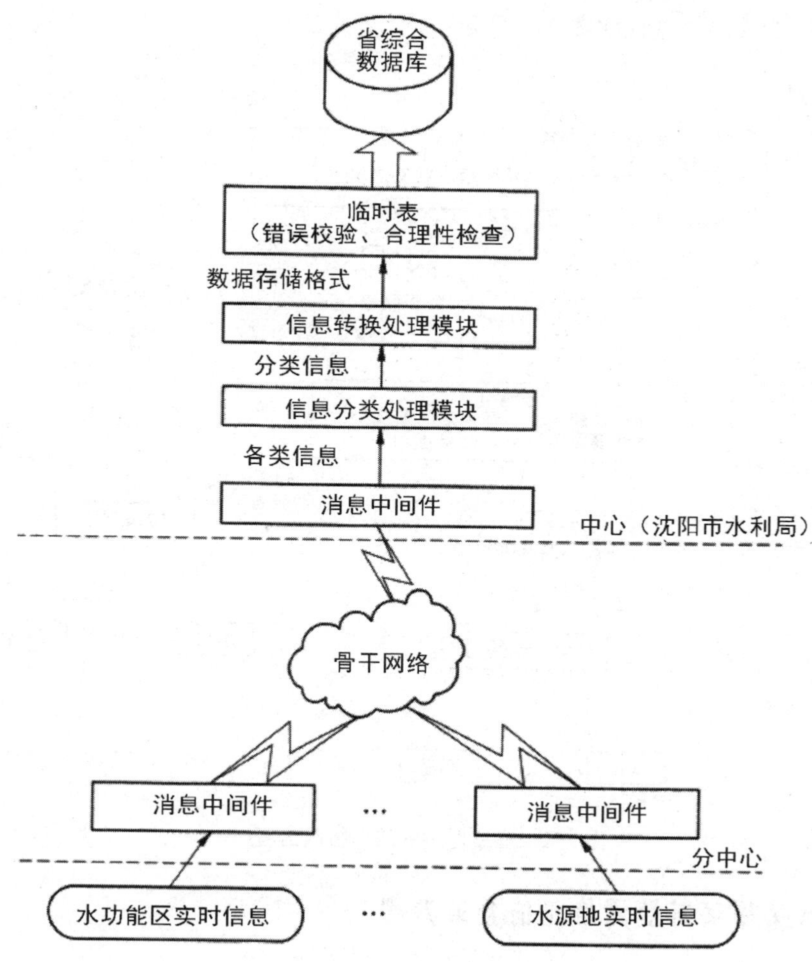

图 7-1 实时信息接收与处理系统结构

（一）在线监测信息的接收处理

1. 接收内容

接收内容包括实时雨水情、实时工情、土壤墒情、水源地、地下水超采区、取用水、水功能区、入河排污口和水土保持等信息，主要来自市级测站和分中心级测站。

2. 接收流程

信息流程以测站为信息源，各站按照行政区划或管理责任单位将信息报送至相应的分中心／中心，同时各分中心实时向中心报送信息。这样，既保证了雨水情等信息逐级上报，规范管理，又实现了信息共享，提高了信息利用率。

3. 信息处理

信息处理包括实测数据检校、校验误差及定指标合理性检查。

在线监测的信息接收流程如图 7–2 所示。

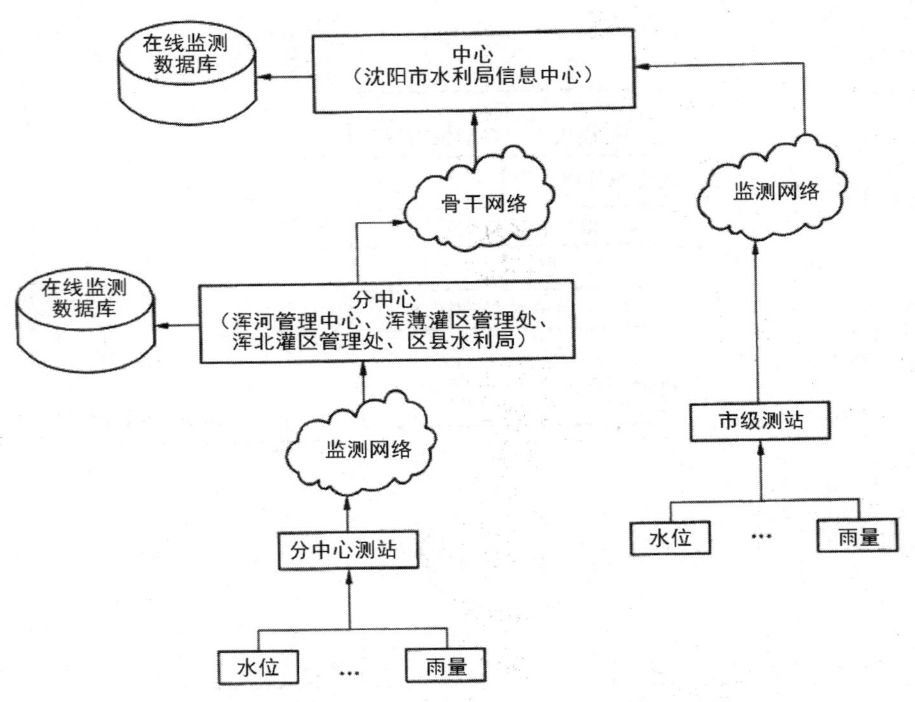

图 7–2　在线监测的信息接收流程

（二）水文局实时监测信息的接收处理

1. 接收内容

接收内容为辽宁省水文局实时监测的雨水情信息。

2. 接收流程

水文局实时监测的信息接收流程如图 7–3 所示。

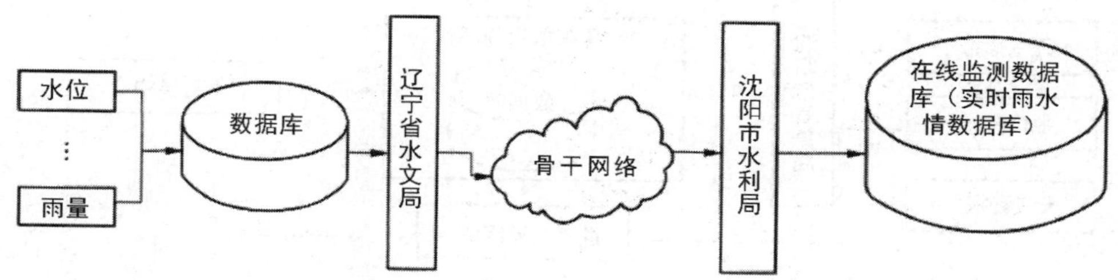

图 7-3 水文局实时监测的信息接收流程

（三）气象信息接收处理

1. 接收内容

（1）卫星云图。

（2）天气预报：以协议方式向沈阳市气象局预订各期天气预报产品，包括风场预报、气压场预报、环流场预报等，在大雨来临之前，及时掌握大型天气过程的运动和发展趋势。

（3）赤道东太平洋Ⅰ—Ⅲ区海温变化图和预报图：根据海温异常变化预报，可以跟踪监视厄尔尼诺和拉尼娜现象的发生发展，从而掌握厄尔尼诺或拉尼娜现象背景下沈阳地区旱涝发生发展的长期趋势。该部分信息采自中国气象局国家气候中心。

（4）数值预报：12h 数值预报、24h 数值预报、72h 数值预报。该部分信息采自沈阳市气象局。

（5）定期登录中国气象局网站和世界气象组织网站，下载关于沈阳市周边地区以及亚洲如日本、蒙古、印度等国家和地区的降水预报及实况，通过信息服务系统发布，掌握全流域降水和大气候背景，为沈阳市防汛工作和防汛决策提供可靠保障。接收到的内容存入气象数据库中。

2. 接收流程

该系统以沈阳市气象局的信息为主体，以国家气候中心、世界气象组织网站的预报预测等为补充，全面建立针对沈阳地区及所在流域的大型天气过程和气候背景的跟踪监视、预报预测和信息管理子系统。中心与市气象局之间利用光缆（2M 带宽）进行数据和图文传输。中心配备 1~2 台计算机用以完成初步查询和分析等工作，并将所有信息输入业务系统相应的数据库和模型库。

气象信息接收流程如图 7–4 所示。

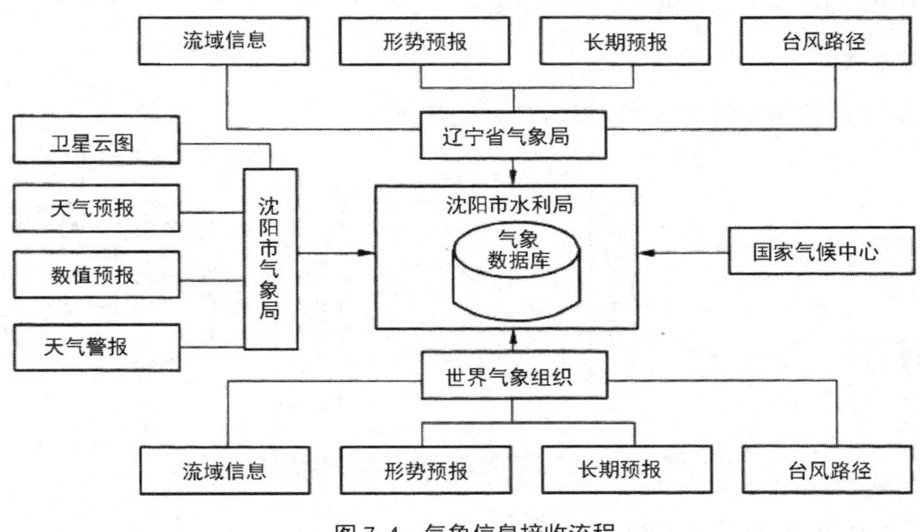

图 7-4　气象信息接收流程

3. 信息处理

卫星云图信息处理分为 3 部分功能：

（1）图像和三维化处理：利用专业卫星云图处理软件对接收到的原始信息进行处理，形成平面卫星云图和三维卫星云图。

（2）等温线分析：利用专业卫星云图处理软件对接收到的原始信息进行处理，形成平面卫星等温线图和三维卫星等温线图。

（3）时段综合分析：将一个时期内指定区域的卫星云图信息进行按序汇总，使用卫星云图模拟动画制作工具软件，将卫星云图系列进行动画模拟。

（四）遥感信息接收处理

1. 数据源的选择

（1）洪涝灾害的监测与评估以气象卫星 NOAA(AVHRR) 数据为主要信息源进行动态宏观监测评估，天气条件恶劣时利用雷达卫星 SAR 数据。对灾情严重地区，利用机载 SAR 数据进行航空遥感监测与详细评估。

（2）旱情监测评估主要采用气象卫星 NOAA(AVHRR) 作为数据源，且由于土壤含水量的变化周期较长，变化幅度也相对较小，因此可以使用长周期间隔的遥感信息来满足旱情评估的需要。

（3）对于水资源与水环境遥感调查来说，通常选择高分辨率资源卫星影像获取地表水体、植被覆盖以及土地利用等方面的生态环境背景数据。

（4）水土流失监测评估中也是多采用陆地卫星 TM、ETM、ETM+、SPOT、CBERS 等数据作为数据源。

2. 信息接收

遥感信息的接收采用从已有的遥感卫星地面接收站方式取得，即定期从中国科学院中国遥感卫星地面站购买各种遥感卫星的传送数据，或建立卫星遥感数据实时传输系统，将遥感数据及时准确地传送到沈阳市水利局。

3. 信息处理

遥感数据的预处理通常是指数据图像形式的遥感数据处理，主要包括纠正（包括辐射纠正和几何纠正）、增强、变换、滤波、分类等，主要目的是提取各种专题信息，如土地利用情况、植被覆盖率、农作物产量和水深，等等。图像预处理后，要在各种专业知识的支持下，通过对多源遥感数据的综合分析及其相应数据的融合，实现某些信息的突出显示，为人机交互判读提供高质量且能和地图精确配准的遥感影像基础数据。多源数据的融合，包括遥感数据之间，遥感图像数据与非遥感的专题数据、专题图件数据之间，以及图像、图形数据与统计调查数据之间的复合分析等。多源遥感数据预处理及其数据融合工作流程如图 7–5 所示。

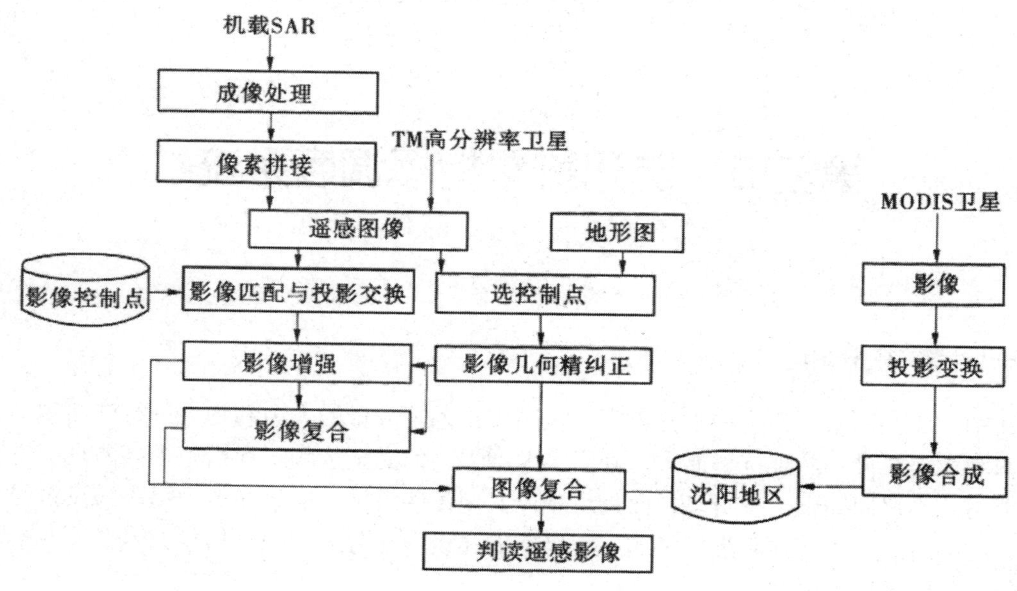

图 7–5　多源遥感数据预处理及其数据融合工作流程

监测目标的人机交互判读及其信息提取功能是要尽快地给出监测目标的地物类型、地理位置、面积范围、持续时间及动态变化的信息。使用经过预处理的图像或经多源数据融合后生成的数据作信息源，以高性能微机及其相应软件平台组成图像判读系统，采用全数字化作业方式完成。其中软件平台应具有图形栅格与矢量结合、多种数据格式的交换功能。图 7–6 给出了人机交互判读及其信息提取的工作流程和功能。

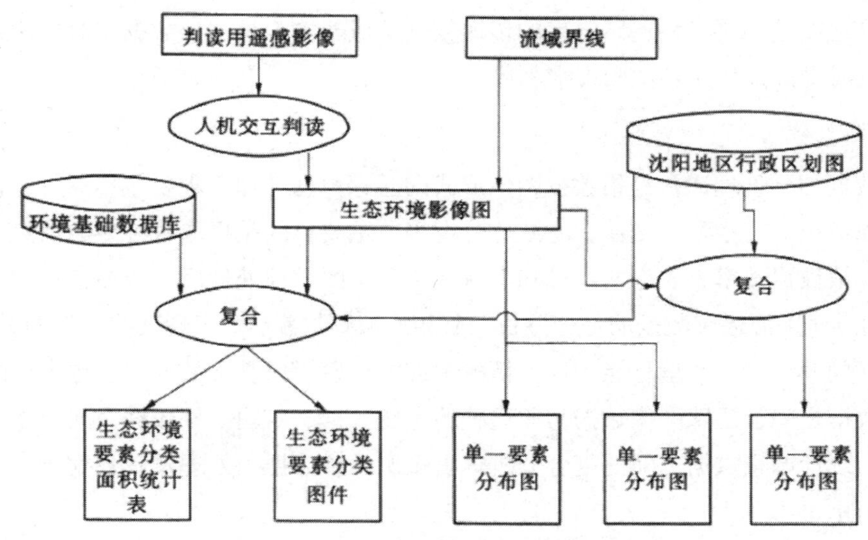

图 7–6　人机交互判读及其信息提取的工作流程和功能

第二节　防汛抗旱指挥调度系统

一、需求分析

新中国成立以来，为防治水旱灾害，沈阳市投入了大量的人力和物力进行江河整治，加强水利工程建设，防洪抗旱能力得到了大大增强。但完全依赖工程措施提高防洪标准和抗旱能力，不仅周期长、投资多，而且也难以实现某些目标。应该在努力提高防洪抗旱工程能力的同时，大力加强防洪抗旱非工程措施的建设，充分采用现代信息技术全面改造和提高传统的防汛抗旱效率。

重要的防灾减灾非工程措施是建设沈阳市防汛抗旱指挥调度系统，工程的建设将提高水旱灾害信息采集、传输、处理的时效性和准确性，提高防汛抗旱指挥决策的科学性，更充分地发挥水利工程减灾效益。

真实有效的信息是防洪抗旱决策的基础，是正确分析和判断防汛抗旱形势，科学地制定防汛抗旱调度方案的依据。当发生洪水和严重干旱时，可迅速地采集和传输雨水情、工情、旱情和灾情信息，并对其发展趋势作出预测和预报，经分析制定出防洪抗旱调度方案，是指挥抢险救灾，有效地运用水利工程体系，努力缩小水旱灾害范围，最大限度地减少灾害损失的关键。

沈阳市防汛抗旱指挥调度系统也是水利信息化的骨干工程，其采集的信息资源、建立的数据库系统、形成的计算机骨干网络以及开发的决策支持应用系统将为水利行业其他专业系统建设奠定基础。

二、防汛指挥调度系统

（一）防汛指挥调度系统结构

防汛指挥调度系统由 4 个层次组成：数据库、应用支撑层、系统应用层、人机交互层。系统应用层通过人机交互接口与决策分析人员和决策者交互，在数据库、应用支撑层和系统应用层的众多分析功能的支持下，完成决策过程中各个阶段、各个环节的多种信息需求和分析功能。防汛指挥调度系统结构如图 7–7 所示。

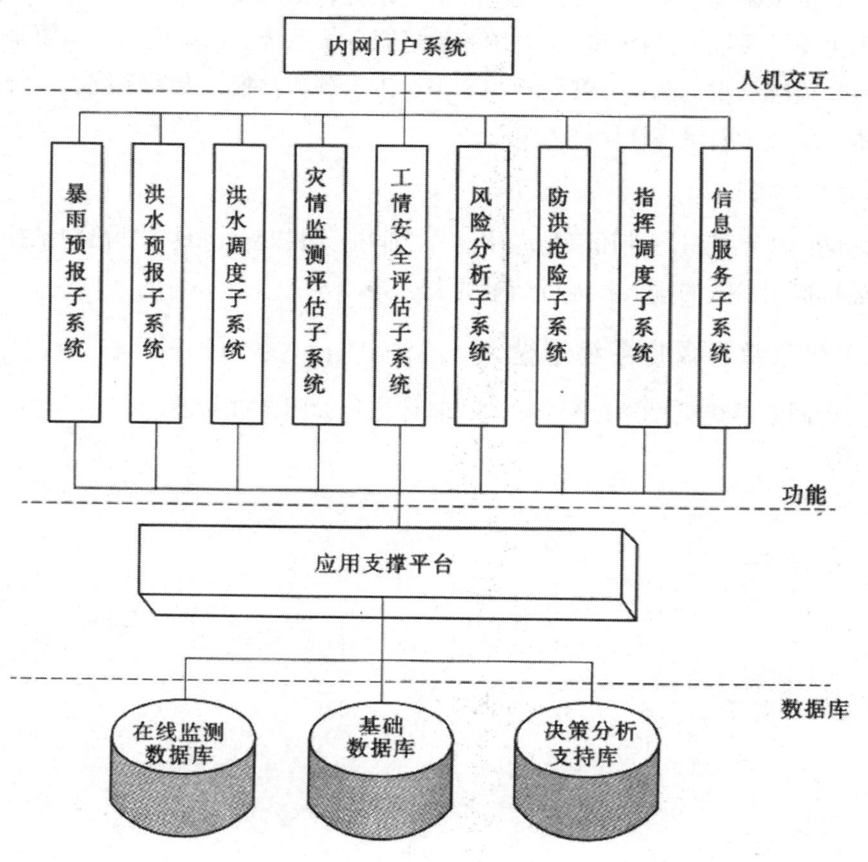

图 7–7　防汛指挥调度系统结构

系统建成后，将为全面、迅速、及时、准确地掌握沈阳市雨水情状况提供方便；为洪水预报、灾情评估提供及时的基础资料；为防汛调度决策和指挥抢险救灾提供有力的技术支持和科学依据；为实现工程自动化管理提供信息基础。

1. 数据库

数据库包括基础数据库、模型库、预案库、专家知识库和防汛 DSS 数据库。系统决策支持所需的信息将通过模型库产生并以动态的数据、图形、表格、文字方式输出。这些预报或模拟产生的信息将为决策者提供准确可靠的决策指挥依据。

2. 系统应用层

系统应用层是系统的核心，提供防洪决策过程中所需的各种业务分析、信息接收处理、数据管理等功能。针对防洪决策属于群体决策这一特点，系统应用层还需要提供对决策会商和异地会商的有效支持。

按照决策支持的功能需求，系统应用层分为多个功能子系统：暴雨预报子系统、洪水预报子系统、洪水调度子系统、灾情监测评估子系统、工情安全评估子系统、风险分析子系统、防洪抢险子系统、指挥调度子系统和信息服务子系统。系统应用层主要采用地理信息系统、卫星遥感、雷达测雨、暴雨预测预报、洪水预测预报、专家系统、三维虚拟仿真等现代技术，服务于防汛指挥调度人员。

3. 人机交互层

通过内网门户系统进行使用者与应用软件之间的人机交互。具体功能包括控制应用软件运行、运行控制参数的输入和运行结果的表达等。

（二）防汛指挥调度系统流程

防汛指挥调度系统流程分为 5 个阶段，具体流程如图 7–8 所示。

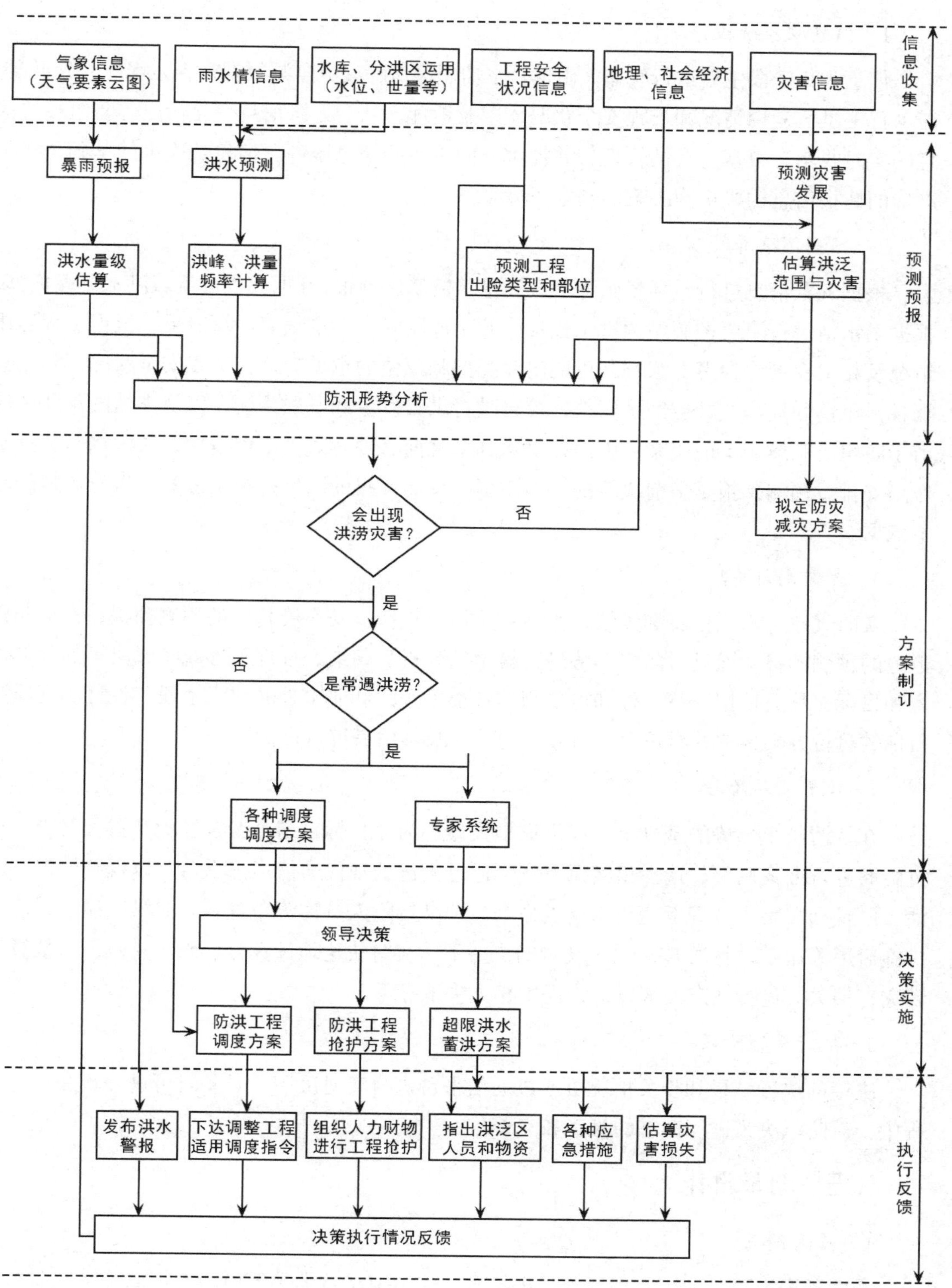

图 7-8　防汛指挥调度系统流程

1. 信息收集阶段

信息收集阶段主要进行气象、雨情、水情、险情、灾情监测数据资料，水库、分（蓄、滞、行）洪区运用情况和工程安全状况，以及地理、社会经济信息变化情况等防汛相关信息的实时收集、整理与存储管理，并提供方便灵活的信息服务。信息是决策的基础，实时准确的情报信息构成正确决策的基本环境。

2. 预测预报阶段

根据气象信息进行包括暴雨降落区和量级的暴雨预报，并据此生成流域洪水量级估算；根据雨水情进行主要控制站的洪水预报，并生成洪峰、洪量频率计算成果；根据工程运用情况及相关模型，参考专家判断可能出险类型和部位的意见，进行工程安全状况预测；根据各类汛情和地理、社会经济资料，综合进行洪灾发生和发展预测，以及灾情的预评估。由于防汛决策属于事前决策，因而在洪水到来之前必须对防洪工程运用、防汛措施选择等作出安排。预测预报是事前决策的基本前提，预测预报的结果是拟定方案和进行调度的基本依据。

3. 方案制订阶段

实时气象、水文信息和雨情、水情、工情、灾情及其发展趋势的预测预报，构成防汛形势的预测预报。通过对防汛形势进行科学的分析、归纳、推理，形成防汛决策的具体内容和目标，然后依据决策目标和可采用的各类工程的和非工程的防汛手段，设计实现决策目标的可行方案集，并对每个可行方案的风险及其后果进行评价。

4. 决策实施阶段

在认清防汛形势的基础上，以洪灾损失最小为总目标，结合专家经验和首长意志，通过会商进行方案调整，选择出满意方案。通过先进的现代通信指挥平台，以视频会议、电话、语音和文字指令等下达防汛调度命令、抗洪抢险人员物资布置、蓄滞洪区撤离、应急措施启用等命令，并在 GIS、RS 技术的支持下，实时快速地计算分析出洪灾范围，估算洪涝灾害损失，进行动态灾情评估，提供相关决策参考。

5. 执行反馈阶段

决策的执行结果和相关情况可通过通信平台进行实时反馈。必要时可进一步在执行过程中，对防汛决策进行动态的修正和完善。

（三）功能设计

1. 暴雨预报

暴雨预报主要是利用常规气象预报技术、遥感卫星技术等手段向水利局提供沈阳地区的暴雨数值预报和落区预报。进行降雨、天气监测，制作和显示不同时段的雨量图、雨量距平图、各种天气图、卫星云图和云图估算降水量图、多种信息合成综合天气形势图，查询任一地区特定时段的降水量、面平均雨量、面降水总量和不同降水量级笼罩面积统计分析表。进行致洪暴雨雨情和天气背景历史相似分析，通过相似判别等方法进行当前降雨和天气形势与历史对比分析，供防洪决策参考。

按照系统分工，将由气象信息接收与处理系统负责气象资料的接收处理，并完成应用于洪水预报以前的预处理。

建立并运行中尺度数值预报模型，运用天气学、数值预报等多种预报方法和多种气象产品以人机交互方式制作汛期 24h、48h 降水预报产品并内部发布；应用气象部门提供的国内外多种数值预报产品，建立模式输出统计预报方案及其他经验统计预报方案，参考气象部门和国外的中期预报成果以人机交互方式制作汛期 3~7d 的流域降水量预报产品并内部发布；建立长期降水预报所需的气象资料库、方法库和计算机预报体系，以每年各流域汛期和枯水期两次预报为主，在有条件和需要的情况下进行流域月、季的降水预报，产品以预报图和预报报告的形式内部发布，同时转发气象部门提供的长期预报和气候服务产品；建立致洪致灾暴雨预警信息扫描跟踪方案，自动提供各种灾害性、关键性雨情、天气形势警报信号，再结合人的经验进行分析判断，以人机交互方式制作致洪致灾暴雨预警信息并内部发布。

2. 洪水预报

根据采集的实时雨水情信息和暴雨预报结果，预报出沈阳市主要水库和河道未来要发生的洪水，并根据不同的预报洪水量级，分目标、分阶段向指挥人员发出警示。

洪水预报的模型和方法是洪水预报的核心，包括水文和水力学模型，模型状态变量和模拟输出的实时校正方法、显示实测过程和模拟输出及其对比的方法，实现时间序列数据相加、相减、乘以权重和改变时段长度等的计算方法。

洪水预报是由具有各种功能的软件单元和数据组成的有机整体，是防洪调度系统的重要组成部分。洪水预报子系统结构如图 7–9 所示。

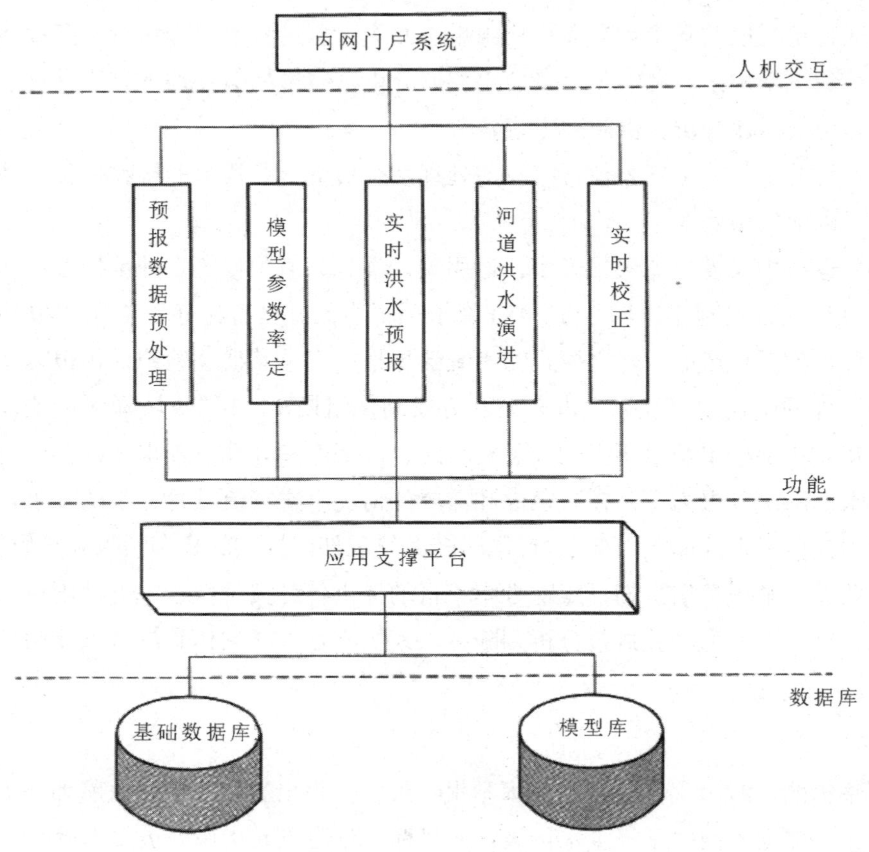

图 7-9　洪水预报子系统结构

洪水预报子系统的功能主要由预报数据预处理模块、模型参数率定模块、实时洪水预报模块、河道洪水演进模块及实时校正模块组成。

3. 洪水调度

洪水调度的对象主要是沈阳市主要水库和河道。根据水库或河道的洪水预报结果，计算水库或河道的洪水调度成果，为防汛指挥决策提供最佳的洪水调度方案，并将最终确定的调度方案通过计算机网络向有关部门传送。

洪水调度主要包括防洪形势分析、防洪调度方案制订、防洪调度方案仿真、防洪调度方案评价、防洪调度成果管理等主要功能。洪水调度子系统结构如图 7-10 所示。

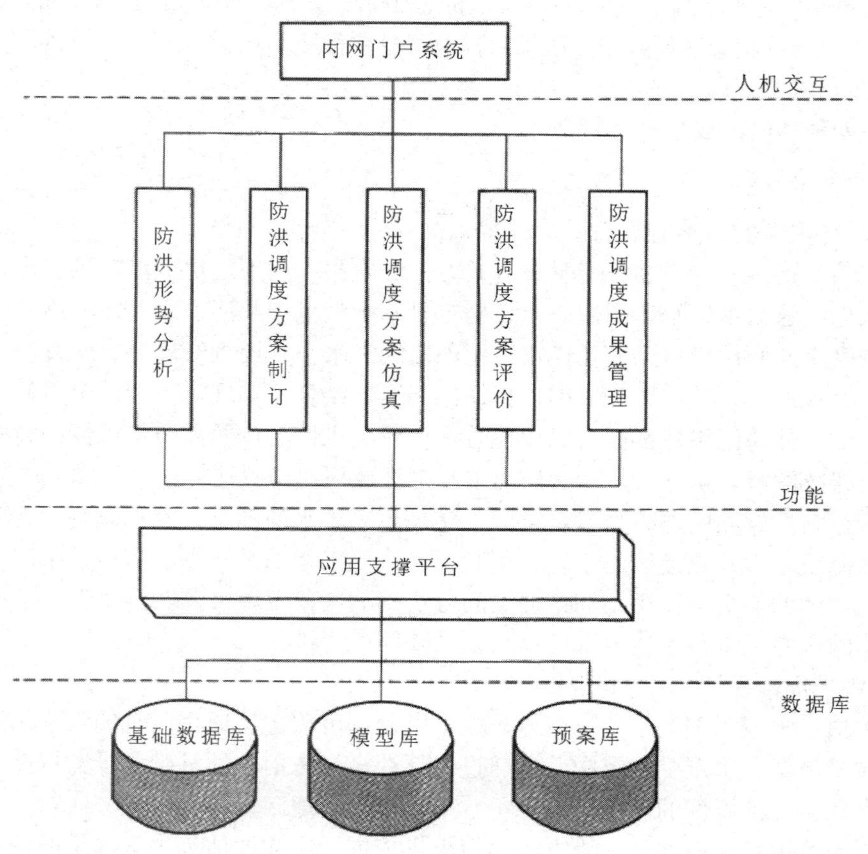

图 7-10　洪水调度子系统结构

（1）防洪形势分析。

按照防洪调度规则进行推理判断，初步判明需启用的防洪工程，并参考防洪工程运用现状，明确当前的调度任务和目标，编制防洪形势分析报告。

（2）防洪调度方案制订。

根据防洪形势分析结果，以人机交互方式，设定或修改水库与蓄滞洪区等防洪工程的运用参数，制订调度方案。

（3）防洪调度方案仿真。

按照所设定的防洪工程运用参数，通过水库调洪计算、河道与蓄滞洪区的洪水演进计算，预测调度方案实施后水库水位与出流变化过程、河道主要控制站的水位与流量过程以及启用的蓄滞洪区的水位和蓄、退水情况。

防洪三维虚拟仿真基于 3DGIS 平台，采用三维可视化和虚拟现实技术，对降雨、流域产流、河道洪水演进过程进行三维模拟仿真。

（4）防洪调度方案评价。

对所制订的方案进行可行性分析，对可行方案进行洪灾损失的初步估算和风险分析，以洪灾损失最小为原则，综合考虑防洪调度的各个目标，对各个调度方案的调度成果进行对比分析，并可根据决策者所确定的决策目标及其重要程度，对各调度方案进行评价与排序。

（5）防洪成果管理。

对以上四种功能的成果进行管理。

4. 洪涝灾情监测评估

（1）洪涝灾害的遥感监测。

在对汛情的遥感监测方面，遥感具有多方面的应用：利用陆地卫星对洪水进行监测，可以将洪水期图像与本地水体图像叠合，确定显示淹没范围及河道变化；利用极轨气象卫星资料调查洪水，利用机载合成孔径雷达图像监测洪水，利用近红外遥感调查河流行洪障碍物的分布及地方决口的位置和原因；将遥感与 GIS 结合，实现对汛情的全天候、准实时的监测与查询，使防汛指挥部门可以快捷方便地看到汛情。按照需要将汛情的时间和空间演变情况的遥感图像记录下来，然后作为水利工程规划建设及地方灾后重建的决策依据。

多平台、多遥感器的遥感技术从空间上实现了对洪水的动态、宏观监测，尤其能有效地监测洪水淹没范围及淹没区的土地利用状况、重要工程的破坏等。当然，不同平台的传感器对洪灾监测的能力与作用不同：低空间分辨率的气象卫星可监测洪水发展动态，而高空间分辨率的资源卫星和雷达卫星可鉴别淹没区及灾情状况。

（2）洪涝灾情评估。

灾前评估：根据预报的水位、流量、洪量以及调度预案，通过已有的洪水风险图或水力学、水文学模拟，确定受淹范围，再通过包括社会经济信息的基础背景数据库或洪灾风险图（带有社会经济属性的洪水风险图），对可能受灾地区耕地、房屋、人口、工农业产值、私人财产等进行快速评估，为方案决策提供依据。灾前评估为决策提供的依据有以下几个方面：

①从可能的经济损失这个角度为决策提供判据。

②从可能的受灾人口这个涉及社会因素的角度为决策提供判据。

③从迁安能力（人口数量、时间、车辆调动等）的角度为决策提供判据等。

④从可能受淹的重要工业基地、交通动脉、军事要地等重点保护对象的角度为决策提供判据。

灾中评估：在灾害发生过程中，依靠遥感实时监测图像，或根据水位、洪量等情况依据专家经验确定受淹范围。在用遥感作实时监测时，还能分出洪、涝、渍的范围。然后，通过包括社会经济信息的基础背景数据库或洪灾风险图对已受淹地区耕地、房屋、人口、工农业产值、私人财产等进行快速评估。这一评估最好是动态的，甚至还带有预测性的。后者则需根据预测的雨情、水情和工情加以判断与估计。

灾中评估要为决策提供的依据有以下几个方面：

①确定灾情规模及发展趋势。

②为救灾提供依据。

③为后继洪水调度提供依据。例如，在运用蓄滞洪区时，可根据第一个蓄滞洪区已受灾的情况，确定继续用第一个，还是用第二个，或者同时用第一个和第二个等几种方案中

最为有利的一个。

④根据灾情对避险迁安的人口的安置在方式、时间长短等方面提供依据。

⑤为灾后重建的方式、资金、物资等提前做好准备。

灾后评估：根据目的运行方式，灾情都是在灾后通过各级政府的主管部门逐级上报的，这种方式由于种种原因，往往其客观性不足。但从国情出发，较长时期内还有必要考虑这种方式。

灾情评估系统的任务：一是要对上报灾情作迅速的统计和分析；二是要对上报灾情的可靠性提出评价意见，为上级的决策服务。灾情评估系统结构如图 7-11 所示。

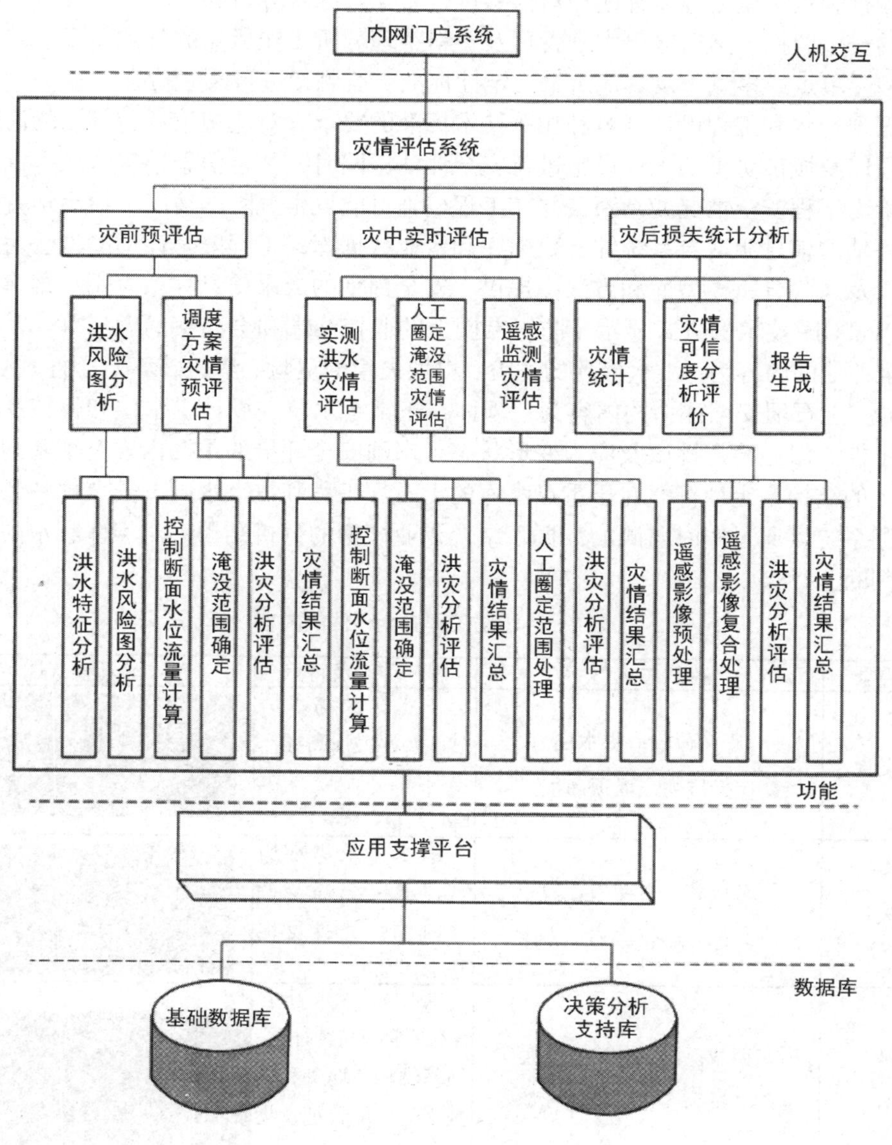

图 7-11　灾情评估系统结构

5. 工情安全评估

工情安全评估的对象是江河湖库、蓄滞（行）洪区及城市防洪工程的堤防圩垸和水坝等堤坝工程。对于大部分堤防和土坝工程而言，影响其安全性能的主要问题是堤（坝）身边坡的稳定性和堤（坝）身在各种水位工况下的渗透稳定性。因此，堤坝的安全评估主要是堤（坝）身的边坡稳定复核和渗透稳定复核，并且堤防复核计算及安全评价的方法应满足现行土石坝设计规范和堤防设计规范的要求。

工情安全评估首先对大坝实时监测数据进行分析，迅速地生成描述大坝性态的综合信息，如监测量的变化范围、规律、趋势、速率及因果关系等，分析与决策人员可以通过直观经验检查和数学模型等多种途径对信息进行交互式综合分析和判断，实现对大坝各个运行阶段的安全监控；然后输出大坝管理及资料整理分析工作所需的各类图表，并建立各类监控模型（单点或多点）及其他定量、定性标准对监测量进行及时检查。

根据现行水利工程设计规范和相关技术标准的要求，对沈阳市近城郊区的河湖堤防、水库大坝以及城市防洪的工程设施进行安全评估，同时，结合信息采集系统提供的雨水情信息，给出工程安全情况的判断，并在工程设施可能发生危险的情况下给出预警报告。工情安全评估的信息源取自系统综合数据库和专业数据库，工程安全评估的方法由工程结构安全评价及风险分析模型库和方法库提供，安全评估的成果信息存入专用数据库，并且通过基于 WebGIS 技术的方式显示于防汛专网上的监控终端和会商室的大屏幕。对于堤防工程，安全评估的内容为：洪水漫顶的危险、堤坡失稳的危险、渗透破坏（管涌）的危险（见表 7-1）。土石坝安全评估的内容为：坝体在正常蓄水位、设计洪水位和校核洪水位下的边坡稳定性、渗透稳定性以及应力变形状态。水闸安全评价的主要内容有闸基的渗透稳定性、水闸的结构稳定性等。对于重点水库的土石坝工程和重点水闸，安全评估还将基于其安全监测系统，通过实时监测的数据，结合专业模型的分析结果，对坝体和水闸的安全性状进行判断。

表 7-1 堤防工程安全评估的内容

破坏类型	荷载与抗力	影响因素及特点	破坏模式图示
洪水漫顶	广义荷载：洪水位 广义抗力：堤顶高程	洪水位及洪水历时；设计堤顶高程、堤顶超高、堤身沉降	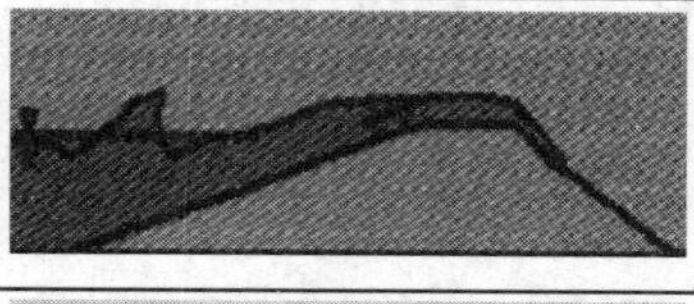
堤坡失稳	广义荷载：滑动力、力矩 广义抗力：抗滑力、力矩	洪水位及洪水历时、水位涨幅及持续时间；堤身及地基土体强度	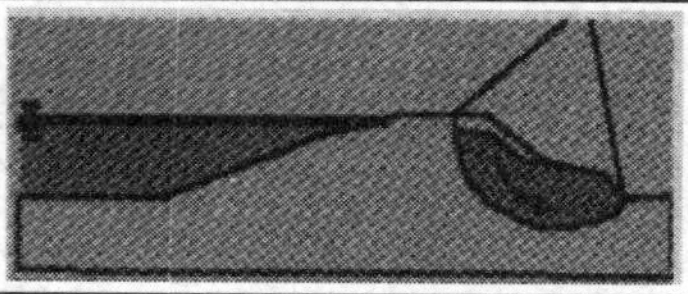
渗透破坏（管涌）	广义荷载：洪水位（水头差） 广义抗力：土体抗渗比降	洪水位及洪水历时、水位涨幅及持续时间；地基结构、堤身和堤基土的级配特征及物性指标	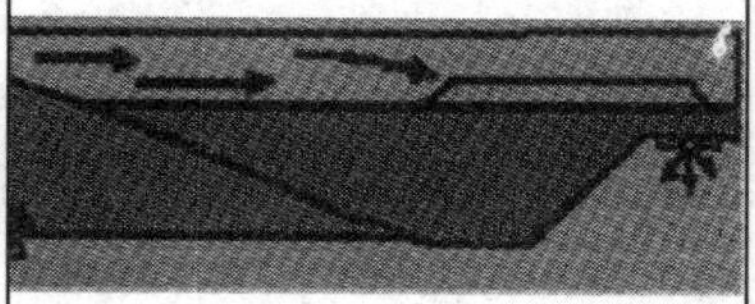

6. 风险分析

对于水库或河道的洪水调度，由于追求水资源的最大效益或持续利用的结果，可能会造成流域上下游出现不同程度的风险。通过确定不同的风险指标，对流域洪水造成的风险进行分析，选择对象最小风险和水资源最大效益的洪水调度方式，将为保障防洪安全提供科学的基础。同时，达到充分利用雨洪资源，发挥水利工程拦蓄雨洪的作用，解决水资源的短缺。

7. 防洪抢险

根据防洪形势的分析和风险分析，可以快速确定需要抢险的部位和抢险方案，对防洪抢险所需要的物资、队伍、方案的组合提供切实可行的信息保障。

8. 指挥调度

指挥调度是建立在宽带可视基础上的远程会商指挥系统。通过远程监视系统或应急通信图像传输，指挥人员可以有身临其境的感觉。通过可视化的指挥调度，与现场人员进行信息交互，指挥人员和专家可以准确掌握水情、工情、灾情、险情发生的技术指标数据和现场概念，适时作出决策，更大地发挥现场指挥调度和会商决策的作用。

9. 防汛信息服务

基本汛情信息查询：提供实时和历史的气象雨水情信息；提供防洪工程基础资料和基础信息查询、暴雨预报结果查询、洪水预报结果查询、洪水调度成果查询；提供洪水调度预案、防洪抢险预案及防汛形势分析等。防汛信息服务系统结构见图 7-12。

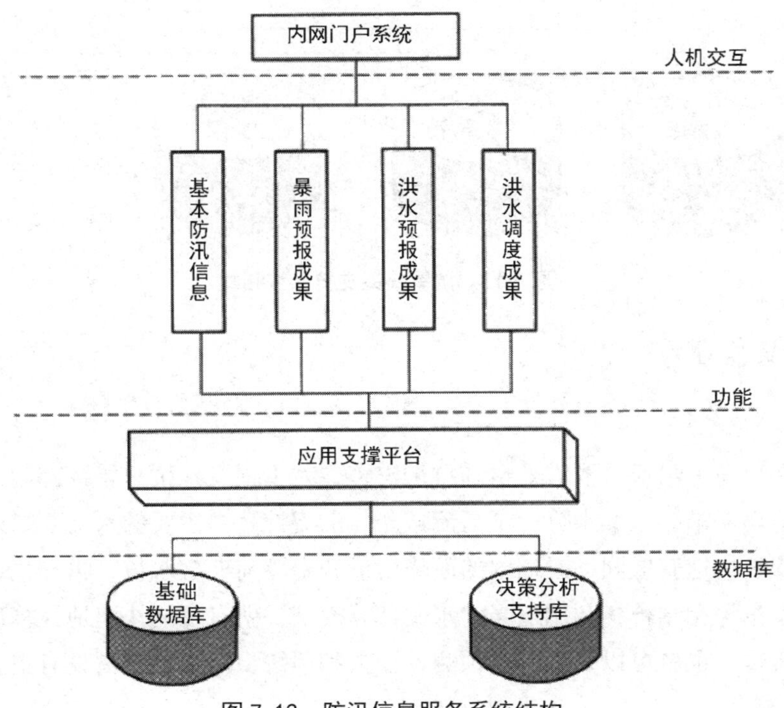

图 7-12 防汛信息服务系统结构

三、抗旱决策支持系统

（一）抗旱决策支持系统结构

抗旱决策支持系统结构如图 7–13 所示。

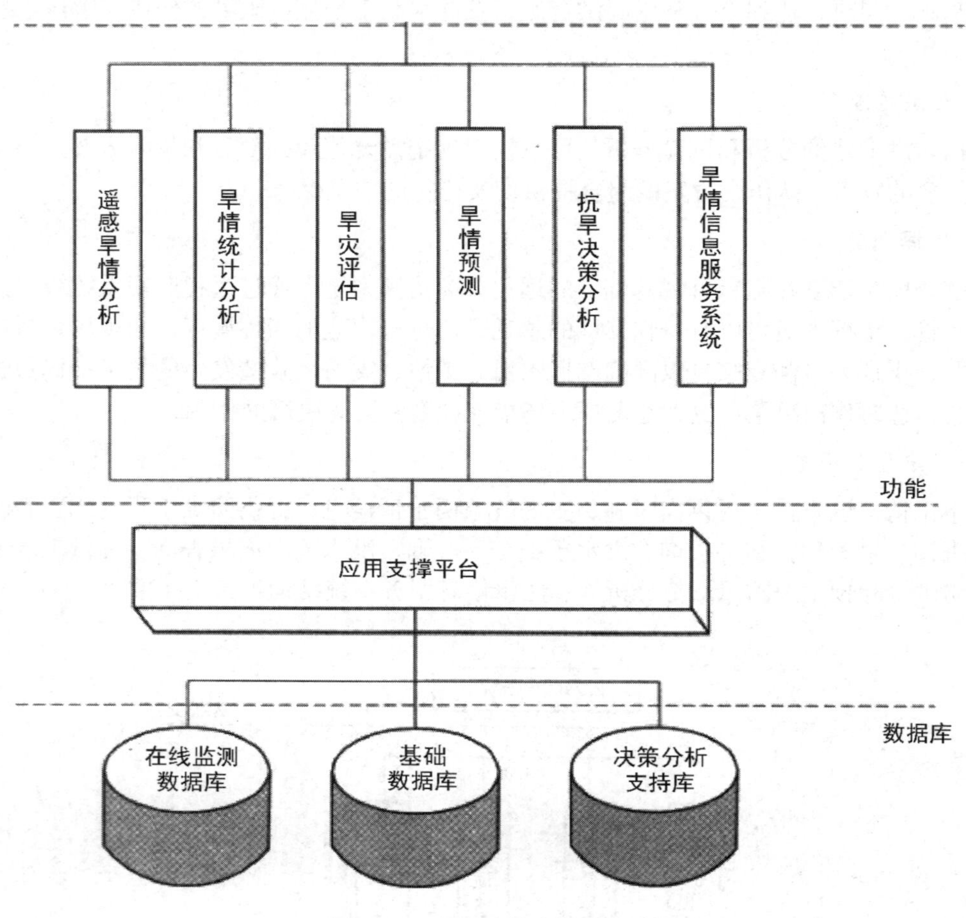

图 7–13 抗旱决策支持系统结构

（二）功能设计

1. 遥感旱情分析

及时掌握旱情，尽快采取有效措施抗御灾害、减少损失是抗旱指挥部门，也是水利和农业部门的迫切需求。土壤水分含量是流域产、汇流计算中主要的水文下垫面因素之一，如果能大面积、快速获取同一时期内的面降雨量和土壤前期含水量，再与气象部门预报的降水量、蒸发量等相结合，利用适当的水文计算模型，就有可能快速地计算出某一地区的产汇流和径流量，也就可以实现洪水预测、预报和预警，对防灾减灾具有更重要的作用。

这用常规方法是很难实现的。墒情测站由于数量和分布上的局限性，其代表性也是有限的。解决这一难题，最有希望的还是遥感技术。

旱情评估主要是利用遥感信息对区域内的土壤含水量进行全范围的监测，并基于监测结果进行旱情的评估。针对旱情监测所需的遥感资源信息可以使用较低分辨率的图像，且由于土壤含水量的变化周期较长，变化幅度也相对较小，因此可以使用长周期间隔的遥感信息来满足旱情评估的需要。

（1）遥感旱情监测。

在样点测得土壤墒情存在着样点代表性的问题，不能反映大范围的旱情及其在空间上的分布。遥感技术宏观、客观、迅速和廉价的优势为旱情监测开辟了一条新途径，在与地面墒情监测或水文模拟等多种方法结合的基础上，可以在旱情监测中实现业务运行。

由于气象卫星数据可免费接收（接收系统须自备），因此本项目的基本数据源是NO—AA或FY—1和FY—2等气象卫星的数字遥感影像，采用的旱情监测方法也都基于上述数据源，有热惯量法、作物缺水指数法、供水植被指数法和归一化植被指数距平法。本项目将根据沈阳地面墒情监测资料以及气象卫星历史数字遥感影像，选定1~2种方法，并进行模型参数率定。

模型计算是本子系统的核心部分，其中包括NDVI计算、土壤湿度计算、供水指数计算、缺水指数计算功能。旱情遥感监测及评估处理流程如图7–14所示。

（2）遥感旱情评估。

遥感旱情评估主要是利用遥感信息对区域内的土壤含水量进行全范围的监测，并基于监测结果进行旱情的评估。

将遥感信息与地理信息在用户交互操作平台上进行自动和手动的叠加分析，借助于GPS信息的定位功能，可以准确地查询受灾区域的受灾状况，为防洪抢险、抗旱调度、灾情评估、灾后恢复等环节的方案制订提供及时准确的参考。

（3）遥感旱情趋势分析。

对沈阳市范围内的旱情信息（主要为土壤含水量）进行同时期遥感监测，为抗旱指挥决策提供依据。按照需要将旱情的时间和空间演变情况的遥感图像记录下来，以便对区域内旱情演变动态作出正确的趋势判断，为抗旱指挥方案的制订提供数据。

（4）遥感旱情预报。

土壤含水量预报遥感信息模型：

$$AWS = a_0\left(\frac{1-A}{\Delta T}\right)\left(\frac{D}{d}\right)^{a_1}\left(\frac{\rho_s}{\rho_w}\right)^{a_2}\left(\frac{h}{H}\right)^{a_3}\sin(\alpha)^{a_4}\left(\frac{IR-R}{IR+R}\right)^{a_5} \tag{7–1}$$

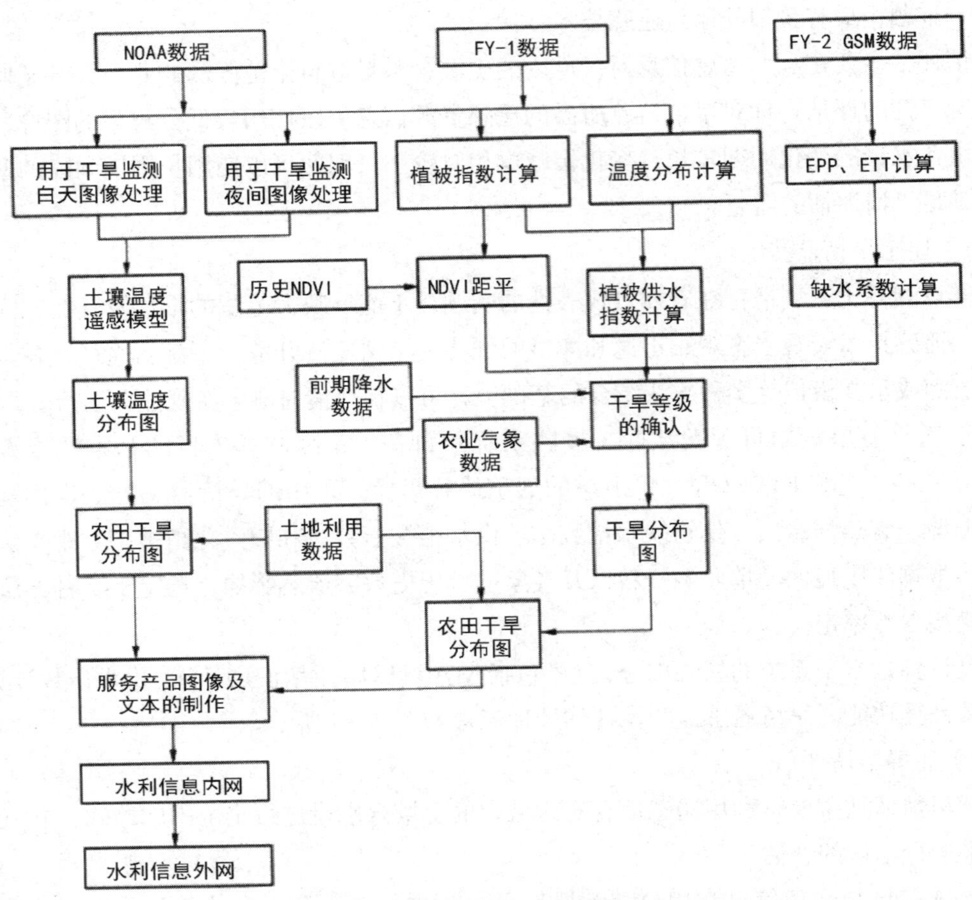

图 7-14　旱情遥感监测及评估处理流程

式中 :AWS—影像土壤含水量;

A——反照率;

ΔT——日温差;

D——土层厚度;

d——土壤颗粒粒径;

ρ_s——土壤的密度;

h——水的密度;

H——相对高程;

R——绝对高程;

IR——红外波段反照率;

a——近红外波段反照率;

a_0——地理系数;

a_1，a_2，a_3，a_4，a_5——地理指数。

求出 a_0、a_1、a_2、a_3、a_4、a_5 的地理分布图后，根据其中的物理参数就可以预报土壤含水量。

作物缺水系数预报遥感信息模型：作物缺水系数是表示作物生理干旱的一个物理量，以表示 $-\frac{ET}{ET_m}$，ET、ET_m 分别代表作物的实际蒸散量与作物的需水量。作物缺水与环境条件有关，因此有以下遥感信息模型：

$$-\frac{ET}{ET_m}=a_0(AWS)^{a_1}\left(\frac{P_w}{P}\right)^{a} \tag{7-2}$$

式中：P_w——大气水汽压；

P——大气压；

其他符号含义同前。

求出 a_0、a_1、a_2 的地理分布图后，根据式中的物理参数就可以预报作物缺水系数了。

2. 旱情统计分析

旱情统计分析可以查询旱情动态表、抗旱情况表、旱灾及抗旱效益表、抗旱服务组织情况表、抗旱能力及效益表、林业受旱情况表、牧区受旱情况表、社会经济情况表、农情统计表、灌溉面积表、抗旱设施表、历史同期旱情表、历史灾情表等。

根据抗旱统计数据进行旱情排序分析、历史同期旱情变化趋势分析、年度内旱情变化分析、受旱程度分析等。

根据实时数据生成历史数据、统计报表数据，主要包括实时旱情动态表、旱情动态旬报、旱情动态月报、旱情动态季报、实时抗旱情况全表、抗旱情况旬报、抗旱情况年报、旱灾及抗旱效益年报、林业受旱情况月报、牧区受旱情况月报、抗旱服务组织年报、抗旱能力及效益年报、受旱面积简报、社会经济年报、灌溉面积年报、农情统计年报、水利设施年报。

根据实时和历史的测站旱情，作出旱情分布等值线、等值面分析，并计算出重旱、轻旱、正常的面积，了解区域旱情空间分布状况。

对蒸发量、降雨量、风速、温度、日照状况等实时和历史信息进行查询、统计分析（柱状图、报表、等值分析）。

3. 旱灾评估

根据土地利用信息、社会经济信息、实时墒情信息，采用干旱灾情评估模型进行干旱损失的评估，并以统计报表和分区图的方式输出旱灾损失评估。

4. 旱情预测

根据历史旱情和当前的墒情、天气、降水等情况，利用神经网络模型进行旱情预测，为抗旱工作提供未来旱情信息，提前做好抗旱工作准备。

5. 抗旱决策分析

根据旱灾评估结果、抗旱物资、水量信息等制订抗旱抢险决策方案，进行灌溉预测和水量调度预测，查询抗旱管理部门制订的各种抗旱预案。

6. 旱情信息服务系统

基本旱情信息查询：实时和历史旱情数据查询、旱情监测站信息查询；旱情统计结果查询：各种旱情统计数据报表查询；旱情预测结果查询：墒情预测查询、灌溉预测查询；旱灾评估结果查询；抗旱预案查询。

旱情信息服务系统结构如图 7–15 所示。

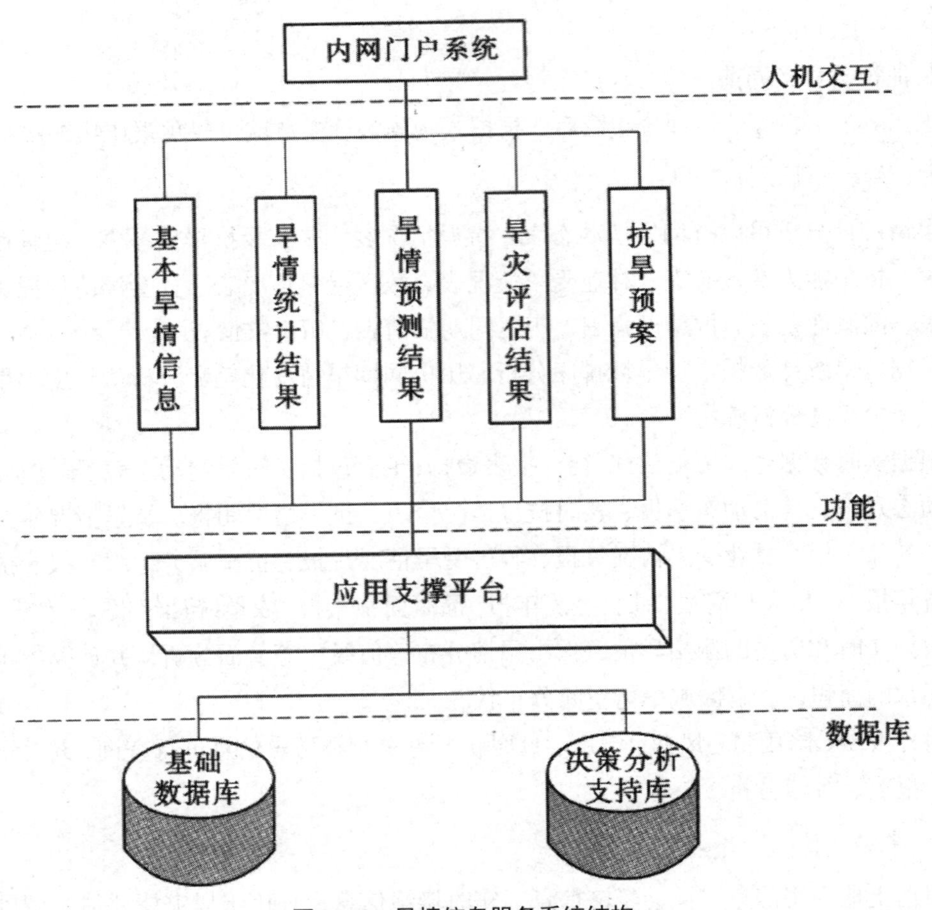

图 7–15　旱情信息服务系统结构

第三节　水资源管理系统

一、需求分析

结合目前沈阳市严峻的水资源形势，通过对各级水行政主管部门所属的水利管理职责进行分析，迫切需要解决三个方面问题。

（一）水资源管理手段落后

现有的水资源管理手段已经不适应履行水行政管理职能、健全水资源管理制度的要求，不适应社会信息化发展与社会公众的要求，不适应经济社会发展需要，无法满足水资源可持续利用和有效保护的要求。具体表现在：沈阳市经济社会持续快速发展，已经面临着淡水资源短缺、供需矛盾突出的问题；点面污染叠加，水体质量下降；水土流失严重，生态环境退化，而水资源管理粗放、用水效率不高、浪费严重。目前，由于缺乏水资源监控手段与水资源信息化管理工作平台，制约了取水许可管理、计划用水、节约用水、水资源配置、多水源联合调度、水权明晰与转让等管理工作的开展，难以实现水资源的总量控制与定额管理，难以使水资源管理从粗放式管理向精细化管理、从经验管理向科学管理、从定性管理向定量管理的转变。依照行政许可法的规定，需要进一步明确水资源业务管理程序，增加水资源管理工作的透明度，便于社会监督。

（二）计量与监控缺乏

计量与监控缺乏主要体现在：随着人类活动对天然水循环过程干扰的日益加剧，天然状态下的流域水循环模式发生了根本性改变，由“取水—输水—供水—用水—排水—回归”等环节构成的人工侧支循环通量越来越大，人工侧支循环在辽宁省水循环中已逐步上升为主要矛盾。一方面，目前主要依靠逐级上报的方式统计用水量，往往造成基础数据不清、过分依赖统计数据和人为随意性大的问题，难以满足水资源管理工作的迫切需要，这种状况亟待改善。另一方面，用水过程中不能有效监控用水浪费、污水乱排的现象，计量与监控的缺失造成用水单位和管理部门无法落实区域节水减排责任制，同时对突发事件信息掌握不及时，应对滞后。总的来说，计量与监控手段缺失使沈阳市难以对水资源这种基础性的自然资源和战略性的经济资源实施精确严格的统一管理。

（三）已建系统缺乏整合

首先体现在水资源信息共享程度低。目前，水资源数据大多储存在基层水利单位，系列不完整、格式不统一，开发利用不充分，信息存储交换共享困难，整合难度大，没有形成可以共享的公共资源，难以提供各级政府和社会对水资源数据的共享。其次是技术标准和开发平台不统一，难以实现互联互通，也难以进行滚动开发，抬高了系统开发成本，整体效果难以体现，影响了水利信息化建设的发展。

二、系统总设计

水资源管理系统由 4 个层次组成：数据库、应用支撑层、系统应用层、人机交互层。系统应用层通过人机交互接口与系统使用者交互，在数据库、应用支撑层和系统应用层的众多功能的支持下，完成水资源管理的各项业务功能。水资源管理系统结构如图 7—16 所示。

（一）数据库

数据库包括在线监测数据库、基础数据库和决策分析支持库。系统应用层所需的信息将通过应用支撑平台的统一数据访问接口由基础数据库和决策分析支持库提供。

（二）应用支撑层

应用支撑层提供必要的中间件。

（三）系统应用层

系统应用层是系统的核心，提供水资源管理过程中所需的各种业务分析、信息接收处理、数据管理等功能。按照水资源管理的功能需求，系统应用层分为多个功能子系统：水源地管理、地下水超采区管理、供水工程管理、水资源论证管理、取水许可管理、水资源费征收及使用管理、计划用水与节约用水管理、水功能区管理、入河排污口管理、水生态系统保护与修复管理、水资源规划管理、水量调度配置、水资源应急管理以及水资源信息统计与发布服务。

（四）人机交互层

通过内网门户系统进行使用者与应用软件之间的人机交互。具体功能包括控制应用软件运行、运行控制参数的输入和运行结果的表达等。

三、水源地管理

（一）功能需求

根据《中华人民共和国水污染防治法》、《国务院办公厅关于加强饮用水安全保障工作的通知》等文件精神，结合沈阳市实际，对生活饮用水源坚持科学规划、合理利用、严格保护的原则，使经济建设与生态环境保护协调发展。

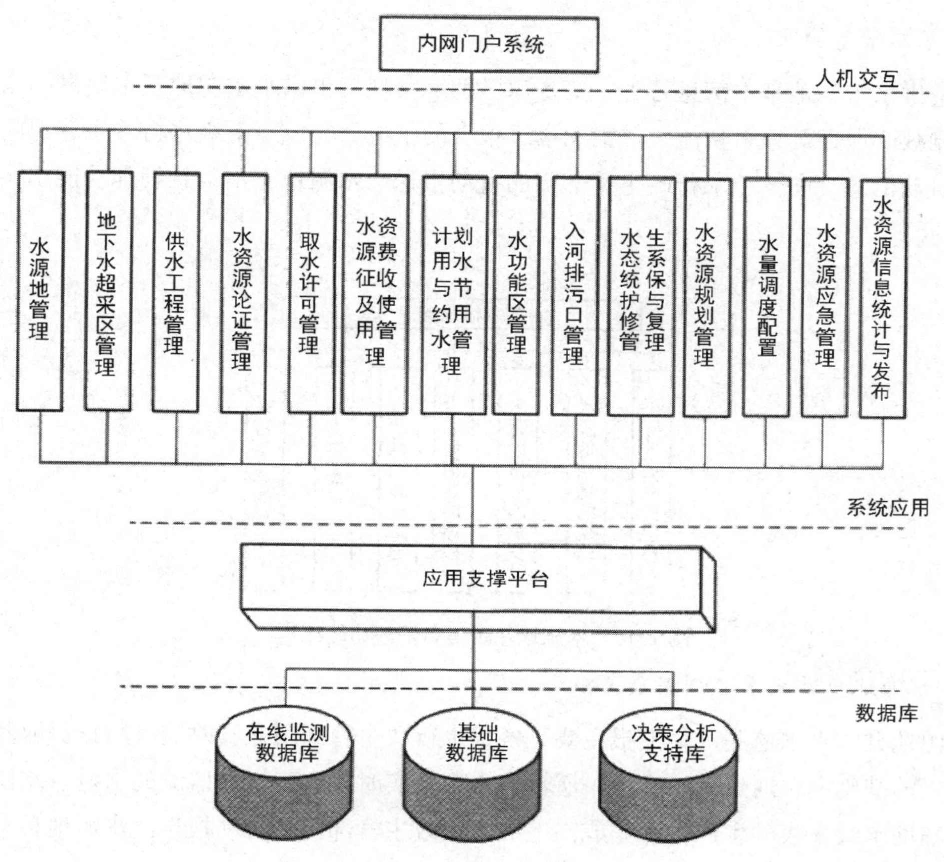

图 7-16　水资源管理系统结构

水源地管理是针对集中供水水源地（含水库、湖泊、江河和地下水水源地等，包括应急备用水源地）的管理，包括：集中供水水源地建立，掌握集中供水水源地基本信息，开展水源地日常来水监测管理，制订水源地保护与规划方案，编制水源地应急处理预案，开展水源地应急处理等。

水源地管理系统功能结构如图 7-17 所示。

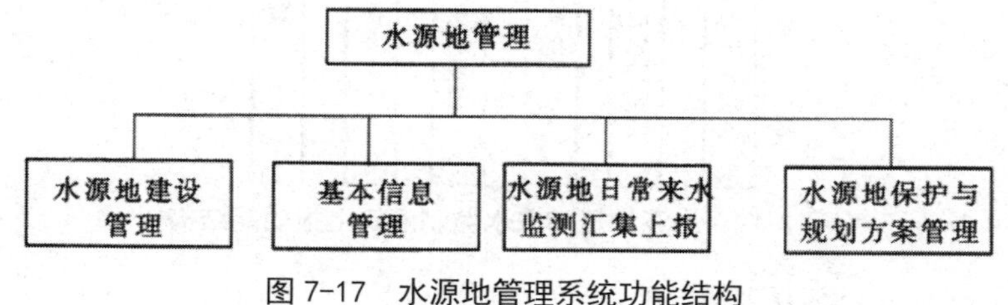

图 7-17　水源地管理系统功能结构

1. 水源地建设管理

水源地建设管理主要是对集中水源地的取水申请、审核、批准、工程验收、发放取水许可证、备案等管理流程进行管理。

2. 基本信息管理

集中供水水源地基本信息管理主要是通过系统实现集中供水水源地基本信息的录入、修改、删减、保存等编辑功能，并辅助本级报表的生成，完成对下级水行政主管部门报送报表的自动汇总、向上级水行政主管部门的自动报送。水源地基本信息管理功能结构如图 7–18 所示。

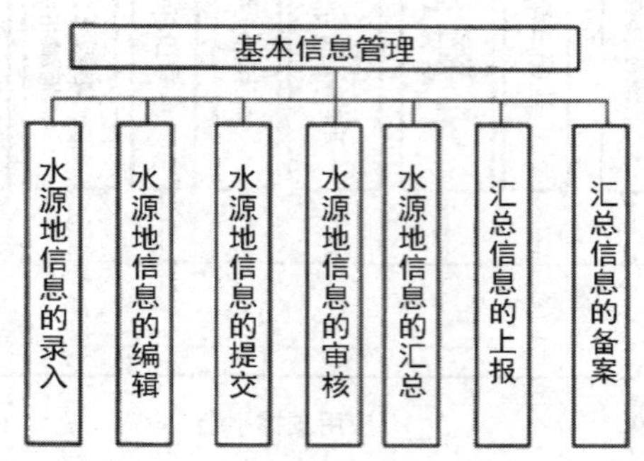

图 7–18 水源地基本信息管理功能结构

3. 水源地日常来水监测汇集上报

水源地日常来水监测汇集上报主要是各级水行政主管部门在实时监测数据提取和人工信息录入的基础上，通过系统实现对所辖各水源地实时或人工定期监测的水量、水质信息汇总，辅助本级报表的生成，并完成向上级水行政主管部门的自动报送。水源地日常来水监测汇集上报功能结构如图 7–19 所示。

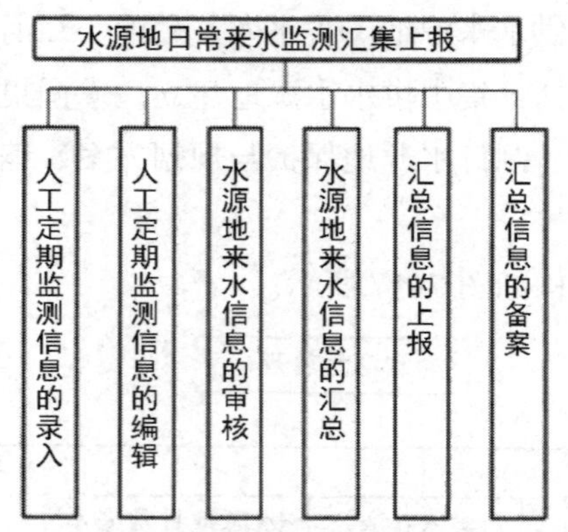

图 7–19 水源地日常来水监测汇集上报功能结构

4. 水源地保护与规划方案管理

水源地保护与规划方案管理主要是通过系统完成已有规划方案的录入和新方案从提交到批准一系列流程的管理，并自动实现本级方案报表的生成，完成对下级水行政主管部门报送报表的自动汇总、向上级水行政主管部门的自动报送。水源地保护与规划方案管理功能结构如图 7–20 所示。

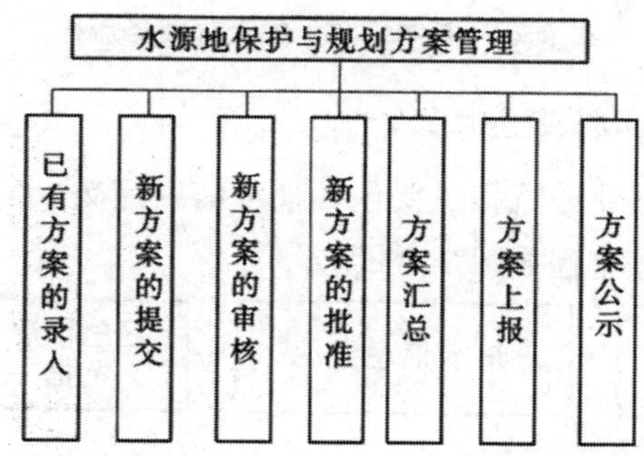

图 7–20　水源地保护与规划方案管理功能结构

（二）业务流程

1. 水源地建设业务流程

水源地建设业务流程主要包括水源地的方案上报、审核、批准、发证、公示、备案 6 个环节。其中在申报之前要对拟建水源地进行勘察、调研、水源地划分等工作。水源地建设业务流程如图 7–21 所示。

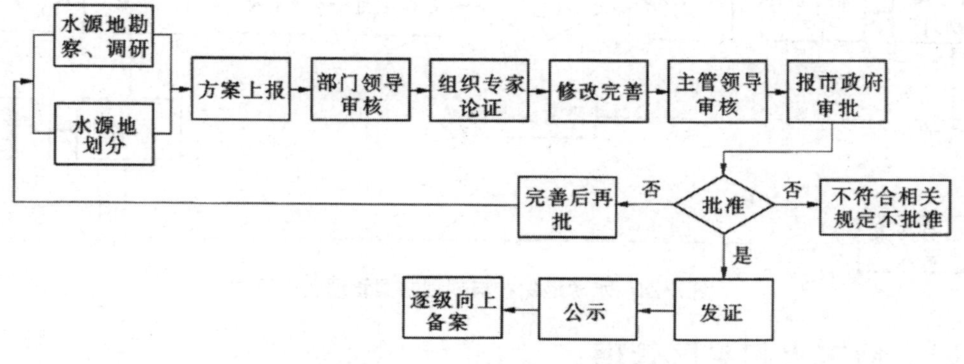

图 7–21　水源地建设业务流程

2. 基本信息汇集上报业务流程

基本信息汇集上报业务流程主要包括信息录入、信息编辑、信息提交、信息审核、信息汇总、汇总信息上报、汇总信息备案 7 个环节。基本信息汇集上报业务流程如图 7–22 所示。

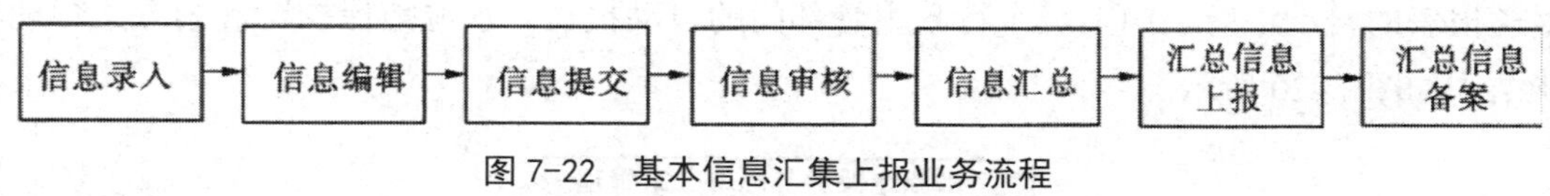

图 7-22　基本信息汇集上报业务流程

3. 日常来水监测汇集上报业务流程

日常来水监测汇集上报业务流程主要包括来水信息提交、汇总、上报及备案 4 个环节。日常来水监测汇集上报业务流程如图 7-23 所示。

图 7-23　日常来水监测汇集上报业务流程

4. 水源地保护与规划方案管理业务流程

水源地保护与规划方案管理业务主要是通过对水源地的水量、水质进行动态监测和分析评价，制订水源地保护方案，并展示已有的水源地保护与规划方案，为查询提供方便。水源地保护与规划方案管理业务流程如图 7-24 所示。

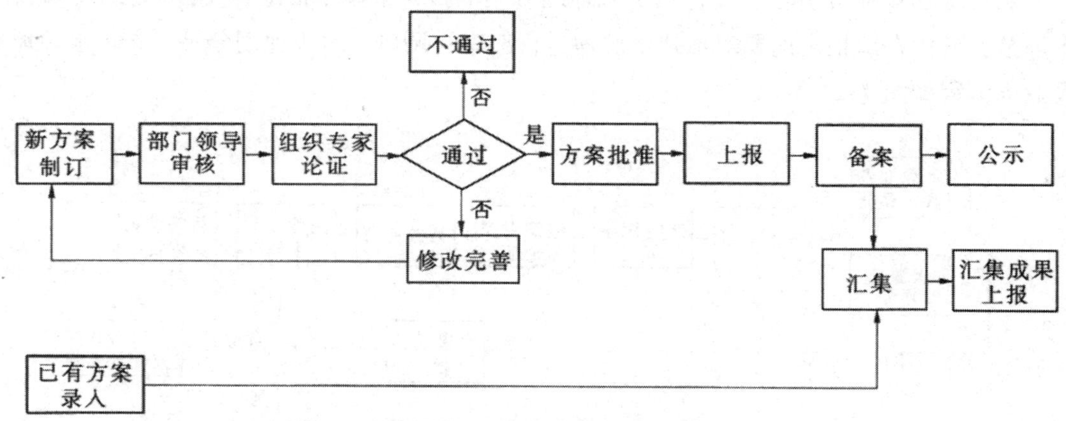

图 7-24　水源地保护与规划方案管理业务流程

四、地下水超采区管理

（一）功能需求

地下水超采区管理包括：掌握已划定超采区的基本信息，开展地下水超采区水位、漏斗及超采面积等信息的动态监测，制订超采区治理方案、压采的目标和指标以及实施措施，开展超采区控制水位及预报预警机制管理等。地下水超采区管理系统功能结构如图 7—25 所示。

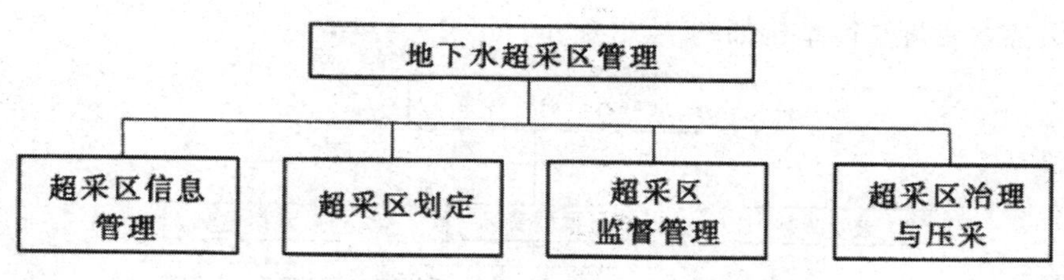

图 7-25 地下水超采区管理系统功能结构

1. 超采区信息管理

超采区信息管理主要是通过系统实现超采区信息的录入和编辑，并辅助本级报表的生成，完成对下级水行政主管部门报送报表的自动汇总、向上级水行政主管部门的自动报送。超采区信息管理功能结构如图 7-26 所示。

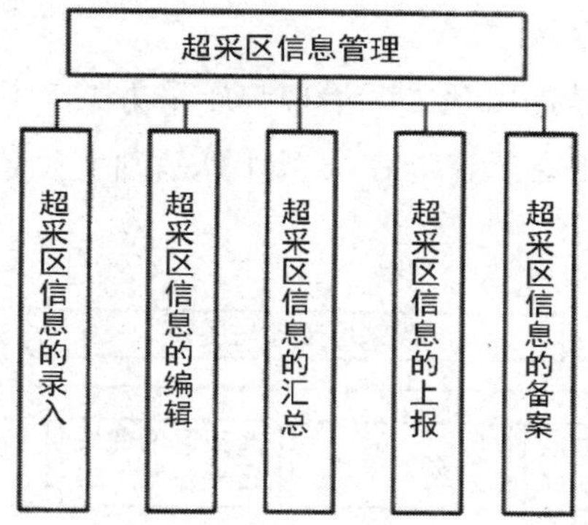

图 7-26 超采区信息管理功能结构

2. 超采区划定

超采区划定主要是通过对超采区的调研、上报、划定、审核、审批、备案、公示等管理流程进行管理。超采区划定功能结构如图 7-27 所示。

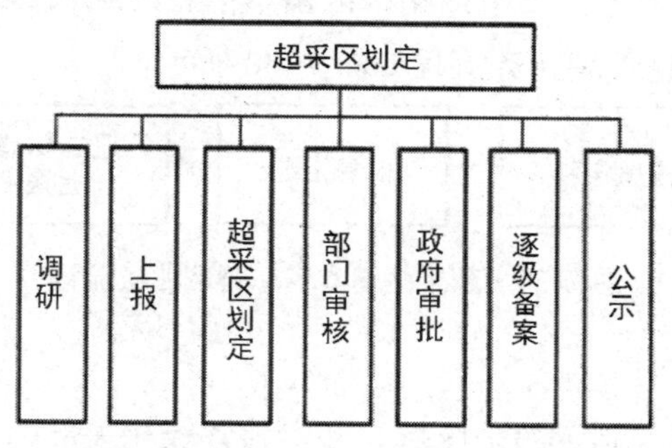

图 7-27 超采区划定功能结构

3. 超采区监督管理

超采区监督管理主要是开展地下水超采区水位、水质、漏斗及超采面积等信息的动态监测。成果展示以 GIS 图、表格为主，在空间上、时间上展示超采区超采面积、水位的变化。超采区监督管理功能结构如图 7–28 所示。

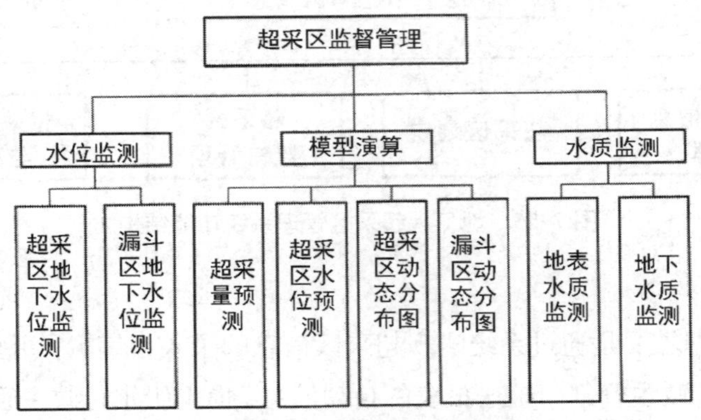

图 7–28　超采区监督管理功能结构

4. 超采区治理与压采

超采区治理与压采主要是提出超采区治理与压采方案，并向上上报治理、压采方案，向下下达压采指标。方案提出必须建立在模型计算基础上。超采区治理与采压功能结构如图 7–29 所示。

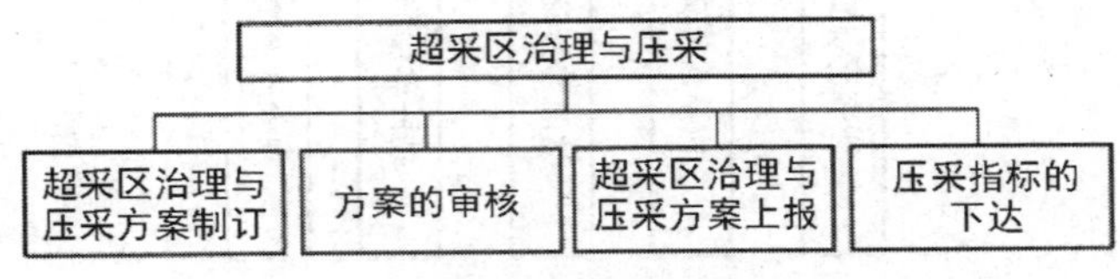

图 7–29　超采区治理与采压功能结构

（二）业务流程

1. 超采区基本信息管理业务流程

超采区基本信息管理业务主要包括超采区基本信息的录入、审核、汇总、上报和备案 5 个环节。超采区基本信息管理业务流程如图 7–30 所示。

图 7–30　超采区基本信息管理业务流程

2. 超采区划定业务流程

超采区划定业务主要是划定超采区域，并申请各级相关部门审核、批准，待批准、公示后，逐级上报上级机构备案。超采区划定业务流程如图 7–31 所示。

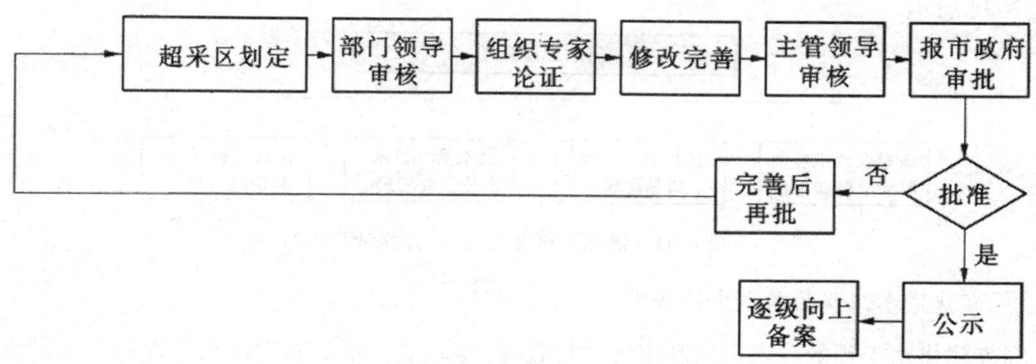

图 7-31 超采区划定业务流程

3. 超采区监督管理业务流程

超采区监督管理业务主要是在超采区实时水位水质监测辅助与人工定期监测的水量水质信息基础上，以 GIS 为平台，基于水资源分区和行政分区，方便快捷地反映全市地下水超采区水位与水质的动态变化。超采区监督管理业务流程如图 7-32 所示。

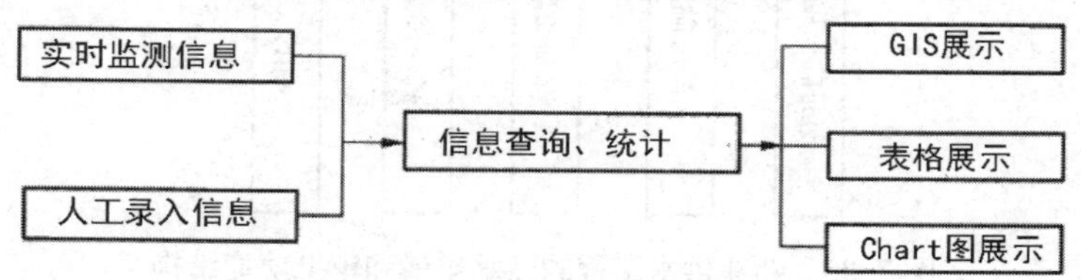

图 7-32 超采区监督管理业务流程

4. 超采区治理与压采管理业务流程

超采区治理与压采管理业务主要是通过对超采区的监测和分析评价，组织区域内超采区划定，并逐级上报上级机构备案。同时上报超采区治理与压采方案，待下达压采指标后，实施超采区治理与压采方案。超采区治理与压采管理业务流程如图 7-33 所示。

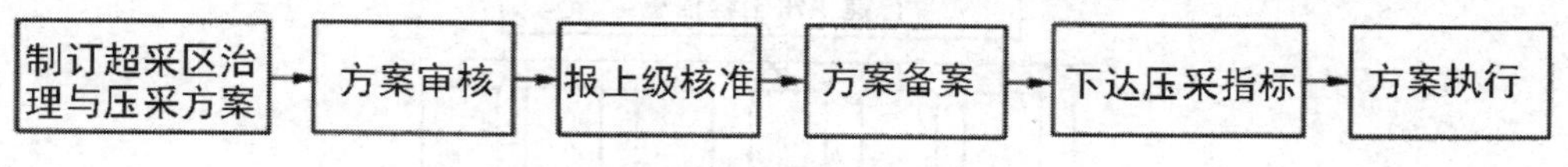

图 7-33 超采区治理与压采管理业务流程

五、供水工程管理

（一）功能需求

供水工程管理是对蓄水工程、引水工程、提水工程、调水工程和地下水取水工程等的管理，供水工程管理包括：掌握新建供水工程的取水申请和审批，已建供水工程信息管理，供水量、供水水质监督管理，供水工程开发利用综合评价等。供水工程管理系统功能结构如图 7–34 所示。

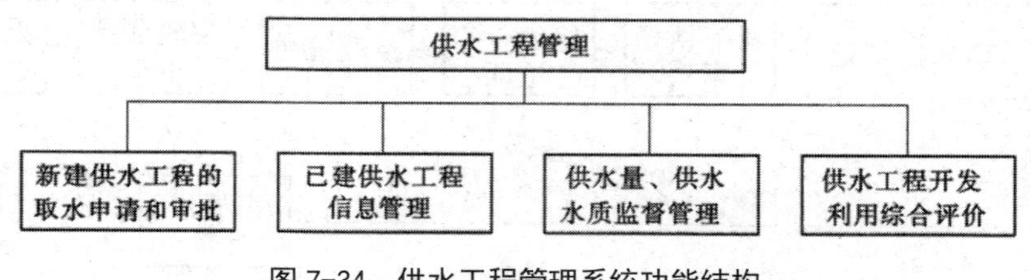

图 7–34 供水工程管理系统功能结构

1. 新建供水工程的取水申请和审批

对新建供水工程的取水申请和审批进行管理。该功能包括对新建供水工程的取水申请、审批、公示、备案等。新建供水工程的取水申请和审批功能结构如图 7–35 所示。

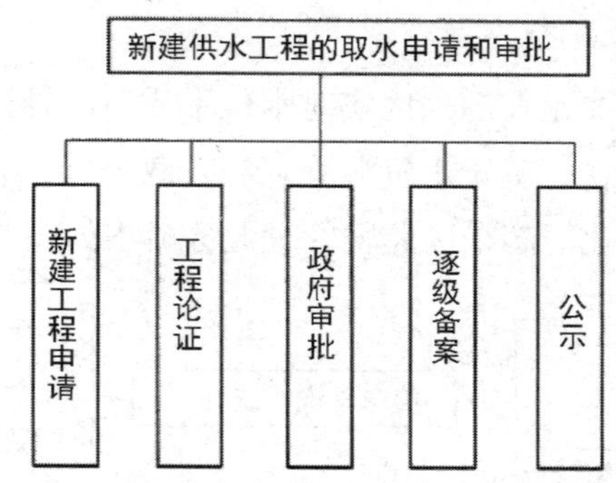

图 7–35 新建供水工程的取水申请和审批功能结构

2. 已建供水工程信息管理

已建供水工程信息管理主要是通过系统实现已建供水工程信息的录入、修改、删减、保存等编辑功能，辅助本级报表的生成，完成对下级水行政主管部门报送报表的自动汇总、向上级水行政主管部门的自动报送。已建供水工程信息管理功能结构如图 7–36 所示。

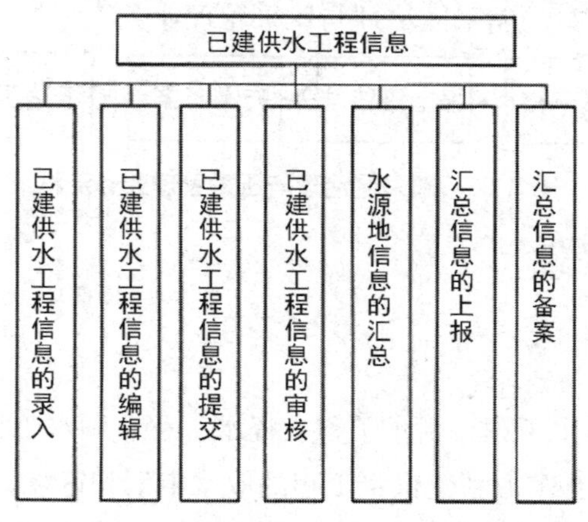

图 7–36 已建供水工程信息管理功能结构

3. 供水量、供水水质监督管理

供水量、供水水质监督管理主要对取水工程取水口处的水量水质进行实时监测，为水量调度、水费结算、引水安全提供保障。供水量、供水水质监督管理功能结构如图 7–37 所示。

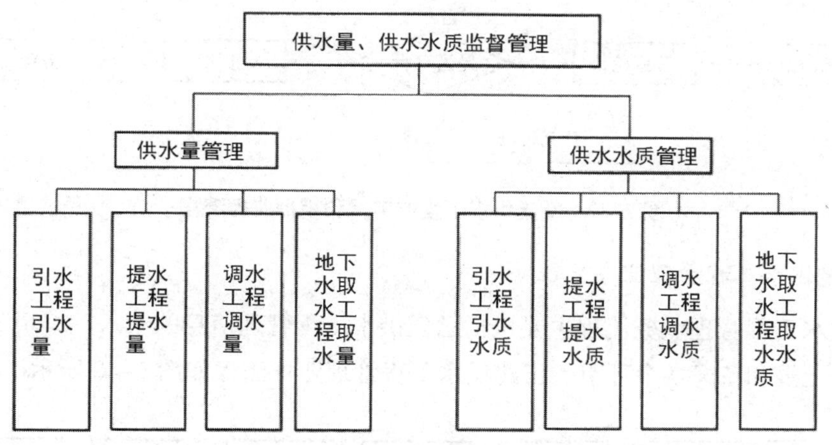

图 7–37　供水量、供水水质监督管理功能结构

4. 供水工程开发利用综合评价

对供水工程建成后产生的效益进行综合评价，包括对社会效益、经济效益、生态效益的评价。此模块的功能包括评价成果的录入、评审、上报、备案等。供水工程开发利用综合评价功能结构如图 7–38 所示。

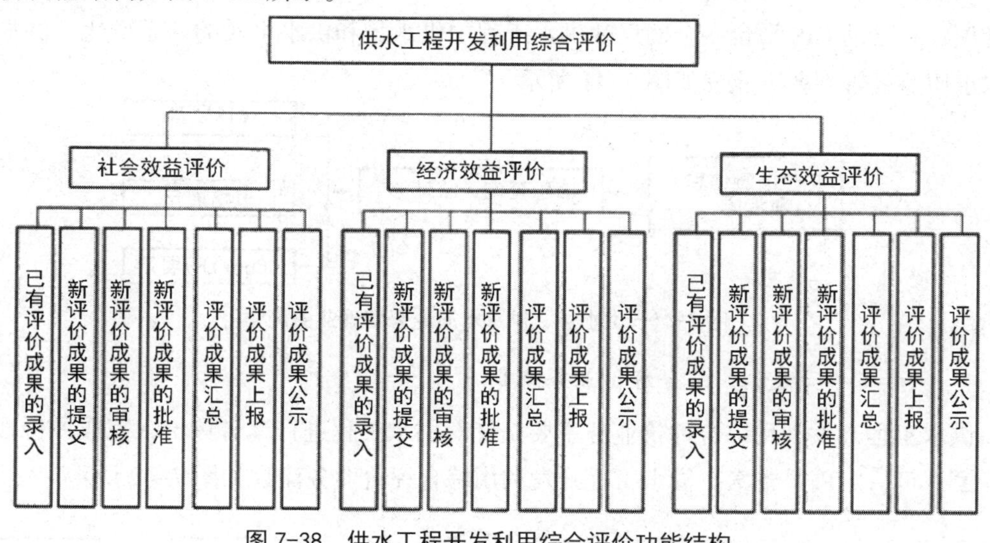

图 7–38　供水工程开发利用综合评价功能结构

（二）业务流程

1. 新建供水工程的申请和审批业务流程

新建供水工程的申请和审批业务流程主要包括新建供水工程申请、论证、批准和备案4个环节。新建供水工程的申请和审批业务流程如图7–39所示。

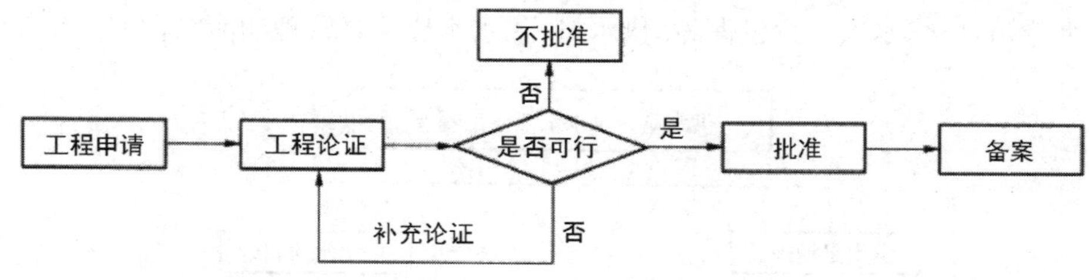

图7–39　新建供水工程的申请和审批业务流程

2. 已建供水工程管理业务流程

已建供水工程管理业务流程主要包括已建供水工程管理信息的录入、编辑、提交、审核、汇总、上报和备案7个环节。已建供水工程管理业务流程如图7–40所示。

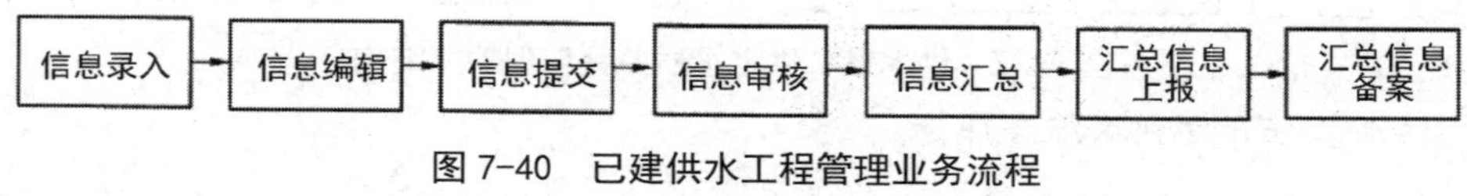

图7–40　已建供水工程管理业务流程

3. 供水量、供水水质监督管理业务流程

供水量、供水水质监督管理业务主要是对供水工程建设中供水量和供水水质实施监督与管理，并借助GIS平台，全面反映供水工程中供水量和供水水质的动态变化。供水量、供水水质监督管理业务流程如图7–41所示。

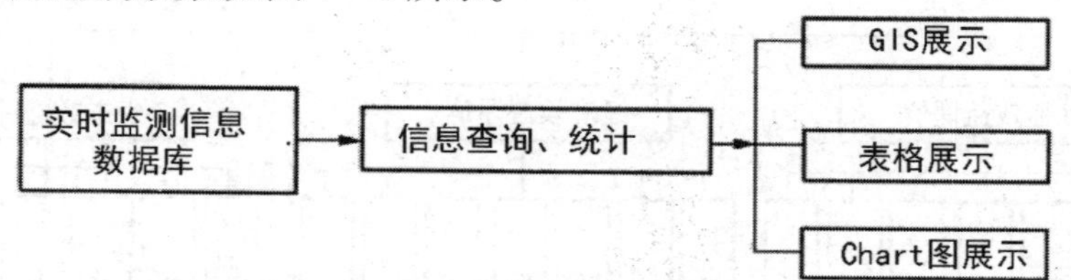

图7–41　供水量、供水水质监督管理业务流程

4. 供水工程开发利用综合评价业务流程

供水工程开发利用综合评价业务主要是针对供水工程进行综合评价，完成评价报告，经专家评审后定稿并备案。供水工程开发利用综合评价业务流程如图7–42所示。

图7–42　供水工程开发利用综合评价业务流程

六、水资源论证管理

（一）功能需求

新建、改建、扩建的取水建设项目，年取水量在一定数量以上的，申请人应当按照水利部和国家发展改革委发布的《建设项目水资源论证管理办法》，委托有相应建设项目水资源论证资质的单位进行论证，编制建设项目水资源论证报告书，并申请水行政主管部门组织专家审查，审查合格后，方可建设取水工程，工程验收合格后，予以办理取水许可证。

水资源论证管理包括：水资源论证资质管理，论证报告书评审专家管理，论证报告书审查与批复管理。水资源论证管理系统功能结构如图 7–43 所示。

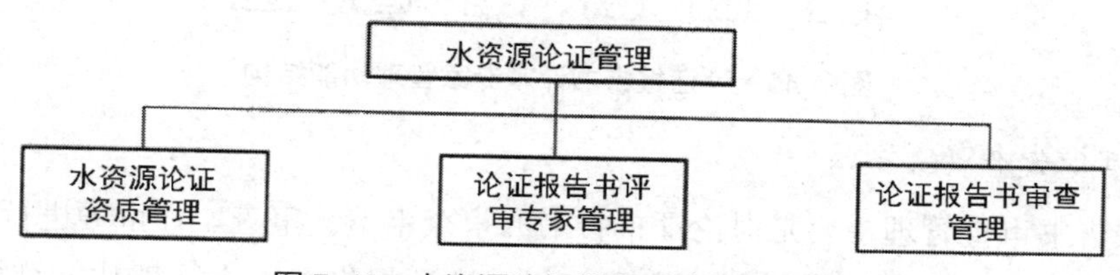

图 7–43　水资源论证管理系统功能结构

1. 水资源论证资质管理

水资源论证资质管理主要包括现有水资源论证资质年检、变更、撤销等情况的查询。水资源论证资质管理功能结构如图 7–44 所示。

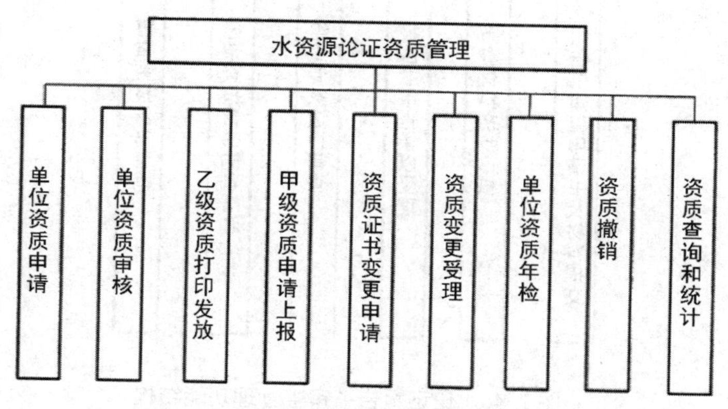

图 7–44　水资源论证资质管理功能结构

2. 论证报告书评审专家管理

建立水资源论证报告书评审专家库，对评审专家申请、审核、续聘、解聘等进行信息化管理。论证报告书评审专家管理功能结构如图 7–45 所示。

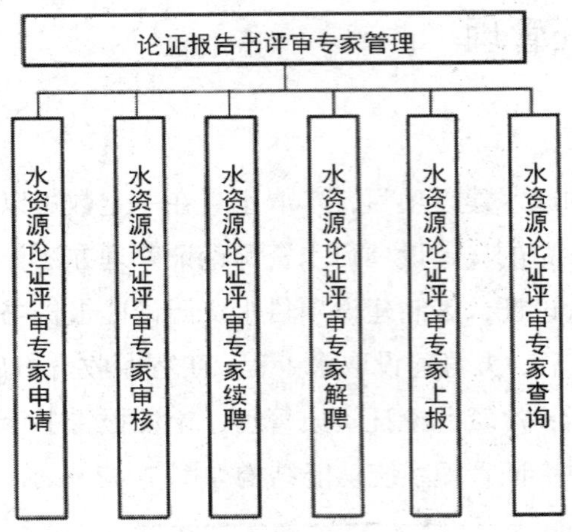

图 7-45　论证报告书评审专家管理功能结构

3. 论证报告书审查管理

论证报告书审查管理主要是对论证报告书的审查申请、审查、评审等进行计算机自动管理。同时，对已审查报告书进行备案和上报。论证报告书审查管理功能结构如图 7–46 所示。

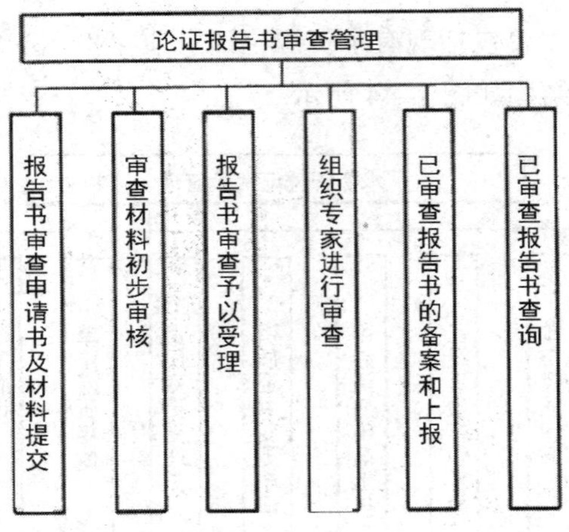

图 7-46　论证报告书审查管理功能结构

（二）业务流程

1. 水资源论证资质管理业务流程

水资源论证资质管理业务流程包括水资源论证资质申请流程、变更流程及年检流程。水资源论证资质管理业务流程如图 7–47 所示。

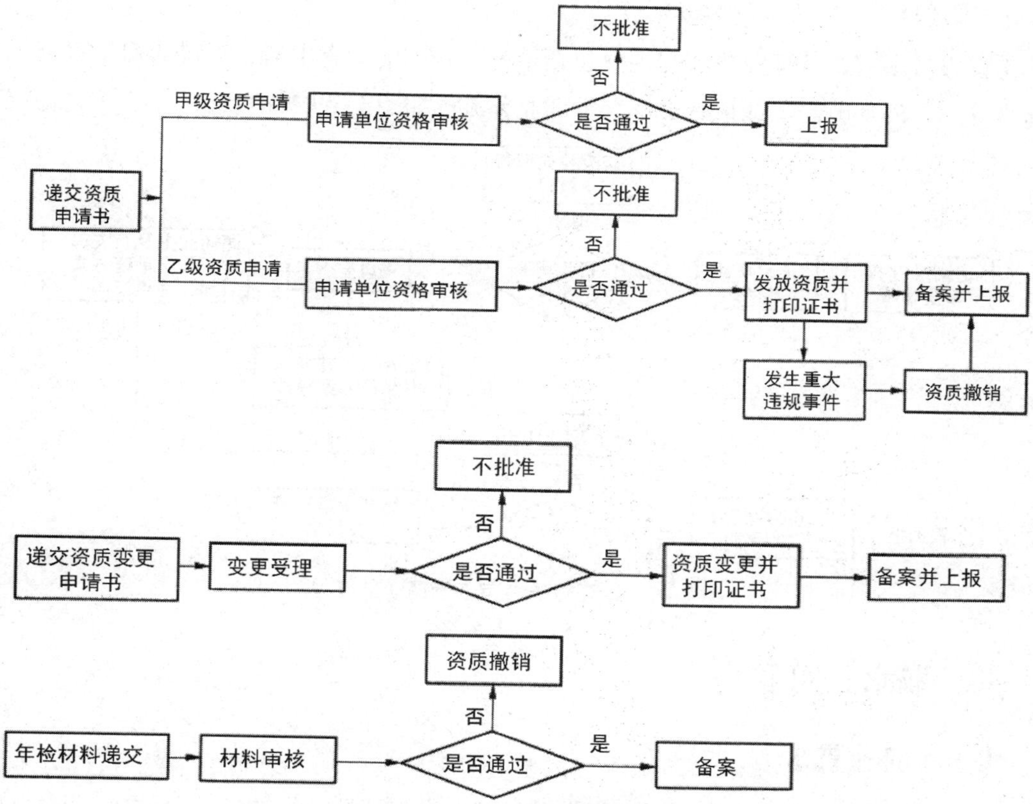

不批准
否
甲级资质申请
申请单位资格审核
是否通过
是
上报
递交资质申请书
不批准
否
乙级资质申请
申请单位资格审核
是否通过
是
发放资质并打印证书
备案并上报
发生重大违规事件
资质撤销
不批准
否
递交资质变更申请书
变更受理
是否通过
是
资质变更并打印证书
备案并上报
资质撤销
否
年检材料递交
材料审核
是否通过
是
备案

图 7-47　水资源论证资质管理业务流程

2．论证报告书评审专家管理业务流程

论证报告书评审专家管理业务流程主要负责审核评审专家申请书，经过对申请人的资格审查，决定是否批准聘用或续聘。论证报告书评审专家管理业务流程如图 7-48 所示。

不批准
否
评审专家申请书提交
申请人资格审查
是否通过
是
记录并发放聘书
备案并上报
发生严重违规事件
资格撤销
不予续聘
否
评审专家续聘申请书提交
材料审核
是否通过
是
记录并发放聘书

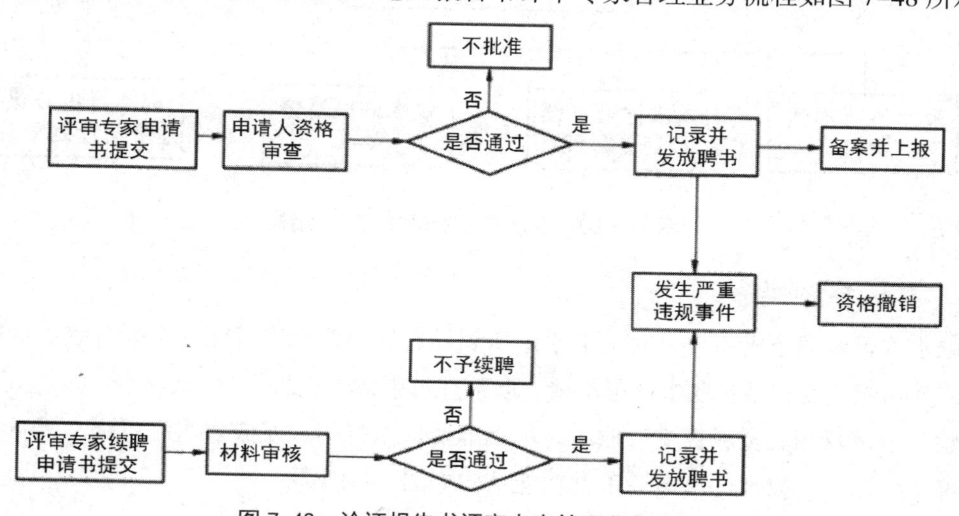

图 7-48　论证报告书评审专家管理业务流程

3. 论证报告书审查管理业务流程

论证报告书审查管理业务流程主要包括论证报告书的审查申请、资料的初步审查、专家评审等一系列环节。论证报告书审查管理业务流程如图 7–49 所示。

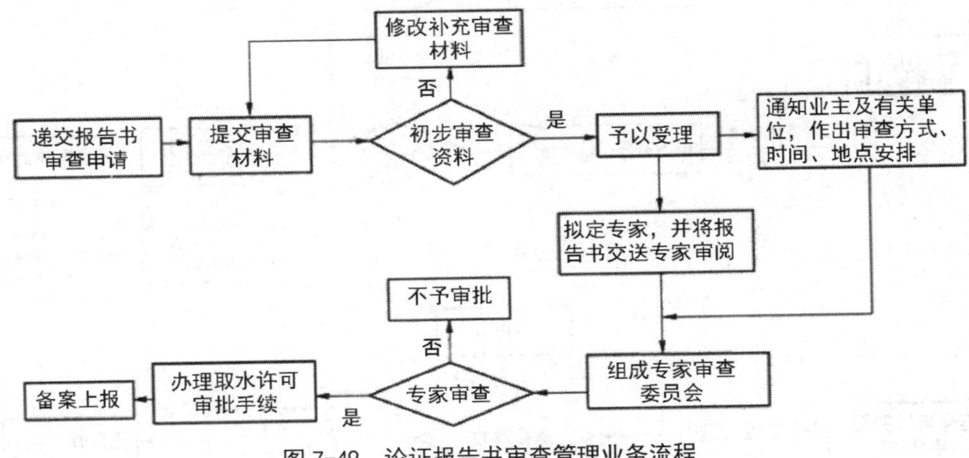

图 7–49　论证报告书审查管理业务流程

七、取水许可管理

（一）功能需求

取水许可管理，实现水资源行政审批项目中取水许可证审批的办公自动化。取水许可管理包括：取水许可申请审批、延续变更管理，取水许可监督管理、取水许可总量控制与计划管理等。取水许可管理系统功能结构如图 7–50 所示。

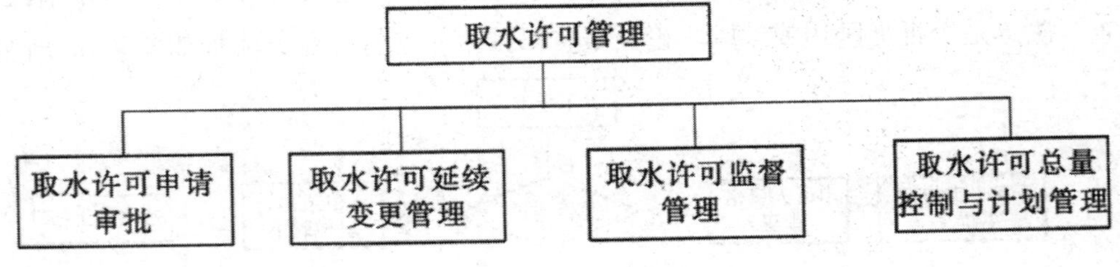

图 7 — 50　取水许可管理系统功能结构

1. 取水许可申请审批

取水许可申请审批主要是对从取水申请到最后发放取水许可证一系列行政审批程序的管理，其功能主要包括：取水许可申请、取水许可申请的受理、申请材料报送、申请审查、工程验收申请及相关资料提交、取水许可批准及证书打印、发放取水许可证上报备案、取水许可证统计等。取水许可申请审批功能结构如图 7–51 所示。

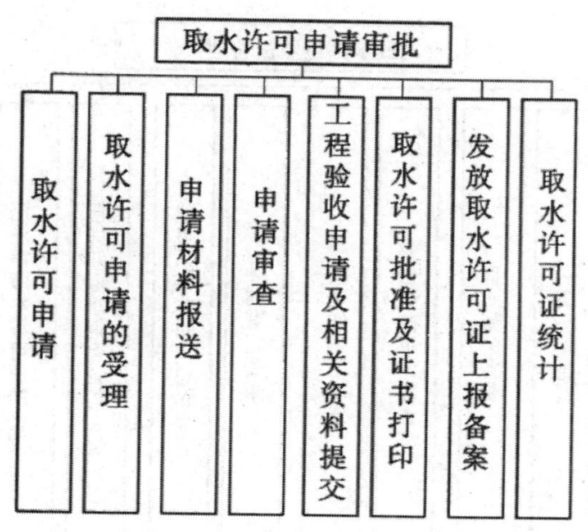

图 7-51　取水许可申请审批功能结构

2. 取水许可延续变更管理

取水许可延续变更管理系统可以实现取水许可延续、变更申请表的网上报送，受理结果的告知，延续变更批准文件的自动发送和打印，以及取水许可证的更换。取水许可延续变更管理功能结构如图 7-52 所示。

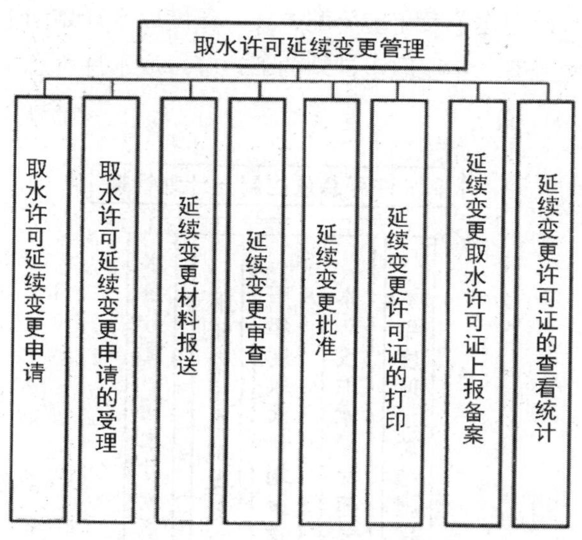

图 7-52　取水许可延续变更管理功能结构

3. 取水许可监督管理

取水许可监督管理主要包括对取水户计量设施进行检定，取水许可证的失效、注销、吊销、备案等管理工作。系统应能自动实现取水户的监测信息与批准水量的比对，对超许可水量的取水情况发出报警，自动发出警告通知书并限期整改，如若不改，发出处罚通知书，并进行处罚备案。取水许可监督管理功能结构如图 7-53 所示。

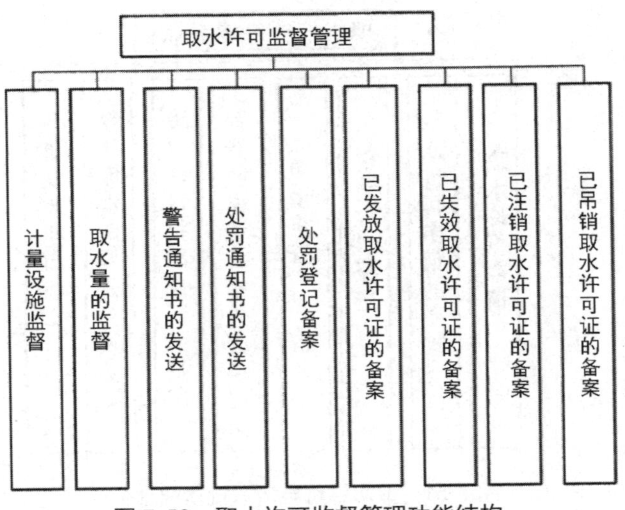

图 7–53　取水许可监督管理功能结构

4. 取水许可总量控制与计划管理

取水许可总量控制与计划管理包括取水许可总量控制和取水计划管理两方面。取水许可总量控制主要是对取水户年度取水情况进行总结和审查，取水计划管理主要是下达取水户下年度取水计划。通过系统实现取水户本年度取水总结及下年度取水计划网上报送，下级水行政主管部门取水计划建议及年度分配方案、年度取水计划向上级水行政主管部门网上报送，上级水量分配方案、年度取水计划的下达等。取水许可总量控制与计划管理功能结构如图 7–54 所示。

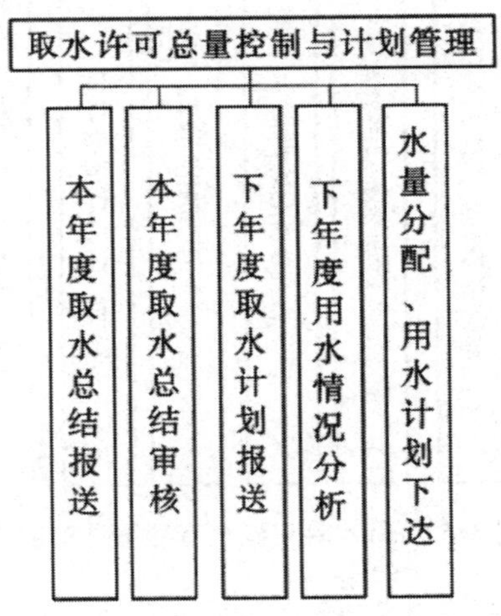

图 7–54　取水许可总量控制与计划管理功能结构

（二）业务流程

1. 取水许可申请审批业务流程

取水许可申请审批业务流程主要包括对提出取水申请的工程进行资格审查、现场勘察及工程验收。取水许可申请审批业务流程如图 7–55 所示。

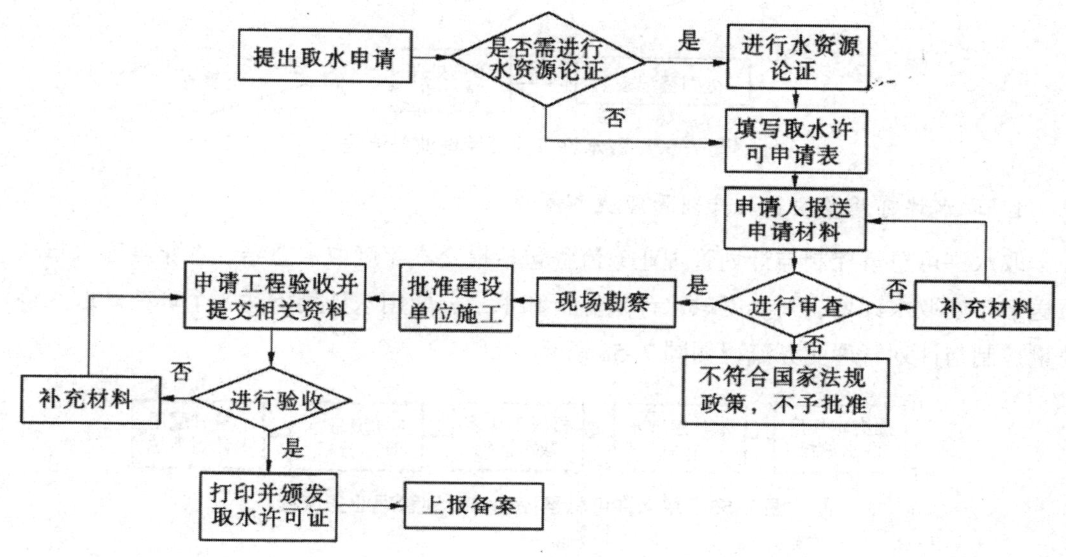

图 7–55　取水许可申请审批业务流程

2. 取水许可延续变更管理业务流程

取水许可延续变更管理业务流程包括提出申请、材料审查、审批许可和上报备案等环节。取水许可延续变更管理业务流程如图 7–56 所示。

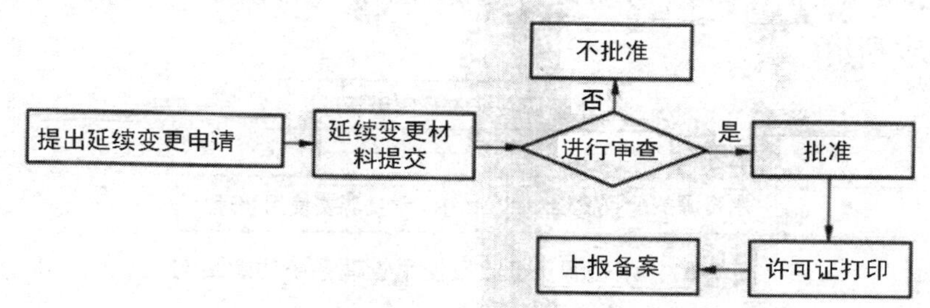

图 7–56　取水许可延续变更管理业务流程

3. 取水许可监督管理业务流程

取水许可监督管理业务流程主要包括取水量监测、针对超出批准水量发出警报、下发警报通知书并限期整改、针对不整改情况下达处罚通知书并将其登记备案等环节。取水许可监督管理业务流程如图 7–57 所示。

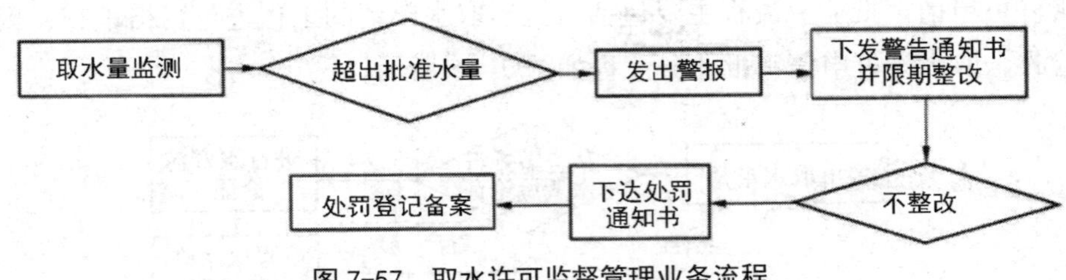

图 7-57　取水许可监督管理业务流程

4. 取水许可总量控制与计划管理业务流程

取水许可总量控制与计划管理业务流程包括提交本年度取水总结、本年度取水审核、报送下年度取水计划、下年度取水计划分析和水量分配用水计划下达 5 个环节。取水许可总量控制与计划管理业务流程如同 7–58 所示。

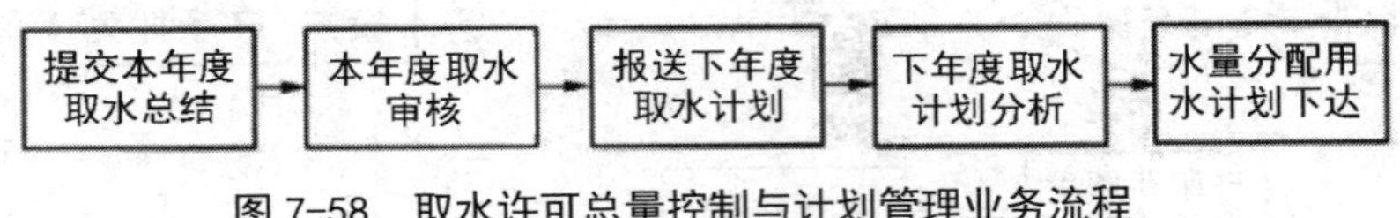

图 7-58　取水许可总量控制与计划管理业务流程

八、水资源费征收及使用管理

（一）功能需求

水资源费征收及使用管理是为规范水资源费征收及使用中日常的管理工作设计的。主要功能包括水资源费征收管理、水资源费使用管理等。水资源费征收及使用管理系统功能结构如图 7–59 所示。

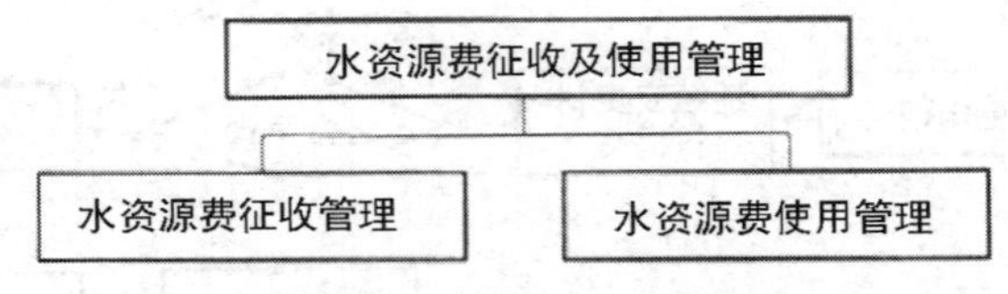

图 7-59　水资源费征收及使用管理系统功能结构

1. 水资源费征收管理

建立网上水资源费征收管理系统，充分利用网络的便利条件，实现水资源费征收智能化、信息化。主要功能包括取水量核算、水资源费核算、取水户缴纳水资源费、水资源费上缴等内容。水资源费征收管理功能结构如图 7–60 所示。

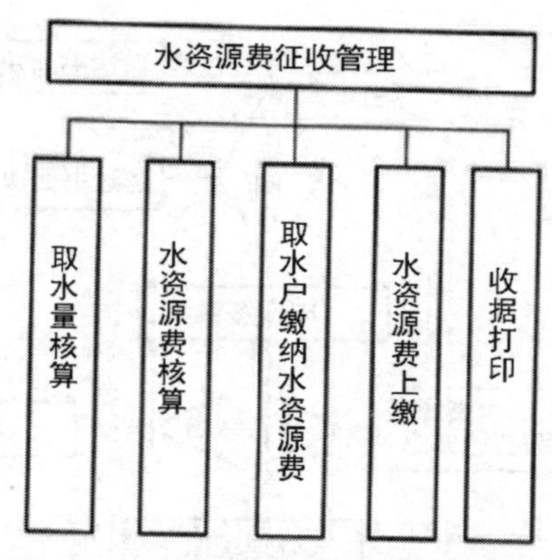

图 7-60　水资源费征收管理功能结构

2. 水资源费使用管理

水资源费使用管理主要是按照水资源费分配比例，上缴水资源费，并登记水资源费使用情况和对每年水资源费使用情况进行年度总结。水资源费使用管理功能结构如图 7-61 所示。

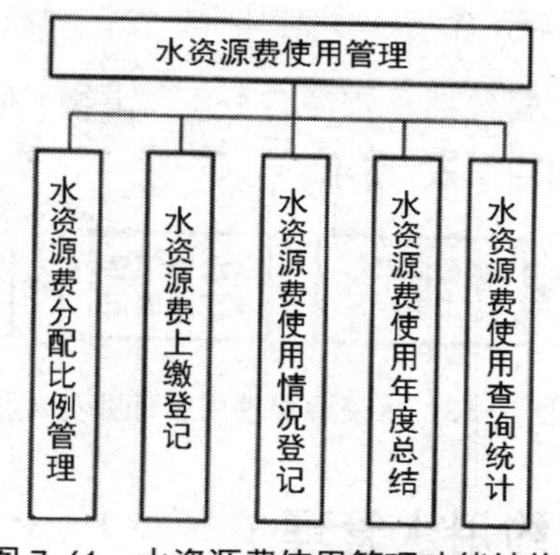

图 7-61　水资源费使用管理功能结构

（二）业务流程

1. 水资源费征收管理业务流程

水资源费征收管理业务主要是根据取水量核算水资源费，再发送水资源费缴费通知书，对水资源费征收进行综合管理。水资源费征收管理业务流程如图 7-62 所示。

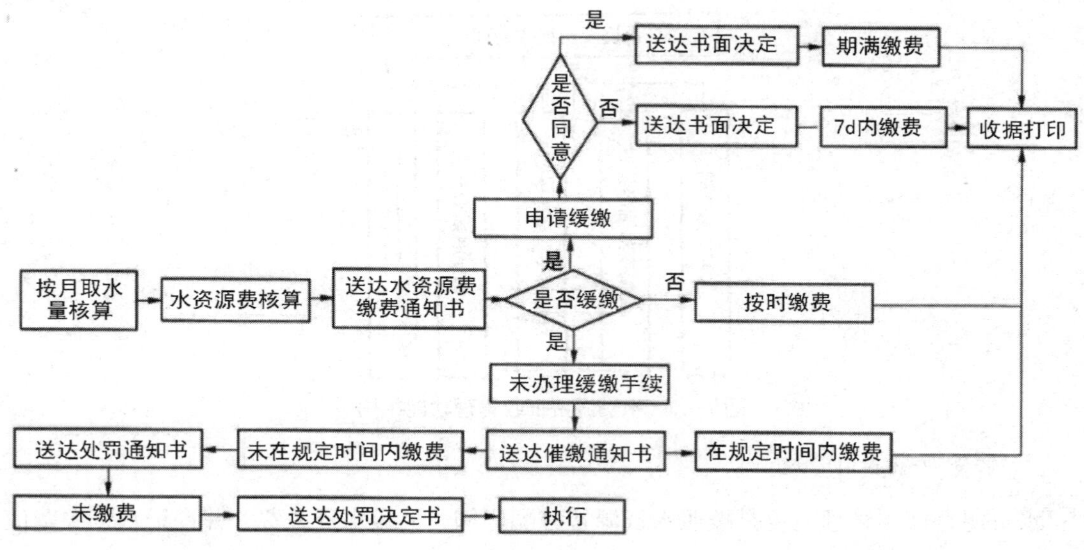

图 7-62　水资源费征收管理业务流程

2. 水资源费使用管理业务流程

水资源费使用管理业务主要包括水资源费分配、上缴、使用登记和年度总结 4 个环节。水资源费使用管理业务流程如图 7-63 所示。

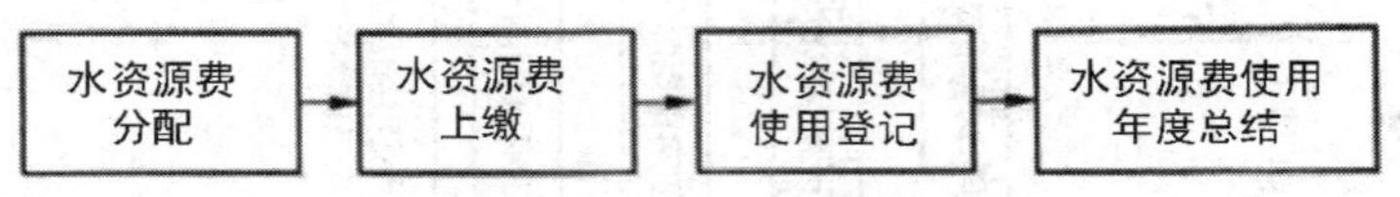

图 7-63　水资源费使用管理业务流程

九、计划用水与节约用水管理

（一）功能需求

计划用水与节约用水管理包括：行业用水定额制定，用水计划、用水计量、供水水价管理，节水方案和措施管理，节水指标体系管理，节水产品及认证管理，节水型社会建设等。计划用水与节约用水管理系统功能结构如图 7-64 所示。

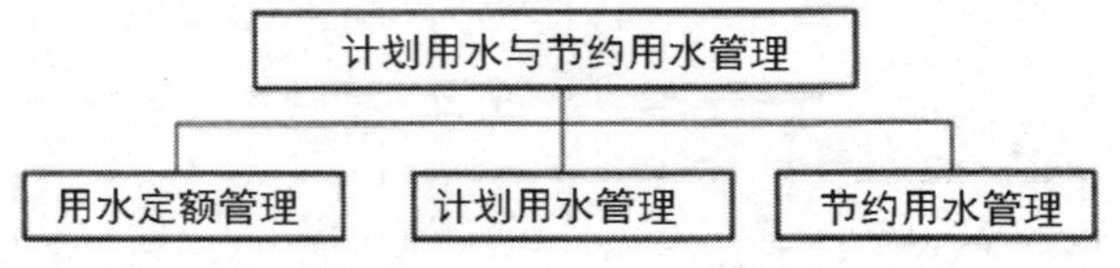

图 7-64　计划用水与节约用水管理系统功能结构

1. 用水定额管理

用水定额管理主要是根据水地实际水资源情况，制定当地用水定额标准，并报水利部、所在流域机构备案。用水定额管理功能结构如图 7–65 所示。

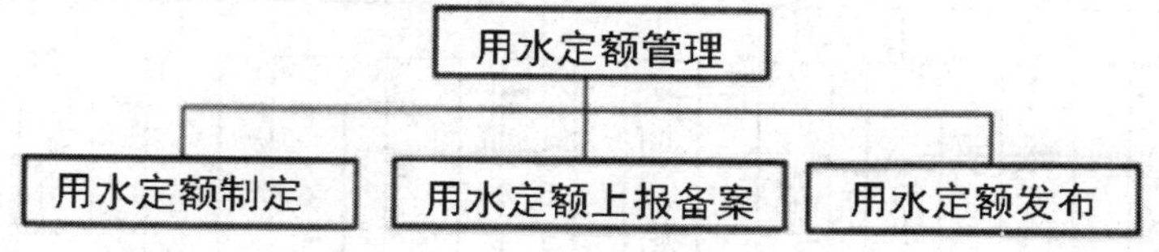

图 7–65　用水定额管理功能结构

2. 计划用水管理

计划用水管理是水行政主管部门的一项重要工作，主要完成当地用水定额编制、调配和监督执行。

计划用水管理包括：现状用水水平分析、用水定额编制、用水计划调整、用水管理制度制定与监督执行、用水效率统计分析等。

计划用水管理功能结构如图 7–66 所示。

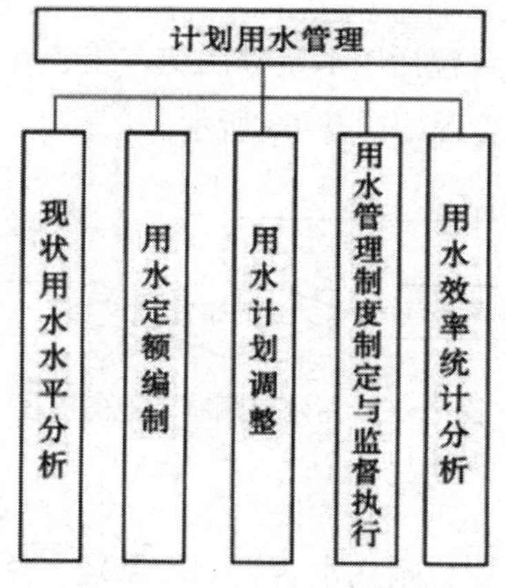

图 7–66　计划用水管理功能结构

3 节约用水管理

节约用水管理包括带水方案和措施管理、节水指标体系管理、节水产品及认证管理、节水型社会建设、节水潜力分析、节水项目管理、节水技术和设备器具推广、节水考核管理、节水监督管理、节水评价管理、节水知识普及与宣传交流、节约用水奖励等。节约用水管理功能结构如图 7–67 所示。

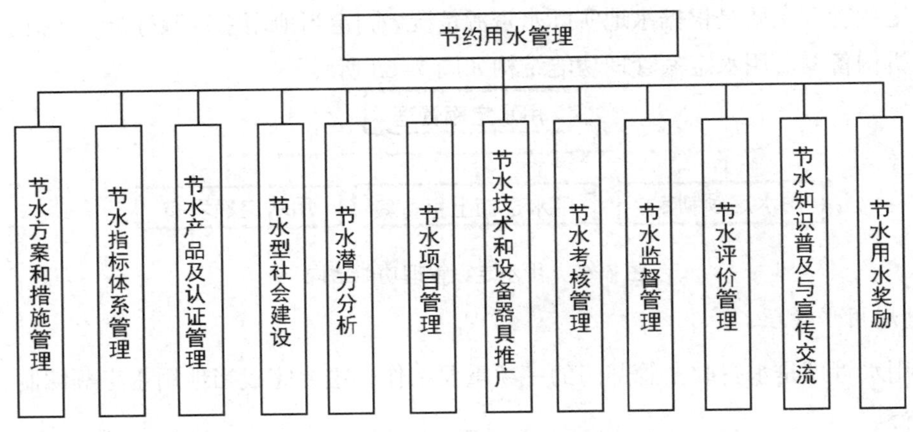

图 7-67　节约用水管理功能结构

（二）业务流程

1. 用水定额制定业务流程

用水定额制定业务流程主要包括用水定额制定、组织专家评审、审查、批准和上报备案等环节。用水定额制定业务流程如图 7-68 所示。

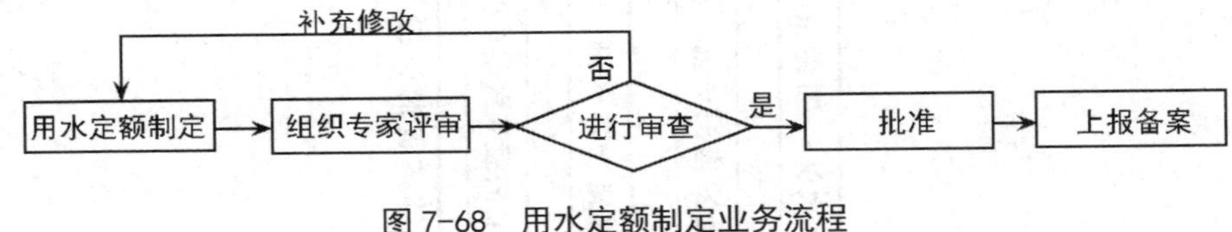

图 7-68　用水定额制定业务流程

2. 计划用水管理流程

计划用水管理业务流程主要包括用水管理制度制定、用水定额编制、用水定额下达用水户、用水计划审核 . 用水水平分析及用水效率分析等环节。计划用水管理业务流程如图 7-69 所示。

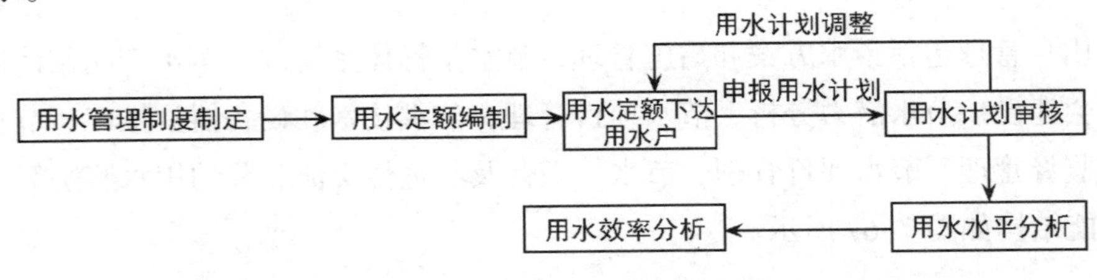

图 7-69　计划用水管理业务流程

3. 节约用水管理业务流程

节约用水管理业务流程主要包括节水工程申报、工程审核、各级领导审定、项目评估、工程验收、节水评价等一系列环节。节约用水管理业务流程如图 7-70 所示。

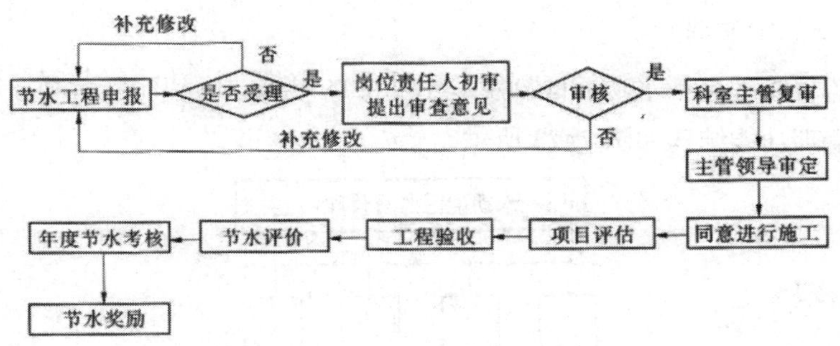

图 7–70　节约用水管理业务流程

十、水功能区管理

（一）功能需求

水功能区管理包括：掌握已划定水功能区（包括地下水功能区）基本信息，实施水功能区监督管理，制定水体纳污总量控制方案，开展水功能实时监测动态管理。水功能区管理系统功能结构如图 7–71 所示。

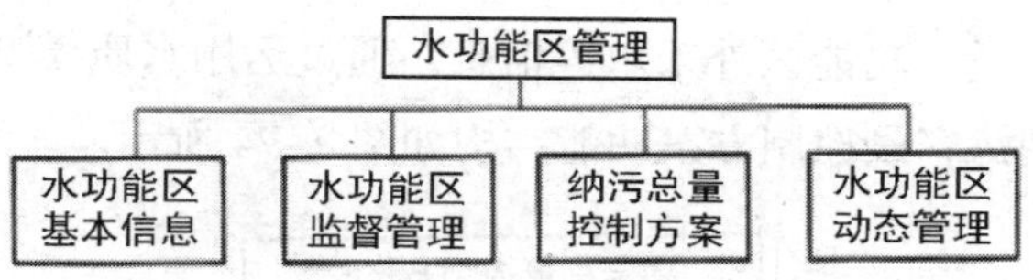

图 7–71　水功能区管理系统功能结构

1. 水功能区基本信息

水功能区基本信息主要是按照水功能区划分标准，采用 GIS 技术对各级各类水功能区分布、名称、范围、现状水质、功能、保护目标、人口、取水量等基本信息进行动态查询和管理，可实现分类信息图形显示和浏览、统计查询和统计定位、数据维护、图表输出、数据上报等功能。水功能区基本信息功能结构如图 7–72 所示。

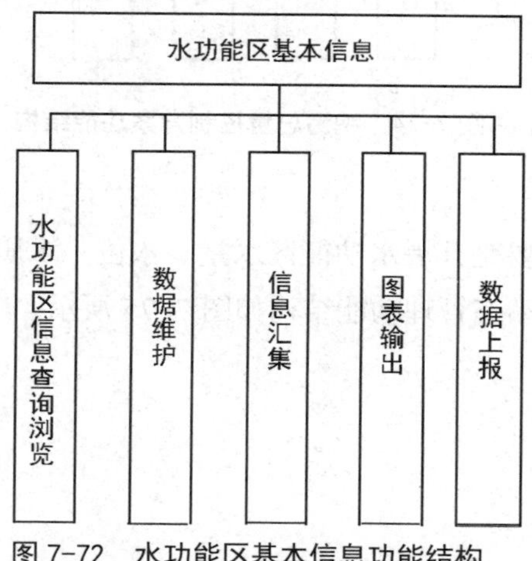

图 7–72　水功能区基本信息功能结构

2. 水功能区监督管理

水功能区监督管理包括水功能区划定、水功能区审核、水功能区备案、数据上报等。水功能区监督管理功能结构如图 7–73 所示。

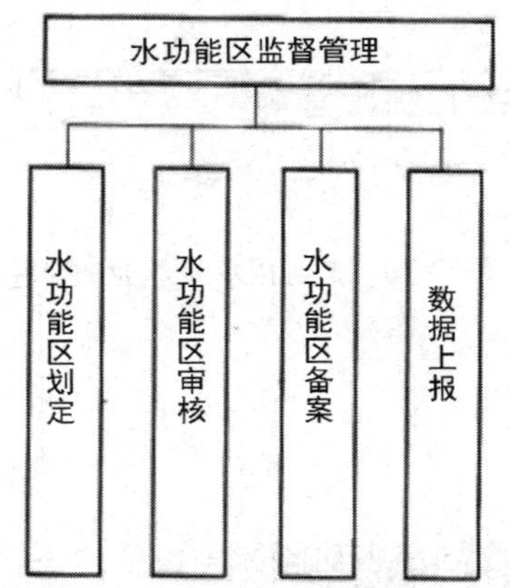

图 7–73　水功能区监督管理功能结构

3. 纳污总量控制方案

综合各排污口排污量、功能区外来水等信息，通过运用水质模型，提出功能区污染物纳污总量控制方案。纳污容量控制方案功能结构如图 7–74 所示。

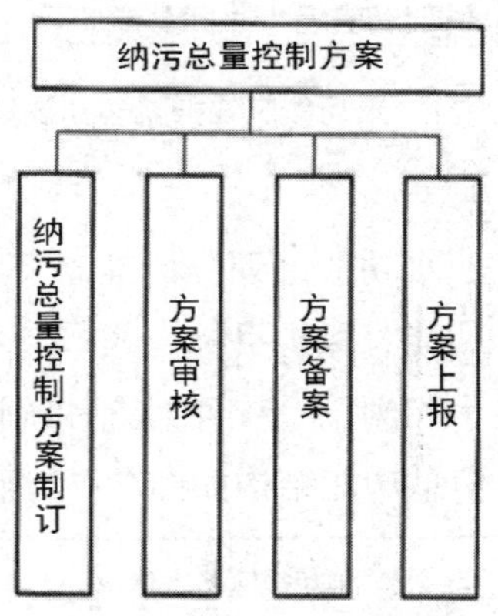

图 7–74　纳污总量控制方案功能结构

4. 水功能区动态管理

水功能区动态管理主要是开展水功能区水量、水位、水质动态监测，严格执行污染物纳污总量控制。水功能区动态管理功能结构如图 7–75 所示。

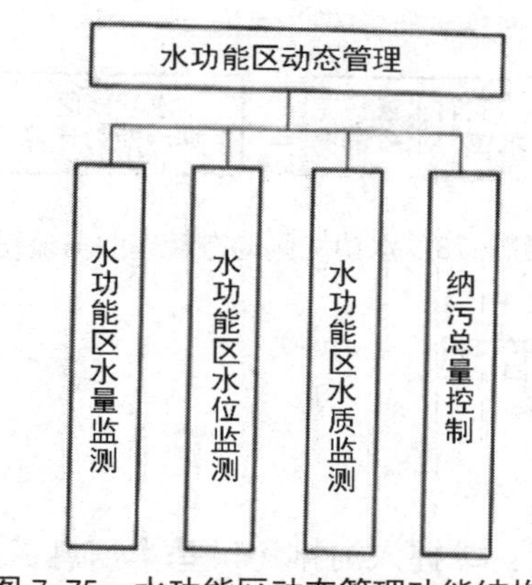

图 7-75 水功能区动态管理功能结构

（二）业务流程

1. 水功能区监督管理业务流程

水功能区监督管理业务流程主要包括水功能区划定、专家审核、批准、备案及监测等环节。水功能区监督管理业务流程如图 7-76 所示。

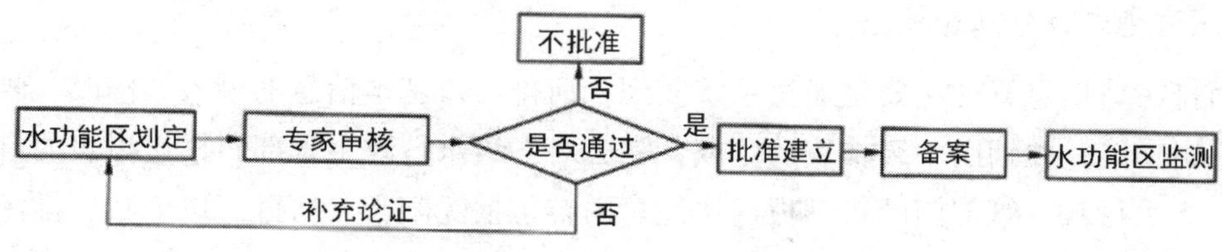

图 7-76 水功能区监督管理业务流程

2. 纳污总量控制方案制订业务流程

纳污总量控制办案制订业务流程主要包括水功能区信息监测、模型演算、方案生成、方案审核、方案确定和方案备案等环节。纳污总量控制方案制订业务流程如图 7-77 所示。

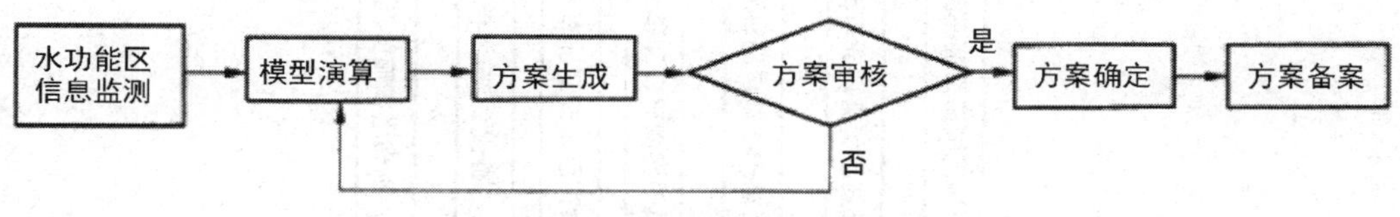

图 7-77 纳污总量控制方案制订业务流程

3. 水功能区动态管理业务流程

水功能区动态管理业务流程主要是针对实时水量、水位、水质情况，计算水功能区纳污能力，并执行纳污总量控制。水功能区动态管理业务流利如图 7-78 所示。

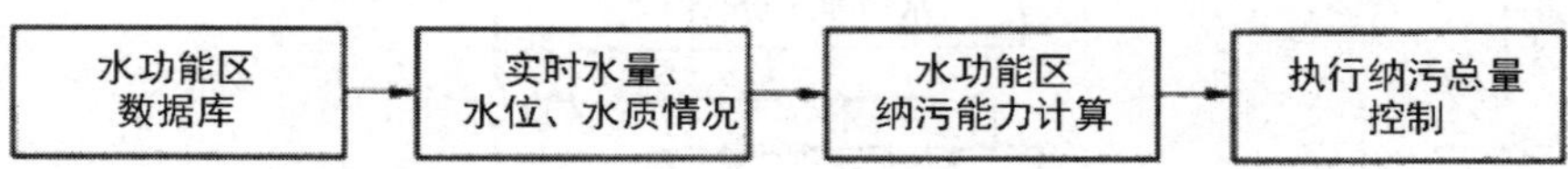

图 7-78　水功能区动态管理业务流程

十一、入河排污口管理

（一）功能需求

入河排污口管理功能包括：掌握入河排污口基本信息，开展入河排污口设置审批及入河排污口动态监督管理等。入河排污口管理系统功能结构如图 7-79 所示。

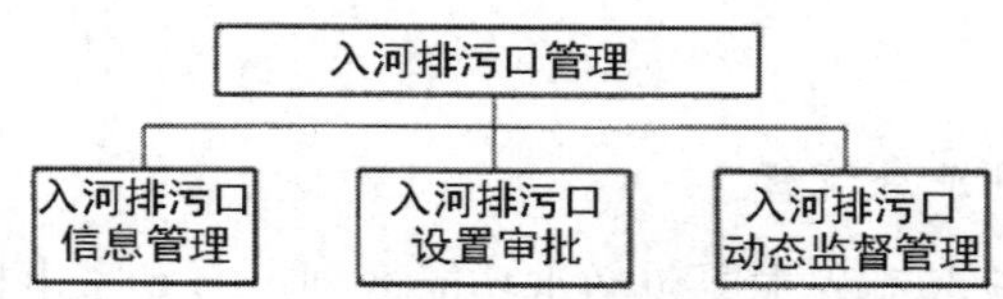

图 7-79　入河排污口管理系统功能结构

1. 入河排污口信息管理

入河排污口信息管理主要是通过系统实现入河排污口基本信息的录入、修改、删减、保存等编辑功能，并辅助本级报表的生成，完成对下级水行政主管部门报送报表的自动汇总、向上级水行政主管部门的自动报送。汇总内容包括沈阳市入河排污口个数、排污量、污染物含量、设置单位等信息。入河排污口信息管理功能结构如图 7-80 所示。

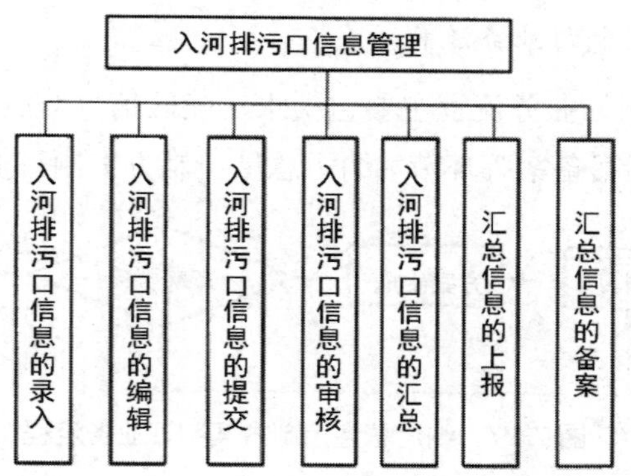

图 7-80　入河排污口信息管理功能结构

2. 入河排污口监督管理

入河排污口监督管理主要是对备案的入河排污口水质、排污量动态监测，同时根据规定的审批权限，对排污口组织年审等。入河排污口监督管理功能结构如图 7-81 所示。

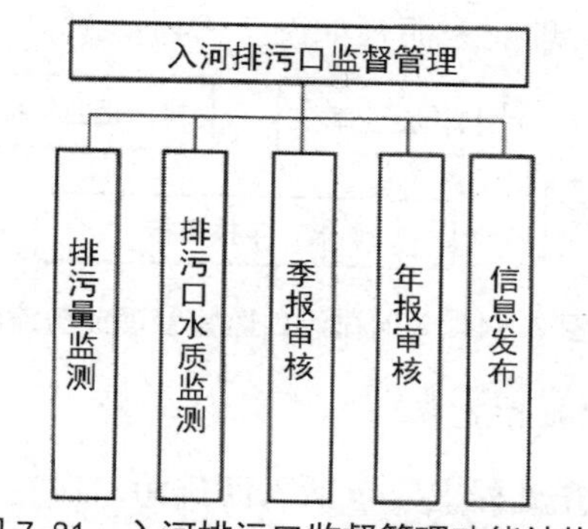

图 7-81　入河排污口监督管理功能结构

3. 入河排污口设置审批

入河排污口设置审批主要是入河排污口从设置申请到审查批复整个流程的操作过程。首先排污单位根据本单位基本情况提交排污口设置申请及相关资料，待相关部门登记受理后，进行排污口设置审批并发布入河排污口设置信息。入河排污口设置审批功能结构如图 7-82 所示。

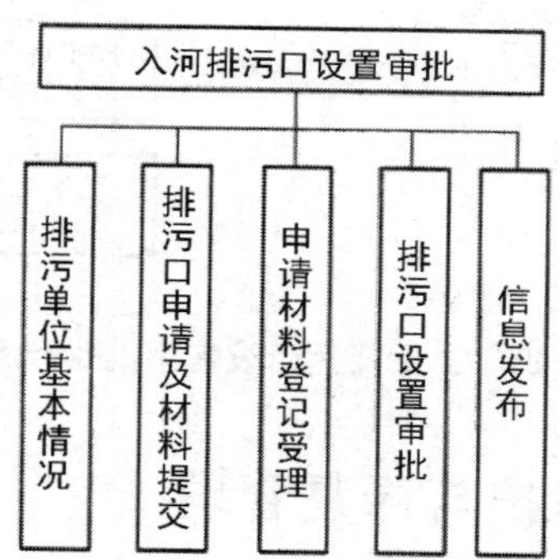

图 7-82　入河排污口设置审批功能结构

（二）业务流程

1. 入河排污口信息管理业务流程

入河排污口信息管理业务流程主要包括信息录入、编辑、提交、审核、汇总、上报和备案等环节。入河排污口信息管理业务流程如图 7-83 所示。

图 7-83　入河排污口信息管理业务流程

2. 入河排污口监督管理业务流程

入河排污口监督管理业务流程主要包括排污量和水质监测、季报和年报审核、信息公布等环节。入河排污口监督管理业务流程如图 7–84 所示。

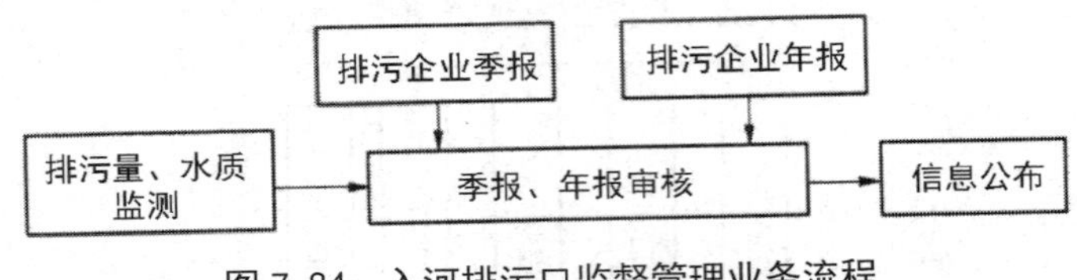

图 7–84　入河排污口监督管理业务流程

3. 入河排污口设置审批业务流程

入河排污口设置审批业务流程主要包括入河排污口设置申请书及相关资料提交、管理部门审查、提出许可决定意见并制定许可决定文书、公示许可决定等环节。入河排污口设置审批业务流程如图 7–85 所示。

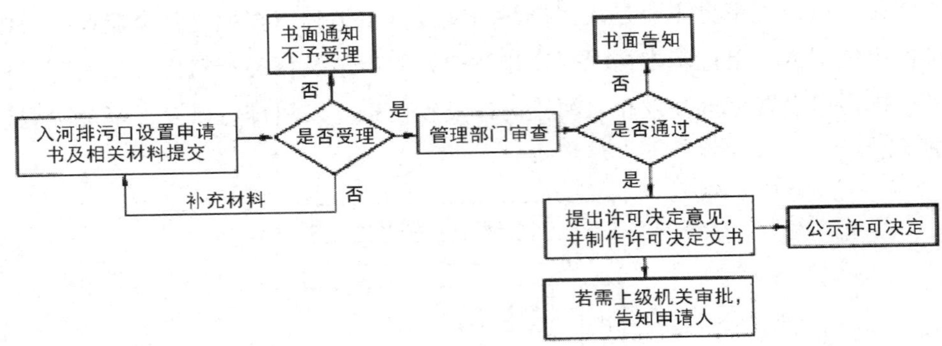

图 7–85　入河排污口设置审批业务流程

十二、水生态系统保护与修复管理

（一）功能需求

水生态系统保护与修复管理包括：掌握水生态系统基本信息、编制水生态保护与修复规划、水生态系统保护与修复工程信息，开展水生态系统保护与修复试点管理。水生态系统保护与修复系统功能结构如图 7–86 所示。

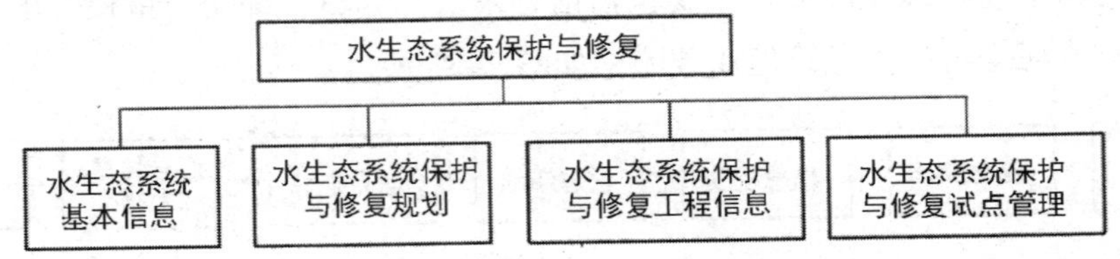

图 7–86　水生态系统保护与修复系统功能结构

1. 水生态系统基本信息汇总上报

水生态系统基本信息汇总上报主要是反映沈阳市水生态现状情况，其主要功能结构包括水生态系统基本信息录入、审核、汇总、报表打印及上报等。汇报的信息主要包括自然环境信息、水环境信息、水资源信息、水环境保护现状、河流开发现状、河流污染现状、河道工程状况、城市污水治理状况等信息。水生态系统基本信息汇总上报功能结构如图7–87所示。

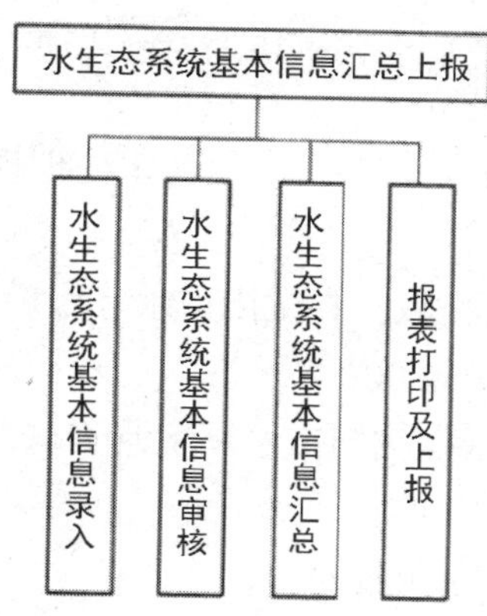

图 7–87　水生态系统基本信息汇总上报功能结构

2. 水生态系统保护与修复规划

水生态系统保护与修复规划包括规划的提交、审核、审批、发布等功能。规划内容包括污染负荷和环境影响预测、水资源及水环境承载力研究、水系建设及保护规划方案、水资源保护及开发利用规划方案、城镇污水处理及资源化规划方案、水环境生态修复与景观建设规划方案、水环境监控与管理规划方案等。水生态系统保护与修复规划功能结构如图7–88所示。

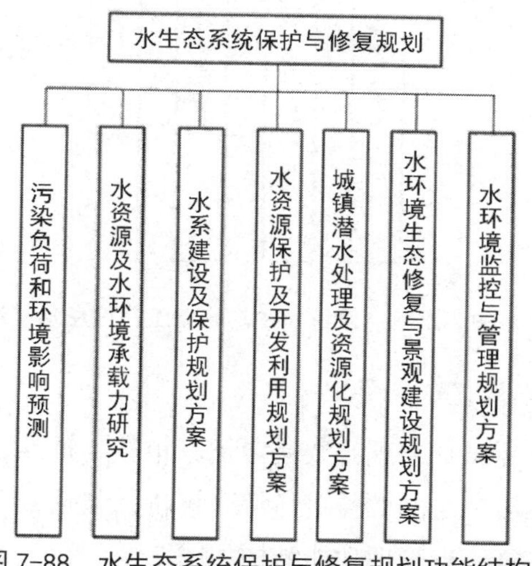

图 7–88　水生态系统保护与修复规划功能结构

污染负荷和环境影响预测：主要是预测沈阳市在一定社会经济发展水平的条件下，化学耗氧量、氨氮的排放总量及其对环境产生的影响。预测方法以模型预测为主。

水资源及水环境承载力研究：主要是通过运用水资源承载力模型和水环境承载力模型分别计算沈阳市现状、规划水平年的水资源需求量和水环境承载能力。

水系建设及保护规划：就是针对水体和水系空间的利用和保护，规范利用和保护城市水系的行为，保证城市水系综合功能持续高效的发挥，促进城市的健康发展。

水资源保护及开发利用规划：主要是在水资源供需平衡的基础上，提出近期、中远期的水资源开发利用措施和保护对策。

城镇污水处理及资源化规划：在分析城镇污水处理现状的基础上，提出城镇污水处理厂建设规划和城市污水回用规划。

水环境生态修复与景观建设规划：在沈阳市水环境现状分析及生态系统评价的基础上，展示水环境生态修复与景观建设规划成果。

水环境监控与管理规划：根据沈阳市水环境监测与管理现状分析，提出水环境监控规划和水环境管理措施。

3. 水生态系统保护与修复工程信息

水生态系统保护与修复工程信息主要包括自然保护区、森林公园、风景名胜区、国家生态示范区、防风固沙生态功能保护区等地区的水生态系统现状和规划的水生态保护与修复工程信息。水生态系统保护与修复工程信息系统功能包括工程信息录入、审核、汇总、报表打印及上报。水生态系统保护与修复工程信息功能结构如图 7-89 所示。

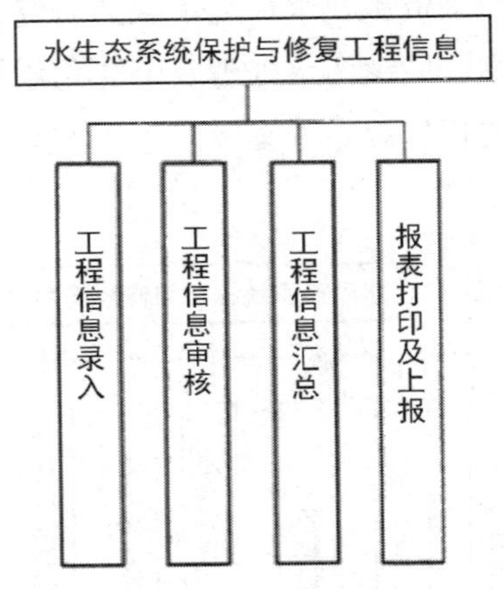

图 7-89　水生态系统保护与修复工程信息功能结构

4. 水生态系统保护与修复试点管理

水生态系统保护与修复试点管理主要是申请、审核、批准、展示水生态系统保护与修复试点工程。对工程建成后产生的效益进行综合评价，包括社会效益、经济效益、生态效益。水生态系统保护与修复试点管理功能结构如图 7-90 所示。

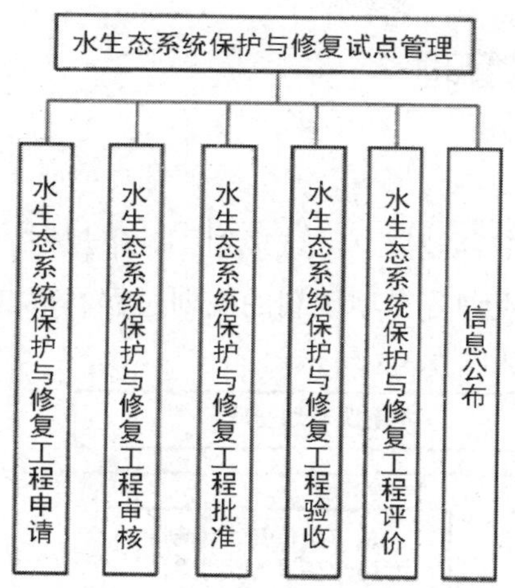

图 7-90　水生态系统保护与修复试点管理功能结构

（二）业务流程

1. 水生态系统保护与修复规划业务流程

水生态系统保护与修复规划业务流程主要包括水生态系统保护与修复规划制定、管理部门审查、组织专家评审、报政府批准、备案及公布等环节。水生态系统保护与修复规划业务流程如图 7-91 所示。

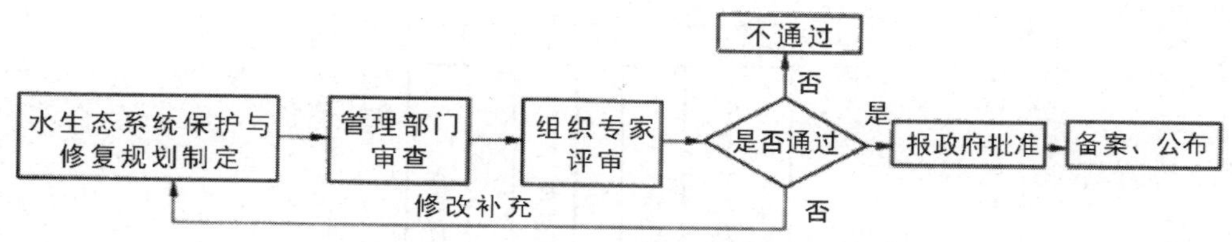

图 7-91　水生态系统保护与修复规划业务流程

2. 水生态系统保护与修复试点工程管理业务流程

水生态系统保护与修复试点工程管理业务流程主要包括水生态系统保护与修复试点工程申请、管理部门审查、组织专家评审、工程批准建设、工程验收、工程效率评价及信息公布等环节。水生态系统保护与修复试点工程管理业务流程如图 7-92 所示。

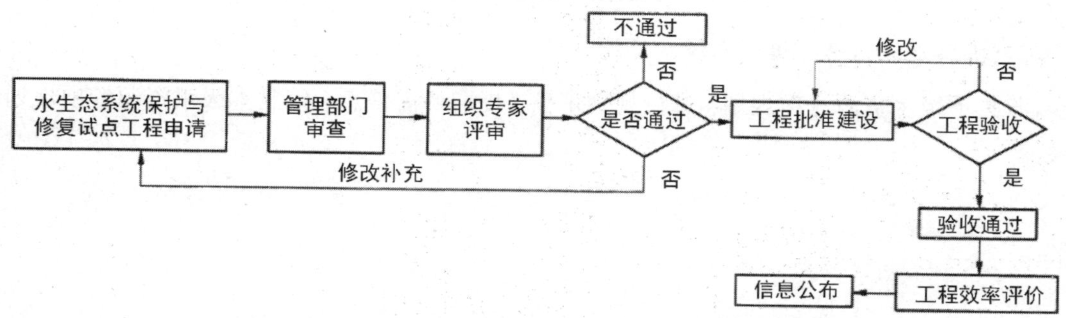

图 7-92　水生态系统保护与修复试点工程管理业务流程

十三、水资源规划管理

（一）功能需求

水资源规划管理包括对综合规划、区域规划、城市规划、水中长期供求计划、水资源开发利用和保护规划、节水规划等专项规划的规划过程、审批过程及规划成果的管理。水资源规划管理系统功能结构如图 7–93 所示。

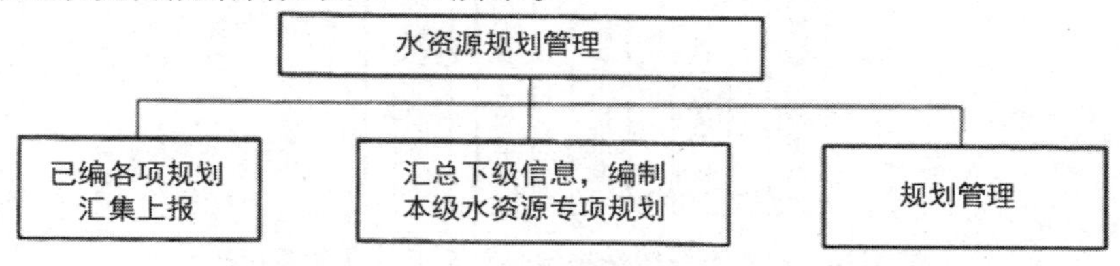

图 7–93　水资源规划管理系统功能结构

1. 已编各项规划汇集上报

对沈阳市已编各项规划进行整编、汇集，进行规划审核，向上级管理机构上报规划成果。已编各项规划汇集上报功能结构如图 7–94 所示。

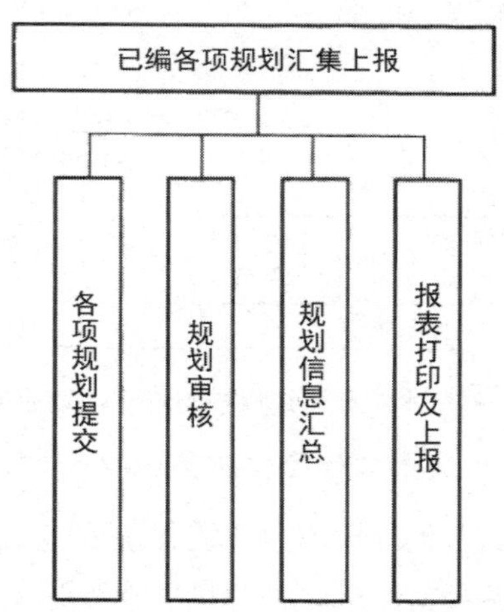

图 7–94　已编各项规划汇集上报功能结构

2. 汇总下级信息，编制本级水资源专项规划

收集下级水资源专项规划，进行规划审核，提取所需信息，编制本级水资源专项规划。

汇总下级信息，编制本级水资源专项规划功能结构如图 7–95 所示。

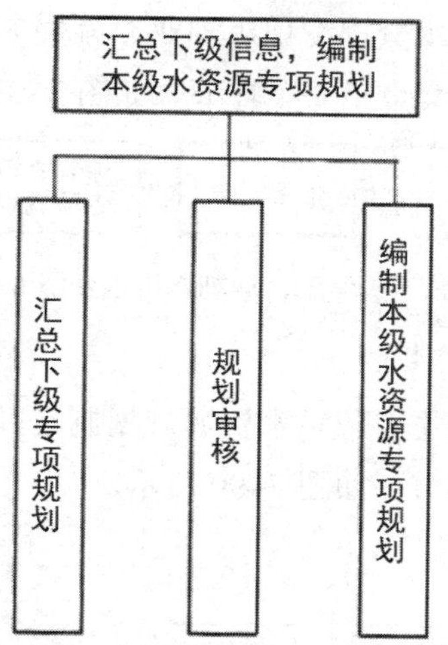

图 7–95　汇总下级信息，编制本级水资源专项规划功能结构

3. 水资源规划管理

水资源规划管理主要是对水资源专项规划进行审核、审查、批准、公示、备案等管理。水资源规划管理功能结构如图 7–96 所示。

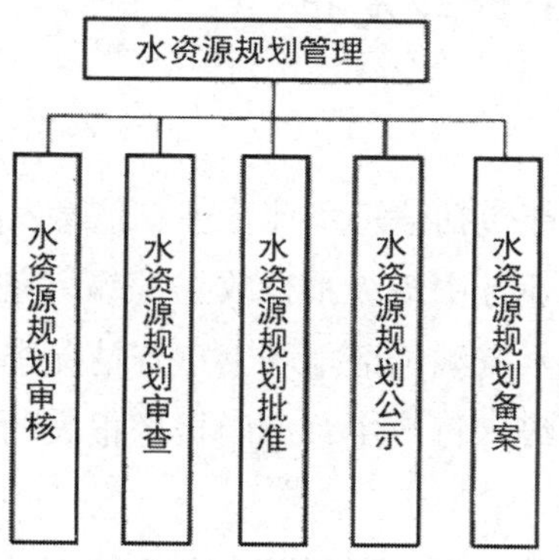

图 7–96　水资源规划管理功能结构

（二）业务流程

1. 已编各项规划汇集上报业务流程

已编各项规划汇集上报业务流程主要包括已编规划提交、信息汇总、汇总信息上报及备案 4 个环节，如图 7–97 所示。

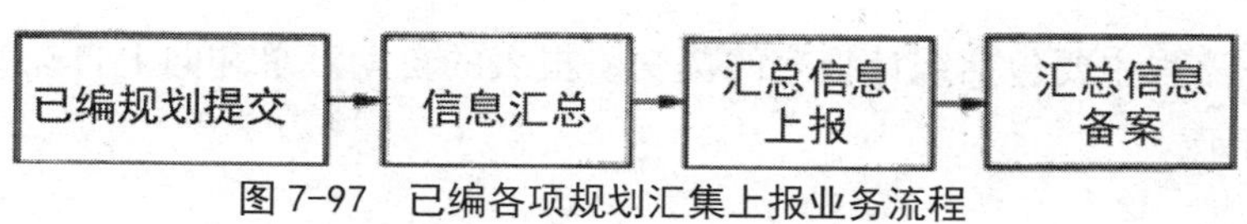

图 7–97　已编各项规划汇集上报业务流程

2. 汇总下级信息，编制本级水资源专项规划业务流程

汇总下级信息，编制本级水资源专项规划业务流程主要包括已编规划专项提交、信息汇总、编制本级专项规划和提交审核 4 个环节，如图 7–98 所示。

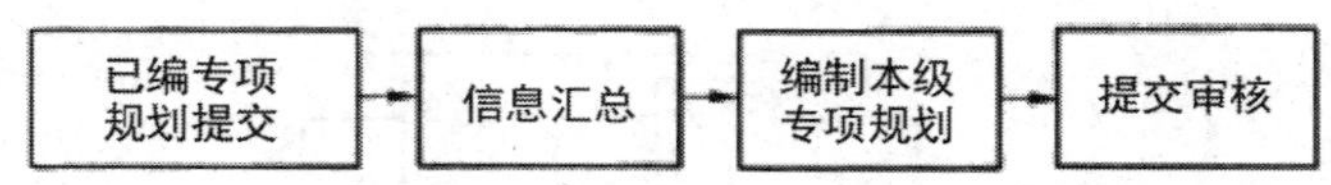

图 7–98　汇总下级信息，编制本级水资源专项规划业务流程

3. 水资源规划管理业务流程

水资源规划管理业务流程主要包括水资源规划制定、管理部门审查、组织专家评审、报政府批准、备案和公布等环节，如图 7–99 所示。

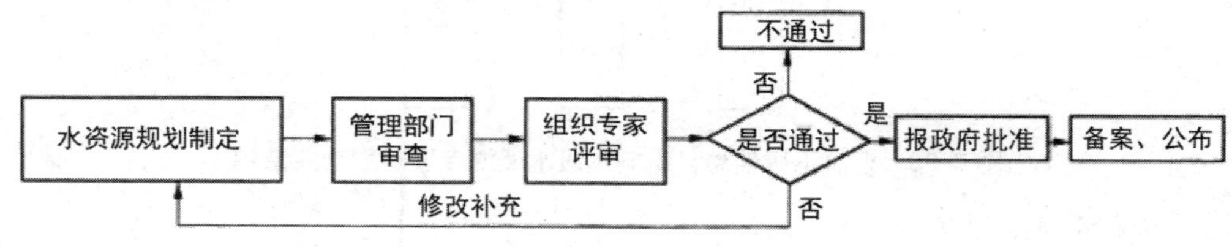

图 7–99　水资源规划管理业务流程

十四、水资源信息统计与发布

（一）功能需求

水资源信息统计与发布功能包括信息统计管理、信息发布管理等功能。

信息统计是指水资源管理业务中各级水行政主管部门完成的各种统计工作，包括水资源管理年报、水务管理年报、水资源论证报告书审查情况季报及年报等。通过系统实现辅助本级报表的生成，完成对下级水行政主管部门报送报表的自动汇总、向上级水行政主管部门的自动报送。

信息发布是指向社会发布的公报、通报及水利系统内部的工作简报等，包括水资源公报、地下水通报、水功能区质量状况通报、水资源简报、水资源工作信息等。通过系统实现对各种公报、通报中基础数据的上报、汇总、整理，完成公报、通报的编辑，完成内部工作简报的自动上报与下发。

（二）业务流程

1. 统计业务流程

统计业务流程主要包括统计报表的提交、报表的自动汇总和向上自动报送 3 个环节，如图 7–100 所示。

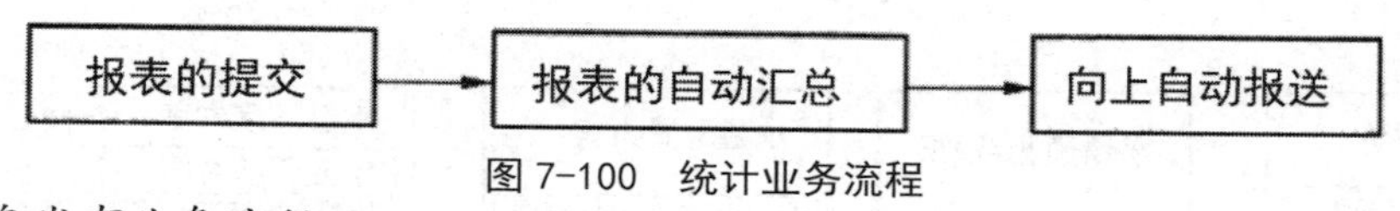

图 7-100　统计业务流程

2. 信息发布业务流程

信息发布业务流程主要包括基础数据的上报、汇总、整理、编辑公报和通报、完成公报和通报、上报与下发等环节，如图 7-101 所示。

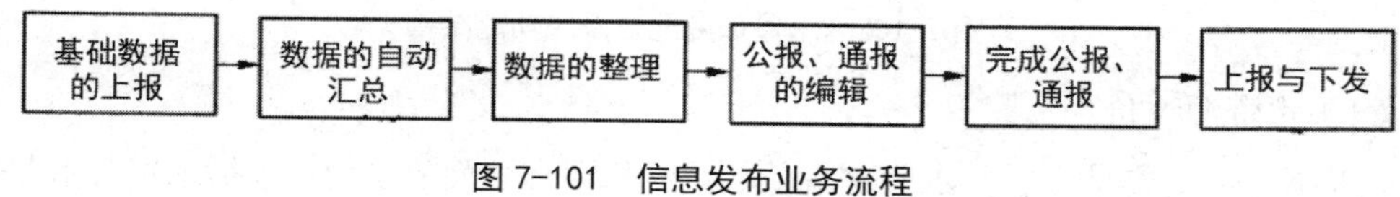

图 7-101　信息发布业务流程

十五、水量调度配置系统

（一）功能需求

水资源管理的任务之一是编制科学的水量调度方案，优化配置水资源，缓解供需矛盾，减少河流断流，改善生态环境，使有限的水资源发挥最大的综合效益。因此，水量调度配置系统是国家水资源管理系统的重要组成部分，也是核心组成部分之一。

水量调度配置系统将利用“3S”技术和水量调度模型等手段为编制水量调度方案和监督调度方案的实施提供决策支持，为水资源管理各项工作提供信息服务、分析计算、模拟仿真等功能。水量调度配置系统包括水资源配置管理、水量调度方案编制子系统。水量调度配置过程包括水资源评价、预报、配置、调度和决策会商五个部分。系统首先对当前的水资源进行评价，包括水资源数量评价、质量评价、开发利用评价及可利用量评价等，进而对未来的需水量、可供水量进行预测，在此基础上进行水量供需平衡分析和水资源优化配置，并利用优化目标规划模型等专业技术进行科学调度，构建以支持多层次数据集为特征，以充分挖掘数据中蕴涵的知识为重点，以方法库和知识库的表现形式，模拟出各种条件下水资源合理配置方案。

水量调度方案包括年度调度方案、月度调度方案、实时调度方案、应急调度方案等，根据主要来水区径流预报、可供水量分配方案、不同时段最小下泄流量等情况，综合运用骨干水库联合调度模型、水量实时调度模型、枯水期径流演进预报模型等调度方案自动生成模型体系，编制多套水量调度预案并进行综合分析评价，供相关领导决策。

关键模型是对水资源管理过程中的特定工作环节建立数学模型，以综合计算各个因素的变化对方案产生的影响，模型的建立是进行模拟仿真、调度演算的基础。主要模型包括枯水期径流演进预报模型、骨干水库联合调度模型、实时调度模型、河口生态系统模型、地下水动态监视模型、水资源优化配置模型、水资源承载能力多目标分析模型、用水单元水量平衡模拟模型等。

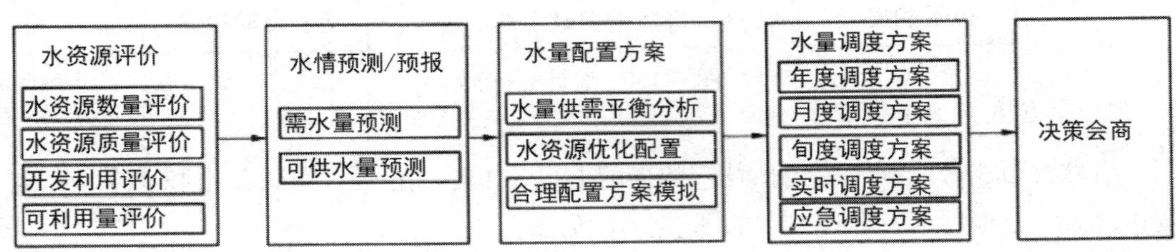

图 7-102　水量调度配置系统功能结构

（1）水资源评价。

水资源评价主要是为了对水资源现状、开发利用有全面的了解，包括水资源数量评价、质量评价、开发利用评价及可利用量评价等。

（2）水情预测 / 预报。

水情预测 / 预报主要是对未来的需水量预测和可供水量预测。

(3) 水量配置方案。

水量配置方案主要包括水量供需平衡分析、水资源优化配置、合理配置方案模拟，最终形成多套水量配置方案。

（4）水量调度方案。

水量调度方案的编制主要包括年度调度、月度调度、旬度调度、实时调度和应急调度方案的辅助编制。

年度调度方案编制分为方案准备、模型计算、方案成果展示三个模块。通过三个模块的协调工作制订出多套年度水量调度方案，并予以展示。月度调度方案编制分为方案准备、模型计算、方案生成、方案反馈、方案管理五个模块。通过五个模块的协调工作制订出多套月度水量调度方案，对年度方案进行反馈修改，并予以展示。旬度调度方案编制同月度调度方案编制。实时调度方案编制分为方案准备、模型计算、方案生成、方案反馈、方案管理五个模块，通过五个模块的协调工作制订出多套实时水量调度方案，并予以展示。应急调度方案编制同实时调度方案编制。水量调度方案管理功能结构如图 7—103 所示。

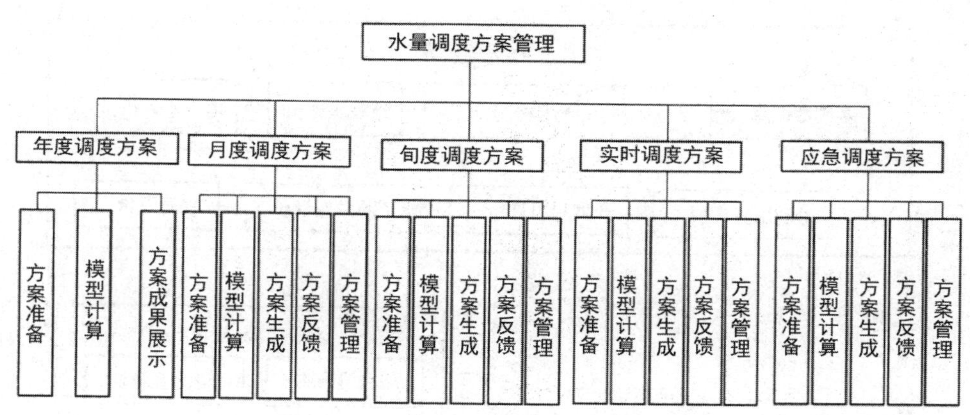

图 7-103 水量调度方案管理功能结构

（5）决策会商。

决策者通过会商，对多套水量调度方案进行分析比较，在考虑利益最大化基础上，选取最优方案，形成最终调度方案。

（6）水量调度日常业务处理。

水量调度日常业务处理包括调度报表自动生成、上报、下达等功能。系统将自动生成水量调度业务需要的日、旬、月、年报表。向上上报流域管理机构备案；向下下达调度指令，并监测调度方案执行情况。水量调度日常业务处理功能结构如图 7-104 所示。

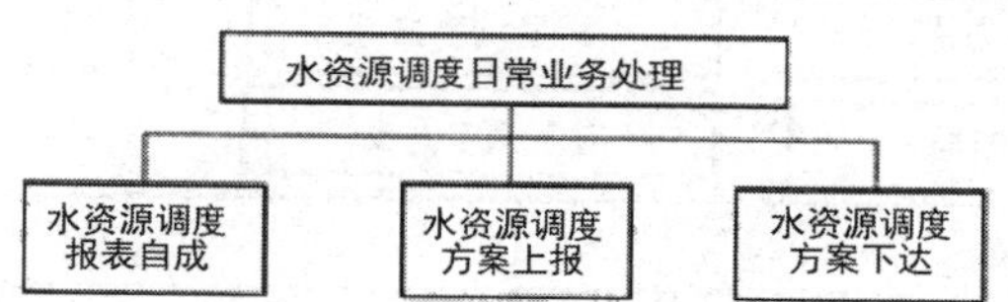

图 7-104 水量调度日常业务处理功能结构

（二）业务流程

水量调度业务流程如图 7-105 所示。

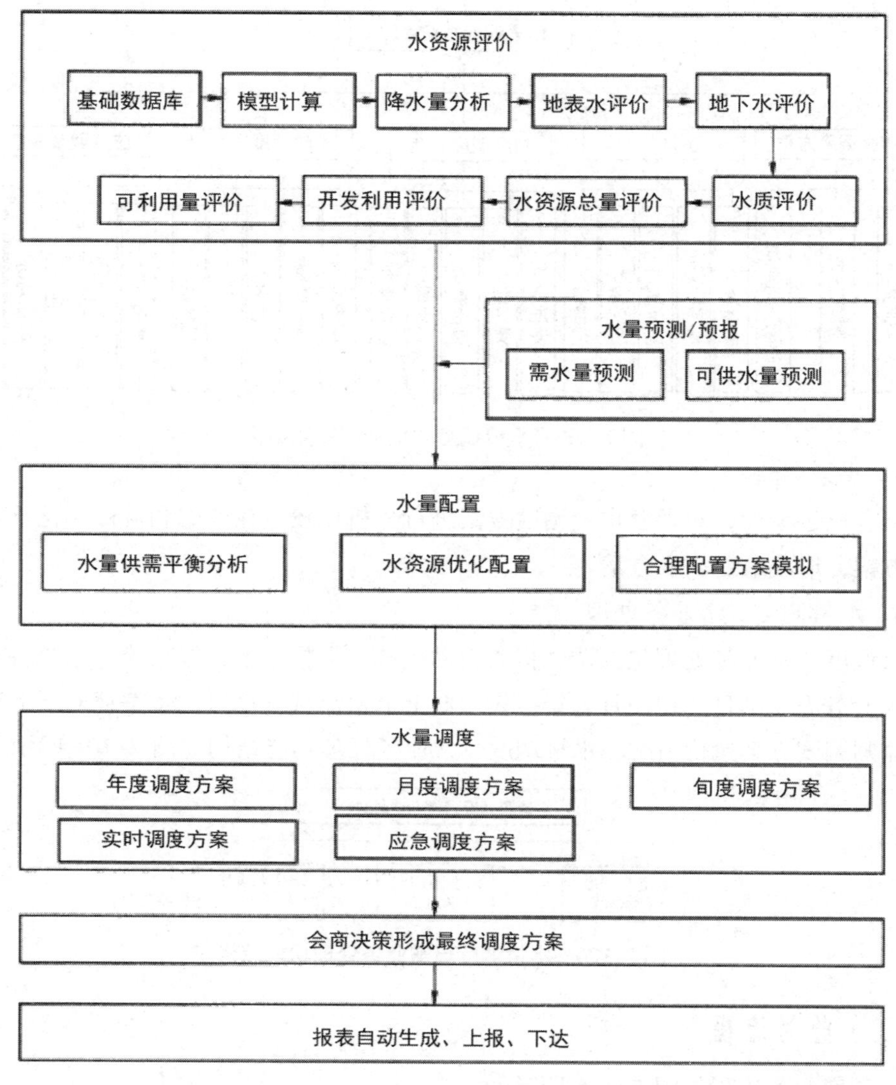

图 7-105　水量调度业务流程

十六、水资源应急管理系统

（一）功能需求

水资源应急管理系统服务于突发灾害事件时的水资源管理工作，充分综合利用水资源信息采集与传输的应急机制、数据存储的备份机制和监控中心的安全机制，针对不同类型突发事件提出相应的应急响应方案和处置措施，最大限度地保证供水安全。突发灾害事件包括重大水污染事件、重大工程事故、重大自然灾害（如雨雪冰冻、地震、海啸、台风等）以及重大人为灾害事件等。

水资源应急管理系统业务应用包括水源地应急管理、水功能区应急管理。

1. 水源地应急管理

水源地应急管理是在水源地日常来水监测管理的基础上进行的，一旦水源地遭到破坏，决策者需按照应急管理方案进行紧急处理，确保人畜饮水安全。水源地应急管理主要是应急方案管理，可通过适当的水量水质模型辅助应急方案的制订。水源地应急管理功能结构如图 7–106 所示。

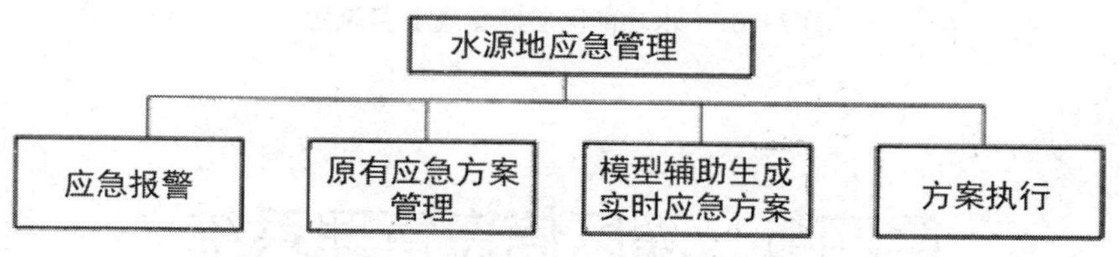

图 7–106　水源地应急管理功能结构

2. 水功能区应急管理

水功能区应急管理主要是在功能区内水位、水质动态监测的基础上，及时发布水功能区水质超标预警预报，为决策管理提供依据。水功能区应急管理功能结构如图 7–107 所示。

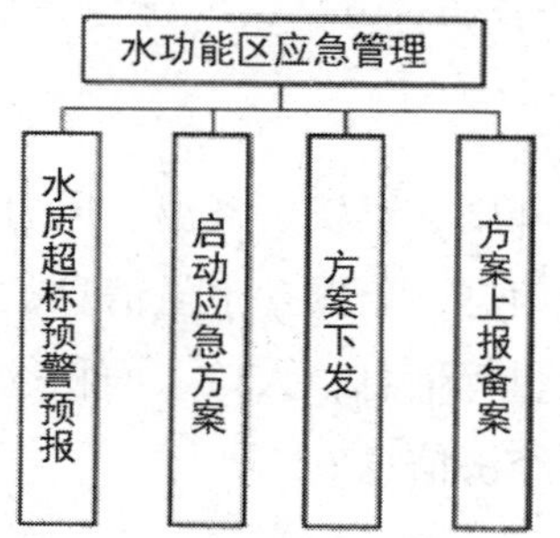

图 7–107　水功能区应急管理功能结构

（二）业务流程

1. 水源地应急管理业务流程

水源地应急管理业务流程中核心环节是应急方案制订、会商、最优方案选择和执行、方案上报和下发。水源地应急管理业务流程如图 7–108 所示。

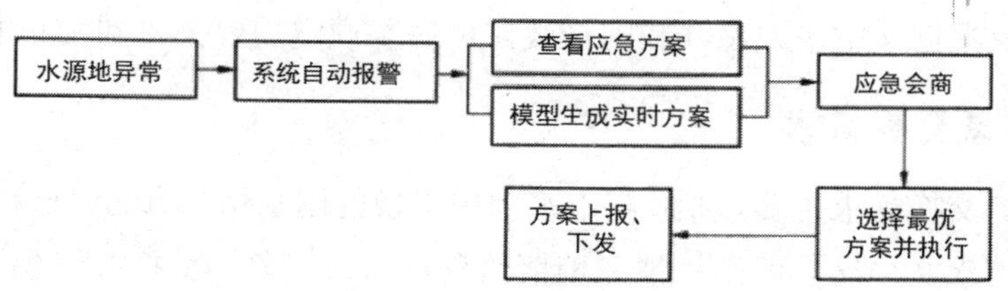

图 7–108　水源地应急管理业务流程

2. 水功能区应急管理业务流程

水功能区应急管理业务流程中核心环节是应急方案的启动、下发及备份上报。水功能区应急管理业务流程如图 7-109 所示。

图 7-109 水功能区应急管理业务流程

第四节 灌区信息管理系统

一、需求分析

(一)信息内容需求

灌区信息的内容需求包括：降雨、蒸发、气温、风力、流量、水位等观测数据历史信息；卫星云图、气象预报等气象信息；土壤含水量信息；灌区渠道、水利工程分布图等工程信息；灌区中水井的位置、水量等信息；人口、面积、耕地、有效灌溉面积、旱涝保收面积、地方经济发展水平等社会经济信息。

(二)信息发布需求

灌区信息发布系统应该能够针对系统的不同服务对象，提供不同的信息服务。其中，面向水行政主管部门发布的信息主要包括：雨水情、墒情信息在线监测的数据统计分析结果，各子系统的输出结果，调度产生的方案结果；面向取用水户发布的信息主要包括：取用水户的取用水量、水资源费征缴情况、网上办公的处理流程和审批结果，与业务相关通知等；面向社会公众用户发布的信息主要包括：灌区基本情况介绍、政务公开、便民服务、公众互动，以及根据《中华人民共和国行政许可法》规定需要公告和发布的信息等。

(三)信息交换需求

灌区信息的交换需求主要包括：与市水利局交换的雨水情、墒情信息和管理相关文档、图像信息；与市水文局交换的雨水情和墒情信息；与市气象局交换的气象资料；同级部门中不同监测信息、历史数据、实时图像信息等信息的交换；与防汛抗旱指挥调度系统、水资源管理、水土保持、电子政务等水利信息化应用系统之间的信息交换；与政府其他职能部门之间的信息交换。

（四）信息存储需求

根据灌区实际情况，灌区部分自建雨水情、墒情监测数据信息存储在灌区管理中心，然后上报市水利局，并分发给有关部门；与相关部门交换数据主要以统计分析结果存储在灌区管理中心；灌区水利工程监测信息、实时图像信息存储在灌区管理中心，并允许市水利局访问调用。为便于数据信息的管理和维护，存储系统应与市水利局统一标准。

（五）信息量预测

根据初步测算，沈阳市各类灌区信息量，包括检测数据、业务数据、基础信息数据总信息量在 3GB 左右。

二、系统总设计

灌区信息管理系统结构如图 7–110 所示。

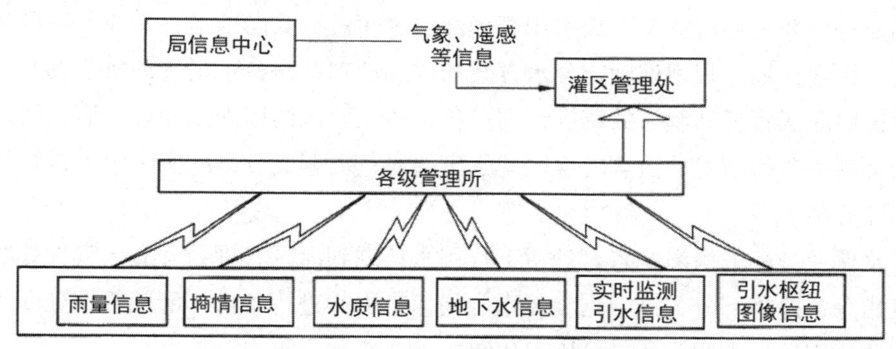

图 7–110　灌区信息管理系统结构

三、系统信息流程

灌区信息管理系统所涉及的信息流主要包括：实时水量调度基础信息流（水文信息、引水信息、地下水信息和水质信息等）和水调业务信息流（如用水计划、调度指令、来往公文等）。

（一）实时水量调度基础信息流程

实时水量调度基础信息流程如图 7–111 所示。其中，雨量信息由水文局监测点和水利局信息中心自建监测点提供，管理所自有雨量监测信息分别传送到管理处和局信息中心，作为信息补充；墒情信息部分由水文局提供，灌区自建墒情监测点作为数据补充，为用水调度提供详细决策依据；水质信息由管理所自建监测点完成，关键点位自动监测，信息数据分别传送到管理处和局信息中心；地下水信息由水文局和自建井位信息组成，自建井位数据分别传送到管理处和局信息中心；实时监测引水信息由管理所自建监测点完成，信息数据分别传送到管理处和局信息中心；引水枢纽图像信息由管理所自建监测点完成，信息数据分别传送到管理处和局信息中心。

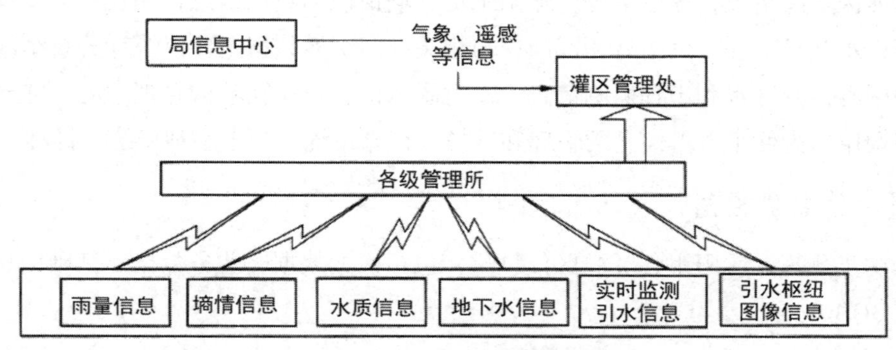

图 7-111　实时水量调度基础信息流程

（二）水调业务信息流程、

水调业务主要是在有关上下级水调管理部门之间进行双向传递，其业务信息包括：各用水户提出用水计划；管理处确定分水方案和调度计划；向各水闸管理所下发调度指令；各管理所按照灌区管理处制订的调度计划，负责各自辖区的用配水管理；灌区管理处监督水量分配计划的执行情况，协调各地区的水事纠纷；对调度方案的实际效果进行评价，进行水量调度总结。

灌区水调业务一般由灌区各管理所上报用水计划到灌区管理处，灌区管理处统筹考虑下达调度指令，并将部分关键数据上传水利局信息中心进行备份。灌区管理处受水利局农水处业务监督指导。水调业务信息流程如图 7-112 所示。

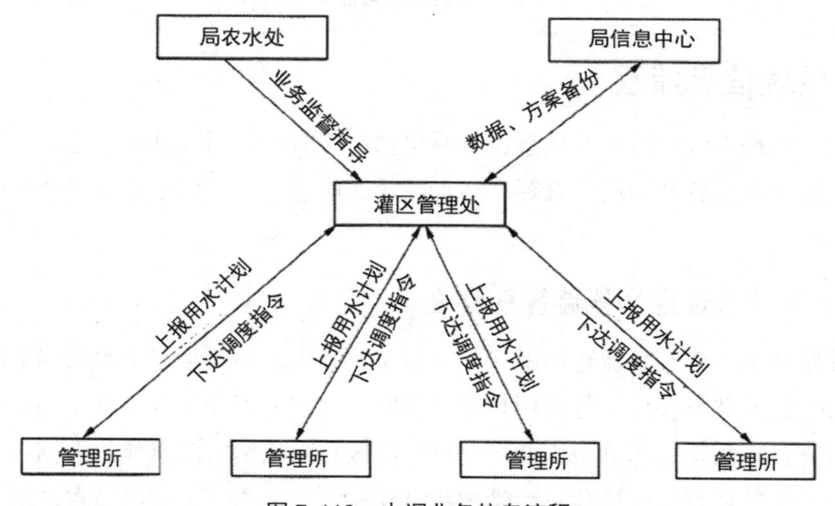

图 7-112　水调业务信息流程

四、灌区基础信息查询子系统

（一）系统功能结构

灌区基础信息查询子系统主要是实现对灌区内基本信息、各种墒情、雨情、用水信息等的浏览查询、统计分析。灌区基础信息查询子系统功能结构如图 7-113 所示。

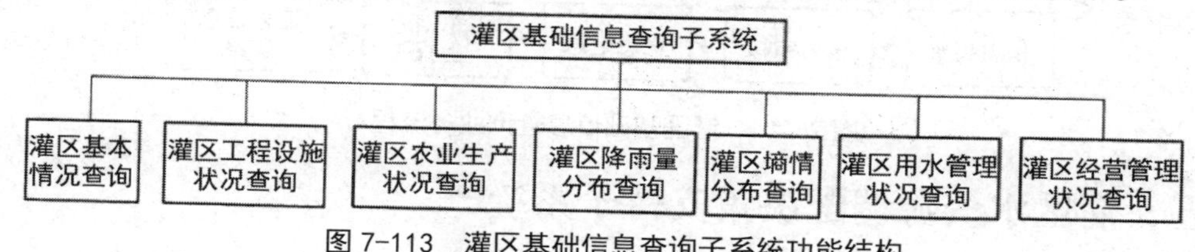

图 7-113　灌区基础信息查询子系统功能结构

1. 灌区基本情况查询

灌区基本情况查询包括灌区建设时间、灌溉面积、灌区渠系、灌区水利工程、灌区组织管理结构等信息的查询。

2. 灌区工程设施状况查询

灌区工程设施状况查询是基于 GIS 的空间查询和属性查询，包括水利工程位置、工程名称、工程大小、工程效益以及机井水位、流量等信息的查询。空间查询可以直接在 GIS 图上点击显示所需工程信息；属性查询按名称查询，同时可在 GIS 图上显示位置及信息。

3. 灌区农业生产状况查询

灌区农业生产状况查询是基于 GIS 的空间查询和属性查询，包括各分区情况、各分区名称、各分区大小、各分区农业效益等信息的查询。空间查询可以直接在 GIS 图上点击显示各分区信息；属性查询按名称查询，同时可在 GIS 图上显示位置。

4. 灌区降雨量分布查询

灌区降雨量分布查询是基于 GIS 的空间查询和属性查询。空间查询可以直接在 GIS 图上点击雨量站显示相应降水信息，或点击查询灌区降雨量分布图；属性查询按名称查询，同时可在 GIS 图上显示相应雨量站的位置及信息。

5. 灌区墒情分布查询

灌区墒情分布查询是基于 GIS 的空间查询和属性查询。空间查询可以直接在 GIS 图上点击墒情站显示相应墒情信息，或点击查询灌区墒情分布图；属性查询按名称查询，同时可在 GIS 图上显示相应墒情站位置及信息。

6. 灌区用水管理状况查询

主要以文本、表格形式展示灌区用水情况。

7. 灌区经营管理状况查询

主要以文本、表格形式展示灌区经营管理状况。

（二）系统业务流程

灌区基础信息查询业务流程如图 7-114 所示。

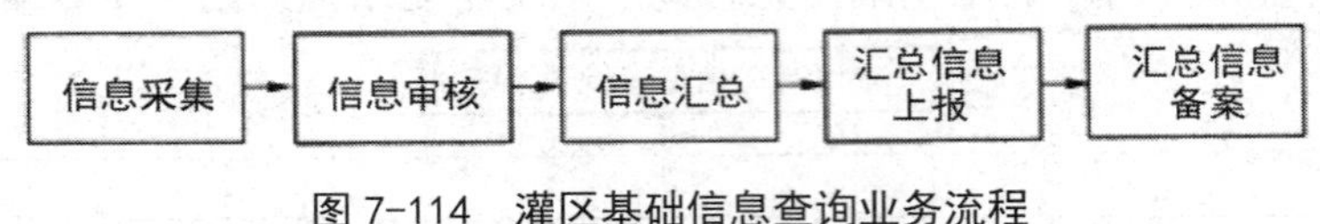

图 7-114　灌区基础信息查询业务流程

五、灌区水资源调配决策支持子系统

（一）系统功能结构

灌区水资源调配决策支持子系统主要是实现灌区需水实时监测、辅助编制灌区用水计划、优化灌区配水方案及监控配水方案的执行。其核心内容是水资源调配模型和决策支持模型。建立符合沈阳市灌区实际的模型是系统建设的重中之重。

灌区水资源调配决策支持子系统功能结构如图 7-115 所示。

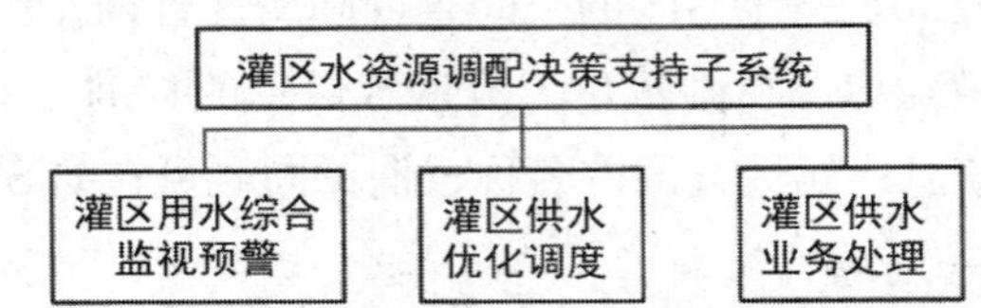

图 7-115　灌区水资源调配决策支持子系统功能结构

1. 灌区用水综合监测预警

通过地理信息系统 (GIS)，根据灌区实时卫星云图、雨水情信息和工程运行情况（各干渠进水闸、节制闸的上下游水位、闸门开启度、过闸流量、闸门摄像视频信息等参数），以视频、图形、表格、文字等各种方式实时标绘最新的雨量、流量、引水量等信息，当出现违规引水等情况时，系统自动以声音、闪光、特殊颜色显示等方式进行报警。

灌区用水综合监视预警主要包括以下功能：

（1）实时供水信息监视预警：在电子地图上实时显示重要水文监测站、引水口处的最新水位流量信息。当出现来水量不足、难以保证灌区用水时，自动以声音、闪光、特殊颜色显示等方式进行报警。

（2）实时水质情况预警：在电子地图上重要引水口处实时显示水质监测数据和评价结果。当水质出现异常、超标等情况时，自动以声音、闪光、特殊颜色显示等方式进行报警。

（3）实时旱情预警：在电子地图上实时显示土壤墒情监测数据和作物种植状况，当作物出现严重缺水情况时，自动以声音、闪光、特殊颜色显示等方式进行报警。

（4）实时汛情预警：在电子地图上实时显示各重要排水站的实时水位和警戒水位，并实时显示各雨量站实时降雨量信息。当出现实时水位超过警戒水位或降雨量超过报警值时，自动以声音、闪光、特殊颜色显示等方式进行报警。

（5）实时分水指令执行情况监视预警：在电子地图各闸门处实时显示分水计划、闸门开启度、闸门上下游水位、闸门实际流量信息。当分水量和闸门实际流量信息不符时，自动以声音、闪光、特殊颜色显示等方式进行报警。

（6）灌区用水综合监测预警：功能主要是服务于灌区管理处。

2. 灌区供水优化调度

灌区供水优化调度系统本着先进、实用、高效的原则，建立服务于全年用水调度、月用水调度、实时水量调度等多个时间尺度的先进、高效、实用、可靠的灌区水量调度系统。用户可以借助系统提供的接口进行参数设置，并进行方案演算，辅助方案制订，为灌区水量调度提供支持。

灌区供水优化调度主要是利用来水预报模型、灌溉需水预报、多目标分析模型、实时水量调配模拟、实时系统仿真模型、灌溉渠系水量流量实时调控模型等实现整个灌区供水的优化调度。

灌溉前，灌区管理处根据农业的作物组成、工业所需用水等因素，利用需水预测模型进行需水预测，编制年度本区域用水计划，利用来水预报模型根据气象资料和水库现有蓄水并按设计保证率预测灌区来水，采用多目标分析模型、渠系优化配水模型和用水计划优化编制模型编制灌区年度用水计划，将可供水量分配到各干渠、支渠，生成供水方案。

（1）年度调水方案编制。

年度调水方案编制分为方案准备、方案模拟计算和成果展示 3 个主要功能模块。通过 3 个模块的工作，按照方案编制流程，制订出多套年度水量调度方案。

方案准备是根据年调度方案中所需要的来水、用水和规划工程的实施情况，针对要进行调度的年份，为年度的水量平衡计算进行数据的准备工作。方案准备阶段所需要的模型有需水预测模型和来水预测模型。在需水预测中，每年根据农业的作物组成、工业所需用水等因素，需要分别进行农业灌溉需水预测、工业需水预测、生活需水预测等，其中，农业灌溉需水预测模型是根据历史资料估算灌区灌溉单元的作物年度需水量；工业需水预测模型主要基于历史资料统计分析，结合产业结构变化以及节水技术与节水管理措施的加强等综合因素后，进行工业定额预测，再结合工业总产值预测成果，进行工业需水预测；生活需水预测模型主要分城镇和农村两类进行生活需水预测。来水预测是利用历年降雨资料、水文资料，运用来水预测模型进行来水预测。

方案模拟计算是利用方案准备的数据，根据实际业务，完成年度调水方案的相关计算和分析，并将结果存入数据库，供方案展示使用。模拟计算主要是调用多目标分析模型和渠系优化配水模型。其中，建立多目标优化分析模型主要以辅助灌区用水管理者进行灌区用水优化调度为目的，以保证灌区水资源的可持续利用；渠系优化配水模型是借助系统分析方法，以渠系配水时间最短或以灌区总净收益最大为目标，求得轮灌渠道的最优灌组划分及与之对应的分配流量与时间。

成果展示包括来水成果展示、需水成果展示和调水成果展示。其中，年度来水成果分配到各月，通过曲线、直方图等表现形式将预测来水过程表现出来；需水成果分为生产需水成果、生活需水成果、生态需水成果、综合需水成果等，其成果展示包括各个地区需水情况的时间分布和空间分布 2 种展示方式；调水成果主要指供水分水结果，其成果展示包括地区供水情况的时间分布和空间分布 2 种展示方式。

（2）月度调水方案编制。

月度调水方案编制同年度调水方案一样分为方案准备、方案模拟计算和成果展示 3 个主要功能模块。通过 3 个模块的工作，按照方案编制流程，制订出月度水量调度方案。

（3）实时调水方案编制。

实时调水方案编制同年度调度和月度调度一样分为方案准备、方案模拟计算和成果展示 3 个主要功能模块。通过 3 个模块的工作，按照方案编制流程，制订出实时水量调度方案。

3. 灌溉渠系水流模拟仿真

用计算机进行可视化搭建灌区渠道及渠系建筑物，在渠系建筑物搭建完毕后，输入灌溉系统控制点工况，模拟仿真系统可以自动完成灌溉过程中水流在渠系中的动态变化情况。可通过多次的灌溉模拟运行，选择更加合理的渠系配水方案。

（二）业务流程

灌区供水优化调度业务流程如图 7–116 所示。

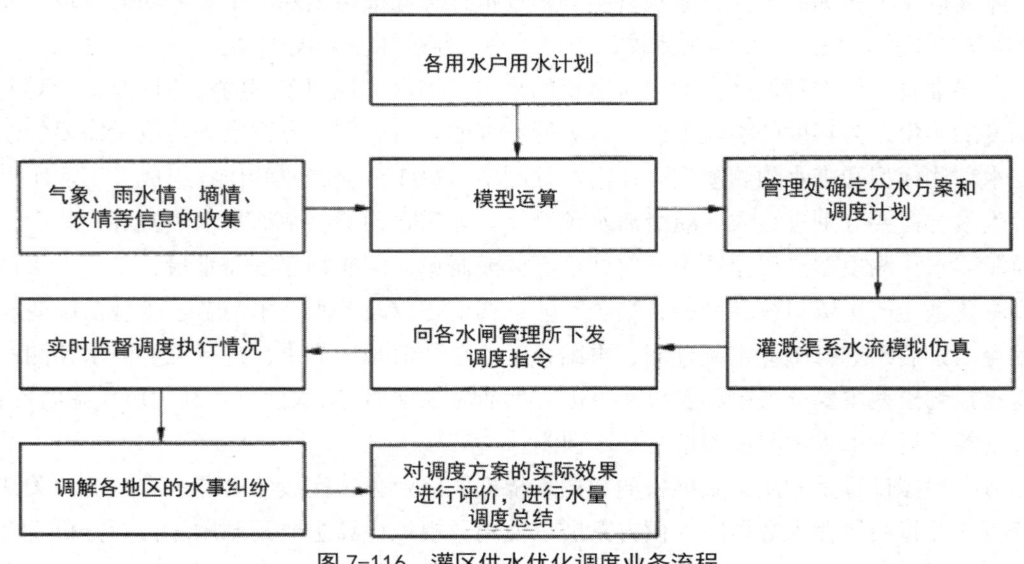

图 7–116　灌区供水优化调度业务流程

六、灌区水费征收及使用管理子系统

灌区水费征收及使用管理是为规范和方便水费征收及使用的日常管理工作设计的。主要功能包括水费征收、水费使用等。灌区水费征收及使用管理子系统功能结构如图 7–117 所示。

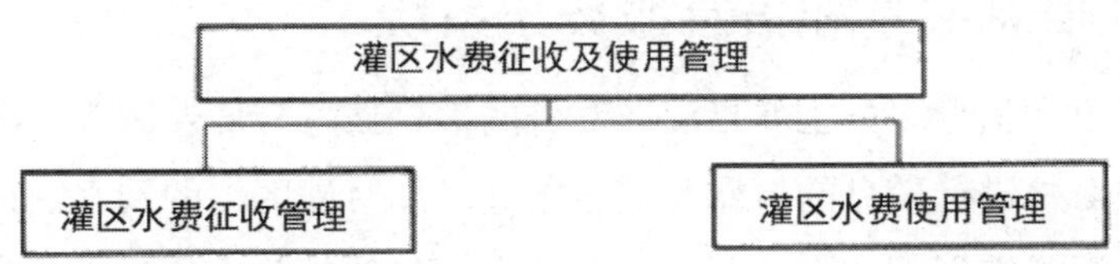

图 7–117　灌区水费征收及使用管理子系统功能结构

（一）水费征收管理

建立网上水费征收管理系统，充分利用网络的便利条件，实现水费征收智能化、信息化。主要功能包括水费征收标准、取水量核算、水费核算、取水户缴纳水费、收据打印等内容。水费征收管理业务流程如图 7–118 所示。

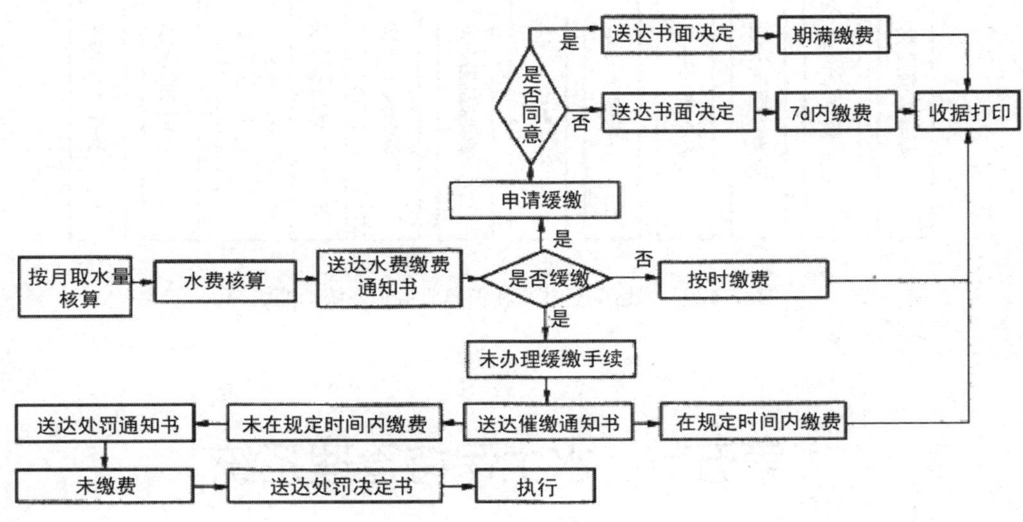

图 7–118　水费征收管理业务流程

（二）水费使用管理

水费使用管理主要是登记水费使用情况和对每年水费使用情况进行年度总结。其系统功能结构包括水费使用登记、水费使用年度总结和水费使用查询统计。水费使用管理业务流程如图 7–119 所示。

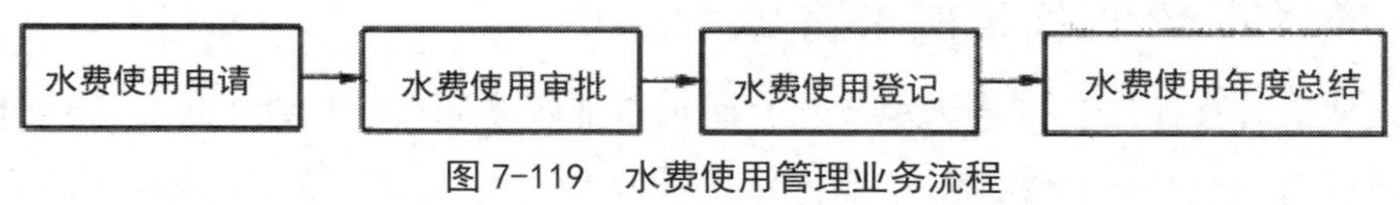

图 7-119 水费使用管理业务流程

七、灌区信息共享和信息服务子系统

灌区信息共享和信息服务主要指灌区对外的信息披露与信息服务。灌区要利用现代化的手段，如网站对外进行信息的披露和信息服务，如对灌区内的用水户披露水量、水费等信息，提供一些灌溉知识等方面的服务，对社会上其他相关单位提供相应的信息，让社会监督，也向社会宣传自身。

灌区信息共享和信息服务子系统功能结构如图 7-120 所示。

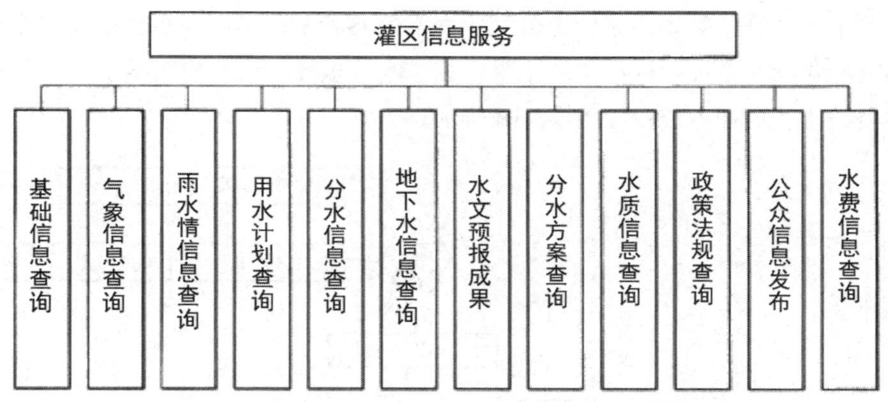

图 7-120 灌区信息共享和信息服务子系统功能结构

第五节 水土保持管理系统

水土保持管理系统以沈阳市水土保持监测总站、县级监测中心及其监测分站为监测信息管理的基本构架，以监测点的地面观测为基础，以遥感、地理信息系统和全球定位系统（“3S”）以及计算机网络等现代信息技术为手段，形成快速便捷的信息采集、传输、处理和发布系统，实现水土流失及其防治动态监测管理。

一、需求分析

（一）信息内容需求

水土保持管理系统信息内容需求包括：降雨、气温、风力、流量等观测数据历史信息；土壤图、地质图、地貌图、地势图、水系图、城市总体规划图、土地利用总体规划图、水土流失专题图等图像信息；土壤侵蚀量、土壤侵蚀分布等土壤情况信息；水土保持规划、方案等信息。

（二）信息发布需求

水土保持信息发布系统应该能够针对系统的不同服务对象，提供不同的信息服务。其中，面向水行政主管部门发布的信息主要包括：土壤侵蚀量、土壤侵蚀分布、水土流失状况、水土流失治理情况、水土保持规划、水土保持费征收情况等；面向科研及规划设计部门发布的信息主要包括：土壤侵蚀量、土壤侵蚀分布、水土流失状况、水土流失治理情况、水土保持规划等；面向社会公众用户发布的信息主要包括：相关政策、法规、标准、规范的相关信息，水土流失状况、水土保持和水费征收情况等。

（三）信息交换需求

信息的交换需求主要包括：与市水利局交换的雨水情信息；与市水文局交换的雨水情信息；同级部门中不同监测信息、历史数据、实时图像信息等信息的交换；与防汛抗旱指挥调度系统、水资源管理、灌区信息管理、电子政务等水利信息化应用系统之间的信息交换；与政府其他职能部门之间的信息交换。

（四）信息存储需求

根据水土保持实际情况，水土保持总站所建水土监测站监测信息存储在水土保持总站，然后上报市水利局，并分发给有关部门；与相关部门交换数据主要以统计分析结果存储在水土保持总站；水土保持相关文件、文档、业务报表存储在水土保持总站。为便于数据信息的管理和维护，存储系统应与市水利局统一标准。

（五）信息量预测

以各种监测对象的数量以及各种监测站点的监测信息内容分析为基本分析对象，同时考虑通过数据交换，间接从水文、气象、国土等部门得到的信息，水土保持管理系统每年需汇集的沈阳市各类信息量，包括监测数据、业务数据和基础信息数据，初步测算信息量在 3GB 左右。

二、系统总设计

水土保持管理系统结构如图 7–121 所示。

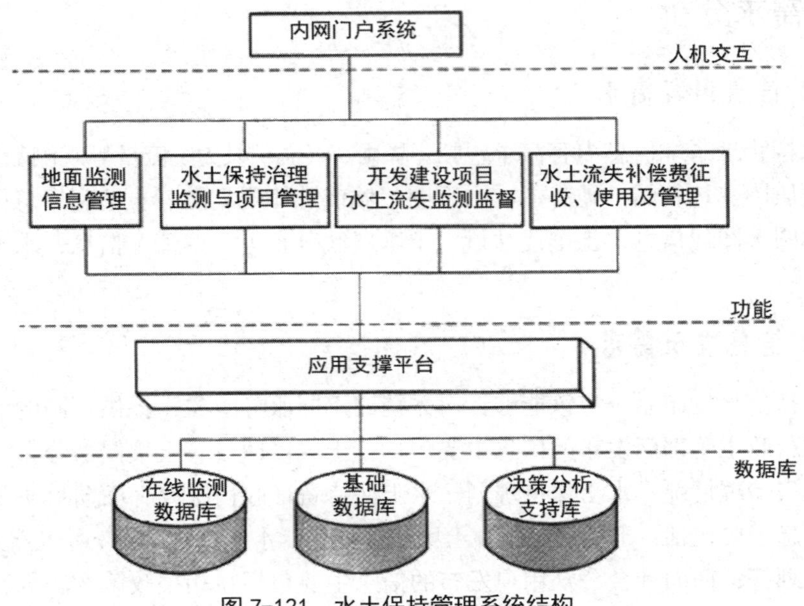

图 7-121 水土保持管理系统结构

三、地面监测信息管理系统

有针对性地开发沈阳市水土保持地面监测信息管理系统，将人工观测数据和自动采集的数据综合进行管理，并以常规监测、水文监测为基础，结合“3S”技术，根据不同层次对数据精度、采集频率要求的不同，建立完善的数据采集体系和数据库，完成各种水土保持监测信息的采集处理和应用管理，并对采集数据进行科学分析、归纳整理，形成水土流失公告监测成果，并向社会发布。

（一）功能需求

1. 信息查询功能

专题地图查询：主要包括土壤图、地质图、地貌图、地势图、水系图、城市总体规划图、土地利用总体规划图、水土流失专题图等的查询。

监测点信息查询：主要包括已建成各类监测点分布、名称、监测数据的查询。

土壤侵蚀类型查询：主要包括归纳整理公告的土壤侵蚀类型分布等信息的查询。

“三级区域”划分：主要包括水土保持重点保护区、重点监督区和重点治理区的分布三级区域查询。

水土流失地块查询：主要是查询水土流失地块名称、位置、流失类型、流失量等信息。

2. 统计分析功能

基本数据汇总子功能：主要是把各个时间、空间上的数据按照一定的目的进行汇总，满足工作需要。

统计图表子功能：采用曲线图、饼图、柱状图等形象直观的形式反映数据。

（二）业务流程

地面监测信息管理业务流程如图 7-122 所示。

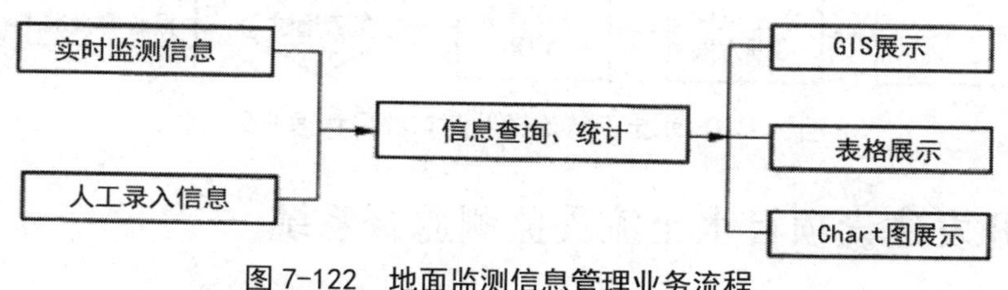

图 7-122　地面监测信息管理业务流程

四、水土保持治理监测与项目管理系统

（一）功能需求

水土保持治理监测与项目管理系统功能需求体现在：

（1）在现状水土流失评估的基础上，通过实施一系列造林（经济林、果园）、种草、整地（鱼鳞坑整地、反坡梯田整地、水平沟整地、水平坡整地）等水土保持措施来减少水土流失量，并运用遥感监测或地面监测，对比流失地治理前后情况，为进一步治理提供数据支持。

（2）统计地块治理年度情况、重点流失地治理投资情况。

（3）编制年度水土流失综合治理计划、水土保持总体规划。

系统建设模块主要包括：

（1）水土保持机构查询：可通过机构代码、机构名称查询各级水土保持机构的基本情况。如各级水土保持机构的机构组成、人员编制、主要职能、管理内容等信息。

（2）现状水土流失评估：通过现状监测资料，结合“3S”技术，对现状水土流失面积、水土流失危害程度进行评估分析。

（3）已治理小流域信息查询：主要是查询通过植物、工程、生态修复等措施已经治理完毕的小流域的信息。如地块所在位置、治理时间、治理面积、治理方式等信息。

（4）已治理小流域前后对比分析：主要依靠遥感图片对比分析小流域治理前后的情况。

（5）未治理小流域以及相应治理方案查询：主要是显示未治理小流域信息和对该小流域的治理规划。

（6）水土流失治理投资情况：显示各年度水土流失治理投资和投资明细。

（7）水土保持总体规划报告查询：主要显示已审查、立项的水土保持规划报告。

（二）业务流程

水土保持治理监测与项目管理业务流程如图 7–123 所示。

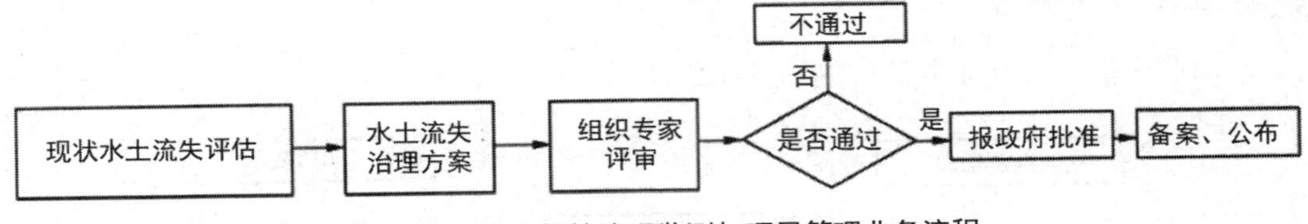

图 7–123　水土保持治理监测与项目管理业务流程

五、开发建设项目水土流失监测监督系统

（一）功能需求

系统主要是在现有水土流失监测评价基础上，合理地安排开发区、采石区、拓展耕地等破坏水土资源的建设项目，并予以监测监督。

系统建设模块主要包括以下内容：

（1）建设项目基础管理：主要是对建设项目申请、水土保持方案提出、方案审查、项目批准等行政审批手续的管理。

（2）建设项目破坏水土情况：主要是展示某个具体建设项目对水土流失的影响情况，包括破坏大小、影响范围、流失量等开发建设项目特征表详细情况。

（3）建设项目水土流失防治措施：主要是根据建设项目破坏水土程度的大小，有针对性地提出一系列的水土流失防治措施方案。

（4）建设项目水土流失监测监理管理：通过开展监测监理工作、实际走访调查、遥感等手段，评估建设项目在年度内的水土流失情况。对不合格项目给予限期整改。

（二）业务流程

开发建设项目水土流失监测监督业务流程如图 7–124 所示。

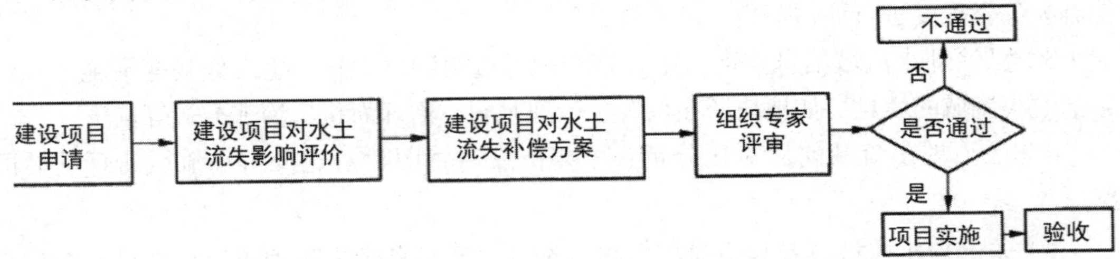

图 7–124　开发建设项目水土流失监测监督业务流程

六、水土流失补偿费征收及使用管理系统

水土流失补偿费征收及使用管理系统是为规范和方便水土流失补偿费征收及使用的日常管理工作设计的。本系统包含两方面的内容，一是水土流失补偿费征收管理，主要是水土流失补偿收费和水土流失防治费的收缴，建立网上水土流失补偿费征收管理系统，充分利用网络的便利条件，实现水土流失补偿费征收智能化、信息化。二是水土流失补偿费使用管理，主要是登记水土流失补偿费使用情况和对每年水土流失补偿费使用情况进行年度总结。水土流失补偿费征收及使用管理系统功能结构如图 7-125 所示。

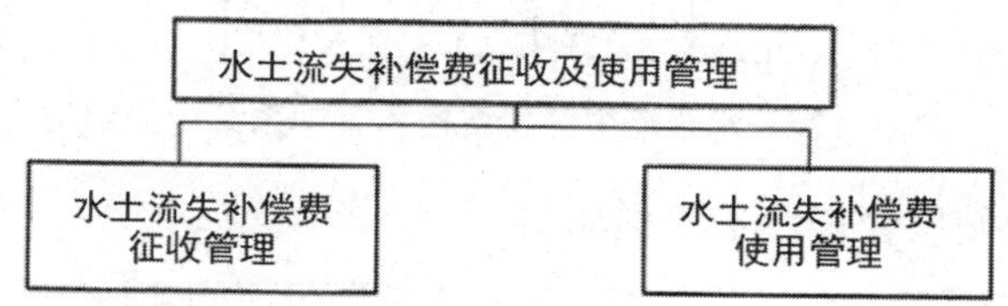

图 7-125 水土流失补偿费征收及使用管理系统功能结构

（一）水土流失补偿费征收管理

建立网上水十流失补偿费征收管理系统，充分利用网络的便利条件，实现水土流失补偿费征收智能化、信息化。主要功能包括征收标准的确定，水土流失补偿费核算、缴纳及

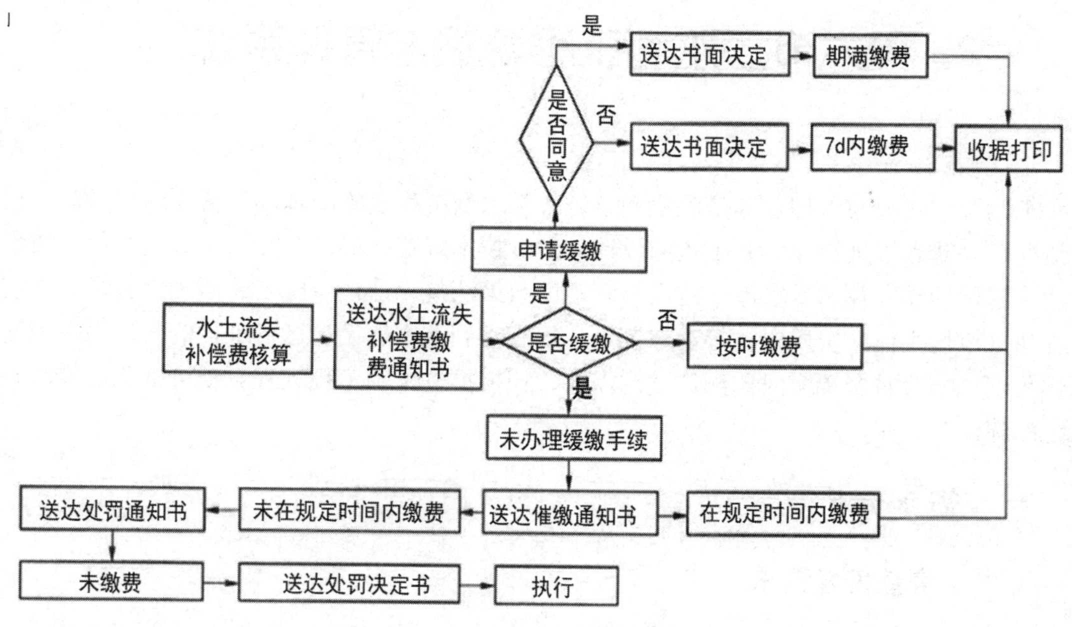

图 7-126 水土流失补偿费征收管理业务流程

（二）水土流失补偿费使用管理

水土流失补偿费使用管理主要内容是按照水土流失补偿费分配比例，上缴水土流失补

偿赞，并登记水土流失补偿费使用情况和对每年水土流失补偿费使用情况进行年度总结。水土流失补偿费使用管理系统功能结构如图 7-127 所示。

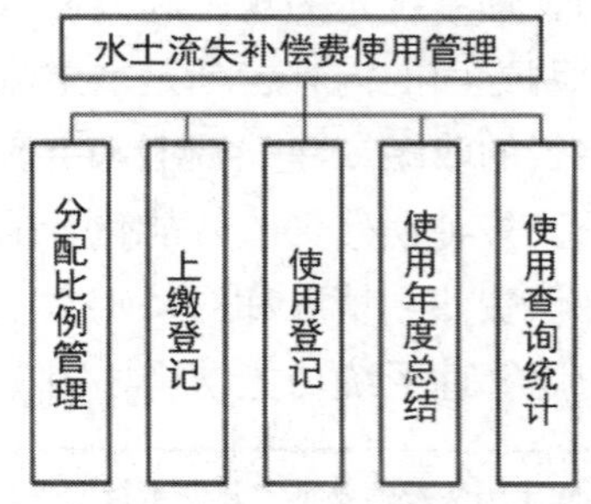

图 7-127　水土流失补偿费使用管理系统功能结构

水土流失补偿费使用管理业务流程如图 7-128 所示。

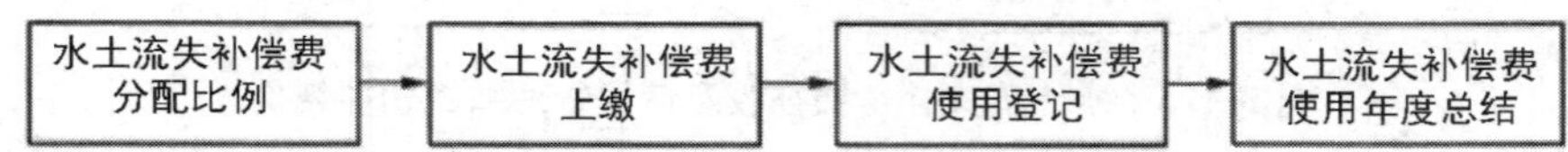

图 7-128　水土流失补偿费使用管理业务流程

第六节　水利工程建设与管理系统

水利工程建设与管理业务是收集和整理各类水利工程设施的基础资料、历史沿革、现状情况，存储和管理在建水利工程的设计方案、技术规范、移民方案以及进度控制、质量管理、招标活动、技术专家库，建设与管理的政策法规，建设、施工、监理、咨询等水利工程建设市场主体的资质资格等动态信息，提高水利基本建设、运行维护的管理水平和规范化程度，结合水资源实时监测调度的需要，积极推进水利工程远程自动可视化监控管理系统的建设与应用。

一、需求分析

（一）信息内容需求

水利工程位置、和管理单位、修建年份、特征库容等工程基础资料，水利工程建设资质、专家资质信息等，水利工程建设与管理的法律法规和规章。

（二）信息发布需求

应针对系统服务对象的不同，提供不同的信息服务。根据需要可主动向有关用户发布相关信息；面向水行政主管部门发布的信息主要包括：水利工程基础信息、资质信息、工程建设运行管理信息等；面向科研及规划设计部门发布的信息主要包括：水利工程位置、管理单位、修建年份、特征库容等信息；面向社会公众用户发布的信息主要包括：相关政策、法规、标准、规范的信息，水利工程位置、管理单位、修建年份、库容、兴利库容等信息。

（三）信息交换需求

信息交换需求主要包括：与市水利局交换的工情信息；同级部门中不同监测信息、历史数据、实时图像信息等信息的交换；与防汛抗旱指挥调度系统、水资源管理、灌区信息管理、电子政务等水利信息化应用系统之间的信息交换；与政府其他职能部门之间的信息交换。

（四）信息存储需求

根据水利工程建设与管理的实际情况，监测信息和业务管理信息全部存储在市水利局信息中心。

（五）信息量预测

水利工程建设与管理系统数据主要是业务管理数据，同时考虑通过数据交换，间接从水文、气象、国土等部门得到信息，水利工程建设与管理系统每年需汇集的各类信息量初步测算结果如表 7–2 所示。

表 7–2　全市各类水利工程（年）信息量初步测算结果

数据内容	数据量（GB）	年更新（GB）
一、业务数据	1	1
二、基础信息数据	1	1
三、合计	2	2

根据初步测算，全市的信息量在 2GB 左右。

二、系统设计

水利工程建设与管理系统结构如图 7–129 所示。

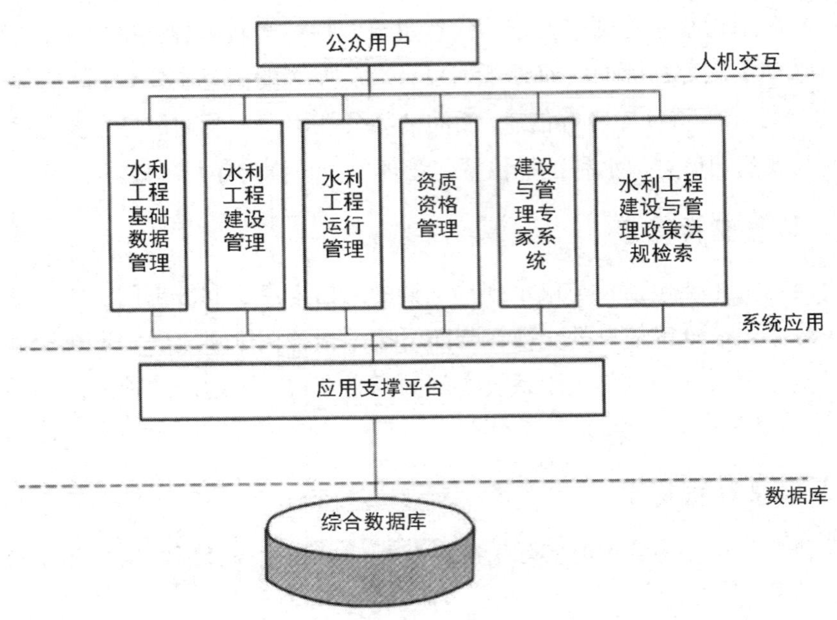

图 7-129　水利工程建设与管理系统结构

三、功能设计

（一）水利工程基础数据管理

收集、整理水利工程基础数据，并导入数据库中。数据内容包括水利工程位置、管理相关单位、修建年份、库容、兴利库容等工程基础资料。

（二）水利工程建设管理

水利工程建设管理包括工程建设进度管理、工程建设质量与安全管理、工程造价管理、工程验收管理、工程建设稽查管理。工程建设进度管理主要包括建设工程项目进度管理目标、建设工程项目进度管理程序、建设工程项目进度管理内容、建设工程项目进度管理措施、建设工程项目进度计划的调整。工程建设质量与安全管理包括质量安全监督注册、受监工程竣工台账、竣工验收备案、安全生产等级评定、文明工地评选、优良工程评定等。工程造价管理包括工程设计造价、实际造价等。工程验收管理包括验收标准、验收专家、验收备案等。工程建设稽查管理是指对法律法规执法情况和信用制度执行情况的检查，对工程建设、勘察、设计、施工、监理企业、招标代理、工程检测机构市场行为的检查。

数据内容主要包括项目管理的程序、管理内存、进度安排、调整计划表，受监工程竣工台账、竣工验收备案，工程设计造价、竣工结算、竣工决算等，国家验收规范标准、专家库、验收总结工程建设、勘察、设计、施工、监理企业、招标代理、工程检测机构市场行为的评定。

（三）水利工程运行管理

水利工程运行管理主要包括工程运行管理、工程管理单位及人员管理、工程管理为主目标考核管理、工程安全鉴定管理、工程遗留问题管理。数据展示主要包括水利工程位置、所属单位、工情、组成人员、管理考核办法、工程安全等级、工程遗留问题和解决方案。

（四）资质资格管理

资质资格管理包括水利工程建设监理资格管理、水利工程招标代理机构管理、水利工程造价资格管理、水利水电施工企业管理等有关建设与管理的资格管理。数据包括监理单位数据、招标代理机构数据、水利工程造价资格数据、施工企业数据资料等。

（五）建设与管理专家系统

建设与管理专家系统主要是建立与管理水利工程建设与管理各相关专业技术的专家人才库。数据内容包括各相关专业技术的专家姓名、年龄、职务、职称、专业方向等信息。

（六）水利工程建设与管理政策法规检索

水利工程建设与管理政策法规检索主要是有关水利工程建设与管理的法律、法规和规章的数据库的建立、管理与检索。

第七节　协同办公系统

一、系统设计

本方案根据以往丰富的项目实施经验，同时结合沈阳市实际情况，将功能需求划分为以下几个模块：个人办公、公文管理、文档管理系统、知识管理系统、综合事务管理、计划日程管理、即时通信平台、安全文件和电子印章、系统管理等。协同办公系统结构如图7–130所示。

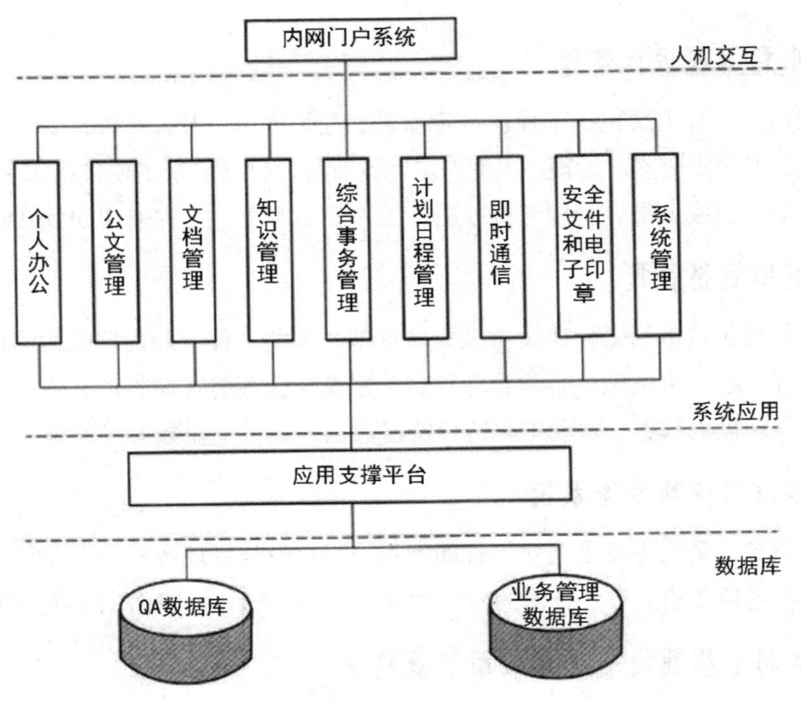

图 7-130　协同办公系统结构

二、功能设计

（一）个人办公

个人工作台主要是按照“以人为本”的理念进行设计、针对个人个性化服务提供的一个网上工作平台。

个人资料：用户可以对个人信息资料的管理及个人用户名、密码进行修改。

提醒设置：用户可以设置公文短信提醒、待阅公文短信提醒功能，当有新的公文或待阅公文来临时会有短信发到用户的手机上。

常用批示语：用户可以设置自己的常用批语。

外出委托：当用户外出时，个人可以将自己的工作委托给其他人员进行办理，回到岗位时可以取消委托，并查阅委托日志。

（二）工作台快捷方式

该功能类似于 Windows 桌面的快捷方式，主要用于把个人频繁使用的功能在个人工作台上建立快捷方式，方便直接调用。

待签收工作：已经收到但尚未点击查阅处理的工作列表。

待办工作：完成对待办工作的集中管理，查询处理所有待办的工作。所有待办工作均按不同的类别分别罗列，同时根据各类工作的紧急程度进行排序，到时自动进行催办管理；待办工作管理中会将与该项工作相关的一系列信息（包括工作来源、完成时限、工作目的）表现出来，同时容许用户定制提醒的时限和方式。

已办工作：已经处理提交下一环节的工作列表。

待阅工作：需要用户审阅的工作列表。

办结工作：由用户自己发起且流程结束的工作列表。

（三）文档管理

相当于个人的公文包，可以建立个人文档管理数据库，对个人的各类电子文档进行录入、分类整理和共享管理。

日程安排：个人工作台历，用于安排个人的工作、活动、计划等事项，可以在系统中制

定个人或部门的日计划、周计划和月计划等。

员工通讯录：录入、维护、查询、浏览本处室及其他处室的通信信息。

常用电话号码：实现水利局及各个处室常用电话号码分级维护、查询功能。

电子传真：员工可以通过协同办公系统（电子传真软件）发送和接收电子传真。

便签：便签模块的主要功能是对用户随手记录的一些事情进行管理。另外可以对所保存的记录进行查询、删除、修改。用户根据“主题”和“内容”对所有记录进行查询。如果“主题”和“内容”都为空，点击查询则显示所有的记录内容。

（四）公文管理

公文是办公事务中是最繁杂、最重要的事务。在公文处理过程中，要耗费相当多的人力与物力，而且重复劳动量很大，办公效率较低。为了比较彻底地改变这种状况，提高公文信息资源的利用率，更加高效地为各种决策提供支持，建设一套公文的接收、传送、归档到最终查询利用的公文档案管理子系统是非常必要的，使公文处理过程中形成电子文件，将公文处理与档案管理连成一个有机整体，提高部门之间的彼此协同工作能力。我们将公文档案系统设计成为既相互独立又互相关联的文档一体化系统，使得公文处理和档案管理构成一个有机的整体，符合协同办公系统的设计思想。针对一般公文档案处理情况的分析，设计出系统逻辑模型。文档一体化的逻辑模型如图 7–131 所示。

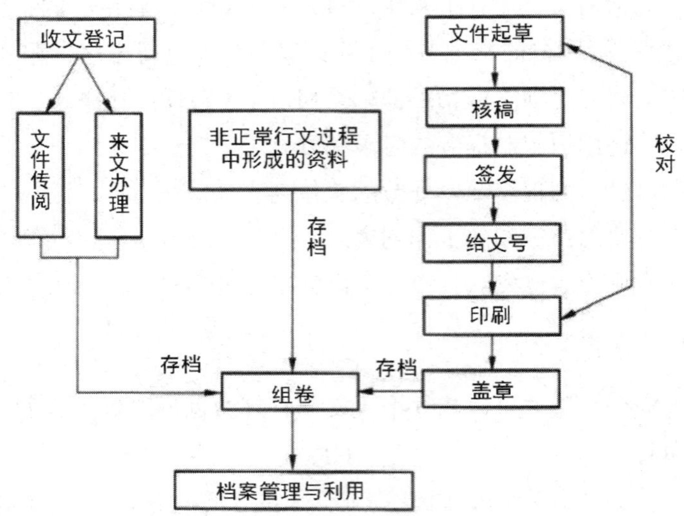

图 7-131 文档一体化的逻辑模型

公文的实际办理过程中处理流程表现为相关岗位人员之间协同、协作、协调的工作流程，文档一体化岗位工作流程如图 7-132 所示。

1. 收文管理

收文管理通过计算机和网络完成文件的登记、批分、传递、审批、发送、催办和归档，实现收文的电子批阅流程，提供对收文批阅流程的可视化监控、有效的查询和统计功能，可打印收文登记、收文登记簿等单据表格以及将文件进行电子归档。主要功能有：

（1）收文登录，收文由系统配置的登录文书负责登记，可以通过扫描仪把来文扫描成图片，录入到计算机中。

（2）系统自动对收文进行编号。来文文号自动生成年度部分，如［2002］。收文文号按文件年度自动计算流水号，与文种和收文日期无关，如［2002］0018 号，生成的编号可以更改。本系统提供收文登记冲突检测，即输入原文号后，系统自动判断正在登记的文件是否和以前登记过的收文重复，如果有冲突发生，显示提示信息和收文号，从而保证同一文件不重复登记。

（3）根据收文的不同环节（如拟办、批阅、阅办、归档）系统自动进行不同操作和不同权限的控制。

（4）可设置收文拟稿人权限，权限范围内的收文者将收到系统发送的“待阅提示”，权限默认值为文件办理人员。

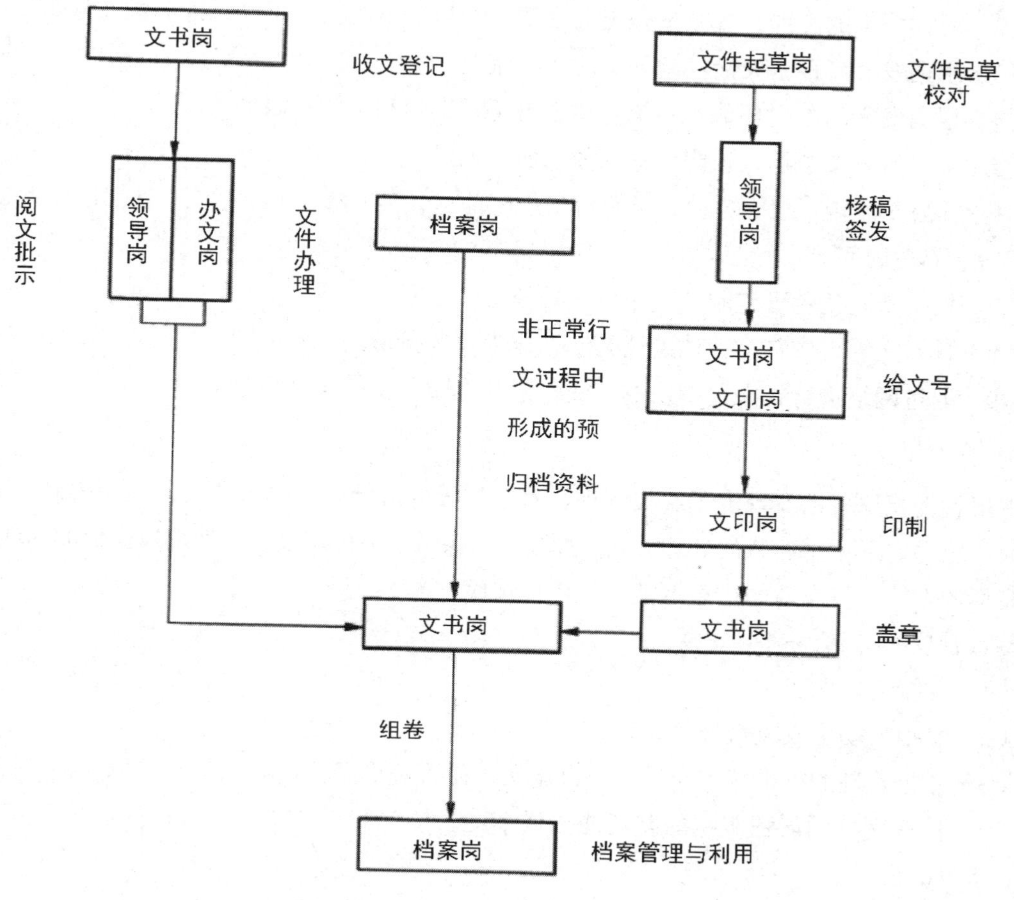

图 7-132 文档一体化岗位工作流程

（5）根据收文流程，灵活控制和定制收文传递流向以及流转时限。

（6）控制收文拟办、批阅、主办、阅办一系列操作的自动流转时间，自动按预先定制好的提醒方式进行催办。

（7）收文归档后的数据库实现多种结构、不同方式的查询。

（8）通过网络进行权限范围内的公文检索和查阅。

2. 发文管理

发文管理通过计算机和网络完成发文的拟稿、传递、审批、编号、盖章、催办和归档等，实现发文的电子审批流程，提供对发文审批流程的可视化监控、有效的查询统计功能，并可设置打印。

主要实现的功能有：

（1）根据公文的种类，灵活定制各种发文的文件格式，采用通用的流行软件 Microsoft Word，完全可以满足各种格式公文的需求。

（2）根据公文的类别，按照预先定义好的“文号”生成方式自动添加分配文号。

（3）根据发文流程，灵活控制公文的传递流向。

（4）根据发文的不同环节，系统自动进行不同操作和不同权限的控制。

（5）可设置发文拟稿人权限，默认值为所有人员。

（6）在公文流转过程中自动记录所有的修改信息，实现修改留痕功能，包括修改者、修改内容、修改时间等。

（7）根据不同角色可定制不同用户查看公文的权限。

（8）从发文管理中自动存档到档案库，作为永久备份。

（9）通过网络进行权限范围内的公文检索和查阅，支持全文检索。

3. 签报管理

签报管理模块可以实现电子签报管理，对于签报的流转过程提供灵活的控制机制，可由当前用户决定下一个环节的处理方式，如发送对象等。提供定义、管理签报模板的功能，进行模板的发布，发布后的模板可被所有用户选用。

签报管理的特点：

（1）支持痕迹保留。

（2）签报自动生成流水号。

（3）签报管理的审批流程允许用户自定义，使管理更灵活。

（4）具有完善的流程跟踪控制功能，详细记录签报的当前状态、审核的过程和领导批示、签发的意见。

（5）签报和收发文可以相互引用，使用者可以更及时地了解签报所对应的收文或发文信息。

（6）正文编辑界面，能够与 Word 无缝结合，保留修改痕迹、保留历史版本；流程跟踪界面，能够查看审批流程信息，了解每个节点的办理人和办理时间，提供图形化的流程跟踪功能。

（五）文档管理系统

1. 文档管理

局级文档由办公室管理，处室级文档由本处室自己管理。所有在协同办公系统中处理过的文件都能自动转到归档文件数据库中，在归档文件中查询文件的方式基本继承文件在处理过程中的查找方式，可以按不同分类进行文件查询，并提供全文检索和条件组合查询的功能。

文档支持按类型以及周期建立档案库。系统支持版本控制管理，支持目录树（或智能码）形式管理文档，提供公文统计、公文查询、文件移交、文档赋权，用户可以查阅本人参与过流转的所有文档。

2. 文档借阅

系统提供文档借阅流程定制以及应用功能，结合文档权限管理实现全局内部的文档借阅查询功能。文档借阅实现到期自动收回借阅查询权限功能，如需续借，需重新办理借阅手续。

（六）知识管理系统

1. 知识管理主要功能

以目录树（或智能码）形式管理知识体系，支持知识订阅与推送（分享）机制，支持外部关联资料（如 VSS 等），支持多关键字、全文索引，支持知识地图（按岗位／产品等形式重新组织知识体系）、知识利用统计（浏览量／下载量等），支持问题解答／专家网络等方式。

2. 知识管理其他功能

知识管理其他功能包括：检索功能，修改功能，防止打印设定，防止随便下载，借阅申请功能，安全备份，发布告知功能，统计、排行榜。

（七）综合事务管理

1. 办公用品管理

本功能完成水利局内部可分配办公用品类别的登记管理、办公用品分类列表更新维护等功能。系统提供一个通用的办公用品分类登记模板，用户可以根据不同的办公用品类别定制不同的办公用品登记表格。同时，通过定义分类来区分不同的办公用品类别，便于统计查询。

办公用品审批：包括办公用品申领单填报、办公用品审核、办公用品签发、办公用品登记等功能。系统可以根据不同类型办公用品的需要定制不同的流程，以满足不同办公用品的审批要求。

办公用品查询：包括办公用品列表查询、办公用品申领确认等功能。

办公用品使用统计：系统提供处室每月领用情况统计、每月库存物品状况统计、分类情况统计等功能。

2. 车辆管理

针对水利局内的车辆进行申请、安排，给车辆建立档案，显示车辆的使用状态，记录车辆的使用情况以及对驾驶员的管理。

车辆使用申请流程：车辆申请人填写车辆申请表，部门主要负责人审核车辆申请表，车辆调度员安排车辆，行政部门负责人审批车辆申请表（长途用车），返回车辆申请人。

根据车辆申请流程业务的分析，车辆申请流程可分为车辆使用申请、领导批示、派车几个功能模块。

填写申请：车辆申请人填写车辆申请表，说明申请车辆的原因、乘坐的人数、使用的时间、出车的路径，发送给领导审核；领导审批：领导审批包括本部门主要负责人、车辆管理部门主要负责人对申请人提出的用车申请批示同意、不同意的意见；派车：车辆管理员根据领导的批示意见，安排车辆、司机、时间，将结果返回给申请人。

车辆使用状态：按日期、每天的时间段显示所有车辆的安排情况（空闲、占用）。

车辆基本情况登记：为车辆建立档案，记录车辆的信息，包括购买日期、购置原值、折旧、车型、颜色、牌号、性能、各种技术指标、使用情况、故障情况等；车辆维修管理：维修登记、维修结果、维修查询、维修费用；燃油登记管理：领卡（票）登记、加油登记、加油查询；车辆保险：车险内容、保险金额、保险单号、入／出保日期、保险公司等信息；查询统计：查询统计车辆的使用情况、目前状况等信息。

驾驶员档案：包括个人基本情况、联系方式、健康状况等。

3. 固定资产管理

固定资产登记：系统实现对固定资产的基本信息登记、查询功能。

固定资产申请：提供固定资产申请的起草，并实现基于工作流引擎提供固定资产申请流程的审批功能。

统计查询：系统提供对固定资产基本信息的查询功能。

4. 会议管理

会议管理模块由会议申请、一周会议安排，会议室管理和会议资料管理组成。会议申请通过后，由会议管理员进行会议安排，形成一周会议安排表。针对每个会议，系统向每位与会者发送会议详细安排及主题通知。实现相关会议文件的保存、查询统计等功能。会议管理系统结构如图 7–133 所示。

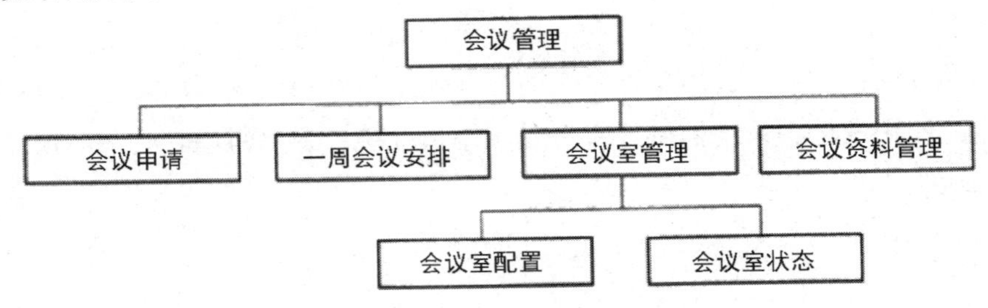

图 7–133 会议管理系统结构

会议申请：包括水利局级会议申请流程、处室级会议申请流程和不需审批流程的会议通知的发布功能。对水利局级会议和处室级会议，内部会议室的申请将在办理环节进行。即当会议申请被相关领导批准后，由会议经办人发起会议室申请流程，待会议室确定后，再发送会议通知给与会人员。不需审批流程的会议在起草会议通知后由会议经办人发起会议室申请流程，待会议室确定后发送会议通知。

一周会议安排：以周为单位排列显示水利局的会议安排情况。

会议室管理主要包括会议室配置和会议室状态。其中，会议室配置是记录水利局所有会议室的情况，包括物理位置、可容纳人数、设备配置等；会议室状态是按日期、每天的时间段显示所有会议室的安排情况（空闲、占用）。

会议资料管理：实现对会议产生的各种资料（包括纸质文档、电子文档、手工方式录入、原文扫描、图片、录音、影像等）保存、检索功能。

会议申请流程如图 7–134 所示。

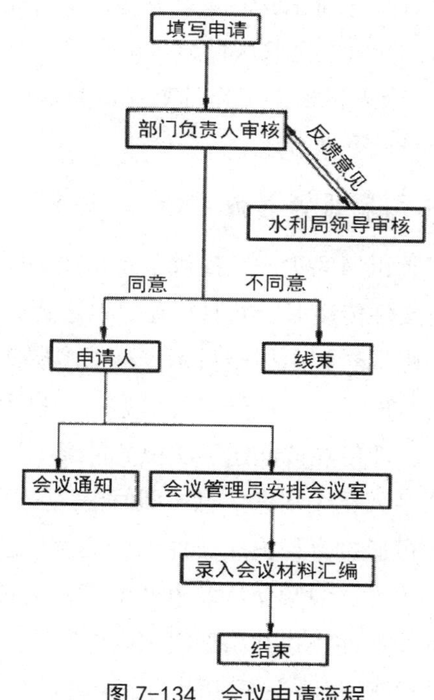

图 7–134　会议申请流程

（八）计划日程管理

计划日程管理模块用于管理水利局、部门或个人的工作计划和工作总结。通过对工作计划和工作总结的管理，能有效地帮助用户确定工作目标，合理安排工作和进行总结提高。

单位工作计划：具有相关权限的操作者（比如领导）可以建立本单位的工作计划。建立工作计划时，可指定计划内容、创建时间、计划类别、相关附件等，并可指定通知对象（比如任务负责人）。

系统可按照时间先后自动生成工作计划表供浏览、打印。已完成的工作计划将自动转到以往工作计划列表里。用户可建立任意多个工作计划，可将工作计划指定给某些用户共享查看或修改。根据组织结构和权限的设定，单位领导可安排下级部门或员工工作计划。

部门工作计划：具有相关权限的操作者可以根据单位计划建立本部门的工作计划，并可将本部门工作计划上报相关领导审批。

个人工作计划：供个人建立、维护自己的工作计划。个人可根据领导或部门计划安排创建自己的工作计划，并将计划报送领导审批。

工作总结管理：员工可根据工作计划建立工作总结，并上报领导督导、考评，方便组织业绩的评定。工作总结包括部门工作总结与个人工作总结。用户可以以周、月为时间段，以工作计划为基础制作工作总结，查询时可按年、月、周设置进行查询。

（1）部门工作总结管理：部门领导或其他人员（分配权限）可创建部门的工作总结，包括总结填写日期、填报人、对应计划完成情况等信息，填写完毕后可以按照预定流程提交主管领导查看，领导同意后，即可在公共区域显示出来。

（2）个人工作总结管理：个人将根据工作计划完成自己的工作总结，填写完成后，按照预定流程提交主管领导查看、审批。

（九）即时通信平台（与腾讯通集成）

即时通信平台方案提供与腾讯通的集成，提供了丰富的即时通信功能，可查询在线人员情况，发送即时消息，进行文件传递等。同时，还可以进行网络语音视频会议。

组织架构：登录后即可清晰地看到由树型目录表达的多层次组织架构；实时更新电子通讯录，在组织机构上查看对方电话、手机号码等信息；一目了然的树形组织架构，可让每个员工迅速地融入组织当中，即使在彼此还不认识的情况下也可以很好地协作。

丰富的即时通信：查看联系人在线状态信息；即时消息发送与接收，可多人会话，群发广播通知；文件收发功能，可通过直接拖放文件到会话窗口进行发送；截图直接贴图功能，可自定义截图热键；支持语音、视频交流及语音留言；主题讨论，可灵活地定义群组及发起讨论；可根据不同的查询条件查找并添加组织内外联系人。

在即时消息上发消息完全可以和手头的其他工作同时进行。其比 E-mail 要快速，无须等待；比电话交流方式要丰富，不用消耗时间在拨电话、等待对方接听，或者对方不在时要多次重拨等，可以省去许多电话费，办公室电话铃声和在电话上讲话的干扰也大幅度降低；在电话上不容易讲清楚的如一串数字、地址等可以很方便地用文字来描述，可以直接把一幅图或者文件发给对方；可以打开语音、视频进行对话。

视频语音网络会议：网络会议对跨地区的交流不仅可大幅度地节省成本，而且交流更及时、交流方式更丰富。不需要手工做会议记录，自动保存完整的会议记录，图、文、声并茂，即使缺席的人也可以查看到整个会议过程。主要包括会议预定与定时提醒；文字、语音、视频交流，电子白板、远程协作；完整的会议记录与回放。

（十）系统管理

系统管理包括用户管理、权限管理、备份恢复、系统监控、安全管理、日志管理、代码维护。提供多种系统管理功能，如权限管理、条件设置、链接设置、标志设置、IP 限制、身份认证、通讯录的字段／显示列／显示字段设置、Web 模块设置、数据库模块设置、RSS 模块管理、接口管理、短信管理、回收站、群组管理、范围管理、公文设置、组设置、外部数据导入、流程管理等，实现人员、部门、岗位、组别、模块权限等管理功能，提供用户权限、密级、口令、流程定制、资料备份等管理方式，同时为用户提供了个性化页面定制功能，能根据不同用户的需要灵活定制其页面内容。实现与网站平滑衔接，与 ERP、HR 等系统有关数据的接口，从而达到相应数据的一致性和完整性。

人员组织设置：提供用户、组织、角色、权限等数据模型的维护和服务；通过一致的引擎接口可以获得和维护用户信息、用户相关的组织信息、岗位信息、角色信息等。主要内容包括：组织机构，建立机构，同时对所建立的基本信息进行维护；职务级别，建立基本信息，同时对所建立的基本信息进行维护；岗位名称，定义岗位，同时对所建立的基本信息进行维护；人员权限，定义人员基本信息和权限，包含用户标识、登录口令、用户名称、年龄、性别、单位、部门、职位等，同时对所建立的人员进行权限的定义；自定义组，根据工作需要可以将人员进行组合，形成工作组。

短信平台设置：是否启用手机短信提醒／通知，可以针对系统功能模块进行设置；手机短信接收后的处理，代码管理／功能模块对应以及相应业务处理。

应用设置：对办公流程、格式提供预设置功能。

（1）系统模板：提供协同、公文的流程模板和格式模板，同时提供对项目文档和流程模板的支持。

（2）公文协同格式模板：建立协同、公文流程中所需表格的格式样表。

（3）讨论区专题：定义专项讨论区。

（4）公共资源：建立资源信息，对资源信息进行维护管理。

电子表单：电子表单系统基于业内最新的 AJAX 技术实现了纯 Web 无控件可视化表单编辑。它比传统控件版本的电子表单，在速度、效率和易用性上都有了大大提高。电子表单系统提供所见即所得的表单编制、灵活的表单部署、友好的表单填报、强大的表单流转（结合工作流）、智能的表单信息处理能力，同时提供了与其他系统集成的应用开发接口。电子表单系统采用 XML 描述表单外观，采用关系型数据库保存表单数据，能够方便地把关系型数据库中的信息展现到表单或保存到一个新建的数据表中。每个表单可以对应多个数据实例，能够通过一张表单提交多个数据实例；每个数据实例都独立于表单外观，能够被应用程序灵活地操作。内置强大的数据校验、数据计算机制，不需要编程即可满足常规的业务需求；可以针对表单控件和数据模型进行脚本编写，实现复杂的业务逻辑。电子表单功能包括以下几个部分：表单引擎、AJAX 表单设计工具、模板管理、实例管理、数据库关联、表单开发接口。

管理维护：提供外部应用标准接口，实现外部应用链接；对运行系统进行维护，清理垃圾数据，保证系统运行。

安全管理：采用用户名和密码辨别用户合法身份；数据的传输和存储采用加密算法；附件文件的存储采用加密方式；客户端 IE 的保护，防止通过 IE 攻击系统；采用硬件加密狗保护用户单位使用权益和系统应用安全性；自动备份功能提升系统数据的安全性。

IP 管理：系统管理员可以限定不同 IP 段的终端访问或者限制访问协同办公系统。

接口管理：接口管理包括公文交换接口以及与其他业务系统如 HR/ERP 系统接口。

日志管理：系统日志记录系统的访问历史，包括用户的登入退出、用户名称、用户访问时间等。系统管理员可对系统日志进行查看和清理。

功能和权限管理：功能和权限分配由系统管理员统一管理，可对每个用户进行菜单授权。提供对角色的支持，对多个用户分配权限。系统管理员可以给下级单位的管理员授权，使其可以管理本单位的系统。权限管理通过登录名、角色、权限的对应关系，完成对系统权限的分配与定制。

自由用户管理：自由用户指组织部门以外的任何用户，如临时性用户。

强制并委托任务：当办理人不在工作岗位上，无法办理任务时，可以由管理员进行强制完成或重新委派。

第八章　黄河工程养护与验收

第一节　黄河工程管理考核标准

为强化黄河工程管理，提高防洪工程强度，促进工程管理的科学化、规范化、正规化，黄委制定了工程管理赋分标准。

一、运行机制

（一）组织管理（40 分）

（1）队伍管理（20 分）：养护企业存在水管单位代管现象的扣 5 分；未建立有效工作激励机制的扣 5 分；运行观测人员未持证上岗到位扣 5 分。

（2）制度建设（20 分）：未建立工程管理检查考核制度的扣 5 分，每月检查考核制度不落实的扣 5 分；岗位责任制、学习培训制度、检查报告制度、工作总结制度缺一项扣 2 分；制度执行效果好、中、差分别扣 0、4、6 分。

（二）工程管理规划

规划编制 (10 分)：未按要求编制工程维修养护规划的扣 10 分，规划内容简单、操作性差的扣 2 分；未编制标准化堤防工程管理整体设计的扣 5 分，设计内容简单、操作性差的扣 2 分。

（三）养护方案编报

方案编制与实施（15 分）：未按规定编报年度实施方案扣 10 分：方案调整未按规定

报批扣 5 分。

（四）合同管理

（1）合同签订（20 分）：未按规定签订专项与日常维修养护合司的每项扣 5 分；日常维修养护合同没有按照“两清单、一说明”执行扣 5 分；签订的专项合同缺少附件的扣 5 分。

（2）项目监理（10 分）：未鉴定监理合同的扣 5 分：未按监理合同条款严格操作的扣 5 分。

（3）质量管理（10 分）：工程维修养护质量管理体系不健全扣 5 分；未办理质量监督手续扣 5 分。

（五）验收

验收（15 分）：未按时进行月核查、专项验收、年度验收的每项扣 5 分。

二、堤防工程（1000 分）

折算后主体工程占 700 分。

（一）堤顶

（1）堤顶道路（70 分）：堤项宽度误差为 0~10cm，每增减 5cm 扣 2 分；路面沿堤轴线方向每 10m 长范围内凸凹不大于 5cm，每增加 1cm 扣 2 分。

土质堤顶未形成花鼓顶的扣 10 分；未采用小粒径米石或石屑砾化的扣 5 分，在检查范围内每出现一粒直径大于 2cm 的扣 1 分；在 100m 长度范围内，路面堆放杂物面积超过 $0.25m^2$ 的每处扣 5 分。

硬化路面无横向坡度扣 5 分；分道线不顺直、线宽不一致的扣 5 分；在 100m 长度范围内，路面有坑槽，深度大于 10cm 每处扣 5 分；有裂缝的每条扣 5 分；有翻浆、龟裂的每处扣 5 分。

（2）路沿石、防护礅（30 分）：路沿石尺寸不符合标准的扣 5 分；路沿石不平顺整齐的扣 5 分；路沿石出现损坏的每处扣 2 分。

防护礅埋设高度差 3cm 的扣 5 分；未涂饰红白条漆的扣 2 分；每损坏 1 个扣 1 分。

路沿石与排水沟之间未采用混凝土硬化或未植草防护的扣 5 分。

（3）堤顶排水（30 分）：散排水堤肩草皮覆盖出现 $0.2m^2$ 裸露每处扣 5 分，草皮宽度小于 0.5m 每处扣 2 分；纵、横向排水沟未采用现浇或预制的扣 5 分，排水沟尺寸不符合要求的扣 5 分；堤顶纵向排水沟未设渗水孔的扣 5 分；排水沟出现孔洞、蛰陷、断裂的每处扣 2 分；排水系统有淤泥、杂物的每处扣 5 分。

（4）堤肩（50 分）：堤肩线每 Sm 长度范围内凸凹允许误差 Scm，每增加 2cm 扣 5 分；

堤肩修筑边埂的，内侧直立混凝土挡土墙尺寸不符合标准的扣 5 分；边埂尺寸不符合标准的扣 5 分。

堤肩草皮覆盖每出现 0.25m^2 裸露的扣 5 分；在检查抽样范围内每株杂草扣 1 分。

（5）行道林（50 分）：行道林未按每侧一行种植扣 10 分；树木距堤肩线小于 20cm 扣 5 分；乔木类胸径小于 5cm 扣 2 分；达不到乔灌结合、错落有致的扣 5 分；同树种株距相差大于 0.Sm 的每处扣 2 分，同树种分叉高度相差 0.5m 以上的每株扣 2 分：抽查的胸径最大与最小值相差 2cm 以上扣 5 分；抽查长度范围内每缺损 1 棵扣 2 分；刷白高度不一致的扣 2 分。

（6）禁行设施（30 分）：堤顶道路禁行设施限宽大于 2.2m 的每处扣 5 分；未标注限宽的每处扣 2 分；未刷反光条每处扣 2 分；无法吊装移位的每处扣 5 分；主要交通路附近应设置而未设置的每缺一处扣 5 分。

（7）标志标牌（40 分）：各类标志标牌规格不符合标准的每个扣 3 分；标识与标准不符的每个扣 3 分；缺损或丢失每个扣 5 分。

省、地（市）级交界牌未采用门架式结构或不符合 5m 高度要求的，每处扣制作单位 10 分。

通往国道、省道、各市、县（区）、乡（镇）及主要工程地点的指示牌未设置或标示不明确的每处扣 2 分。

千米桩、百米桩未按标准在背河堤肩埋设的每项扣3分；发现有破损丢失的每处扣5分。

警示标志应设未设的每项扣 2 分。

（二）堤坡

（1）坡面（30 分）：堤防坡度陡于原设计坡度扣 5 分；出现残缺、水沟浪窝等流失土方每 0.25m^3 扣 5 分；沿堤防横断面 10m 范围内凸凹不超过 5cm，每超过 1cm 扣 2 分。

堤坡抽样检查范围内，每出现 0.25m^2 地面裸露扣 5 分；在抽样范围内每株杂草扣 1 分。

堤脚线 10m 长度范围内凹凸不大于 10cm，每超出 1cm 扣 1 分。

（2）排水沟（30 分）：横向排水沟每缺少 1 条扣 2 分；排水沟、消力池尺寸不符合要求的扣 5 分：排水沟存在杂草、杂物的每 0.25m^2 扣 2 分，损坏的 0.25m^2 扣 5 分。

（3）前（后）戗（30 分）：前（后）戗顶面 10m 长度范围内高差不大于 5cm，每增加 1cm 扣 2 分；未设边埂、隔堤每项扣 5 分；边埂、隔堤尺寸与标准不符的每项扣 2 分。

戗顶未植草防护扣 5 分；戗顶地面裸露每出现 0.25m^2 扣 5 分；在抽样范围内每株杂草扣 1 分。

（4）上堤辅道（50 分）：辅道与堤坡连接交线不顺直的每条扣 5 分；辅道路肩无草皮防护的每条扣 2 分；边坡沿横断面 5m 范围内凸、凹不超过 5cm 每增加 1cm 的扣 2 分；

辅道出现水沟浪窝流失土方每 0.25m³ 扣 5 分；辅道蚕食堤身设计断面每条扣 10 分。

警示桩设置不符合标准的每处扣 5 分。

（三）淤区

（1）围堤、隔堤、排水沟（50 分）：围堤、隔堤、排水沟尺寸不符合要求的每项扣 5 分；围堤、隔堤出现残缺、水沟浪窝等流失土方每 0.25m³ 扣 5 分；沿长度方向 10m 范围内凸凹不超过 5cm，每超过 lcm 扣 2 分；纵横排水沟设置未形成完整排水系统的每处扣 10 分。

（2）淤区绿化（60 分）：植树达不到纵横成行的每处扣 5 分；淤区成品段闲置的每亩扣 1 分；缺损断带的每米扣 1 分；树木病虫害得不到及时防治的每处扣 5 分；抽样范围内每缺损 1 棵扣 1 分；淤区内种植农作物的每亩扣 5 分。

（3）淤区边坡（50 分）：坡度不符合设计标准的扣 5 分；沿横断面 10m 范围内凸凹大于 20cm 的每超 1cm 扣 2 分；水沟浪窝损失土方每 0.25m³ 扣 5 分；堤脚线 10m 范围内凸凹大于 lOcm 的每处扣 2 分；坡面未植树或植草防护的扣 10 分。

（4）淤区管护（30 分）：硬化堤顶原有土牛台、房台未清除的扣 10 分：土牛存放位置、尺寸不符合标准的每项扣 5 分；备防石垛尺寸、位置不符合要求的每项扣 5 分，未按要求制作备防石标志的每垛扣 1 分。

淤区存放杂物每平方米扣 2 分；违章建筑每处扣 5 分。

（四）护浪林、护堤地

（1）防浪林（30 分）：乔、灌木达不到规定宽度扣 5 分；株行距不符合标准扣 3 分；缺损断带每 5m 扣 1 分；发现病虫害扣 5 分；抽样范围内每缺损 1 棵扣 1 分。

（2）护堤地（30 分）：护堤地 10m 长度内高差不大于 20cm，每超出 1cm 扣 1 分；林木断带长度每 10m 扣 2 分；抽样范围内每缺损 1 棵扣 1 分；违章取土每立方米扣 2 分；违章垦殖或侵占的每处扣 5 分；堆放杂物每平米扣 2 分。

（3）界埂（沟）界桩（30 分）：未修筑边埂或界沟的每处扣 5 分；未埋设边界桩的扣 10 分；边界桩缺损 1 根扣 1 分；边界桩规格、埋设、编码不符合要求的扣 5 分。

（五）工程保护

（1）确权划界（20 分）：确权划界手续不齐全、资料不完整的每宗扣 2 分；土地使用证领取率低于 95% 扣 10 分。

（2）安全保护（40 分）：管护范围内发生危害堤防安全活动的每宗扣 10 分；近村堤段未设置隔离网每段扣 2 分。

（3）车辆禁行（10 分）：未按要求设置隔离墩的每处扣 5 分；履带车辆或超载车辆通行发现 l 辆扣 3 分；泥泞期间非防汛车辆通行发现 1 辆扣 2 分。

（4）历史遗留工程（10分）：未经批准占用或拆毁历史遗留旧堤及设施的每处扣10分。

（六）工程观测与探测

（1）工程观测（20分）：堤防观测设施丢失或损毁的每处扣5分；无堤防检查或观测记录的扣5分；检查或观测记录未按规定进行分析整编的扣5分。

（2）堤防隐患探测（20分）：隐患探测无计划扣5分；无探测分析报告扣5分；探测报告未按要求上报省级以上主管部门审查备案的扣10分。

（七）现代化建设

（1）信息化建设（40分）：工程管理基础数据库录入不完整的扣10分，系统运转不正常扣5分；科室办公设备配备不符合规定的扣10分。

（2）专业化水平（30分）：水管单位委托的养护公司职工未达到统一着装上岗的扣5分；养护机械装备以20台套、15台套、10台套为限分别扣0分、5分、10分；养护设备平均利用率在95%、80%、60%的，分别扣0分、5分、10分。

（八）庭院管护

（1）建筑设施（20分）：建筑面积不满足堤防工程管理设计规范的扣5分；建筑物每破损0.25m^2扣5分；无文娱活动室及设施的扣5分；无洗澡间及设施的扣5分。

（2）绿化美化（15分）：绿化树木未达到四季常青扣10分；未达到三面透绿的扣5分；花木缺损1棵扣5分。

（3）卫生状况（15分）：无庭院卫生制度扣5分；庭院有垃圾、杂物每0.25m^2扣5分；住房有灰尘污渍扣2分；餐厅未做到生、熟食品分离扣2分；厕所未实现水冲式扣3分。

三、河道整治工程（1000分）

折算后主体工程占700分。

（一）坝顶

（1）坝面（60分）：坝顶沿横断面10m长度内凸凹不超过5cm，每增加1cm扣2分；坝面陷坑、裂缝且深度、长度大于10cm的每处扣5分；水沟浪窝损失土方每0.25m^3扣5分；杂物堆放每0.25m^2扣5分；草皮每出现0.25m^2地面裸露扣5分，在检查范围内每株杂草扣1分。

（2）沿子石（50分）：沿子石宽度、厚度不符合设计要求的分别扣5分；沿子石有墩蛰、塌陷、残缺、活石等每处扣5分；沿子石与土坝基结合部有暗沟、蛰陷等每处扣5分，未做防渗处理的扣5分。

（3）备防石（40分）：备防石存放位置、间距、尺寸不符合要求每项扣5分；不靠河工程备石未按要求涂抹边角的每垛扣 2 分；备防石标志尺寸不符合要求的扣 5 分：有坍塌、杂草的每项扣 10 分：备石未录入计算机实现网上动态管理的扣 20 分。

（二）坦石坡

（1）坦石坡（60 分）：扣砌坦石沿横断面每 3m 长度内凸凹超过 5cm 的每处扣 10 分：坦面塌陷每 $0.25m^2$ 扣 5 分；发现浮石每块扣 1 分；坦坡杂草每 $0.25m^2$ 扣 5 分；坝垛勾缝脱落每米扣 2 分。

散抛石沿横断面每 3m 长度范围内凸凹超过 20cm 的每处扣 5 分；塌陷面积每 $0.25m^2$ 扣 5 分；坝坡杂草每 $0.25m^2$ 扣 5 分。

（2）险工根石台（50 分）：险工根石台顶面 10m 长度范围内高差大于 5cm 的每处扣 5 分；内外口线不清晰的每处扣 5 分；根石塌陷面积每 $0.25m^2$ 扣 5 分。

（3）坝裆（20 分）：坝裆地面高差大于 10cm 每处扣 2 分；垃圾，块石等杂物每 $0.25m^3$ 扣 2 分；违章取土每立方扣 2 分。

（4）踏步（20 分）：踏步设置位置、尺寸不符合要求每项扣 5 分；踏步未进行勾缝处理每处扣 3 分；破损、凸凹、墩蛰、塌陷的每项扣 5 分；活石每发现 1 块项扣 1 分。

（三）坝坡

（1）坡面（50 分）：坝坡沿横断面 3m 范围内凸凹不超过 5cm，每超过 1cm 扣 2 分；有塌陷且深度大于 15cm 的每处扣 5 分；水沟浪窝损失土方每 $0.25m^3$ 扣 2 分；杂物堆放每 $0.25m^2$ 扣 5 分；草皮每出现 $0.25m^2$ 地面裸露扣 5 分，在检查范围内每株杂草扣 1 分。

（2）排水沟（40 分）：排水沟每缺 1 条扣 2 分；排水沟、消力池的结构、尺寸不符合要求每条扣 2 分；沟身有损坏、塌陷、架空、淤土杂物的每处扣 5 分。

（3）坡脚（30 分）：联坝坡与地面交线不顺直每处扣 2 分。

（4）上坝路（20 分）：上坝路宽度不符合要求的扣 5 分；路面每出现 $0.25m^2$ 坑洼扣 2 分；检查范围内行道林缺损 1 棵扣 1 分。

（四）联坝

（1）联坝顶 (50 分)：联坝顶宽、横向坡度不符合设计要求每项扣 5 分；未砾化的扣 10 分；联坝顶坑洼且深度大于 5cm 的每处扣 2 分；杂物堆放每 $0.25m^2$ 扣 5 分；破坝修路、开沟引水及铺设管道等未履行手续的每处扣 10 分。

（2）排水（30 分）：集中排水的边埂尺寸不符合要求扣 5 分；边埂每 10m 长度内凹凸不大于 5cm，高差每增加 1cm 扣 2 分；内侧未设混凝土挡土墙扣 5 分，埋设高度不一致扣 5 分。

坝肩草皮覆盖每出现 $0.25m^2$ 裸露的扣 5 分，在检查范围内每株杂草扣 1 分。

（3）行道林（30 分）：行道林未按设计要求种植的扣 10 分；同种树株距误差大于 0.5m 扣 2 分；同种树分叉高度相差 0.5m 以上的扣 2 分；树木胸径小于 3cm 的扣 2 分，同种树胸径最大与最小值相差 3cm 以上的扣 2 分；检查范围内缺损或死亡 1 棵扣 2 分；刷白高度不一致的扣 2 分。

（五）标志标牌

（1）工程简介牌（40 分）：未设置工程简介牌每处扣 10 分；设置位置不符合标准要求的每处扣 5 分；规格、结构、材料不统一的每个扣 2 分；图文不符合要求每处扣 5 分；简介牌局部破损每处扣 2 分。

（2）坝号桩、高标桩、根石断面桩、警示桩（60 分）：坝号桩、根石断面桩、高标桩、警示桩等应设置而未设每项扣 5 分；规格、结构不统一的每个扣 2 分；埋设位置、方向不符合要求每个扣 2 分；缺损每个扣 5 分；标注不清晰每个扣 2 分。

（3）设置程序（10 分）：未经统一规划或省级建管部门审查同意而设置的标志标牌每个扣 5 分。

（六）管护地

（1）护坝地绿化（40 分）：护坝地纵横向每 10m 长度内凸凹误差 10cm，每增加 1cm 扣 2 分；株行距不符合设计要求扣 5 分；出现缺损断带每 2m 长扣 1 分；抽样范围内每缺损 1 棵扣 1 分；发现病虫害每处扣 5 分。

（2）护坝地保护（40 分）：未修筑边埂或界沟的每处扣 5 分；未埋设边界桩的扣 10 分；边界桩缺损 1 根扣 1 分，规格、编码不符合要求的扣 5 分。

违章垦殖或侵占的每处扣 5 分；堆放杂物每 0.25m^2 扣 5 分。

（七）绿化与基地建设

（1）绿化美化（50 分）：绿化美化无规划扣 5 分；规划未经省级业务主管部门审查实施的扣 5 分。

树木、花卉达不到四季常青的扣 10 分；树木缺损、病害、杂藤攀援等每棵扣 2 分；草皮每出现 0.25m^2 地面裸露扣 5 分，在抽样范围内每株杂草扣 2 分。

堆放污物、垃圾的每 0.25m^2 扣 5 分；设施损坏每处扣 5 分。

（2）庭院绿化（50 分）：树木、花卉达不到四季常青扣 10 分；树木花卉缺损每棵扣 5 分；建筑物每损坏 1 处扣 5 分；草皮覆盖每出现 0.25m^2 裸露扣 5 分。

院落堆放污物、垃圾的每 0.25m^2 扣 5 分；厕所未实现水冲式扣 3 分。

（八）工程观测

（1）根石探测（40 分）：汛前、汛期、汛后根石探测未按规定进行的每次扣 5 分；

探测数量不足的扣 5 分；未按要求编报探测分析报告扣 10 分；报告数据虚假该项不得分。

（2）河势、水位、滩岸观测（40 分）：未按要求进行河势、水位、滩岸坍塌等观测的每项扣 10 分：记录不连续、不规范每项扣 5 分。

（九）工程保护

（1）土地确权划界（20 分）：确权划界资料不齐全、手续不完备的每项扣 5 分；土地使用证领取率达不到 95% 扣 10 分。

（2）危害工程活动（40 分）：管护范围内发生违章爆破、取土等危害工程安全活动的每宗扣 10 分；发生破坝施工或占用坝面等未履行手续的每宗扣 10 分；发现堆放垃圾、杂物的每 $0.25m^2$ 扣 5 分。

（3）突发事件（20 分）：对工程管理突发事件，未按照《黄河工程管理突发事件应急处理与报告制度》进行处理和上报的每宗扣 10 分。

四、水闸（1000 分）

折算后主体工程占 700 分。

（一）技术管理

（1）管理经费（30 分）：未测算确定水闸维修养护经费扣 15 分；维修养护经费未落实到位扣 15 分。

（2）管理制度（20 分）：未制订水闸各项技术管理制度扣 10 分；未报上级主管部门备案扣 5 分；未在显著位置明示扣 5 分。

（3）技术图表（10 分）：水闸平、立、剖面图，电气主接线图、启闭机控制图，主要技术指标表、主要设备规格、检修情况表每缺 1 项扣 2 分。

（4）控制运用 (50)：未制定控制运用计划或调度方案扣 10 分；未按水闸控制运用计划或上级主管部门的调度指令实施的每项扣 10 分；未制定水闸操作规程扣 10 分；未按操作规程操作运行扣 10 分。

（5）运行管理（50 分）：未按规定进行检查观测、安全鉴定、设备等级评定、注册登记及除险加固的每项扣 10 分。

（6）安全生产（20 分）：发生重大安全责任事故（上级主管部门认定）此项不得分；管理责任不到位造成事故的扣 10 分；设备不能正常运行的扣 10 分。

（二）水工建筑物

（1）基础与铺盖（50 分）：水闸基础出现破坏性渗漏未及时反映扣 20 分；未采取安全措施的扣 20 分。

混凝土铺、浆砌石铺盖松动、破损面积每 $0.25m^2$ 扣 5 分；黏土铺盖出现不均匀沉陷、冲蚀面积每 $0.25m^2$ 扣 5 分。

（2）闸室（50 分）：混凝土结构出现剥落、损坏、钢筋锈蚀面积每 $0.25m^2$ 扣 5 分；浆砌石表面松动、塌陷面积每 $0.25m^2$ 扣 5 分；永久缝出现渗漏、止水损坏、充填物老化脱落等每处扣 5 分。

工作桥、检修桥、交通桥破损面积每 $0.25m^2$ 扣 5 分。

（3）消能防冲工程（40 分）：消能防冲工程浆砌石、混凝土结构每损坏 1 处扣 5 分；排水孔出现淤塞每个扣 5 分。

（4）两岸连接工程（130 分）：混凝土破损每 $0.25m^2$ 扣 5 分；浆砌石有变形、松动、勾缝脱落等每处扣 5 分；干砌石工程有松动、塌陷、隆起等每处扣 5 分。上、下游岸坡及围堰冲沟、空洞流失土方每 $0.25m^3$ 扣 5 分，坍塌面积每 $0.25m^2$ 扣 5 分；硬化路面出现破损每 $0.25m^2$ 扣 5 分。

衬砌渠道护底、护坡出现勾缝脱落、松动每 $0.25m^2$ 扣 5 分；渠道有塌陷、浪窝等损失土方每 $0.25m^3$ 扣 5 分；水闸与堤防结合处出现绕渗现象每处扣 10 分。

水闸与堤防连接不符合设计坡度扣 5 分；出现残缺、水沟、浪窝、塌陷等损失土方每 $0.25m^3$ 扣 5 分。

护堤地每 10 米范围内地面高差不大于 20cm，每超出 1cm 扣 2 分；有违章取土、垦植等每平方米扣 5 分。

（三）闸门、启闭机、机电设备

（1）闸门（60 分）：门叶有杂物附着等每处扣 10 分；闸前漂浮物每平米扣 5 分。

闸门面板及主要构件未采取有效防腐措扣 5 分；出现明显局部变形、裂纹、断裂等每处（条）扣 10 分。

闸门止水老化、渗漏超过规定扣 10 分；闸门运行有偏斜、卡阻、振动异常扣 10 分。

（2）启闭机（70 分）：卷扬启闭机：金属结构表面有铁锈、氧化皮、焊渣、油污、灰尘等每处扣 5 分；齿轮箱有漏油、渗油现象每处扣 5 分；启闭时有冲击声或异常杂音扣 10 分；钢丝绳存在油污、锈蚀、断丝等缺陷每项扣 5 分；仪表指示不正确扣 5 分。

螺杆式启闭机：金属结构表面有油污、灰尘、铁锈、油漆脱落等每处扣 5 分；手摇部分转动不灵活或有卡阻现象扣 10 分；行程开关动作不灵敏或闸门开启高度指示器指示不准确扣 10 分；机箱有漏油、渗油现象扣 5 分；启闭时机械部件出现冲击声或异常杂音扣 10 分。

（3）电动机（30 分）：电动机有尘土、污渍的每处扣 5 分；电机运转有异常杂音扣 5 分；接线盒无防潮设施扣 5 分；压线螺栓松动每处扣 5 分。

（4）操作设备（20分）：开关箱、控制器、继电保护装置出现缺陷的每处扣10分。

（5）输电线路（30分）：各种电力、电缆、照明线路有漏电、短路、断路等现象每处扣10分；架空线路有树障等扣10分。

（6）其他机电设备（20分）：变压器、指示仪表未按供电部门规定维护和检验的扣10分；自备发电机未按规定定期维护、检修每台扣5分。

（四）启闭机房、附属设施

（1）启闭机房（30分）：机房、楼梯、墙壁、门窗、地面等每出现$0.25m^2$破损扣5分，每条裂缝扣5分；室内照明设施及应急照明系统运行不正常扣10分；消防器材不完备或失效扣5分；堆放杂物每处扣5分。

（2）避雷设施（10分）：避雷器及部件损坏的扣5分；接地不可靠或失效的扣10分。

（3）观测设施（40分）：观测基点表面锈蚀或缺损的每个扣5分；保护盖及螺栓开启不畅每个扣2分；沉陷点、测压管、测流设施等损坏或失效的每个扣5分。

引水闸未安装在线安全监测系统扣2分，运转不正常扣5分。

主要观测仪器、设备不能正常使用的每台扣5分。

（4）管理现代化（50分）：闸门未安装远程监控系统扣20分，现地查询、运行控制不正常的扣10分；水位未实现计算机实时记录扣10分；水量达不到实时计量扣10分。

（5）标志标牌（20分）：水闸工程未设立工程简介牌扣5分。

通信塔、变压器、水域等未设置警示标志的，每缺少一项扣2分。

未按规定制作、标注、埋设边界桩扣5分。

（五）管理设施

（1）闸区（60分）：闸区无经过上级审查批复的管理规划扣5分；水闸与相临堤防连接不协调的扣5分。

树木、花卉达不到四季常青的扣10分；树木缺损、杂藤攀援等每株扣5分；草皮每出现$0.25m^2$地面裸露扣5分；在抽样范围内每株杂草扣1分。

堆放污物、垃圾的每$0.25m^2$扣5分。管理庭院（50分）：建筑面积不满足工程管理设计规范的扣10分；建筑物有损坏每处扣5分；无文娱活动室及设施的扣5分；无洗澡间及设施的扣5分。

树木、花卉缺损1棵扣2分，地面每出现$0.25m^2$裸露的扣5分；未达到四季常青扣10分；未达到三面透绿的扣10分。

无卫生制度扣5分，责任人不明确扣5分；庭院有垃圾、杂物每$0.25m^2$扣5分；室内有灰尘污渍每处扣2分；餐厅未做到生、熟食品分离扣2分；厕所未实现水冲式扣3分。

（六）工程保护

（1）确权划界（10分）：土地使用证领取率未达到100%扣5分；未按上级批复明确界定水闸两侧及上下游管理范围的扣10分。

（2）安全管理（50分）：管护范围内发生危害水闸安全活动的每宗扣10分；一般事故未及时采取有效措施并上报的扣10分；发生重大安全事故（以上级主管部门认定为准）此项不得分；发现堆放垃圾、杂物每0.25m^{2}扣5分。

五、内业资料（1000分）

折算后内业资料占180分。

（一）资料规范管理

（1）管理制度（20分）：资料管理制度不健全扣10分；未明确专人负责信息录入与更新扣10分。

（2）收集与整理（50分）：资料不完整、数据不准确每宗扣10分；未统一采用A4纸扣5分；用易褪色材料书写扣2分；用刀片和涂改液修改的扣5分；未按分类次序排列归档扣5分；影、声像资料每缺一项扣5分。

（3）管理信息化（50分）：基础数据库数据录入不完善每发现1处扣10分；未按要求进行数据更新扣20分；计算机查询系统运转不正常扣10分。

（二）日常维修养护资料

（1）工程普查（70分）：未及时组织工程汛前普查扣20分；工程月检查每缺1次扣10分；检查记录不规范、不完整、不准确的每项扣5分；年度检查成果未进行汇总的扣10分；检查原始资料有虚假的每项扣20分。

（2）年度实施方案（50分）：未按批复实施方案执行的每宗扣10分；水管单位监督检查记录不完整每宗扣5分；方案变更未按规定履行程序的每宗扣5分。

（3）维修养护合同（50分）：未按工程分类分别签订合同扣20分；合同价款与批复方案不一致扣10分；合同签订不规范每宗扣5分；合同内容不符合要求的扣5分；未严格按合同条款执行的扣10分。

（4）通知书（30分）：未及时制定、下达月维修养护通知书的每次扣5分；“两清单、一说明”每缺少一项扣5分。

（5）观测、养护日志（70分）：填写不及时扣10分；记录不规范、不完整每次扣5分；记录简单重复每宗扣5分；用计算机打印的每发现1次扣5分；记录不真实或弄虚作假的该项不得分。

（6）自检、抽检资料（40分）：养护公司自检、监理公司抽检记录不规范、不齐全、签字手续不完备每宗扣10分；自检、抽检资料有伪造的该项不得分。

（7）维修养护月报（20分）：无专人负责扣5分；填写内容不完整、报送不及时每宗扣5分；填写内容不真实或弄虚作假的该项不得分。

（8）例会（20分）：每月例会缺少一次扣5分；会议记录不完整、不规范扣3分；参会人员签字手续不完备的每次扣2分，

（9）工程量认定（35分）：月工程量核查每缺少一次扣10分；月核查资料手续不完备的每次扣5分。

（10）价款支付（25分）：价款月支付表未按统一格式填写的扣5分；月支付资料手续不完备的每次扣5分；无正当理由不及时支付的扣5分。

（11）年度验收（40分）：年度验收程序不符合要求的扣5分；未按合同完成维修养护项目及工程（工作）量扣15分；财务结算未按时完成扣5分；验收技术资料每缺一项扣5分。

（12）年度工作总结（10分）：年度工程管理工作总结为好、中、差的分别扣0、5、10分。

（三）专项维修养护资料

（1）设计、批复（60分）：无专项设计扣30分；未按上级批复实施专项扣10分；专项设计变更未按规定履行手续每宗扣10分。

（2）专项合同（40分）：未按批复签订专项维修养护合同每项扣10分；合同签订不规范每项扣5分；未附专项设计扣5分；未严格按合同条款执行的扣15分。

（3）监理合理（40分）：监理合同签订不规范每项扣5分；未严格按合同条款执行的每宗扣10分；监理日志不完整、不准确每宗扣10分。

（4）施工组织方案（40分）：施工组织设计为好、中、差的分别扣0、5、10分；未按施工组织方案执行的扣10分；未依据工程施工组织设计提出监理工作方案的扣10分。

（5）开工手续（10分）：无开工申请手续扣5分；无开工令扣5分。

（6）自检资料（40分）：养护公司自检记录不规范每处扣5分；资料不齐全每缺一项扣5分；资料有伪造的该项不得分。

（7）抽检资料（50分）：监理公司抽检记录不规范每处扣5分；抽检资料不齐全每缺一项扣5分；抽检资料有伪造的该项不得分。

（8）养护日志（40分）：填写不及时扣5分；记录不规范、不完整每宗扣5分；记录简单重复每宗扣5分；用计算机打印的每发现1次扣5分；记录不真实或弄虚作假的该项不得分。

（9）专项验收 (40 分)：专项验收不及时或程序不规范每宗扣 5 分；未完成专项批复工程量的每项扣 15 分；专项验收技术资料每缺一项扣 5 分。

（10）价款支付（20 分）：价款支付资料不齐全每宗扣 5 分；支付资料签署手续不完备每宗扣 5 分；无正当理由不及时支付价款的扣 5 分。

（11）影像资料（40 分）：工程维修前、中、后影像资料缺一项扣 3 分；影像资料无可对比参照物每宗扣 5 分；影像资料储存无序扣 5 分；影像资料无简短文字说明扣 5 分。

第二节　维修养护实施方案

黄河水利工程年度工作维修养护实施方案，是年度内对堤防、控导、水闸等防洪工程实施维修养护的依据。水管维护必须按照上级有关规定，做好工程普查，测算好基础数据，组织相关业务人员进行集中编制，并逐级汇总上报审核，经上级批准后实施。

一、编制依据与目的

以工程管理规划为依据，以日常管护为核心，合理确定日常维修养护项目和维修养护专项，达到维修养护预算和维修实施方案的有机统一。

二、维修养护项目划分原则

（1）维修养护项目划分依据：年度工程维修养护项目工作（工程）内容。

（2）划分标准：①日常维修养护项目工程量变化不大，且年度必须实施的维修养护项目。②维修养护专项技术含量较高的维修养护项目。③维修养护任务比较集中、工程量比较大的维修养护项目，维修养护项目年内发生存在不确定性。④可实施或者年内可以暂缓实施的项目。

符合上述条件之一的为维修养护专项。

三、项目管理

（1）日常维修养护项目：各水管单位按照《河南黄河水利工程维修养护工作流程及资料管理细则》要求，依据新的河南黄河工程管理标准，全面做好所辖工程的年度日常维修养护项目。

（2）维修养护专项：各水管单位按照《河南黄河水利工程维修养护工作流程及资料

管理细则》要求，在维修养护资金额度内，合理编制维修养护实施方案，并进行专项设计，逐级上报省局审批，报黄委备案。

对于年内发生存在不确定性的维修养护项目，在项目安排时，可留一定的调整额度，但不应低于该项目的35%。维修养护专项中的根石加固项目，该年度汛前暂不做专项安排，主要用于解决空白坝的专项备石，汛期抢险和消除上一年度抢险用石挂账，汛后剩余部分全部用于根石加固项目。

四、维修养护项目的实施

日常维修养护项目，必须由维修养护公司组织实施；维修养护专项应由维修养护公司组织实施，原则上不得进行转分包。

五、维修养护专项变更

由于维修养护专项的特殊性，在实施过程中如有变化，以代电形式逐级上报省局，年底统一调整。如表8–1所示。

表8–1　防工程维修养护项目划分表

编号	项目	单位	堤防等级级类长度 km		备注
			项目划分		
			日常维修养护	专项	
	合计				
一	专项维修养护				
1	堤顶养护土方	m^3		△	
2	边埂整修	工日		△	
3	堤顶洒水	台班	√		
4	堤顶刮平	台班	√		
5	堤顶行道林养护	株	√		
二	堤坡维修养护		√		
1	堤坡养护土方	m^3		△	
2	排水沟翻修	m	√		
3	上堤路口养护土方	m^3		△	
4	草皮养护	$100m^2$	√		
5	草皮补植	$100m^2$		△	
三	附属设施维修养护		√		
1	标志牌（桩）维护	个		△	
2	护堤地边埂整修	工日	√		
四	堤防隐患探测			△	
1	普通探测	m		△	
2	详细探测	m		△	
五	防浪林养护	m^2	√		
六	护堤林带养护	m^2	√		
七	淤区维修养护	m^2	√		
八	前（后）戗维修养护	m^2	√		
九	土牛维修养护	m^2		△	

续表

十	备防石整修	工日		△	
十一	管理房维修	m^2		△	
十二	害堤动物防治	$100m^2$		△	
十三	勘测设计费				
十四	质量监督监理费				
十五	其他				

表 8-2　丁坝维修养护项目划分表

编号	项目	单位	堤防等级级类长度 km		备注
			项目划分		
			日常维修养护	专项	
	合计				
一	坝顶维修养护				
1	坝顶养护土方	m^3		△	
2	坝顶沿子石翻修	m^3		△	
3	坝顶洒水	台班	√		
4	坝顶刮平	台班	√		
5	坝顶边埂整修	工日	√		
6	备防石整修	工日		△	
7	坝顶行道林养护	株		△	
二	坝坡维修养护				
1	坝坡养护土方	m^3		△	
2	坝坡石方整修	m^3		△	
3	排水沟翻修	m			
4	草皮养护	m^2	√		
5	草皮补植	m^2	√	△	
三	根石维修养护			△	
1	根石探测	次		△	
2	根石加固	m^2		△	
3	根石平整	工日	√		
四	附属设施维修养护				
1	管理房维修养护	m^2		△	
2	标志牌（碑）维护	个		△	
3	护坝地边埂整修	工日	√		
五	土坝路	km		△	
六	护坝林	m^2	√		
七	勘测设计费				
八	质量监督监理费				
九	其他				

表 8-3　联坝维修养护项目划分表

编号	项目	单位	堤防等级级类长度 km		备注
			项目划分		
			日常维修养护	专项	
	合计				
一	坝顶维修养护				
1	坝顶养护土方	m^3		△	
2	坝顶沿子石翻修	m^3		△	
3	坝顶洒水	台班	√		
4	坝顶刮平	台班	√		

续表

5	坝顶边埂整修	工日	√		
6	备防石整修	工日		△	
7	坝顶行道林养护	株	√		
二	坝坡维修养护				
1	坝坡养护土方	m^3		△	
2	坝坡石方整修	m^3		△	
3	排水沟翻修	m	√		
4	草皮养护	m^2	√		
5	草皮补植	m^2	√	△	
三	根石维修养护				
1	根石探测	次		△	
2	根石平整	m^3		△	
3	根石平整	工日	√		
四	附属设施维修养护				
1	管理房维修养护	m^2		△	
2	标志牌（碑）维护	个		△	
3	护坝地边埂整修	工日	√		
五	土坝路	km		△	
六	护坝林	m^2	√		
七	勘测设计费				
八	质量监督监理费				
九	其他				

表 8-4　护岸维护养护项目划分表

编号	项目	单位	堤防等级级类长度 km		备注
			项目划分		
			日常维修养护	专项	
	合计				
一	坝顶维修养护				
1	坝顶养护土方	m^3		△	
2	坝顶沿子石翻修	m^3		△	
3	坝顶洒水	台班	√		
4	坝顶刮平	台班	√		
5	坝顶边埂整修	工日	√		
6	备防石整修	工日		△	
7	坝顶行道林养护	株	√		
二	坝坡维修养护				
1	坝坡养护土方	m^3			
2	坝坡石方整修	m^3			
3	排水沟翻修	m	√		
4	草皮养护	m^2	√		
5	草皮补植	m^2		△	
三	根石维修养护				
1	根石探测	次		△	
2	根石加固	m^3		△	
3	根石平整	工日	√		
四	附属设施维修养护				
1	管理房维修养护	m^2		△	
2	标志牌（碑）维护	个		△	
3	护坝地边埂整修	工日	√		

续表

五	土坝路	km		△	
六	护坝林	m^2	√		
七	勘测设计费				
八	质量监督监理费				
九	其他				

第三节　维修养护内业资料构成

一、基本要求

黄河工程维修养护资料是指在维修养护工作实施过程中形成的各种文字、数据、图表、声像、电子文件等形式的原始记录。

水管单位负责所辖工程运行管理过程中所形成的资料；维修养护单位、监理单位负责所承担的维修养护业务技术资料。

工程维修养护资料的记录与整编应有明确的人员分工和职责。

资料管理作为工程管理的重要内容，其记录、收集、整理与分析，要做到及时、完整、准确。

工程维修养护文件材料应进行有次序、有联系的排列。次序按先项目后时间、先批复后请示、先正文后附件、先文字材料后图样排列。

工程维修养护资料图样清晰、图面整洁、字迹清楚，不得用易褪色的材料书写、绘制，数据翔实准确，签署手续完备，符合归档要求。

（1）文字材料采用 A4 纸打印或书写，数据表格材料采用 A4 纸或按 A4 纸大小折叠。

（2）图纸材料按 A4 纸大小折叠，图面朝里，图标外露。

（3）声像材料图像清楚、声音清晰，并附文字说明。

（4）照片资料应附有日期及详细的文字说明，数码照片分阶段、分类录入光盘存放。

（5）档案资料卷（宗）按档案管理要求统一编制页码。

工程维修养护资料按归档要求统一格式，统一设计封面，存放在规格一致的档案盒内。

工程运行观测日志、工程维修养护日志由黄河水利委员会统一印制。

建立维修养护动态管理系统，水管单位、维修养护单位的维修养护内业资料表格要录入计算机，并及时更新，分类储存，便于检索，实现各类电子表格计算机管理。

二、日常维修养护内业资料

（一）水管单位内业资料

（1）工程全面普查资料。

（2）年度维修养护实施方案。

（3）年度维修养护合同。

①堤防工程维修养护合同。

②控导工程维修养护合同。

③水闸工程维修养护合同。

（4）月工程普查资料。

①管理班组月工程普查记录表。

②管理班组月工程普查统计汇总表。

③水管单位月工程普查统计汇总表。

（5）月维修养护任务通知书（合同附件）。

①月维修养护任务统计表。

②月维修养护项目工程（工作）量汇总表。

③维修养护月安排说明。

（6）工程运行观测日志。

（7）河势观测记录。

（8）水位观测记录。

（9）启闭机运行记录。

（10）启闭机检修记录。

（11）水闸工程的沉降、裂缝变形观测记录。

（12）测压管观测记录。

（13）月度会议纪要。

（14）月度验收签证。

（15）水管单位（支）付款审核证书。

（16）工程维修养护年度管理工作报告。

（17）工程维修养护年度初验工作报告。

（18）工程维修养护年度验收申请书。

（19）工程维修养护年度验收鉴定书。

（20）工程维修养护前、养护中、养护后影像资料。

（21）水管单位年度工程管理工作总结。

（二）维修养护单位内业资料

（1）维修养护施工组织方案申报表及施工组织方案。

（2）维修养护自检记录表。

①堤防工程维修养护自检记录表。

②控导工程维修养护自检记录表。

③水闸工程维修养护自检记录表。

（3）工程维修养护日志。

（4）维修养护月报表。

（5）月度验收申请书。

（6）工程价款月支付申请书及月支付表。

（7）工程维修养护年度工作报告。

（8）工程维修养护年度验收申请验收报告。

（三）监理单位内业资料

（1）监理合同。

（2）监理方案。

（3）监理细则。

（4）维修养护抽检表。

①堤防工程维修养护抽检表。

②控导工程维修养护抽检表。

③水闸工程维修养护抽检表。

（5）工程价款月付款证书。

（6）工程维修养护监理年度工作报告。

（四）质量监督单位内业资料

（1）质量监督过程中所形成的资料。

（2）质量监督报告。

（五）水管单位内业资料内容及样表

（1）工程全面普查资料：水管单位运行观测部门在年度维修养护实施方案编制之前完成，主要是普查所辖工程目前存在的缺陷，需维修养护的项目及工程量，以供编制年度维修养护实施方案使用。

（2）年度维修养护实施方案：根据工程普查资料及管理重点进行编制，并按规定程序上报。内容包括上年度实施方案执行情况、本年度实施方案编制的依据、原则、工程基本情况、本年度工程管理要点、维修养护项目的名称、内容及工程量、主要工作及进度安排、经费预算文件、维修养护质量要求、达到的目标、监理、质量监督检查、专项设计、主要措施等。

（3）月工程普查资料。

①管理班组月工程普查记录表：由水管单位运行观测部门完成，主要是普查所辖工程目前急需维修养护的项目、位置、内容、尺寸及工程量，供下达月维修养护任务通知书使用。

②管理班组月工程普查统计汇总表。

③水管单位月工程普查统计汇总表。

（4）月度维修养护任务通知书（①、②、③为合同附件）。

①月维修养护任务统计表：根据当月工程普查统计汇总情况，合理确定安排的下月维修养护内容及项目。

②月维修养护项目工程（工作）量汇总表：按照统计汇总的维修养护工程量。

③维修养护月安排说明：简要说明当月维修养护项目安排情况（安排的项目、工程量和月度普查清单不一致时，详细说明情况）、维修养护内容、方法、质量要求以及完成时间等。

（5）工程运行观测日志：内容主要包括工程运行状况、工程养护情况及存在问题。

（6）月度会议纪要：由水管单位主持，维修养护、监理单位参加，会议主要通报维修养护工作进展、维修养护质量情况，讨论确定下月维修养护工作重点，协调解决维修养护工作中存在的问题。

（7）月度验收签证：由水管单位组织月度验收，签证内容包括本月完成的维修养护项目工程量、质量，验收签证作为工程价款月支付的依据。

（8）水管单位（支）付款审核证书。

（9）工程维修养护年度管理工作报告：内容包括工程概况、维修养护过程，项目管理、专项情况、工程质量、历次检查情况和遗留问题处理、决算、建议等。

（10）工程维修养护年度初验工作报告：内容包括维修养护项目概况、月验收情况、工程质量鉴定、年度初验时发现的主要问题及处理意见、年度初验意见及对年度验收的建议。

（11）工程维修养护年度验收申请书：水管单位在初验完成后，在具备年度验收条件的情况下向地（市）级河务局提出，内容主要是工程完成情况、验收条件检查结果、验收组织准备情况、建议验收时间、地点和参加单位。

（12）工程维修养护年度验收鉴定书：由地（市）级河务局完成，内容包括验收主持单位、参加单位、时间、地点、维修养护概况、年度维修养护投资计划执行情况及分析、历次检查和专项验收情况、质量鉴定、存在的主要问题及处理意见、验收结论、验收委员会签字表、被验单位代表签字表。

（13）工程维修养护前、养护中、养护后影像资料：有可对比参照物，影音、图像资料配日期和文字说明，并按堤防、河道整治、水闸工程分类储存，便于检索、查询。

（六）维修养护单位内业资料内容及样表

（1）维修养护施工组织方案申报表及施工组织方案：施工组织方案根据维修养护合同，结合维修养护工作特点及维修养护单位施工能力编制。

（2）维修养护自检表。

①堤防工程维修养护自检表。

②控导工程维修养护自检表。

③水闸工程维修养护自检表。

（3）工程维修养护日志：内容包括维修养护完成工程量、工日、动用机械名称及台班。

（4）维修养护月报表。

（5）月度验收申请书。

（6）工程价款月支付申请书及月支付表。

（7）工程维修养护年度工作报告：内容包括工程概况、维修养护方案、完成的主要项目及进度安排、维修养护项目实施、价款结算与财务管理、建议等。

（七）监理单位内业资料内容及样表

（1）工程价款月付款证书。

（2）工程维修养护监理年度工作报告：内容包括工程概况、监理过程、监理效果、建议等。

（八）质量监督报告内容。

包括质监机构的人员配备、规章制度、工程维修养护基本情况、资料整理情况、质量监督意见、年度工程验收情况、质监信息交流情况、存在问题、解决问题途径等。

三、专项维修养护内业资料

（一）水管单位内业资料

（1）维修养护专项设计。

（2）专项设计批复及变更资料。

（3）专项维修养护合同。

（4）付款审核证书。

（5）专项工程维修养护验收鉴定书。

（二）维修养护单位内业资料

（1）施工组织设计。

（2）开工申请。

（3）工程自检记录表。

（4）工程价款支付申请书。

（5）专项工程维修养护工作报告。

（6）专项工程维修养护验收申请书。

（三）监理单位内业资料

（1）开工令。

（2）工程抽检记录表。

（3）工程价款付款证书。

（4）专项工程维修养护监理工作报告。

（四）水管单位内业资料内容

（1）维修养护专项设计：由水管单位委托有资质的设计单位完成。

（2）付款审核证书：参照日常维修养护工程。

（3）专项工程维修养护验收鉴定书：内容包括验收主持单位、参加单位、时间、地点、维修养护概况、质量鉴定、存在主要问题及处理意见、验收结论、验收组签字表。

（五）维修养护单位内业资料内容

（1）工程自检记录表：参照基建工程。

（2）工程价款支付申请书：参照日常维修养护工程。

（3）专项工程维修养护工作报告：内容包括工程概况、施工总布置、进度和完成的主要工程量、主要施工方法、施工质量管理、工程施工及质量保证措施、工程质量评定等。

（六）监理单位内业资料内容

（1）工程价款付款证书：参照日常维修养护工程。

（2）工程维修养护监理工作报告：内容包括工程概况、监理方案、监理过程、监理效果、建议等。

四、检查资料

（1）工程全面普查资料：水管单位运行观测部门在年度维修养护实施方案编制之前完成，主要是普查所辖工程目前存在的缺陷，需维修养护的项目及工程量，以供编制年度维修养护实施方案使用。

（2）年度维修养护实施方案：根据工程普查资料及管理重点进行编制，并按规定程序上报。内容包括上一年度计划执行情况、本年度计划编制的依据、原则、工程基本情况、本年度工程管理要点、维修养护项目的名称、内容及工程量、主要工作及进度安排、经费预算文件、维修养护质量要求、达到的目标、监理、质量监督检查、专项设计、主要措施实施情况。

五、年度维修养护合同

（1）堤防工程维修养护合同。

（2）控导工程维修养护合同。

（3）水闸工程维修养护合同。

六、月度工程普查

（1）管理班组月度工程普查记录清单：由水管单位运行观测部门完成，主要是普查所辖工程目前急需维修养护的项目、位置、内容、尺寸及工程量，供下达月维修养护任务通知书使用。

（2）管理班组月度工程普查统计汇总清单。

（3）水管单位月度工程普查统计汇总清单。

七、月度维修养护任务通知书

（1）月度维修养护任务统计表：根据当月工程普查统计汇总情况，合理确定安排下月的维修养护内容及项目。

（2）月度维修养护项目工程（工作）量汇总表：按照月度维修养护任务统计表统计汇总的维修养护工程量。

（3）维修养护月度安排说明：简要说明当月维修养护项目安排情况（安排的项目、工程量和月度普查清单不一致时，详细说明情况、维修养护内容、方法、质量要求以及完成时间等）。

八、观测记录及日志

（1）工程运行观测日志：内容主要包括工程运行状况、工程养护情况及存在问题。

（2）河势观测记录。

（3）水位观测记录。

（4）启闭机运行记录。

（5）启闭机检修记录。

（6）水闸工程的沉降、裂缝变形观测记录。

（7）测压管观测记录。

九、月度会议纪要

由水管单位主持，维修养护、监理单位参加，会议主要通报维修养护工作进展、维修养护质量情况，讨论确定下月维修养护工作重点，协调解决维修养护工作存在的问题。

十、月度验收签证

由水管单位组织月度验收，签证内容包括本月完成的维修养护项目工程量、质量、验收签证作为工程价款月支付的依据。

十一、水管单位（支）付款审核证书

十二、年度工作报告及验收资料

（1）工程维修养护年度管理工作报告。

（2）工程维修养护年度初验工作报告。

（3）水管单位年度工程管理工作总结。

（4）工程维修养护年度验收申请书。

（5）工程维修养护年度验收鉴定书。

（6）工程维修养护前、养护中、养护后影像资料。

第四节　维修养护项目验收

水利工程维修养护是对投入运行的水利工程经常性养护和损坏后的修理工作。各类工程建成投入运行后，应立即开展养护工作，进行经常性的养护，并尽量减少外界不利因素对工程的影响作到防患未然。以确保工程完整、安全运行，巩固和提高工程质量，延长使用年限，为充分发挥和扩大工程效益创造条件。而验收工作则是评价维修养护工作实施过程和结果的重要手段。

一、组织管理

按分级管理原则，年度验收由山东、河南河务局所属市（地）级河务局，黄河小北干流山西、陕西河务局，三门峡库区各管理局分别负责组织；专项验收由水管单位负责组织。

年度验收前，水管单位应组织对维修养护项目进行初验；具备验收条件的，由水管单位向验收主持单位提出“年度验收申请书”。

年度验收由市（地）级河务局主持，成立年度验收委员会，成员由市（地）级河务局有关部门的代表及有关专家组成。

专项验收由水管单位主持，成立专项验收委员会，成员由水管单位、质量监督、设计、监理、维修养护单位的代表及有关专家组成。

年度验收时，验收委员会可根据需要对工程质量进行抽检，抽检内容和方法由验收委员会确定。

验收过程中发现的问题，其处理方法原则上由验收委员会协商确定。主任委员对争议问题有裁决权。若有 1/2 以上的验收委员会成员不同意裁决意见时，应报请验收主持单位或其上级主管部门决定。

上级主管部门应对所辖工程面貌、维修养护质量、维修养护技术水平等进行不定期检查、抽检，其检查结果作为验收资料的一项重要内容。

水管单位对工程的维修养护质量进行不定期的抽检，其抽检结果作为年度验收、专项验收的重要依据。

二、年度验收

（一）验收条件

（1）维修养护项目按照合同要求全部完成。

（2）维修养护单位对维修养护质量进行了自检，水管单位完成了初验。

（3）工程运行期间和历次检查、考评中发现的问题已处理完毕。

（4）维修养护技术资料的整理、归档工作已完成。

（5）财务结算已经完成。

（二）验收工作

（1）审查验收工作报告（主要内容见附录 1），包括年度初验工作报告，水管单位、维修养护单位、质量监督机构、监理单位工作报告和专项验收鉴定书。

（2）核定完成的工作（工程）量，检查维修养护经费使用是否符合有关财务管理的规定。

（3）检查工程维修养护质量，根据需要对工程维修养护质量做必要的抽检。

（4）检查维修养护资料是否符合归档要求，对维修养护内业资料做必要的抽检。

（5）对验收中发现的有关问题提出处理意见。

（6）讨论并通过“年度验收鉴定书”。

（三）验收程序

（1）召开预备会，确定验收委员会成员名单。

（2）宣布验收会的议程和验收委员会成员名单。

（3）听取水管单位、维修养护单位、质量监督机构、监理、设计等单位的工作汇报。

（4）查看维修养护工程现场及有关文字材料、声像资料。

（5）召开验收委员会会议，协调处理有关问题，讨论并通过“年度验收鉴定书”。

（6）召开会议。宣读“年度验收鉴定书”；验收委员会成员在“年度验收鉴定书”上签字。

年度验收鉴定书格式见附录 2。文件份数按资料存档有关要求办理。

（四）年度验收鉴定书

年度验收鉴定书由验收主持单位印发水管单位，其他单位由水管单位负责发送。

三、专项验收

（一）验收条件

（1）维修养护专项已按合同完成。

（2）维修养护单位完成自检，监理单位已经做出认定。

（3）水管单位、监理单位、设计单位、维修养护单位资料齐全。

（4）检查中发现的问题全部处理完毕。

（5）财务结算已完成。

（二）验收工作

（1）审查水管单位、监理单位、设计单位、维修养护单位的工作报告（详细内容见附录 1）。

（2）核定完成的工作（工程）量，检查经费使用是否符合有关财务管理的规定。

（3）检查工程维修养护质量，根据需要对工程维修养护质量做必要的抽检。

（4）检查维修养护资料是否符合归档要求，对维修养护内业资料做必要的抽检。

（5）对验收中发现的问题提出处理意见。

（6）发生设计变更后，是否按规定程序履行报批手续。

（7）讨论并通过“专项验收鉴定书”。

专项验收鉴定书格式见附录 3。文件份数按资料存档有关要求办理。

附录 1

验收工作报告主要内容如下。

一、水管单位工作报告

1. 维修养护概况。

2. 维修养护项目管理。包括组织管理及实施情况；招投标过程；投资计划情况；合同管理情况；资金到位与价款结算情况。

3. 质量情况。

4. 历次检查情况和遗留问题处理。

5. 经验与建议。

二、维修养护工作大事记

主要记载从水管单位编报计划、委托设计、直到年度验收过程中对工程维修养护有较大影响的事件，包括有关批文、上级有关批示、设计重大变化、有关合同协议的签订、重要会议及其他重要事件、主要项目的开工和完工情况、历次验收等情况。

大事记可单独成册，也可作为“维修养护管理工作报告”的附件。

三、维修养护单位维修养护工作报告

1. 工程概况。

2. 维修养护方案、进度安排和完成的主要项目。

3. 维修养护项目实施。包括主要维修养护方法；质量管理；文明操作与安全作业。

4. 价款结算与财务管理。

5. 经验与建议。

6. 附件。

四、设计工作报告

1. 工程概况。

2. 工程规划设计要点。

3. 重大设计变更。

4. 质量管理。

5. 设计为工程管理创造条件的说明。

6. 经验与建议。

7. 附件。

五、监理工作报告

1. 工程概况。
2. 监理规划。
3. 监理过程。
4. 监理效果。
5. 经验与建议。
6. 附件。

六、质量监督报告

1. 质量评定报告。
2. 有关该工程项目质量监督人员情况表。
3. 维修养护过程中质量监督意见（书面材料）汇总。

七、年度初验工作报告

1. 前言。简述年度初验主持单位、参加单位、时间、地点等。
2. 年度初验工作情况。包括维修养护项目概况；历次验收情况；工程质量鉴定。
3. 年度初验时发现的主要问题及处理意见。
4. 年度初验意见及对年度验收的建议。

八、年度验收申请

1. 工程完成情况。
2. 验收条件检查结果。
3. 验收组织准备情况。
4. 建议验收时间、地点和参加单位。

附录 2

年度验收鉴定书格式

黄河水利工程
维修养护年度验收

鉴定书
（封面格式）

年　月　日
××市（地）局年度验收委员会

黄河水利工程
维修养护年度验收

鉴定书
（扉页格式）

验收主持单位：
水管单位：
质量监督机构：
监理单位：
维修保养单位：

验收日期：　　年　月　日至　年　月　日
验收地点：

×× 工程维修养护年度验收鉴定书

前言（简述验收主持单位、参加单位、时间、地点等）

一、维修养护概况

（一）维修养护项目名称及位置

（二）维修养护项目简介

包括计划、设计批准机关及文号，批准工期、投资、投资来源等。

（三）参加验收单位

包括水管单位、监理、维修养护单位和质量监督机构。

（四）维修养护过程

包括工程开工日期及完工日期、发现的主要问题及处理情况等。

（五）完成情况和主要工程量

包括验收时工程形象面貌、实际完成工程量与批准计划工程量对比等。

二、年度维修养护投资计划执行情况及分析

包括年度投资计划执行、预算及调整、结算和财务审计等情况。

三、历次检查和专项验收情况

包括检查时间、单位、遗留问题处理和专项验收情况。

四、质量鉴定

包括检查情况、专项验收质量情况，鉴定工程质量。

五、存在的主要问题及处理意见

包括验收遗留问题处理责任单位、完成时间，处理建议等。

六、验收结论

包括对维修养护项目、进度、质量、经费控制能否按批准计划投入使用，

以及工程档案资料整理等做出明确的结论（对质量使用合格、不合格，对维修养护经费控制使用合理、基本合理、不合理）。

七、验收委员会签字表

八、被验单位代表签字表

验收委员会委员签字表

	姓名	单位（全称）	职务和职称	签字	备注
主任委员					
副主任委员					
副主任委员					
委员					
委员					
委员					
委员					

被验收单位代表签字

姓名	单位（全称）	职务和职称	签字	备注
	水管单位： ××××			
	监理单位： ××××			
	设计单位： ××××			
	维修养护单位： ××××			

专项验收鉴定书格式

黄河水利工程
维修养护专项验收

鉴定书
（封面格式）

年　月　日
××市（地）局专项验收组

黄河水利工程
维修养护年度验收

鉴定书
（扉页格式）

验收主持单位：
水管单位：
质量监督机构：
监理单位：
维修保养单位：

验收日期：　　年　月　日至　年　月　日
验收地点：

××工程专项验收鉴定书

前言（简述验收主持单位、参加单位、时间、地点等）

一、工程概况

（一）维修养护专项名称及位置

（二）维修养护内容

包括计划、设计批准机关及文号，批准工期、合同项目、投资等。

（三）参加验收单位

包括水管单位、设计、监理、维修养护、质量监督等单位。

（四）维修养护过程

包括工程开工日期及完工日期、维修养护中发现的主要问题及处理情况等。

（五）完成情况和主要工程量

包括验收时工程形象面貌、实际完成工程量与批准计划（设计）工程量对比等。

二、质量鉴定

鉴定工程质量。

三、存在的主要问题及处理意见

包括验收遗留问题处理责任单位、完成时间，存在问题的处理建议等。

四、验收结论

包括对维修养护项目、进度、质量、经费控制能否按批准计划（设计）投入使用，以及工程档案资料整理等做出明确的结论（对质量使用合格、不合格，对经费控制使用合理、基本合理、不合理）。

五、验收组签字表

验收组成员签字表

	姓名	单位（全称）	职务和职称	签字	备注
组长					
副组长					
副组长					
成员					
成员					
成员					
成员					
成员					

第九章　黄河工程建设

第一节　建设程序

水利水电工程建设，工程投资大，建设周期长，需国民经济各方面协作配合的环节多，影响面广，系统性强，必须严格按基本建设程序分阶段进行，可分为项目建议书、可行性研究报告、初步设计、施工准备、建设实施、生产准备、竣工验收、后评价等阶段。一般情况下，项目建议书、可行性研究报告、初步设计称为前期工作。水利工程建设项目的实施，必须通过基本建设程序立项。水利工程建设项目的立项报告要根据国家的有关政策，已批准的江河流域综合治理规划、专业规划、水利发展中长期规划。立项过程包括项目建议书和可行性研究报告阶段。根据目前管理现状，项目建议书、可行性研究报告、初步设计由水行政主管部门或项目法人组织编制。

一、项目建议书阶段

项目建议书应根据国民经济和社会发展规划、流域综合规划、区域综合规划、专业规划，按照国家产业政策和国家有关投资建设方针进行编制，是对拟建设项目提出的初步说明。项目建议书编制应当委托有相应资格的工程咨询或设计单位承担。

二、可行性研究报告阶段

根据批准的项目建议书，可行性研究报告应对项目进行方案比较，对技术上是否可行和经济上是否合理进行充分的科学分析和论证。经过批准的可行性研究报告，是项目决策和进行初步设计的依据。可行性研究报告编制应当委托有相应资质的工程咨询或设计单位承担。可行性研究报告经批准后，不得随意修改或变更。

三、初步设计阶段

初步设计是根据批准的可行性研究报告和必要而准确的勘察设计资料，对设计对象进行通盘研究，进一步阐明拟建工程在技术上的可行性和经济上的合理性，确定项目的各项基本技术参数，编制项目的总概算。初步设计报告经批准后，主要内容不得随意修改或变更。初步设计任务应选择有相应资格的设计单位承担。

四、施工准备阶段

项目在开工建设之前要切实做好各项准备工作，主要内容有：征地、拆迁和场地平整；完成施工用水、电、路等工程；组织设备、材料订货；准备必要的施工图纸；组织施工招标投标，择优选定施工单位。

五、建设实施阶段

这一阶段是指主体工程的建设实施，项目法人按照批准的建设文件，组织工程建设，保证项目建设目标的实现。该阶段是投资项目实体的形成阶段，也是各阶段中消耗投资额最大的一个阶段。

六、生产准备（运行准备）阶段

生产准备（运行准备）指为工程建设项目投入运行前所进行的准备工作，完成生产准备（运行准备）是工程由建设转入生产（运行）的必要条件。项目法人应按照建管结合和项目法人责任制的要求，适时做好有关生产准备（运行准备）工作。

七、竣工验收阶段

竣工验收是工程完成建设目标的标志，是全面考核建设成果、检验设计和工程质量的重要步骤。竣工验收合格的工程建设项目即可以从基本建设转入生产（运行）。

八、后评价阶段

工程建设项目竣工验收后，一般经过 1~2 年生产（运行）后，要进行一次系统的项目后评价，主要内容包括影响评价、经济效益评价和过程评价。通过建设项目后评价可以达到肯定成绩、总结经验、研究问题、吸取教训、提出建议、改进工作、不断提高项目决策水平和投资效果的目的。

第二节 工程勘测

在进行规划设计之前，为了使规划设计符合当地的实际情况，必须进行在工作范围和精度上与设计阶段要求相适应的勘测调查工作，以便为工程设计提供可靠的依据。

水利水电工程勘测工作的主要内容有如下几方面。

一、社会经济调查

社会经济情况调查包括：

（1）当地国民经济建设和工农业生产的现状、近期及远景规划。

（2）当地水旱灾害情况、范围、程度、原因、发生的频率和每次延续的时间。

（3）灌区的分布及用水要求。

（4）供电对象的分布及主要用电用户的要求，相邻电网的有关情况。

（5）航运、过木、水产养殖等部门综合利用水资源的要求。

（6）水库淹没范围内村庄、人口、房屋、耕地、道路桥梁、工矿企业、文物古迹和森林资源等，并应分别按高程做出统计。

（7）现有交通路线与工地联系情况。

（8）建筑材料、电力、用水等的来源和供应能力；施工单位的可能人数、技术水平；施工场地、临时交通、临时建筑物和施工管理系统。

二、地形测量

水利水电工程建设的每一个阶段都需要不同比例尺的地形图和纵横断面图，以便正确地指定出建筑物的平面位置和高程，计算工程量。

（1）流域地形图。流域地形图用以推算流域集水面积、河流长度及河床坡度等，并据以计算河流的来水量、来沙量和可能出现的各级洪水。流域地形图可利用测绘部门现成的 1 ： 50000 或 1 ： 100000 的地形图。

（2）库区地形图。库区地形图是用以计算不同的水位时的库容和水面面积，并由此绘出水位库容曲线和水位面积曲线。库区地形图还可以用作库区地质填图。库区地形图一般可采用 1 ： 5000 或 1 ： 10000 的比例尺。

（3）坝址区地形图。坝址地形图可用作坝址地区的地质填图，可用来进行枢纽布置和施工总平面布置。地形图的比例尺，在比较坝段可采用 1 ： 5000，在选定坝段可采用 1 ： 500 或 1 ： 1000。

（4）电站厂房区地形图。当电站厂房远离坝址区时，还需测绘电站厂房区地形图，以便布置电站厂区枢纽，其比例尺可用 1 ∶ 200~1 ∶ 1000，视精度要求而定。

（5）料场地形图。料场地形图是用以计算材料的储量和料场布置，其比例尺可以根据精度要求和料场面积大小，采用 1 ∶ 1000、1 ∶ 2000 或 1 ∶ 5000 的布置图。

三、水文调查

（1）径流资料。调查收集工程所在地区多年平均降水量、多年平均径流深、年径流系数以及年蒸发量，作为计算兴利库容和水库调节计算的依据。

（2）泥沙资料。调查收集工程所在河流多年平均含沙量、输沙率，作为计算水库死库容的依据。

（3）洪水资料。调查了解历史上洪水发生的情况，搜集实测洪水的流量过程线，作为设计泄洪建筑物的资料。

在搜集上述水文资料的同时，还应搜集气温、冰冻、湿度、风向和风速等气象资料。

四、地质勘测

地质勘测包括水文地质勘测和工程地质勘测两方面。

水文地质勘测的任务是了解工程建设地区的水文地质条件。如透水层与不透水层的分布情况，地下水的水位、流量、流速及化学成分，地基的渗透系数等，作为正确选择坝址和其他建筑物地址的依据；查明影响建筑物稳定和坝基以及坝肩渗漏的条件，从而提供加固和防渗处理的地质资料。

工程地质勘测的任务是了解工程建设地区的工程地质条件，即库区及枢纽附近的岩层分布情况，地质年代及地质构造；岩石或土壤的物理力学性质，如岩石的岩性及容重、强度、弹性模量、摩擦系数，土壤的容重、孔隙比、天然含水量、粒径级配、渗透系数等；地形、地貌、覆盖层的地形及地质性质等。

第三节　工程设计

工程设计一般包括可行性研究、勘察、总体规划设计、初步设计、技术设计、施工图设计等阶段，各阶段设计内容和深度可根据实际情况适当调整。国家投资的项目还要求作设计概算。

水利水电工程的设计包括坝址和坝型选择、枢纽布置及各水工建筑物设计等。

一、坝址和坝型选择

选择合适的坝址、坝型和枢纽布置是进行水利水电工程设计的重要工作。在流域规划阶段，根据综合利用要求，结合河道地形、地质等的调查和判断，初选几个可能筑坝的坝段，经过对各坝段和坝轴线的综合比较，选择一个最有利的坝段和较好的坝轴线，并进行枢纽布置；在初步设计阶段，通过一系列的方案比较，选出最有利的坝轴线，确定坝型及其他建筑物型式并进行枢纽布置；在技术设计阶段，随着地质资料和试验资料的进一步深入和完善，对确定的坝轴线、坝型及枢纽布置方案作出最后的补充、修改和定案。

坝址、坝型选择和枢纽布置是相互联系的。不同的坝轴线适于选用不同的坝型和枢纽布置，而同一坝轴线上又可以有几种不同的坝型和枢纽布置方案。因此，在许多方案中要优选出最佳方案，必须做大量深入细致的工作，不仅需要坝址及其周围的自然条件，而且还要考虑枢纽及其建筑物的施工条件、运行条件、综合效益、发展远景和投资指标等，必须全面论证，综合比较，在错综复杂的事物中抓住主要矛盾，才能作出正确的决策。

在选择坝址和坝型时，需要考虑以下几个方面。

（一）地质条件

地质条件是很重要的，在某些情况下甚至起决定性的作用。理想的地质条件是：地基是坚硬完整的岩基，没有大的断层、破碎带。但实际上这样的天然地基是很少见的，坝址地质总是存在不同的缺陷，因此，必须把坝址附近的地质情况了解清楚，做出正确的评价，制定出妥善的处理措施，以满足工程要求。

不同的坝型和坝高对坝基地质有不同的要求，拱坝对两岸、坝基要求最高；连拱坝对坝基的要求也高；大头坝、平板坝、重力坝次之；土石坝要求最低。

在岩石比较破碎，强度较低，存在断层、构造裂隙、溶洞等的地基上筑坝要进行充分的论证。

天然地基是多种多样的，选择坝址时，应从实际出发，针对不同的情况，采取不同的处理办法。

（二）地形条件

不同坝型对地形条件的要求也是不同的。拱坝要求河谷条件越狭窄越好，以充分发挥拱的作用；土石坝则要求地形在坝址附近两岸有地势较低的垭口，以便布置溢洪道。

一般来说，坝址选择在河谷的狭窄段，坝轴线较短，有利于降低坝的造价和工程量，但有时还要结合其他条件全面考虑，如泄水建筑物的布置、施工导流条件、施工场地布置和电站厂房枢纽布置等因素。

地形是多种多样的，选择坝型时，也要具体情况具体分析，以便优选出最佳方案。

（三）建筑材料

坝址附近应有足够数量的且符合质量要求的建筑材料。采用混凝土坝时，应能在坝址附近采到良好的骨料；采用土石坝时，应在距坝址不远处有足够数量的土、石料场。对于建筑材料的开采条件、料场位置、埋藏深度、施工期淹没等问题均应认真考虑。

（四）施工条件

选择坝址要考虑施工导流方便，在坝址附近特别是坝址下游应有较开阔的地形以便布置施工场地，坝址距交通干线要近，对外交通方便。

（五）综合效益

对不同的坝址，要综合考虑防洪、灌溉、发电、航运等部门的经济效益和淹没损失等。

二、水利水电枢纽布置

枢纽布置就是研究确定枢纽中各种水工建筑物的相互位置，是枢纽设计中的一项重要内容。由于这项工作需要考虑的因素多，涉及面广，因此，需要从设计、施工、运用管理、技术经济等各方面进行全面论证，综合比较，最后从若干个比较方案中，选定最好的方案。

（一）枢纽布置的一般原则

（1）枢纽布置应与施工导流、施工方法和施工期限结合考虑，要在较顺利的施工条件下尽可能缩短工期。

（2）枢纽中各个建筑物能在任何条件下正常地工作，彼此不致互相干扰。

（3）在满足建筑物的强度和稳定的条件下，枢纽总造价和年运行费用最低。

（4）同工种建筑物应尽量布置在一起，以减少连接建筑物。

（5）尽可能提前发挥效益。

（6）枢纽中各建筑物应与周围环境相协调。

（二）枢纽中各建筑物对布置的要求

（1）挡水建筑物。挡水建筑物的轴线应尽可能布置成直线（拱坝除外），这样可使坝轴线最短，坝身工程量最小，施工也较方便。

（2）泄水建筑物。泄水建筑物是水利水电枢纽中不可缺少的建筑物。泄水建筑物的布置是否合理，直接关系整个枢纽的安全运行和使用效率。泄水建筑物包括溢流坝、河岸溢洪道及泄水孔、泄水隧洞等。这些泄水建筑物应具有足够的泄流能力，其中线位置及定向应尽量减少对原河道自然情况的破坏，还应注意尽量避免干扰发电站、航运、漂木及水产养殖等的正常运用。

（3）水电站建筑物。水电站的型式及站址（厂房位置）的选择是一项重要的工作。不同的电站型式有不同的厂房位置，有时即使是用一种电站型式也有不同的厂房位置方案，需要研究各种方案的施工条件、运用条件、经济条件、综合效益等，进行论证和综合比较，优选出最佳的方案。一般来说，厂房位置尽可能靠近坝，以减少输水建筑物的工程量和水头损失，但有时并不可行或并非是最佳方案，这就有个技术经济比较问题。

（4）灌溉和引水建筑物。枢纽中灌溉和引水建筑物的取水口应位于灌溉或用水地区的同一侧，其高程通过水力计算确定并取决于灌区或用水地区高程。取水口在布置上要求不被泥沙淤塞和漂浮物堵塞。

当枢纽为低坝取水或无坝取水时，为了保证引进足够的流量，取水口应布置在弯道下游段凹岸一侧。对取水口的引水角度、取水防沙设施（沉砂池、冲砂闸等），均应布置得当，以保证取水口运行可靠。

（5）过坝建筑物。过坝建筑物包括通航建筑物、过木建筑物和过鱼建筑物。在枢纽布置时应对这些建筑物与其他水工建筑物的相对位置进行充分的研究，避免相互干扰。在过去的工程实践中，这些建筑物与其他建筑物有发生干扰的情况，如过木时影响发电，影响航运；泄水建筑物泄流时影响航运等。这就有个统筹兼顾、全面考虑的问题，应尽可能使整个枢纽中各个水工建筑物在运行时互不干扰，充分发挥各个水工建筑物的效益。

三、水工建筑物设计

在枢纽布置完成后，即可进行相关水工建筑物设计。水工建筑物设计的基本内容如下：

（1）分析资料，进行枢纽工程布置，确定建筑物轴线位置。

（2）确定建筑物形式和组成部分及拟定建筑物断面尺寸，通过水文、水力计算等复核。

（3）进行体型选择和下游消能防冲设计。

（4）进行建筑物的渗透计算，包括地基渗透和绕渗，确定防渗排水设施及尺寸，计算渗流量和渗透压力，以及进行渗透稳定校核。

（5）进行建筑物稳定计算，包括抗滑稳定、抗倾、沉陷及地基应力校核。

（6）进行建筑物结构计算，校核各部件的强度，以确定截面尺寸和配筋。

（7）建筑物细部构造设计。

（8）地基处理方案设计。

（9）进行施工组织设计和工程概预算。

第四节　开工文件

按照我国的水利工程建设项目程序的划分，可分为项目建议书、可行性研究报告、初步设计、施工准备（包括招标设计）、建设实施、生产准备、竣工验收、项目后评价 8 个阶段。其中项目建议书阶段和可行性研究阶段称为“投资前期项目决策阶段”。项目建议书是在项目开工前的过程中产生的工程资料。这些文件经水利工程主管部门审核批准后方可执行。这是工程开工所必须具备的条件，是项目存在的前提。

一、工程项目建议书

项目建议书是由项目投资方向其主管部门上报的文件，目前广泛应用于项目的国家立项审批工作中。它要从宏观上论述项目设立的必要性和可能性，把项目投资的设想变为概略的投资建议。项目建议书的呈报可以供项目审批机关作出初步决策。它可以减少项目选择的盲目性，为下一步可行性研究打下基础。另外，对于大中型项目和一些工艺技术复杂、涉及面广、协调量大的项目，还要编制可行性研究报告，作为项目建议书的主要附件之一，同时涉及利用外资的项目，只有在项目建议书批准后，才可以开展对外工作。

（一）项目建议书的编制原则

工程项目建议书大多数由项目法人委托咨询单位或设计单位负责编制。编制的原则如下：

（1）水利水电工程项目建议书应依据国民经济和社会发展规划、地区经济发展规划、经批准的江河流域（区域）规划或专业规划进行编制。

（2）水利水电工程项目建议书的编制，应贯彻国家有关基本建设的方针政策、水利行业及相关行业的法规，并应符合有关技术标准。

（3）项目建议书阶段应对项目的建设条件进行调查和必要的勘测，对设计方案进行比选，并对资金筹措进行分析，择优选定建设项目的规模、地点、建设时间和投资总额，论证项目建设的必要性、可行性和合理性。

（二）项目建议书的内容

项目建议书的主要内容应符合下列要求：

（1）论证工程建设的必要性，确定本工程建设任务，对于综合利用工程，还应确定各项任务的主次顺序。

（2）确定主要水文参数和成果。

（3）查明影响工程的主要地质条件和主要工程地质问题。

（4）基本选定工程建设场址、坝（闸）址、厂（站）址等。

（5）基本选定工程规模。

（6）选定基本坝型和主要建筑物的基本形式，初选工程总体布置。

（7）初选机组、电气主接线及其他主要机电设备和布置。

（8）初选金属结构设备形式和布置。

（9）基本选定水利工程管理方案。

（10）基本选定对外交通方案，初选施工导流方式、主体工程的主要施工方法和施工总布置，提出控制性工期和分期实施意见。

（11）基本确定水库淹没、工程占地的范围、主要淹没实物指标，提出移民安置、专项设施迁建的初步规划和投资。

（12）初步评价工程建设对环境的影响。

（13）初步确定水土流失防治范围和水土流失量，初选水土流失防治方案，估算水土保持投资。

（14）提出主要工程量和建材需要量，估算工程投资。

（15）明确工程效益，分析主要经济评价指标，评价工程的经济合理性和财务可行性。

（16）提出综合评价和结论。

（三）项目建议书的审核

1. 审核依据

省级水行政主管部门对建设单位提交的项目建议书进行审核时，不得违背《中华人民共和国水法》（2002 年九届全国人大常委会第二十九次会议修正通过）、《中华人民共和国防洪法》（1997 年第八届全国人大常委会第二十七次会议通过）、《水利水电工程项目建议书编制规程》(SL617—2013)、《水利水电工程可行性研究报告编制规程》(SL618—2013) 和《水利水电工程初步设计报告编制规程》(SL619—2013) 等相关法规，同时还须符合国家产业结构的调整方向和范围。

2. 需要提供的申请材料

（1）上报设计资料和文件清单总目录。

（2）地级以上市水利局和计划局初审文件。

（3）自筹资金或资本金筹集的有效文件。

（4）设计单位资质证明文件复印件。

（5）可行性研究报告。

（6）工程地质报告。

（7）工程水文水利分析计算专题报告。

（8）工程设计图纸。

（9）工程投资估算书（含软盘）。

（10）水土保持方案报告书（表）（专项）。

（11）移民安置和淹没处理专题可行性研究报告（新建及扩建大、中型工程和征地移民安置投资大于200万的除险加固工程）。

（12）水情自动测报、自动化监测与控制系统、三防指挥系统等专项可行性研究报告（如有本项投资）。

（13）工程招标方式、组织形式及招标范围表。

（14）工程用地预审手续、补偿标准依据文件。

（15）工程管理单位定编批文及工程管理、养护维修经费落实依据；政府批准或承诺的水价改革方案文件；工程管理体制改革方案。

（16）项目法人组建的有效文件。

（17）工程量计算书和市局审核表。

（18）主要机电设备的定价依据（如厂家报价函等）。

（19）当地建委颁布的近期建筑材料信息价格。

（20）勘测设计合同复印件。

（21）具有城镇工业和生活供水及改善水质任务项目的水质检测报告。

（22）具有通航任务项目航道主管部门的批复意见。

（23）跨行政区或对其他行政区、部门有影响项目的有关协调文件。

（24）具有城镇工业和生活供水任务项目的供水协议书。

（25）涉及军事设施项目的军事主管部门的书面意见。

（26）涉及取水项目的取水许可预申请文件。

（27）水库（闸）工程安全鉴定或核查意见。

二、可行性研究报告

工程项目建议书主管部门批准后，建设单位即可组织进行该项目的可行性研究工作。

（一）可行性研究的依据

项目法人对项目进行可行性研究时，其主要依据如下：

（1）国家有关的发展规划、计划文件。

（2）项目主管部门对项目建设要求请示的批复。

（3）项目建议书及其审批文件，双方签订的可行性研究合作协议。

（4）拟建地区的环境现状资料、自然、社会、经济等方面的有关资料。

（5）试验、试制报告、主要工艺和设备的技术资料。

（6）项目法人与有关方面达成的协议；国家或地区颁布的与项目建设有关的法规、标准、规范、定额。

（7）其他有关资料。

（二）可行性研究报告的内容

（1）论证工程建设的必要性，确定本工程建设任务和综合利用的主次顺序。

（2）确定主要水文参数和成果。

（3）查明影响工程的主要地质条件和主要工程地质问题。

（4）选定工程建设场址、坝（闸）址、厂（站）址等。

（5）基本选定工程规模。

（6）选定基本坝型和主要建筑物的基本形式，初造工程总体布置。

（7）初选机组、电气主结线及其他主要机电设备和布置。

（8）初选金属结构设备型式和布置。

（9）初选水利工程管理方案。

（10）基本选定对外交通方案，初选施工导流方式、主体工程的主要施工方法和施工总布置，提出控制性工期和分期实施意见。

（11）基本确定水库淹没、工程占地的范围，查明主要淹没实物指标，提出移民安置、专项设施迁建的可行性规划和投资。

（12）评价工程建设对环境的影响。

（13）提出主要工程量和建材需要量，估算工程投资。

（14）明确工程效益，分析主要经济评价指标，评价工程的经济合理性和财务可行性。

（15）提出综合评价和结论。

三、工程建设方案审批

（一）审核依据

对于主管河道及出海、河口水域滩涂开发利用的工程建设方案，水利工程主管部门进行审核时，应依据《中华人民共和国水法》、《中华人民共和国防洪法》以及河口滩涂管理条例等相关法律、法规和地方性管理条例。审核时应先进行技术评审，合格后交主管领导审核批准。

在本行政区域内主要河道及其出海口河道管理范围内，修建跨河、穿河、穿堤或临河的水利工程时，必须提交工程建设方案，经水利工程主管部门审核批准。若水利工程设施涉及或影响的范围较大，也应提交上一级主管部门审核批准。

审批提交的工程建设方案时，应依据《中华人民共和国水法》、《中华人民共和国河道管理条例》以及本地区相关行政法规和规章等进行，审核合格后，方可作为工程建设的依据。

（二）审批条件

（1）符合流域综合规划，并与土地利用总体规划、海域开发利用总体规划、城市总体规划和航道整治规划相协调。

（2）符合河口滩涂开发利用规划；河口滩涂高程较稳定，且处于淤涨拓宽状态。

（3）符合防洪标准和相关技术规范要求。

（4）符合河道行洪纳潮、生态环境、河势稳定、防汛工程设施安全等要求。

（三）提交的申请材料

（1）经有审批权的环保部门审查同意的河口滩涂开发利用环境影响评价报告。

（2）建设项目所在地县级以上水行政主管部门的初审意见。

（3）河口滩涂开发利用项目所涉及的防洪措施。

（4）河口滩涂开发利用项目对河口变化、行洪纳潮、堤防安全、河口水质的影响以及拟采取的措施。

（5）开发利用河口滩涂的用途、范围和开发期限。

四、水利工程开工审批

已完成工程初步设计审批的，具备主体工程开工条件的应按相关规定执行开工审批手续。开工审批政策法规依据为：《国务院对确需保留的行政审批项目设定行政许可的决定》（国务院令 412 号）第 173 项、《关于加强水利工程建设项目开工管理工作的通知》(水利部水建管 [2006]144 号文）。

（一）开工水利工程申办条件

（1）项目法人（或项目建设责任主体）已经设立，项目组织管理机构和规章制度健全，项目法定代表人和管理机构成员已经到位。

（2）初步设计已经批准，项目法人与项目设计单位已签订供图协议，且施工详图设计可以满足主体工程三个月施工需要。

（3）建设资金筹措方案已经确定，工程已列入国家或地方水利建设投资年度计划，年度建设资金已落实。

（4）主体工程的监理、施工单位已经确定，工程监理、施工合同已经签订，能够满足主体工程开工需要。

（5）质量与安全监督单位已经确定，并已办理了质量与安全监督手续。

（6）现场施工准备和征地移民等工作能够满足主体工程开工需要。

（7）建设需要的主要设备和材料已落实来源，能够满足主体工程施工需要。

（二）需要提交的材料

（1）开工申请报告及开工申请一式三份。

（2）项目法人组建请示及批准文件。

（3）可行性研究报告、初步设计批准文件。

（4）年度投资计划下达文件及建设资金落实、到位情况（证明材料）。

（5）质量、安全监督书。

（6）施工图供图协议。

（7）施工单位和监理到位的中标投标文件副本，中标通知书，已签订的工程监理合同和施工合同。

（8）征地审批手续。

（9）其他证明材料。

（三）开工审批流程处理流程

由水利厅负责开工审批的水利建设项目，主体工程开工前，项目法人应按以下程序履行开工审批：

（1）申请人（项目业主）持《水利工程建设项目开工报告审批表》及有关材料，报项目所在县（市）水行政主管部门；县（市）水行政主管部门应在决定受理之日的规定期限内完成审查、签署审查意见，并报所在地（市）水行政主管部门。

（2）市水行政主管部门收到县（市）水行政主管部门审查的水利工程开工报告审批表及有关材料后，应在规定期限内完成审查、签署意见，并报省水行政主管部门。

（3）省水利厅行政审批窗口对符合法定条件、材料齐全的水利工程开工报告及有关材料正式受理后，发给申请人受理凭证，同时移交厅基本建设处或相关处室审查办理。厅基本建设处或相关处室应在规定期限内决定批准或者不予批准；对不具备开工条件的，将开工报告退还项目法人，并告知不予批准的原因和需补充的材料，待具备开工条件后，重新申请办理。

第五节　工程技术交底

一、技术交底概念

技术交底，是在某一单位工程开工前，或一个分项工程施工前，由主管技术领导向参与施工的人员进行的技术性交代，其目的是使施工人员对工程特点、技术质量要求、施工方法与措施和安全等方面有一个较详细的了解，以便于科学地组织施工，避免技术质量等事故的发生。各项技术交底记录也是工程技术档案资料中不可缺少的部分。

二、技术交底的分类

技术交底一般包括下列几种：

（1）设计交底，即设计图纸交底。这是在建设单位主持下，由设计单位向各施工单位（土建施工单位与各专业施工单位）进行的交底，主要交代建筑物的功能与特点、设计意图与要求和建筑物在施工过程中应注意的各个事项等。

（2）施工设计交底。一般由施工单位组织，在管理单位专业工程师的指导下，主要介绍施工中遇到的问题，和经常性犯错误的部位，要使施工人员明白该怎么做，规范上是如何规定的等。

（3）专项方案交底、分部分项工程交底、质量（安全）技术交底、作业等。

三、技术交底的内容

（1）工地（队）交底中有关内容：如是否具备施工条件、与其他工种之间的配合与矛盾等，向甲方提出要求，让其出面协调等。

（2）施工范围、工程量、工作量和施工进度要求：主要根据自己的实际情况，实事求是地向甲方说明即可。

（3）施工图纸的解说：设计者的大体思路，以及自己以后在施工中存在的问题等。

（4）施工方案措施：根据工程的实况，编制出合理、有效的施工组织设计以及安全文明施工方案等。

（5）操作工艺和保证质量安全的措施：先进的机械设备和高素质的工人等。

（6）工艺质量标准和评定办法：参照现行的行业标准以及相应的设计、验收规范。

（7）技术检验和检查验收要求：包括自检以及监理的抽检标准。

（8）增产节约指标和措施。

（9）技术记录内容和要求。

（10）其他施工注意事项。

四、技术交底形式

（1）施工组织设计交底可通过召集会议形式进行技术交底，并应形成会议纪要归档。

（2）通过施工组织设计编制、审批，将技术交底内容纳入施工组织设计中。

（3）施工方案可通过召集会议的形式或现场授课的形式进行技术交底，交底的内容可纳入施工方案中，也可单独形成交底方案。

（4）各专业技术管理人员应通过书面形式配以现场口头讲授的方式进行技术交底，技术交底的内容应单独形成交底文件。交底内容应有交底的日期，有交底人、接收人签字，并经项目总工程师审批。

第六节　图纸会审、设计变更与洽商记录

一、图纸会审

图纸会审是指工程各参建单位（建设单位、监理单位、施工单位）在收到设计院施工图设计文件后，对图纸进行全面细致地熟悉，审查出施工图中存在的问题及不合理情况并提交设计院进行处理的一项重要活动。图纸会审由监理单位负责组织并记录。通过图纸会审可以使各参建单位特别是施工单位熟悉设计图纸、领会设计意图、掌握工程特点及难点、找出需要解决的技术难题并拟定解决方案，从而将因设计缺陷而存在的问题消灭在施工之前。

图纸会审应在开工前进行。如施工图纸在开工前未全部到齐，可先进行分部工程图纸会审。

（1）图纸会审的一般程序：业主或监理方主持人发言—设计方图纸交底—施工方、监理方代表提问题—逐条研究—形成会审记录文件—签字、盖章后生效。

（2）图纸会审前必须组织预审。阅图中发现的问题应归纳汇总，会上派一代表为主发言人，其他人可视情况适当解释、补充。

（3）施工方及设计方专人对提出和解答的问题做好记录，以便查核。

（4）整理成为图纸会审记录见表 9-1，由各方代表签字盖章认可。

（5）参加图纸会审的单位。图纸会审由监理单位负责组织，施工单位、建设单位、

设计单位等参加。

表 9-1　图纸会审记录表

工程名称				共 × 页第 × 页	
会审地点		记录整理人		日期	
参加人员					
序号	图纸编号	审图意见		审图确定	
1					
2					
建设单位代表：	设计院代表	监理单位：		施工单位：	

二、设计变更通知单

设计变更是指设计单位依据建设单位要求调整，或对原设计内容进行修改、完善、优化。设计变更应以图纸或设计变更通知单的形式发出，见表 9–2。改变有关工程的施工时间和顺序属于设计变更。变更有关工程价款的报告应由承包人提出。承包人在施工过程中更改施工组织设计的，应经工程师同意。设计变更的类型为：

表 9–2　设计变更通知单

工程名称		专业名称		
设计单位名称		日期		
序号	图号	变更内容		
1				
2				
签字栏	建设单位	监理单位	设计单位	施工单位

（1）在建设单位组织的有设计单位和施工企业参加的设计交底会上，经施工企业和建设单位提出，各方研究同意而改变施工图的做法，都属于设计变更，为此而增加新的图纸或设计变更说明都由设计单位或建设单位负责。

（2）施工企业在施工过程中，遇到一些原设计未预料到的具体情况，需要进行处理。因而发生的设计变更，如工程的管道安装过程中遇到原设计未考虑到的设备和管墩、在原设计标高处无安装位置等，需改变原设计管道的走向或标高，经设计单位和建设单位同意，办理设计变更或设计变更联络单。这类设计变更应注明工程项目、位置、变更的原因、做法、规格和数量，以及变更后的施工图，经双方签字确认后即为设计变更。

（3）工程开工后，由于某些方面的需要，建设单位提出要求改变某些施工方法，或增减某些具体工程项目等，如在一些工程中由于建设单位要求增加的管线，再征得设计单位的同意后出设计变更。

（4）施工企业在施工过程中，由于施工方面、资源市场的原因，如材料供应或者施工条件不成熟，认为需要改用其他材料代替，或者需要改变某些工程项目的具体设计等引起的设计变更，经双方或三方签字同意可作为设计变更。

三、洽商记录

工程洽商记录，主要是指施工企业就施工图纸、设计变更所确定的工程内容以外，施工图预算或预算定额取费中未包含的，而施工中又实际发生费用的施工内容所办理的书面说明，见表 9–3。工程洽商是施工设计图纸的补充，与施工图纸有同等重要作用。

表 9–3　工程洽商记录

<table>
<tr><td>工程名称</td><td></td><td>专业名称</td><td colspan="2"></td></tr>
<tr><td>提出单位名称</td><td></td><td>日期</td><td colspan="2"></td></tr>
<tr><td>内容摘要</td><td colspan="4"></td></tr>
<tr><td>序号</td><td>图号</td><td colspan="3">洽商内容</td></tr>
<tr><td>1</td><td></td><td colspan="3"></td></tr>
<tr><td>2</td><td></td><td colspan="3"></td></tr>
<tr><td rowspan="2">签字栏</td><td>建设单位</td><td>监理单位</td><td>设计单位</td><td>施工单位</td></tr>
<tr><td></td><td></td><td></td><td></td></tr>
</table>

工程洽商，就是工程实施过程中的洽谈商量，参建各方就项目实施过程中的未尽事宜，提出洽谈商量。在取得一致意见后，或经相关审批确认后的洽商，可作为合同文件的组成部分之一。

第七节　施工质量管理

工程项目的施工阶段是工程实体逐步形成的过程，也是工程项目质量和工程使用价值最终形成和实现的阶段，因此也是工程项目质量管理的重要阶段。

一、影响施工质量的因素

影响工程施工质量的因素归纳起来有 5 个方面，即人的因素、材料因素、机械因素、方法因素和环境因素。其中人的因素是操作人员的质量意识、技术能力和工艺水平，施工管理人员的经验和管理能力；材料因素包括原材料、半成品和构配件的品质和质量，工程设备的性能和效率；方法因素包括施工方案、施工工艺技术和施工组织设计的合理性、可行性和先进性；环境因素主要指工程所在地的社会环境（如政治、法律制度、当地人的生活习惯、民族风俗、社会治安等）、工程技术环境（工程地质、地形地貌、水文地质、工程水文、气象等）、工程管理环境（如管理制度的健全与否、质量管理体系的完善与否、质量保证活动开展的情况等）和劳动环境。上述5方面因素都在不同程度上影响到工程的质量，所以施工阶段的质量管理，实际就是对这5因素实施监督和控制的过程。

（一）人的因素的控制

“人”主要是指直接参与工程项目的决策者、组织者、管理者和操作者，人是工程项目建设的实施者，人的素质，即人的思想意识、文化素质、技术水平、管理能力、工作经历和身体条件等，都直接和间接地影响到工程项目的质量。所以，为了保证工程项目的质量，必须对人的因素进行控制，既要充分发挥人的主观能动性，又要避免人的失误。要加强思想意识和劳动纪律的教育，专业技能和科学技术知识的培训，提高人的素质。

对人的因素的控制，主要侧重于人的资质、人的生理缺陷、人的心理缺陷、人的错误行为等几个方面。

1. 人的资质

（1）领导者。领导者主要包括经理、总工程师、总经济师、总会计师和各部门的负责人，他们是工程项目的决策者、组织者、指挥者、管理者和经营者，领导者的素质对保证工程项目的质量起着重要的作用。

领导者作为工程项目的指挥者和组织者，必须具有较高的思想水平、一定的文化素质、丰富的实践经验、较强的组织管理能力，善于协作配合，能够果断、正确地作出决策并采取有效的技术措施，领导职工完成各项任务。

（2）主要技术人员。主要技术人员应具有一定的文化素质，相应的专业资质和技术水平，丰富的实践经验和较强的组织管理水平。

（3）技术工人。技术工人应具有本专业的资质证书，有较丰富的专业知识和熟练的操作技能，熟悉操作规程和质量标准。

2. 人的生理缺陷

人的生理缺陷主要是指具有疾病，精神失常，智商过低（呆滞、接受能力差、判断能力差等），易紧张、冲动和兴奋，疲劳，对自然条件和环境不适应，应变能力差等。

在工程施工过程中，承包人根据施工特点严格控制人的生理缺陷，如患有高血压、心脏病和恐高症的人，不应从事高空作业和水下作业；视力、听力较差的人，不应从事测量工作和以音响、灯光、旗语进行指挥的作业；反应迟钝、应变能力差的人，不应操作快速运转的机械等。

3. 人的心理缺陷

人的心理缺陷主要表现为心情不安，身心不支，注意力不集中等。人的心理缺陷常常会引起工作能力波动，产生厌倦和操作失误。所以在人的因素的控制中要分析人的心理变化，稳定人的思想情绪，防止工作失误。

4. 人的错误行为

人的错误行为表现为工作时打闹、玩耍、嬉笑、错听、错视、误动、误判、违章违纪、粗心大意、漫不经心、玩忽职守等。人的错误行为，都会引起质量问题或质量事故，必须及时制止。

（二）材料因素的控制

材料包括原材料、成品、半成品、构配件、仪器仪表、生产设备等，是工程项目的物质基础，也是工程实体的组成部分。

材料因素重点控制几个以下方面：

（1）收集和掌握材料的信息，通过分析论证优选供货厂家，以保证购买优质、廉价、能如期供货的材料，经监理工程师签字确认后，承包人进行采购订货。

（2）合理组织材料的供应，确保工程的正常施工。

（3）对材料进行严格的检查验收，确保材料的质量。

（4）实行材料的使用认证，严防材料的错误使用。

（5）严格按规范、标准的要求组织材料的检验，材料的取样、试验操作均应符合规范要求。

（6）对于工程中所用主要设备，承包人应严格按照设计文件或标书中所规定的规格、品种、型号和技术性能进行采购，并经监理工程师检查确认后方可安装、施工。

（三）机械因素的控制

施工机械是实施工程项目施工的物质基础，是现代化施工必不可少的手段。施工设备的选择是否适用、先进和合理，将直接影响工程项目的施工质量和进度。承包人应按照工程项目的布置、结构型式、施工现场条件、施工程序、施工方法和施工工艺，进行施工机械型式和主要性能参数的选择。并制定相应的使用操作制度，严格执行。

（四）方法因素的控制

所谓方法，主要是指工程项目的施工组织设计、施工方案、施工技术措施、施工工艺、检测方法和措施等。

采取的“方法”是否得当，直接影响到工程项目的质量形成，特别是施工方案是否合理和正确，不仅影响到施工质量，还对施工的进度和费用产生重要影响。因此承包人要结合工程实际情况，从技术、组织、管理、经济等方面进行全面分析和论证，确保施工方案在技术上可行、经济上合理、方法先进、操作简便，既能保证工程项目质量，又能加快施工进度，降低成本。

（五）环境因素的控制

影响工程项目的环境因素很多，归纳起来有 4 个方面，即社会环境、工程技术环境、工程管理环境和劳动环境。

（1）社会环境。主要包括政治、法律制度、当地人的生活习惯、民族风俗、社会治安等环境。

（2）工程技术环境。主要包括工程地质、地形地貌、水文地质、工程水文、气象等因素。

（3）工程管理环境。主要包括质量管理体系、质量管理制度、质量保证活动等。

（4）劳动环境。主要包括劳动组合、劳动工具、施工工作面等。

在工程项目施工中，环境因素是不断变化的，如施工过程中气温、湿度、降水、风力等。前一道工序为后一道工序提供了施工环境，施工现场的环境也是变化的。不断变化的环境对工程项目的质量产生不同程度的影响。为保证工程项目施工正常、有序地进行，以及工程项目质量的稳定，承包人根据工程项目特点和施工具体条件，采取相应的有效措施，对影响质量的环境因素进行严格的控制。

二、施工阶段的质量控制

施工阶段的质量控制主要从两个方面进行，一是内控，即承包人自我的质量控制；二是外控，即监理工程师通过对工程项目的施工质量，进行检查、抽检、签证等，使工程质量达到设计标准并符合规范要求。承包人进行施工质量的管理是施工质量管理的关键。

（一）施工过程（工序）的质量控制

工程项目的整个施工过程，就是完成一道一道的工序，所以施工过程的质量控制主要就是工序的质量控制，而工序控制又表现为施工现场的质量控制，也是施工阶段质量控制的重点。

1. 工序控制的主要内容

（1）工序活动（作业）条件的控制。工序活动（作业）条件的控制，就是为工序的活动（作业）创造一个良好的环境，使工序能够正常进行，以确保工序的质量，所以工序活动（作业）条件的控制就是对工序准备的控制。

工序的质量受到人、材料、机械、方法、环境等因素综合作用的影响，所以工序的质量控制就是要利用各种手段对影响工序质量的人、材料、机械、方法、环境等因素加以控制。

①人的因素。人的因素对工序的影响主要表现在操作人员的质量意识差、粗心大意、

不遵守操作规程、技术水平低、操作不熟悉等。因此对人的因素的控制措施是：检查操作人员和其他工作人员是否具备上岗条件，进行岗前考核，竞争上岗；进行质量教育，提高质量意识和责任心；建立质量责任制，进行岗前培训等。

②材料因素。材料因素对工序的影响主要表现在材料的质量特性指标是否符合设计和标准的要求，控制措施是加强使用前的检验和试验。重视材料的使用标识和材料的现场管理，防止错用和使用不合格材料；使用代用材料时必须通过计算和充分论证，并履行相关批准手续，方可使用。

③机械因素。机械因素对工序质量影响主要表现在机械的性能和操作使用上，控制措施是根据工序的特性和要求合理地选择施工机械设备的型式、数量和性能参数，同时应加强施工机械设备的使用管理，严格执行操作规程，遵守各种管理制度等。

④方法因素。方法因素对工序质量的影响主要表现在工艺方法，即工艺流程、技术措施、工序间的衔接等。控制的措施是确定正确的工艺流程、施工工艺和操作规程，进行质量预控，加强工序交接的检查验收等。

⑤环境因素。环境影响对工序质量的影响主要表现在气象条件、管理环境和劳动环境等。控制的措施是预测气象条件的可能变化（如温度、大风、暴雨、酷暑、严寒等），应采取相应的预防措施，如防风、防雨、降温、保温措施等；制定相应的质量监控管理制度和管理程序；进行合理的劳动组合和现场管理，建立文明施工和文明生产的环境，保持材料堆放有序，道路畅通，施工程序井井有条等。

（2）工序活动（作业）的过程控制。工序活动是在预先（施工前）准备好的条件和环境下进行的，在工序活动过程中，影响质量的因素会发生变化。所以在工序活动过程中，施工管理人员应注意各种影响因素和条件变化，如发现不利于工序质量的因素和条件变化，要立即采取有效措施加以处理，使工序质量始终处于受控状态。为此，施工人员一定要按规定的操作规程和工艺标准进行施工；随时注意各种其他因素和条件的变化，如物料、人员、施工机械设备、气象条件和施工现场环境状况和条件的变化，应及时采取相应措施加以控制和纠正。

（3）工序活动（作业）效果的控制。工序活动（作业）效果的控制主要是对工序施工完成的工程产品质量性能状况和性能指标的控制，通常是工序完成后，首先由承包人进行自检，自检合格后填写验收通知单，监理单位在接到验收通知单后，在规定的时间内对工序进行抽样，通过对样品检验的数据，进行统计分析，判断工序活动的效果（质量）是否正常和稳定，是否符合质量标准的要求。通常其程序如下：

①抽样。对工序抽取规定数量的样品，或确定规定数量的检测点。

②实测。采用必要的检测设备和手段，对抽取的样品或确定的检测点进行检验，测定其质量性能指标或质量性能状况。

③分析。对检验所得的数据，用统计分析方法进行分析、整理，发现其所遵循的变化规律。

④判断。根据对数据分析的结果，与质量标准或规定相对照，判断该工序产品的质量是否达到规定的质量标准的要求。

⑤认可或纠正。通过判断如果符合规定的质量标准的要求，则可对该工序的质量予以确认。如果通过判断发现该工序的质量不符合规定的质量标准的要求，则应进一步分析产生偏差的原因，并采取相应的措施予以纠正。

2. 工序质量控制的实施

施工过程中的工序控制，通常按下列程序进行：

（1）制定质量控制的工作程序或工作流程。

（2）制定工序质量控制计划，明确质量控制的工作程序和质量控制制度。

（3）分析影响工序质量的各种可能因素，从中找出对工序质量可能产生重要影响的主要因素，针对这些主要因素制定控制措施，进行主动地预防性控制，使这些因素处于受控状态。

（4）设置工序质量控制点，并进行质量预控。通过对工序施工过程的全面分析，确定需要进行重点控制的对象、关键部位或薄弱环节，设置质量控制点，并对所设置的质量控制点在施工中可能出现的质量问题，制定对策，进行预控。

（5）对工序活动过程进行动态跟踪控制。监理人员或施工管理人员，对工序的整个活动过程实施连续的动态跟踪控制，发现工序活动出现异常状态，应及时查找原因，采取相应的措施加以排除或纠正，保证工序活动过程处于正常、稳定的受控状态。

（6）工序施工完成后，及时进行工序活动效果的质量检验。

3. 质量控制点的设立

质量控制点是指为了保证（工序）施工质量而对某些施工内容、施工项目、工程的重点和关键部位、薄弱环节等，在一定时间和条件下进行重点控制和管理，以使其施工过程处于良好的控制状态。

（1）质量控制点设置的原则。质量控制点的选择，应根据工程项目的特点、质量要求、施工工艺的难易程度、施工队伍的素质和技术水平等因素，进行全面分析后确定。一般情况下选择质量控制点的基本原则是：

①重要的和关键性的施工环节和部位。

②质量不稳定，施工质量没有把握的施工内容和项目。

③施工难度大的施工环节和部位。

④质量标准或质量精度要求高的施工内容和项目。

⑤对工程项目的安全和正常使用有重要影响的施工内容和项目。

⑥对后续工序的质量或安全有重要影响的施工内容、施工工序或部位。

⑦对施工质量有重要影响的技术参数。

⑧某些质量的控制指标。

⑨可能出现常见质量通病的施工内容或项目。

⑩采用新材料、新技术、新工艺施工时的工序操作。

（2）一般质量控制点的设置。

①人的行为。对于某些危险性强、技术难度较大、操作复杂、精度要求高的作业和工序，为了避免和防止操作失误而造成质量问题，应将操作人员的作业行为作为质量控制点，事先除详细进行技术交底、提出要求外，还应对操作人员从思想素质、技术能力、生理和心理状态进行分析考查，事中对其作业过程和质量进行全面考核，以避免因人的行为失当和失误而造成质量问题。

②物的状态。在某些工序和作业中，物的不良状态（如仪器、仪表、机械设备的技术性能和作业状态，腐蚀、有毒、易燃易爆物品的状态）常常会引起质量问题，所以在施工中应根据具体情况，防止机械设备的失稳、倾覆、冲击、振动，防止易燃易爆物品的自燃、自爆，保持仪器、仪表的精度等。

③材料的性能。某些施工内容和施工项目对材料的质量和性能有严格的要求，因此应对材料的性能进行重点控制，以保持施工的质量。例如钢筋进行预应力加工时，要求钢材均质、弹性模量一致，含硫量和含磷量不能过大，以免产生冷脆。

④关键性操作。在一些工序的施工中，有时应对某些施工操作进行重点控制，以保证施工的质量。例如混凝土施工中，在进行混凝土振捣时，振捣棒距模板应保持一定距离，否则拆模后混凝土表面易产生蜂窝麻面；分层浇筑的大体积混凝土，在进行混凝土振捣时，振捣棒应插入下层混凝土一定深度，以保证上、下层混凝土接合成一个整体。

⑤施工顺序。某些施工工序或操作，应严格保持一定的施工顺序，否则会严重影响施工质量。例如冷拉钢筋时一定要先对焊后冷拉，如若先冷拉后对焊就会失去冷强。

⑥施工间隙。在某些工序的施工中，应严格控制工序操作中的施工间隙时间，否则会严重影响施工的质量。例如在分层浇筑的大体积混凝土中，要控制上、下两层混凝土浇筑的间隔时间，一般应控制在 2h 之内，否则上、下层混凝土之间将不能很好地结合成一个整体，而形成一个薄弱面，即形成所谓的“冷缝”，这将严重影响混凝土的整体性质量。

⑦施工方法。在某些施工内容或施工项目中，必须采用合理的施工方法，才能保证相应的施工质量。例如在大体积混凝土施工中，应采取相应的温控措施，以预防混凝土出现温度裂缝。此外，在建筑物施工中要防止建筑物倾斜，在结构施工中要防止群桩失稳，在模板施工中要防止模板失稳等，这些问题均作为质量控制的重点。

⑧技术参数。在一些工序的施工中，某些技术参数与施工质量有密切关系，应进行重点控制。例如回填土和三合土施工中的最佳含水量，混凝土施工中水灰比、外加剂掺量等，都将影响到回填土或混凝土的质量。

⑨质量指标。在一些工序的施工中，应经常检查和严格控制某些质量指标，以保证施工的质量。例如回填土的干密度、混凝土的强度、混凝土的抗渗性、寒冷地区混凝土的抗冻性、砌砖工程中砖缝的饱满度等。

⑩新材料、新技术、新工艺的应用。当工程项目的施工中采用了新材料、新技术、新工艺时，由于是初次使用，缺乏施工经验，为了保证施工的质量，必须制定相应的操作规程，施工中严格检查和控制。

（3）质量控制点的布控。在分部工程施工前，承包人应制定施工计划，选定和设置质量控制点，并且在随后制定的质量计划中明确哪些是见证点，哪些是停止点，然后提交监理工程师审批，如监理工程师对其有不同意见，可以用现场通知的方式书面通知承包人调整。

①质量控制措施的设计：

a．列出质量控制点明细表。表中应列出各质量控制点的名称和内容、质量要求、质量检验程度和方法、检验工具和设备、质量控制的责任人等内容。

b．设计控制点的施工流程图。

c．应用因果分析方法进行工序分析，找出工序的支配性要素。

d．制订工序质量表，对各支配性要素规定出明确的控制范围和控制要求。

e．编制保证质量的作业指导书。

f．绘制作业网络图，图中标出各控制因素所采用的计量仪器、编号、精度等，以便精确进行计量。

②质量控制点的实施：

a．进行控制措施交底。将质量控制点的控制措施设计向操作班组交底，使操作人员明确操作要点。

b．按作业指导书进行操作。

c．认真记录，检查结果。

d．运用统计方法不断分析改进 (PDCA) 以保证质量控制点的质量符合要求。

（4）见证点和停止点。

①见证点。见证点是指重要性一般的质量控制点，在这种质量控制点施工前，承包人应提前（一般为 24h）通知监理单位派监理人员在约定的时间到现场进行见证，对该质量控制点的施工进行监督和检查，并在见证表上详细记录质量控制点所在的建筑部位、施工内容、数量、施工质量和工时，并签字以作凭证。如果在规定的时间监理人员未能到达现

场进行见证和监督，承包人可以认为已取得监理单位的同意，有权进行该见证点的施工。

②停止点（待检点）。停止点是指重要性较高，其质量无法通过施工以后的检验来得到证实的质量控制点。例如无法依靠事后检验来证实其内在质量或无法事后把关的特殊工序或特殊过程。对于这种质量控制点，在施工之前承包人应提前通知监理单位，并约定施工时间，由监理单位派出监理人员到现场进行监督控制，如果在约定的时间监理人员未到现场进行监督和检查，则承包人应停止该质量控制点的施工，并按合同规定，等待监理人员，或另行约定该质量控制点的施工时间。

（二）施工质量检验

1. 质量检验的一般要求

（1）承担工程检测业务的检测单位应具有水行政主管部门颁发的资质证书。其设备和人员的配备应与所承担的任务相适应，有健全的管理制度。

（2）工程施工质量检验中使用的计量器具、实验仪器仪表及设备应定期进行检定，并具备有效的检定证书。国家规定需强制检定的计量器具应经县级以上计量行政部门认定的计量检定机构或授权设置的计量检定机构进行检定。

（3）检测人员应熟悉检测业务，了解被检测对象性质和所有仪器设备性能，经考核合格后，持证上岗。参与中间产品及混凝土（砂浆）试件质量资料复核的人员应具备工程师以上工程系列技术职称，并从事过相关试验工作。

（4）工程质量检验项目和数量应符合《水利水电基本建设工程单元工程质量等级评定标准》（试行）(SDJ249—88，SL38—92) 规定。

（5）工程质量检验方法应符合 SDJ249—88，S138—92 和国家及行业现行技术标准的有关规定。

（6）工程质量检验数据应真实可靠，检验记录及签证应完整齐全。

（7）工程项目中如遇到 SDJ249—88，SL38—92 中尚未涉及的项目质量评定标准时，其质量标准评定表格由项目法人组织监理、设计及承包人按水利部有关规定进行编制和报批。

（8）工程中永久性房屋、专用公路、专用铁路等项目的施工质量检验与评定可按相应行业标准执行。

（9）项目法人、监理、设计、施工和工程质量监督等单位根据工程建设需要，可委托具有相应资质等级的水利工程质量检测单位进行工程质量检测。承包人自检性质的项目及数量，按 SDJ249—88，SL38—92 及施工合同约定执行。对已建工程质量有重大分歧时，应由项目法人委托第三方具有相应资质等级的质量检测单位进行检测，检测数量视需要确定，检测费用由责任方承担。

（10）堤防工程竣工验收前，项目法人应委托具有相应资质等级的质量检测单位进行抽样检测，工程质量抽检项目和数量由工程质量监督机构确定。

（11）对涉及工程结构安全的试块、试件及有关材料，应实行见证取样。见证取样资料由承包人制备，记录应真实齐全，参与见证取样人员应在相关文件上签字。

（12）工程中出现检验不合格的项目时，应按以下规定进行处理：

①原材料、中间产品一次抽样检验不合格时，应及时对同一取样批次另取两倍数量进行检验，如仍不合格，则该批次原材料或中间产品应定为不合格，不得使用。

②单元（工序）工程质量不合格时，应按合同要求进行处理或返工重做，并经重新检验且合格后方可进行后续工程施工。

③混凝土（砂浆）试件抽样检验不合格时，应委托具有相应资质等级的质量检测单位对相应工程部位进行检验。如仍不合格，由项目法人组织有关单位进行研究，并提出处理意见。

④工程完工后的质量抽检不合格，或其他检验不合格的工程，应按有关规定进行处理，合格后才能进行验收或后续工程施工。

2. 质量检验的职责范围

（1）永久性工程（包括主体工程及附属工程）施工质量检验应符合下列规定：

①承包人应依据工程设计要求、施工技术标准和合同约定，结合 SDJ249—88，SL38—92 的规定确定检验项目及数量并进行自检，自检过程应有书面记录，同时结合自检情况如实填写水利部颁发的《水利水电工程施工质量评定表》（办建管 [2002]182 号）。

②监理单位应根据 SDJ249—88，SL38—92 和抽样检测结果复核工程质量。其平行检测和跟踪检测的数量按《水利工程建设项目施工监理规范》(SL288—2003) 或合同约定执行。

③项目法人应对承包人自检和监理单位抽检过程进行督促检查，对报工程质量监督机构核备、核定的工程质量等级进行认定。

④工程质量监督机构应对项目法人、监理、勘测、设计、承包人以及工程其他参建单位的质量行为和工程实物质量进行监督检查。检查结果应按有关规定及时公布，并书面通知有关单位。

（2）临时工程质量检验及评定标准，应由项目法人组织监理、设计及施工等单位根据工程特点，参照 SDJ249—88，SL38—92 和其他相关标准确定，并报相应的工程质量监督机构核备。

3. 质量检验内容

（1）质量检验包括施工准备检查，原材料与中间产品质量检验，水工金属结构、启闭机及机电产品质量检查，单元（工序）工程质量检验，质量事故检查和质量缺陷备案，工程外观质量检验等。

（2）主体工程开工前，承包人应组织人员进行施工准备检查，并经项目法人或监理单位确认合格且履行相关手续后，才能进行主体工程施工。

（3）承包人应按 SDJ249—88，SL38—92 及有关技术标准对水泥、钢材等原材料与中间产品质量进行检验，并报监理单位复核。不合格产品不得使用。

（4）水工金属结构、启闭机及机电产品进场后，有关单位应按合同进行交货检查和验收。安装前，承包人应检查产品是否有出厂合格证、设备安装说明及有关技术文件，对在运输和存放过程中发生的变形、受潮、损坏等问题应做好记录，并进行妥善处理。无出厂合格证或不符合质量标准的产品不得用于工程中。

（5）承包人应按 SDJ249—88，SL38—92 检验工序及单元工程质量，做好书面记录，在自检合格后，填写《水利水电工程施工质量评定表》，并报监理单位复核。监理单位根据抽检资料核定单元（工序）工程质量等级，发现不合格单元（工序）工程，应要求承包人及时进行处理，合格后才能进行后续工程施工。对施工中的质量缺陷应书面记录备案，进行必要的统计分析，并在相应单位（工序）工程质量评定表“评定意见”栏内注明。

（6）承包人应及时将原材料、中间产品及单元（工序）工程质量检验结果报监理单位复核。并应按月将施工质量情况报送监理单位，由监理汇总分析后报项目法人和工程质量监督机构。

（7）单位工程完工后，项目法人应组织监理、设计、施工及工程运行管理等单位组成工程外观质量评定组，现场进行工程外观质量检验评定，并将评定结论报工程质量监督机构核定。参加工程外观质量评定的人员应具有工程师以上技术职称或相关执业资格。评定组人数应不少于 5 人，大型工程不宜少于 7 人。

第八节 工程施工质量评定

工程质量的检查与评定是对工程质量是否达到设计和规范要求的重要控制手段和综合评价，是工程质量管理工作的核心内容。根据《水利水电工程施工质量检测与评定规程》(SL176—2007) 规定，进行施工质量评定工作。

一、施工质量评定的组织与管理

（1）单元（工序）工程质量在承包人自评合格后，报监理单位复核，由监理工程师核定质量等级并签证认可。

（2）重要隐蔽单元工程及关键部位单元工程质量经承包人自评合格、监理单位抽检后，由项目法人（或委托监理）、监理、设计、施工、工程运行等单位组成联合小组，共同检查核定其质量等级并填写签证表，报工程质量监督机构核备。

（3）分部工程质量，在承包人自评合格后，由监理单位复核，项目法人认定。分部工程验收的质量结论由项目法人报工程质量监督机构核备。大型枢纽工程主要建筑物的分部工程验收的质量结论由项目法人报质量监督机构核定。

（4）单位工程质量，在承包人自评合格后，由监理单位复核，项目法人认定。单位工程验收的质量结论由项目法人报工程质量监督机构核定。

（5）工程项目质量，在单位工程质量评定合格后，由监理单位进行统计并评定工程项目质量等级，经项目法人认定后，报工程质量监督机构核定。

二、施工质量的合格标准

（1）施工质量的合格标准是工程验收标准。不合格工程必须进行处理且达到合格标准后，才能进行后续工程施工或验收。水利水电工程施工质量等级评定的主要依据有：

①国家及相关行业技术标准。

②《水利水电基本建设工程单元工程质量等级评定标准》(SDJ249—88，SL38—92)。

③经批准的设计文件、施工图纸、金属结构设计图样与技术条件、设计修改通知书、厂家提供的设备安装说明书及有关技术文件。

④工程承发包合同中约定的技术标准。

⑤工程施工期及试运行期间的试验和观测分析成果。

（2）单元（工序）工程施工质量合格标准应按照 SDJ249—88，SL38—92 或合同约定的合格标准执行。当达不到合格标准时，应及时处理。处理后的质量等级应按下列规定重新确定：

①全部返工重做的，可重新评定质量等级。

②经加固补强并经设计和监理单位鉴定能达到设计要求时，其质量评为合格。

③处理后的工程部分质量指标仍达不到设计要求时，经设计复核，项目法人及监理单位确认能满足安全和使用功能要求，可不再进行处理；或经加固补强后，改变了外形尺寸或造成工程永久缺陷的，经项目法人、监理及设计单位确认能基本满足设计要求，其质量可定为合格，但应按规定进行质量缺陷备案。

（3）分部工程施工质量同时满足下列标准时，其质量评定为合格：

①所含单元工程的质量全部合格，质量事故及质量缺陷按要求处理，并经检验合格。

②原材料、中间产品及混凝土（砂浆）试件质量全部合格，金属结构及启闭机制造质量合格，机电产品质量合格。

（4）单位工程施工质量同时满足下列标准时，其质量评为合格：

①所含分部工程质量全部合格。

②质量事故已按要求进行处理。

③工程外观质量得分率达到 70% 以上。

④单位工程施工质量检验与评定资料基本齐全。

⑤工程施工期及试运行期，单位工程观测资料分析结果符合国家和行业技术标准以及合同约定的标准要求。

（5）工程项目施工质量同时满足下列标准，其质量达到合格：

①单位工程质量全部合格。

②工程施工期及试运行期，各单位工程观测资料分析结果均符合国家和行业技术标准以及合同约定的标准要求。

三、施工质量的优良标准

（1）优良等级是为工程项目质量创优而设置的。

（2）单元工程施工质量优良标准应按照 SDJ249—88，SL38—92 以及合同约定的优良标准执行。全部返工重做的单元工程，经检验达到优良标准时，可评定为优良等级。

（3）分部工程施工质量同时满足下列标准时，其质量评为优良：

①所含单元工程质量全部合格，其中 700% 以上达到优良等级，重要隐蔽单元工程和关键部位单元工程质量优良率达到 90% 以上，且未发生过质量事故。

②中间产品质量全部合格，混凝土（砂浆）试件质量达到优良等级（当试件组数小于 30 时，试件质量合格），原材料质量、金属结构及启闭机制造质量合格，机电产品质量合格。

（4）单位工程施工质量同时满足下列标准时，其质量评为优良：

①所含分部工程质量全部合格，其中 70% 以上达到优良等级，主要分部工程质量全部优良，且施工中未发生过较大质量事故。

②质量事故已按要求进行处理。

③外观质量得分率达到 85% 以上。

④单位工程施工质量检验与评定资料齐全。

⑤工程施工期及试运行期，单位工程观测资料分析结果符合国家和行业技术标准以及合同约定的标准要求。

（5）工程项目施工质量同时满足下列标准，其质量达到优良：

①单位工程质量全部合格，其中 70% 以上单位工程质量达到优良等级，且主要单位工程质量全部优良。

②工程施工期及试运行期，各单位工程观测资料分析结果均符合国家和行业技术标准以及合同约定的标准要求。

四、质量事故（缺陷）的处理

（一）水利工程质量事故的分类及报告内容

根据《水利工程质量事故处理暂行规定》（水利部 9 号令），水利工程质量事故是指在水利工程建设过程中，由于建设管理、监理、勘测、设计、咨询、施工、材料、设备等原因造成工程质量不符合规程、规范和合同规定的质量标准，影响工程使用寿命和对工程安全运行造成隐患和危害事件。需注意的问题是，水利工程质量事故可以造成经济损失，也可能造成人身伤亡。《水利工程质量事故处理暂行规定》所指的质量事故是指造成经济损失而没有人员伤亡的质量事故。

1. 水利工程质量事故的分类

工程质量事故按直接经济损失的大小，检查、处理事故对工期的影响时间长短和对工程正常使用的影响，分类为一般质量事故、较大质量事故、重大质量事故、特大质量事故。小于一般质量事故的称为质量缺陷。具体分类标准见表 9–4。

表 9–4　水利工程质量事故分类标准

事故类别 损失情况		特大质量事故	重大质量事故	较大质量事故	一般质量事故
事故处理所需物资、器材和设备、人工直接损失费（人民币万元）	大体积混凝土、金属制作和机电安装工程	＞ 3000	＞ 500 <3000	＞ 100 <500	＞ 20 <100
	土石方工程、混凝土薄壁工程	＞ 1000	＞ 100 <1000	＞ 30 <100	＞ 10 <30
事故处理所需合理工期（月）		＞ 6	＞ 3 <6	＞ 1 <3	<1
事故处理后对工程功能和寿命的影响		影响工程正常使用，需限制条件使用	不影响工程正常使用，但对于工程寿命有较大影响	不影响工程正常使用，但对于工程寿命有一定影响	不影响工程正常使用和工程寿命

2. 水利工程质量事故的报告

水利工程事故发生后，事故单位要严格保护现场，采取有效措施抢救人员和财产，防止事故扩大。因抢救人员、疏导交通等原因需要移动现场物件时，应做出标志、绘制现场简图并做书面记录，妥善保管现场重要痕迹、物证，并进行拍照或录像。

事故发生后，项目法人必须将事故的简要情况向主管部门报告。项目主管部门接到事故报告后，按照管理权限向上级水行政主管部门报告。发生较大质量事故、重大质量事故、特大质量事故，事故单位要在 48h 内向有关单位提出书面报告。突发性事故，事故单位要在 4h 内电话向上级单位报告。有关事故报告应包括以下主要内容：

（1）工程名称、建设地点、工期，项目法人、主管部门及负责人电话。

（2）事故发生的时间、地点、工程部位以及相应的参建单位名称。

（3）事故发生的简要经过、伤亡人数和直接经济损失的初步估计。

（4）事故发生原因初步分析。

（5）事故发生后采取的措施及事故控制情况。

（6）事故报告单位、负责人以及联络方式。

（二）水利工程事故调查的程序

根据《水利工程质量事故处理暂行规定》（水利部9号令），事故调查的基本程序如下：

（1）发生质量事故，要按照规定的管理权限组织调查组进行调查，查明事故原因，提出处理意见，提交事故调查报告。事故调查组成员实行回避制度。

（2）事故调查管理权限按以下原则确定：

①一般质量事故由项目法人组织设计、施工、监理等单位进行调查，调查结果报项目主管部门核备：

②较大质量事故由项目主管部门组成调查组进行调查，调查结果报上级主管部门批准并报省级水行政主管部门核备。

③重大质量事故由省级以上水行政主管部门组成调查组进行调查，调查结果报水利部核备。

④特大质量事故由水利部组织调查。

（3）事故调查的主要任务：

①查明事故发生的原因、过程、经济损失情况和对后续工程的影响。

②组织专家进行技术鉴定。

③查明事故的责任单位和主要责任人应负的责任。

④提出工程处理和采取措施的建议。

⑤提出对责任单位和责任人的处理建议。

⑥提出事故调查报告。

（4）事故调查组有权向事故单位、各有关单位和个人了解事故的有关情况。有关单位和个人必须实事求是地提供有关文件或材料，不得以任何方式阻碍或干扰调查组正常工作。

（5）事故调查组提出的事故调查报告经主持单位同意后，调查工作即告结束。

（三）水利工程质量事故的处理

1. 质量事故处理原则

发生质量事故，必须坚持“事故原因不查清楚不放过，主要事故责任人和职工未受教育不放过，补救和防范措施不落实不放过”的原则，认真调查事故原因，研究处理措施，查明事故责任，做好事故处理工作。

2. 质量事故处理职责划分

（1）一般质量事故由项目法人负责组织有关单位制定处理方案并实施，报项目主管部门备案。

（2）较大质量事故由项目法人负责组织有关单位制定处理方案，报上级主管部门审定后实施，报省级水行政主管部门或流域机构备案。

（3）重大质量事故由项目法人负责组织有关单位制定处理方案，征得事故调查组意见后，报省级以上水行政主管部门或流域机构审定后实施。

（4）特大质量事故由项目法人负责组织有关单位制定处理方案，征得事故调查组意见后，报省级以上水行政主管部门或流域机构审定后实施，并报水利部备案。

3. 事故处理中设计变更管理

事故处理需要进行设计变更的，需原设计单位或有资质的单位提出设计变更方案。需进行重大设计变更的，必须经原设计审批部门审定后实施。

事故部位处理完毕后，必须按照管理权限经过质量评定与验收后，方可投入使用或进入下一阶段施工。

4. 质量缺陷的处理

小于一般质量事故的质量问题称为质量缺陷。所谓质量缺陷是指小于一般质量事故的质量问题，即因特殊原因，使得工程个别部位或局部达不到规范和设计要求（不影响使用），且未能及时进行处理的工程质量问题。一般按照以下方式处理：

（1）对因特殊原因，使得工程个别部位或局部达不到规范和设计要求（不影响使用），且未能及时进行处理的工程质量缺陷问题（质量评定仍为合格），必须以工程质量缺陷备案形式进行记录备案。

（2）质量缺陷备案的内容包括：质量缺陷产生的部位、原因，对质量缺陷是否处理和如何处理以及建筑物使用的影响等。内容必须真实、全面、完整，参建单位必须在质量缺陷备案表上签字，有不同意见应明确记载。

（3）质量缺陷备案资料必须按竣工验收的标准制备，作为工程竣工验收备查资料存档。质量缺陷备案表由监理单位组织填写。

（4）工程竣工验收时，项目法人必须向验收委员会汇报并提交历次质量缺陷备案资料。

第十章　山东黄河防汛信息化建设实施方案研究

第一节　综　述

一、编制依据

（1）《2015—2020 年水利部信息化建设项目规划》。

（2）《黄河流域综合规划》(2012—2030 年)。

（3）《2015—2020 年黄河水利信息化项目建设规划》。

（4）《全国水利信息化发展“十二五”规划》(水利部水规计〔2012〕190 号印发)。

（5）《黄河水利信息化发展“十三五”规划》(黄河水利委员会，2017 年 1 月)。

（6）《黄委综合管理信息资源整合与共享建设》可行性研究报告（黄河水利委员会，2016 年 11 月）。

（7）《“数字黄河”工程规划》(水利部水规计〔2003〕166 号批复)。

（8）“数字黄河”工程编制的各种标准规范和规程。

二、编制原则

山东黄河防汛信息化建设实施方案是在黄委和山东局水利信息化建设的总体框架下，根据山东河务局防汛业务需求的具体情况和特点编制，是对黄委防汛信息化建设的细化和扩展。遵循“先进、实用、可靠、高效、资源共享”的原则。

（1）先进性。必须把握最新计算机技术、通信技术、网络技术、模拟仿真技术、3S技术等发展动向，立足于高起点和新技术，采用先进的通信、网络、存储和应用服务体系结构，选择先进的软件和硬件技术，利用高灵敏度、高精度的采集设备，确保山东黄河防汛信息化应用系统和设备产品处于当前先进水平，以保证所建系统在建成后相当一段时间内技术不落后，更好和更长时间地得到充分运用。

（2）实用性。在广泛采用国内外先进技术的同时，要以多年来的治黄实践和经验以及现有防洪非工程措施为基础，根据具体情况和实际需要，考虑现有技术水平、技术力量、人员业务素质、专业结构等诸多因素对系统产生的综合影响，采用的技术要既先进又成熟，系统和设备的操作要简便、功能要实用、便于管理和维护。

（3）可靠性。系统所选设备应是通过国际或国家相关技术和质量标准认证的产品，系统采用指标要高标准，在保证系统性能的同时应加强系统安全措施，要注重数据的安全备份管理，系统既有完整性，又有灵活性，应用软件要注重可靠性、可移植性和扩充性等特点，为技术更新、功能升级留有余地。技术方案应保证系统在建成后能够稳定可靠的工作。

（4）高效性。在规范信息资源体系和整合信息资源的基础上，统一标准、统一制式、统一协议，提高信息化的工作效率。在满足近期需求的前提下，又要考虑未来技术的发展，遵循国际国内有关开放性标准和技术规范，使系统具有标准化、开放性、可扩展性和可集成性。所选设备和产品应可以与其他信息产品高效结合，应用软件应具有可移植性，通信、网络、数据和应用资源要以实现共享为目标，并与黄委水利信息化的相关系统相协调，避免低水平开发和重复建设，充分发挥信息化在治黄工作的作用。

（5）整合资源，共建共享。以实现山东黄河信息资源高度共享为目标，对山东黄河防汛现有信息资源进行全面整合，实现各应用系统的互联互通，完善数据资源共享体系和机制，逐步实现信息资源的共享，充分发挥信息资源的利用效益；正确处理共享与安全的关系，保障网络与信息安全。

三、现状和存在问题

（一）防汛业务现状

1. 基本情况

黄河自河南省兰考县下界进入我省，流经菏泽、济宁、泰安、聊城、济南、德州、滨州、淄博、东营9个市、26个县（市、区），在垦利区注入渤海，河道长628公里，占黄河下游河道长的80%。河道特点是上宽下窄，纵比降上陡下缓，排洪能力上大下小。根据河道形态不同又分为4段：①东明县高村以上河道长56公里，属宽浅游荡型河段，两岸堤距5~20公里，排洪能力20000立方米每秒；②高村至阳谷县陶城铺156公里，属过渡型河段，堤距 2~8 公里，排洪能力由 20000 减少至 11000 立方米每秒；③陶城铺至利津水文断面 307 公里，属弯曲型窄河段，堤距 0.5~4 公里，最窄处东阿艾山卡口仅 275 米，比降约 1/10000，排洪能力 11000 立方米每秒；④利津以下约 109 公里，为易摆动的河口尾闾段，泥沙不断堆积，多年平均造陆面积约 25~30 平方公里。黄河山东段河道内有滩区 110 处、总面积 1702 平方公里、耕地 196 万亩、行政村 740 个、人口 60.62 万。

目前河床普遍高于两岸地面 4~6 米，设计防洪水位高于两岸地面 8~12 米，河道呈槽高、滩低、堤根洼、堤外更低的“二级悬河”形态，防洪形势十分严峻。黄河山东段历史上决口频繁，自 1855 年黄河改道至 1938 年 83 年间，有 57 年伏秋大汛发生决溢灾害，决口 377 次，共决口门 424 个，素有“三年两决口”之称。由于上下纬度相差 3 度多，冬季 12 月至次年 2 月易形成凌汛。

我省黄河防洪任务为：花园口站发生 22000 立方米每秒洪水，经东平湖分洪，控制艾山站下泄流量不超过 10000 立方米每秒，确保大堤不决口；遇超标准洪水，尽最大努力，采取一切办法缩小灾害。

东平湖蓄洪运用水位为 44.5 米，同时做好特殊情况下东平湖老湖 46.0 米水位运用的各项准备。大汶河下游防御戴村坝站 7000 立方米每秒洪水，遇超标准洪水确保南堤安全。

根据我省河道、防洪工程状况以及防洪保护范围内的损失等因素，对以下河段和工程应重点防守。

（1）东明河段。我省上界至东明县高村，河道长 56 公里，属游荡型河段，也是著名的“豆腐腰”河段，“二级悬河”形势严峻，即使中常洪水，也可能发生横河、斜河，大洪水时可能发生滚河。另外，滩区内居住群众多，迁安任务十分繁重。

（2）东平湖滞洪区。东平湖滞洪区是处理黄河大洪水和大汶河洪水的关键工程，运用概率大。目前缺少分洪闸测流设施，分洪流量难以准确控制，北排入黄受黄河洪水顶托，向南四湖排水工程不配套，滞洪运用时库区群众在 48 小时内紧急撤离难度很大。做到“分得进，守得住，排得出，群众保安全”，任务非常艰巨。

（3）济南窄河段。济南北店子至霍家溜河道狭窄弯曲，河宽一般 1 公里左右，曹家圈铁路大桥处河宽仅 444 米，是下游著名的窄河段之一。泺口站防洪水位比济南市工人新村地面高出近 12 米，防守任务非常艰巨。

（4）利津窄河段。东营区麻湾至利津县王庄长 30 公里的河段，两岸堤距一般 1 公里左右，最窄处利津小李险工处河宽仅 441 米，且河道曲折、险工对峙，历史上曾多次发生决口。

另外，鄄城刘口、章丘刘家园、高青孟口等河段可能出现顺堤行洪，危及堤防安全；各类水闸洪水期间有可能引发重大险情，也是防守的重点。

2. 主要业务

防汛减灾工作包括：防洪防凌指挥调度，防洪工程，防汛机动抢险队，黄河下游滩区、蓄滞洪区管理，黄河防汛物资、灾情管理，防汛组织指挥管理等主要业务。

（1）防洪防凌指挥调度业务现状。近年来，山东黄河防办持续加强防洪指挥与汶河、东平湖洪水调度工作，加强流域防汛基础资料收集、分析，跟踪分析黄河河道过洪能力变化；黄河、汶河洪水预测分析；研究汶河、东平湖黄河防洪工程变化，推进防洪调度技术发展。每年汛前修订完善山东省防洪预案、东平湖防洪预案、山东省黄河滩区运用预案等，汛期，根据洪水情况及时启动各类，实时进行洪水调度；凌汛前修订完善年度防凌调度预案等，凌汛期开展防凌指挥调度。

（2）防汛抢险及相关业务现状。①防汛抢险基本情况。黄河中下游河道河势游荡多变，主流摆动频繁，防洪工程极易出险。山东黄河防办负责黄河流域抢险行业管理，制定并监督实施有关管理制度，组织指导抢险演习，组织防汛抢险技术研究和培训，推广抢险新技术。

根据《黄河防洪工程抢险责任制（修订）》，黄河防洪工程险情主要分一般险情、较大险情、重大险情三级，山东黄河防办主要负责审批较大险情抢险方案并指导险情抢护，向黄委防办报送重大险情抢护方案，跟踪、检查重大险情抢护情况。并负责指导各市局抢护一般险情。

据统计，2006 年以来，山东黄河直管工程平均每年出险 96 余次，其中，重大险情 1.2 次，较大险情 12.5 次，抢险用石 3.4 万立方米。

②应急度汛、水毁修复项目管理。为确保黄河防洪工程安全度汛，及时修复水毁工程，山东黄河防办根据工程出险情况向上级申请年度应急度汛和水毁修复工程项目，编报和下达特大防汛经费及水利基金项目计划，组织黄河应急度汛、水毁修复工程项目的技术审查审批和建设管理。

据统计，2011 年以来，山东黄河防办共计申请应急度汛、水毁修复项目 370 处，加固或抢修坝、垛、护岸 1237 道。

③河势查勘。河势查勘资料是黄河防汛和河道治理研究不可缺少的基本资料，可以为防汛抢险决策提供依据。为掌握河势查勘资料，山东黄河防办每年汛前、汛后组织进行河势查勘，汛期根据洪水情况进行河势查勘，编写查勘报告，绘制河势图。

目前，黄河下游汛前河势查勘工作主要采取遥感监测、河道大断面测量、无人机航拍与乘车现场查勘相结合的方式进行。现场查勘期间，结合无人机航拍局部影像，对工程靠河着溜情况、上下游河湾河势变化情况等进行矫正和比对，对当年的河势变化及工程防守重点进行预估分析。

④蓄滞洪区非防洪建设项目管理。近年来，随着社会经济发展，涉河建设项目逐渐增多，为确保防洪安全，确保防洪工程不因建设项目建设而频繁出险，山东黄河防办负责组织蓄滞洪区非防洪建设项目洪水影响评价工作，并参与河道内建设项目防洪影响评价工作。

（3）防汛机动抢险队现状。为适应新时期防汛抢险需要，根据《水利部流域管理机构防汛抢险队伍建设指导意见》，黄委制定了《黄河防汛机动抢险队建设规划》，山东黄河组建了 8 支黄河专业机动抢险队，总编制 680 人，抢险队按要求明确了抢险队队长、副队长，配备了抢险队员，明确了抢险队驻地及防守责任段划分。

（4）黄河下游滩区、蓄滞洪区管理现状。山东省黄河滩区 110 处，滩区总面积 1670.28 平方公里，耕地面积 182.07 万亩（老滩 159.22 万亩，嫩滩 22.85 万亩）。黄河滩区涉及沿黄 9 个市、26 个县（含县级区，下同）、96 个乡镇、1873 个行政村、130.60 万人，其中滩区内有 670 个行政村，居住人口 55.26 万人。2013 年 1 月 1 日财政部、发改委、水利部联合印发《黄河下游滩区运用财政补偿资金管理办法》，有效解决了滩区社会经济发展和黄河下游治理的矛盾。

东平湖蓄滞洪区跨山东省东平、梁山、汶上三县，上距桃花峪 357 平方公里，下距入海口 429 平方公里，地面高程 38.44~42.03 米。东平湖滞洪区共涉及泰安市的东平和济宁市的梁山、汶上三县，区内共有 12 个乡镇，476 个自然村，34.05 万人，46.0 米高程以下人口 28.72 万人，耕地 47.62 万亩。其中老湖区内共有 8 个乡镇，127 个自然村，12.29 万人，46.0 米高程以下人口 7.05 万人，耕地 8.33 万亩；新湖区内共有 8 个乡镇（其中有四个乡镇跨新湖区和老湖区），349 个自然村，21.76 万人，46.0 米高程以下人口 21.67 万人，耕地 39.29 万亩。东平湖滞洪区总面积 626 平方公里，分新、老两个湖区，其中新湖区面积 418 平方公里，老湖区面积 208 平方公里。老湖设计防洪运用水位 46.0 米，蓄滞洪能力 12.28 亿立方米；新湖设计防洪运用水位 45.0 米，蓄滞洪能力 23.67 亿立方米。

北金堤滞洪区位于黄河下游高村至陶城铺宽河段的左岸，在北金堤与临黄堤之间，上起长垣县的石头庄，下至台前县的张庄，地跨河南、山东两省，是防御黄河下游超标准洪水的重要分洪设施。小浪底水库建成后，北金堤滞洪区运用概 率为近 1000 年一遇，作为保留滞洪区，发挥着处理超标准特大洪水的临时分洪措施作用。北金堤滞洪区自 1951 年设立以来，尚未运用过。

（5）黄河防汛物资、仓库管理现状。黄河防汛物资由三部分组成，即国家常备防汛物资、机关和社会团体储备物资与群众备料。山东黄河防办国家常备防汛物资的调度运用。汛期在本县（市、区）范围内动用国家常备防汛物资，由县（市、区）黄河防汛办公室负责调拨，并报上级黄河防办备案；在本市范围内县（市、区）与县（市、区）之间调拨，由市黄河防办负责，并报省黄河防办备案；各市之间的调度，由省黄河防办负责。在国家常备防汛物资调度运用过程中，一般险情，按批准的抢险电报动用；遇重大紧急险情，可边用料、边报告；随使用、随补充，满足抢险要求。动用中央防汛物资，由省防总向国家防办提出申请，经国家防办批准后调用。

2018 年共储备常备防汛物资 14 种，其中防汛石料 124.17 万立方米、铅丝 866.36 吨、麻绳 440.54 吨、编织袋 217.54 万条、土工布 24.8 万平方米、覆膜编织布 31.74 万平方米、救生衣 9049 件、沙石料 1.37 万立方米、发电机组 3057.6 千瓦、抢险照明车 50 台、木桩 5 万根等。

（6）黄河洪涝灾情统计工作现状。为及时、准确、真实、全面地反映山东黄河洪涝灾害发生的基本情况，为防汛减灾决策提供依据，保障防洪安全，按要求填报水旱灾害统计报表，主要包括洪涝灾害的基本情况、农林牧渔业、工业信息交通运输业、水利设施等方面的损失，死亡人员基本情况、城市受淹情况，以及抗洪抢险和减灾效益等综合情况，并按规定向黄河防汛抗旱总指挥部办公室和山东省减灾委员会报送统计报表。

（7）防汛组织指挥管理工作现状。防汛组织指挥管理工作主要包括防汛责任制落实，及时公布黄河流域重要堤段、重点城市、大中型水库及蓄滞洪区防汛行政责任人名单，调整山东黄河防汛办公室成员名单，强化明确各单位防汛工作有关职能和大洪水期间的职责分工等。筹备组织年度黄河防汛工作会议、防办主任座谈会，年度防凌工作会议等。汛期、凌汛期组织召开防汛会商会，分析研判汛情，作出防汛部署，视汛情启动应急响应，派出工作组等。督促落实各市、县防汛准备工作。督促沿黄各市防指采取多种有效形式，加大防汛宣传力度，普及防汛知识，克服麻痹思想和侥幸心理，提高沿黄干部群众洪水风险防范意识和应急避险能力。向黄河防办报告有关汛情、灾情和险情等。汛后，督促各级各单位及时上报防汛工作总结，并将山东黄河防汛工作总结上报黄河防办和省政府。

（二）防汛信息化现状及问题

1. 防汛信息化现状

山东河务局防汛应用系统建设开始于 1998 年。截至目前，已完成山东黄河防汛网、山东黄河水雨情查询及会商系统、工情险情会商系统、山东黄河防汛综合管理系统等开发和应用，在治黄工作中发挥了一定的作用。

（1）山东黄河防汛指挥调度决策支持系统。山东黄河防汛指挥调度决策支持系统包括市局报险系统、防汛信息管理系统和决策支持系统三部分。系统开发中设计了系统专用的代码，通过矢量化制作了第一批电子地图，包括 1 ∶ 100 万的黄河流域图、1 ∶ 25 万的山东黄河防洪形势图和 1 ∶ 5 万山东黄河河道图，实现了流域分区、工程定位、地图标注等功能。开发了防汛信息管理系统，实现了堤防、险工、控导工程、涵闸、实时险情、防守队伍、防汛动态等信息网络录入和查询。开发了市局报险系统，不仅可以直接上报出险情况而且可以将出险位置直接标绘在电子地图上报，将险情信息和地理信息有机地结合在一起。同时还可以把漫滩范围、封冰位置和特征等信息在电子地图上标注上报，非常直观形象。该系统在信息管理管理和录入上实行分级、分部门管理的方式，将省、市、县三级黄河防办的职责和义务有机地统一为一体，各级职能组根据自己的任务分别向系统提供洪水预报和水雨情信息、漫滩、灾情、险情抢护方案和措施、洪水调度意见及防汛动态等信息，支持信息查询和防洪决策。

（2）山东黄河水情自动化测报系统。山东黄河大部分水情辅助站观测条件差、测报手段落后，难以适应防御大洪水的需要，为提高自动化测报水平，2001 年汛初对建设水情自动测报系统进行了自动遥测水位站建设，建设了 30 处遥测站。2003 年与水文局配合山东河段遥测站观测数据进行了集成，集成范围包括我局所建各险工（控导）遥测站、部分涵闸监控闸上遥测站、山东水文水资源局水位遥测站。2003 年 8 月率先在全河完成了大规模遥测水位信息集成，在 2003 年秋汛和两次调水调沙试验中发挥了重要作用。它替代了 100 多名水位观测和信息处理报送人员，在 10 分钟内把山东黄河 47 处遥测水位站采集的水位、气温信息自动上传到省局，并自动发布，而且信息量大，能够有效监测洪水演进过程，满足了防汛、防凌、水量调度对实时信息的需要，彻底改变了山东河务局水情测报的落后面貌，促进了“数字防汛”的进程，取得了显著的经济和社会效益。

（3）山东黄河防汛网站。山东黄河防汛网站是山东黄河防汛工作的信息平台。2003 年 3 月开始组织人员进行网站功能设计，6 月 25 日在黄委防汛综合演练前正式开通。防汛网是完全基于 B/S 的结构形式，安装维护简便；防汛网实行开放式管理，省、市河务局均有信息录用权。支持防汛动态、防洪预案和抢险技术等综合信息查询。防汛网内连山东黄河水情网、山东黄河办公自动化网、黄委办公自动化网等内部网站，外接山东黄河网、黄河网等外部网站，可以快捷地查询雨水情、防汛动态、工程情况，也可以及时了解其他黄河信息。防汛网设有防汛要闻快讯、防汛工作动态、每日 8 时水情、防汛抢险新技术等近 40 个栏目，内容齐全，更新及时，防汛中的重要活动都能在网上得到及时反映。为加强网站管理，2004 年制定了《山东黄河防汛网信息管理规定》，对网站录入的内容、标准、格式进行了规范，并组织各市局录入了大量基础资料，对网站信息进行了充实。

随着防汛工作的开展和其他相关办公系统的提高，原防汛网已不能适应工作的需要。根据防汛工作的新需求，对山东黄河防汛网进行了升级改版，新版防汛网吸收了旧版防汛网、省局办公网及黄委防汛网的优点，以省局防汛业务信息为基础，全面集成了省局和黄委、各市局、局直单位的防汛信息，构建了防汛办公的信息体系，实现了一网录入，多网显示；多网录入，一网显示，多网双向互联互通的构想。新版防汛网 2006 年 8 月完成，现一直在应用。

（4）黄河工情险情会商系统。系统于 2004 年建设完成并投入运用，系统主要功能是实现了黄河下游工情险情实时查询会商（基于 GIS），黄河下游抢险料物、抢险队伍、防洪工程、险情、灾情等信息采集、传输、处理的信息化管理（基于 MIS），为抢险指挥决策提供技术支持。黄河下游各县（市、区）河务局应用该系统可随时上报工程险情信息，实现险情自动监视，可随时查询工程出险情况。如点击险情监测可获取最新防洪工程出险信息，可查询县级以上任一仓库储备的国家常备料物，可查询任一机动抢险队人员、装备情况。对重大险情，可综合查询一定范围内用于抢险的队伍、料物等抢险资源分布情况，满足防汛抢险会商信息需求。

（5）山东黄河水雨情查询及会商系统。2000 年开发了“山东黄河水雨情查询及会商系统”进行洪水分析和预报，系统包括译电系统、卫星云图处理、水雨情及气象信息发布等，系统开发中改进了水雨情翻译系统，创建了数据库，改进了卫星云图接收系统存储机制，实现了自动维护功能；连接了山东黄河雨情及气象信息，实现了先进性、共享性、方便性和可维护性有机结合。满足了省委、省政府、济南军区、省军区、黄委、省局和各市地局对水情信息查询的需要。现一直在应用。

（6）东平湖三维防汛决策支持系统。为提高东平湖防汛决策水平，山东黄河河务局与山东省国土测绘院联合开发了“东平湖防汛决策三维支持系统”。该系统是按照东平湖防汛“分得进、守得住、迁得出、群众保安全”的要求，在东平湖三维电子的基础上，借鉴黄河下游工情险情会商系统、山东黄河防汛决策支持系统的总体思路，充分利用现有系统提供的数据和功能，突出汶河流域水情信息查询、洪水预报预演、调度方案演示、决策风险分析和黄河分洪运用、东平湖蓄滞洪水决策等功能，在三维可视化平台上建立了完整的东平湖防汛决策支持系统。本系统的主要功能和特点：一是以三维 GIS 技术为基础，开发了东平湖防汛决策三维支持系统，实现了黄河防汛应用系统从“二维”到“三维”的跨越。二是利用航空摄影测量和 GPS 现场测量等多种技术手段制作了 1 ： 1 万东平湖三维电子地图。三是制作了 1 ： 10 万汶河流域三维电子地图，录入了防汛基础数据，首次将汶河流域电子地图和防汛数据纳入黄河防汛应用系统，建立了完整的东平湖防汛电子地图体系。四是开发了东平湖洪水模拟功能，实现了东平湖进、出湖流量和水位变化的同步、动态模拟，自动显示预报结果，进行灾情评估，生成防汛综合调度措施建议。五是开发了东平湖迁安救护方案，实现了村庄搬迁目的地及迁安人数查询、搬迁路线标绘、路况信息列表等功能，为迁安救护提供了多方面技术支持。六是以黄河内部广域网为基础，全面集成了已建防汛系统中涉及东平湖防汛的基础数据，实现了“数字黄河”工程“资源共享”的基础数据管理思想，探索了网络系统开发的新模式。七是采用 3D 技术制作了东平湖重点工程的三维视景，形象逼真地展现了工程细部结构特征，并与整个系统有机结合。

（7）防汛抢险现场指挥与视频直播系统。为满足黄河防汛抢险现场指挥和信息传输的需要，2005 年到 2006 年山东河务局研制开发了防汛现场多功能通信车。该系统以山东黄河微波通信干线为依托，建设广域网中继系统、车载系统和无线接入系统。系统具有视频直播、视频会商、移动网上办公、广播扩音和照明五项功能。

广域网中继系统采用 OS—Gemini58xx/Lite 点对点 i—OFDM 系统，系统由无线接入基站和无线接入外围站组成，构成广域网中继链路。

车载系统将无线电通信、计算机网络、视频采集与传输、音视频处理、音频广播等多项技术集成于一辆依维柯车内。系统提供全套的网络管理、带宽管理、业务优先级管理和记费信息提供等功能；提供 IP 综合业务，包括：数据、互联网、IP 电话、视频会议等。

该系统自 2006 年 3 月投入使用以来，运行稳定，效果良好。在历年大型防汛演习视频转播中，都发挥了重要作用。

（8）山东黄河 GIS 综合管理平台。建设山东黄河地理信息综合管理平台。配置黄委黄河 GIS 电子地图，全景清晰反映堤防、河道、道路等工程要素信息，实现各类数据、图像、视频的显示、定位、查询、分析及辅助决策等功能。电子地图按山东黄河业务需求划分为不同图层和专题；提取形成整个山东河道的数字高程模型（DEM）；将水情、雨情、凌情、气温、灾情等各业务系统数据集成入库，与电子地图中的目标位置相关联，便于查询和分析；以全景图片方式展示重要的仓库、庭院、涵闸、险工、控导等地点，装有视频监控的可实时显示视频图像；实现点击相应的目标即可查看相关的各种类型信息（文字、图表、断面图、机构图，单个工程的全景图片、音视频等）

（9）山东黄河视讯综合管理平台。山东黄河视讯综合管理平台将视频监控、移动视频终端等多方面资源和功能实现融合，并整合原有的视频监控资源，构建集涵闸视频监控、河道视频监控、浮桥视频监控、工情险情视频监控、移动视频监控、视频会议等功能于一体、综合的视频监控管理平台。将不同时期、不同项目、不同建设单位、不同管理单位、不同技术标准的视频监控信号，采取相应措施，导入黄河专网整合到一个平台上，通过软件实现在不同单位、按不同的权限进行调用，实现现场实时音视频信息采集和共享、应急抢险移动终端布控和综合视频防汛通信指挥，提升综合视讯业务信息化能力，更好的支持防汛、水政和水资源管理调度工作。

（10）山东黄河视频会议系统。山东局视频会议系统于 2016 年升级完成，是黄委“六个一”项目的一部分。该系统以 MCU 为管理中心，承担着山东局与水利部、黄委、局属各单位重要河务部门多点视频会议的组建和控制管理任务。省局至黄委及至各市局达到高清效果，县局通过软终端接入，达到标清效果。

（11）山东黄河数字防洪预案。山东黄河数字防洪预案采用模块化设计，业务工作流程化，查询便捷；表现形式灵活，内容丰富，包含图文、表格、视频等资料，且利用天地图标注了山东黄河的险工、控导、水闸、大桥、浮桥等位置，并链接文字、图片、全景照片等内容；同时集黄河水情、工情、视频监控等防汛相关业务于一体，基本满足了防汛工作一站式服务的要求。该系统 2016 年在菏泽、滨州局进行试点，2017 年在省局及各市局推广，2018 年已推广到县（区）局，应用效果良好。

（12）河势查勘作业系统。2014 年，省局防办与委信息中心遥感处共同开发河势查勘作业系统，2016 年投入使用。目前山东黄河省、市、县三级均使用该系统绘制汛前、汛期、汛末河势图。该系统可实现河势查勘人员在电子地图上直接标绘主溜线、分流比、坍塌、淤积等河势信息并上报，省市局进行编辑审核，审核完成后可直接出图。每次查勘前由委信息中心提供最新的河势遥感监测影像、遥感解译水边线等河势成果信息。同时，可以通过该系统对历史河势查勘成果进行查询、对比分析。

（13）滨城局县级移动防汛抗旱指挥部信息化建设试点。2017 年 8 月，黄委决定在山东、河南选择两个县局开展县级防汛抗旱指挥部信息化建设试点，滨城局承担了山东局试点任务。2018 年 6 月，滨城局县级防汛抗旱指挥部信息化试点建设了指挥室、会商室、外业监控点、防汛抗旱指挥调度平台、查险报险系统、无人机应用系统、四级防汛视频会商系统及黄委、山东局、滨州局、滨城局防汛信息化系统整合等试点任务全部完成，实现了黄委、省局确定的试点建设任务，达到了预期目标。

按照试点方案，完成了工程现场信息采集点定位，装修了指挥室、建设 8 处现场监控点、开发了防汛抗旱指挥调度平台软件、查险报险手机客户端软件、进行了无人机远程视频传输试点。滨城局信息化试点建设，集成了水利部、黄委、山东局、滨州局近年来开发应用的防汛信息化应用系统，最大限度地发挥了已有系统的作用，实现了移动防汛指挥调度功能，内容涵盖水情分析、指挥调度、查险报险、滩区迁安救护、防汛物资调拨、防汛队伍调集等。

（14）国家防汛指挥系统数据汇集平台。国家防汛抗旱指挥系统二期工程数据汇集平台主要包括综合信息、工情险情、物资储备、洪涝灾情、旱情信息、蓄滞洪区、城市防洪、值班报送等。另外，还开发了移动端 App，满足现场的实时报送要求。2018 年 6 月正式上线运行。

系统主要为委属各级防汛工作人员提供技术支持，是黄委直管河段的实时工情险情、洪涝灾情、物资储备、防汛综合等信息从基层到黄委的主要通道。同时，按照国家防办的要求，黄委防办需将这些实时信息报送给国家防办；还需将黄河流域省区的灾情统计、旱情统计等信息上报国家防办。

系统部署在黄委信息中心，山东黄河各级防办按要求使用，效果一般。

2. *存在问题*

（1）山东黄河专用通信网络存在问题。山东黄河信息通信专网的容量与覆盖范围不能满足各级防汛部门特别是沿河基层单位的语音通信及计算机网络的需求，不能满足防汛抗旱和水文报汛等需要。

传输问题：山东黄河通信网处于“数字黄河”工程总体结构的最底层，是重要的基础设施，为话音、计算机网络系统及各类应用系统提供信息传输通道。目前山东黄河已建成了带宽为 155M 的 SDH 微波干线，但省局到市局的计算机网络带宽只有 8M、市局到县局计算机网络带宽 8~16M，不能满足防汛的需求。

在相应的应用系统中，将需要大量实时传输视频监控信息。视频监控具有实时、直观的特点，可以提高对防汛抢险的应急处理能力。这些业务的开展都需要具有高带宽的通信传输通道作为基础保障。省局上至黄委、下至各市县局，信息通信传输电路由郑济数字微波干线、济东数字微波干线和若干微波支线电路组成，电路沿黄河成链状结构，一旦某一个站点发生故障，就会造成通信中断。

沿黄大堤的信息通信接入问题：山东黄河基层防汛单位大多分布在黄河两岸和滩区，分散偏僻，具有点多、面广的特点，这需要相应的通信系统保障大量的监视和控制信息的传输。目前，山东黄河基层防汛单位的信息通信大部分没有解决，无法进行信息采集、图片和视频资料的上传，现场情况难以掌握。山东黄河对通信传输带宽的需求随着水利信息化的推进、网络的迅速普及和计算能力的飞速增长而增长，视频和计算机网络等的宽带通信需求不断增加，使得现有通信网络传输带宽不足的矛盾更加突出。目前的通信能力和通信范围远远不能满足未来防汛通信和水利信息化建设的要求，水利信息化的建设进程受到严重制约。

计算机网络安全需要进一步完善：省市县局计算机网络安全措施不到位，网络管理手段落后，没有形成有效的网络管理和规范的网络安全管理机制。无论是在网络建设还是在数据库建设中，都很少考虑信息安全保密体系，网络上的防病毒、防黑客攻击体系需进一步完善。缺乏应急通信手段与机制，通信保障能力薄弱。

视频会议系统覆盖不足、功能有待提高：视频会议系统还处于基础阶段，由于网络带宽和设备性能等多方面因素制约，还达不到实现网络视频会议异地会商的整体要求。视频会议召开到县局效果不好，设备老化、故障率高，且部分设备技术上已落后，市场上相应产品早已更新换代，厂商已经无法提供维修服务；网络带宽不足，不能满足治黄业务需要的移动会商、应急会商、高清会商等视频会商新的应用要求。

（2）数据采集存在问题。数据采集手段落后，采集内容不全：3S 技术基本没有应用，大多数数据依靠人工采集，自动化程度低，缺乏先进的通信手段，数据上报速度慢；工情、险情、灾情、引退水、工程监测等数据的采集缺乏先进的监测设施，存在着数据采集处理不规范、观测数据准确性差、观测设备缺乏抗灾能力等问题。

采集内容缺乏广泛性：气象等资料信息来源和信息种类不全；缺乏图像（静态或动态）信息，如反映涵闸引水、险情灾情、水污染等现场情况的图像，不能有效地对其进行监视、监督；旱情、经济社会等信息缺乏来源，灾前预测和灾后评估分析缺乏依据。

（3）应用系统功能不全面，缺乏深入挖掘、不断完善的过程。山东河务局在防汛减灾等方面虽然开发了不少应用系统，为防汛指挥调度提供了参考和依据，但仍存在功能不完善、内容不全面、分析统计功能差等问题。不少业务处理和统计仍以人工方式为主，自动化程度低。信息化是一个不断提升的过程，没有根据实际工作需要，不断地对现有系统进行升级、改进。

（4）应用共享机制及共享服务体系未建立，信息共享困难。目前，在应用共享的标准、共享机制、共享管理模式、共享服务体系等多个方面还没有开展工作。

数据库的建设基本是根据一定时期的业务需要，各数据库对数据分类、定义和编码有很大差异，基础数据定义标准不一致，难以共享。由于先前建设的系统都是单独立项，分散建设，缺乏统一的规划、标准和技术路线，导致系统之间信息共享和交换困难。建设的系统越多、应用共享的难度越大。

缺乏一个综合的应用支撑平台，难以实现山东河务局机关内部或不同业务应用系统之间的信息资源整合和交换，系统建设和应用的整体效益难以发挥。各个业务应用系统由于开发标准的限定，二次开发的难度较大。

（5）缺乏成熟的数学模型。防汛的关键业务是计算处理模型，如不同洪水量级、不同河段的洪水演进计算、二维三维河道模型，主要生产汇流区域的洪水预报方案等还有待于进一步的研究开发；防汛减灾基础研究和数学模型的开发也亟待进行。

（6）综合性应用和决策支持系统建设滞后，尚未建成决策会商环境。随着治黄业务发展，对综合性决策、突发事件处理的响应提供支持的需求日益提高。目前，山东黄河决策支持系统建设严重滞后，决策会商的可视化和数字化水平还较低，决策会商还主要停留在听汇报和视频交流阶段。

山东河务局尚没有专门的决策会商环境，虽然有防汛调度指挥系统，但主要是提供本业务内的音视频信息、应用处理结果等，功能简单，不具备决策支持功能、虚拟仿真、异地会商和可视化功能，尚未形成对重大事件的处理和决策提供科学有效支持的环境。

（7）高新技术的应用不足，对黄河综合管理的信息技术支持不足。现有应用系统功能简单，缺乏新技术、新方法的应用。如遥感和地理信息系统等先进实用技术的应用深度和广度还远远不够。

黄河综合管理还缺乏对突发和应急事件处理的技术支持手段。在治黄各项工作中，都会出现自然或人为的突发事件，虽然有应急保障预案，但未实现信息化管理，特别是在应急处置方面尚缺乏应急监测、跟踪、决策、处置和反馈等多个环节的信息技术支持。

（8）系统运行维护经费不落实。近几年黄委和我局都开发了一些防汛应用系统，提高了防汛现代化水平，但这些系统都没有专门的维护经费，造成开发系统越多，维护负担越重。有些系统已运用多年，老化严重，如水位遥测系统的大部分设备已达到或超过设计年限，急需更新，由于没有经费难以实施，汛期报汛难以保证。

第二节　需求分析

一、数据采集的要求

黄河防洪减灾决策、黄河水资源的合理配置、水利工程的建设与管理等都需要大空间尺度、长时间跨度、多数据格式、多记录方式、多比例尺、多精度的空间数据与属性数据作为决策的依据，数据采集是防汛信息化建设的基础。为满足治黄工作需要，必须采用先进的数据采集和获取技术。数据采集必须满足以下要求：

（一）数据的广泛性

应包括自然、经济、社会等各个方面，由于黄河安危事关重大，任何管理与决策都必须建立在丰富、全面的信息基础之上，需要考虑各方面的因素。如东平湖运用决策会商系统不但要考虑东平湖的工程情况，还要考虑蓄滞洪区人口的居住情况。以往数据采集手段由于受技术条件限制，采集的数据种类有限，数据量也难以达到管理与决策的要求。通过信息化建设，增加自动监测、遥测、卫星和航空遥感等现代化信息采集手段，建立自动化数据处理分析系统，扩展信息的类别和采集频度，使黄河管理与决策能够建立在丰富、全面的信息基础上，增强宏观把握的能力。

（二）数据采集的实时性

山东河务局所辖黄河下游河段，虽然小浪底水库与三门峡、陆浑、故县水库联合运用，可以减轻洪水的威胁，但小花间为无控制区，防洪形式仍十分严峻。为做好防汛工作，需要及时了解全河的雨情、水情、工情、灾情等信息，以往信息采集、传输、处理、分析大多靠人工完成，耗时多，延误了决策的时间，给工作造成被动。通过信息化建设，实现远程自动化遥测和遥控，提高信息获取的及时性。

（三）数据的一致性

在黄河治理开发与管理过程中，各单位和部门由于工作需要，积累了丰富的基础资料和数据库，但由于缺少统一的规划和设计，各单位的数据库标准不统一，共享性差，重复开发现象严重，造成资源浪费。通过信息化建设，对数据资源进行统一规划和建设，整合现有数据资源，统一标准，建成一个通用的基础数据库，实现信息共享。

二、信息通信网建设需求

（一）对黄河下游沿河光纤环网的需求

山东黄河信息通信专网的传输电路，是由郑州至济南、济南至河口的SDH数字微波干线和多跳PDH数字微波支线组成的，SDH数字微波设备的传输容量为155M，PDH数字微波设备的传输容量为34M，传输容量小，电路分配捉襟见肘，仅能满足日常信息通信的需要，工情信息传输和防洪视频应用受到严重制约，涵闸监控视频传输得不到保障，基层联网问题突出。已不能满足水雨情、工情灾情、河道管理、水资源管理等应用系统的需求，难以保证防汛、防凌和抢大险的要求。

随着信息化发展，地理信息、遥感信息在治黄信息系统中普遍应用，特别是视频图像传输要求更高的网络带宽，现有依托无线通信建立起来的黄河防汛计算机网络难以满足其大容量带宽和不间断传输需求，急需建设黄河下游沿河光纤环网。

（二）对信息安全和管理的需求

（1）山东河务局计算机网络系统的网络安全主要存在三方面需求：一是山东河务局与外联网络(Internet)互联的安全需求；二是核心网络的安全需求；三是内联网络互联的安全需求。

加强与外联网络互联的安全防范，目的是防止病毒通过外联网向山东河务局各级计算机网络系统传播，外部黑客攻击和利用服务器的漏洞，发起对内网络进行攻击。核心网络作为山东河务局计算机网络系统运行的核心，其与外联网连接，同时与内联网（山东河务局各单位网络及其下属部门接入网）连接，核心网络出现安全问题将导致全网瘫痪，因此针对核心网络的安全必须防止核心网络和外联网络、内联网络用户对核心网络的违规、越权访问，要有效地防止从外联网络、内联网络发起的对核心网络的攻击行为和病毒传播。内联网络中山东河务局各单位网络及其下属部门接入网之间的互相访问，也可能造成的安全隐患，也必须防止各子网之间的违规、越权访问、恶意攻击、病毒传播。

（2）从功能的角度分析，山东河务局计算机网络的网络管理需求可以分为三个部分：

网络管理：对该广域网络的网络运行进行集中管理和监控，包括拓扑结构、连通状态、故障分析、设备性能和流量管理等内容。

系统管理：对现有的服务器系统、网络服务进行统一的管理和监控；能详细采集服务器CPU、内存、磁盘空间、服务、进程、网卡、错误日志、Windows事件日志、UNIXLOG文件、文件和目录等数据。

运行维护管理：对系统资源的运行状况进行全面的信息采集和自动预警。

针对以上的需求，迫切需要建立网络管理系统，对山东河务局计算机网络系统进行综合有效的管理。

三、数据存储建设需求

随着黄河防洪业务水平的提高以及现代科学技术的高速发展，数据量成几何数增长，数据量主要来自于以下几个方面：①基础、业务数据量极大。②系统的长年运行积累越来越多的历史数据。③大量的实时数据。④大量的图像、图形、音频、视频等多媒体数据。

这就需要先进的、具备高性能和高可用性的、大容量存储的设备和软件，构建功能完善的数据存储与管理平台，集中化、智能化、图形化的存储与管理所有 Internet/Intranet 重要应用的关键性信息数据，提高数据传输能力。

同时，还要满足对跨平台文件共享、高性能文件访问的需求，实现黄河数据资源的共享和利用，这就需要建设一套完善和高效的数据管理和共享访问体系，从管理和技术两方面解决数据共享问题，从而提高数据利用率。

四、资源整合的需求

山东黄河防汛事业经过多年来的信息化建设，积累了丰富的信息化资源，是信息化建设的重要基础。由于防汛信息化项目的投资渠道、项目来源不同，根据不同的管理机制采取了不同的建设管理方式，以至于产生许多问题，包括应用系统各自独立，资源分散，信息壁垒，信息资产潜在的巨大作用不易发挥，数据红利难于释放，资源共享困难，重复建设难以避免，运行维护和安全问题随着系统种类的增加而变得繁重突出等等。其中，信息资源整合开放共享已成为治黄信息化建设发展应用诸多问题中比较突出而且需要优先解决的问题。

五、应用系统建设需求

“应用牵引，需求至上”是信息化建设的基本原则，目的是利用高科技手段帮助解决黄河所面临的重大问题，是为了提高工作效率、增强工作的正确性、科学性、前瞻性，提高信息化管理水平，为实现黄河长治久安服务。

应用系统建设是信息化建设的关键。应用系统中针对某一问题的方案确定，需要各种有针对性的模型以及模型在 3S 平台上的仿真模拟，以达到在实际运用中的可行性验证，如防汛减灾业务中的水库联合调度模型、洪水演进模型、洪水淹没模型、灾情评估模型等，开发建设具有决策会商支持功能与仿真模拟功能的防汛减灾会商系统，基于统一的技术架构、标准和环境，进行应用系统之间的集成，实现山东河务局防汛所有业务系统的统一用户管理、统一权限管理、统一界面管理。

六、决策科学性的要求

过去治黄工作大都靠多年积累的工作经验，随着治黄现代化水平的发展，要提高黄河治理的科学性和正确性，就必须有一套先进、实用、可靠的现代化辅助决策支持系统。山东河务局建立了防洪工程基础资料数据库、实时水雨情信息数据库、防汛料物及工器具数据库、河道断面实测资料数据库、堤防断面数据库等，并开发了防汛指挥调度信息管理系统，为防汛减灾提供了科学的决策依据，但无法满足整个黄河管理与决策的需求。防汛抢险、东平湖治理都需要有相应的辅助决策支持系统提供科学的分析和管理。通过信息化建设，利用现代计算机和模型技术，开发功能强大的业务应用系统，建立综合决策支持系统和虚拟环境，对黄河管理与决策方案进行模拟、分析和研究，在可视化的环境下提供决策支持，增强多目标冲突的解决能力，提高管理与决策的科学性。

第三节　建设目标与任务

一、建设范围

建设范围包括山东黄河省市县局三级防汛信息化建设，涉及数据信息采集、存储资源扩容、应用系统整合、防汛减灾综合决策会商开发。

二、建设目标

本实施方案的建设目标是按照水利部、黄委对信息化工作的部署要求，遵循“十六字”工作方针，面向四大水问题，聚焦业务需求，实现采集数据全面互联、融合共享；数据进行深度处理、读解、评价与智慧应用，实现对防汛现状的随时掌控处置及对长期状况的评价预测；使防汛指挥智能化、洪水调度最优化、工程监测自动化、抢险救灾高效化，实现山东黄河的长治久安。

三、建设任务

山东黄河防汛信息化建设实施方案包括数据信息采集处理、资源数据整合共享、防汛减灾综合决策会商开发及重点业务系统开发四部分。

（1）数据采集处理：充分利用已建的视频监控和水位采集点数据，并综合规划防洪工程信息采集体系建设，在部分关键河道控制节点建设视频、水位、重点断面、洪峰及淌凌密度、冰块面积大小、封河情况等信息采集点，初步实现对辖区河道重点控制工程的实时视频监视和数据采集。利用无人机进行工程巡查，对工程坝岸靠河着溜情况、汊河、分流比、滩岸坍塌等情况进行观测并测量。

（2）资源数据整合共享：按照《水利信息化资源整合共享顶层设计》“整合已建、统筹在建、规范新建”的思路推进山东黄河防汛信息化资源数据整合相关工作，解决山东局防汛相关业务系统标准不统一、平台不联通、数据不共享、业务不协同等突出问题。

（3）防汛综合决策会商开发：以各专业应用系统为主体，依托数据采集信息、资源数据整合，以功能强大的系统软件与数学模型，完成对防汛业务的有关监测、分析、研究、预测、决策、执行和反馈，增强防汛减灾决策支持和快速反应能力，为黄河各级防汛指挥部门及有关人员准确和及时掌握防汛形势提供良好的防汛综合信息服务。

四、建设原则

山东局防汛信息化建设原则应该是总体布局、分步实施；统筹考虑，重点安排；综合利用，讲究效益。

（1）总体布局、分步实施。山东局防汛信息化必须与黄委防汛信息化建设方针相一致，只有全局的统一标准，保证网络的相容性及时效性；必须符合信息化技术的发展趋势，保证技术的先进性。考虑到山东局经济条件和防汛信息化自身条件，应把性质相近的需求归类研究，分轻重缓急逐步实施。

（2）统筹考虑，重点安排。基层防汛部门受各种因素困扰，难以迅速启动信息化建设，必须由省局统筹安排，克服困难列出专项，结合防汛抗旱经费有重点地支持关键系统的建设，并有效地把子系统联合集成，形成山东局防汛信息化网络。

（3）综合利用，讲究效益。根据山东局防汛实际情况，要注重采用技术的实用性及适应性，广泛吸收已建各类应用系统和其他流域防汛信息化系统，加以归纳、改造、集成、学习，在尽可能短的时间内，使山东局防汛信息化水平迅速提高。

第四节　总体设计

一、总体框架

根据山东黄河防汛信息化建设实际需求，以水利信息化综合体系结构为参考，结合项目技术特点，构建山东黄河防汛信息化建设系统框架。

山东黄河防汛信息化系统覆盖了防汛各项业务，是一个系统工程，其总体框架结构组成包括基础层（信息采集、信息传输）、数据存储层、应用支撑层、业务应用层、资源整合层和用户层等六个层面，系统由信息采集与传输系统获取监测数据，以网络、安全、存储、操作系统等系统软硬件为基础，以整合共享各类数据库为核心，以统一应用支撑平台为框架，以开发各类业务应用系统为关键，以信息安全体系、标准规范体系为保障，为山东黄河防汛各级管理部门和人员提供服务，实现防汛业务管理工作的互联互通、信息共享、业务协同。这六个层面、两大保障体系共同构成山东黄河防汛信息化系统的总体框架，如图 10–1 所示。

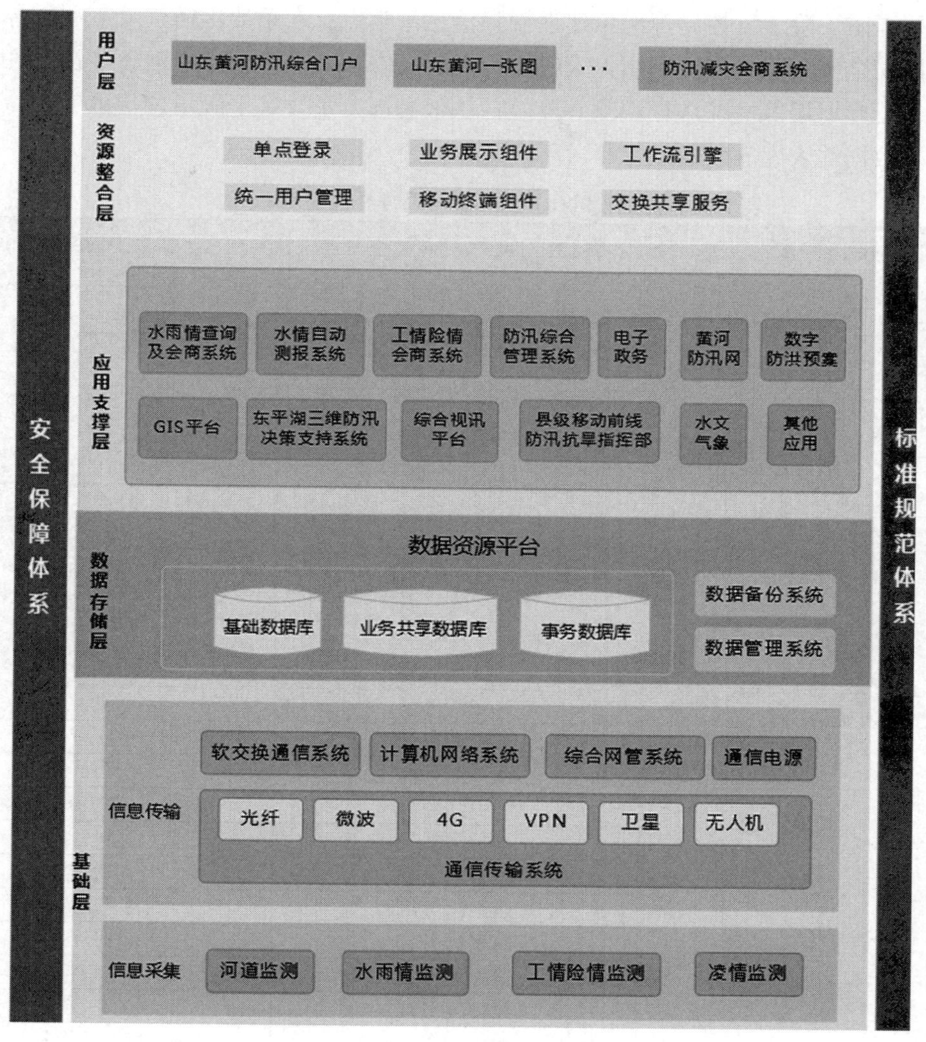

图 10–1　总体架构图

二、数据信息采集处理

（一）现状及建设要求

由于受技术条件及资金的限制，山东局防汛相关采集的数据种类有限，数据量也难以达到管理与决策的要求。经过多年的建设，省局和各市局在沿黄堤防两岸已建设视频监控点 100 余处（见表 10–1），遥测水位信息采集点 51 处（见表 10–2）。

本次实施方案要充分利用已建的视频监控和水位采集点数据，通过信息化建设，利用自动监测、遥测、卫星和航空遥感等现代化信息采集手段，扩展信息的类别和采集频度，并综合规划出下一步防汛防凌中需建设的信息采集点，在部分关键河道控制节点、重点断面、重要堤防、险工、控导等部位建设视频信息采集点；在重要堤防、险工、控导工程等部位建设安全监测采集点；利用无人机进行工程巡查，对工程坝岸靠河着溜情况、汊河、分流比、滩岸坍塌等情况进行观测并测量；从水利部、黄委等上级单位提取气象、降雨及相关业务数据并入库。

表 10–1　已建设的山东黄河堤防及浮桥监控表

所属市局	所属县局	监控点
菏泽河务局	东明河务局	焦园浮桥
	东明河务局	长兴浮桥
	东明河务局	沙窝浮桥
	东明河务局	辛店集浮桥
	东明河务局	高村险工
	东明河务局	霍寨险工
	牡丹河务局	油楼浮桥
	鄄城河务局	旧城浮桥
	鄄城河务局	董口浮桥
	鄄城河务局	苏泗庄险工
	鄄城河务局	郭集浮桥
	郓城河务局	苏阁浮桥
	郓城河务局	伟庄浮桥
	郓城河务局	杨集浮桥
东平湖管理局	东平河务局	黄庄浮桥
	东平河务局	银河浮桥
	东平河务局	正大 / 光明 / 荫柳科浮桥
	东平河务局	富民浮桥
	东平河务局	鑫通浮桥
	东平河务局	魏河出湖闸
	东平河务局	济平干渠
	梁山河务局	陈垓浮桥
	梁山河务局	灿东浮桥
	梁山河务局	将军渡浮桥
	梁山河务局	京九浮桥
	梁山河务局	国那里闸
	东平管理局	八里湾泵站
聊城河务局	东阿河务局	东大浮桥
	东阿河务局	黄金浮桥
	东阿河务局	井圈险工 55+1 号坝
	东阿河务局	周门前险工 13 号坝

续表

聊城河务局	东阿河务局	燕李浮桥
	东阿河务局	众川恒信浮桥
	东阿河务局	鱼龙浮桥
	东阿河务局	顺民浮桥
	东阿河务局	富民浮桥
	东阿河务局	鱼姜浮桥
	东阿河务局	众鑫浮桥
德州河务局	齐河河务局	齐长马头浮桥
	齐河河务局	友谊浮桥
	齐河河务局	南坛堤防监控
	齐河河务局	顾娄浮桥
济南河务局	槐荫河务局	段店一号监控
	槐荫河务局	北店子险工 4 号坝
	槐荫河务局	曹家圈险工 13 号坝
	槐荫河务局	杨庄险工 22 号坝
	槐荫河务局	北店子险工 8 号坝
	槐荫河务局	槐荫蔬菜基地
	槐荫河务局	美里北路东
	槐荫河务局	美里北路西
	槐荫河务局	济齐路路口东
	槐荫河务局	济齐路路口西
	天桥河务局	老徐庄 17 号坝
	天桥河务局	泺口险工 14 号坝
	天桥河务局	泺口险工 60 号坝
	天桥河务局	高速下东
	天桥河务局	高速下西
	天桥河务局	建邦大桥下东
	天桥河务局	建邦大桥下西
	天桥河务局	观澜亭
	天桥河务局	大桥管理段东
	天桥河务局	大桥管理段西 1
	天桥河务局	大桥管理段西 2
	天桥河务局	疏浚处北
	天桥河务局	32+000
	天桥河务局	泺口浮桥
	天桥河务局	泺口河道
	历城河务局	盖家沟险工 22 号坝
	历城河务局	后张险工 1 号坝
	历城河务局	付家险工 7 号坝
	历城河务局	霍家溜险工 28 号坝
	历城河务局	陈孟圈险工 26 号坝
	历城河务局	王家梨行
	历城河务局	东城浮桥
	历城河务局	东郊浮桥
	历城河务局	大桥东东向

续表

济南河务局	历城河务局	大桥东西向
	历城河务局	华山段东东向
	历城河务局	华山段东西向
	历城河务局	济北浮桥
	历城河务局	济北浮桥南南向
	历城河务局	济北浮桥南北向
	章丘河务局	胡家岸浮桥
	长清河务局	平安浮桥
淄博河务局	高青河务局	翟家寺浮桥
滨州河务局	邹平河务局	济阳王圈—邹平码头浮桥
	邹平河务局	台子浮桥，旧城控导
	滨开河务局	滨州西外环浮桥
	惠民河务局	清河镇浮桥
	滨城河务局	赵寺勿控导
	滨城河务局	滨州黄河浮桥
河口管理局	利津河务局	王庄险工
	利津河务局	东关控导
	利津河务局	麻湾浮桥
	利津河务局	刘夹河浮桥—南宋浮桥
	利津河务局	张滩段
	利津河务局	宫家段
	利津河务局	集贤段
	利津河务局	王庄段
	利津河务局	东坝控导
	利津河务局	赵四勿控导
	垦利河务局	开元舟桥
	垦利河务局	胜利浮桥
共计 103		

表 10-2　已建的山东黄河遥测水位站点

序号	单位		堤防类别	岸别	遥测站点
	市局	县局			名称
1	菏泽河务局	东明河务局	临黄堤	右岸	霍寨
2		鄄城河务局	临黄堤	右岸	营坊
3		郓城河务局	临黄堤	右岸	伟庄
4	东平湖管理局	梁山河务局	临黄堤	右岸	程那里
5		东平河务局	临黄堤		朱丁庄
6			临黄堤		石洼
7			临黄堤		荫柳棵
8			临黄堤		庞口
9	聊城河务局	阳谷河务局	临黄堤	左岸	陶城铺
10		东阿河务局	临黄堤	左岸	范坡
11			临黄堤	左岸	井圈
12			临黄堤	左岸	周门前

续表

13	德州河务局	齐河河务局	临黄堤	左岸	潘庄
14			临黄堤	左岸	于庄
15			临黄堤	左岸	阴河
16			临黄堤	左岸	谯庄
17			临黄堤	左岸	豆腐窝
18			临黄堤	左岸	李家岸
19	济南河务局	平阴河务局	临黄堤	右岸	桃园
20			临黄堤	右岸	王小庄
21			临黄堤	右岸	望口山
22		长清河务局	临黄堤	右岸	姚河门
23			临黄堤	右岸	董苗
24			临黄堤	右岸	孟李魏
25			临黄堤	右岸	老李郭
26		槐荫河务局	临黄堤	右岸	曹家圈
27			临黄堤	右岸	杨庄
28		天桥河务局	临黄堤	右岸	老徐庄
29			临黄堤	左岸	王窑
30			临黄堤	左岸	大王庙
31		历城河务局	临黄堤	右岸	盖家沟
32			临黄堤	右岸	后张
33			临黄堤	右岸	付家庄
34			临黄堤	右岸	霍家溜
35			临黄堤	右岸	王家梨行
36		济阳河务局	临黄堤	左岸	邢家渡
37			临黄堤	左岸	大柳店
38			临黄堤	左岸	沟阳
39			临黄堤	左岸	葛店
40			临黄堤	左岸	张辛
41			临黄堤	左岸	小街
42		章丘河务局	临黄堤	右岸	胡家岸
43			临黄堤	右岸	土城子
44	淄博河务局	高青河务局	临黄堤	右岸	马扎子
45			临黄堤	右岸	刘春家
46	滨州河务局	邹平河务局	临黄堤	右岸	梯子坝
47		惠民河务局	临黄堤	左岸	崔常
48			临黄堤	左岸	五甲杨
49		滨城河务局	临黄堤	右岸	道旭
50		博兴河务局	临黄堤	右岸	王旺庄
51	河口管理局	利津河务局	临黄堤	左岸	王庄

（二）信息采集及传输体系结构

加强山东黄河防汛全方位、全对象、全指标的监测，采集相关数据和图像，运用物联网、卫星遥感、无人机、视频监控、空间地理信息系统 GIS 等新技术，利用黄河通信专网、移动互联网、卫星等多种方式传输到市局和省局数据中心，为各级防汛业务部门提供多种类、精细化的数据支撑，信息采集及传输体系结构图 10–2。

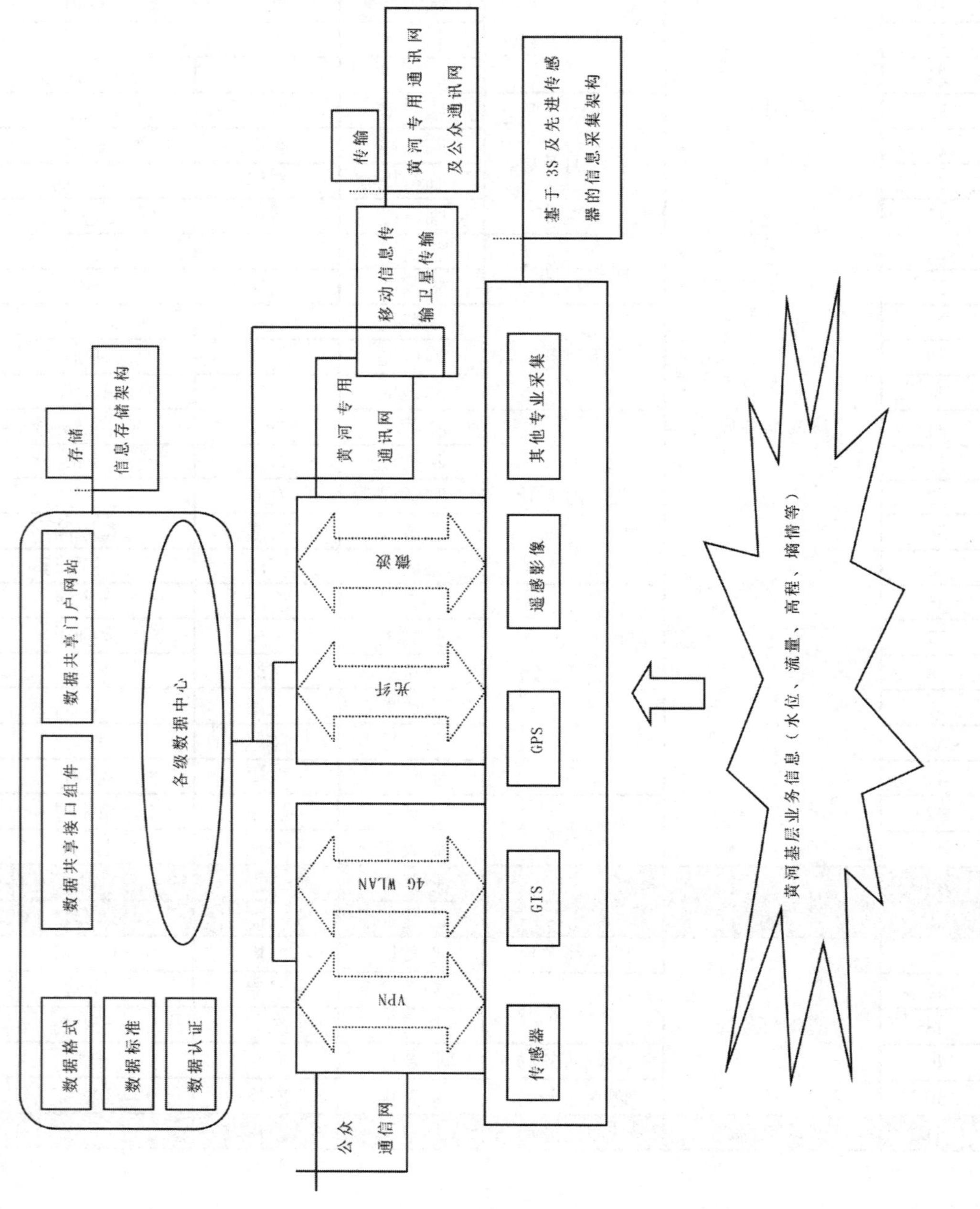

图 10–2　信息采集及传输体系架构

信息采集体系总体结构分为三层：现场采集层、传输层、数据层。主要包括：自动采集单元（MCU 和智能采集仪）、供电设备、网络传输、数据采集软件四部分设备，主要实现的功能包括：监测数据采集、数据通信功能、系统自检和报警功能、远程操作等。

1. 自动采集单元

采用分布式采集装置（MCU）和智能传感采集仪混合组网结构，网络系统的节点不需中央主机指令控制能独立自主运行，采集到本系统所包含的各类传感器数据，完成数据采集、预处理、暂储存、通讯（传输）等功能。

自动采集单元设计要求包括：

（1）数据采集方式为中央控制方式和自动控制方式。

（2）监测数据采集功能，可任意设置采样方式：定时、单检、巡测、选测或设测点群。

（3）数据通信功能，自动采集单元与管理主机之间可进行双向数据传输，具有数码校验、剔除乱码的功能。可接收数据采集工作站的命令设定、修改时钟和控制参数。

（4）数据管理功能，可完成原始数据测值的转换、计算、存储等。

（5）可使用便携计算机或读数仪实施现场测量，并能从测量控制单元中获取其暂存的数据。

（6）具有防雷、抗干扰措施，保证在雷电感应和电源波动等情况下能正常工作。能防尘、防腐蚀。

（7）具有电源管理、掉电保护和蓄电池供电功能，外部电源中断时，保证数据和参数不丢失，并能自动上电，并维持 7 天以上正常运行。

（8）具备一定的数据存储能力。

2. 供电设备

监测站可就近引设供电的堤防监测站均采用市电供电，市电引入测站后首先接入电源防雷器（防浪涌保护装置），并且在电源防雷器的下端均配置 1 套稳压电源，在稳压电源的旁路配置 1 组免维护蓄电池组作为备用电源，以便在停电时为 MCU、通信设备供电。

无法引设电源的监测站采用太阳能 + 蓄电池的供电方式，电源防雷器（防浪涌保护装置）和稳压电源设置参照市电供电方式。

3. 网络传输

监测系统传输的内容包括监测数据、静止图片、动态图像等。现场自动化监测站距离信息汇集点较近的可采用 4G、wifi 等无线方式接入，距离较远的可通过光纤采用有线方式接入。智能传感采集站采用 4G 等无线方式直接接入省局虚拟化数据中心。

4. 数据采集软件

数据采集软件要分别安装、部署到工程范围内各级管理站和省市县监控中心。数据采集软件应满足以下功能要求：

（1）能与上一级管理计算机和监测站进行网络通信，并接收管理计算机的命令向监测站数据自动采集装置转发指令。

（2）具有可视化用户界面，能方便地修改系统设置、设备参数及运行方式；能根据实测数据反映的状态进行修改、选择监测的频次和监测对象。系统配置设置界面友好、明晰，易于学习及掌握。

（3）具有对采集数据库进行管理的功能。软件提供多用户管理及数据查看的功能，用户可设定不同的权限对系统进行配置设置、数据查询浏览等。

（4）具有图形、报表的编辑功能。

（5）具有系统自检、自诊断功能，并实时打印自检、自诊断结果及运行中的异常情况，作为硬拷贝文档。

（6）能提供远程通信、辅助维护服务支持。支持包含 TCP/IP 网络协议在内的远程系统配置、远程数据的采集、数据浏览及数据输出等。

（7）当设置有报警阀值时，具有超限等自动报警功能。

（8）支持包括 TCP/IP 网络、4G、WIFI 在内的多种采集方式和功能要求。

（三）建设内容

1. 视频图像采集

在重要的堤防、险工、控导、水位站、断面等关键部位，建设视频监控设备（表 10–3）；在已建的山东黄河遥测水位站点上，利用原有基础设施，增加视频监控设备，掌握河道运行状态和河势变化情况的实时观测。视频图像监控采集由基础立杆、供电设备、传输设备、摄像机组成。

2. 自动化遥测水尺

目前，山东黄河遥测水尺已经全部完成了从超声波到雷达的技术改造，省局建设35处，各市局自建19处，共54处。该系统为黄河防汛抗旱、河道治理、工程建设等提供了有力支撑。但是遥测水尺建设仍然存在数量少、覆盖面窄的不足。有的市局只建设了一处雷达遥测水尺（河口管理局），这与防汛现代化的要求极为不符，为进一步提高监测力度，基于站网规划原则以及水文监测技术发展现状，在 2~3 年陆续增设以下遥测站点：王夹堤险工、老君堂险工、辛店集控导、刘庄险工、桑庄控导、苏阁险工、康口险工、陶邵险工、齐河王庄险工、席道口险工、八里庄险工、陈孟圈险工、张辛险工、大崔险工、兰家险工、归仁险工、王集险工、大道王险工、麻湾险工、打渔张险工、宫家险工、小李庄险工、卞庄险工、胜利险工、路庄险工、义各险工、十四公里险工、十八公里险工。共 28 处遥测站

3. 工程基础数据采集

（1）滩区、蓄滞洪区社经数据。主要包括山东黄河滩区、蓄滞洪区社会经济数据。

（2）防汛物资数据。包括主要物资存储情况、主要物资动态、防汛石料动态、常用

工器具存储情况以及上报情况汇总等五类数据。这五类数据主要包含物资名称、规格、现存数量、定额、缺额、收支情况等。

4. 重点河段凌情采集

通过黄委，利用卫星遥感技术，可以有效跟踪主要河段凌情发生、发展和消退的全过程，准确掌握封、开河期的凌情状况。

5. 重点工程三维影像

基于倾斜摄影技术对引黄涵闸、分洪闸、退水闸等重点防洪工程建立高清晰的真三维实景模型，可直接基于成果影像进行包括高度、长度、面积、角度、坡度等的量测（表10-4）。

6. 地理信息数据

通过黄委，获取黄河下游山东段防洪工程 1 ： 2000 比例尺地形图数据、DOM 数据和DEM 数据。

7. 气象信息数据

获取省气象局和黄委水文局提供的气象信息数据。

表 10-3　新建视频监控站点

单位		地点（坝名 + 坝号）	传输方式	供电方式
菏泽河务局	东明河务局	高村险工 24 坝	4G	太阳能
		霍寨堤防（157+400）	4G	太阳能
		黄固（177+700）	4G	太阳能
	牡丹河务局	刘庄险工 18 坝	4G	太阳能
		张阎楼控导 35 号坝	4G	太阳能
	鄄城河务局	左营堤防（281+200）	4G	太阳能
		芦井控导 2 号坝	4G	太阳能
		董口险工（250+000）	4G	太阳能
	郓城河务局	伟庄险工（310+650）3 坝	4G	太阳能
		苏阁险工 11 号坝	4G	太阳能
		杨集险工（309+800）	4G	太阳能

续表

东平湖管理局	东平河务局	十里堡险工 39# 坝	4G	太阳能
		肖庄 4+1# 坝北头	4G	太阳能
		荫柳科控导 34# 坝	4G	太阳能
		姜沟控导 6# 坝	4G	太阳能
		荫柳科控导 1# 坝	4G	太阳能
	梁山河务局	于楼控导 39 号坝	4G	太阳能
		程那里险工 11 号坝	4G	太阳能
		蔡楼控导 13 号坝	4G	太阳能
		朱丁庄控导 21 号坝	4G	太阳能
		路那里险工 4 号坝	4G	太阳能
聊城河务局	东阿河务局	位山险工 25# 坝	4G	太阳能
		范坡险工 21# 坝	4G	太阳能
		南桥险工 9# 坝	4G	太阳能
		旧城险工 37# 坝	4G	太阳能
		井圈险工 13# 坝	4G	太阳能
		康口险工 11# 坝	4G	太阳能
		朱圈险工 5# 坝	4G	太阳能
		陶邵险工 19# 坝	4G	太阳能
		李营险工 9# 坝	4G	太阳能
	阳谷河务局	陶城铺险工 5# 坝	4G	太阳能

续表

济南河务局	长清河务局	孟李魏控导 23# 坝	4G	太阳能
	天桥河务局	右岸 30+130 堤肩	4G	太阳能
		左岸 135+800 堤肩	4G	太阳能
		左岸 141+300 堤肩	4G	太阳能
	历城河务局	右岸 43+050 堤肩	4G	太阳能
		右岸 34+400 堤肩	4G	太阳能
		右岸 55+050 堤肩	4G	太阳能
	槐荫河务局	右岸 22+600 槐荫下界	4G	太阳能
		右岸 4+800 辅道口	4G	太阳能
		右岸 22+000 辅道口	4G	太阳能
	济阳河务局	左岸 146+944 东郊浮桥	4G	太阳能
		左岸 165+000 沟阳险工	4G	太阳能
		左岸 198+200 堤防	4G	太阳能
		左岸 146+100 邢家渡控导 13#	4G	太阳能
		左岸 158+300 大柳店险工 1#	4G	太阳能
	章丘河务局	王家圈控导 8# 坝	4G	太阳能
		蒋家控导 12# 坝	4G	太阳能
		右岸 68+350	4G	太阳能
德州河务局	齐河河务局	官庄险工（75+110）	4G	太阳能
		程管庄险工（81+150）	4G	太阳能
		于庄险工（80+050）	4G	太阳能
		阴河险工（90+860）	4G	太阳能
		王庄险工（117+450）	4G	太阳能

续表

淄博河务局	高青河务局	刘春家险工 20# 坝	4G	太阳能
		大郭家控导 23# 坝	4G	太阳能
		孟口控导 +3# 坝	4G	太阳能
		北杜控导 10# 坝	4G	太阳能
		段王控导 10# 坝	4G	太阳能
		堰里贾控导 6# 坝	4G	太阳能
		翟里孙控导 +1# 坝	4G	太阳能
		马扎子堤防 K119+500	4G	太阳能
		大刘家堤防 K133+900	4G	太阳能
		新徐控导 16# 坝	4G	太阳能
滨州河务局	惠民河务局	崔常险工 27 号坝	4G	太阳能
		归仁险工 23 号坝	4G	太阳能
		齐口控导 1 号坝	4G	太阳能
		大崔险工新 5 号坝	4G	太阳能
	滨开河务局	张肖堂险工 42 号坝	4G	太阳能
		兰家险工 118 号坝	4G	太阳能
		兰家险工 32 号坝	4G	太阳能
	滨城河务局	北镇老堤 276+500	4G	太阳能
		北镇老堤 275+900	4G	太阳能
		北镇老堤 274+400	4G	太阳能
	邹平河务局	张桥控导 21 号坝	4G	太阳能
		官道控导 11 号坝	4G	太阳能
	博兴河务局	王旺庄险工 24 号坝	4G	太阳能
		堤防 181+900	4G	太阳能

续表

河口管理局	利津河务局	宫家险工 58 号坝	4G	太阳能
		小李险工 11 号坝	4G	太阳能
		中古店 12 号坝	4G	太阳能
		北大堤 9+900（罗家屋子闸）	4G	太阳能
	东营河务局	麻湾 1 号险工（192+830）	4G	太阳能
	垦利河务局	常庄险工（214+170—215+790）	4G	太阳能
		路庄险工（215+790—217+604）	4G	太阳能
		宁海控导（222+110—223+300）	4G	太阳能
		义和险工（236+700—239+170）	4G	太阳能
	河口河务局	西河口控导 10# 坝 165+550	4G	太阳能

表 10-4　重点工程三维影像点

重点工程堤防断面			
	控导桩号	地名	情况简述
1	1+200	睦里	历史上堤基严重渗水段
2	2+400	常期屯	历史上堤基严重渗水段
3	3+200	宋家桥	历史上老口门、严重渗水段
4	7+850	席家庄	历史上老口门、严重渗水段
5	11+000	曹圈险工	历史上堤基严重渗水段
6	16+000	杨庄	历史上老口门、严重渗水段
7	16+045	杨庄	历史上老口门、严重渗水段
8	19+680	郑店	历史上老口门、严重渗水段
9	22+200	刘七沟	历史上老口门、严重渗水段
10	28+300	泺口	历史上老口门、严重渗水段

三、资源整合共享

在信息化建设过程中，根据不同的情况，采用不同的方案，解决新老系统平稳过渡的问题，防汛业务数据的整合在黄委、山东局信息化资源整合的总要求下进行。是山东局资源整合任务的一部分。

基础设施的建设应充分利用现有设备设施，尽量在现有基础上升级完善，避免重复投资、资源浪费。

对于现有的应用系统分 3 种情况进行：

（1）对于正在使用且较为成熟的系统，可以直接考虑纳入信息化建设中，但需考虑补充其共享接口的设计。

（2）对于经过一定的改造可以集成到信息化框架体系中的应用系统和数据库等，在继续使用的条件下进行同步改造。

（3）对于难以改造或者改造费用较高的应用系统，在认真汲取其优点、经验和可用之处的条件下，按照相应的应用系统规划，重新开发。

（一）建设目标

利用新一代信息化技术进行资源整合，优化防汛信息化资源配置，初步实现数据资源、应用资源、计算存储资源 3 类信息化资源的整合与共享，促进应用有机协同，重要信息资源逐步由分散部署过渡到集中部署多级服务的模式，完善防汛信息化综合体系，有效挖掘信息资源的潜能，显著提升重要信息资源的整体服务能力，为实现治黄体系和治黄能力现代化提供支撑。

（二）建设内容

1. 技术标准

《关于促进云计算创新发展培育信息产业新业态的意见》（国发〔2015〕5 号）。

《关于积极推进“互联网＋”行动的指导意见》（国发〔2015〕40 号）。

《促进大数据发展行动纲要》（国发〔2015〕50 号）。

《政务信息资源共享管理办法》（国发〔2016〕51 号）。

《国家信息化发展战略纲要》（2016.7.28）。

《水利信息系统可行性研究报告编制规定》（SL/Z331—2005）。

《水利信息化顶层设计》（水文〔2010〕100 号）。

《水利信息化发展“十三五”规划》（水规计〔2016〕205 号）。

《水利信息化资源整合共享顶层设计》（水信息〔2015〕169 号）。

《“数字黄河”工程规划》（水规计 [2003]166 号）。

《黄河流域综合规划（2012—2030 年）》（国函 [2013]34 号）。

《黄河水利信息化发展战略》（黄规计〔2013〕563 号）。

《黄委信息化资源整合共享实施方案》（黄总办〔2015〕369 号）。

《工程勘察设计收费标准（2002 年修订本）》。

《电子建设工程概（预）算编制办法及计价依据》（HYD41—2005）。

《电子建设工程概（预）算定额》（HYD41—2005）。

《水利信息系统运行维护定额标准（试行）》。

2. 整合方案

山东黄河防汛信息化资源整合共享要按着黄委、山东局信息化总体要求下进行设计、建设，一是基础设施，要统一机房、统一计算资源、统一存储资源、统一网络。二是防汛相关数据，形成的基础数据、共享数据、专题数据实现统一存储，三是业务系统整合，通过统一整合业务应用的共享平台，实现统一门户、统一数据交换，下一步开发的系统都要在这个平台上进行建设，实现内容聚合、单点登录、个性化定制。

山东黄河防汛信息化资源整合与共享建设由数据资源整合、应用资源整合、计算存储资源整合组成。

整合与共享涉及的数据资源主要有基础地理、遥感、防汛抗旱、水文气象、视频、政务管理等数据资源。主要目的是采用面向对象的数据模型，建立相关技术标准规范，搭建数据资源整合共享的模式，逐步将分散的相关数据进行融合同化和汇集重构，解决数据语义不一致、分散难用、更新维护困难等影响数据增值服务和释放数据红利的基本问题，为数据开放、共享利用和大数据分析挖掘应用打下基础。

整合与共享涉及的应用资源主要有：山东黄河水雨情查询及会商系统、山东黄河防汛网、山东黄河防汛综合管理系统、黄河山东河段河势查勘作业系统、黄河工情险情会商系统、山东黄河水情自动化测报系统、东平湖三维防汛决策支持系统、山东黄河 GIS 综合管理平台、山东黄河视讯综合管理平台、山东黄河数字防洪预案、滨城局县级防汛抗旱指挥部信息化建设试点、国家防汛指挥系统数据汇集平台 10 多个业务系统和水利普查相关数据。主要目的是把各个应用系统沉积的大量信息从割据的信息壁垒中释放出来，对具有公用价值的信息进行抽取整合，提供跨业务、面向更大范围的信息资源共享服务；同时，实现用户统一管理和单点登录，解决应用系统用户信息分散管理、多次登入的问题，提高系统应用的便捷性和效率。

整合与共享涉及的计算存储资源主要充分利用现有省局数据中心虚拟化平台，该平台现有 6 台 X86 架构服务器、1.5T 内存、40TB 存储资源池、24TB 备份资源存储池，初步具备了山东局云基础实施。考虑防汛信息化资源整合数据、应用系统和计算处理，以及能够支撑防汛信息化未来 3 年发展对计算机能力和容量存储的需求，需要再增加存储资源池、高性能服务器等设备进行扩容。

（三）系统构成

（1）数据资源整合共享。数据资源整合共享包括数据资源梳理分析与组织、黄河水利模型定制、数据目录库、基础数据库建设、业务共享数据库建设、基础地理信息库建设（省局规划建设）、遥感资源整编与入库（提取黄委信息中心遥感资源）和标准规范建设。其系统结构图如图 10-3 所示。

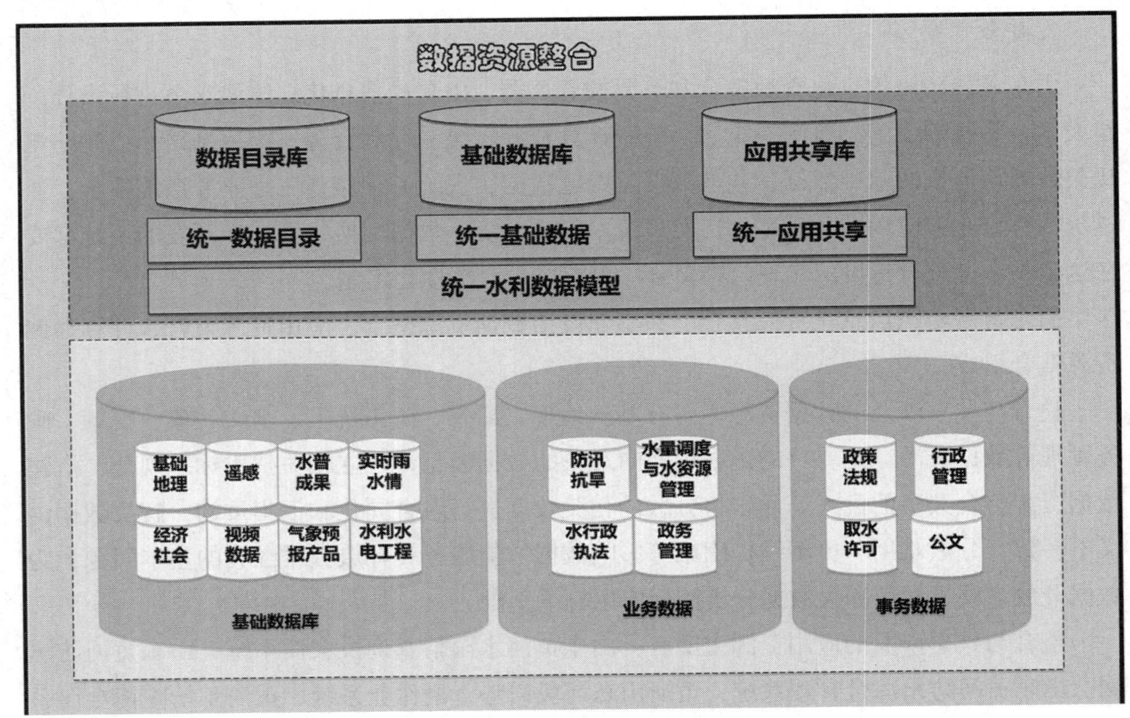

图 10-3　数据资源整合共享系统结构图

非空间数据资源梳理分析与组织，通过数据资源梳理分析，结合业务应用需求，梳理出需要整合的数据资源。归并数据源物理集中，建立面向对象的数据模型，部分利用黄委防汛数据整合成果，并对水利对象模型所涉及的对象属性、空间关系和业务关系进行梳理、分析、组织。

数据迁移物理集中存储，针对需要归并数据源物理集中的数据，通过数据交换、数据迁移和数据复制等技术，实现数据资源的物理集中存储管理。

水利对象模型建设，在水利部优化设计的水利数据模型的基础上，结合山东局应用实际需求，进行基础类的扩展，并进行加工处理和数据入库，完成属性指标扩展和子类对象空间要素挂接、对象关系进行关联，为整合形成面向对象、统一语义、易于关联、物理集中的数据库奠定基础。

数据目录库，采用物理集中和逻辑集中相结合的方式实现数据资源的有机整合与共享，结合水利部统一的数据资源目录框架体系和元数据标准，在进行资源目录二次开发的基础上，实现数据目录编目，建设数据目录库，形成一套山东局防汛业务数据资源目录，为数据发现、检索提供支撑。

基础数据库将涉及水利业务和政务应用全局的水利对象基础信息，以及水利对象空间和业务关系等数据，实现对河流、湖泊、水库、测站、堤防(段)、渠道等水利对象和涉水对象的水利基础信息的集中存储与管理。该库用于存储唯一标识水利对象和涉水对象相对稳定的属性信息和对象之间的关系信息。

业务共享数据库主要存储有较大的通用性，被其他水利业务所需要的共性数据。该库实现对水利工程基础信息、经济社会信息、气象信息、实时雨水情信息、工情险情灾情信息、防汛信息、政务管理信息的整合数据分类以及子类数据的集中存储与管理。

基础地理信息数据整合方面，在梳理基础空间地理数据资源现状的基础上，对黄河地理信息资源进行整编与入库，形成统一的基础地理信息库，为山东黄河一张图服务提供地理信息数据支持。充分利用黄委正在进行 2.5 米分辨率遥感数据整编处理的数据，并按照统一标准建立规范的山东黄河防汛遥感影像库，为综合管理信息应用展示提供支撑。

（2）应用资源整合共享。应用资源整合共享包括山东黄河防汛综合门户、山东黄河一张图服务、移动应用服务、数据交换服务、应用支撑平台组件开发五个部分，同时为下一步开发防汛减灾会商等专业系统做好基础框架支撑，其系统结构图如图 10–4 所示。

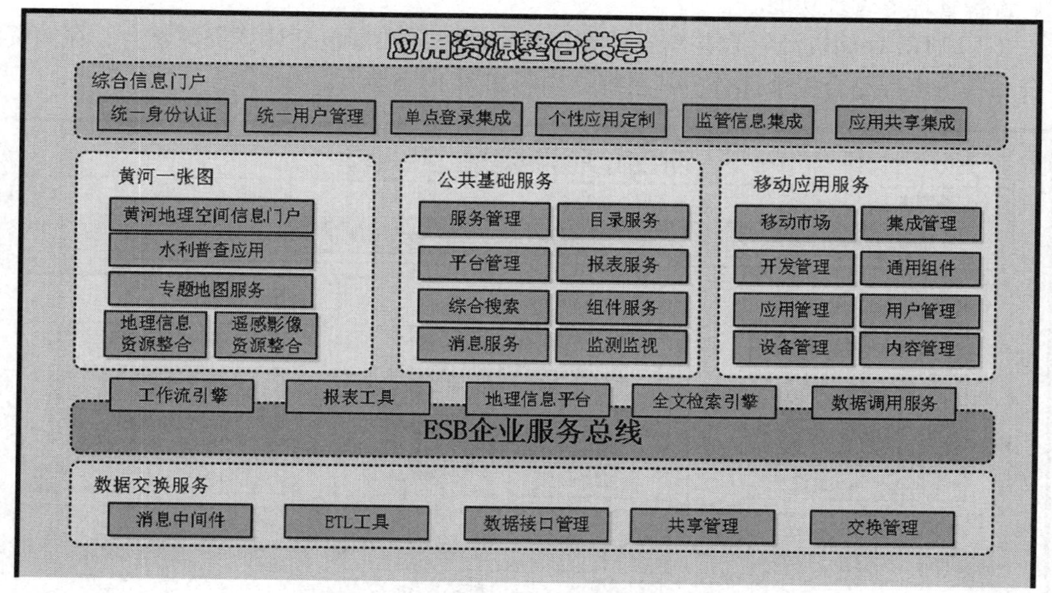

图 10–4　应用资源整合共享系统结构图

山东黄河防汛综合门户分为省局、市局、县局等多个层次，涉及水雨情、工情险情、防汛队伍、防汛物资、降雨预报等业务。

山东黄河防汛综合门户包括统一身份认证、统一用户管理（省局规划建设）、已有系统单点登录集成、基础数据集成、应用共享数据集成等建设内容。

在山东黄河一张图的基础上，把涉及防汛业务的相关要素和数据、水利普查数据、重点工程三维影像与一张图整合关联。

移动应用服务是搭建移动应用服务环境，对门户进行裁剪定制，将面向防汛业务、多种应用整合成为一个完整的，支持数据共享的，为各接入系统提供标准接口，支持功能扩展的移动应用服务支持环境。

数据交换共享管理服务主要建设数据交换共享管理系统（省局规划建设），为山东黄河防汛相关数据交换共享管理提供应用支撑，并依托数据交换服务形成共享数据库，包括制定数据交换共享标准规范、并开发数据交换共享管理、数据交换接口、综合性共享数据服务等功能。

应用支撑平台组件开发包括商用软件的门户系统、全文搜索、协同工作平台、企业服务总线、服务统一注册和管理、地图服务运行系统软件以及组件开发（水利业务展示组件开发、专题图组件开发）。

山东黄河防汛视频数据服务是在现有视频系统的基础上进行整合，形成集成的视频服务系统，实现监控系统集中、统一管理，可以提供对外接口，实现视频基础信息的调用并可接入到第三方系统。其功能具备视频浏览、云台控制、录像回放等基本业务功能，具有GIS地图呈现功能，在管理上采用集中的服务管理机制，可灵活、方便地设置服务的运行参数，监视服务的运行状态，并提供用户管理、设备管理、控制管理、存储管理、调度管理、告警管理等管理功能。

（3）计算存储资源整合共享。计算存储资源整合共享包括计算资源整合、存储资源整合和备份资源整合三个部分，其系统结构图如图10–5所示。

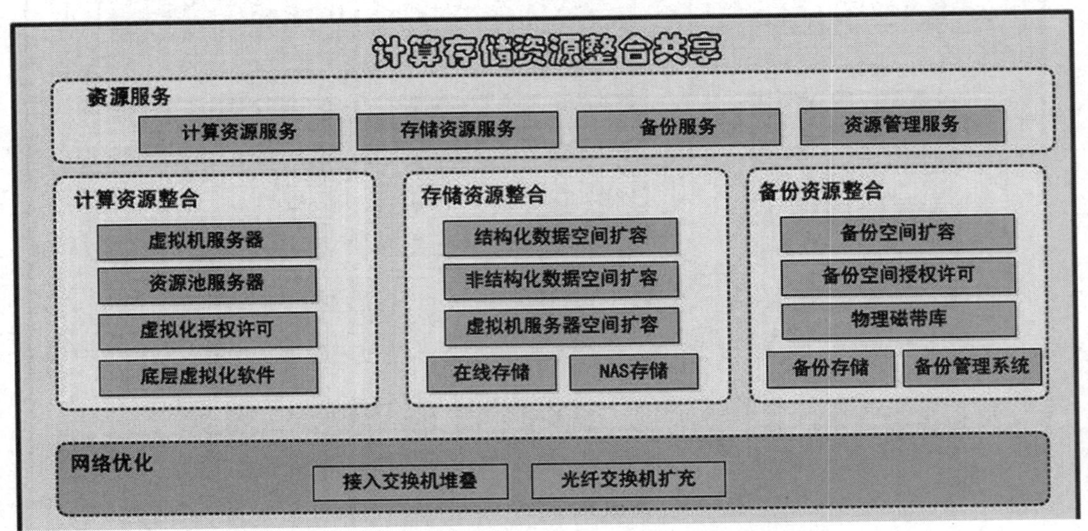

图10–5　计算存储资源整合共享建设系统结构图

计算资源整合扩充，对原有 6 台服务器的内存、网卡、光纤卡等本地计算资源提升性能，安装虚拟化底层软件，加入现有计算资源池，接受资源的统一管理；补充 2 台高性能服务器，通过专业的底层虚拟化软件加入基础设施体系，将这 2 台服务器进行池化形成一个大的计算资源池，为山东黄河防汛已有系统迁移、资源整合应用系统等提供运行环境。

存储资源整合扩容，在现有存储资源的基础上，针对山东黄河防汛现有数据集中存储的需要以及未来 3 年数据增长的需要，对在线存储磁盘阵列、NAS 磁盘阵列扩充 30TB 可用容量。

备份资源整合扩容，通过对已有的备份存储进行扩容，实现备份在线数据的保存，扩容空间为 30TB 可用容量，配置一台物理带库，实现离线备份数据的保存。对 FC-SAN 网络进行扩充完善，FC-SAN 网络需要购置 2 台光纤交换机进行补充。

（四）主要功能

1. 数据资源整合共享

数据资源整合共享包括数据资源梳理分析与组织、山东黄河水利模型定制、数据整合共享管理、数据目录库、基础数据库建设、业务共享数据库建设、山东黄河防汛地理信息数据整编入库、遥感资源整编与入库和标准规范建设。对整合后的数据目录库、基础数据库、业务共享库等采用物理集中存储管理的部署方式，统一存储于省局服务器虚拟化平台数据中心，通过数据服务的方式统一为上层应用提供数据支撑。数据资源的共享和服务采取限制和保护的策略，数据服务的授权使用与用户管理相结合，实现数据服务访问授权与用户角色等管理的统一配置与灵活使用。

在数据资源梳理的基础上，基于物理集中和逻辑集中相结合的方式汇集山东黄河防汛数据资源，在山东黄河“一个库”的基础上建设“防汛子库”和数据资源子目录体系。

物理集中，主要采用统一的面向对象数据模型转换后，集中统一存储于数据中心的基础数据库和业务共享库，整合形成面向对象、统一语义、易于共享、易于关联、易于管理、易于挖掘的统一的数据库，同时，抽取元数据，并生成数据资源目录。整合后原有生产库保持不变，实体数据的共享使用需求由“一个库”来承载。

根据数据源的更新维护特征，将物理集中细分为归并数据源物理集中和维持数据源物理集中两类。其中，归并数据源物理集中，主要针对来源不唯一、缺乏统一更新维护、有主泛共享应用需求的数据资源，即数据存在多个版本并被多个单位更新维护，如：水利工程等。由于多源维护导致数据的不一致，共享困难，因此将数据源进行归并后再统一整合共享利用，并确定唯一的数据源，并进行统一更新维护。维护数据源物理集中，主要针对数据来源唯一，如实时雨水情等，数据来源唯一，更新维护维持原来责任单位进行维护更新。

逻辑集中，主要针对数据目录库建设，采用物理集中和逻辑集中的模式，数据目录库采用物理集中的模式，数据目录对应的数据资源采用物理集中和逻辑集中的模式，逻辑集中，即数据资源本身存储在原有数据库中或以非数据库的存在形式，并由原数据所有者进行更新维护。这类数据一般具有极强的专业性，但也存在对外共享的可能，需将数据资源目录进行共享，其源数据保持不变。

（1）非空间数据资源梳理分析与组织。通过对山东黄河防汛已有非空间数据资源进行梳理分析，考虑相关业务系统共享需求和在建、续建系统实施情况，梳理出本项目需要整合的非空间数据资源及采取的整合策略，包括此次整合数据资源的数据子类、时间范围、空间范围、所属单位、整合方式及整合目标库。见表 10–5。

<table>
<tr><th>整合数据分类</th><th>数据子类</th><th>时间范围</th><th>空间范围</th><th>所属单位</th><th>整合方式</th></tr>
<tr><td rowspan="15">水利水电工程基础信息</td><td>水库</td><td rowspan="15">2004 年至 2018 年</td><td rowspan="15">山东黄河流域</td><td rowspan="15">山东局</td><td rowspan="27">归并数据源的物理集中，建立面向对象的数据模型</td></tr>
<tr><td>堤防</td></tr>
<tr><td>分滞洪区</td></tr>
<tr><td>险工控导</td></tr>
<tr><td>引水闸</td></tr>
<tr><td>退水闸</td></tr>
<tr><td>排水闸</td></tr>
<tr><td>淤地坝</td></tr>
<tr><td>河湖基本情况</td></tr>
<tr><td>水利工程基本情况</td></tr>
<tr><td>经济社会用水情况</td></tr>
<tr><td>河湖治理开发保护</td></tr>
<tr><td>水利行业能力建设</td></tr>
<tr><td>灌区专项</td></tr>
<tr><td>地下水取水井</td></tr>
<tr><td rowspan="9">经济社会信息</td><td>蓄滞洪区陆路撤离道路</td><td rowspan="9">2013 年至 2018 年</td><td rowspan="9">山东黄河流域</td><td rowspan="9">山东局</td></tr>
<tr><td>蓄滞洪区避水工程</td></tr>
<tr><td>蓄滞洪区的主要桥梁数据</td></tr>
<tr><td>村台、房台、避水台</td></tr>
<tr><td>引水工程</td></tr>
<tr><td>引水口</td></tr>
<tr><td>水库</td></tr>
<tr><td>蓄滞（行）洪区</td></tr>
<tr><td>监测方法</td></tr>
<tr><td rowspan="3">站网基础信息</td><td>雨量站</td><td rowspan="3">2013 年至 2018 年</td><td rowspan="3">山东黄河流域</td><td rowspan="3">水资源保护局、水文局</td></tr>
<tr><td>水文站</td></tr>
<tr><td>水质站</td></tr>
</table>

续表

整合数据分类	数据子类	时间范围	空间范围	所属单位	整合方式
气象信息	预报成果	2013 年至 2018 年	黄河流域	水文局	归并数据源的物理集中
	实时天气形势				
	云图				
实时雨水情信息	水位	2013 年至 2018 年	黄河流域	水文局	
	流量				
	含沙量				
	降雨量				
	水资源公报				
工情险情灾情信息	堤防	2004 年至 2018 年	黄河下游流域	防办、河南局、山东局	
	险工				
	控导				
	坝				
	垛				
	护岸				
	仓库				
	抢险道路				
	实时险情				
	历史险情				
	水毁雨毁				
防汛部署信息	防洪调度方案	2010 年至 2018 年	山东黄河流域	山东局	
	防汛预案				
	防汛组组织队伍				
	防汛物资				
指挥决策信息	决策成果	2010 年至 2018 年	黄河下游流域	山东局	
	决策反馈				
	抢险救灾				
	迁安救护				
政务管理信息	防办信息	2015 年至 2018 年	省局	省局	
	市局相关信息				
	防汛值班安排				
	防汛电报、公文等				

（2）数据迁移集中物理存储。数据迁移集中物理存储，将整合信息需求的水利水电工程、经济社会、站网基础、气象、实时雨水情、工情险情灾情、防汛部署、指挥决策、政务管理等信息所涉及的相关数据内容，在经过数据组织的基础上，通过物理迁移、数据入库、数据校验与质量控制等，统一存储到省局虚拟化数据中心的基础数据库和业务共享数据库，图 10–6 所示。

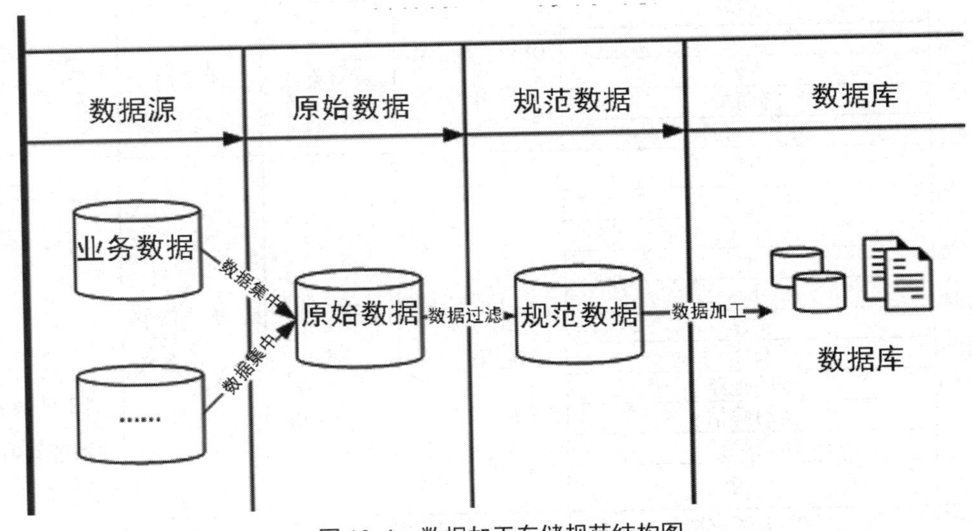

图 10–6　数据加工存储规范结构图

（3）数据目录库建设。数据目录库建设，针对物理集中、逻辑集中的数据，按照水利部数据资源目录分类规则和遵循相关行业标准的基础上，参考黄委本级数据资源进行目录分类，山东黄河防汛信息化数据资源目录库分为一级类目、二级类目和三级类目，如图 10—7; 在遵循水利部相关数据资源分类编码规范的基础上，对数据资源分类类目进行编码;结合水利部数据资源目录元数据相关标准，在对黄委的资源目录进行二次开发的基础上，对山东黄河防汛数据资源进行整理，根据元数据抽取或人工编制的方式进行数据资源目录编目，采集数据资源目录元数据项并入库。在数据资源目录库建设过程中，要考虑与黄委及其他单位数据兼容性。

序号	一级目录
1	水利工程
2	水文
3	水利空间
4	社会经济
5	水资源
6	实时水雨情
7	水土保持
8	热带气旋
9	气象
10	实时工情
11	灾情
12	历史大洪水
13	水利工程建设管理
14	水利法规政策
15	行政管理
16	......

序号	二级目录
6.1	基本信息类
6.2	实时信息类
6.3	预报信息类
6.4	统计信息类
6.5	交换信息类
6.6	字典信息

序号	三级目录
6.2.1	降雨量
6.2.2	日蒸发量
6.2.3	河道水情
6.2.4	水库水情
6.2.5	闸门启闭情况
6.2.6	泵站水情
6.2.7	地下水情
6.2.8	河道水情多日平均
6.2.9	水库水情多日平均
6.2.10	引排水量统计
6.2.11	山洪
6.2.12	实时图像信息
6.2.13	......

图 10-7　数据资源目录

（4）基础数据库建设。①非空间数据整编入库。整合范围：本项目需要整合的非空间数据资源及采取的整合策略，包括此次整合数据资源的数据子类、时间范围、空间范围、所属单位、整合方式见表 10—6 所示。

基础数据库将涉及防汛业务和政务应用全局的水利对象基础信息，以及水利对象空间和业务关系等数据，统一纳入省局虚拟化平台数据中心进行管理，并提供相应的数据服务。

基础数据库实现对河流、湖泊、水库、侵蚀沟道、测站、水电站、水闸、泵站、堤防(段)、渠道等水利对象和涉水对象的水利基础信息的集中存储与管理。该库用于存储唯一标识水利对象和涉水对象相对稳定的属性信息和对象之间的关系信息。

基础数据库建设，对于基础信息整合，具有对象多、对象关系复杂、数据质量要求高等特点。而且整合工作过程非常复杂，需要较多的人机交互与人工甄别，根据黄河水利实体对象模型，对整合信息需求中的水利对象和涉水对象基础信息所涉及的各种实体对象模型进行数据建模，并通过对原有属性关系等解耦与对象标识抽取、空间属性挂载、特征信息挂载、对象关系挂载及多维主题生成，将整合后的基础数据统一存储于数据中心。其中，属性信息分为对象标识信息、主要特征信息和一般特征信息三部分，对象标识信息唯一标准和确定某一水利对象，主要包括对象代码、对象名称和对象空间标识等信息。对象特征信息是对该对象特有的重要特征，主要涉及规模与设计特征，工程建设情况，以及水文特征信息。对象一般特征信息描述对象的其他次要特征或部分业务信息等。对象关系信息，如水利对象与行政区划隶属关系、水利对象与流域所属关系、水利对象与管理单位的管理关系、对象的上下级关系、及对象间的其它重要关系信息。对于每条对象基础信息都需要经过上述每个环节后才能确保每条数据和每项基础指标的正确性和权威性。整合后的对象基础信息将成为数据共享的核心纽带。

②空间地理信息数据整编入库。

本部分内容由山东黄河全局信息化规划统筹考虑，该方案不再涉及。

③黄委遥感资源整编与影像库入库。

目前黄委信息中心等有关单位正在进行遥感资源整编与入库，他们在水利一张图现有遥感资源的基础上，结合现有的遥感数据资源，对黄河流域内优于 2.5 米分辨率及时效性更高的遥感数据和监测成果数据进行整编处理，并按照统一标准建立规范的遥感影像库，为综合管理信息应用展示提供支撑。通过协商或其他途径，利用数据同步技术把山东黄河范围内的遥感数据存储到省局虚拟化平台数据中心，为下一步防汛会商提供遥感数据支撑。

（5）业务共享数据库建设。业务共享数据库主要存储有较大的通用性，被其他水利业务所需要的共性数据。该库实现对经济社会信息、气象信息、实时雨水情信息、工情险情灾情信息、指挥决策信息、防汛部署信息、政务管理信息、移动业务应用信息数据的集中存储与管理，见表 10–6 所示。

表 10–6　业务共享数据库数据类

整合数据分类	数据子类	所属单位
经济社会信息	蓄滞洪区陆路撤离道路	山东局
	蓄滞洪区避水工程	
	蓄滞洪区主要桥梁数据	
	村台、房台、避水台	
气象信息	预报成果	水文局
	实时天气形势	
	云图	
实时雨水情信息	水位	水文局
	流量	
	含沙量	
	降雨量	
工情险情灾情信息	工情	山东局
	实时险情	
	历史险情	
	灾情统计	
	救灾物资发放	
	救灾料物投入	
	水毁雨毁	

续表

整合数据分类	数据子类	所属单位
指挥决策信息	决策成果	山东局
	决策反馈	
	抢险救灾	
	迁安救护	
防汛部署信息	防洪调度方案	山东局
	防汛预案	
	防汛组组织队伍	
	防汛物资	
政务管理信息	防办信息	山东局
	市局相关信息	
	防汛值班安排	
	防汛电报、公文等	

业务共享数据库按照“一数一源”的原则，水利对象每个维度的数据应该只有一个“正源”，即：产生于某业务或政务应用，其他业务或政务应用需要使用该数据时，应通过共享方式引用。因此，在不同业务和政务应用之间需要共享的数据，统一存储于省局虚拟化平台数据中心。

业务共享信息整合将对整合数据分类及数据子类业务数据进行梳理和整合。因数据源多样、数据量大、格式不一致，梳理、整合、分析和比对校核的工作量巨大，否则这些数据就不能成为有机数据资源，无法在不同业务中进行应用。

业务共享信息整合首先对收集到的业务数据进行分析，根据基础信息数据库中建立的标识对象，与每类业务数据的标识建立对象映射关系，再通过 ETL 工具进行抽取、转换和加载，经过校验与质量控制后进行数据迁移，统一提供数据服务。

2. 应用资源整合共享

（1）综合门户。山东黄河防汛综合门户作为应用及资源整合的中心，是将山东黄河防汛政务和业务信息集成到统一的平台之上，为用户提供一站式的业务访问和数据展示。对现有山东黄河水雨情查询及会商系统、山东黄河防汛网、山东黄河防汛综合管理系统、黄河山东河段河势查勘作业系统、黄河工情险情会商系统、山东黄河水情自动化测报系统、东平湖三维防汛决策支持系统、山东黄河 GIS 综合管理平台、山东黄河视讯综合管理平台、山东黄河数字防洪预案、滨城局县级防汛抗旱指挥部信息化建设试点、国家防汛指挥系统数据汇集平台等主要应用系统的功能及数据进行梳理、抽取，形成通用的集成展示组件，在此基础上聚合开发形成山东黄河防汛管理综合门户，实现一站式登录及综合信息集成展示。

门户展示内容包括门户首页、预测预报、工情险情、抢险队伍、防汛物资、防汛值班、防洪预案、调度用图、黄河一张图、视频监控及基本资料等模块。

①门户首页。

综合门户首页为用户展现黄委、黄河流域、山东黄河流域重要的防汛相关热点信息，通过系统集成为用户提供个人待处理事项、公文流转等。包含栏目有水利热点、待办事项、通知通告、基层动态、公文信息、常用工具、系统连接、友情连接等功能及模块。

②预测预报。

预测预报集成天气、水文等预测预报信息，包括气象云图、墒情信息、气温预报、降水预报、洪水预报、径流预报等。

③工情险情。

工情险情模块着重提供包括黄河水利设施洪涝灾情统计表、黄河防汛抢险情况统计表、黄河防洪工程水毁情况统计表、黄河水文设施（备）水毁情况汇总表、黄河通信、信息传输设施（备）水毁（雷击）情况报表实时动态数据、汇总数据。

④抢险队伍。

以二维电子地图为基础，叠加展示抢险队伍的分布情况及名称，并实现队伍信息的提取查询，展示信息包括：队伍名称、数量、位置、调度权限、管理人姓名、联系电话等。

⑤防汛物资。

队伍物资模块着重提供包括各单位抢险队伍情况及主要物资、石料、常用工器具、中央级防汛物资储备情况以及上报情况汇总等表格数据。以二维电子地图为基础，叠加展示物资仓库的分布情况及名称，并实现仓库信息的提取查询，展示信息包括：物资名称、类别、规格、数量、单位、存放地点、调度权限、有效期限、运输方式、管理人姓名、联系电话等。

⑥防汛值班。

值班报告：自动提取水雨情、气象、值班情况等信息，快速、准确、自动生成值班情况报告模板。

传真管理：将所有收发的传真存储在应用系统中，可以实现向多个单位群发功能并监控传真实时发送状态。

值班电话：除了值班电话按着原有方式拨打和接听，需要增加电话自动登记，不管接听、拨出、未接电话，系统自动登记；支持多部电话同时录音以备通话查询。

⑦防洪预案。

链接和集成当前已开发完成的省市县局三级可视化防洪预案系统。

⑧调度用图。

制作黄河流域水系图、汶河流域水系图、山东黄河防洪图、泾渭河及洛河流域图、黄河河口图、北干河及汾河流域水系图电子地图，并实现地图的放大、缩小、漫游等功能。

⑨黄河一张图。

集成山东黄河 GIS 综合管理平台地图，在图层上标注涉及防汛相关业务类型的堤防、险工、控导等地点标注、数据显示、查询等功能。

⑩视频监控。

集成目前使用的的山东黄河视讯综合管理平台，通过用户权限控制进行分类，显示涉及防汛相关视频图像。

⑪基本资料。

提供山东黄河防洪工程、险工、控导、涵闸、桥梁等基本资料。

（2）应用支撑平台组件开发。支撑环境采用面向服务体系架构，由底层的通用工具服务类和上层的通用应用服务类组成。

①通用工具服务类指具有通用成熟性的第三方产品，包括门户系统、全文检索、协同工作、企业服务总线、服务统一注册和管理、地图服务运行系统软件等内容。

门户系统提供栏目管理、信息发布、组件集成等功能，通过资源管理和门户构建技术，把各应用模块和数据，作为门户系统的资源构件，根据前端服务门户的用户对象和功能定位，实现门户系统的构建和发布，为用户提供访问的统一入口；提供统一的数据与数据服务资源目录服务；全文检索提供站点内容的搜索服务，提供结构化和非结构化数据库结合的数据存储框架，通过检索引擎，提供高效、智能的搜索服务；协同工作系统提供单位及部门内部实时交流沟通、多级组织管理、权限管理、通讯录管理、提供办公、短信、邮箱及业务系统的集成服务。

②通用应用服务类包括业务展示组件、专题图及用户管理、单点登录等。

a. 业务展示组件。

主要对防汛抗旱核心业务，以及电子政务涉及防汛等重要政务进行整合抽取后，经过再加工，符合其通用性要求，形成统一的数据交换、地图服务和用户管理服务组件。内容包括：图形绘制类组件、地图控制类组件、报表服务类组件、文件管理类、新闻消息类组件等。

b. 专题信息服务。

用于专门展现某类综合信息，采用地图、图表结合等多种方式，实现基本属性信息、动态监测信息、实时信息的一体化、综合展现，如防汛险情专题服务等。

c. 统一用户管理（省局建设）。

包括统一用户管理和统一授权管理，实现了用户、机构、部门、岗位等信息管理和角色及授权管理。山东黄河防汛综合门户统一用户管理模块建立在山东黄河统一用户基础平台之上，利用其用户管理组件，针对不同单位、不同人员进行个性化配置部署，实现组织管理、用户管理、角色权限管理及认证服务。

d. 单点登录集成。

通过统一用户管理模块提供的集成接口，实现门户系统与现有的山东黄河水雨情查询及会商系统、山东黄河防汛网、山东黄河防汛综合管理系统、黄河山东河段河势查勘作业系统等系统的单点登录集成，使业务系统能够根据门户已有的认证信息自动完成登录。

e. 协同工作服务开发。

协同工作服务提供省市县防汛人员内部实时交流沟通、多级组织管理、权限管理、通讯录管理、提供办公、短信、邮箱及业务系统的集成服务，实现三级单位之间信息交换、共享，通过技术措施改善沟通渠道，提高工作效率。

f. 移动服务环境。

为手机终端提供了安全接入和认证管理以及移动应用运转所必须的配置，包括 IOS 开发者 ID，手持测试终端和 APN 专线租赁，移动应用的开发和编译环境，支持安卓和 IOS 版本的应用工程管理和打包等服务。

3. 计算存储资源整合共享

（1）计算资源整合扩充建设。

①服务器整合。

目前省局虚拟化平台有 6 台构服务器构建组成，在现有服务器基础上，需要开展的工作包括：

a. 内存扩容，需增加 1T 内存容量。

b. 网卡数量增加，需增加 5 个千兆网卡。

c. 光纤卡增加，需增加 2 个光纤卡。

d. 安装底层虚拟化软件，需增加 5 套虚拟化软件。

e. 加入资源池，接受平台统一管理。

②现有资源池扩充，补充 2 台资源池服务器、8 个虚拟化 CPU 授权许可，经池化后组成业务逻辑集群。

（2）存储资源整合扩容升级。在黄河数据中心现有存储设备的基础上，根据实际需求，通过对在线存储磁盘阵列扩充 30TB 可用容量，实现防汛结构化数据和非结构化数据的保存。

（3）备份资源整合扩容升级。基于虚拟化数据中心已有的备份管理系统、备份服务器和备份存储，通过扩容备份存储 30TB 可用容量和相应的容量许可，兼容多种平台及文件系统，采用制定单独的备份策略，实现对山东黄河防汛信息资源整合相关数据在线备份。

同时对计算、存储资源所需 SAN 网络进行完善和扩充，主要通过补充现有 2 台接入交换机模块，完成接入交换机端口全使用和网络设备的堆叠，实现 IP—SAN 网络的完善；通过新增 2 台光纤交换机和模块补充，实现 FC—SAN 网络的扩充。

（五）系统部署配置表

数据资源整合配置见表 10—7 所示，应用资源整合配置见表 10—8 所示，计算存储资源整合配置见表 10—9 所示。

表 10-7　数据资源整合配置表

序号	项目名称	单位	数量	备注
一	数据资源整合			
1	数据资源梳理分析与组织	套	1	
2	数据迁移集中物理存储	套	1	
3	水利对象模型建设	套	1	
4	数据整合共享管理	套	1	
5	数据目录库建设	套	1	
6	基础数据库建设	套	1	
7	应用共享数据库建设	套	1	
8	遥感资源整编入库	套	1	

表 10-8 应用西苑整合配置表

序号	项目名称	单位	数量	备注
一	综合信息服务门户			
1	统一身份认证	套	1	省局规划建设
2	统一用户管理	套	1	省局规划建设
3	已有系统单点登录集成	套	1	
4	基础数据集成	套	1	
5	应用共享数据集成	套	1	
6	协同工作服务开发	套	1	
二	移动应用服务			
1	移动应用服务环境	套	1	
2	移动终端应用开发平台	套	1	
3	移动应用开发	套	1	
三	应用支撑平台组件开发			
1	服务统一注册和管理	套	1	
2	全文检索	套	1	

续表

3	协同工作系统	套	1	
4	门户系统	套	1	
四	数据交换服务			
1	数据资源目录服务管理	套	1	
2	数据交换监控统计分析与管理	套	1	
3	数据共享服务监控统计分析与管理	套	1	
4	数据共享服务标准规范编制	套	1	
五	水利业务展示组件			
1	图形绘制类组件	套	1	
2	地图控制类组件	套	1	
3	报表服务类组件	套	1	
4	视讯服务类组件	套	1	
5	专题图类组件	套	1	
6	文件管理类组件	套	1	
7	计算分析类组件	套	1	

表 10–9　计算存储资源整合配置表

序号	项目	配置	单位	数量	备注
一	计算资源				
1	虚拟化 CPU 授权许可		个	8	扩容新增
2	服务器	8 颗 X86XeonE7—8800v2—12Core 系列，512GBDDR3 内存，3 块 600GBSAS 硬盘，2 块以上 8Gbps 光纤卡，8 块千兆以上网卡，raid 卡，光驱，冗余电源，冗余风扇，三年 7×24 小时原厂免费保修服务	台	2	原有资源池扩容
3	已有服务器扩容	内存扩容、网卡数量增加或升级、光纤卡升级或增加	台	6	
二	存储资源				
1	结构化数据空间	配置 1.2TBSAS 硬盘 25 块；硬盘框 1 个	套	1	原有扩容，按照 30TB 裸容量，配置在线存储
三	备份资源				
1	磁盘备份空间	30TBNL—SAS 硬盘 25 块；硬盘框 1 个	套	1	原有扩容，按照 30TB 裸容量，配置备份存储

续表

2	网络交换机	配置2台网络交换机	台	2	
3	光纤交换机	48口全激活模块全配置，并配置与原有2台设备级联模块	台	2	新增和整合

四、防汛减灾会商系统

（一）建设目标

开发一套综合、全面的山东黄河防汛减灾会商系统，运用先进的信息技术，对山东黄河防汛减灾工作进行科学全面的分析和标准化、智能化的管理。以实际需求为导向，在信息数据采集和数据应用资源整合的基础上，开发基于GIS的黄河下游二维洪水演进和黄河滩区灾情评估系统，进一步完善和提高洪水预报的精度和预见期，增强防汛减灾决策支持和快速反应能力，为黄河各级防汛指挥部门及有关人员准确和及时掌握防汛形势提供良好的防汛综合信息服务，使防汛指挥智能化、洪水调度最优化、工程监测自动化、抢险救灾高效化，实现山东黄河的长治久安。

（二）建设任务

按照“共建共享”的原则，充分利用整合的防汛相关业务应用系统，采用目前主流技术，建成先进实用、高效可靠、覆盖面广的防汛减灾会商系统，为各级治黄应用部门提供全面、快捷、准确的决策支持服务，实现防汛信息资源共享，实现对黄河防汛减灾从降雨预报、洪水预报、洪水调度、洪水演进、抢险救灾等各个环节的科学化、标准化、智能化管理，进一步完善山东黄河防洪决策会商体系，增强防洪决策支持和快速反应能力，使防汛指挥和组织管理更加科学、高效和合理。

（三）系统方案

1. 业务总体分析

（1）主要业务内容与工作流程。

系统主要业务内容包括：降雨预报、洪水预报、洪水调度、洪水演进、抢险救灾。

主要业务工作流程及相关系统见图10-8所示。

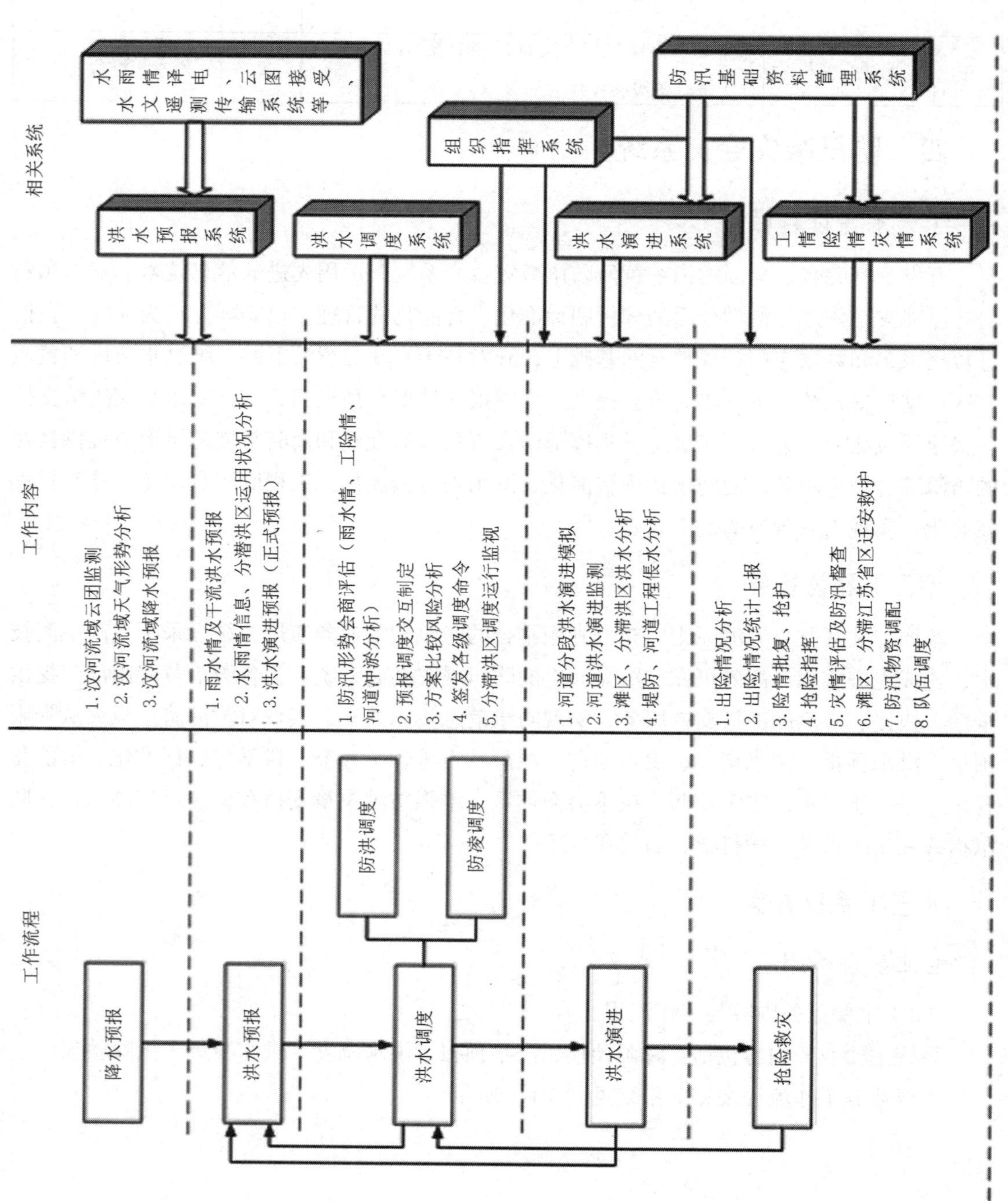

图 10-8 主要业务工作流程及相关系统示意图

降雨预报：山东黄河流域降雨预报主要是对东平湖大汶河流域的预报，利用卫星云图和共享气象资料，分析天气形势、历史致洪暴雨雨情和天气背景，在分析基础上通过数值预报模型，输出统计预报方案。

洪水预报：对黄河干流洪水预报，根据黄河防总发布的实时雨、水情信息和定量降水预报，完成山东黄河主要控制站的洪水预警预报，分析滞洪区运用状况，然后经过多方专家对洪水预报结果会商和综合分析，提出综合的洪水预报结果。对东平湖汶河流域洪水预报，根据实时雨、水情信息和定量降水预报，利用水文学或水力学模型，完成大汶河流域主要控制站的洪水预警预报，分析东平湖水库的运用状况，提出汶河流域综合洪水预报结果。

洪水调度：根据洪水预报结果和洪水演进实况，对防洪形势进行分析归纳，理出防洪决策的内容和目标。然后依据决策目标和可以使用的防洪手段，制定出实现决策目标的方案集，以及各个可选方案的风险及其后果的评价等。根据防汛形势和防洪工程现状，从中选择最优方案，科学地确定该次洪水的防洪调度。本着局部服从大局的原则，以洪水灾害损失最小为目标，通过会商分析，进行方案的补充和调整，选出满意方案并付诸实施。防汛指挥部签发调度命令，实施防洪工程调度和防汛队伍、物资的调配，对分滞洪区调度运行情况进行监视。

洪水演进：利用遥感技术和地面测量技术，实时监测洪水在河道和滩区的演进过程，掌握洪水淹没范围、水深、受灾人口等灾害信息，运用二维洪水泥沙运动仿真技术进行模拟。根据灾情监测和洪水预报信息，估算不同量级洪水的受灾范围，预估灾害强度和经济损失。

抢险救灾：根据洪水预报和洪水演进情况，指挥部要对黄河堤防工程、河道控制工程、涵闸等防守情况进行部署；安排好查险、报险和抢险工作，并对重大险情进行跟踪指导；对黄河滩区、分滞洪区作出详细的人员撤退方案或采取其它有效的避险措施；要对可能出现险情的控导工程、险工、堤段提前做好料物、人员、机械设备等抢险准备并及时组织抢险，尽可能减小损失。

由于黄河防洪工作是在降雨预报、洪水预报、洪水实时测报、实时洪水调度、险情监测、抢险、减灾、物资调配等工作中交替、修正进行的。因此，工作流程不是单一的流程，而是交叉、滚动的过程。

（2）总体数据分析。

防汛减灾系统建设的总体思路也是在实现信息资源共享的基础上，建成包括暴雨洪水预报、洪水调度、洪水演进、防汛组织指挥、抢险减灾等功能的防汛减灾会商系统。

防汛减灾系统数据主要包括：水雨情、工情、险情、防汛部署、灾情、凌情、防汛组织机构、物资仓库。

防汛减灾会商系统的业务主要是防汛部门的日常业务和汛期业务，在实际应用中又与建管、水调、办公室等部门的业务息息相关、相辅相成的，所以防汛减灾系统的部分数据与其他相关部门的应用系统数据相交集的。防汛减灾系统数据接口层主要是从山东黄河水雨情查询及会商系统、山东黄河工情险情会商系统、东平湖洪水调度数学模型、防洪工程基础资料数据库管理软件、山东黄河防汛网站、东平湖三维防汛决策支持系统，生成黄河防洪工程基础数据库、气象数据库、工情险情数据库、水情凌情数据库、黄河水文数据库、防汛物资数据库、灾情数据库、遥感影像数据库等专业数据库。

2. 系统功能分析

（1）总体功能结构。

由山东黄河防汛指挥调度中心和市、县级指挥调度分中心组成的防汛组织指挥系统，是山东黄河防汛减灾业务的核心。以高质量的防汛信息采集系统为入口，基础地理信息系统、历史信息、治河经验库、专家智能决策系统、防汛标准体系和虚拟环境支持系统作为其强大的支撑，直接服务于防汛指挥调度管理等业务应用系统。其总体结构见图 10–9 所示。

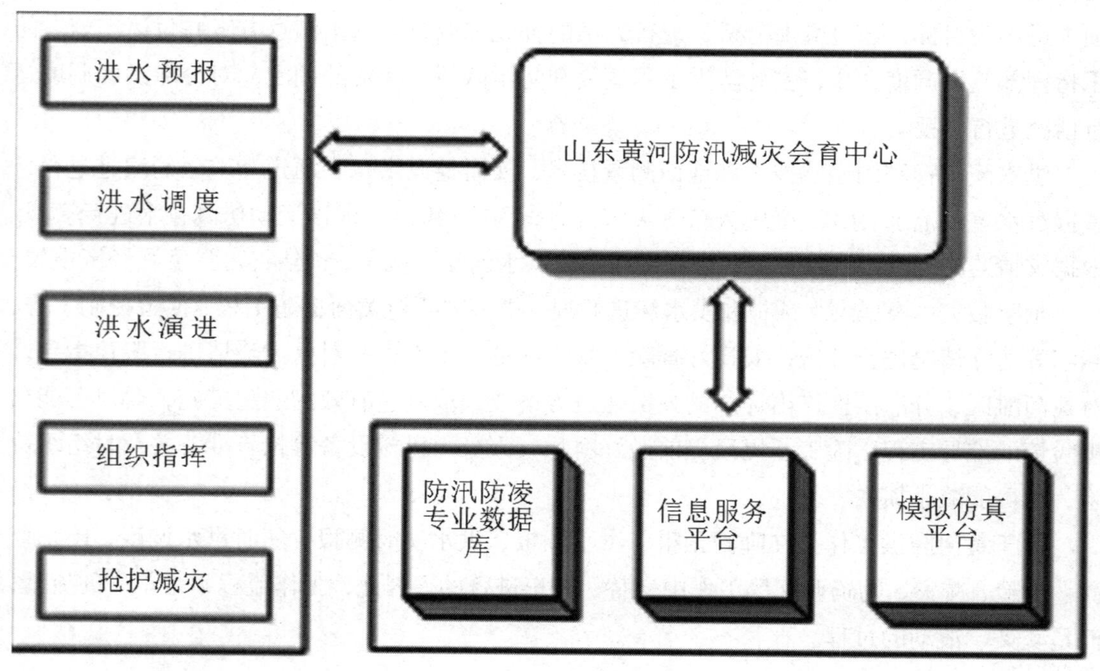

图 10–9　总体结构图

防汛减灾系统结构之间的关系为：防汛组织指挥是核心，洪水预报、洪水调度、洪水演进、抢险减灾要为其提供信息和功能支持，并能灵活地执行其决策指令。同时各系统能够独立运行，满足相关的业务需求。防汛减灾系统包括：暴雨洪水预报、洪水调度、防汛组织指挥、洪水演进、抢险减灾等系统，总体功能结构见图 10–10 所示。

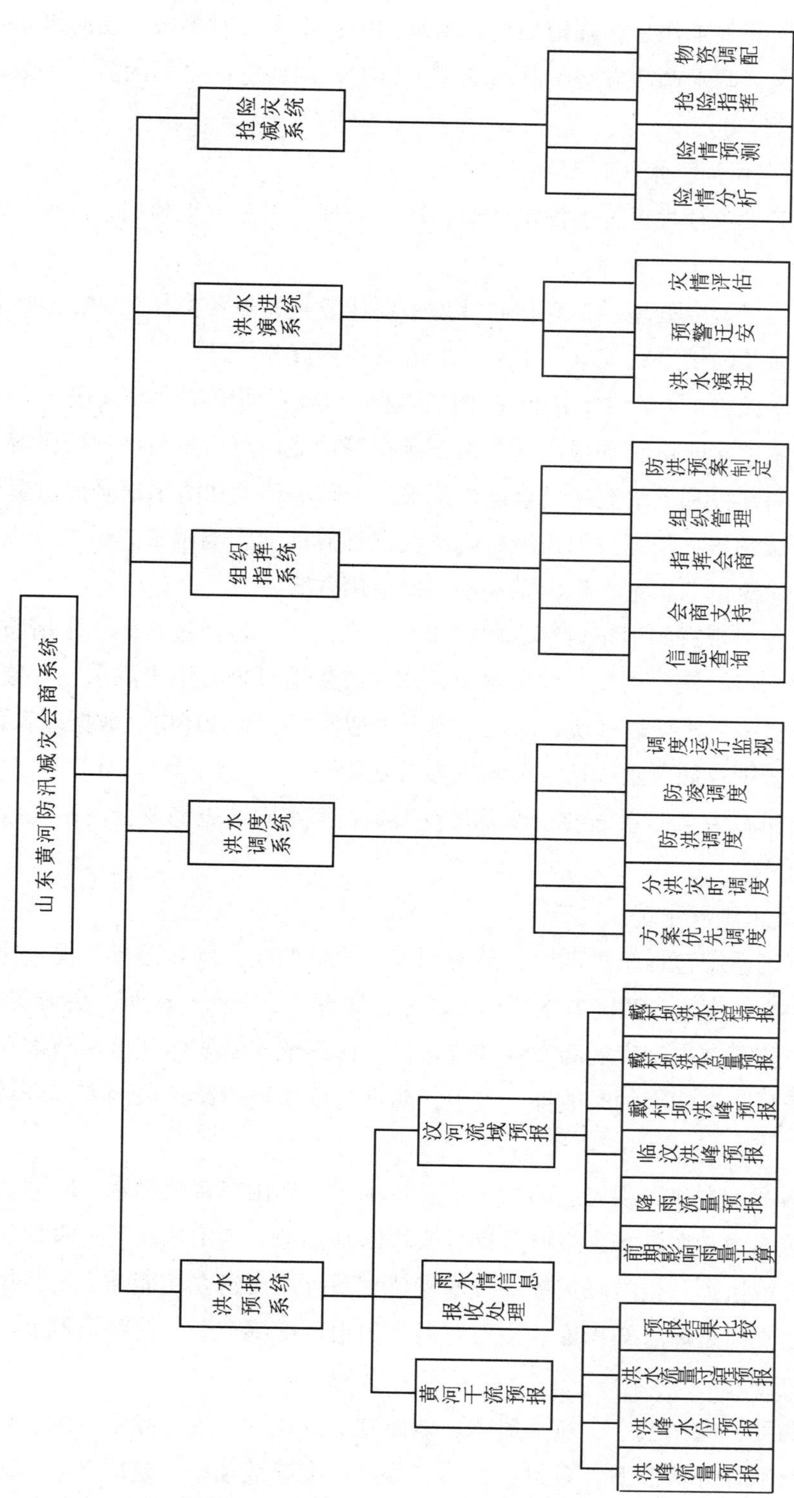

图 10-10　防汛减灾系统总体功能结构图

由于黄河防洪工作是在降雨预报、洪水预报；洪水实时测报；实时洪水调度、险情监测、抢险减灾、调水调沙方案编制中交替进行的，因此它们之间的关系为滚动实时修正的耦合关系。

（2）山东黄河洪水预报系统。

山东黄河洪水预报系统由雨水情信息接收处理、干流洪水预报、汶河流域预报系统三部分组成。

雨水情信息接收处理：信息接收处理主要任务是完成各类相关的信息的接收、处理及管理维护，涉及的信息有气象、水文、水情及其它资源信息。

干流洪水预报：干流洪水预报主要依据花园口或夹河滩站洪峰预报，经过数据预处理、模型参数率定、实时洪水预报、交互修正预报等功能，对山东黄河河段洪峰水位、流量预报、传播时间预报和洪水流量过程进行预报，为防洪调度和防汛部署提供重要依据。

汶河流域预报：根据汶河流域的降雨情况计算前期影响雨量，暴雨过程等相关因素分析东平湖入库流量、水量，提出东平湖水库运用方案。

山东河务局现有的山东黄河水雨情查询及会商系统包括过程线、水情服务信息、实时水情、实时水情、实时雨情、河段水情、水（凌）情日报、历史洪水、气象信息、黄河流域概况、资料中心等功能模块，已经实现了水情发报、水情译电、数据库管理、云图接收、云图转换、云图存储、水雨情及云图发布等功能。

山东防汛减灾会商系统的建设需要对山东黄河水雨情查询及会商系统数据信息进行整合运用。

（3）洪水调度系统。

洪水调度系统包括防洪调度、防凌调度、抢险调度、调度运行监视。通过形势分析、调度方案制定与生成、调度方案分析、调度方案评价、会商与决策、决策实施等几个阶段，进一步增强防汛减灾调度的高效性和科学性，该系统建设要体现洪水预报和防洪调度的耦合思想，增强防洪调度的时效性。其中，防洪调度主要建设预报调度耦合系统和调度运行监视系统。

防洪调度：主要采用先进的数字信息技术，实现山东黄河洪水、防守、工情险情、灾情调度等功能，并在洪水预报调度耦合模块的基础上，为山东黄河灾害损失评估、防汛减灾会商、决策指挥和抢险减灾提供技术支持。系统需要建立功能强大的数据仓库，并通过数据挖掘建立模型库、知识库。主要有洪水预报调度耦合、工情险情调度、分滞洪区调度等功能模块。

防凌调度：应用航空、航天遥感、地面测量等技术，进行冰情观测，建设冰情观测网和气象水流耦合分析模型，对封、开河过程进行准确地预报，建成基于 GIS 的东平湖和引黄涵闸联合调度模型，分析确定蓄滞洪区的防凌运用方式，对封开河进行有效地调节，防止冰塞、冰坝形成，有效消除凌灾。为黄河下游灾害损失评估、防汛会商、决策指挥提供技术支持。主要包括凌情监测、封开河预报和防凌调度等功能模块。

调度运行监视：调度运行监视就是利用远程监测监视手段，在防洪、防凌调度方案实施过程中，各级防指对下级防指或执行命令的部门，从方案措施制定、执行过程和现场操作实况进行监视，以便全面掌握调度方案落实和进展情况。实现对黄河承担防洪、防凌任务的重点蓄滞洪区涵闸和大型分洪、引黄闸，进行全方位、全过程实时监视、监测和远程控制，提高黄河防汛决策和指挥调度水平。

按照共建共享的原则，调度运行监视可以调用水资源管理系统的蓄滞洪区、分泄洪涵闸监视的功能模块。

（4）组织指挥系统。

防汛组织指挥系统主要由信息查询、会商支持、指挥会商、组织管理和防洪防凌预案制定五部分组成。

信息查询：查询的信息包括历史洪水、全河不利河势河段的历史演变情况、演变特点及造成的危害；堤防、涵闸、险工、控导工程工程结构图、地质资料、历史出险情况、抢险预案；各类险情常用的抢护方法，包括抢险实例；出险工程附近抢险队伍部署、专业机动抢险队设备情况、抢险道路情况和快速机动能力等；各类险情相对应的抢险设备优化组合方案；实时气象、雨水情；洪水预报、洪水调度预案等。信息查询包括气象信息查询、防洪工程信息查询、防洪调度方案及实施结果查询等子模块。主要是根据查询条件，从数据库中提取数据，整理加工，最后显示在屏幕上或打印出来。

会商支持：主要包括会商记录、超文本资料展示、幻灯资料展示等 3 个模块组成。

指挥会商：指挥会商是黄河防洪工作最为重要的内容之一。会商为决策服务，而决策是会商的延续和结果。防汛指挥调度中心根据预报出险河段、洪水演进、工程险情模拟的三维仿真动画，与各级指挥人员、专业机动抢险队、防汛料物运输队保持双向实时可视电话联系，随时跟踪他们的位置，与沿黄各有关防汛单位、人民解放军和武警官兵抢险部队、群防队伍保持高保障率的通信联系。会商过程既是防办组成单位向行政首长汇报的过程，同时又是防洪专家与领导听取汇报、分析形势、作出判断的过程。

指挥会商主要是在现有山东黄河工情险情会商系统和山东防汛指挥系统等会商软件的基础上，统一信息渠道、统一编码、统一要求，建成统一、完整、高效的指挥会商软件系统。该软件要侧重加强指挥调度功能，能显示指挥人员工作责任、提示组织工作程序、生成调度命令文本等。

指挥会商系统主要通过会商决策支持、会商系统、信息查询系统和视频会议系统的整合运用，实现基于 GIS 的音像、文本、图表和三维虚拟现实等方式显示。软件部分主要包括洪水预报会商、防洪（凌）调度会商、工情险情会商、灾情会商、网络视频会议、网络图形图像会商、移动视频接收处理等 7 个模块。

其中网络视频会议模块是在会商主会场和辅助会场之间建立计算机屏幕上的实时视频采集、压缩与解压缩、传输和显示。每个会商单位的计算机上都有其它单位的实时音视频；网络图形图像会商模块是在网络内的任意两台主机之间建立起实时连接，共享同一个图形图像显示，每个主机均可根据需要对图形图像进行操作，而一方可以实时地看到对方的操作；移动视频接收处理模块是将现场的图像、语音经音视频设备处理后，通过移动通讯手段显示在接收端的大屏幕上，实现险情、工情等现场传输。

防汛组织管理：其主要功能是日常防汛工作管理和汛期的防汛工作管理。包括防汛工作、人员、部门、抢险队伍、文档管理等五项主要功能，实现防汛工作的标准化和程序化、以及防汛日常工作办公自动化和组织实施的智能化。为完成这些功能，需建立子系统专用的数据库，公用数据可从综合数据库中提取。

防汛工作管理主要内容有：物资管理、工程管理、项目管理、值班日志管理、日常工作提示等。

人员管理主要包括指挥长管理和防汛工作人员管理。

部门管理主要是管理承担防汛任务的有关部门或机构的任务、职责等信息。

抢险队伍管理建立基于 GIS 的抢险队伍管理系统，便于对抢险人员的管理和统计分析，同时便于联系和核查，便于对洪水中的人员防守情况统计上报。

防汛文档管理文档包括历史文件和当年往来于各部门之间的实时文档。实时文档主要包括：红头文件、明传电报、传真等。

防洪预案制定：主要功能是在整理分析历史防汛资料、总结历史防汛工作经验的基础上，结合当前的黄河防汛形势的变化，制定出合理的防洪预案。它主要包括洪水预报预案、洪水调度预案、通信保障预案、抢险减灾预案、物资调度预案制定等。

（5）洪水演进系统。

对重大险情的出险时间、地点、位置、部位、险情性质、出险原因、发展预估、危害程度及河势现状、发展趋势做出精确测报和预报；在黄河河道地形图上显示出工程险情的位置、险情信息、出险工程周围相关的工程信息；显示出险河段历史河势、现状河势、发展趋势；显示出出险工程附近料物仓库分布、储备料物种类及数量等情况；显示抢险队伍的位置及到达抢险现场的时间。自动显示较大或重大抢险工作流程提示，出险点附近交通道路、料物分布、抢险队伍部署，给出拟采取的抢护措施、工程量及投资估算等信息。

洪水演进系统包括洪水演进、灾情评估和预警迁安三部分。采用紧密集成模式将 GIS、计算可视化、过程模拟计算、和灾情评估等功能集成为一个基于 GIS 的黄河二维洪水演进和灾情评估系统。模拟黄河河道和滩区洪水演进过程，并实现准确、及时的灾情监测、灾情预测和灾情损失评估，建成黄河迁安救护系统，为黄河下游防洪减灾提供决策支持，提高防洪减灾决策的智能化水平。

洪水演进模型：主要利用3S技术、二维洪水泥沙运动仿真技术、数据库技术，建立黄河下游二维洪水演进模型，模拟洪水在河道或滩区、分滞洪区实时和预测的演进过程，为防汛人员提供洪水在滩区、分滞洪区的淹没范围、淹没水深以及生产堤、道路、渠堤的阻水情况等。

灾害损失评估系统：建立基于GIS的全程可视化灾害评估系统，与水利部开发的黄河下游洪水风险图相结合，实现通过点击屏幕对任意区域的（村、乡、县、市等）的淹没范围、水深变化、社会经济信息、历史灾害信息、损失率等信息进行查询的功能为，并以图表方式显示。

灾害损失评估由灾情预测、灾情监测、灾害评估三部分组成。

灾情预测主要是估算不同量级洪水的受灾范围，超前预估灾害发生时的强度和经济损失，使决策人员在汛前准备工作时，就对不同洪水量级的灾害及需要采取的减灾措施，做到心中有数。同时也为防汛技术管理人员进行防洪预案比选提供经济损失方面的支持。

灾情监测主要是在实际洪水发生过程中，利用卫片、航片以及影像处理和GIS技术，实时监测灾害发生变化情况，及时掌握最新的灾害信息，利用DEM快速提供洪水淹没范围和水深、受灾人口等灾害信息，为及时采取减灾救灾措施提供信息服务。

灾害评估主要是在灾害发生的过程中，根据洪水淹没范围和水位估算来进行各类财产的损失估算。及时发布最新灾害实况，并作为制定重大防洪措施与决策应考虑的重要因素，利用卫片、航片以及影像处理和GIS技术，结合实时监测灾害发生变化情况进行评估，提高防洪减灾决策的智能化水平。

建立基于二维地理信息系统和二维洪水演进数学模型基础上的洪灾灾情评估方法，开发灾情评估模型。

迁安救护预警：建立基于GIS的黄河滩区、分滞洪区预警迁安救护模型。洪水到来前可根据洪水演进情况作出受灾范围、水深、需要迁安救护人口等预报成果，迁安救护过程中迁安救护指挥人员位置、迁移道路、迁安进度等实况，可在省、地(市)、县(区)三级防汛指挥中心的GIS上，以醒目颜色显示，同时有声音提示，为灾区群众迁安救护提供技术支持。

预警迁安方案制定模块：能启动洪灾区、凌灾区群众迁安避洪模拟数学模型，根据模型灾情预报的洪水淹没面积、水深和受灾范围及需要预警迁安人口，在省、地(市)、县(区)三级防汛部门的微机上，可共享黄河各河段自动生成的预警迁安方案，具有在GIS上自动接收、查询各地预警迁安方案的功能，以醒目颜色、标记显示预警迁安路线的功能。

（6）抢险救灾系统。

抢险救灾系统包括险情分析、险情测报、抢险指挥、物资调配等。利用最新的通信、计算机网络和3S技术，初步建成山东黄河抢险救灾系统，达到“险情预报自动化，险情测报准确化，险情抢护快速化，迁安救护高效化，”真正实现“以防为主，全力抢险，抢早抢小，灾害最小”的目标。

险情分析：选择试点河段进行工程险情预报分析模型开发的试验研究，该模型能够在流域出现降水和凌情时，根据降水产流、洪水演进特点、气象和水流耦合运算结果、河势现状条件等，结合同步物理模型试验成果、防凌调度模型来联控预报可能出现的不利河势，可能出险的防洪工程。系统将借助专家智能决策系统、数字信息管理系统、空间地理信息系统及虚拟环境支持系统，在防汛指挥调度中心显示所预报的出险河段、洪水演进、冰坝形成、工程险情模拟的三维仿真动画。

险情测报：立足于防大汛、抢大险，从实战出发，按照先进、实用的原则，建设黄河下游堤防、河道工程、涵闸等防洪工程险情测报系统。建成开放式综合数据库，实现数据、图像等资源共享，可以大大减轻传统人工查险、报险劳动强度，减少险情上报环节，提高报险和险情批复工作效率，达到数据采集自动化，信息传输网络化，险情报警及时化，实现抢险现场图像实时传输。

抢险指挥：抢险指挥系统能够实现险情现场与黄河防总指挥调度中心双向实时图像、语音传输，指挥调度中心将具有自动显示较大或重大抢险工作流程提示，出险点附近交通道路、料物分布、抢险队伍部署和快速机动能力等，能提供相关单位和责任人联系表。具有快速生成较大或重大险情抢护方案的能力、各类险情抢护相对应的抢险设备优化组合方案；能自动显示抢险过程进展情况、每日抢险人数、料物消耗数、机械台班数、消耗投资数、险情控制形势等；抢险结束后能自动汇总这些数据。专业数据库、空间地理信息系统、历史信息经验库对抢险指挥系统提供全过程支持。

物资管理调配：通过采用面向对象技术和数据库技术，设计开发防汛料物数据库，建成基于3S技术、实时监控技术，实现可视化管理的防汛物资调度管理系统。

另外，为保证模型精度，模型开发统一使用1 ：10000比例尺的电子地图，个别如险情预测模型、根石走失探测模型需要1 ：2000比例尺电子地图。

险情监测、洪水演进和冰凌监测工作中需要卫星遥感监测，卫星遥感分为低分辨率(250米左右)全过程监测和高分辨率(10米左右)重点监测两类。

（7）防汛物资信息管理系统。

建设防汛物资信息管理系统，为防汛物资管理、调拨的有效、可靠、快速实施和决策提供了强有力的技术保障，进一步推进了防汛物资管理的信息化、数字化建设，大大提高防汛物资管理水平。

根据防汛物资管理的需求，划分成三大部分：网上信息展示模块、查询模块和仓库物资管理员管理模块。其中，储备中心网上信息展示模块，是实现储备中心在互联网上的信息展示窗口。查询模块是为各级用户提供信息查询的平台。仓库物资管理员管理模块则是专为仓库管理人员提供的网上工作平台和系统设置平台。

（8）模型的运用。

根据需要共享黄委的各个防汛模型：洪水预报模型、防洪调度模型、凌情预报模型、防凌调度模型、灾情预测模型、灾情监测模型、灾害评估模型、迁安救护方案制定模型和防汛物资调度模型，将各种方案结果可视化、定量化，将洪水演进、洪水淹没等洪水情况，直观表现出来，为各项决策结果提供科学有力支持。

（9）建设面向应用的虚拟仿真系统。

数学模拟是运用数学模型和计算机技术对自然系统进行仿真模拟的技术，在水利领域有较早的应用历史，由于计算机主频和内存不断提高和扩大，对天气系统、水流运动、水环境变化都能进行各种尺度的实时模拟，为准确揭示和把握水资源运动规律提供了先进的技术手段。数学模拟系统在“数字黄河”工程中处于核心地位，它以各种水利专业模型为内核，对各种水利信息进行综合计算处理。

要实现虚拟仿真，必须利用黄河空间数据和水文、气象、工险灾情等黄河防汛基础数据，以不同比例尺地形图和多种分辨率的遥感影像为基础，采用仿真和虚拟技术，多维和多种数据的融合技术，在 GIS 为主的数据可视化集成环境支持下，进行高分辨率的三维可视化浏览、查询、分析和模拟，实现自然黄河地理环境的计算机虚拟再现和仿真模拟。在虚拟仿真系统中可以实现黄河流域虚拟再现；黄河下游河道洪水演进仿真模拟；滩区滞洪区洪水淹没过程仿真模拟；河道堤防、大坝、险工工程、控导工程等现状的虚拟再现。

五、重点业务系统

（一）完善防汛值班系统

对已建的防汛值班系统进行完善，实现值班报告自动提取水雨情、气象、值班情况等信息，快速、准确、自动生成值班情况报告模板。接收传真自动存储，并实现群发功能，并监控发送状态。值班电话自动登记及录音。

（二）防御大洪水办公系统

开发防御大洪水办公系统，实现洪水过程及水情通报、进行防洪部署、对工程查险、报险与抢险数据及时上报，实现洪水期间各职能组以及与各单位间信息交互，提高工作效率和工作质量。

（三）东平湖三维防汛决策支持系统升级

对山东黄河河务局与山东省国土测绘院联合开发了“东平湖防汛决策三维支持系统”进行升级。目前该系统是 C/S 版本，不利于系统广泛应用，建议将该系统升级为 B/S 版本，并根据最新的电子地图和技术。完善相关内容，提高东平湖防汛决策能力。

（四）“东平湖洪水优化调度系统”升级改造

“东平湖洪水优化调度系统”将东平湖的洪水组合分不同类型，分别进行演算，是东平湖蓄滞大汶河洪水，分滞黄河洪水方案演算的重要手段，在历年的防汛中发挥了不可取代的作用。但由于，黄委水雨情数据库的升级，“东平湖洪水优化调度系统”存在数据库类型不兼容、运行和使用不方便的问题，建议进行系统升级改造。

（五）“大汶河降雨产流系统”升级改造

大汶河降雨产流，一直是黄河下游防洪关心的问题，现有的“大汶河降雨产流系统”是多年前由河海大学根据水文预报的技术步骤编制而成，实践证明，该系统能够为大汶河的降雨产流提供有价值的参考结果。但是，由于该系统多年没有升级改造，一些功能仍然没有改进，例如，系统只能提供洪水总量和洪峰的预报，戴村坝的流量过程预报仍然不能实现。建议对该系统进行升级改造。

（六）“大河预报系统”升级改造

原有的“大河预报系统”存在数据库类型不兼容，有些功能不能实现，需要进行升级改造。

（七）山东黄河冲淤分析模型

分析水文站水位流量关系，是分析调水调沙或者洪水对河道排泄能力影响的重要手段，多年来，我局水位流量关系分析手段一直落后，一直停留在手工做图分析的基础上，建议使用计算机和数据库相结合的方法，建设“山东黄河冲淤分析模型”。

六、系统接口

（1）内部接口。系统内部各功能模块之间主要是采用JAVA标准接口程序调用和WebService接口的方式来实现数据交换和功能交互；各功能模块均提供标准接口，以供其它功能模块和系统调用；接口形式具体包括以下四种：

应用程序接口（API）通过基于.NET的应用程序接口来获得相应功能的访问。

Web服务（Web Service）：将需要访问的功能封装成Web Service，并发布。业务应用通过SOA协议进行访问。

文件：以文件作为接口形式，例如，信息交换中提供基于FTP模式进行数据交换，需要以文件作为接口，文件指XML、DOC、HTML等类型文档文件。

数据库表：以数据库表结构作为接口形式，通过约定好的字段定义进行数据操作访问。

在统一的接口标准定义和网络环境之下，即可实现黄河上游防洪防凌会商系统内部各模块之间的数据交换的要求。

（2）与数据存储和管理系统的接口。接口内容：数据存储中的大量基础数据、图片、视频资料以及其它形式的数据和文件数据。

接口形式：通过其他应用支撑平台和数据存储系统提供的统一访问接口进行部分数据的获取，通过 ODI 接口进行基础数据信息的获取。

七、安全建设（省局规划考虑）

（1）虚拟化安全。

①保护虚拟机：通过安装于物理服务器的防病毒代理、间谍软件过滤器、入侵防御系统以及其他所有安全工具，确保随时更新所有的安全工具，包括应用适当的修补程序。

②利用模板增加虚拟机安全：通过在模板中获取加强了安全性的基本操作系统映像(未安装任何应用程序)，确保创建的所有虚拟机都具有已知基准级别的安全性。同时也可以使用该模板创建其他特定于应用程序的模板，使用应用程序模板部署虚拟机。确保随时更新模板中的修补程序和安全工具。

③防止虚拟机抢占资源：通过使用云平台的资源管理功能，使受到攻击的虚拟机不会对在同一台物理主机上运行的其他虚拟机造成影响。

④限制从虚拟机到物理主机的数据流：通过限制从虚拟机到物理主机的数据流，对虚拟机进行配置，当文件达到一定容量后轮换或删除日志文件。

（2）数据安全设计。必须保证所有的数据包括所有副本和备份、存储在安全的地理位置；数据必须彻底有效地去除才被视为销毁；数据尤其是保密 / 敏感数据不能在使用、存储或传输过程中，在没有任何补充控制的情况下与其他客户数据混合；必须保证数据可用，云备份和云恢复计划必须到位和有效，以防止数据丢失及意外的数据覆盖和破坏。

在数据的创建、存储、使用、共享、归档、销毁等阶段，都要采取相应的保护措施，访问控制、安全审计等技术手段，来保障数据安全。

（3）网络安全设计。

①网络结构安全：在现有基础网络可靠性基础上，对网络进行冗余可靠性设计。网络设备采用虚拟化技术实现网络设备及链路冗余备份，重点系统采用双线路捆绑冗余接入方式。

②安全区域部署：在现有网络安全区域划分基础上，数据中心按照业务类型分别部署于不同的安全区域：局域网数据中心区、互联网 DMZ 区、电子政务外网 DMZ 区、电子政务内外。不同安全区域间使用防火墙等设备进行逻辑隔离或直接物理隔离。并根据不同安全区域通信特征与安全风险，进行针对性安全防火能力建设。

③网络设备安全防护：对相关网络及安全设备自身进行安全加固，确保网络设备自身安全。网络设备的安全防护主要通过网络设备(交换机)配置实现，包括强口令、加密访问、管理地址限制、管理员分组分账号分权限、服务最小化等。

④访问控制：依托现有信息网络系统防火墙等基础访问控制设施，对不同安全区域间的网络通信进行必要的访问控制，阻断恶意、有风险的访问。

⑤入侵检测：依托现有信息网络系统基础访问控制设施，对互联网、电子政务外网、广域网等外部接入网络流量进行检查，及时发现恶意入侵行为，以采取必要措施阻断。

⑥网络安全审计：通过分析网络流量，对关键系统的业务通信、系统管理访问等行为进行记录和审计，并且再出现安全事故时，进行取证和追究相关人员的责任，以减少由于内部计算机用户滥用资源造成的安全危害。

(4)主机安全设计。主机安全主要通过优化和加固系统配置、开启系统自身安全功能、安装必要安全软件实现。包括以下方面：系统可靠性、系统安全加固、身份鉴别、访问控制、主机病毒防护、安全审计、剩余信息保护。

(5)安全规范制度。安全规范制度包括：安全保密制度、机房访问制度、环境管理制度、设备管理制度等内容，与现有传统机房的安全规范基本一致。

第五节　工程进度计划

序号	系统名称	项目名称	2019 年	2020 年	2021 年
1		视频图像采集			
2		自动化遥测水尺			
3		工程基础数据采集			
4	信息数据采集	重点河段凌情采集			
5		重点工程三维影像			
6		地理信息数据			
7		气象信息数据			

续表

8	资源整合共享	数据资源梳理分析与组织			
9		黄河水利模型定制			
10		数据目录库			
11		基础数据库建设			
12		业务共享数据库建设			
13		遥感资源整编与入库			
14		山东黄河防汛综合门户			
15		山东黄河一张图服务			
16		移动应用服务			
17		数据交换服务			
18		应用支撑平台组件开发			
19		计算资源整合、存储资源整合和备份资源整合			
20	防汛减灾会商系统	洪水预报系统			
21		洪水调度系统			
22		组织指挥系统			
23		洪水演进系统			
24		抢险救灾系统			
25	重点业务系统	完善防汛值班系统			
26		防御大洪水办公系统			
27		东平湖三维防汛决策支持系统升级			
28		东平湖洪水优化调度系统升级改造			
29		大汶河降雨产流系统升级改造			
30		大河预报系统升级改造			
31		山东黄河冲淤分析模型			

第六节　可行性分析

一、技术可行性分析

本项目的建设是充分利用“数字黄河”工程已建系统，在其基础上利用新技术增加自动监测等信息采集点，梳理整合各类防汛业务、防汛事务的信息，实现各类信息资源的共享。已经建设并将不断滚动更新的各业务系统为本项目的建立提供了良好的支撑。“数字黄河”工程的建设，为山东局建立了比较完善的信息化建设体系，积累了大量标准规范、建设管理和运行维护经验，也造就了一大批设计开发管理维护队伍，这一切都是本项目建设运行的有力保障。

总之，先进成熟的信息技术与“数字黄河”工程已建系统为本项目的建设奠定了可靠的技术基础，通过“数字黄河”工程的建设为本项目的实施提供了丰富的资源和建设经验，因此，本项目的建设在技术上是合理、可行的。

二、技术可行性分析

依据现行部颁相关工程专业估算（概算）编制方法及有关规定编制，结合综合性应用系统建设的实际情况，山东黄河防汛信息化实施方案项目估算投资为 2760.39 万元，资金来源为水利基本建设投资。

项目建设过程中，本着资源共享、经济适用的原则安排各项建设任务投资，在项目任务建设过程中，充分利用黄委、山东局内部现有信息资源，避免重复数据采集。在项目建设过程中，以之前建设的项目成果为基础，进行升级完善，避免信息系统的重复建设，节约项目建设成本。

三、安全与保密可行性分析

（1）本项目建设是架设在“数字黄河”工程网络和支撑平台的基础上，网络、数据和应用安全符合“数字黄河”工程安全与保密规范要求。

（2）本项目针对山东黄河内部用户不同角色、山东黄河外部不同角色进行不同信息访问授权，保证系统应用安全。

系统在网络安全、数据安全、系统运行安全等方面可保障系统的安全运行，系统在安全性和保密性方面是可靠的。

四、运行管理可行性分析

经过多年水利信息化建设，山东黄河内部培养和造就了一批既精通治黄业务、又熟悉信息技术的复合型人才，造就了一支专业化与信息化相结合的技术队伍，拥有多年信息技术应用基础和水利信息化建设工作经验，本系统的运行管理有充分的人才保障。因此，本系统在运行管理上是可行的。

（1）有力的政策、组织、管理保障。“数字黄河”10 年以来，山东局不断完善信息化工程建设与运行管理工作，现已具有科学的标准规范体系、先进的科技和一流的人才队伍、高效的管理组织体系等，有效保障了水利信息系统的可持续发展、保障了信息化建设有章有序的进行和长效运维管理。

（2）富有经验的建设和运行维护队伍。山东局有一支专业的信息化建设队伍，从事信息化建设和运行维护的人员超过百人，分布在省局和市县局等单位，因此，涉及经常性运行维护工作的基础设施、平台和应用系统的建设也以山东局信息化队伍为主。本着这一原则，几年来的"数字黄河"工程建设为山东局培养了一批信息化高级管理人才、高级技术人才和一大批建设人才，为山东局信息化建设的可持续发展打下了坚实的基础。

五、风险分析

根据本项目的特点，系统的建设与运行维护可能存在以下几个方面的潜在风险：

（1）建设与运行管理资金不能及时到位。

系统建设资金与运行管理资金是系统正常建设与运行的保障，要争取早日落实系统所需资金，保障系统正常建设与运行。

（2）与现有系统的集成不能很好进行。

本项目将集成多套业务系统的数据和应用组件，需要与上级单位和各业务部门密切配合完成。系统应在省局防办领导和网信办的支持下积极协调各部门，在工作开展的初期阶段达成协商，制定集成规范，保证项目顺利实施。

（3）后期系统运行维护责任不明确，系统带故障运行。

系统后期的运行与维护与系统建设同等重要，运行维护工作人员责任重大，要把运行维护责任到人，保障系统安全。根据"数字黄河"工程建设经验，按照系统建设责任单位负责系统运行维护的一般原则，将运行维护责任落实到各业务支撑单位，实行领导负责制，督查系统运行维护，保障各系统"数据到位、应用到位、支撑到位"，严格保障系统的正常无故障运行。

通过以上风险分析发现，本项目存在的风险点主要是项目建设管理和运行维护风险，必须在山东局有关部门，项目法人单位和本项目涉及的各单位共同努力下协调一致、同步推进、分工负责，以严格的组织管理制度和日常督察落实责任，保障系统建设运行。

第七节　建设与运行管理

为保证山东黄河防汛信息化建设实施方案建设顺利有序的实施，严格按照国家有关法律法规和基本建设程序进行，严格实行项目法人责任制、招标投标制、建设监理制和合同管理制。遵循“三高”（即高起点、高标准、高质量）和“四统一”（即统一领导、统一规划、统一组织、统一管理）的建设原则，对项目建设管理从制度和组织上给予落实，建立严密的项目建设组织管理体系、项目运行维护管理体系，按照基本建设管理的有关规定，实施计划进度管理和过程控制，确保项目高质量、高水平按计划完成。

采用完善的标准体系，保证系统的开放性、通用性和可扩展性。在系统设计开发和运行维护等各个阶段，严格按照有关标准进行，保证项目建设和运行的规范化和标准化。加强组织管理、计划管理、建设管理和运行管理，确保项目的正常运转，最大限度地发挥工程的效益。

一、建设管理

按照水利部《水利工程建设项目管理规定》（水建 [1995]128 号）的规定，水利工程建设推行项目法人制、招标投标制和建设监理制，积极推行项目管理。分别为：

（1）项目法人负责制。

项目法人是项目建设的责任主体，对项目建设的工程质量、工程进度、资金管理和生产安全负总责，并对项目主管部门负责；山东黄河工程建设中心为项目法人，成立山东黄河防汛信息化建设实施方案项目管理办公室（以下简称项目办）。项目法人在项目建设阶段的主要职责是：

①组织初步设计文件的编制、审核、申报等工作。

②按照基本建设程序和批准的建设规模、内容、标准组织工程建设。

③根据工程建设需要组建现场管理机构并负责任免其主要行政及技术、财务负责人。

④负责办理工程质量监督、工程报建和主体工程开工报告报批手续。

⑤负责与项目所在地地方人民政府及有关部门协调解决好工程建设外部条件。

⑥依法对工程项目的勘察、设计、监理、施工和材料及设备等组织招标，并签订有关合同。

⑦组织编制、审核、上报项目年度建设计划，落实年度工程建设资金，严格按照概算控制工程投资，用好、管好建设资金。

⑧负责监督检查现场管理机构建设管理情况，包括工程投资、工期、质量、生产安全和工程建设责任制情况等。

⑨负责组织制订、上报在建工程度汛计划、相应的安全度汛措施，并对在建工程安全度汛负责。

⑩负责组织编制竣工决算；负责按照有关验收规程组织或参与验收工作；负责工程档案资料的管理，包括对各参建单位所形成档案资料的收集、整理、归档工作进行监督、检查。

（2）招标投标制。

依据《中华人民共和国招标投标法》，工程建设采用招标投标制，项目法人通过公开招标方式，择优选择建设监理和施工、设备的承包方，招标工作由项目法人或其委托的具有相应资质的招标代理机构完成。全部招标工作接受政府部门的监督。中标方依法签订承包合同。

（3）建设监理制。

依据《水利工程建设监理规定》，本工程实行建设监理制，项目法人依法通过招标选择建设监理单位，监理单位依据国家有关工程建设的法律、法规、规章和批准的项目建设文件、建设工程合同以及建设监理合同，对工程建设实行管理。主要工作内容是进行建设工程的合同管理，信息管理，按照合同控制工程建设的投资、工期和质量，并协调建设各方的关系。

（4）合同管理制。

工程参建各方，项目法人、设计单位、监理单位、施工单位、材料设备供应单位、检测单位等之间责、权、利均以相关合同为依据。

二、运行管理

要保证所建工程正常运行，必须加强对整个系统的运行管理，明确各级管理机构的职责、制定切实可行的运行维护管理制度、安排相应的运行维护经费，配备一定的技术管理人员和技术支持人员，从而形成比较好的运行维护管理体系，对于提高系统运行和维护管理水平，保证系统能够长期发挥作用和效益，是非常必要的。

（一）运行管理组织机构

在现有基础上，理顺关系，进一步调整、补充和加强，建立完善的运行维护管理机构，协调各系统和各单位部门间的关系。

（1）建立运行维护管理体系，按照统一和分级管理、部门负责相结合的模式进行管理，从功能、业务、人员、经费等方面综合考虑。

（2）系统建成后，由山东黄河信息中心、各市局信息中心负责运行、管理和维护。山东黄河信息中心是山东河务局信息化建设的技术支撑单位，是信息通信、应用服务等的运行维护管理和提供服务的主干力量和技术支持中心，各市局信息中心是重要的基础力量。

（3）山东黄河信息中心和各市局信息中心，要制定统一有序的管理方法和操作步骤，提高管理的自动化水平和管理效率，加快问题处理速度，减少对应用的影响。

（4）加强技术培训，依托山东黄河信息中心，针对通信和传输技术、网络和网络安全技术、遥测遥感技术、地理信息技术、信息管理与自动监控技术等，制定有序的技术培训计划，逐渐培养一批能够承担系统建设、特别能承担非工程措施运行维护和管理专业技术队伍，增强其运行维护的能力。

（二）运行管理方式

（1）建立一套有关运行维护管理的规章制度，主要包括运行维护管理的任务、系统文档、硬件系统、软件系统、应用系统的管理办法，数据库维护更新规则、管理人员管理培训考核办法和岗位责任制度等。

（2）采用先进的管理手段，制定考核激励措施，对管理制度的实施发挥督促作用，提高运行维护管理人员自身素质。

（3）明确各单位信息管理部门在系统运行维护管理方面的地位、职责，各级机构间的相互关系、管理目的和原则、协作配合以及接口关系。

（4）针对不同的系统，制定切实可行的运行管理与维护管理规定和办法，明确并设置专项维护经费。

第八节　投资估算

一、编制说明

（一）编制原则

山东黄河防汛信息化建设实施方案投资概算按现行部颁相关工程专业概算编制方法及有关规定编制，并结合黄河下游非工程建设项目的实际情况，设备、软件和材料价格参考2018年四季度市场报价进行编制。

（二）编制依据

本实施方案投资概算参考国家相关法令法规、制度、规程进行编制。

（1）工信部规[2008]75号《关于发布＜通信建设工程概算、预算编制办法＞及相关定额的通知》。

①《通信建设工程概算、预算编制办法通信建设费用定额通信建设工程施工机械仪表台班费用定额》。

②《通信建设工程预算定额（第一册）通信电源设备安装工程》。

③《通信建设工程预算定额(第二册)有线通信设备安装工程》。

④《通信建设工程预算定额(第三册)无线通信设备安装工程》。

⑤《通信建设工程预算定额(第四册)通信线路工程》。

（2）信部规 [2005]36 号文批准发布《电子建设工程概（预）算编制办法及计价依据 HYD41—2005》与《电子建设工程预算定额》。

①信息产业部《电子建设工程概（预）算编制办法及计价依据》。

②《电子建设工程预算定额》第一册《雷达、有线电视及专用通信设备安装工程》。

③《电子建设工程预算定额》第二册《计算机、网络设备及布线安装工程》。

④电子建设工程预算定额》第四册《音频、视频、灯光及集中控制系统设备安装工程》。

⑤《电子建设工程预算定额》第五册《洁净厂房（室）及电子设备技术场地安装工程（上）》。

⑥《电子建设工程预算定额》第六册《施工机械、仪器仪表台班费用定额及材料预算单价》。

（3）建标 [2003]206 号《关于印发 < 建筑安装工程费用项目组成 > 的通知》（建设部、财政部）。

（4）计价格 [2002]10 号《关于发布 < 工程勘察设计收费管理规定 > 的通知》（国家计委）。

（5）建办 [2005]89 号《关于印发 < 建筑工程安全防护、文明施工措施费用及使用管理规定 > 的通知》（建设部）。

（6）发改价格 [2007]670 号《关于印发 < 建设工程监理与相关服务收费管理规定 > 的通知》（国家发改委、建设部）。

（7）计价格 [2002]1980 号《关于印发 < 招标代理服务收费管理暂行办法 > 的通知》（国家计委）。

（8）财建 [2002]394 号《基建财务管理规定》（财政部）。

（9）发改办价格 [2003]857 号《关于招标代理服务收费有关问题的通知》（发改委办公厅）。

（三）取费标准说明

1. 主体工程费用

（1）需安装设备(软件)费。

费用包括：设备、通用(系统)软件等购置。

（2）不需要安装设备(系统)费。

费用包括：设备购置，各类应用软件、数据库的开发及数据的整编。目前国家还未出台软件开发费的取费标准，考虑到本系统的实际情况，并参照“国家防汛抗旱指挥系统”的标准，确定本项目的软件开发费按下列方法计算：

系统（软件）开发费＝开发时间（年）× 人数（人）× 人工综合开发单价（万元 / 人年）

其中人工综合开发单价系综合人工、材料消耗、设备、工具、场地使用、开发人员培训、资料、计划利润等费用摊销后测算制定的。

程序开发高级人员按 12 万元 / 人年；中级人员按 11 万元 / 人年；初级人员按 10 万元 / 人年计。

（3）建筑安装工程费。

费用包括：需安装设备（软件）的安装调试、材料费、机械使用费和仪表使用费。安装调试费率参照各专业的定额标准，按需安装设备（软件）的 8%~10% 计取（软交换系统按需安装设备（软件）的 8% 计取，综合视讯平台按需安装设备（软件）的 15% 计取，其它按需安装设备（软件）的 10% 计取）。

2. 其他费用

（1）建设单位管理费。

建设单位管理费收费见表 10–10 所示。

表 10–10　建设单位管理费计算表

序号	工程费（万元）	建设单位管理费（万元）
1	1000 以下	工程费 ×1.5%
2	1001~5000	15+(工程费 –1000)×1.2%
3	5001~10000	63+(工程费 –5000)×1.0%

（2）设计费。

设计费按以下公式计取：

工程设计费＝工程设计收费基价 * 专业调整系数 * 工程复杂度调整系数，其中：工程设计收费基价以工程费为计费额，处于两个数值区间的，按直线内插法计取，专业调整系数为 1.0；工程复杂度调整系数为 1.0。工程设计收费见表 10–11 所示。

表 10–11　工程设计收费计算表

序号	计费额（万元）	工程设计收费（万元）
1	200 以下	〔工程费 ×4.5%〕×1×1
2	201~500	〔9+(工程费 –200)×3.97%〕×1×1
3	501~1000	〔20.9+(工程费 –500)×3.58%〕×1×1
4	1001~3000	〔38.8+(工程费 –1000)×3.25%〕×1×1
5	3001~5000	〔103.8+(工程费 –3000)×3.01%〕×1×1

（3）施工监理费。

施工监理费按以下公式计取：

施工监理费＝施工监理收费基准价 × 专业调整系数 × 工程复杂度调整系数 × 高程调整系数，其中：施工监理收费基准价以工程费为计费额，处于两个数值区间的，采用直线内插法计取，专业调整系数为 1.0，工程复杂度调整系数为 1.0，高程调整系数为 1.0。施工监理收费见表 10—12 所示。

表 10-12 施工监理收费计算表

序号	计费额（万元）	施工监理收费（万元）
1	500 以下	〔工程费 ×3.3%〕×1×1×1
2	501~1000	〔16.5+(工程费 −500)×2.72%〕×1×1×1
3	1001~3000	〔30.1+(工程费 −1000)×2.4%〕×1×1×1
4	3001~5000	〔78.1+(工程费 −3000)×2.14%〕×1×1×1

（4）工程招标代理费。

工程招标代理费按差额定率累进法计算，收费见表 10–13 所示。

表 10-13 工程招标代理费计算表

序号	计费额（万元）	工程招标代理费收费（万元）
1	100 以下	（工程费 ×1%）
2	100~500	(工程费 −100)×0.7%
3	500~1000	(工程费 −500)×0.55%
4	1000~5000	(工程费 −1000)×0.35%

3. 预备费

预备费按主体工程费与其他工程费之和的 3% 计列（已审查项目按批复标准计列），不考虑价差预备费。

二、总投资概算及构成

山东黄河防汛信息化建设实施方案总投资概算为 2760.39 万元，见表 10–14。其中：

（1）信息数据采集 1074.44 万元。

（2）资源整合共享 310.75 万元。

（3）防汛减灾会商 731.70 万元。

（4）重点业务系统 372.00 万元。

（5）其他费用 191.10 万元。

（6）预备费 80.40 万元。

表 10-14　山东黄河防汛信息化建设实施方案投资概算表

序号	工程或费用名称	价格（万元）							
		建筑工程费	需要安装的设备费	安装工程费	软件开发费	其他费用	预备费	专项费用	总价
1	2	3	4	5	6	7	8	9	10
一	直接工程费								2488.89
1	信息数据采集		529.54	263.4	281.5				1074.44
2	资源整合共享		179.1		131.65				310.75
3	防汛减灾系统		118		613.7				731.7
4	重点业务系统				372				372
二	其他费用								
1	建设单位管理费					32.87			32.87
2	设计费					87.19			87.19
3	监理费					65.83			65.83
4	招标代理费					5.21			5.21
三	预备费						80.40		80.40
四	合计								2760.39

10-15　信息数据采集投资概算表

序号	设备名称	单位	数量	设备购置费（万元）		软件开发费（万元）		安装工程费（万元）		合计（万元）
				单价	合价	单价	合价	单价	合价	
1	2	3	4	5	6	7	8	9	10	11
一	视频监控采集									
1	混凝土基础	处	82					0.8	65.6	65.6
2	立杆（8M）	根	82	0.8	65.6			0.2	16.4	82
3	接地地线	处	82					0.3	24.6	24.6
4	摄像机	台	133	1.5	199.5			0.2	26.6	226.1
5	太阳能电源	台	133	0.8	106.4			0.2	26.6	133
6	4G 流量卡（三年）	个	82	0.08	6.56					6.56
7	视频图像传输集成	处	133			0.5	66.5			66.5
二	自动化遥测水尺									

续表

1	雷达水位传感器	台	28	3.15	88.2			0.3	8.4	96.6
2	数据采集终端 RTU	台	28	1.3	36.4					36.4
3	4G 全网通模块	套	28	0.56	15.68					15.68
4	自供电系统	套	28	0.4	11.2					11.2
5	基础设施	处	28					3.4	95.2	95.2
三	工程基础数据采集	套								
1	滩区、蓄滞洪区社会经济数据	套	1			15	15			15
2	防汛物资数据	套	1			5	5			5
四	重点河段凌情采集									
1	遥感地图	套	1			10	10			10
五	重点工程三维影像数据									
1	重点堤防工程三维影像	处	10			13	130			130
六	地理信息数据									
1	地理信息数据	套	1			35	35			35
七	气象信息数据									
1	气象信息数据	套	1			20	20			20
	合计				529.54		281.5		263.4	1074.44

10-16　资源整合共享投资概算表

序号	设备名称	单位	数量	设备（软件）购置费（万元）		软件开发费（万元）		安装工程费（万元）		合　计（万元）
				单价	合价	单价	合价	单价	合价	
1	2	3	4	5	6	7	8	9	10	10
一	数据资源整合									
1	数据资源梳理分析与组织	套	1			8	8			8

续表

2	数据迁移集中物理存储	套	1			5	5			5
3	水利对象模型建设	套	1			12.8	12.8			12.8
4	数据整合共享管理	套	1			8.5	8.5			8.5
5	数据目录库建设	套	1			6.35	6.35			6.35
6	基础数据库建设	套	1			7.5	7.5			7.5
7	应用共享数据库建设	套	1			6.5	6.5			6.5
8	遥感资源整编入库	套	1			15	15			15
二	应用资源整合									
1	已有系统单点登录集成	套	1			3.8	3.8			3.8
2	基础数据集成	套	1			6.5	6.5			6.5
3	应用共享数据集成	套	1			3.5	3.5			3.5
4	协同工作服务开发	套	1			2.8	2.8			2.8
5	移动应用服务环境	套	1			6.6	6.6			6.6
6	移动终端应用开发平台	套	1			8.8	8.8			8.8
7	移动应用开发	套	1			2.5	2.5			2.5
8	服务统一注册和管理	套	1			5.5	5.5			5.5
9	全文检索	套	1	12	12					12
10	协同工作系统	套	1	15	15		0			15
11	门户系统	套	1			17	17			17
12	数据资源目录服务管理	套	1	9.6	9.6		0			9.6
13	数据交换监控统计分析与管理	套	1	8.5	8.5		0			8.5
14	数据共享服务监控统计分析与管理	套	1	9.2	9.2		0			9.2
15	数据共享服务标准规范编制	套	1			5	5			5
16	图形绘制类组件	套	1	6	6					6
17	地图控制类组件	套	1	8	8					8
18	报表服务类组件	套	1	8	8					8
19	视讯服务类组件	套	1	5	5					5
20	专题图类组件	套	1	10	10					10
21	文件管理类组件	套	1	8	8					8
22	计算分析类组件	套	1	11	11					11
三	计算存储资源整合									
1	虚拟化 CPU 授权许可	个	8	1.5	12					12
2	服务器	台	2	8	16					16
3	服务器扩容（内存、网卡）	台	6	1.2	7.2					7.2
4	结构化数据空间存储（30TB）	台	1	18	18					18

续表

5	磁盘备份（30TB）	台	1	13	13					13
6	网络交换机	个	2	0.3	0.6					0.6
7	光纤交换机	个	2	1	2					2
四	合计				179.1		131.65			310.75

10-17 防汛减灾系统投资概算表

序号	系统名称	单位	数量	设备（软件）购置费（万元）		软件开发费（万元）		安装工程费（万元）		合计（万元）
				单价	合价	单价	合价	单价	合价	
1	2	3	4	5	6	7	8	9	10	10
一	洪水预报系统									
1	雨水情信息接收处理升级改造	套	1			3.2	3.2			3.2
	干流洪水预报升级改造	套	1			5.5	5.5			5.5
	汶河流域预报系统升级改造	套	1			4.5	4.5			4.5
二	洪水调度系统									
	防洪调度	套	1			15.5	15.5			15.5
	防凌调度	套	1			13.6	13.6			13.6
	抢险调度	套	1			12.8	12.8			12.8
	调度运行监视	套	1			10.2	10.2			10.2
三	组织指挥系统									
	信息查询	套	1			6.8	6.8			6.8
	会商支持	套	1			13.2	13.2			13.2
	指挥会商	套	1			15.4	15.4			15.4
	组织管理	套	1			8.3	8.3			8.3
	防洪防凌预案制定	套	1			3	3			3
四	洪水演进系统									
	洪水演进模型	套	1			22	22			22
	灾情评估	套	1			15.6	15.6			15.6
	预警迁安	套	1			13.5	13.5			13.5
五	抢险减灾系统									
	险情分析	套	1			22.2	22.2			22.2
	险情测报	套	1			23.2	23.2			23.2
	抢险指挥	套	1			24.2	24.2			24.2
	物资调配	套	1			25.2	25.2			25.2
六	防汛物资信息管理系统					26.2	26.2			26.2
	信息展示模块	套	1			27.2	27.2			27.2
	信息查询模块	套	1			28.2	28.2			28.2
	仓库管理模块	套	1			29.2	29.2			29.2
七	模型定制									
	洪水预报模型	套	1	17	17					17
	防洪调度模型	套	1	15	15					15
	凌情预报模型	套	1	13	13					13
	防凌调度模型	套	1	16	16					16

续表

	灾情预测模型	套	1	16	16					16
	灾情监测模型	套	1	13	13					13
	灾害评估模型	套	1	14	14					14
	迁安救护方案制定模型	套	1	8	8					8
	防汛物资调度模型	套	1	6	6					6
八	虚拟仿真系统	套	1			245	245			245
	合计				118		613.7			731.7

10-18 重点业务系统投资概算表

序号	系统名称	单位	数量	设备（软件）购置费（万元）		软件开发费（万元）		安装工程费（万元）		合计（万元）
				单价	合价	单价	合价	单价	合价	
1	2	3	4	5	6	7	8	9	10	10
1	完善防汛值班系统	套	1			12	12			12
2	防御大洪水办公系统	套	1			25	25			25
3	东平湖三维防汛决策支持系统升级	套	1			85	85			85
4	东平湖洪水优化调度系统升级改造	套	1			70	70			70
5	大汶河降雨产流系统升级改造		1			55	55			55
6	大河预报系统升级改造	套	1			35	35			35
7	山东黄河冲淤分析模型	套	1			90	90			90
	合计									372

第九节　效益分析

山东黄河防汛信息化建设实施方案的实施，将有效提升山东黄河防汛信息化水平，实现以水利信息化带动水利现代化的目标，取得显著的社会效益和经济效益。效益主要体现在：

（1）增强决策的科学性和准确性。

科学的决策是建立在全面、准确的信息基础上。在信息化工程建设中，依托信息高速公路，通过加强遥感（RS）、地理信息系统（GIS）、全球定位系统（GPS）、遥测、移动监测等技术的应用，完成大部分的数据加工处理，减少中间人工处理环节，可以大大增加数据采集的范围，降低信息出错概率，提高数据采集效率和质量，为治黄决策提供全面、准确的信息。

随着计算机和数学模型技术的发展，决策支持显得愈来愈重要。通过3S系统3S技术和虚拟仿真技术的应用，对黄河治理开发与管理的各种方案进行模拟、分析和研究，将各种数学模型计算结果在可视化环境中生动、直观地表示，辅助决策者制定科学的决策，以增强决策的科学性和准确性。

（2）实现信息资源的高度共享。

黄河水利信息涉及水文、水质、水利工程等方面。由于管理体制和技术上的限制，使得信息资源难以共享，在一定程度上制约了黄河水利各项工作的发展。信息数据和应用系统的整合共享，不但丰富了信息的种类和数量、提高了信息的传输速度，而且通过数据中心的升级和扩建，实现了信息的统一管理、组织和高效共享，避免了信息资源的重复开发，节约投资，经济效益显著。

（3）提高防汛工作质量和效率。

通过信息化工程建设，加强和促进省局防办与黄委及各市局防办之间的信息共享和交流，使各种行政命令、调度指令、公文流转速度大大提高，从而提升管理水平和工作效率；实现“政务资源数字化、内部办公协同化、信息交流网络化”，实现防汛工作的精细化管理。

第十一章　水利财务业务管理信息系统建设

水利财务业务管理信息系统是将计算机和数据库用现代通信手段连接起来用于处理水利财务业务的有机整体。水利财务业务管理信息系统是各种水利财务信息系统、政务办公系统、自动化信息管理系统、信息处理系统、信息服务系统、数据处理系统、信息决策系统和计算机辅助管理系统的总称。水利财务业务信息化水平的高低很大程度上取决于水利财务业务管理信息系统的建设和使用。为规范水利财务业务管理信息系统建设和管理，促进财务数据共享，满足财务业务数据处理、交换、存储、维护、决策分析和信息发布等需要，并提高财务信息服务能力和水平，除了开发和设计良好的信息系统本身以外，设计与重组水利财务业务流程优化也是十分关键的。

第一节　水利财务业务管理信息系统

水利财务业务管理信息系统是指在水利行业财会和资产工作中，运用通信技术、网络技术、计算机技术和现代信息技术而研发和运行的能对财务、资产及其有关数据进行收集、传送、加工、处理、存储、分析和管理的各种系统的总和。

一、水利财务业务管理信息系统的总体要求

（一）业务要求

水利财务业务管理信息系统应在统一的规范要求下建设及运行。统一集中建账，执行

标准的财务管理制度、核算规范和会计科目，采用规范的业务流程、表单和报表格式等。支持多账套、多管理层次、多币种、多种会计制度，实现跨年度、跨单位分析，达到财务管理事前计划、事中控制和事后分析的目标。

1. 统一集中建账

系统提供上级单位对下级单位组织机构的统一设置和统一建账，上级单位能设置下级单位使用的功能模块和启用时间。

2. 财务管理制度和核算规范

按单位性质执行标准的财务管理制度、核算规范。

3. 会计科目

由水利部统一管理会计科目和辅助核算方式，上级单位分配的科目，下级单位不能修改，可按照统一的规范标准增设下级明细科目。

4. 业务流程

由上级单位统一定义基本的业务流程和业务规范，并可以授权给指定的下级单位应用。

5. 业务表单和报表格式

由上级单位统一规划定义各类业务表单、凭证、报表的格式和数据来源，并可以按管理要求授权指定的下级单位使用。

6. 统一财政项目编码

财政项目编码按财政收支分类：类（3 位）、款（2 位）、项（2 位）、年度（2 位）和序号（3 位）共 12 位码设置，基本支出也按此规则设置。

7. 统一组织机构编码

单位编码统一按财政预算码设置。

8. 统一部门编码

部门编码按照 3 位数编码，除机构设置中规定单位外，需要设置“本单位”作为虚拟部门，以便核算不能细化到所属部门的经费。

（二）技术要求

1. 总体技术要求

水利财务业务管理信息系统应符合《水利电子政务建设基本技术要求》的总体要求和相关规定。

2. 数据接口要求

水利财务业务管理信息系统与其他应用系统的接口应符合 GB/T24589.2—2010《财经信息技术会计核算软件数据接口》的规定。软件要具备与以前年度财务信息的兼容、升级和数据迁移等功能。

水利财务业务管理信息系统应确保和财政部、水利部等部委相关系统的数据接口，确保数据传递准确无误。数据接口的设计要具有灵活性和先进性，易于扩展，能够实现报表自动提取、自动生成和实时上报，并能适应相应的技术更新和发展。

水利财务业务管理信息系统应提供与银行系统在资金收支、账户查询、对账信息等方面的数据接口。

3. 应用集成要求

在进行会计核算时，水利财务业务管理信息系统的预算执行、财务结算和总账上能够自动生成凭证、支付单据等。

以全面预算管理为核心，通过业务系统在网上报销、资产管理、国库支付、政府采购等方面的应用集成，实现业务数据的动态反映和监控，提供决策支持。

针对业务系统生成的会计凭证，能追踪查询原始表单。

4. 信息代码要求

水利财务业务管理信息系统采用的信息代码应符合《水利部财务业务管理信息系统建设技术规范核算标准化科目》的要求，并提供对未来新的行业代码标准的支持。

5. 系统安全要求

水利财务业务管理信息系统安全应符合《水利网络与信息安全体系建设基本技术要求》等相关安全规定的要求。

6. 系统技术架构要求

水利财务业务管理信息系统应采用基于 Web 的 B/S 结构，在数据存储方面支持大集中和分布式集中两种模式。

二、水利财务业务管理信息系统基本功能模块

在水利财务业务管理信息系统中，能够实现预算执行、资金管理、财务分析、集中监控、账务处理、工资管理、报表管理和报销管理等功能，各功能设置相应的功能模块实现其业务处理。

（一）系统管理功能

（1）组织机构设置：根据系统内不同级次单位及各单位内部的组织机构情况进行设置，组织机构变更后能进行设置修改。

（2）统一建账：统一集中建账，执行标准的财务管理制度、核算规范和会计科目，采用规范的业务流程、表单和报表格式等。

（3）基础信息代码管理：采用统一的基础信息代码。上级单位对于基础信息代码进行统一管理。上级分配的科目，下级不能修改。下级单位可根据本单位实际情况对下一级科目进行扩充。

（4）相关参数设置：符合中国的财务、会计、税收的法律、法规和制度。

①币种：以人民币为本位币，同时提供多种外币和汇率设置；②会计期间：一设定会计期间，能够跨年度分析；③折旧方式：统一设定各类资产的折旧方式；④计价方式：统一设定计价方式；⑤凭证类型：灵活多样的凭证类别设定，可实现凭证类别的授权管理；⑥会计制度：支持多种会计制度。

（5）用户权限管理：用户及权限可以分级授权，提供功能权限、数据权限的管理。

（6）系统日志管理：对系统的相关操作，都应有详细的日志记录。

（7）系统备份管理及灾难性恢复：提供自动备份功能，当系统被破坏时具备快速恢复功能。

（二）预算执行管理功能

本功能模块包含预算控制、自动记账等功能，为单位实现费用的实时监控，增进财务部门与业务部门之间的财务信息交流，提供了一个更为简洁、透明的平台。

（1）预算方案管理：对同一财务账套可设置多种不同的预算管理方式，用于预算控制，以方便用户使用。在时间上可按月度、季度和年度设置；在类型上按部门、项目和科目设置；在控制上可按上下级预算关系和辅助预算关系设置。

（2）科目类型设置：根据核算需要将需汇总的科目归为一类来进行财务分析，如燃料动力费，包括水费、电费等，用户可根据在此模块设置的类型，在科目分类预算分析中查询到相应的分类数据。

（3）粗放预算编制：为了满足单位日常财务核算，系统可以实现按预算总额对部门或项目进行控制。

（4）精细化预算编制：为了满足单位日常财务核算，一个部门对应多个科目，一个项目对应多个科目的预算控制，按照部门、项目、科目三维预算的编制方式，系统能够对预算执行多维控制及直观分析。

（5）预算自动生成：实现从源方案到目标方案预算数据的自动生成，并可以将源方案的预算数据以一定的比例转换为目标方案的预算数据。

（6）预算方案差额设置：可以设置预算调整和预算方案相对值范围进行控制，可按部门、项目、科目、科目组等多种或组合方式设定。

（7）预算监控：①具有预算预警设置功能；②按照预设的预警机制，提供对于资金管理的动态监控；③按照预设的预警机制，提供对于会计核算的动态监控，包括对于凭证录入过程中的预算实时预警和控制的功能；④按照预设的预警机制，提供对于财务系统的实时控制和费用预算的动态预警，对预警项目的账簿、凭证等能够实现联查功能；⑤提供业务预算的事前控制。

（8）预算分析：①提供多种方式获取预算执行数据，包括公式模板、业务函数、手工输入、导入等；②提供预算执行情况分析，包括预算数据、执行数据、差异额和差异率等，并提供图形化分析功能；③提供多种分析方式：固定分析、自定义分析、差异分析、对比分析等，在上述分析项下提供多种分析方法，例如多单位预算分析、期间预算分析、多版本预算分析、剔除异常因素预算分析、项目预算分析等；④提供根据年度、季度和月度预算进行预算执行情况的检索、统计和分析。

（9）实时凭证生成：系统通过对单据模板的设定使得财务审核变得简单易行。审核会计仅需要简单审核系统自动计算的结果，即可审核通过。财务在线系统与用友、金蝶、新中大、SAP、Oracle、QAD、OA 等系统有标准接口，可根据系统设定的科目规则，自动生成记账凭证。

（三）资金管理功能

资金管理功能主要是提供资金的集中查询、分析功能。

（1）审核流程配置：提供上级单位对有关业务流程的审核配置，包括步骤的配置和每一步骤相关角色的配置。

（2）基础设置：灵活设置有关参数，包括内部结算种类，外部结算种类，内部存款种类及期限、利率、计息方式等。

（3）账户管理：对单位在银行开立的所有账户进行分类管理，包括收入、支出账户的分类管理。

（4）网上银行：与银行系统集成，提供网上资金支付指令的填写、复核发出、网上对账、网上查账等。

（5）账户查询和对账：①财务部门与银行发生的资金划拨、承兑汇票收款、对银行借还款等操作进行账务核对；②就内部存款账户、内部借款账户的结算明细、余额的账务核对；③成员单位和银行就银行存款的结算明细和余额进行账务核对，并根据系统差异情况自动生成差异情况明细表。

（6）资金监控：资金监控包括银行账户当前余额查询、银行账户历史余额查询、银行账户交易明细查询以及下属单位银行账户余额的查询。

（7）票据管理：能实现对重要票据的购置、备案、使用，结余、统计等事项进行全过程控制。

（8）凭证自动生成：资金集中管理系统的各项业务，例如资金拨付、结算等，都可以自动在会计核算中生成会计凭证。

（9）资金分析：①支持对资金的分析，包括现金流量分析、融资风险分析、查询资金头寸、银行存款收支、中心资金下拨、资金占用费收支、内部借款还款、资金划拨分析；②支持不同层面的报表需求。

（四）财务综合分析功能

财务综合分析的基本要求是：①提供多维度、多角度的财务分析；②财务分析的数据取自实时集成的相关模块并支持业务信息系统的应用。其主要包括：

（1）分析数据来源：财务分析的数据直接取自和其无缝连接的财务管理模块，同时系统也支持从业务系统中提取数据。

（2）财务指标定义要求：提供灵活的指标分类，允许用户对各类分析指标的属性进行分类管理。提供灵活的指标定义，允许用户在指标分类的基础上进一步定义各功能模块的详细分析指标。

（3）财务分析方式要求：①提供对于各类分析数据（财务状况指标、内部管理分析指标等）的多角度、多维度的分析；②具有结构分析、对比分析、趋势分析、量本利分析等分析手段，并提供与之配套的图形分析功能，例如饼图、折线图、柱状图等。

（4）财务指标分析：提供各级单位的财务状况的分析功能，例如收支余分析、资产负债分析、往来账分析、财务收支预算执行情况分析、偿债能力分析、成长性分析等。

（5）内部管理考核分析：提供各级单位内部管理以及内部考核的分析功能，例如绩效考核分析、成本考核分析、利润考核分析、量本利分析、盈利能力分析等。

（五）集中监控（免疫系统）

集中监控功能的基本要求是：①上级单位能够实时查询下级单位的凭证、账簿、财务报表等会计资料；②上级单位能够对下级单位的财务数据实现溯源查询，可以通过关联查询的方式，从财务报表关联查询到科目余额表、明细账、会计凭证并追溯到原始凭证。其主要包括：

（1）系统账证查询：①上级单位能够实时查询下级单位的凭证、账簿、财务报表；②上级单位能够查询下属单位的账簿数据，可实现一次对多个下属单位的账簿数据进行对比分析查询；③具有强大的追溯、查询功能，提供穿透式账簿查询功能，即从总账、明细账、凭证、原始凭证的穿透查询。

（2）资金预警：①动态追踪下级单位的现金流人流出情况；②上级单位可查询下级单位的银行对账报告，实现银行对账情况在线检查。

（3）辅助账查询：①多方式、多条件的辅助账综合查询管理功能，提供分部门、分个人、分项目等多种查询方式；②系统允许用户的上级单位检查下级单位的有关辅助账簿。

（六）总账（账务处理）功能

（1）初始化：①保证科目期初余额的准确性。系统应保证在设置期初余额时，总账科目等于明细科目余额之和；对于有辅助账核算科目的期初应提供辅助账余额设置功能，并保证该类科目余额等于其辅助账余额之和；对于在年中开账的核算单位，系统应该提供年初余额、累计发生额数据栏以供输入，保证当年财务报表自动生成，保证试算平衡；②系统应提供出纳对于银行对账的期初设置，应保证期初银行对账单的银行未达账和单位未达账保持平衡。

（2）凭证处理：①系统能够自动接收固定资产、工资、应收、应付等模块产生的会计凭证；接收其他外部系统传递的凭证；②提供填制凭证、出纳签字、审核凭证、记账、查询凭证、冲销凭证等功能，实现凭证录入、审核、记账、出纳签字等会计核算流程；③记账凭证的编号应由系统自动产生。系统应当对记账凭证编号的连续性进行控制，不能有断号、跳号的现象；④系统应当提供对已经输入但未登账记账凭证的审核功能，审核通过后即不应再对凭证进行修改。

（3）账表查询：①提供符合会计电算化要求的会计账簿的查询，包括会计凭证查询、总分类账、序时账、三栏明细账、多栏账、日记账、外币日记账、科目余额汇总表、数量式明细账、辅助核算总账、辅助核算明细账等；②提供符合会计制度要求的会计账簿的查询，包括试算平衡表、科目余额表等；③提供账簿查询功能，即总账—明细账—凭证—原始凭证的查询。

（4）自动转账：①对应结转：当两个或多个上级科目的下级科目及辅助项有一一对应关系时，可将其余额按一定比例系数进行对应结转，可一对一结转，也可一对多结转；②自定义结转：主要用于完成费用分配；部门、项目、客户、供应商、个人等辅助核算的结转；③转账生成：在定义完转账凭证后，每月月末只需执行本功能即可快速生成转账凭证，在此生成的转账凭证将自动追加到未记账凭证中去。

（5）财务对账：系统应有对账功能，对账工作应在月末结账前进行，保证账证、账账相符。

（6）期末处理：①在期末结账前，检查当期会计凭证是否全部记账审核和当前科目余额是否试算平衡．检查如不能通过，则禁止期末结账；②在期末结账前针对损益结转进行检查，检查如不能通过，则提示预警信息；③期末结账后，被结账期间的会计凭证不应修改、删除和新增。

（七）应收账款管理功能

（1）应收业务：①日常各种应收业务单据的录入、审核、修改、删除及查询功能；②核销预收款，支持动态信用预警。

（2）收款业务：①收款业务各种单据的录入、审核、修改、删除及查询功能；②具有预收款功能，提供多种结算方式；③应收款自动识别核销应收单据的功能。

（3）往来核销：①应收款单据与应付单据的核销功能；②不同客户之间的应收款的结转功能；③红字发票和应收款之间的核销功能。

（4）坏账计提：①发生坏账、收回坏账、坏账计提的功能；②销售百分比法、应收账款百分比法和账龄分析法等坏账计提方法。

（5）信用预警：具有针对不同客户的信用额度预警功能。

（6）账表查询：①应收款核算和对账需要的账簿查询，例如应收款明细账、应收款汇总表、未核销应收款账簿等；②应收款管理和控制所需要的账簿查询，例如可以自由定义期间的账龄分析表、超信用额度；③应收款催收表、信用额度预警表等。

（7）凭证自动生成：各类应收单据、应收款、应收核销、坏账计提等自动生成会计凭证。

（八）应付账款管理功能

（1）应付业务：①日常各种应付业务单据的录入、审核、修改、删除及查询功能；②核销预付款功能。

（2）付款业务：①付款业务各种单据的录入、审核、修改、删除及查询功能；②具有预付款功能，提供多种结算方式；③应付款自动识别核销应付单据的功能。

（3）往来核销：①应收款单据与应付款单据的核销功能；②不同往来单位之间的应付款的结转功能；③红字发票和应付款之间的核销功能。

（4）账表查询：①应付款核算和对账需要的账簿查询功能，例如应付款明细账、应付款汇总表、未核销应付款账簿等；②应付款管理和控制所需要的账簿查询功能，例如：可以自由定义期间的账龄分析表。

（5）凭证自动生成：各类应付单据、应付款、应付核销等自动生成会计凭证。

（九）固定资产管理功能

（1）基础设置：系统的相关控制参数设置及相关档案的管理，例如资产类别、使用状况、增减方式、卡片项目、卡片样式、变动原因等。

（2）固定资产期初：录入固定资产系统启用之前已经存在的固定资产的卡片。

（3）资产增减业务：固定资产增加及减少业务的处理，支持固定资产的管理明确到部门和个人。

（4）资产变动业务：①提供对固定资产应用状况变动的处理；②对资产的原值、累计折旧、使用年限等进行变动。

（5）资产划拨：提供固定资产的划拨审批的相关业务处理。

（6）账卡查询：①资产卡片查询及总账、折旧计提、明细账多种账表的查询；②提供固定资产管理需要的各类统计报表及分析。

（7）凭证自生成：相关业务可以自动生成会计凭证。

（8）提供数据接口：提供与财政部行政事业单位国有资产管理信息系统等数据接口。

（十）工资管理功能

（1）基础设置：①系统的相关控制参数设置及相关档案的管理，例如薪资规则管理等；②薪资项目自定义；③个人所得税计算方法的调整管理；④费用计提项目的设置等；⑤工资项目数据权限管理。

（2）薪金管理：①员工个人薪资信息档案管理，能对薪资进行调整和变更，并提供相关统计功能；②提供审核和复审的功能。

（3）薪资发放：薪资发放功能；全月综合计算个人所得税的功能；支持把发放薪资的数据输出给税务、银行等，支持相关薪资项目数据（例如社保数据）的导入和导出。

（4）账簿查询：提供薪资变动增加明细表／汇总表、薪资发放条、薪资发放表等多种报表查询，用户可选择设置多种查询条件组合，进行多角度多层次的查询分析。

（5）凭证自动生成：相关业务可以自动生成会计凭证。

（十一）报表管理功能

（1）基本要求：单位管理者和决策层需要在宏观层面掌控其职责范围内费用和预算使用情况，以辅助其进行科学、及时的战略决策。报表在线系统可以根据不同的责任支出、经办支出提供不同的费用或预算报表，并支持精细化和穿透式查询，用户可将结果直接打印或导出 PDF \ EXCEL \ TXT \ Xml \ Doc 等格式的文本。

（2）基础设置：系统的相关控制参数设置及相关档案的管理，包括系统参数管理、代码管理、单位管理、角色管理、用户管理等。

（3）报表格式定义：①支持灵活、快捷的多种格式的样表定义系统，允许用户设置样表的表项目、表结构等信息，并保存为其他用户共享使用；②支持上级单位统一设置固定报表，设置的数据来源、逻辑检查等下级单位不能修改，报表自动生成。

（4）报表分配：支持报表的定向分配应用，提供报表的应用权限管理。

（5）报表生成：①各类报表数据的自动采集生成；②上级单位能够统一接收下级单位基础报表，并可以自动生成汇总报表；③能够在线数据录入，提供报表逻辑关系检查。

（6）报表输出：①提供报表的分权限查询、打印；②提供网络传输及存储设备报送方式；③提供数据导出功能，报表数据能够完整、准确地传递到上级单位报表管理系统中；④提供导出 EXCEL 报表等格式。

（十二）在线报销系统

（1）基本要求：包括费用申请、费用报销、信用管理、条码管理、票据影像管理等模块，满足财务共享服务主要的应用需求。

（2）费用申请模块：提供日常费用（借款）申请单、出差（借款）申请单等多种日常处理表单，让表单填写变得便捷、规范、高效，可以预设申请表单审批流程，实现多级审批，可以追溯审批情况。

（3）费用报销模块：在费用报销时，系统可以自动冲销借款，同时将发生的费用归集到应承担的部门、项目上，以便于更好地控制支出预算。

（4）信用管理模块：根据员工信用的历史记录，比如：借还款记录、提前开发票记录等生成信用等级，以满足单位加强财务管理的需要。

（5）条码管理模块：结合条形码技术，赋予每张表单一个唯一条形码，从表单生成、流转审批、报销、凭证生成、查询分析整个期间，能进行全程跟踪管理，提升工作效率。

（6）票据影像管理模块：通过多视角快速操作影像文件，进行票据审核，自动识别影像文件条形码并加以文件分组管理，全面跟踪和管理票据的实物传递过程和状态，使原始票据与网上报销单据保持一致，为领导审批提供依据。

三、数据转换策略

水利事业单位的水利财务信息化建设随着水利行业对财务业务管理与控制需求不断发展，是一个长期的过程。因此在新建设基于一体化管理的水利财务业务管理信息系统时，水利事业单位需要首先建立数据转化策略，并按照数据转化策略将现有系统中的数据迁移到新系统中。

（一）业务概述

数据转换是指将现行系统中的数据迁移到新系统。

数据转换包括以下主要步骤：①数据收集；②数据整理；③数据试导出、导入；④数据正式导出、导入；⑤数据核对。数据转换前，需要提供数据收集模板和数据导入模板。

（二）转换内容

数据转换内容包括静态数据和动态数据两大类。

静态数据主要包括：①会计科目表；②供应商主数据；③客户；④银行主数据；⑤项目基础档案信息；⑥固定资产主数据/固定资产价值；⑦无形资产主数据/无形资产价值；⑧其他。

动态数据主要包括：①应付/其他应付余额明细；②应收/其他应收余额明细；③银行账户余额；④项目余额明细；⑤其他。

（三）转换时间表

为保证数据转换工作按时、有序地完成，使用相应的项目管理表格记录各上线单位数据收集、数据整理、数据试导入、数据正式导入、数据核对等步骤的计划完成时间和实际完成时间。

（四）转换要点

（1）会计科目：需对不同版本的会计科目建立对应关系，用于期初科目余额的转换和并行期间的对账。旧科目与新科目对应一般情况下只允许一对一或多对一，如果存在一对多，需细化旧科目。

（2）一般总账科目余额：①应收、应付、银行科目导入前应进行对账清理；②旧科目与新科目多对一关系的余额转换，如果新科目采用了辅助字段，转换时按新的辅助项录入，不能直接将科目余额进行汇总合并。

（3）固定资产数据转换：核对固定资产账卡、账账、账实，完善固定资产的使用部门、实物管理部门、保管人等资料。

（4）往来基础档案转换：对客户、供应商档案需进行清理，确保编码的唯一性。

四、系统并行运行策略

新系统上线后，为保证新系统的可靠性，需要新旧系统并行，并及时将新旧系统的处理结果进行比对，系统并行运行策略如下。

（一）并行运行时间

新系统正式上线后，新旧系统需要并行至少3个月时间（3次月结）。

（二）并行运行原则

（1）保障新旧系统平稳过渡，保证数据一致性、完整性。

（2）每月进行新旧系统核对，确保两系统资产负债表、科目余额表、收入支出等报表数据的一致、准确。

（3）满足对外信息披露及对内管理的需求。

（4）注重系统切换中与其他系统的衔接和数据核对工作。

（5）尽量降低用户的工作量，提高工作效率。

（三）并行运行期间新IH系统的关系

新系统各模块与旧系统的相应功能并行，并将最终取代旧系统。

（四）并行运行期间的业务操作

（1）财务并行期间业务操作的流程按新系统所定义的流程执行。

（2）财务并行期间同一经济业务需要进入两个系统产生凭证，保证金额一致、科目对应。

（3）月末需附新旧系统凭证对应表，以方便查询。

（五）并行运行期间基础数据的维护

在新系统和旧系统并行期间会计科目、项目编号等基础信息需要同步维护；会计科目同步方案参照新旧科目衔接表，以保证两个系统账务的一致性。

（六）并行运行期间数据的校对

要求每个月末核对新旧系统科目余额、收支报表、固定资产数量及金额、应收应付余额等，当月差异须在当月调整。

（七）系统故障期间业务处理

在系统并行和正式运行期间，由于多种原因，系统可能会出现故障，但业务处理不能中断，报销、付款等先手工处理，待系统恢复后再补单。

（八）并行运行期同会计凭证归档

原始凭证和旧系统的记账凭证作为新系统记账凭证附件归档。

第二节　水利财务业务流程设计

水利财务和会计是通过对各事业单位的水利业务，主要运用货币形式的信息计量，借助于专门的方法和程序进行核算、控制，产生一系列财务信息和其他水利经济信息，为单位内部和外部的信息使用者提供信息服务。不论提供的服务种类如何，服务都是通过水利财务业务流程来完成的。为此，利用统一信息平台，加强水利财务业务的监督控制和决策支持功能，对水利财务业务流程进行梳理、重组和优化设计，提高水利财务业务和会计业务的整体水平是当务之急。

水利财务业务流程设计可以在原有的流程基础上进行重组和优化，也可以不以现有流程设计为基础，而进行“全新设计”。流程设计是个反复迭代的过程，流程、人员和技术的考虑都要经过多次检讨。将指导思想和基本思路转变成设计的过程中，有时候坚持“全新设计”的立场，对“服务任务”进行深入到一定细节的考虑，对人力资源能力进行包括新的工作方式的考虑，以及对技术能力和行业特征进行考虑，确保不会回到传统的做事方式。所有这些考虑，一方面构成对设计者的约束，一方面也是对新的可能性的提示。虽然最后一轮迭代时设计必须满足这些约束，但是，在设计过程中对它们进行充分的检讨和在允许情况下的舍弃是至关重要的。

一、水利财务业务流程的概念界定

应该说业务管理信息系统建设是否成功，关键是对水利业务流程的定义是否准确和切合实际，是否经过了反复的去粗取精、去伪存真的过程，而并非软件技术是否精湛。所以，在引进先进管理思想时，除了要强化职能责任、规章制度和数据规范，统一文档格式，还要进行良好的水利财务业务流程设计。

所谓业务流程是指为共同完成某一任务（或达到某一目标）而进行的一系列相互关联的活动的集合。一个业务流程是指工作组织、协作的一个过程，通过这个过程能够生产一种产品或者提供一种服务。随着计算机网络和相关技术的不断发展，业务流程从部门或单位内部的操作过程逐步转化为部门之间或组织之间的相互合作过程。水利财务业务流程是指水利事业单位财务管理和会计部门为实现财务管理目标而进行的一系列活动的集合。

二、业务流程重组与优化设计的原则

（一）全员参与的原则

全员参与的原则是指在水利财务业务流程设计中，与业务流程相关的单位工作人员都参与到财务业务流程的优化和重组工作中来。由于与水利财务业务流程相关的人员亲自参与了财务业务流程的改进重组与优化工作，后续应用集成信息系统实现集中管理的难度也得以降低，增强了财务业务流程重组和优化的良好效果。

（二）客户导向的原则

客户导向的原则是指在信息化环境下的水利财务业务流程优化与重组，要以财务和会计信息使用者为导向。如果把财务和会计信息作为水利财务业务流程的产品，水利财务业务流程优化与重组就应坚持客户导向原则，即要尽快地为使用者提供满意的财务和会计信息。水利财务信息的使用者包括项目的管理者、债权人、政府等，水利财务业务流程优化与重组就是要能满足各方面的客户的需要，为他们提供更及时、更相关的会计信息，争取在满足客户需要的前提下降低成本。

（三）流程管理的原则

流程管理的原则是指在水利财务业务流程优化和重组后，水利财务业务流程从职能管理到流程管理的转变。传统的水利财务业务流程隐含在水利财务相关部门的功能体系中，成为片段式的任务流，每个任务的执行者都只关心自己任务的执行情况，不考虑整个流程的运行情况，任务和任务间的脱节和冲突司空见惯。水利业务流程优化设计后，强调管理要面向业务流程。面向流程就是要打破部门的界限，以流程的产出和客户为中心，协调相关部门的业务活动，减少无效劳动和重复劳动，降低无效支出，提高效率和客户的满意度。

（四）全局的原则

全局的原则是指在水利财务业务流程优化设计与重组中要通观全局，着眼于水利事业单位整体流程最优，同时争取整体财务业务流程最优，而不应仅仅关注某一具体的环节或者流程的最优。

（五）共享的原则

共享的原则是指在水利财务业务流程优化设计和重组时，对于数据的采集信息来源地一次性获取相应的信息，将采集到的数据通过水利财务业务管理信息系统和网络传到后台业务事件数据库中保存，与所有需要的人员实现数据资源的共享，而不能像传统水利财务业务流程下那样，由不同的部门重复采集数据。

（六）集成的原则

集成的原则是指水利财务业务流程优化设计与重组后，要实现信息集成，将信息处理工作纳入产生这些信息的实际工作中去，消除重复工作，节省不必要的数据核对工作，提高水利财务业务流程的效率。

三、业务流程设计的基本思路

（一）强化会计实体的概念

水利部（本级）及各事业单位作为独立核算的组织分别构成一个责任中心，其下面又有相应的二、三级单位，构成下一个层次的责任中心，每个层次的责任中心所涉及的业务操作、经费拨付、成本核算等不应交叉。责任中心不仅仅包含以前的一个会计实体，也可以是会计实体下的一个成本中心。

（二）清除非增值活动

水利财务业务流程中所有的“非增值”步骤都应该清除掉。这里的“非增值”是指财务流程中存在效率不高、浪费的地方，如水利财务业务和会计业务处理中的等待时间、工作失误、重复劳动等。在刚开始引入业务流程的地方，常常会发现大量的非增值活动。业务流程是长期以来形成的一种工作思维方式，是年复一年地逐渐演化而来的，在职能分割的环境下，很少有人能看到浪费的存在。业务流程的触发点是引发流程的事件，它通常是客户的某个行为。客户是业务流程的服务对象和业务流程产出的接受者。客户可以是组织外部的，也可以是组织内部的。如果触发点不是来自于客户的话，那么这个流程很可能是多余的。业务流程独立于组织结构，通常会涉及组织内部的多个部门或者多个组织。

（三）简化必要活动

在尽可能清除非必要性任务之后，对于剩下的活动应该进行简化。搜寻水利财务业务活动中过分复杂的活动，对水利财务和会计中用到的表格、程序、流程坚持能简应简的原则。水利财务业务和会计业务对单位内部和外部的沟通都应该清晰易懂，语言要简单明了，要尽可能地避免使用行业术语。多向单位工作人员、顾客、同行等请教，征询他们看到存在什么问题。通常存在问题意味着有些事物过分复杂或没有想透，因此是进一步简化的机会。一般说来，如果某些工作人们不愿意做，就应该认真分析其原因。当然，并不一定都是任务本身的问题，也许是工作人员没有得到足够的培训，也许是招聘时选错对象。但是，如果很多工作人员都不愿意做某项工作，那就有可能存在深层次的原因了。

（四）任务整合

经过简化的任务应该进行整合，使其流畅、连贯，以满足客户需求，实现水利财务业务服务任务。有时把几项工作合而为一是可行的。赋权一个人完成一系列简单任务，而不是将这些任务分别交给几个人，可以大大加快事业单位的物流和信息流的速度，提高水利财务服务效率。合并专家组成团队是合并任务逻辑上的延伸。团队可以完成单个成员无法承担的系列活动。

（五）流程任务自动化

信息技术成为一个加速流程和提高水利财务服务质量和效率的强大工具。如果用于基础扎实的流程，信息技术能够大大增强它的能力。但是如果流程存在问题，那么自动化只会使事情变得更糟。因此，要在做好对流程任务的清除、简化和整合的基础上应用自动化。进入自动化阶段后，可能还会需要返回前面的阶段，进一步清除、简化或整合流程。

四、水利财务业务流程设计

水利财务业务的结构由基本功能模块构成，每个功能模块划分为若干个层次，每个层次又横向分为若干个模块，每个模块都有相对独立的功能。各个层之间、每个模块之间也有一定的联系。通过这种联系，将各层、各模块组成一个有机的整体，去实现系统目标。在水利财务业务中，这些模块的关系及流程如图 11-1 所示。

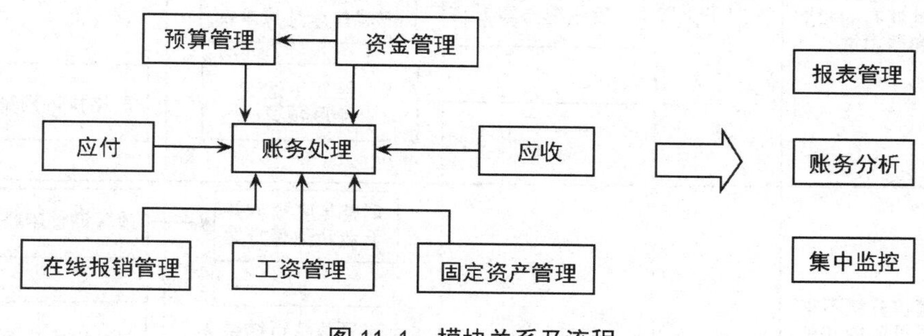

图 11-1　模块关系及流程

（一）预算管理流程

预算管理是水利财务业务流程中的核心，编制适合自身的预算，既能满足水利事业管理的需要，又能起到责权利均衡的作用和控制水利财政资金的利用效果。水利行政单位的预算管理流程由预算编制、预算审批、预算执行、预算调整、预算考核等一系列分流程所构成。它对预算管理的编制、执行、审批、调整等环节进行了规范，具体参见图 11-2 预算管理业务流程图。

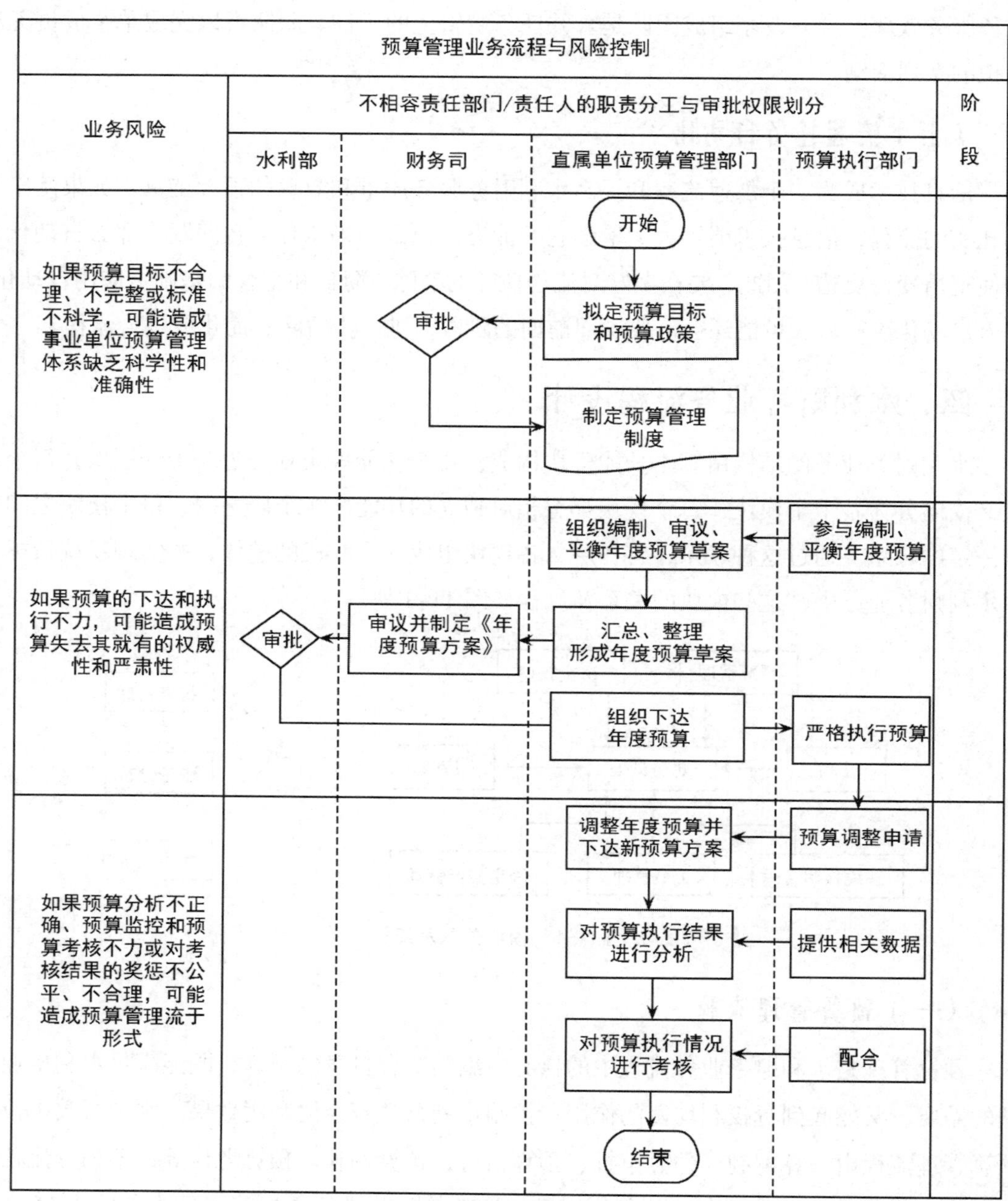

图 11-2　预算管理业务流程图

（二）账务处理流程

账务处理是对水利业务进行完整、连续和系统的记录和计算，为水利业务组织实施的效果提供必要的信息。水利财务业务日常核算的流程就是指水利业务通过会计凭证分类过记到账簿上，再由账簿汇总到会计报表的过程。水利财务日常业务包括总账、应收账款、应付账款、固定资产、工资管理等，但是这些管理模块都通过大致相同的账务处理流程，如图 11–3 进行账务处理。

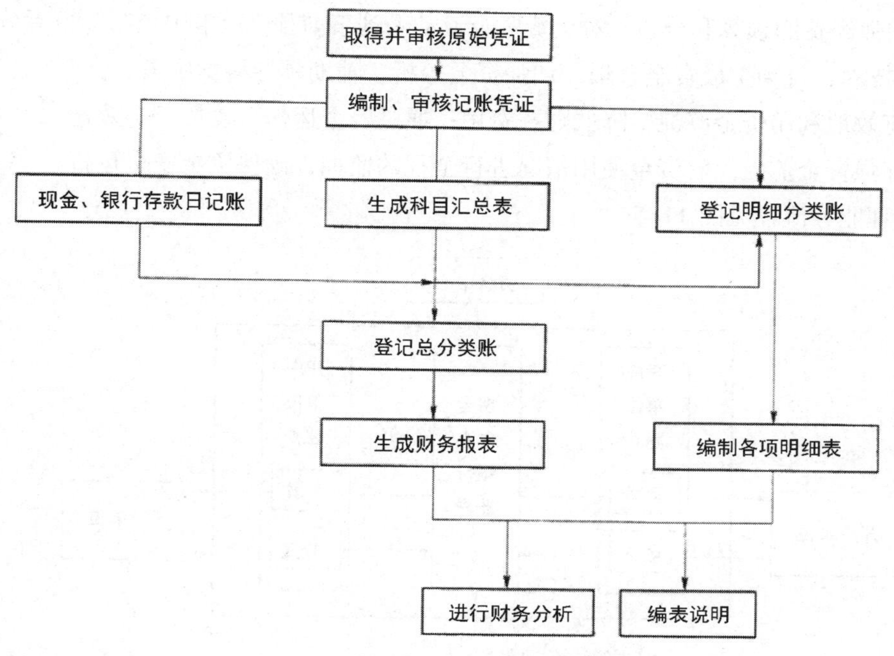

图 11–3　账务处理业务流程图

会计日常核算和管理在月终，“总分类账”与各明细账进行核对，做到账账相符后，编制资产负债表、损益表、现金流量表。根据报表编写财务分析和说明。

（三）投资业务流程

水利部本级及其直属部门主要投资方向是与水利相关的水库修建、河道开挖、堤坝建设等工程项目及其与这些项目有关的研究工作。这些投资项目多数属于大型项目，投资额相对较大。因此，投资管理在做好项目投资后的日常核算与管理的前提下，要加强投资协议的审核，进行初始投资核算和项目可行性的研究、分析，相关流程见图 11–4。

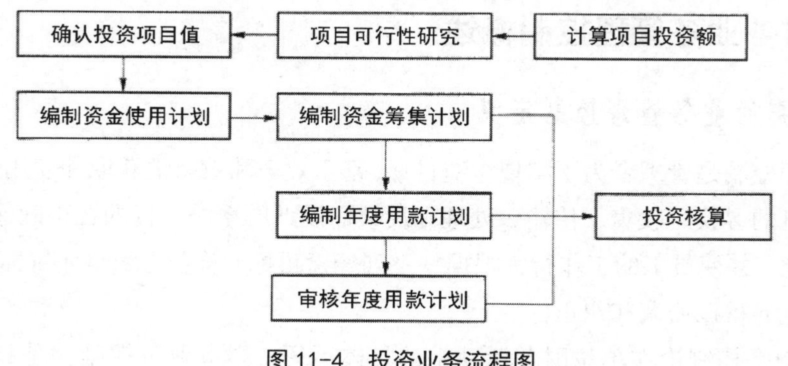

图 11–4　投资业务流程图

（四）经费管理业务流程

水利部门的主要经费来源于财政拨款，经费资金的管理极其重要，主要包括以下方面：

（1）加强经费的预算和分析。对经费资金流动做到事前预算、事中控制和事后分析。通过计算机技术，自动生成资金日报，加强资金分析，辅助领导科学决策。

（2）有效地利用资金沉淀，降低财务费用；通过资金运作，发挥资金效益。

（3）加强资金监控。对资金使用情况进行全程的监控，确保资金安全运行。

经费管理业务流程见图 11-5。

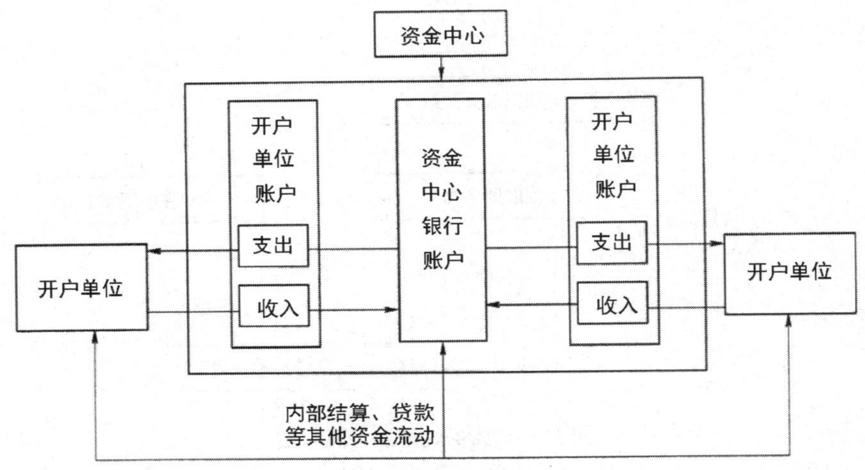

图 11-5　经费管理业务流程图

第三节　水利财务业务管理控制

一、财务业务管理控制概述

（一）财务业务管理控制定义

所谓管理控制是管理者为了实现组织目标，富于效率和效果地获取和使用资源的过程，是为组织信息的寻找、收集、传输、处理和反馈而设计的系统，目的在于确保组织适应外部环境的变化，并使员工的工作行为根据一系列经营目标（符合组织整体目标）加以衡量，以使二者的差异得以协调和纠正。

财务控制是控制论在单位财务活动中的具体运用，财务业务控制就是利用控制论的基本原理和方法对财务活动进行科学的规范约束评价等一系列的方法技术程序及理念的总称，以期达到财务活动预定目标的活动。

（二）财务业务管理控制的重要性

1. 财务业务管理控制是单位财务管理的核心

现代管理主要是以管理学的组织行为理论为基础，解决单位内部各行为主体之间、单位与外部利益相关集团之间的利益矛盾与协调问题，即解决不同管理主体或利益主体间的契约关系，从而以管理制度方式来协调财务行为主体（如股东大会、董事会、经营者、财务经理、债权人及其他利益相关集团）的责权利关系。正是基于这种认识，单位财务学主要属于管理学的范畴，它以制度管理为主要特征，从财务制度上解决单位管理中的各行为主体的激励与约束不对称问题，协调并指导各部门单位的财务活动去实现单位总体目标。财务管理控制的任务就是通过调节沟通和合作使个别分散的财务行动整合统一起来追求单位短期或长期的财务目标。所以，财务控制是单位财务管理体系的核心。

2. 加强财务业务管理控制的必要性

（1）加强单位财务业务管理控制，是单位事前财务管理的延续，是实现单位财务计划不可缺少的重要保证。单位财务管理的目的，不在于事前财务管理，不在于编制单位财务计划，而在于促使单位财务计划的实现。要保证单位财务计划的实现，必须对单位财务计划的执行过程进行监督和调节，否则难以保证单位财务计划的实现。

（2）加强单位财务业务管理控制，是单位财务计划积极、可靠的重要保证。单位财务计划是在财务活动开展前做出的，由于财务活动的影响因素十分复杂的，且不断变化，因此，单位财务计划很难做到天衣无缝，往往存在一些不足之处。而这一切往往要在财务活动的控制过程中才能发现，要通过财务活动的控制才能得到调整，因此，单位财务控制可以保证单位财务计划的积极、可靠。

（3）加强单位财务业务管理控制是实现单位财务管理目标的关键环节。财务管理中，如果仅限于确定合理的决策，甚至制定有切实可行的财务预算，而对实施预算的行动不加控制，预定的财务目标是难以实现的。从一定意义上说，财务预测、决策和预算是为财务控制指明方向、提供依据和规划措施；而财务控制则是对这些规划加以落实。没有控制，任何预测、决策和预算都是徒劳无益的。

二、水利财务业务管理控制的主要内容

（一）水利财务业务管理控制实施对象

水利财务业务控制的实施对象是水利单位内部的一切财务活动及其形成的财务关系，

即水利财务业务，包括预算控制、项目控制、收入控制和支出控制等。

1. 对预算的控制

水利事业单位预算是单位完成各项工作任务、实现事业计划的重要保证，也是单位财务工作的基本依据。水利事业单位应根据单位的职责、任务和水利事业的发展计划编制年度的财务收支计划。水利事业单位预算控制是一种全方位、全过程的控制，应该贯彻到预算编制、预算审批、预算执行、预算调整和预算考核的全过程中来。

水利事业单位预算应当按照量入为出、收支平衡的原则编制，不得编制赤字预算。在正式编制预算前应总结、分析上年度预算执行情况，掌握财务收支和业务活动及有关资料的变化情况，找出影响本期预算的各种因素，剔除上年一次性或临时性因素；客观分析本年度事业计划对预算的要求，分析本年度国家有关政策对预算的影响，正确领会上级有关部门对单位预算编制的有关要求。在编制预算时，不能简单地采用“增量预算法”，要逐步推行经费分配“零基预算法”。因零基预算的复杂性、难操作性，在考虑成本效益原则的基础上，可采用“增量预算法”同“零基预算法”相结合的办法，每隔2~3年进行一次零基预算。有条件的单位，还可以采用“滚动预算”，在财务年度内预算“滚动”进行，随着预算的执行，预算期自动向前延伸，以保持预算的连续性和可调整性. 避免财务行为的短期化。

2. 对项目的控制

水利事业单位项目主要包括水利工程、水电工程、修缮工程、移民工程等。对项目的控制主要反映在立项控制、招投标控制、质量控制、款项结算控制、竣工验收与决算控制等五个方面。立项控制是对水利项目中的人为风险、经济风险和自然风险等进行有效控制。投标控制主要是对工程项目管理组织、招投标过程面临的风险、合同履行过程面临的风险进行有效控制。质量控制是对工程项目的原材料的质量、工程项目施工现场、工程监理等方面进行有效的控制。款项结算控制是对工程项目的结算合同风险、财务风险资金短缺风险进行有效控制。竣工验收与决算风险是对工程项目竣工验收的标准、组织领导、程序，以及工程项目决算方法、内容等方面进行控制。投资是单位获得收益和实现价值最大化的前提和途径。无论是对单位内部或是外部的投资，同样需要在期望的投资收益和预测的投资风险之间进行判断。按照市场经济的法则，任何投资活动都是投资收益与投资风险同在，而且较大的投资收益必然要承担较高的投资风险。

3. 对收入的控制

水利收入是指水利事业单位为开展和完成业务活动需要，依法取得的非偿还性资金。水利收入控制的目标：加强单位收入管理，确保单位业务顺利完成；便于及时找到单位收入管理中存在的问题，及时进行改正，避免收入流失；有助于杜绝坐支或挪用单位收入、违规使用票据的违法行为发生。

水利事业单位收入控制包括分工与授权控制、收入来源控制、收入票据控制和收入执行控制。其中分工与授权控制是对收入业务岗位职责、权责范围、工作要求等内容进行控制，避免收入审批与管理中违法行为发生；收入来源控制是对收入项目、来源依据等内容进行控制，避免单位不合法、不合理的收入项目出现；收入票据控制对票据的入库、发放、使用、销号、结存等环境进行控制，避免违规使用票据情况发生；收入执行控制是对收入经费征收、管理、账务处理等环节进行控制，严防单位收入流失。

4. 对基本支出的控制

水利事业单位基本支出是指为保障水利事业单位正常运转和履行职能所发生的支出。基本支出包括：在职人员的工资福利性支出；离退休人员、退职人员等个人和家庭的补助支出；单位运转所必需的商品和服务支出等。

水利事业单位基本支出控制目的包括：①规范水利事业单位人员配备和使用，提高单位绩效管理水平；②合理安排和节约水利单位的各种财力、物力，有效控制水利事业单位的运行成本；③确保水利事业单位人员经费和日常公用经费的充足，保证单位日常工作正常运转。

水利事业单位基本支出控制的内容包括：编制和人员控制、工资福利控制、商品和服务支出控制、基本支出结余控制。其中编制和人员控制是指做好人员编制管理，在职人员的调进、调出、退休变动管理，临时工的使用管理等相关工作；工资福利控制是指做好工资福利、津贴、补贴的发放管理工作，严格控制工作人员薪资福利的发放形式、金额等；商品和服务支出控制是指对水利事业单位商品和服务支出的真实性、合法性，支出数额，支出审批程序等内容进行控制；基本支出结余控制是指做好对单位基本支出情况的财务分析和评价工作，加强单位对基本支出结余资金的管理。

（二）水利财务业务管理控制的原则

1. 归口分级管理原则

要将各项财务指标，分解为各项具体指标，层层分解、层层落实，由各业务部门在各自业务范围内实行分口管理，再在分口管理基础之上，对各部门、岗位下达控制指标，实行分级管理。

2. 责权利相结合原则

对各级单位要明确一定的财务收支责任，赋予采取相应措施的权利，以及相应的经济利益机制。

3. 可控性原则

凡是要求各级单位承担责任的财务指标，必须是这些单位管得住、控制得了的项目，对各单位非主观能够控制的项目，不能要求承担其责任。

4. 例外管理原则

为了使主管人员摆脱日常事务，集中精力抓好主要矛盾，尽快解决问题，要求主管人员及时反馈不正常、不符合常规的关键性差异，这些差异为“例外”事项。“例外”事项具有重要性、长期性、严重性等特性，对“例外”事项要及时追查原因，迅速采取补救措施。

（三）水利财务业务管理控制的程序

水利财务业务管理控制作为一种经济控制行为有其独特的程序和步骤，具体如下。

1. 制定控制标准

标准是水利财务业务管理控制的关键，也是衡量水利事业单位的业务活动是否按预定的轨道进行的尺度。控制标准，就是对水利事业单位中的人力、物力和财力等所规定的数量界限，它是实行控制的定量准绳和衡量工作效果的规范。制定标准的过程即是确立为进行调节、控制所需要的各种标准的过程。控制标准可以用实物数量表示，也可以用货币数量来表示，主要有各项计划指标、预期目标。确定控制标准应当在充分调查研究和科学计算的基础上，力求做到既先进又合理并且可控性强。

2. 分解指标

水利财务计划、财务目标及财务控制目标确定之后，需要进一步将财务控制目标具体划分为可操作、可测量的财务控制指标并根据经济组织系统的构成状况而将控制指标进行分解和落实。落实指标的思路不外纵横两种，纵向落实就是明确上下级各单位之间各自承担的控制责任以及互相的联系方式；一般说来凡具有行政关系的上下级之间，都应以指令性计划为主，以下级服从上级为管理准则。横向落实是指将财务控制指标分解并落实到各相关部门，使从事不同业务活动的部门均承担相应的财务责任。在纵横交错的控制体系中，一定要确定一个控制主线，一则不能“只分不管”，不能分解了控制指标后就各行其是；二则是确定并真正形成一个财务控制的组织系统，从机构上、人员上和制度上保证控制的运行。

3. 实施财务业务管理控制

制定财务控制目标、分解财务控制指标及建立健全财务控制组织体系，都属于水利财务控制前期准备工作的范围，还不是水利财务控制本身。作为对水利财务资金调节和控制的实际内容，应当分为以下三个阶段。

（1）发出财务指令。不管指令由谁发出及其具体内容是什么，它都构成了首要的控制环节。国家通过给水利部和直属事业单位发送财务指令，告诉他们该做什么、不该做什么、何时何地做以及怎样做的问题；横向各部门、各单位及单位内部如科室间的财务指令，实质上具有指导性，即告知他们关于财务目标、指标等类信息，由他们在工作中执行或参考。

（2）执行财务指令。当水利事业单位接到来自国家或水利部的财务指令后，便将其作为行动的指导，或者化为具体行动。在此阶段，财务指令务求切实可行，要求太高或太低都可能流于形式或无济于事。

（3）财务指令执行情况的反馈。水利财务指令发出后，在执行时往往会产生一些始料未及的问题，客观环境的变化，执行人员的素质及执行手段的不当等均会影响执行结果。不管执行结果是否满意，是否完全符合初始的水利财务控制指令，执行人都有必要运用报告、报表等形式向指令发出者反馈。其目的在于通过反馈，找出指令与执行结果之间的偏差，以便提出调整意见和改正措施。

4. 衡量成效

衡量成效，就是被控对象所表示的状态或输出的管理特征（即实际执行的结果）与原定标准（即预期目标值或计划指标值）进行对比分析，及时发现脱离控制标准的偏差，并据以分析判断单位经济活动的成效。输出的管理特征值（或状态）优于控制标准（或状态空间的许可范围）称为顺差。这里讲的优于可能是大于或高于控制标准，也可能是小于或低于控制标准。出现顺差表明被控对象取得良好成绩，应及时总结经验，肯定控制工作实绩，并予以必要的奖励。输出的管理特征值（状态）劣于控制标准（或状态空间的许可范围）称为逆差，它同样也有大于或小于控制标准的现象。出现逆差表明被控对象的成效不好，必须准确找出原因，为纠正偏差提供方向和信息，并追查水利事业单位、部门和个人的责任，情节严重者，应给予一定的经济惩罚，如果是控制标准偏高，则应修正原定标准。衡量成效是在计划执行过程中进行的。为此，水利事业单位要切实搞好日常的统计记录、现场观测和技术测定等工作，以便掌握更真实可靠的被控量实际值，对工作绩效作出及时、正确的评价。

5. 纠正偏

通过信息反馈，可以发现执行结果与财务目标之间的偏差。这一偏差至少能够说明两方面的问题：一是借以了解所定财务目标的切实可行性；二是为了解执行中出现的问题。当然，如果财务目标经过了科学的论证，切实可行，且在执行中又“超额”完成了计划的目标，此时便不必进行调整。应当调整目标本身，至少应对目标的科学、合理性进行反思；如果执行的结果与目标差距较大，没有达到目标所规定的水平，就有必要对执行的过程及该过程中出现的新因素进行分析，找出结果不理想的原因，进而采取措施进入第二个循环。

可见，水利财务业务管理控制的基本程序形成了一个控制循环，并在单位生产经营过程中反复进行，控制主要是建设性的，不单纯是限制性的。在控制过程中，上述五项基本程序是缺一不可的，要使控制具有建设性，采取措施纠正偏差是财务经济活动控制的关键。

（四）水利财务业务管理控制的方法

水利财务业务管理控制方法是指通过水利财务工作，使单位的业务活动和资金活动按照预定的轨道运行所采取的方法。具体而言，由于各控制主体的目的、职责和任务不同，所采用的控制方法也就不同，其主要方法不外以下五种。

1. 利益控制法

参与财务活动的各行为主体的主要目的在于保证或增加自身的经济利益。当各行为主体间的利益界限清晰，各自的行为、行为结果与其利益所得直接相关时，外来的利益控制措施就能发挥应有的作用。单位为了使自身的运行更顺利有效，常用留利分配比例、工资分配、奖金分配等杠杆控制内部的诸多财务关系。诚然，利益杠杆本身具有双向性，它一方面鼓励人们从事某种行为，另一方面也会抑制人们从事某种活动。利益的间接控制应尽可能地使各行为主体的财务活动符合控制主体的计划和目标。

虽然利益对行为的导向作用从某种角度上讲具有普遍意义，但在具体运用时应把握以下两点：其一，利益的导向作用是建立在对被控制主体行为的评价之基础上的．这种导向作用能否得到正确、有效的利用，其关键取决于评价标准的客观性、评价标准与被控制主体行为的相关性以及建立在前两者基础上的利益控制措施的合理性。其二，利益控制法中利益的范围不仅包括物质利益，也包括精神奖励，因而单位在利用该种方法时，不仅要重视物质奖惩，也要注重精神上的奖惩，把两者有机地结合起来。

2. 平衡控制法

所谓平衡，就是指系统内部各部分、各要素间能够按其固有的比例搭配并以特有的规律协调、有效地运行。财务作为一个以资金收支运动为主要内容的生产与再生产体系，不仅在总体上、在整个过程中具有某种平衡性要求，且在每一局部和环节上也必然存在且一定要求一个特定的配置比例。作为一种财务控制方式，主要表现在三个方面。

一是财务收入与支出的平衡控制。财务的收入与支出、资金的供给与需求永远是一对矛盾，两者之间可能在一系列外在条件约束下暂时地达成某种平衡，但很难永久处于自发平衡之中。一般说来，对资金的需求总是大于资金的供给，即一方面财力有限，另一方面又需求“无限”，这就要求财务控制积极发挥作用，分别轻重缓急，本着量人为出的原则，将有限的资金用于恰当的项目上，实现财务收支的平衡。

二是资金运行与物资运动的控制。资金流与物资流是单位的两大“流体”，这两者之间可以平衡运行，亦可交叉运动，即资金流可以变为物资流，物资流亦可以变为资金流，它们统一地归属于信息流。对于资金与物资的控制，应当以单位目标为出发点，适时地实现它们之间的衔接或转换，保证资金运动与物资运动的协调及单位生产经营活动的正常进行。

三是财务活动内部结构的平衡控制。当一个经济系统的结构和运行轨迹确定之后，其内部的财务结构也便随之确定下来，处于一种相对稳定的暂时平衡状态。就拿一个单位来说，当其生产能力、产品品种、工艺过程等确定之后，它的生产经营资金结构、成本结构、销售收入结构和利润分配结构是相对稳定的。经过一段实践，当确认某一结构确实较为合理并有利于单位经济效益提高时，就应相对固定下来。一旦某一结构发生了变化，就应查找造成变化的原因，看是单位内部的管理不善带来的畸变，还是其他经济、政治、社会因素的影响而导致的结构的必然变化。若是外界的不可控变量发生了变化，就应果断地改变原有的结构状态，适应形势的变化。

从前面的分析可以看出，财务中进行平衡控制的依据是财务系统（包括财务活动与财务关系）内部各组成部分之间相互制约、相互联系的规律性。然而规律是客观事物之间的内在的本质联系，是隐藏在现象背后的东西。如果在财务业务管理控制中不能正确把握和运用各种财务活动和财务关系之间的内在规律性，进行平衡控制的结果最多只是达到了主观标准上的平衡要求，而与财务活动的规律相违背，从而造成财务业务管理控制的低效率。

3. 限额控制法

所谓限额，实际是指根据经验或科学计算而对某种行为的消耗、占用或产出所作的数量规定，其主要理论依据是以前的行为具有时间的延续性、环境的相对稳定性及各种变量处于正常状态。显然，对于没有历史延续性的行为、对于外界环境处于飞速变化的事件及各种非线性变量不断产生的系统，限额控制是难以奏效的。在财务管理中，常用于控制财务行为的限额有收支总额、流动资金占用额、管理费用开支额、工资定额、奖励定额等。在执行过程中，可通过执行结果与所定限额的比较发现问题。

4. 比率控制法

对于那些绝对额变动幅度较大但相对数变化有一定规律的财务行为，可用比率控制方式进行控制。在许多情况下，运用绝对数无法说明问题，使用具有可比意义的相对数却能作出有效的比较，进而找出差距和不足。

由于比率是两个绝对指标相比较的结果，要使这种比率具有控制意义，需注意以下两点：其一，指标口径的一致性。这不仅要求进行比较的两个绝对指标计算的口径要一致，而且要求比率指标在不同时期要尽可能保持一致。当前后期比率指标的含义有所变化时，利用它进行财务业务管理控制的标准和所要达到的要求就应该进行相应的调整。其二，绝对指标之间的相关性。将两个毫无关联的指标放在一起作比较是毫无意义的。一般说来，用于计算比率的两个绝对指标的相关性越大，就越具有控制上的意义。

5. 区域控制法

区域控制也叫幅度控制，即根据财务活动的规律性而大致规定一个财务活动区域，凡是某一指标处于该区域内，则视为“正常”，如果超过了区域的范围，便认为“超常”，从而查找造成超常的原因。由于此时的判别标准为是否属于某一区域，因此，区域的位置、区域的大小便成为该种控制方式的重心所在。要求在确定区域时充分考虑各种相关因素，分析它们之间的关系及变化趋势，进而确定一个科学、合理的财务控制区域。对于上述几种控制方法需要指出以下两点。

首先，各种方法之间并不是截然分开的，而往往是相互联系、相互依存的。例如，当进行比率控制时，如果运用的比率是由财务活动系统中不同组成部分的指标或者同一组成部分不同要素之间相比较而得出的，从某种意义上讲，它本身就是一种平衡控制；而平衡控制在很多时候也是通过计算、控制相关比率实现的。又如，限额控制法和区域控制法从本质上讲，都是为了将各项财务活动限制在正常或可接受的范围内，只不过前者是一种单向控制，而后者属于双向控制。

其次，在实务中进行财务业务管理控制时往往需要将两种或两种以上的方法结合起来加以运用。例如，在通常情况下，利益控制法是其他几种方法发挥作用的保证，因为无论是平衡控制、限额控制，还是比率控制、区域控制，都需要利用相关指标（包括相对指标和绝对指标）对财务活动的结果进行衡量、评价，并在此基础上进行相应的奖惩措施（即利益控制），才能使控制发挥效力，离开了利益控制，其他任何方法都将失去意义。又如，在运用比率控制时，通常需要将相关比率控制在一定范围内，即需要将比率控制与限额控制或区域控制有效地结合起来。

第四节　水利财务业务信息化制度建设

一、水利财务业务信息化制度建设背景

随着经济体制改革的发展，财政体制改革的深化，社会对信息的利用要求不断提高。财务管理的主要工作内容，将从目前的事务管理向执行分析和制度拟定等宏观管理政策层面的方向转变，财务管理的各项业务和各个环节，将从目前的部门预算、国库集中支付和政府采购等相互间相对独立脱节、信息流动单向封闭，逐步向相互紧密衔接、信息对称透明转变。

财务管理信息系统是适应社会主义市场经济体制下公共财政的发展需要，是现代信息管理的必然趋势。构建一个管理与技术有机融合的公开透明、服务便捷、安全可靠的财务

管理信息系统，能够进一步提高财政资金使用管理的安全性、规范性和有效性，有利于保障和推动深化财政改革，建立统一、完整、规范的财政预算和支出管理体系；有利于加强财务管理，促进依法行政和依法理财，有利于审计部门依法实施监督。

近几年，为适应财政改革、水利财务管理和加强财务核算的需要，水利部直属各单位都结合实际建立和开发了相应的会计核算等软件和系统，对财务账套实行电算化管理。同时，水利部作为全国部门预算、国库集中支付首批试点单位和推广部门，于 2001 年开始进行试点改革并开展国库支付配套业务应用系统建设，启动了国库集中支付系统。另外，在部门预算上也运用了财政部统一的部门预算编制软件。

当前水利财务业务管理信息系统的主要业务基本上都应用计算机进行辅助管理，如部门预算、会计核算、财务决算、国库支付、政府采购、银行账户管理等，但各项软件自成体系，使用的开发平台、数据库、编程语言等有较大的差异，数据各自为战，分散使用，共享性差，各自形成了“信息孤岛”。为了满足不同业务应用的需要，经常要将同一数据重复录入不同的软件系统，这不仅增加了财会人员的工作量，而且容易造成数据理解的歧义性，同时，由于各项软件间不能有机整合，相应的财务信息分析手段落后，相关数据无法进行直观、便捷的比较、分析，使得财务管理不能满足实时监控、全方位、全过程的管理需求，政府采购、部门预算执行控制、固定资产管理、绩效评价分析等均不能适应深化财务改革的需要。这成为当前水利财务管理信息系统中普遍存在的问题。因此，需要在信息化建设中加强制度建设，以制度引导和规范水利财务信息化建设。

二、水利财务业务信息化制度建设要求

（一）财务业务信息化制度建设要求

（1）合规性要求。

（2）体现会计准则要求。

（3）符合会计信息质量要求。

（4）符合成本效益原则。

（5）符合弹性原则和一致性原则。

（6）业务处理程序标准化要求。

（二）系统信息化制度建设要求

信息化实施过程：努力做好基础性工作、利用信息化管理软件，规范工程档案管理流程、网络通信及共享问题的解决、全文数字化处理文件格式问题、安全问题实施方案。

1. 衡量企业信息化是否成功的指标

（1）信息化能否做到日结。

（2）资料一次输入后是否需要重复输入。

（3）信息化是否全面连线。

（4）主管审核是否有效减少。

（5）软硬件由谁维护。

2. 信息化成功指针做法

（1）简化和改善流程。

（2）由使用单位主办。

（3）提出明确要求及达成程度。

（4）选择适用的软件包。

三、水利财务业务信息化制度建设原则

（一）应保证财务信息的安全可靠

这要求建立详细的内部控制的操作管理制度，做到进入系统的数据要有凭有据，数据进入系统后要确保其完全、可靠。要通过基层单位的数据录入、审核，上级单位的数据审核等环节保证只有正确的财务数据才能进入财务数据库。

（二）应兼顾各类财务集中管理应用模式

建立财务信息化制度时，要合理规划本单位的各项信息内容，规范本单位的管理模式，了解各种业务活动之间的联系，制定出最佳的建立方案。

（三）应该具有一定的前瞻性

水利财务信息化制度是用来规范财务管理信息化系统建设与操作的，不宜经常改变，否则，财务信息化人员将无所适从，不利于财务信息化系统建设与操作的规范性的形成。随着公共财政改革的推进，行政事业单位的财务管理模式在不断发展。而随着市场经济和水利事业单位自身的发展，财务信息化制度也会不断得到改进和完善。因此在建立财务信息化制度时，最好留有一定的升级空间，以便在必要时，可及时改进而又不必重新建立。只有这样，才能保证财务信息化制度在较长时间内的稳定，并最大限度地发挥其作用。

四、水利财务业务信息化制度建设的内容

水利财务信息化制度是保证已建立的水利财务业务管理信息系统安全、正常运行，保证单位财务工作有序进行的重要措施。水利财务信息化制度主要包括岗位责任制、日常操作管理、计算机软硬件系统维护管理和会计档案管理等内容。

（一）建立岗位责任制

在管理工作中，体现“责、权、利相结合”的原则，明确系统内各类人员的职责，将权限与利益挂钩，切实做到事事有人管，人人有专责，是保证组织工作顺利进行的基本要求。建立岗位责任制是财务信息化工作顺利实施的保证，建立、健全岗位责任制，一方面是为了加强内部牵制，保护资金财产的安全；另一方面能够提高工作效率，充分发挥系统的运行效益。

需要根据实际业务情况进行岗位责任制创新。例如，在会计集中监管模式下，上级财务部门负责各下属事业单位报账员的培训工作，会计部门的主管会计只负责审核各单位报账员整理的报账单据。由于各下属事业单位报账员频繁变动，会计部门可能不能及时组织培训来提高新报账员的业务素质。如果由核算部门的主管会计在审核各下属事业单位报账单据的同时，兼负责各单位报账员的业务培训，就会使主管会计根据具体情况，灵活组织报账员参加培训，保证各下属事业单位报账工作的顺利进行。因此，在制定岗位责任制时，可以明确由会计主管负责培训下属单位的报账员业务知识和报账软件操作。

（二）上机操作管理

上机操作的管理是通过建立与实施各项操作管理制度，要求财务人员按规定录入原始数据、审核记账凭证、记账、结账和输出会计账簿等，严格禁止越权操作、非法操作会计软件，确保财务管理信息系统安全、有效、正常地操作运行。操作管理制度主要包括上机操作的规定、操作人员的职责、权限与操作程序等方面的规定。

上机操作人员可能分布在一个城市的多个地点，甚至处于不同的城市，因此在确定上机操作管理制度时，要加强对上机操作人员身份的认定和权限的控制，确保财务集中管理信息系统的安全和可靠。

（三）会计业务处理程序的管理

要按照《会计基础工作规范》的要求处理会计业务，保证输入计算机的会计数据正确合法，会计软件处理正确，当天会计业务当天记账，期末要及时结账和打印输出会计报表，灵活运用计算机对数据进行综合分析。

水利财务业务信息化制度要明确各单位会计处理的职责。例如，有的水利事业单位规定下属单位统一审核凭证、统一记账、统一结账、统一编制会计报表；有的水利事业单位规定由下属单位统一审核凭证，记账、结账、编制会计报表工作由各单位通过网络自己完成。在确定财务集中管理会计业务处理程序制度时，要在会计基础工作规范的基础上结合本单位的实际情况，明确相关的会计业务处理程序。

（四）计算机软件和硬件系统的维护和管理

软件维护是指当单位的会计工作发生变化而进行的软件修改和软件操作出现故障时进

行的排除修复工作；硬件维护是指在系统运行过程中，出现硬件故障时的检查修复以及在设备更新、扩充、修复后的调试等工作。

在财务集中管理模式下，财务数据一般集中在财务主管部门，如各水利事业单位会计人员操作时登录数据库服务器进行会计业务处理。从总体上看，各单位的软硬件系统维护量较小，数据库服务器的软硬件维护工作量较大。在确定计算机软件和硬件系统维护的管理制度时，可以明确财务主管部门的软硬件系统维护人员需要兼顾各财务核算单位的客户端维护工作，从整体上降低软硬件系统的维护成本，保证软硬件系统的运转效率。

（五）会计档案管理

实现会计电算化后，会计档案磁性化和不可见性的特点要求对电算化会计档案管理要做好防磁、防火、防潮和防尘工作，重要会计档案应准备双份。良好的会计档案管理是实现会计电算化后保证会计工作连续进行、保证系统内会计数据安全完整的关键环节，也是会计信息得以充分利用、更好地为管理工作服务的保证。

水利财务业务信息化环境下，财务数据一般集中在财务主管部门，电子会计档案可以集中存放在财务主管部门，纸质会计档案可以根据需要保存在核算单位或财务主管部门。例如，目前有的水利事业单位集中管理各下属单位的电子会计档案和纸质会计档案，有的水利事业单位只负责管理各下属单位的电子会计档案。

五、水利财务信息化制度的执行和完善

水利财务信息化制度建立以后，需要对执行过程中出现的问题进行分析，不断对制度进行修正和完善。水利财务信息化制度的执行和完善过程主要包括以下方面。

（一）水利财务信息化制度的学习和培训

水利财务信息化制度建立出台后，公布日期与实施日期应有一定的时间间隔，在公布前应由制度建立部门向各相关部门人员如财务部门人员、计算机维护员提交详细的制度内容，要求其逐条学习，必要时可以进行一定的培训，并要在规定的时间内将意见反馈至制度建立部门。制度建立部门根据意见进行修订后，再正式发布实施。

（二）水利财务信息化制度的执行监督

由相关监督管理部门对财务信息化制度的执行情况进行定期的检查和抽查。在财务集中管理模式下，可能因制度覆盖面较广，或监督人员较少，或监督人员的素质问题，有可能出现监督不力的情况。针对这一情况，可考虑由财务主管部门网上设立“制度执行不力投诉栏”，让相关单位人员有权对监督管理部门执行制度考核的情况进行监督并提出异议。相关监督管理部门应及时对投诉栏中有事实基础的意见进行分析、处理。

（三）水利财务信息化制度的定期完善

执行一段时间后，通过对水利财务信息化制度的执行和监督，很可能会发现现有制度方面存在的不足。这时，要及时进行反馈，由制度建立部门对现有制度进行修订和完善，以适应现阶段财务管理信息化系统操作的要求。由于财务集中管理模式最近几年才逐步得到应用，在财务集中管理模式下的财务信息化制度也处于不断完善的过程中，因此需要不断加强水利财务信息化制度的定期完善工作。

第五节　水利财务业务管理信息系统实施

水利财务业务管理信息系统的实施主要包括以下步骤：①实施前的项目准备（需求分析、制定实施方案、招标）；②水利财务业务管理信息系统实施过程（制定项目实施计划、组建项目实施组织、建立项目控制机制、明确项目实施步骤）；③项目验收。

一、实施前的项目准备

（一）需求分析

1. 财务管理信息化现状

在部门预算改革实施后，预算指标的编制与实施责任更加明确，数字更为精确，政府财务管理政策的约束力、预算的准确率进一步加强，尤其是部门预算改革的推行，要求各单位更多地从整个系统全面考虑收支平衡，对整体财务管理的要求显著提高。

在以信息化技术手段支撑的国库集中支付改革实施后，各单位经费的使用从以前粗放型的资金流管理转变为精确计划、逐笔支付型的指标流管理，从而进一步促进了财政支出从传统的以拨代支向按需支出的转变。

所有这些财政支出改革措施的深入，对单位而言，意味着传统以拨代支粗放财务管理模式已完全不能适应新的管理形式，必须借助于信息技术来实现在原有的会计电算化管理模式基本上处于核算会计阶段，主要解决水利事业单位基本收支数据的收集、统计和计算，尚未上升到管理会计的阶段，不能为管理者提供强有力的决策信息。

预算管理是财务管理的基本任务，也是财务管理的基本要求。长期以来，单位预算执行控制主要靠手工操作，即建立在财务核算和财务统计分析基础之上，缺乏信息化的科学管理手段。因为不能摆脱会计事后核算职能的制约，这种先核算后管理的手工操作模式，必然带来预算执行控制滞后问题，表现在：一是很难及时控制或避免超预算的财务事项的发生；二是不能及时准确地掌握财务动态的预算执行情况；三是不利于财务决策和领导决策。财务管理问题不仅仅是财务一个部门的事情，业务管理部门的支持和配合，是做好财务管理工作的重要环节。由于目前不能及时提供有关财务信息和经费使用情况，未能建立起统筹安排、节约使用各项经费、齐抓共管的财务管理局面。

2. 必要性分析

单位财务制度和会计制度的改革、政府公共财政改革的全面推进对各级水利事业单位的财务管理水平提出了越来越高的要求。单位借助信息技术实现财务管理，由分散核算型向集中管理型的转变已成为必然。

特别是近几年的中央财政国库集中支付改革及部门预算管理改革，对水利系统的财务管理部门提出了更高的要求。加强财务信息的集中统一管理，明晰财务收支两条线，进一步加强预算管理，实施有效的预算监控，已成为新形势下财务管理的新特点。

同时，为了贯彻中央有关加强党风廉政建设和反腐败工作的文件精神，规范财务管理，加强对财务的监管力度，从源头上防止腐败；为了提高财务信息化管理水平，实现财务信息的实时共享和动态管理，为各级主管领导科学决策提供及时、准确、全面的财务信息；水利事业单位必须要建立起实时先进、高效可靠、易用全面的集中式财务管理信息系统。

3. 调研分析及调查问卷

（1）被调研水利单位的性质以及财务管理模式。

（2）目前使用的会计制度、软件。

（3）主要财务业务，以及在软件上实现方式。

（4）财务岗位设置，财务人员分工、职责与权限。

（5）各单位信息化建设状况，特别是财务系统与其他信息化平台的对接方式、管理需求等。

（6）水利单位现行财务与会计制度。

（7）已有的财务信息化制度，包括研发、操作、日常管理等内容。

（8）组织财务人员、其他业务部门和管理部门人员就财务信息化制度等方面座谈。

座谈提纲：财务信息化的目标（应达到的目的）、应有的功能、目前应用状况与目标之间的差距、管理制度是否健全、制度执行情况。

（二）制定实施方案

根据不同项目的内容与要求，要制定相应的实施方案。下面根据一个水利财务业务管理信息系统的实施过程来举例分析。

水利财务业务管理信息系统由财务管理、会计核算、数据转换策略、系统并行策略、系统管理等部分组成。其中，财务管理由预算执行管理、资金管理、财务综合分析、集中监控、在线报销管理等部分组成，会计核算由总账（账务处理）、应收账款管理、应付账款管理、工资管理、固定资产管理、报表管理等部分组成，如图 11–6 所示。

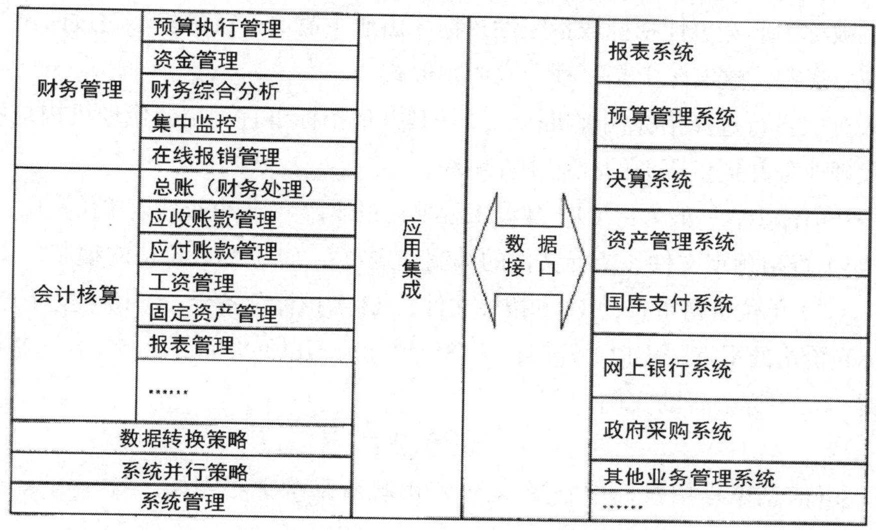

图 11–6　水利财务业务管理信息系统的实施过程图

（三）招标

招标(lnvitation to Tender)是指招标人(买方)发出招标通知,说明采购的商品名称、规格、数量及其他条件，邀请投标人（卖方）在规定的时间、地点按照一定的程序进行投标的行为。程序一般为：招标者刊登广告或有选择地邀请有关厂商，并发给招标文件，或附上图纸和样品；投标者按要求递交投标文件；然后在公证人的主持下当众开标、评标，以全面符合条件者为中标人；最后双方签订承包或交易合同。

招标在一定范围内公开货物、工程或服务采购的条件和要求，邀请众多投标人参加投标，并按照规定程序从中选择交易对象的一种市场交易行为。按照国家有关规定需要履行项目审批手续的，应当先履行审批手续，取得批准。招标人应当有进行招标项目的相应资金或者资金来源已经落实，并应当在招标文件中如实载明。

招标方式分为公开招标、邀请招标和议标。公开招标是指招标人以招标公告的方式邀请不特定的法人或者其他组织投标。公开招标，又叫竞争性招标，即由招标人在报刊、电子网络或其他媒体上刊登招标公告，吸引众多企业单位参加投标竞争，招标人从中择优选择中标单位的招标方式。按照竞争程度，公开招标可分为国际竞争性招标和国内竞争性招标。

邀请招标是指招标人以投标邀请的方式邀请特定的法人或其他组织投标。邀请招标，也称为有限竞争招标，是一种由招标人选择若干供应商或承包商，向其发出投标邀请，由被邀请的供应商、承包商投标竞争，从中选定中标者的招标方式。邀请招标的特点是：①邀请投标不使用公开的公告形式；②接受邀请的单位才是合格投标人；③投标人的数量有限。

议标也被称为非竞争性招标或指定性招标，由业主邀请一家最多不超过两家知名的单位直接协商、谈判。这实际上是一种合同谈判形式。

招标人有权自行选择招标代理机构，委托其办理招标事宜。招标代理机构是依法设立从事招标代理业务并提供服务的社会中介组织。

项目公开招标步骤一般为：（1）建设工程项目报建；（2）审查建设单位资质；（3）招标申请；（4）资格预审文件、招标文件的编制和送审；（5）标底价格的编制；（6）发布招标通告；（7）单位资格审查；（8）招标文件；（9）招标预备会；（10）投标文件管理；（11）目标底价格的报审；（12）开标；（13）评标；（14）决标；（15）合同签订。

以下是一个招标公告的实例：

招标公告

×××市信息工程招投标中心受×××市政府采购中心委托，就×××市水利局办公信息系统项目进行公开招标。

请有关具有同类软件及GIS系统开发经验的系统集成商到×××市信息工程招投标中心购买标书并参加投标。

具体内容如下：

1. 招标文件编号：IT3104066；

2. 招标内容：×××市水利局办公自动化软件开发，业务管理系统开发，

系统移植、数据入库、托管服务器系统更新；系统所需硬件设备购置；整合系统的培训；

3. 标书售价：人民币500元；标书售后不退；

4. 购买标书时间：2001年4月20日起上午8：00—12:00；下午2：30—5:30（公休节假日除外）。

××××年××月××日

单位公章

二、水利财务业务管理信息系统实施过程

水利财务业务管理信息系统实施过程主要有以下四个方面：制定项目实施计划、组建项目实施组织、建立项目控制机制、明确项目实施步骤。

（一）制定项目实施计划

在项目管理过程中，计划是的编制是最复杂的阶段，项目计划工作涉及多个项目管理知识领域。在计划编制的过程中，可看到后面各阶段的输出文件。计划的编制人员要有一

定的工程经验，在计划制定出来后，项目的实施阶段将严格按照计划进行控制。今后的所有变更都将是因与计划不同而产生的，也就是说项目的变更控制将是参考计划阶段的文件而产生的。

项目的实施期限、顺序及各阶段研究重点将根据业主的要求，经与项目各参与方讨论后决定。

以 ××× 水利院接收的水利财务业务管理信息系统建设的实施为例。

原则上在合同签署后 6 个月完成全部软件开发和试验，预计 2××× 年 6—12 月。

总体工作计划如下：

第一阶段：2××× 年 7 月底前，详细调研，理解业主需求，准确定义系统概念，制定详细工作计划，明确各参与方职责，并将实施方案经业主认可后形成文档资料。

第二阶段：2××× 年 8 月底前，采用边设计边编程的方式。制定系统规范、标准和系统验证计划，统一系统编码，进行数据库结构分析和模块功能划分，并报业主批准。

第三阶段：2××× 年 9 月底前，根据工作计划及职责划分展开开发工作，并对完成的模块分别进行调试，及时与业主沟通，进一步完善系统功能。

第四阶段：2××× 年 10 月底前，各功能模块联调联试，并作相应调整。同时完成对用户的培训。

第五阶段：2××× 年 12 月底前，系统运行测试，完成最终项目管理系统报告，并通过甲方组织的评审。

第六阶段：来年 6 月底前，系统试运行、维护和技术咨询服务。

（二）组建项目实施组织

确定合理的项目实施组织为以后的项目实施打好基础，对于计划中的每一个环节，该组织都应有一定的计划准备与应对措施。下面是 ××× 水利院的实施组织。

××× 财务管理系统项目组主要由三部分组成。

1. 项目委托管理组

项目委托管理组由 ××× 财务处业务人员组成，主要负责如下内容：

（1）提供功能需求和业务流程。

（2）为项目组提供资源保障（如开发环境、实验数据、各类财务样表等）。

（3）监控项目的进展和效果。

（4）及时作出决定，确保项目目标的实现。

（5）签署有关文件。

2. 项目协调组

项目协调组由甲方、乙方分管领导组成，主要负责如下内容：

（1）确定项目执行策略，监督工作计划的实施。

（2）向有关领导汇报项目进展和主要问题。

（3）确认项目组的技术方案，并组织有关专家评审。

（4）审查系统的业务、功能设计方案。

（5）制定系统的维护计划和培训计划。

（6）掌握系统的维护能力和培训能力。

（7）配合系统的全面运行和推广。

3. 软件开发组

软件开发组由 ××× 科技有限公司有关人员组成，主要负责如下内容：

（1）应用系统的设计及软件开发。

（2）软件的调试和安装。

（3）提供网络安全的设计、安装和维护支持。

（4）编写开发文档。

（5）编写技术手册和维护手册。

（6）提供用户的培训手册和培训服务。

（7）提供系统维护、技术支持和咨询服务。

（三）建立项目控制机制

在项目实施阶段是占用大量资源的阶段，此阶段必须按照上一阶段定制的计划采取必要的活动，来完成计划阶段定制的任务。在实施阶段中，项目经理应将项目按技术类别或按各部分完成的功能分成不同的子项目，由项目团队中的不同的成员来完成各个子项目的工作。在项目开始之前，项目经理向参加项目的成员发送《任务书》。《任务书》中规定了要完成的工作内容、工程的进度、工程的质量标准、项目的范围等与项目有关的内容，《任务书》还含有项目使用方负责主要人的联系方式及地址等内容。

（四）明确项目实施步骤

项目的大部分准备工作都已经完备之后，在每一个计划实施只后都要明确这次计划实施过程与下一步的具体安排，做到有计划，有准备，可操作，且每一步的进度经验要及时进行总结。项目实施步骤如下：

（1）系统总体设计。

（2）数据库设计。

（3）系统开发设计。

（4）系统运行与维护管理。

（5）试用阶段。

三、项目验收

项目的验收过程涉及整个项目的阶段性结束，即项目干系人对项目产品的正式接收，使项目井然有序地结束。这期间包含所有可交付成果的完成，如项目各阶段产生的文档、项目管理过程中的文档、与项目有关的各种记录等，完成对员工的培训，并通过项目审计。

在项目的验收阶段中的主要活动是，整理所有产生出的文档（主要包括系统安装与运行测试报告、系统客户化配置状况报告、业务需求分析与实施匹配评估报告、系统切换工作报告以及培训结果评估报告等）提交给项目建设单位。验收阶段的结束标志是《项目总结报告》，收尾阶段完成后项目将进入维护期。

项目的验收阶段是很重要的阶段，如果一个项目前期及实施阶段都做得比较好，但是在项目的验收阶段没有重视，那么这个项目给人的感觉就像虎头蛇尾的工程一样，即使项目的目标已达到，但项目好像总没有完结一样。所以一个项目的验收是非常重要的，项目的验收做得好，会给项目的所有干系人一个安全的感觉。项目的验收还有一个重要的任务，就是要对本项目有一个全面的总结，这不仅对本次项目是一个全面的总结，同时，也是为今后的项目提供依据和经验。

第六节　水利财务业务管理信息系统整合优化设计

水利事业单位财务信息化建设就是要建立安全、规范、统一、实时的财务信息系统，同时，能够适应财务管理模式和水利系统财务管理架构的变化。国内外众多大型集团的经验表明，成功的财务信息化建设能够大大提高系统财务管理的水平。水利系统内部各单位财务信息系统的优化整合也能够极大地促进整个水利系统财务管理水平，保障资金安全和提高资金使用效率。

一、水利财务业务管理信息系统整合优化的背景

目前，水利部采用分级管理的模式，上级单位通过报表了解下级单位的财务状况，财务报表分级汇总，层层上报。这种分权式财务管理模式所建立的财务信息系统大多是分散的信息系统。所谓分散的财务信息系统是指系统内所属不同级次单位，虽然实现了会计电算化，但是各下属单位的会计核算基本上都是根据行政管理架构层层独立建账，不同级次

核算单位都是一个独立的会计实体，都有独立的核算“账套”，会计核算“账套”分散。同时不同级次下属单位根据自己的需要建账时，仅仅考虑本单位的核算要求，不可能从部系统整体管理的角度来考虑系统的建设问题。

此外，由于各单位使用的软件版本不一，软件之间没有接口进行数据通信和转换，规范和标准不统一，不能实现信息共享，造成水利部难以进行有效监管的现象。财务数据经常需要通过手工录入、编报报表，增大了基层单位的工作量，往往造成报表无法及时完成，同时信息失真、信息孤岛等现象较为严重，影响了财务信息的真实性和有效性。再加上手工编制预算上报、审批、下达周期长，导致预算的控制作用无法真正实现，形同虚设，预算的协调指导作用也无法充分发挥，造成水利部及主管单位无法对下级单位预算的执行情况进行实时监控。这些问题都迫切要求水利部整合优化财务业务管理信息系统。

二、水利财务业务管理信息系统整合优化的可行性和必要性

截至 2010 年 12 月水利部所属单位有 351 户，其中二级单位 28 户、三级单位 98 户、四级单位 132 户、五级单位 93 户，单位具有级次多、分布广的特点。通过调研，所属单位实现财务电算化达 98%，实现财务核算网络化达 76%、在商品化软件基础上进行二次开发的占 24%。经过多年在财务管理信息化建设方面多年的投入、探索、实践，原有的财务管理应用系统能满足财务管理和会计核算的基本要求，但是随着国家对财务管理集约化、精细化、标准化以及扁平化管理要求的逐步深入，原有财务管理的模式已经无法满足管理要求。进一步强化集团财务管理功能，实现数据集中管理，全面提升财务分析水平，消除上下级单位之间的信息不对称，为系统的财务管理提供有效的技术手段：扩展财务子系统间集成，建设财务业务一体化的集成系统，实现管理信息的实时传输和高度共享，实现财务管理科学化、精细化已成为必然的趋势。

通过分析，虽然水利系统目前财务核算基本上实现了会计电算化，但由于所属单位使用的核算软件类型和版本不同、会计基础信息没有统一的约束标准、虽然有统一标准但无法通过目前软件进行强制执行和监控等原因，造成在财务信息化方面投入了一定的财力和人力，但多数单位财务管理仍停留在事后财务核算层面。要解决目前的状况需要解决三方面问题：一是选择统一的可实现分级次进行财务核算管理的软件平台；二是制定财务管理的标准；三是标准可以预设到平台软件中并授权强制执行。

三、水利财务业务管理信息系统整合优化的实现

（一）优化整合的步骤

水利财务业务管理信息系统按照“总体规划，分步实施，以点带面，整体推进”的要求，首选实现整个系统的账务集中，实现财务管理控制真正集中，同时也支持并表方式。

从系统管理角度看，集中后物理数据都存放在同一个数据库中，这样对系统来说大大减少了维护成本。各级单位的资金管理是从编制预算开始，到对预算执行所进行的监督和控制，来达到加速资金执行、降低财务风险的目的。资金的集中管理，对系统的资金动作进行有效监督和控制。

（二）优化整合应遵循的原则

1. 整体规划、分步实施原则

通过多年的建设，水利信息化已经初具规模，具备“硬件集中、软件集成”的条件。财务业务信息化建设要在这一总体思想指导下进行整体规划，以利于系统集成的顺利实现。但是，财务业务信息化建设是一个庞大而复杂的系统工程，涉及面广，影响因素众多，不可能一蹴而就，要在统一领导下分阶段、分步骤建设，最终达到总体规划目标。

2. 先进性与实用性相统一原则

财务业务信息化建设要服务于单位的集约化管理，必须以全面预算、经济业务与财务一体化等先进的管理思想为基础。同时，管理信息系统是为单位的日常管理服务的，不能脱离单位的管理现状一味追求理念的先进，要与单位的管理实践相结合，与单位特有的管理文化相适应，从实际出发，以实用为目标。

3. 可扩展性原则

系统可扩展包括：根据管理需要可以随时添加或开发所需子模块；集成可扩展：财务业务管理信息系统间留有数据接口，其他系统一旦具备可集成的条件，即可集成；硬件可扩展；应用服务器可以随着应用的扩大进行线性扩张。

4. 与整体架构相适应原则

财务业务信息化是水利信息化建设的一部分，应当服从水利信息化建设的整体规划，功能上适应水利大信息系统的整体架构，技术采用统一的信息化基础架构，以利于实现“硬件集中、软件集成”的总体目标

5. 建管并重原则

财务业务信息化要努力克服重建轻管的弊病，加强信息化建设全生命周期管理，实现各个环节的平稳过渡和有序衔接。规范和优化财务业务流程，建立健全各种规章制度，建立财务业务信息系统管理机制，加大信息系统管理维护投入，提高管理维护水平，确保财务信息系统的持续可用性，发挥最大效益。

（三）基础数据标准化制定

基础数据标准化是系统统一财务管理的基础，只有建立在基础数据统一的基础上，才有可能实现系统财务信息共享和信息集成，达到有效监管、支持决策的目的。基础数据的

标准化包括：会计科目、财政类款项、单位预算代码、财政经济分类、往来单位、专项核算、会计日历、凭证类型等。其中会计科目和财政经济分类是最重要的基础数据，是整个账务系统的核心。

（四）与其他系统的衔接

1. 商品化财务核算软件（核算系统）

开发的结算子系统需从核算系统中读取项目、部门、个人、往来单位等信息经处理后，作为结算系统的基本信息数据。结算系统定期生成的信息按核算系统要求的规则传人商品化财务核算系统，并校核数据，同时在核算系统中自动生成相应的记账凭证。

2. 网上银行系统

核算系统定期从网上银行读取对账单，按照选择的对账期间，自动对账并生成相关对账报表；网上银行可从结算系统读取信息，自动生成支付交易，经审核后转入对方或个人信用卡。

3. 水利部、财政部、科技部报表系统

可从核算系统中读取相关信息，按照选择的期限，定义生成水利部、财政部、科技部所需要的报表格式，并按照提供的接口转入。

4. 单位内部科研管理系统

可以动态从院科研管理系统读取项目、合同等相关信息，修改后保存到核算、结算以及预算系统，作为核算、结算和预算系统的基础数据库，定期把项目收支信息传人科研管理系统，以便校核。

5. 单位内部设备管理系统

可以动态更新设备信息库，根据设备分类校核总账和明细账差异，生成资产管理台账，并上传供有关人员查询。

6. 和单位内部其他系统交互

和单位内部其他系统交互信息，具体涉及的部门包括人事部门、物资仓库管理部门和食堂、车队等部门。

（五）优化整合后的框架结构

整合后的系统通过管理、业务、平台一体化思想构建，完整支撑预算、核算、资产、国库支付、政府采购、在线申报、在线查询、决策分析等多方面管理应用，建设以资源管理为核心同时将财务管理与面向公共服务有机整合统一信息支撑平台，具体结构见图11–7。系统具备可以进行平台个性化定制、业务灵活开展，异构系统无缝集成；能够全面满足水利部、各级层次单位管理、监督、服务的要求。系统对经费实现事前、事中、事后的全过程监管，规范所属单位财务核算口径、方法。水利部对所属单位统一预算管控，强化预算编制的真实性和科学性；加强对所属单位日常经费支出的监督管理，特别是项目资金支出的监管，保障经费支出的合法、合理；统一会计科目设置，规范财务处理核算方法为财务报表及财务分析报告数据的真实可靠提供基础，为领导决策提供及时、科学、有效的参考依据。

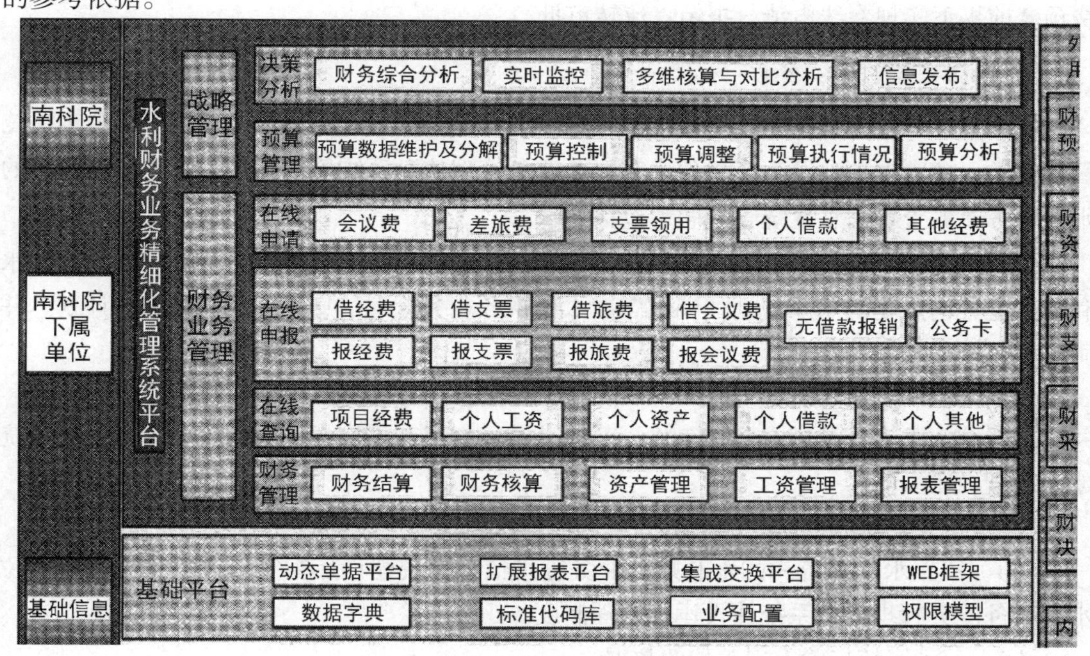

图 11-7　水利财务业务结构图

在财政资金管理方面，系统以部门预算为基础，以项目细化作为预算执行的主线，形成对外是部门预算的管理方式，对内是项目预算管理方式，把财政对预算执行管理与预算单位对内的预算执行的细化管理有机地统一起来，通过预算功能分类与会计科目为对称轴进行关系转换，对部门预算进行内部细化分解和执行。预算执行结果可以形成以财政功能分类为主线的预算执行情况分析表（分单位或业务处室）和以项目为主线的预算执行情况分析表（含功能分类和经济分类），形成贯穿财政和单位内部处室，实现财政部门预算管理与单位内业务处室协同管理体系，达到对单位内部处室及其业务的细化管理，既满足财政部门对预算管理的要求，又提升了单位对内部各业务处室细化管理的水平。

（六）明确不同层次的需求和职责

水利部及流域机构的职能是在战略层面，主要功能集中在战略决策、预算规划制定、监督考核。所属基层单位的职能是在执行层面，主要功能集中在具体的预算执行。按照责任、权利对等的原则，适度分权更有助于集团的决策监控，并以此为原则来处理好集权和分权的关系，即集权有度、分权有序。水利事业单位的需求及职责分析如下。

1. 水利事业单位的需求分析

掌握所属单位财务收支状况、资产负债状况、财政项目预算及执行状况、资产组成及配置指标分析对比，可以实现对所属单位财务状况分析、跨年度分析、选择不同单位分析、可以实现追踪查询分析。实现单位领导和业务部门对财务信息的需求查询；财务业务在经费预警前提下实现在线申请、报销、流转审批。

2. 直属单位的职责分析

水利事业单位在财务司的指导下，根据水利部的各项规定、标准和规范，结合本单位管理需求，负责本单位及下属单位水利财务业务管理信息系统管理工作。水利事业单位的水利财务业务管理信息系统管理职责包括如下。

（1）依据水利部的财务信息化建设规划，制定和组织实施本单位及其下属单位的水利财务业务信息化的总体规划，编制年度水利财务业务管理信息系统建设和维护计划，并制定和执行相关预算。

（2）按照水利部财务司的要求使用水利部统一的水利财务业务管理信息系统软件，并参与系统需求设计及试点测试工作，及时总结、交流和推广水利财务业务管理信息系统建设管理经验。

（3）负责在水利部统一的标准和规范框架内制定本单位的财务信息标准和规范。

（4）依据水利部统一的水利财务业务管理信息系统建设运行管理制度，制定本单位水利财务业务管理信息系统建设运行管理制度。

（5）负责审核校验下属单位的数据。

（6）协调解决本单位内部及下属单位的网络问题，及时处理网络故障，并将使用中的问题及时上报上级单位。

（7）负责监督所属网内用户使用的安全性及系统保密，防止数据泄漏。

（8）诊断本单位水利财务业务管理信息系统使用状况，收集反馈意见，并将意见上报上级单位。

（9）负责本单位和下属单位的财务信息化培训和评价工作。

（10）确保会计业务及时入账，按上级单位的统一标准填制凭证，保证数据准确性和及时性，管理本单位水利财务业务管理信息系统档案。

（11）负责本单位及下属单位财务人员信息化知识和水利财务业务管理信息系统操作的培训与评价工作。

（七）系统整合后需设置的用户及权限

水利财务业务管理信息系统用户类别及权限见表 11–1。

表 11-1　系统用户类别及权限表

单位类别	用户类别	权限
水利事业单位有下属单位	汇总单位领导	查询所属单位经费和资产收支总况及财政项目按单位收支总况
	汇总单位分管财务领导	查询所属单位经费和资产收支信息及财政项目按单位收支信息
	汇总单位财务局处长	
	汇总单位授权财务人员	
	汇总单位业务局处长	查询本局处分管财政项目按单位收支信息
	汇总单位财务管理员	维护水利部授权标准化信息及统一导入的基础信息维护和校核工作
水利事业单位无下属单位	基层单位领导	查询本单位经费和资产收支总况及财政项目按部门收支总况
	基层单位分管财务领导	查询本单位经费和资产收支信息及财政项目按部门收支信息
	基层单位财务局处长	
	基层单位授权财务人员	
	基层单位业务局处长	查询处分管财政项目和横向项目的收支信息
	基层单位财务管理员	维护水利部授权标准化信息及统一导入的基础信息维护和校核工作
基层水利事业单位	基层单位项目负责人	查询本人负责的项目所有收支信息
	基层单位一般用户	查询本人财务、资产、工资信息及在线办理所有借报信息

四、水利财务业务管理信息系统整合后预期达到的效果

通过对目前水利财务信息化情况的分析、解剖、梳理，并结合信息化的发展方向和财务管理工作的迫切需求，进行重新规划，通过调查研究、需求分析，分布建设，拟达到如下效果：①对资源进行优化配置，实现多级多组织财务集中管理；②实现财务工作从核算型向精细管理型转变；事后的静态核算向动态管理控制转变；从监督、控制为主向服务、指导为主转变；③顺应财务管理发展方向，加强预算控制、执行、分析，实现财务管理科学化、精细化；④实现网上申报并在线审批，提高工作效率和服务水平。

第十二章　水利工程建设文档信息化管理

在水利工程建设中，质量管理依然是依靠纸质的表单为主要的质量评定标准，因此，在目前水利工程质量管理中，要提高水利工程建设质量管理水平，首当其冲的就是需要根据水利部以及相关行业标准规范，对目前在水利工程建设管理中使用的相关文档表格进行标准化、数字化研究，并且在管理过程中，电子文档需要实现一体化的管理模式，这样才能有效地提高目前水利工程建设信息的数字化水平，并在此基础上提高水利工程建设管理水平。

第一节　水利工程建设文档管理现状

水利工程建设档案是工程建设全过程的一个完整记录，记录了参建各方在工程建设中所有行为和工作结果，因此把工程电子文件和档案的管理作为解决工程质量问题的一个切入点，同时也想通过建立管理系统为各参建单位提供验收服务。

国内外研究档案的学者关于档案价值与作用的研究结果说明，档案具有双重价值。谢伦伯格在其经典论著《现代档案——原则与技术》中提出，“公共档案具有两种类型的价值：对于原机构的原始价值；对于其他机构和非政府使用者的从属价值”。它的意思是档案的第一价值是证据作用，第二价值就是参考价值。

（1）水利工程建设档案的证据作用。从水利部发布的水办[2005]480号《水利工程建设项目档案管理规定》第二十四条的内容：“水利工程档案验收是水利工程竣工验收的重要内容，应提前或与工程竣工验收同步进行。凡档案内容与质量达不到要求的水利工程，不得通过档案验收；未通过档案验收或档案验收不合格的，不得进行或通过工程的竣工验收”。还提出了“大中型水利工程在竣工验收前要进行档案专项验收。其他工程的档案验收应与工程竣工验收同步进行”的要求。由此可以看出，在水利工程建设领域，档案被看作是工程质量的一个非常重要的证据，在档案领域这个作用称为档案的第一价值。

档案具有的原始记录的特性决定了档案的凭证价值，这是其他材料所不能替代的。档案具有法律上的凭证作用是由档案的形成方法和特点决定的。因此对档案的要求如下。

①档案的形成一定是原始形态的记录，必须是由直接的责任主体记录的，未经过任何人修改和处理的最为原始形态的记录，它的可靠性是由责任主体来保证的。

②档案是形成者（检测员、质量管理员）与施工设备的行为记录，如灌浆仪记录、碾压传感器等加工过程的记录，这些原始记录的真实性是由人和设备的原始材料来保证的，被证明了是真实和可靠的凭证。

（2）水利工程建设档案的参考价值作用。在现实世界中，实际社会对档案的需求是多方面的。有时不仅需要利用档案的凭证价值，还需要利用档案的参考价值。例如，在水利工程建设的不同阶段，档案发挥的作用也具有一定的规律和特点。在水利工程建设完成之后进入验收阶段，还有工程质量出现问题，在查找问题原因的时候，这时需要利用的是档案的证据作用。

而在工程运行维护和扩建改造阶段，以及在后期进行工程案例分析和研究的时候，需要利用的是档案的参考价值。因此，成功的和不成功的结果都具有参考价值。档案的知识库作用是档案参考价值的一个应用，需要更广泛、充分地利用档案的参考价值。

目前水利工程建设领域大部分工程的档案还处于手工管理阶段，多年来一直改变不大。水利工程建设档案管理基本上是以纸质档案、手写签名的手工管理模式。并且大部分工程管理文件是由办公软件产生的，但都是分散地存放在各个参建单位的不同部门与不同人的计算机中。由于经费短缺，中小水利工程建设项目缺少专业的档案管理与IT人才，档案管理人员变动多、人才流失严重。水利工程建设过程的电子文件和档案还没有实现数字化和规范化管理。在实际工程建设中，还没有专门的系统采集、接收存储与管理工程建设产生的相关电子文件管理系统得到应用。工程建设完成之后，只有少数文件被移交到档案馆，而大量的与工程建设质量相关的重要文档由于其无法归档被销毁处理。

过去有些水利工程建设项目在完工之后，要花几个月甚至更长时间来整理工程档案，因为工程档案没有整理好、没有达到验收要求的话，就不能进行竣工验收。有的项目就是因为工程档案管理工作滞后影响了项目验收的时间。因此建立水利工程建设云管理系统的一个重要目的，就是要帮助参建单位做好档案管理工作，提供验收服务，并在档案管理的自动化、智能化方面进行研究和初步的探索。

根据水利工程建设档案管理存在的一些问题，水利部提出了水利工程建设档案管理3个同步的要求，即档案管理工作应做到与项目立项同步、与施工进度同步以及与竣工验收同步。水利工程建设的档案管理工作应当从项目立项时就开始，并与水利工程建设的进度同步进行，与竣工验收同步完成。但是在实际工作中，有的项目的施工日志、监理日志和旁站记录等是到验收时才补齐的，这样记录的原始性和真实性都是无法保证的。

另外，从国际档案管理的角度来看，我国水利工程建设领域档案数字化和标准化的发展进程缓慢，大部分工程项目还是手工管理的模式，采用信息化的手段来管理工程和工程档案的不多，目前水利工程建设档案的信息化管理还处于起步阶段，还有很长的路要走。

通过其他领域信息化管理的实践证明，采用数字化的形式保存信息和档案是最高效和最经济的，虽然信息系统还不能完全限制人的行为，但是通过云管理系统的档案管理模块记录了责任部门和责任人，使系统初步具备了工程质量可追溯的功能，通过记录原材料检测数据、中间产品检验结果、质量评定结果和质量问题处理意见等，来保证水利工程建设的质量。这样至少增加了一个保证工程档案真实性和工程质量的技术措施。

第二节　建设过程产生的文档及管理模式

在水利部发布的《水利工程建设项目档案管理规定》(水办[2005]480号)中指出："水利工程档案是指水利工程在前期、实施、竣工验收等各建设阶段过程中形成的，具有保存价值的文字、图表、声像等不同形式的历史记录"，并给出了水利工程建设项目文件材料归档范围和保管期限。

但是这个定义主要还是根据传统的水利工程建设档案管理的模式和方法与工作条件管理来考虑的，并没有考虑网络信息时代信息化管理模式与系统管理档案信息的特点，更未考虑云计算和物联网技术给工程档案管理工作带来的巨大变化。

一、水利工程施工过程产生文档基本情况

不同参建单位与责任主体产生的电子文件，在水利工程建设中的各个参加单位，都会在自己的生产过程中产生大量的电子文件，这些电子文件是不同单位参与工程建设的重要记录，具有十分重要的证据与参考价值，如设计单位在水利工程建设中产生的文档主要有总体规划设计、项目可研报告、项目初步设计及相关报批文件、工程施工图设计文件、施工过程技术周月报、工程建设联系等。

另外，从工程施工过程中产生的文档情况来看，施工过程中产生的相关文档并不是一份，而是多份的，是有重复的。如工程施工单位相关施工质量检查表等，需要提交给不同的监督单位，并且自己还有留存，因此水利工程施工过程中产生的各种文档都是多份重复的。因此，传统的纸质文档管理模式一来造成极大浪费，二来数量庞大的纸质文档的管理也相当耗费人力和物力。

二、工程建设过程中产生的纸质文档的结构与关联关系

水利工程建设过程中产生的各类文档，每一类文档之间并不是孤立的，而是具有一定的从属与递进相关关系的。施工过程中产生的文档，可以按照不同的施工类型与施工工序进行分类管理；也可以按照不同的工程项目划分，按照不同的单位工程、分部工程以及单元工程进行分类管理；也可以按照相关的施工阶段以及施工单位进行文档的管理。因此，水利工程建设过程中产生的各类文档虽然数量庞大，但是如果按照文档之间的相关关系进行管理，则可以将文档进行有机的系统管理，这也为进行工程建设文档的电子化管理提供了重要的基础。

三、工程建设过程中产生的纸质文档具有一定的标准格式

在实际的水利工程建设中，所产生的文档具有一定的标准格式。水利工程施工要遵循不同的施工规程规范，在施工规程规范中有的会提供相关的施工过程信息表格。另外，在相关的施工质量评定中也会有相关表格的标准格式。因此，具有相关的标准格式的水利工程施工信息表格，也是为水利工程文档电子化管理提供了另一个重要的基础。

四、水利工程建设过程中产生各类文档的价值与作用

档案是原始的历史记录，它具有凭证价值和参考价值，而这两个价值都要求档案必须具有原始性、真实性和完整性。根据水利工程建设领域的具体情况，当关注工程质量问题的时候，需要工程档案具有可追溯性。水利工程档案是工程建设规范化与工程质量可靠的重要证据。由于水利工程档案具有重要的证据和参考作用，因此本项目专门研究了如何保证电子档案的真实性、原始性和可追溯性等问题，建立有关的措施以便能够及时发现引起工程质量问题的原因和责任人。未来水利工程建设档案将会发挥以下作用：

（1）水利工程建设程序合规性的证明，是水利工程建设质量符合评定级别的证据，同时也是水利工程质量问题追溯的重要依据与将来运行维护与应急抢险的重要参考资料。

（2）发挥水利工程建设档案的质量证据作用，可用于查找相关的责任人。

（3）水利工程建设档案是设计和施工可参考的资料库，也为运行维护提供依据。

（4）利用水利工程建设多年积累的经验建立知识库，为新工程建设提供参考。

（5）长期多个工程数据积累的数据将可以形成水利工程建设大数据的环境，进行数据分析和挖掘。

通过以上水利工程电子文档可能应用的相关方面可知，电子文档是水利工程建设档案发挥的证据作用，这个作用对电子文件的原始性、真实性提出了很高的要求。另外，对于水利工程电子文档作为参考的重要价值，要求档案不仅具有真实性和可靠性，还要具有完整性、可用性及可追溯性。

五、水利工程相关文档电子化管理必要性

在当下的水利工程建设管理水平与实际情况条件下，水利工程过程中产生的纸质文档，很大一部分都是在施工结束之后才进行补写的，并不能真正反映实际工程的施工状态，并且在进行文档记录、文档签名等方面具有较大的随意性，并不能真正反映实际水利工程建设过程中的真实情况。针对这种实际情况，提出了水利工程建设档案要实现数字化和标准化的管理，并希望通过工程施工过程相关文档的逐步形成，实现水利工程建设质量、进度等有效控制的目的。另外，其他领域信息化管理的实践证明，采用数字化的形式保存信息和档案是最高效和最经济的，虽然信息系统还不能完全限制人的行为，但是通过云管理系统的档案管理模块记录了责任部门和责任人，使系统初步具备了工程质量可追溯的功能，通过记录原材料检测数据、中间产品检验结果、质量评定结果和质量问题处理意见等，来保证水利工程建设的质量。这样至少增加了一个保证工程档案真实性和工程质量的技术措施。

目前在我国水利工程建设领域档案数字化和标准化的发展进程缓慢，大部分工程项目还是手工管理的模式，采用信息化的手段来管理工程和工程档案的还不多，我国水利工程建设的信息化管理还处于起步阶段，而国外在这一领域和在其他领域的情况与此有很大的不同，实现工程档案信息化管理是网络信息时代发展的必然趋势。

（1）有多个国家都采用集中化的档案管理模式。

（2）已有多个国家宣布要实现无纸化和全部文件的电子化，目前我国一些领域内也出现了无纸化办公及档案电子化等发展趋势。

（3）水利工程建设档案的云管理模式是最合适的发展模式。

水利工程建设档案采用云管理模式决定是在对水利工程建设领域信息化管理的现状进行调研，发现中、小水利工程由于缺少资金和专业技术人员以及工作条件差等困难无法很快地实现信息化管理。通过研究认为，采用云管理模式是最合适的一种工程建设管理模式，将会产生重要的社会和经济效益。本项目是想通过建立水利工程云管理系统来实现工程档案的信息化管理整体水平，并通过高质量的档案管理来提高水利工程建设质量。

第三节　以文档为主线的水利工程建设管理设计与实现

早在 2002 年的金水工程中就提出了一个目标，要实现水利工程建设档案的数字化与标准化的管理，这个目标说了多年，但一直都没有实现。因此笔者不想在这里再空谈实现档案信息化管理，而是要采取实际行动，来建立一个可管理水利工程建设产生的电子文件和档案的系统。

为了得到一些重要施工环节的真实数据，人们采用以下方法来获取真实的数据。

（1）用灌浆记录仪测量。

灌浆数据的真实性是由灌浆仪和相关软件保证，但是有人通过调整灌浆仪的压力，也可能会造成数据的不准确，因此需要记录灌浆仪使用时的压力；否则得到的数据仍有可能是不真实的。

（2）在碾压设备上安装传感器测量。

通过在碾压机上安装传感器记录碾压的次数来控制碾压的结果。另外，对于有些工程项目的施工日志、监理日志和旁站记录，是在验收阶段补写的情况，需要使用信息系统来进行控制和记录，每个日志产生的时间是系统记录的，个人是无法修改的。

作为水利工程关键部位和隐蔽工程重要的质量证据的旁站记录，是验收和管理者非常重视的内容，还有大量的有关水利工程建设过程的记录文件，如原材料检测表、中间产品的检验表、质量评定表，不仅记录了工程实施的过程，也反映了工程建设的质量，因此必须保证这些文件是真实、可信、完整的，不能被篡改和丢失。

在没有信息系统管理电子文件和档案的时候，要搜集整理所用的信息是比较困难的，需要很长时间来收集整理文件资料，而且还会有很多东西是不全面的。

（3）对水利工程建设管理产生数据的方法进行分析。

在建设水利工程云管理系统的时候，对水利工程建设过程中文件与归档方法进行了研究，对以下几个方面的问题进行了认真梳理。

①水利工程项目建设阶段与文件的对应关系。实际上，在水利工程建设规范和档案管理规范中明确给出了在工程建设的每个阶段都会产生什么文件，云管理系统依据这些规范进行电子文件和档案的管理。

②水利工程建设电子文件的产生方式的研究。过去传统的水利工程建设档案基本上是通过手工方式产生的，而现在水利工程建设档案是由以下多种方式产生的。

a. 用手工方式产生。

b. 用户使用办公软件系统产生。

c. 通过传感器等物联网设备直接获取，是未经过人工干预的。

d. 由管理水利工程建设的计算机程序产生的。

③水利工程建设电子文件归档时间的研究。《水利工程建设项目档案管理规定》中第二十三条提出，工程档案的归档时间可由项目法人根据实际情况确定。可分阶段在单位工程或单项工程完工后向项目法人归档，也可在主体工程全部完工后向项目法人归档。整个项目的归档工作和项目法人向有关单位的档案移交工作，应在工程竣工验收后 3 个月内完成。

这个规定是根据过去水利工程建设档案手工管理的方式来确定的，归档时间有以下几种情况。

a. 按工程结束时间归档。

b. 按项目建设程序或阶段归档。

c. 按单位、分部、分项工程结束时间归档。

d. 按年度归档。

e. 随时归档。

当水利工程建设的文件采用信息化的管理方式时，就需要采用一些能够保证档案真实性的和更可靠的文件归档方式。除了根据工程建设完成的情况与内容完整性来确定归档的时间外，还可以根据其生成的过程划分为 3 种类型。

a. 即时归档。即时归档就是电子文件产生立即归档 (borned to archive)。将归档环节从文件办理完毕提前至文件产生的时刻，就是说，只要文件产生，就将其捕获至档案管理系统中，使之变成不可更改的状态，处在档案管理模块的控制之下。例如，原材料检验和中间产品检测结果，都应当是产生就归档，这样可以它的真实性。

b. 经过一个责任主体的审批后归档。有的电子文件是经过一个责任主体的审批后就可以归档。例如，施工单位的施工设备进场报验单，只要经过监理单位的审批之后就可以执行，相关的电子文件就可以归档了。

c. 需经过多个责任主体和多个业务环节处理后方可归档。有的文件需要经过多个业务环节和多个责任主体的审批后才可以执行和归档。例如，施工单位的合同项目开工申请表、施工质量缺陷处理措施报审表，需要经过多个责任主体，如建设单位、监理单位、设计单位和监督单位的审查和批准才可以实施与归档。

为了保证电子文件的真实性和原始性，防止被篡改，因此需要确定各种文件生成的方式与归档的流程，因此在多主体协同管理的模式下，有些流程应当重新设计。云管理系统的业务流程是可以配置的，可根据管理规范进行相应调整。

④水利工程建设档案验收合格是水利工程竣工验收的前提。《水利工程建设项目档案

管理规定》中第二十四条规定："水利工程档案验收是水利工程竣工验收的重要内容，应提前或与工程竣工验收同步进行。凡档案内容与质量达不到要求的水利工程，不得通过档案验收；未通过档案验收或档案验收不合格的，不得进行或通过工程的竣工验收"，就是说档案验收合格是可以进行水利工程竣工验收的前提之一。

由此可见，水利工程建设中的档案管理在工程建设的质量管理与控制方面发挥着重要的作用，是一项很重要的工作，因此在云管理系统的设计中也把档案管理作为一个重要的功能。

⑤水利工程建设档案的数字化和信息化管理的优势。在实现和保证水利工程建设档案的真实性、及时性、可用性、完整性和可追溯性方面，信息化管理的模式是具有很大优势的。通过建立云管理系统可以自动管理由多个责任主体的不同管理和业务部门产生的电子文件，按照文件的特性确定归档的时间并进行分类整理。在用户需要时可以快速查询，方便用户的使用。

一、保证水利工程建设电子文件真实性的相关措施

2013年1月8日，水利部印发了《贯彻质量发展纲要提升水利工程质量的实施意见》，明确了要完善质量管理体制，加强管理的具体措施。

（1）要落实从业单位质量主体责任，项目法人、勘察、设计、施工、监理及质量检测等从业单位是水利工程质量的责任主体，项目法人对水利工程质量负总责，其他从业单位依法各负其责，即所有参与工程建设的单位都要对工程质量负责。

（2）要落实从业单位领导人责任制，各单位的法定代表人或主要负责人对所承建项目的工程质量负领导责任。

（3）要落实从业人员责任，勘察设计工程师、项目经理、总监理工程师等从业人员按照各自职责对工程质量负责。

（4）要落实质量终身责任制，从业单位的工作人员按各自职责对其经手的工程质量负终身责任。

从1995年起，水利工程建设项目就开始实行项目法人责任制，后来又有招投标制、建设监理制和监督站代表政府进行监督，形成了一个相互制约的责任体系。尽管如此，仍有可能发生管理失效，出现工程质量问题，所以后来又增加了"工程质量终身负责制"一条。

在设计水利工程云管理系统的时候，将把这些管理思想融入档案管理的功能设计中。通过建立多主体的责任体系和管理制度，再加上技术措施来保证工程档案的真实性。

（一）多主体档案真实性的组织保障体系

水利工程建设档案管理与文书档案是不同的，因为档案管理可能只涉及一个责任主体，

而水利工程档案会涉及所有参建单位和参建者，每个参建单位都要提供与工程建设相关的电子文件，包括记录各参建单位所做的管理工作、承担的职责和任务、开展业务处理活动与发生的事件等完整的资料。工程档案是多个责任主体提供电子文件的集合，每个主体要对其提供信息的真实性负责。

为了明确各个责任主体的具体责任，建立了下述的对应关系。

（1）建立责任主体与文件的对应关系。

（2）建立职能部门与文件的对应关系。

（3）建立责任人与文件的对应关系。

（二）水利工程建设主体与文件的对应关系

按照档案管理的重要原则，即来源原则，水利工程建设档案的来源与其他档案不同的地方是，它是来自多个责任主体。多个责任主体在水利工程建设中承担的档案管理责任在《水利工程建设项目档案管理规定》第十六条中有明确规定：水利工程档案的归档工作，一般是由产生文件材料的单位或部门负责。总包单位对各分包单位提交的归档材料负有汇总责任。

各参建单位技术负责人应对其提供档案的内容及质量负责；监理工程师对施工单位提交的归档材料应履行审核签字手续，监理单位应向项目法人提交对工程档案内容与整编质量情况的专题审核报告。

（三）明确各参建单位的责任是保障档案质量责任的基础

建设单位的项目法人要对工程建设的质量负责。业主单位牵头组织参建各方成立了“工程质量管理委员会”，负责工程全面质量管理的决策、检查、监督和协调，指导参建各方开展质量管理活动。

水电工程质量管理机构以业主为核心，施工、设计、监理和服务各单位建立质量管理体系。其中，承建单位承担实施责任，设计单位承担技术保证责任，监理单位承担全面监督责任。

（1）建设单位的职责。项目法人应对施工单位自检和监理单位抽检过程进行督促检查，对上报工程质量监督机构核备、核定的工程质量等级进行认定。

建设单位负责建立健全档案管理规章制度，对设计、施工、监理等单位档案工作进行检查、指导；做好本单位形成档案的收集、整理；接收和汇总各参建单位的档案；提交工程档案预验收和专项验收；向有关国家部门移交档案。

（2）勘察、设计单位的职责。勘察、设计单位对承担的工程设计的质量负总责，对勘察、规划、初步设计、技术设计、工程图纸设计等负有全部责任。负责收集整理与勘察和设计有关的文件；参与编制竣工图；向建设单位移交档案。

（3）监理单位的职责。目前我国水利工程实行由项目业主委托的建设监理单位负责，对工程建设的质量、进度、投资等进行控制，并负责管理工程合同与工程信息，协调建设和施工单位的关系，因此监理单位是工程质量的责任主体之一，监理单位实行总监理工程师负责制。作为业主在现场的代表，承担全面监督的责任。还负责收集、整理监理工作中形成的文件；对施工档案特别是竣工图进行审查；向建设单位移交档案。

（4）施工单位的职责与任务。施工单位是工程建设项目的具体实施单位，按照施工合同，实行总经理负责制，建立质量管理体系，配备专职质检人员，负责质量管理与质量检查工作。建立班组初检、施工队复检、指挥部或经理部终检的“三检制”。通过签订质量责任书，明确各级岗位质量管理的责任。由于施工档案是工程建设质量的证据，因此要有专门管理人员管理工程档案，负责收集、整理施工过程中形成的档案；编制竣工图；在自检之后向建设单位移交档案。

（5）检测单位的职责和任务。在《水利水电建设工程验收规程》(SL223-2008) 中规定，“工程质量检测单位不得与参与工程建设的项目法人、设计、监理、施工、设备制造（供应）商等单位隶属同一经营实体。”这就要求检测单位应当是具有专业资质等级的独立的第三方的检测机构，因此检测单位也是一个责任主体。在档案管理规范中提出：“水利工程检测单位应按照相关的技术标准进行检测，按合同要求及时提供检测报告并对检测结论负责。”就是对检测结果的真实性负责。同时还要负责收集、整理检测工作中形成的文件，向建设单位移交档案。

（6）质量监督单位的职责和任务。水利工程质量监督机构应对项目法人、监理、勘测、设计、施工、检测单位以及工程其他参建单位的质量行为和工程实物质量进行监督检查。这是对项目法人责任制和工程监理制等管理制度的补充和完善。监督站对几个参建单位的质量管理体系和工程建设方案、工艺流程、管理制度等进行监督检查，对存在的质量问题提出整改意见，并对工程质量进一步做出确认，滞后将检查结果书面通知有关单位。

工程项目档案记录各参建单位在建设过程中所做的工作和管理行为，可以依据工程档案记录来实现质量问题可追溯，并可依据质量管理体系来进行问责。

（四）建立多个责任主体的档案质量保障体系

《水利工程建设项目档案管理规定》第八条指出：“勘察设计、监理、施工等参建单位，应明确本单位相关部门和人员的归档责任，切实做好职责范围内水利工程档案的收集、整理、归档和保管工作”。这是一个涉及建设单位、勘察单位、设计单位、监理单位、施工单位、检测单位和监督单位等多个主体的档案质量保障体系，此外，还会涉及上级主管单位与材料和设备供应单位等。

（五）建立相互制约的责任体系

水利工程建设的档案来源于建设单位、勘察单位、设计单位、施工单位、监理单位、检测单位和监督单位。各参建单位应保证原始资料是真实、准确、完整的，不得篡改或者伪造质量检测报告。为了保证电子文件真实性，通过建立与文件相关的责任链来保证文件的真实性。例如，检测文件的第一责任者是检测单位，而负责审查的监理单位是第二责任单位，负责使用材料的施工单位也是第二责任单位，负责监督的单位是最后一个关卡，是第三责任者。

（1）电子文件产生单位是第一责任者。

（2）电子文件审查者是第二责任者。

（3）电子文件见证人是第二责任者。

（4）电子文件监督审查者是第三责任者。

（六）直接责任人对提供的电子文件的真实性负责

《水利工程建设项目档案管理规定》中第九条明确指出：“工程建设的专业技术人员和管理人员是归档工作的直接责任人，须按要求将工作中形成的应归档文件材料进行收集、整理、归档”，项目法人应对提交的验收资料进行完整性、规范性检查。

（1）明确每个文件的直接责任人与相关管理部门的负责人。根据职能部门责任范围与业务分工，可以确定各种电子文件是由哪个部门产生的、部门负责人与直接责任人是谁、审查者是谁。水利工程建设档案管理要根据工程项目的责任体系表，来标注每类电子文件是哪个部门和哪些人具体负责，由哪个领导负责把关签批。例如，合同文件是由合同部负责管理，每个在合同上签字的人是直接责任人，负责审查合同与同意签订合同的审批人是相关责任人。

（2）每个文件直接责任人和相关管理责任人了解自己的责任。根据工程项目的职责分工表，每个部门的负责人和工作人员都知道自己的工作职责，了解自己应当对哪些工作文件的真实性负有法律责任。从项目经理、总工程师、总经济师到部门负责人再到质量管理员、检测员和材料员等都要了解自己的职责和要对所提供的文件的真实性负责。

二、水利工程建设电子文件管理依据的规范

通过设计水利工程建设云管理系统，研究了国际、国家和行业的多个有关电子文件和档案管理的标准和规范，作为档案管理模块设计的参考依据见表 12–1。

表 12–1　与水利工程建设电子文件与档案管理相关的规范和标准

序号	名称
1	国际标准《ISO 15489–1：2001 信息与文献文件管理第 1 部分：通则》
2	《建设工程文件归档档案整理规范》(GB/T 503282001)
3	《电子文件归档与管理规范》(GB/T 188942002)
4	《国家重大工程建设项目文件归档要求与档案整理规范》(DA/T 282002)
5	《水利工程建设项目档案管理规定》（水办 [2005] 480 号）

续表

6	建设电子文件与电子档案管理规范 (CJJT 117-2007)
7	《科学技术档案案卷构成的一般要求》(GB/T 11822-2008)
8	《水利水电工程施工质量检验与评定规程》(SL 1762007)
9	《文献管理长期保存的电子文档文件格式第一部分：PDF1.4（PDF/A-1）的使用》(GB/T 23286.1-2009)

这些规范和标准的内容有的主要还是基于传统的档案管理模式来考虑，有的内容对于电子文件和档案的管理来说，并不是很合适，因此需要考虑在新的网络信息环境下的档案管理模式与应用需求的问题。

（一）水利工程建设档案的分类方法

国家《科学技术档案案卷构成的一般要求》(GB/T 11822-2008) 的内容是："建设项目类案卷宜按项目前期、项目设计、项目施工、项目监理、项目竣工、项目验收及项目后评估等阶段排列。"在《水利工程建设项目档案管理规定》（水办 [2005]480 号）给出了水利工程建设项目文件材料归档范围与分类组卷的方法，分为 9 类组卷：（1）工程建设前期工作文件；（2）工程建设管理文件；（3）施工文件；（4）监理文件；（5）工艺、设备材料文件；（6）科研项目文件；（7）生产技术准备、试生产文件；（8）财务、器材管理文件；（9）竣工验收文件。

按照档案的来源分类的原则，根据参建单位即文件的产生者来分类是比较自然的。但是目前的分类方法比较多样，有的如项目前期卷和竣工验收文件是按阶段来分类的，像"工程建设管理文件"是根据文件内容的类型分类；还有的是按文件提供者，如施工单位、监理单位来组卷，其中设计单位、检测单位的资料并没有单独组卷（但是设计、检测单位需要对设计和检测文件的真实性负责，所以应当单独组卷）。

通过对参建单位的职责与工作任务的分析，要建立为多个责任主体服务的水利工程建设云管理系统，可以将档案划分为建设、设计、监理、施工、检测和监督类等。

（二）水利工程建设档案的知识库作用

美国文档组织有限公司 (Document Organization) 主席、纽约大学兼职教授 Marcy Goldstein 说："现在正是革新的时代，我们应该利用新技术开始新的技能，使档案馆成为有价值的资源，即知识管理中心而不是历史仓库。"

从研究档案应用情况的文章中了解到档案被使用的人数和次数还是比较少的，即档案的证据和参考作用还没有充分发挥。近年来，人们认识到档案可以发挥知识库的作用，从这方面入手可以充分发挥档案的价值与作用。

建设水利工程建设知识库的作用就是为了能够使大家的知识和经验共享，提高水利工程的建设与管理水平，确保工程质量合格，这样比单纯保存工程档案更有意义和价值。

（三）水利工程建设档案知识库的作用决定了档案归纳的范围

虽然验收规范明确了归档的范围，指明哪些资料应当被保存，但还有一些未归档的资料可能是有价值的，但是受档案馆空间的限制，只保留必须归档的材料。

如果一些被认为没有保存价值的电子文件被删除和抛弃之后，后来又发现是有价值的，这种损失是无法补救的，因此，应当把有参考价值的资料保存下来。在实际工作中人们非常谨慎地处理各种文件，一般不会轻易删除一些文件，因为不知道什么时候就会发现，这些文件是有用的和有参考价值的。

水利工程建设的电子文件和档案在采用信息化方式管理后，在归档范围和保管期限上，实际是需要进行相应的修改和调整的。如果是根据档案的知识库的作用来考虑，归档的范围就可能是一切有保存价值的电子文件、非正式文档、外部信息、隐性知识（通过文档化形成显性知识）。

（四）水利工程建设档案知识库的作用决定了档案保存的时间

如果不是受档案馆的空间限制，从水利工程档案的证据作用与参考作用来考虑，水利工程建设档案应被永久保存下来。原来的情况是，除了规定的那些需要移交到档案馆的资料外，其他的文件资料都被销毁，这是非常可惜的。有些被销毁的资料还是有参考价值的。只是因为档案馆的空间有限，又或无法带着这些资料迁移。建设水利工程建设云管理系统就是为了更多地保存有价值的资料。

随着存储介质的体积不断变小而容量越来越大，在有限的空间里可以存放更多的水利工程建设的信息，储存更长时间的资料，这样也就能够通过长期建设形成大数据的环境，并进行数据分析和数据挖掘工作，为科学决策提供支持。

在建立水利工程建设知识库系统后，通过实际应用就会发现知识库具有很好的参考作用，它能把过去出现的问题、解决的方法和工作的效果都真实地记录下来，提供给其他需要的人使用。同时使用者也会把自己的验证结果和改进方法存放到知识库，进一步完善这个知识系统。可以预见，这个功能会越来越受欢迎。它也可以证实档案具有重要的参考价值。水利工程建设知识库的作用可以证明档案是有价值的。

（五）水利工程建设档案的管理方法

根据文件管理的国际标准，即《信息与文献：文件管理第 1 部分：总则》(ISO15489-1) 来管理水利工程建设的电子文件和档案。

档案电子信息化是一个不断发展演变的过程，其主要目的是实现档案信息存储的数字化、档案信息管理的标准化、档案信息利用的网络化，此外还要考虑档案信息的自动采集与生成技术、考虑如何支持智能手机等移动终端的需求，以及如何为使用者提供更加方便和有效的服务，网络信息时代的水利工程建设档案管理模式需要创新与突破。

应用水利工程管理云系统可实现水利工程建设文件和档案的规范化管理，并保证90%以上的电子文件都是通过系统自动产生的。

电子文件和档案是与水利工程建设活动密切相关的，是国家重要的信息资源和资产，对提高服务质量和效率、加强治理和责任、节约管理成本、增强公共服务能力具有重要的支持作用，电子文件管理是工程建设管理的有机组成部分。

工程建设完成后需要几个月甚至半年的时间整理档案。为什么需要这么长的时间？原因是工程建设的很多资料是分散于各责任主体的职能管理部门或个人电脑中的，或者有些信息是记在个人的小本子上，需要收集和整理，还要录入电脑，形成Word或Excel电子表格文件，然后再打印出来。由于工程建设过程是两三年，有的更长，资料就比较多，所以花费的时间也就比较长。虽然在水利工程管理中提出三同步的要求，但是在工程建设中，由于各种原因有的时候是不能同步完成，这些过后补上的信息，其原始性、真实性和完整性就很难保证。

水利工程建设电子档案是智能化管理的基础。通过水利工程建设现场调研可知，目前水利工程建设者们在建设工程过程中与进行单位工程、竣工验收时需要花费很多的时间和精力管理工程文件和档案，因此水利工程管理云系统把工程文件与档案的管理作为水利工程管理信息化的第一个切入点，帮助工程建设者们按照工程验收与工程档案管理的规范对水利工程建设过程产生的电子文件进行智能化管理，包括自动生成、自动分类和自动归档。

（1）实现水利工程建设档案的智能化管理。水利工程建设云管理系统对施工过程中产生的文件和档案进行智能化管理，它能够根据项目不同阶段的工作任务与责任矩阵，实现文档管理的3个自动，即自动生成、自动分类和自动归档。

水利工程建设档案智能化管理分类如图12–1所示。

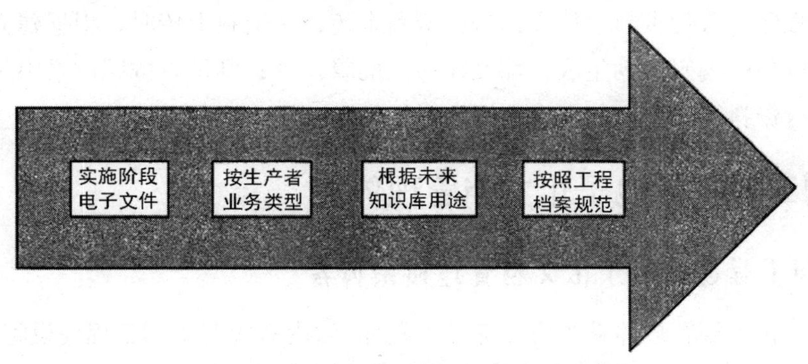

图12–1　水利工程建设档案智能化管理分类

（2）按照水利工程建设项目竣工验收规范，完成工程档案的分类与组卷。对水利工程建设全生命周期的各个阶段产生电子文件进行文档一体化的管理，管理空间信息、云服务体系架构、水利工程建设文档一体化的智能管理、数据自动采集和建设跨机构的协同管理与合作平台，这些都是在工程管理方面不断创新的成果，水利工程云管理的构思和起源最早是在 2008 年。

（3）建立工程质量可回溯的工程档案管理系统，以便及时发现引起工程质量问题的原因和责任人。水利工程建设过程的业务活动全程可追踪与可视化管理，充分发挥水利工程建设档案的知识库作用，成为智能化管理工程的一个历史转折。

第四节　水利工程建设电子化文档管理体系的建立

一、编码体系的建立

项目开展以来，通过对目前开工建设的水利工程文档管理进行系统调研，以腊姑河水库为例，建立了水利工程建设电子化文档管理体系。

腊姑河水库工程从 2011 年开工以来，各方面工作进展顺利，到 2013 年 5 月，主体工程混凝土面板堆石坝的堆石料碾压封顶完工，待经过一个雨季，大坝完成一级沉降之后开始浇筑混凝土面板。在工程建设期间，积累了大量的工程建设资料档案，为对这些资料档案进行科学管理与高效利用，并为后续的工程建设提供必要的服务与支撑，建立了腊姑河水库工程建设归档资料的管理体系。

在建立的云南省腊姑河水库工程建设归档资料管理体系的基础上，利用建立的工程建设管理系统中工程建设管理资料上传界面进行资料上传，在资料上传时，根据建立的管理体系，进行上传资料的编码自动生成，那么在后期的管理中，则可以按照体系中规定的关键字或者编码进行资料管理，为工程决策提供重要的支撑。

二、水利工程建设电子化文档管理体系

（一）水利工程建设电子化文档管理体系内容

工程建设电子化文档管理体系主要参考了水利部、云南省等对水利工程建设管理规定、水利工程建设中各行业建设规范与标准，并结合云南省腊姑河水库工程建设实际情况，综合考虑后建立。

工程建设电子化文档管理体系主要包含以下几个主要部分。

（1）工程项目分解内容部分，主要根据项目分解内容进行设置，主要分为单位工程、

分部工程以及单元工程 3 个部分，并且根据不同部分设置了工程建设档案编码的字段与位数。

（2）工程属性相关部分。主要根据工程的不同类型对工程建设相关文档资料进行编码定义，工程建设中主要涉及的工程类型有土石方工程、混凝土工程、金属结构与安装工程、监测工程等，在各类工程下设置小项，便于在文档编码中能够更详细地对各类施工过程的文档进行全面管理，如在土石方工程中设置了基础开挖工程、高边坡工程、填筑碾压工程等。

（3）工程管理相关部分。根据工程建设中不同的管理方面，将其分为进度、质量、合同、财务、公文、安全、资料、验收等几个方面，另外在每个大项下尚有不同分项，以便更加精细化管理，如在合同管理中可以按照不同的单位工程、建设项目等进行子项的划分。

①工程位置。主要根据文档所涉及的工程建设信息所在的工程位置进行文档编码。

②提交时间。根据工程文档提交时间对文档进行编码。

③文件属性。主要根据上传的工程资料的格式进行编码，如上传资料可以是 Word、Excel、PDF、JPG 等格式。利用不同的代码，对不同类别的工程建设文档资料进行高效管理。

④提交单位。根据文档提交的单位进行编码，主要涉及的单位有工程管理单位、工程建设单位、工程建立单位、单位第三方检测方面。另外，还包括工程上级主管单位等。

⑤文档修改程度。对文档修改方面进行编码，在文档上传工程中，允许用户对前一次上传的相关文档进行修改重新上传，但是在系统中并不会对已上传的文档进行覆盖与替代，因此，利用编码对非原始文档进行管理。

（二）水利工程建设电子化文档管理编码体系实例

下面以堆石坝为例介绍水利工程文档管理编码体系。该编码体系主要根据腊姑河水库工程实际进行编制，编码体系各部分代码及其编码规则如下。

1. 工程项目分解内容部分

该部分共有 6 位数代码，皆用阿拉伯数字表示，其中单位工程分配一位代码、分部工程分配两位代码、单元工程分配 3 位代码。根据腊姑河水库工程项目分解，各代码示意如图 12-2 所示。

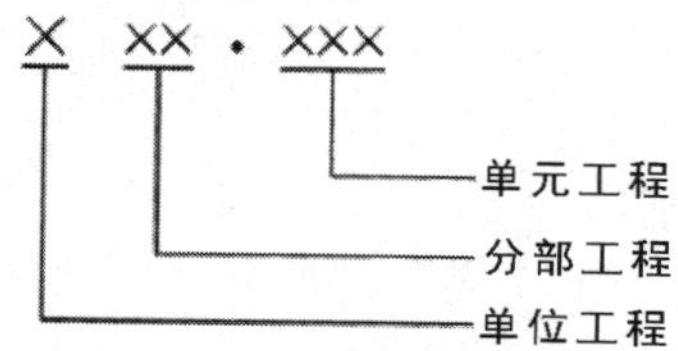

图 12-2　工程项目分项内容部分代码规则

（1）单位工程代码含义。

1——面板堆石坝单位工程。

2——大坝灌浆单位工程。

3——溢洪道单位工程。

4——导流输水隧洞单位工程。

若相关电子文档为工程整体内容，不涉及具体单位工程等相关内容，则填写代码时可选择000000代替。

（2）分部工程代码含义。

①面板堆石坝单位工程。

01——坝基开挖与处理。

02——高边坡处理。

03——趾板及周边缝止水。

04——混凝土挤压边墙。

05——垫层及过渡层。

06——主堆石体。

07——次堆石体。

08——混凝土面板及接缝止水。

09——下游坝面护坡。

10——上游铺盖及盖重回填。

11——坝顶及附属工程。

12——观测设施。

13——导流隧洞封堵。

②大坝灌浆单位工程。

01——左岸灌浆平洞工程。

02——右岸灌浆平洞工程。

03——趾板固结灌浆。

04——趾板帷幕灌浆。

05——左坝肩帷幕灌浆。

06——右坝肩帷幕灌浆。

③溢洪道单位工程。

01——进水渠段。

02——控制段。

03——泄槽Ⅰ段。

04——泄槽Ⅱ段。

05——消能防冲。

06——尾水段。

07——高边坡处理。

08——金属结构及启闭机安装。

④导流输水隧洞单位工程。

01——引渠及进口有压段工程 (0—088.90—0+000m)。

02——竖井段土建工程。

03——输水隧洞进口段 (0+006.5—0+096.55m)。

04——导流洞工程 (0—007.50—0+202.24m)。

05——导流输水隧洞段 (0+105.30—0+385.93m)。

06——出口明渠及护坦段工程。

07——金属结构及启闭机安装。

（3）单元工程代码含义。

①面板堆石坝单位工程中，各代码含义如下。

a. 坝基开挖与处理分部工程。

1××——坝基开挖，后面两位数字按照施工顺序编写。

2××——坝基支护，后面两位数字按照施工顺序编写。

3××——坝基地质缺陷处理，后面两位数字按照施工顺序编写。

4××——其他，后面两位数字按照施工顺序编写。

b. 高边坡处理分部工程。

1××——左岸边坡开挖，后面两位数字按照施工顺序编写。

2××——左岸边坡支护，后面两位数字按照施工顺序编写。

3××——右岸边坡开挖，后面两位数字按照施工顺序编写。

4××——右岸边坡支护，后面两位数字按照施工顺序编写；

5××——其他，后面两位数字按照施工顺序编写。

c. 趾板及周边缝止水分部工程。

1××——趾板浇筑，后面两位数字按照施工顺序编写。

2××——趾板锚杆施工，后面两位数字按照施工顺序编写。

3××——趾板周边缝止水，后面两位数字按照施工顺序编写。

4××——其他，后面两位数字按照施工顺序编写。

d. 混凝土挤压边墙分部工程。

0××——后两位数字按照挤压边墙浇筑顺序编写。

e．垫层及过渡层。

1××——垫层填筑，后面两位数字按照施工顺序编写。

2××——过渡层填筑，后面两位数字按照施工顺序编写。

3××——其他，后面两位数字按照施工顺序编写。

f．主堆石体。

0××——后两位数字按照主堆石体填筑施工顺序编写。

g．次堆石体。

1××——次堆石体填筑，后面两位数字按照施工顺序编写。

2××——排水棱体施工，后面两位数字按照施工顺序编写。

3××——其他，后面两位数字按照施工顺序编写。

h．混凝土面板及接缝止水。

1××——混凝土面板浇筑，后面两位数字按照施工顺序编写。

2××——接缝止水施工，后面两位数字按照施工顺序编写。

3××——其他，后面两位数字按照施工顺序编写。

i．下游坝面护坡。

1××——坝面浆砌石施工，后面两位数字按照施工顺序编写。

2××——下游坝面马道施工，后面两位数字按照施工顺序编写。

3××——下游坝面梯步施工，后面两位数字按照施工顺序编写。

4××——下游坝面排水沟施工，后面两位数字按照施工顺序编写。

5××——其他，后面两位数字按照施工顺序编写。

j．上游铺盖及盖重回填。

0××——后面两位数字按照土料施工顺序编写。

k．坝顶及附属工程。

1××——坝顶防浪墙施工，后面两位数字按照施工顺序编写。

2××——坝顶栏杆施工，后面两位数字按照施工顺序编写。

3××——坝顶路面施工，后面两位数字按照施工顺序编写。

4××——坝顶路灯等照明设施施工，后面两位数字按照施工顺序编写。

5××——其他，后面两位数字按照施工顺序编写。

l．观测设施。

0××——后面两位数字按照观测设施的布设顺序进行编写。

m. 导流隧洞封堵。

1××——混凝土浇筑，后面两位数字按照施工顺序编写。

2××——灌浆施工，后面两位数字按照施工顺序编写。

3××——其他，后面两位数字按照施工顺序编写。

②大坝灌浆单位工程中，各代码含义如下。

a．左岸灌浆平洞分部工程。

0××——后面两位数字按照施工顺序进行编写。

b．右岸灌浆平洞分部工程。

0××——后面两位数字按照施工顺序进行编写。

c．趾板固结灌浆分部工程。

0××——后面两位数字按照施工顺序进行编写。

d．趾板帷幕灌浆分部工程。

0××——后面两位数字按照施工顺序进行编写。

e．左坝肩帷幕灌浆分部工程。

0××——后面两位数字按照施工顺序进行编写。

f．右坝肩帷幕灌浆分部工程。

0××——后面两位数字按照施工顺序进行编写。

③溢洪道单位工程中，各代码含义如下。

a．进水渠段分部工程。

1××——进水渠段基础开挖施工，后面两位数字按照施工顺序编写。

2××——浆砌石单元工程，后面两位数字按照施工顺序编写。

3××——混凝土衬砌单元工程，后面两位数字按照施工顺序编写。

4××——土石方回填单元工程，后面两位数字按照施工顺序编写。

5××——其他，后面两位数字按照施工顺序编写。

b．控制段分部工程。

1××——过流面混凝土单元工程，后面两位数字按照施工顺序编写。

2××——进水渠段基础开挖施工，后面两位数字按照施工顺序编写。

3××——浆砌石单元工程，后面两位数字按照施工顺序编写。

4××——混凝土衬砌单元工程，后面两位数字按照施工顺序编写。

5××——土石方回填单元工程，后面两位数字按照施工顺序编写。

6××——交通桥单元工程，后面两位数字按照施工顺序编写。

7××——启闭机机房单元工程，后面两位数字按照施工顺序编写。

8××—其他，后面两位数字按照施工顺序编写。

c．泄槽Ⅰ段分部工程。

1××——基础开挖施工，后面两位数字按照施工顺序编写。

2××——浆砌石单元工程，后面两位数字按照施工顺序编写。

3××——混凝土衬砌单元工程，后面两位数字按照施工顺序编写。

4××——土石方回填单元工程，后面两位数字按照施工顺序编写。

5××——基础锚杆单元工程，后面两位数字按照施工顺序编写。

6××——地基排水单元工程，后面两位数字按照施工顺序编写。

7××——其他，后面两位数字按照施工顺序编写。

d. 泄槽Ⅱ段分部工程。

1××——基础开挖施工，后面两位数字按照施工顺序编写。

2××——浆砌石单元工程，后面两位数字按照施工顺序编写。

3××——混凝土衬砌单元工程，后面两位数字按照施工顺序编写。

4××——土石方回填单元工程，后面两位数字按照施工顺序编写。

5××——基础锚杆单元工程，后面两位数字按照施工顺序编写。

6××——地基排水单元工程，后面两位数字按照施工顺序编写。

7××——其他，后面两位数字按照施工顺序编写。

e. 消能防冲分部工程。

1××——基础开挖施工，后面两位数字按照施工顺序编写。

2××——浆砌石单元工程，后面两位数字按照施工顺序编写。

3××——混凝土衬砌单元工程，后面两位数字按照施工顺序编写。

4××——其他，后面两位数字按照施工顺序编写。

f. 尾水段分部工程。

1××——基础开挖施工，后面两位数字按照施工顺序编写。

2××——浆砌石单元工程，后面两位数字按照施工顺序编写。

3××——土石方回填单元工程，后面两位数字按照施工顺序编写。

4××——其他，后面两位数字按照施工顺序编写。

g. 高边坡处理分部工程。

1××——边坡开挖单元工程，后面两位数字按照施工顺序编写。

2××——边坡支护单元工程，后面两位数字按照施工顺序编写。

3××——其他，后面两位数字按照施工顺序编写。

h. 金属结构及启闭机安装。

1××——闸门单元工程，后面两位数字按照施工顺序编写。

2××——启闭机安装单元工程，后面两位数字按照施工顺序编写。

3××——其他，后面两位数字按照施工顺序编写。

④导流输水隧洞单位工程中，各代码含义如下。

a. 引渠及进口有压段工程(0—088.90—0+000m)分部工程。

1××——进口边坡开挖单元工程，后面两位数字按照施工顺序编写。

2××——引渠基础单元工程，后面两位数字按照施工顺序编写。

3××——有压洞身段开挖单元工程，后面两位数字按照施工顺序编写。

4××——进口边坡支护单元工程，后面两位数字按照施工顺序编写。

5××——混凝土衬砌单元工程，后面两位数字按照施工顺序编写。

6××——回填灌浆单元工程，后面两位数字按照施工顺序编写。

7××——固结灌浆单元工程，后面两位数字按照施工顺序编写。

8××——其他，后面两位数字按照施工顺序编写。

b．竖井段土建分部工程。

1××——进口边坡开挖单元工程，后面两位数字按照施工顺序编写。

2××——竖井开挖与支护单元工程，后面两位数字按照施工顺序编写。

3××——混凝土衬砌单元工程，后面两位数字按照施工顺序编写。

4××——固结灌浆单元工程，后面两位数字按照施工顺序编写。

5××——门槽二期混凝土单元工程，后面两位数字按照施工顺序编写。

6××——闸室建筑与装修单元工程，后面两位数字按照施工顺序编写。

7××——其他，后面两位数字按照施工顺序编写。

c．输水隧洞进口段 (0006.5—0+096.55m) 分部工程。

1××——洞身开挖与支护单元工程，后面两位数字按照施工顺序编写。

2××——混凝土衬砌单元工程，后面两位数字按照施工顺序编写。

3××——回填灌浆单元工程，后面两位数字按照施工顺序编写。

4××——其他，后面两位数字按照施工顺序编写。

d．导流洞工程 (0—007.50—0+202.24m) 分部工程。

1××——洞身开挖与支护单元工程，后面两位数字按照施工顺序编写。

2××——混凝土衬砌单元工程，后面两位数字按照施工顺序编写。

3××——回填灌浆单元工程，后面两位数字按照施工顺序编写。

4××——其他，后面两位数字按照施工顺序编写。

e．导流输水隧洞段 (0+105.30—0+385.93m) 分部工程。

1××——洞身开挖与支护单元工程，后面两位数字按照施工顺序编写。

2××——混凝土衬砌单元工程，后面两位数字按照施工顺序编写。

3××——回填灌浆单元工程，后面两位数字按照施工顺序编写。

4××——其他，后面两位数字按照施工顺序编写。

f．出口明渠及护坦段工程分部工程。

1××——边坡开挖与支护单元工程，后面两位数字按照施工顺序编写。

2××——基础开挖与支护单元工程，后面两位数字按照施工顺序编写。

3××——混凝土衬砌单元工程，后面两位数字按照施工顺序编写。

4××——其他，后面两位数字按照施工顺序编写。

g. 金属结构及启闭机安装分部工程。

1××——封堵闸门单元工程，后面两位数字按照施工顺序编写。

2××——工作闸门单元工程，后面两位数字按照施工顺序编写。

3××——检修闸门单元工程，后面两位数字按照施工顺序编写。

4××——启闭机安装单元工程，后面两位数字按照施工顺序编写。

5××——其他，后面两位数字按照施工顺序编写。

2. 工程属性相关部分

该部分共有3位数代码，皆用阿拉伯数字表示，其中工程主要类别分配一位代码、工程二级类别分配两位代码。根据腊姑河水库工程项目分解，各代码示意如图12–3所示。

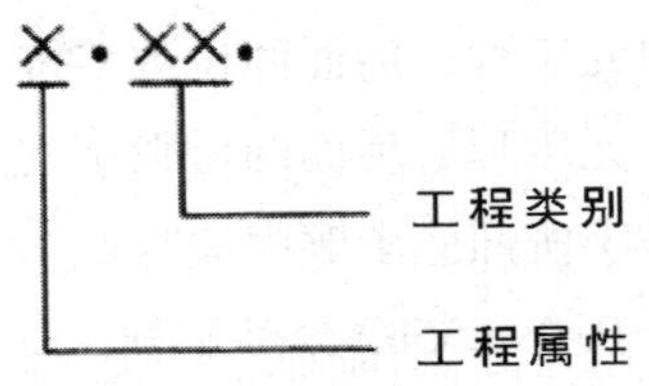

图12–3　工程属性部分代码规则

（1）工程属性代码含义。

1——地基与基础工程。

2——土石方工程。

3——混凝土工程。

4——金属结构制作与机电安装工程。

5——导流与度汛工程。

（2）工程类别代码含义。

①地基与基础工程中，各代码含义如下。

01——水泥灌浆。

02——高压喷射灌浆。

03——化学灌浆。

04——混凝土防渗墙。

05——预应力锚索。

06——断层破碎带处理。

07——地基处理。

②土石方工程中，各代码含义如下。

01——爆破技术。

02——土石方明挖工程。

03——边坡处理工程。

04——地下工程。

05——碾压式土石坝工程。

06——混凝土面板堆石坝工程。

07——堤防工程。

08——疏浚与吹填工程。

③混凝土工程中，各代码含义如下。

01——混凝土原材料选择。

02——常态混凝土配合比设计。

03——砂石骨料生产系统。

04——混凝土生产系统。

05——模板、钢筋及预埋件。

06——混凝土浇筑。

07——混凝土温度控制及防裂。

08——特殊条件下混凝土施工。

09——混凝土接缝灌浆。

10——混凝土施工原型观测。

11——碾压混凝土施工。

12——砌石坝施工。

13——特种水工混凝土施工。

14——混凝土缺陷修补。

④金属结构制作与机电安装工程中，各代码含义如下。

01——水工金属结构制作与安装。

02——水轮机、水泵／水轮机附属设备安装。

03——水轮发电机、发电／电动机及附属设备安装。

04——电气设备安装。

05——水电站机组和成套设备启动及试运行。

⑤代表导流与度汛工程中，各代码含义如下。

01——施工导流标准。

02——施工导流方案。

03——导流泄水建筑物及水力学计算。

04——导流挡水建筑物。

05——河道截流。

06——施工期度汛。

07——基坑排水。

08——施工期水库蓄水与供水。

09——导流截流水工模型试验与水力学原型观测。

3. 工程管理相关部分

该部分共有 3 位数代码，皆用阿拉伯数字表示，其中工程管理主要分项分配一位代码、工程主要分项中的子项分配两位代码。根据腊姑河水库工程项目分解，各代码示意如图 12-4 所示。

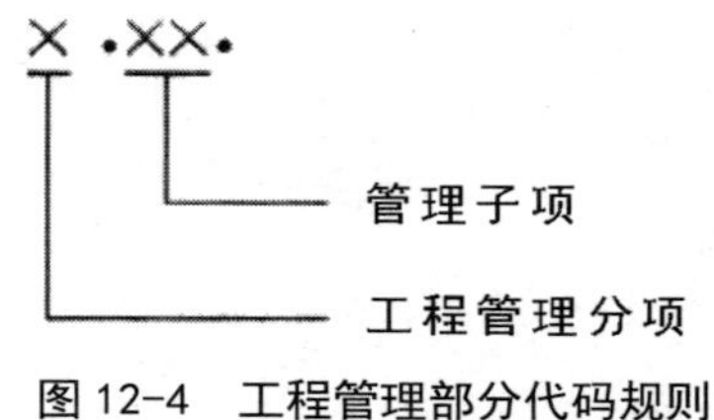

图 12-4　工程管理部分代码规则

（1）工程管理分项代码含义。

1——工程合同管理。

2——工程进度管理。

3——工程质量管理。

4——工程财务管理。

5——工程公文管理。

6——工程安全管理。

（2）各工程管理主要分项中的子项含义。

①工程合同管理中所包含的子项中，各代码含义如下。

01——工程建设合同。

02——工程采购合同。

03——工程咨询合同。

04——工程监理合同。

05——工程合同变更。

06——其他。

②工程进度管理中所包含的子项中，各代码含义如下。

01——工程进度设计。

02——工程进度变更。

03——工程进度统计。

04——其他。

③工程质量管理中所包含的子项中，各代码含义如下。

01——单位工程质量管理相关。

02——分部工程质量管理相关。

03——单元工程质量管理相关。

04——工程质量评定相关。

05——质量缺陷记录相关。

06——工程质量检测相关。

07——工程质量报验相关。

08——其他。

④工程财务管理中所包含的子项中，各代码含义如下。

01——工程预算相关。

02——工程结算相关。

03——工程决算相关。

04——相关变更记录。

05——工程支付相关。

06——其他。

⑤工程公文管理中所包含的子项中，各代码含义如下。

01——上级来文相关。

02——管理处发文相关文档。

03——建设方上报相关文档。

04——监理方上报相关文档。

05——检测方上报相关文档。

06——其他。

⑥工程安全管理中所包含的子项中，各代码含义如下。

01——工程安全行政条文相关文档。

02——工程安全巡查记录相关文档。

03——工程安全会议纪要相关文档。

04——工程安全事故记录与处理相关文档。

05——其他。

4. 工程位置。

该部分共有 7 位数代码，皆用阿拉伯数字表示，其中工程标段表示为一位代码、工程位置表示类型主要有桩号与高程两类、地理位置信息分配 4 位代码。根据腊姑河水库工程项目分解，各代码示意如图 12-5 所示。

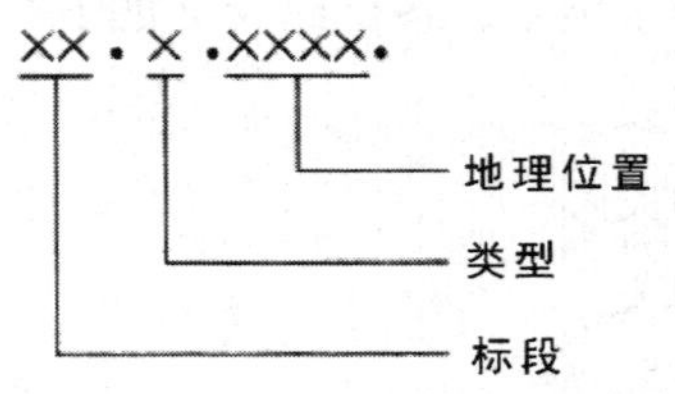

图 12-5　工程位置部分代码规则

（1）标段分配两位代码，按照实际的标段号，若无标段，默认为 00。当按照标段填写后面的地理位置时，空余的位数可用 0 代替。

（2）地理位置的表示类型主要有两种，即高程与桩号，其中高程用 G 表示，桩号用 Z 表示。

（3）地理位置代码分配 4 位，填写工程施工范围的高程起点或者桩号起点，当施工位置用高程与桩号共同界定时，按照高程填写，如主堆石料填筑相关文档中，既有高程又有桩号，按照桩号起点填写即可。

5. 工程电子文档提交时间

工程电子文档提交时间，分配 6 位代码，按照实际提交时间填写，包括年份（两位代码）、月份（两位代码）、日期（两位代码）。

6. 工程电子文档属性方面。

分配 1 位代码，代码属性如下。

1——Word 格式的电子资料。

2——Excel 格式的电子资料。

3——PPT 格式的电子资料。

4——DWG 格式的电子资料。

5——DXF 格式的电子资料。

6——PDF 格式的电子资料。

7——JPG 格式的电子资料。

8——其他。

7. 提交单位方面的电子资料。

分配 1 位代码，代码属性如下。

1——工程建设管理单位。

2——工程设计单位。

3——工程监理单位。

4——工程建设单位。

5——工程建设第三方检测单位。

6——工程上级主管部门。

7——其他。

三、水利工程建设电子化文档管理体系实例

（一）主堆石料坝体填筑开仓证

主堆石料坝体填筑开仓证编号为：106022-205-303-OOG2111-120830-1-1，内容见表 12-2。

表 12-2　主堆石料坝体填筑开仓证

项目名称：腊姑河水库大坝工程　　　　合同编号：HPLGH-DB-SG-01　　　NO.2

单位工程	面板堆石坝	分部工程	主堆石体
单元工程	▽ 2111.30—▽ 2112.10 主堆石体	工程部位	主堆料
高程	▽ 2111.30—▽ 2112.10	起止桩号	0+172.41—0—156.21
设计图纸、通知	大坝分期填筑图 (LGH-SZ-DB-01) 大坝施工技术要求		
上道工序（合格）	上道工序合格	申请下道工序	申请下道工序
项次	保证项目	质量标准	检测结果
1	颗粒级配、渗透系数、含泥量	符合《施工规范》(SL49-94) 和设计要求	符合《施工规范》(SL49-94) 和设计要求
2	坝体每层填筑时	前一填筑层已验收合格	前一填筑层已验收合格
3	铺料、碾压	按选定的碾压参数进行施工；铺筑厚度不得超厚、超径；含泥量、洒水量符合规范和设计要求	按选定的碾压参数进行施工；铺筑厚度不得超过 80cm；含泥量、洒水量符合规范和设计要求
4	纵横向接合部位；与岸坡接合处的填筑	符合《施工规范》(SL49-94) 和设计要求；与岸坡接合处的料物不得分离、架空，对边角加强压实	符合《施工规范》(SL49-94) 和设计要求；与岸坡接合处的料物没有分离、架空，对边角已加强压实
5	设计断面边缘压实质量；填筑时每层上下游边线	按《施工规范》(SL49-94) 规定留足余量	按《施工规范》(SL49-94) 规定留足余量

续表

项次	基本项目		质量标准		检测结果
			合格	优良	
1	压实控制指标干密度（设计干密度为2.21g/cm^3）		干密度合格率大于等于90%，不合格干密度不得低于设计值的0.98，不合格试样不得集中	干密度合格率大于等于95%，不合格干密度不得低于设计值的0.98，不合格试样不得集中	设计干密度2.21g/cm^3，共测1点，实测值2.24g/cm^3，合格率100%
项次	允许偏差项目		设计值	允许偏差/cm	实测值（单位：项次1/cm，项次2/m）
1	铺料厚度		80	±8	78 75 89 82 83 71 79 85 83 85 80 76
2	断面尺寸	下游坡填筑边线距坝轴线距离	132.46	±20	132.42 132.57 132.76 132.42 132.61 132.62 132.56 132.29 132.22 132.51 132.60 132.49 132.38
		过渡层与主石区分界线距坝轴线距离	122.01	±30	121.71 121.78 122.22 122.11 122.32 121.89 122.28 122.22 122.24 122.13 122.17 122.33
		垫层与过渡层分界线距坝轴线距离	125.01	-10—0	124.91 124.90 124.92 124.94 124.91 124.96 124.91 124.98 124.92 124.96 124.91 125.06
施工班组初检意见		初检人： 年 月 日	施工单位复检意见		复检人： 年月 日
施工单位终检意见		终检人： 终检部门：湖南中格建设集团有限公司腊姑河水库工程项目部 年 月 日	下序开仓签证意见	口同意 口申报联合检验口 不同意	签证人； 工程监理部：大理禹光工程监理咨询有限公司腊姑河水库大坝监理部 年 月 日

说明：本表一式三份报送监理部，签证后返回施工单位一份，作相应单元工程支付签证和质量评定资料。

（二）单元工程施工质量报验单

单元工程施工质量报验单编号为：CB181024032-203-307-ZB02100-120830-1-1，内容见表12-3。

（三）单元工程施工质量评定表

单元工程施工质量评定表编号为：1024032-203-304-ZB02100-120830-1-1，内容见表 12-4。

表 12-3　CB18 单元工程施工质量报验单（承包 [2012] 质报 013 号）

合同名称：腊姑河水库大坝工程　　　　　　合同编号：HPLGH-DB-SG-01

致：大理禹光工程监理咨询有限公司腊姑河水库工程建设监理部 右岸边坡支护（LGH-DB-Ⅱ-2）单元工程已按合同要求完成施工，经自检合格，报请贵方核验。 附：右岸边坡支护单元工程质量评定表。 承包人：湖南中格建设集团有限公司 腊姑河水库工程项目部 项目经理： 日期：　年　月　日
（核验意见） 经核验________单元工程质量： 口优良 口合格 口按附言提交补充材料、证明文件，或重做、补做检验 口不合格，提交《施工质量缺陷处理措施报审表》 口附言 监理机构：大理禹光工程监理咨询有限公司 腊姑河水库工程建设监理部 监理工程师： 日期：　年　月　日

说明：本表一式__份，由承包人填写。监理机构审签后，随同“合同项目开工令”，承包人、监理机构、发包人、设代机构各 1 份。

表 12-4　锚喷支护单元工程质量评定表

单位工程名称	主坝工程	单元工程量	
分部工程名称	高边坡处理	施工单位	湖南中格建设集团有限公司 腊姑河水库工程项目部
单元工程名称、部位	趾板边坡支护（ZBl2–ZB22）	检验日期	年月　日
项次	项目名称		工序质量等级
1	锚杆、钢筋网		优良
2	喷射混凝土		合格
评定意见		单元工程质量等级	

续表

<table>
<tr><td colspan="2">两个工序质量均达合格标准，其中锚杆、钢筋网工序质量达优良</td><td colspan="2">合格</td></tr>
<tr><td>施工
单位</td><td>初检：　日期：
复检：　日期：
终检：　日期：</td><td>建设
监理
单位</td><td></td></tr>
</table>

第五节　水利工程建设文档管理系统应用

一、文档管理模块简介

当建立起水利工程文档管理体系之后，对文档编码进行了唯一性的规则制定，利用云计算技术，可以将目前水利工程中数量庞大且繁杂的各类工程文档进行电子化管理。目前，在水利水电工程建设管理云平台中，建立了文档管理系统。

在已经建立的电子文档管理系统中，主要管理随工程建设施工过程而形成的各种与工程建设质量相关的电子文档，如单元工程质量评定表、单元工程施工质量工序表、单元工程质量三检表、单元工程质量检测表等，以及在工程建设过程中的设备管理表单、进场报验表单、开停工通知等文档，也可以通过电子自动生成或者人工扫描录入等方式维护到工程建设管理系统中。另外，在施工过程中产生的不同建设单位联系单、会议通知、会议纪要等也可以通过电子文件的形式进入系统进行管理。

在系统所提供的电子文档管理功能中，主要可以分为文档上传、文档查询、文档审核、文档卷宗管理等功能，以及为方便用户而提供的文档订阅与特别文档收藏与关注等功能。

二、水利工程建设文档管理系统应用实例

充分借鉴腊姑河水库档案管理模块开发经验，结合月亮湾水库档案管理相应要求和各参建单位建议，开发了针对该水库档案管理的模块。该模块实现了对月亮湾水库档案的电子化存档和管理：一是实现了对已有的纸质文档的上传、归档和查阅；二是实现了使用本系统进行施工管理过程中产生文件的实时归档。至 2016 年，在水利工程建设管理云平台的应用过程中，已上传文档 529 份，施工管理过程中产生文件 304 份。

（1）实现了对月亮湾水库现有纸质文档的上传和编码标识。现有的纸质文件经扫描转化为电子文档后（包括 PDF、JPG、Word、TXT 等格式），可进行上传。进入档案管理模块的文档上传页面，可以选择需要上传的电子文档。此处需要填写说明该文档必要属性标识的框表，包括查询关键字、文档类型、提交单位等，从而定义该文件的查询属性，以

便产生一串具有唯一性的数字编码来标识该文件，从而方便后台数据库的管理及用户对文档的查询。已经上传的文档需要经过进一步的审核方可入库，再进行文档审核。对于已入库的文档，可以通过关键字等信息进行查询，再进行文档查询。

（2）在使用系统过程中，所产生的一系列表单（如质量评定表、检测表等）会在填写审核完成后实时自动归档，实现了从传统的纸质文档审签存档到电子文档审签存档的转变，同时这些嵌入在系统中的表单（按规范编制的嵌入在系统中的表单）是相互关联的，从每一张成果表中都能回溯到其每一张过程表单，这将大大提高后期的工程审验效率。

通过月亮湾水库工程划分，从“单位工程—分部工程—单元工程”，进入到每个质量评定表内，填写相关施工过程数据信息，形成带有实际施工数据的单元质量评定表。

（3）结合月亮湾实际工程及水利工程档案管理规范，并按照工程竣工验收档案分类要求，设计了具有可扩展功能的档案管理盒。档案管理员对已上传的文档都可按其类别进行实时分类归档。这些数字虚拟的档案盒如同真实的档案盒一样，使竣工验收资料查阅更加方便。如图 12–6 所示，点开相应档案盒，根据档案盒中的目录可依次查看本目录中的文件。同时这些档案盒有可扩展功能，档案管理员可根据项目和工程要求自行编制，如图 12–7 所示。

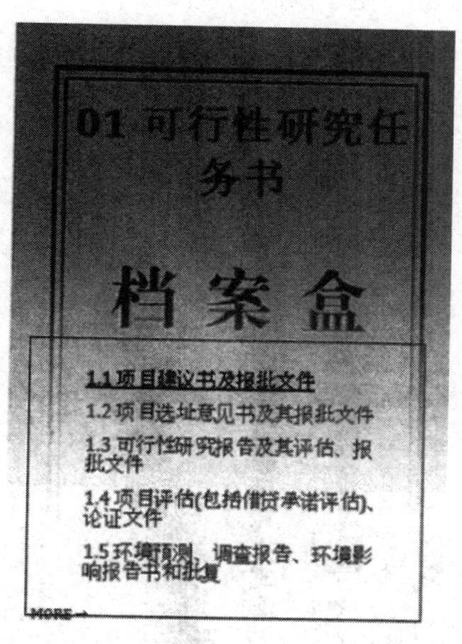

图 12–6　月亮湾水库云档案盒文件查看

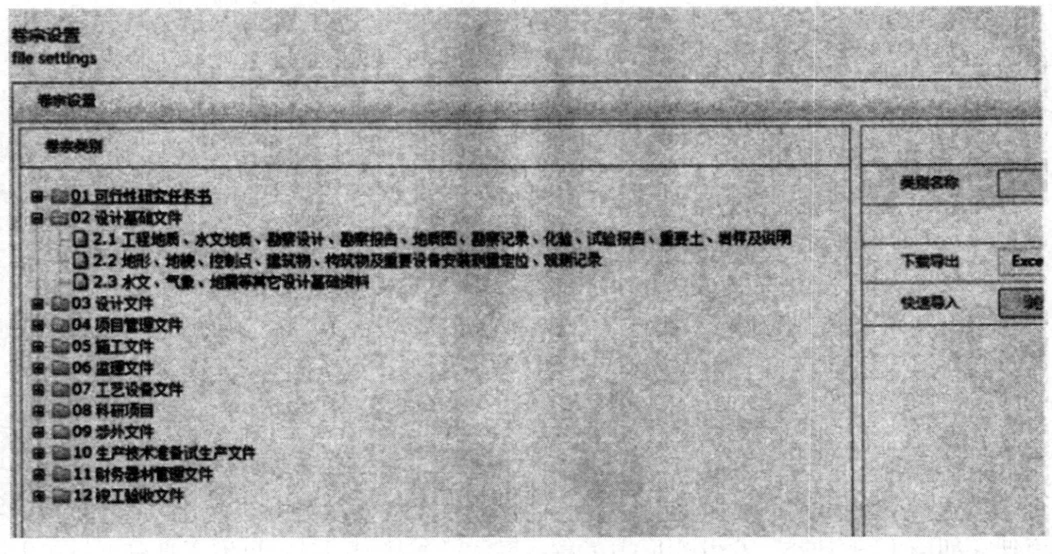

图 12-7　月亮湾水库云档案管理盒设置

（4）在文档管理模块中设置了文档订阅及收藏功能。用户可以对某一类型或单位、单元工程的文档进行订阅和收藏，便于以后的查阅等。

第十三章 水利信息化建设工程物联技术开发研究

第一节 水利工程物联技术应用现状

2005 年 11 月 17 日，国际电信联盟 (ITU) 在突尼斯举行的信息社会世界峰会 (WSIS) 上，发布了“ITU 互联网报告 2005：物联网”。这份报告指出，无所不在的“物联网”通信时代即将来临，传感器技术、射频识别技术、纳米技术、智能嵌入技术将得到更加广泛的应用。

2009 年 1 月 28 日，IBM 首席执行官彭明盛首次提出“智慧地球”这一概念，建议美国政府投资建设新一代的智慧型基础设施，并阐明了其短期和长期效益。奥巴马对此给予了积极的回应。“智慧地球”的概念自提出就得到了美国各界的高度关注，目前这一构想已经上升至美国的国家战略，并在全世界范围内引起了轰动。

物联网技术的应用在国外起步较早，目前已经有许多业务在国外得到广泛应用。事实上，物联网应用就产生于 2002 年的美国，当时美国最大的水处理产品供应商 BioLab 公司运用 M2M 技术，远程监控游泳池水中的 pH 值和消毒剂投放情况 (系统采用 Nokia 的无线通信解决方案 Nokia30 和 Opt022 的数据采集设备 UltimateI/O)，之后物联网应用便在全球如火如荼地发展起来，并表现出极具爆发力的增长势头。

而我国早在 1999 年，中国科学院就启动了传感网研究，分别在无线智能传感器网络通信技术、微型传感器、传感器终端机、移动基站等方面取得重大进展。我国的技术研发水平目前处于世界前列，并拥有多项专利。据工信部透露，到目前为止，我国传感网标准体系已形成初步框架，向国际标准化组织提交的多项标准提案已被采纳。在这个全新产业未来发展中，我国和国际上的其他国家相比具有优势，在传感领域目前走在世界前列，与德国、美国、英国等一起，成为国际标准制定的主导国之一。尽管如此，今后仍需加大对物联网研发和应用的支持力度，要极力避免当初计算机和互联网产业大规模发展时，因为没有掌握核心技术而不得不付出的巨大代价。

在物联网网络通信服务业领域，我国物联网 M2M 网络服务保持高速增长势头，目前 M2M 终端数已超过 1000 万，年均增长率超过 80%，应用领域覆盖公共安全、城市管理、能源环保、交通运输、公共事业、农业服务、医疗卫生、教育文化、旅游等多个领域，未来几年仍将保持快速发展，预计“十二五”期间将突破亿级。三大电信企业在资源配置方面积极筹备，加紧建设 M2M 管理平台，并推出终端通信协议标准，以推进 M2M 业务发展。国内通信模块厂商发展较为成熟，正依托现有优势向物联网领域扩展。国内 M2M 终端传感器及芯片厂商规模相对较小，处于起步阶段。尽管我国在物联网相关通信服务领域取得了不错的进展，但应在 M2M 通信网络技术、认知无线电和环境感知技术、传感器与通信集成终端、RFID 与通信集成终端、物联网网关等方面提升服务能力和服务水平。

在物联网应用基础设施服务业领域，虽然不是所有云计算产业都可纳入物联网产业范畴，但云计算是物联网应用基础设施服务业中的重要组成部分，物联网的大规模应用也将大大推动云计算服务发展。国内云计算商业服务尚在起步，SaaS 已形成一定规模，而真正具有云计算意义的 IaaS 和 PaaS 商业服务还未开展。目前，我国在云计算服务的基础设施（IDC 中心）建设、云计算软硬件产业支持和超大规模云计算服务的核心技术方面与发达国家尚存在差距。云安全方面，我国企业具有一定的特点和优势。随着物联网应用的规模推进，互联网快速发展和国家信息化进程的不断深入，我国云计算服务将形成巨大的市场需求空间，“十二五”期间将呈现快速发展态势。

在水利信息采集方面的应用。现代水利工作中大量使用自动化以及半自动监测逐步代替人工操作，发展了类型丰富、性能可靠、各具特点的传感器监测系统。监测系统包括工程安全监测、水质监测、水文监测、水土保持监测等，监测物理数据囊括了水位、雨量、风力风向、位移、温度、压力、视频以及多种水质参数。这些应用已经契合了物联网在信息采集末端的应用方式。长期对水利信息的处理积累了大量经验数据和模型，并且形成了一定程度上固有的处理方式和流程，这将成为物联网应用中人工智能系统建设的基础层。

在水利灌浆系统方面的应用。基于物联网的灌浆监测系统就是每个灌浆记录仪都具有唯一的识别码，多台灌浆记录仪通过无线技术连接起来，并能够将各台灌浆记录仪的实时数据融合到一起的物联网。通过该系统管理人员能够读取每台灌浆记录仪的数据信息，了解到灌浆过程数据，并且能够对数据进行统计分析，帮助管理人员进行决策。该系统采用多种无线技术将多台灌浆记录仪采集到的灌浆过程数据收集到数据服务器中，形成物联网。物联网中多种无线技术的运用降低了布线成本，简化了工程设计，实施了灌浆记录仪的全面监测。基于物联网的灌浆监测系统为水利灌浆行业的发展提供了坚实保障。

在水利填筑碾压监控系统方面的应用。系统集合 GPS(GNSS) 定位技术、数据通信传输技术等高新科技，现场安装碾压机械移动监测点、网络中继站等硬件设备，建立主控中心与现场分控站，连续、实时、高精度地对碾压机械进行自动定位，进而进行碾压遍数计算与显示，可应用软件处理方法计算填筑层厚度、碾压遍数、激振力、压实度、合格率等监控指标。该系统采用定位技术、激振传感器、碾压监控软件等，将碾压过程数据收集到数据服务器中，形成物联网。基于物联网的填筑碾压监控系统为水利碾压行业的发展提供了技术支撑和科学依据。

在水利信息管理系统方面的应用。水利工程具有地域分布广、管理部门分散、信息量大的特点，加之运行管理部门、水资源调度部门、工程维护部门、上级决策部门的分别建立和独立运行，导致采用通信专网、计算机网络、图像监控等的信息自动化系统很难完全满足各部门管理人员实时、准确、全面地了解和掌握整个水利工程运行的需求。建设一个能够适应水利工程特点的综合集成型业务应用平台，是解决“信息孤岛”问题的有效措施。为探索提高水利工程信息化管理水平的新途径，进行了智慧水利工程管理方法的研究与实践，形成了一套基于物联网技术的智慧水利工程信息管理系统。该系统的应用为水利工程的运行管理提供了安全、可靠、经济、科学、先进的技术手段，同时也为安全、科学、合理的运营管理提供了实时数据和决策支持功能。

在智慧水利系统方面的应用。基于物联网技术的智慧水利系统将各种前沿物联网技术综合运用到一个系统中，并且能有机结合发挥出各子系统的最大效能。主要包含以下四大特征：①实时感知，通过先进的传感器和智能设备构筑遍布流域的“水利传感网”，全面实时地测量、监控和分析水文、水情等信息；②全面整合，通过通信和计算机网络将整个水利系统完全连接和融合，充分整合共享现有系统的基础设施；③创新应用，通过科技创新为政府、企业和个人提供更为高效、便捷的业务应用，为水利信息化提供源源不断的发展动力；④统一协作，通过统一的水利综合信息管理平台，实现各个关键系统之间的协同运作，达成科学的运行状态。通过实时采集水文、气象、水位、流速、流量、图像传感器等数据终端的数据，进行传输分析处理后，再以表单、图表、文字、虚拟现实等方式进行展示，同时响应互联网（远程）用户的各种请求，如实时数据更新、图像虚实拟合、远程控制等，实现高清、实时、全面感知枢纽各个方面信息。

在流域智能调度方面的应用。流域水资源调度问题涉及因素多，环境复杂，影响范围大，现有的手段仍然无法解决面临的技术难题和实践问题。然而，最近兴起的物联网技术为此提供了契机。以物联网技术作为支撑，构建流域智能化调度系统，建立完备的监测、仿真、诊断与预警、调度与处置和控制体系，集成建设智能综合指挥平台，提高应对气候变化的能力，保障“六大安全”，为促进流域调度向数字化、信息化、现代化、自动化和智能化等（简称“五化”）方向发展奠定了基础，并引领未来水利信息化发展的潮流。物联网技术是一项综合性的技术，具体实现步骤分为感知层、传输层、应用层 3 个层次。以流域应用为例，物联网层次结构和体系框架如图 13–1 和图 13–2 所示。

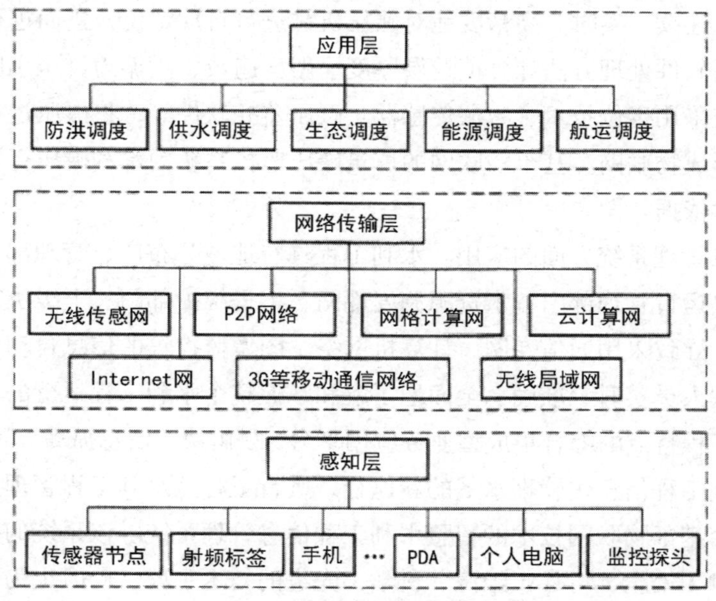

图 13–1 流域调度物联网层次结构

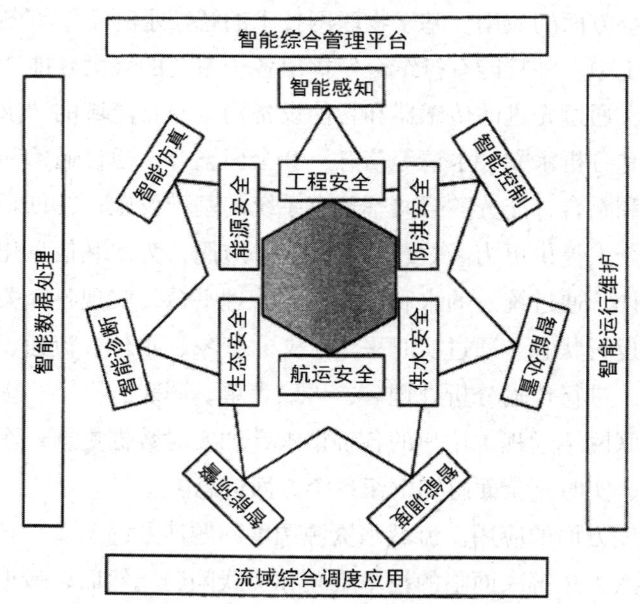

图 13–2 基于物联网技术的流域智能调度技术体系框架

流域的智能化调度系统是“智慧地球”在流域调度方面的具体应用，以坚实的科学基础和技术手段保障防洪、供水、生态、能源、航运和工程的安全。

第二节　土料含水状态实时监控技术开发

多年来，科研人员对土体水分测量的研究从来没有停止过，各种测量技术层出不穷。土体水分测定一般有以下几种方法，即卡尔费斯滴定法、称重法、电容法、电阻法、射线法、微波法、中子法、核磁共振法、TDR 法、石膏法和红外遥感法等。这些方法在使用条件和应用场合上差异很大。比如：卡尔费斯滴定法、称重法等仅适用于实验室测定，而且费时较长；射线法、微波法、中子法、核磁共振法和红外遥感法价格昂贵，不适合在基层土壤含水量快速测定中应用。这些方法都具有以下特点：一是直接测量土壤的重量含水率和容积含水率，如烘干法、中子仪法、测量土壤传导性的各种方法等；二是通过测量土壤的基质势来实现，如张力仪法、电阻块法、干湿计法等。虽然已有数十种土壤水分快速测量方法，但现有的土壤水分快速测量方法都存在着这样或那样的缺陷，所以寻求一种精度高、可靠性强、快速性好、适合实时测量的土壤水分传感技术的工作就迫在眉睫。

基于介电法的土壤含水率测量的原理有时域 (Time Domain Reflectometry，TDR) 测量法、频域 (Frequency Domain Reflectometry，FDR) 测量法。TDR 法可对土壤样品快速、连续、准确地测量，一般不需标定，操作简便，可做成手持式，在生产中由工作人员即时测量，也可通过导线远距离多点自动监测。TDR 法最大的缺点是电路复杂，导致设备昂贵。FDR 法测量土壤含水量的原理与 TDR 类似，传感器主要由一对电极（平行排列的金属棒或圆形金属环）组成一个电容，其间的土壤充当电介质，电容与振荡器组成一个调谐电路，振荡器工作频率，随土壤电容的增加而降低，电容 C 随土壤含水量的增加而增加，由此可知振荡器频率与土壤含水量呈非线性反比关系。FDR 法几乎具有 TDR 法的所有优点，与 TDR 法相比，在电极的几何形状设计和工作频率的选取上有更大的自由度。大多数情况下，FDR 法在低频 ($\leqslant$ 100MHz) 工作，能够测定被土壤细颗粒束缚的水，这些水不能被工作频率超过 200MHz 的 TDR 法有效地测定。FDR 法校准比 TDR 法更少、更省电、电缆长度限制少，可连续原位测定及无辐射等，在水分测定方法方面表现出更独特的优势，也不需要太多的专业知识去分析波形。而且 FDR 法的探头可与传统的数据采集器相连，从而实现自动连续监测。因此采用 FDR 法测量原理的土壤水分传感器更适合于实际生产的需求。

一、工作原理

土体由固体物质、空气、水组成，土中固体物质的介电常数为 4，空气的介电常数为 1，水的介电常数在常温下为 81。水的介电常数远大于土中固体物质和空气的介电常数，因而土体的介电常数主要由土体中水含量的多少决定。由经验公式，土体的介电常数与土体的体积含水量成正比关系。基于频域反射法 (FDR) 设计的传感器电路主要原理是建立土体含水量和电路有效输出电压间的关系式，将该关系式写入单片机程序中，测量出有效电压的输出值后就可以实时转化为含水量的值。

基于频域反射法设计的传感器电路主要包括 3 个部分，即激励电路、运放调理电路、单片机采集电路等。激励电路得到土壤含水量对应的有效电压输出值，经测量在 1.2—2V，电压值过小，因而加入了运放调理电路，将激励电路的有效输出电压进行差分放大，再接入单片机的相应端口进行模数转换。

激励电路主要是要建立土壤含水量与有效输出电压间的关系。将传感器的探针插入土体后，探针和中间的土壤就构成了一个等效电容。土壤的含水量升高时其介电常数会增大，而等效电容值与土体的介电常数建立归一化的拟合相关关系，即

$$SF = \frac{F_a - F_s}{F_a - F_w} \tag{13-1}$$

式中：F_s——土体中所测量的频率；

F_a——空气中所测量的频率；

F_w——水中所测量的频率。

拟合输出频率与含水量之间的关系为

$$SF = aW^b + c \tag{13-2}$$

式中：a、b、c——土体含水量与输出频率的相关系数，由多组土体交叉分析确定。

二、系统架构

（一）硬件部分

传感器设计包括传感器结构设计、硬件电路设计，传感器固件程序设计。硬件电路由传感器激励电路、运放调理电路、单片机芯片和温度采集电路组成。

本传感器是一种圆环电容式结构，面向测量土壤含水纵向分布的介电式传感器。其传感原理是借助两个带状电极间电磁场的边缘分布效应 (Fringe Effect)，如图 13-3 所示。

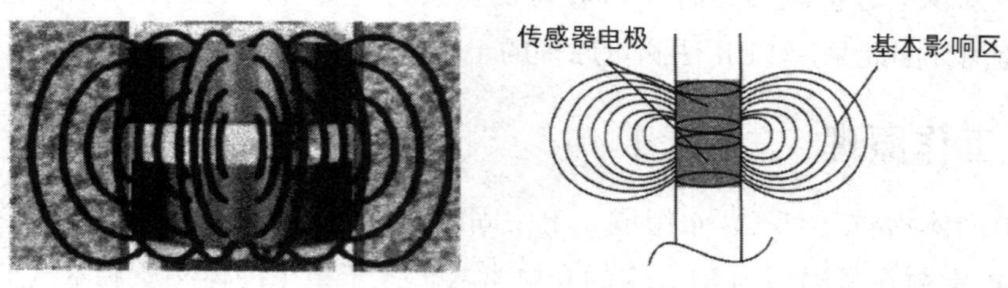

图 13-3　传感器原理及结构示意图

电极间的电场耦合强度与电极周围材料的介电特性密切相关，只要两电极间的电场能

量足以穿透套管，电极间电场耦合强度则与套管外的土体含水量有关。在电场作用下，两个电极构成一个电抗元件，其电特性既可能呈容性也可能呈感性。

当土体的含水量上升时，表观介电常数也增大，电容慢慢升高，导致电容两端的电压慢慢降低。即含水量的变化会导致电压信号发生变化，变化的交流电压信号经过芯片处理后，经测量输出稳定直流电压信号。

输入电压在经过低通滤波器后电压值会变小，第二个平方单元与放大器组成的负反馈电路进行调节电压值的大小，激励电路产生的稳定直流电压信号过小，需通过运放调理电路将电压信号放大再输入单片机。运放调理电路通过对激励电路的输出信号进行差分放大，以增大单片机输入端的电压信号。相关性能指标见表 13–1。

表 13–1　传感器性能指标参数表

<table>
<tr><td>测量范围</td><td colspan="3">0–100% 体积含水量</td></tr>
<tr><td>电导率范围 /(dS/m)</td><td>0~6</td><td>6~12</td><td>12~50</td></tr>
<tr><td>0 ～ 40% 测量精度</td><td>1%</td><td>2%</td><td rowspan="3">需要材料特殊标定</td></tr>
<tr><td>40%—70% 测量精度</td><td>2%</td><td>%</td></tr>
<tr><td>测量重复精度</td><td>2%</td><td>%</td></tr>
<tr><td>土壤温度测量范围</td><td colspan="3">–15~+50℃（可定制其他温度量程）</td></tr>
<tr><td>土壤温度测量精度</td><td colspan="3">± 0.2℃</td></tr>
<tr><td>温度漂移</td><td colspan="3">± 0.3%</td></tr>
<tr><td>模拟输出接口</td><td colspan="3">两个 0 ～ 1V（4~20mA 可选）</td></tr>
<tr><td>IMP232 输出</td><td colspan="3">通道 1：0~100% 体积含水量
通道 2：–40~+70℃土壤温度</td></tr>
<tr><td>工作温度</td><td colspan="3">–15~+50℃（可定制其他温度范围）</td></tr>
<tr><td>数据校准</td><td colspan="3">标准校准用于大多数标准土壤类型，可存储最多 15 个用户自定义校正曲线</td></tr>
<tr><td>电缆长度</td><td colspan="3">标配 1.5m（其他长度可定制）</td></tr>
<tr><td>防水等级</td><td colspan="3">IP68</td></tr>
<tr><td>供电（直流）</td><td colspan="3">7~24V</td></tr>
<tr><td>耗电</td><td colspan="3">待机 1mA（只能用于 B 模式），空闲 8mA，测量时 lOOmA
（持续 2~3s），用 12V DC 时</td></tr>
<tr><td>探头主体尺寸</td><td colspan="2">155mm 63mm</td><td>155mm 32mm</td></tr>
<tr><td>测量体积</td><td colspan="2">1.25L(160mm 100mm)</td><td>0.25L(110mm 50mm)</td></tr>
<tr><td>探针长度</td><td colspan="2">标准 160mm（暂不提供其他尺寸）</td><td>标准 llOmm（暂不提供其他尺寸）</td></tr>
<tr><td>探针直径</td><td colspan="2">6.0mm</td><td>3.5mm</td></tr>
</table>

（二）软件部分

传感器节点的固件程序主要完成含水量的信息采集和数据的传输任务，此外需要完成测量标定工作。使用烘干法制作 10 组湿度样本，再使用基于 FDR 的传感器电路逐一测量每个样本的有效输出电压，进行率定和拟合。

软件部分包括上位机数据采集、传输、存储、整理、分析、输出等功能。其测试流程如图 13–4 所示。

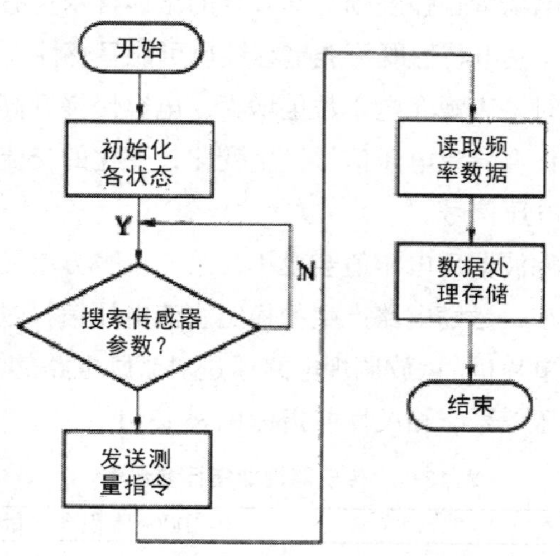

图 13-4　软件测试流程示意图

主程序首先完成定时器、ADC 和 UART 的初始化，然后将中断打开，就进入循环等待状态。定时器中断到来时就按设定时间启动 ADC 中断，每当 ADC 中断到来时就完成一次数据采集，根据标志位判断是否为连续测量，如果是则发送数据到主节点，如果不是则直接退出中断。当 UART 中断到来时，使用状态机来判断是否成功接收完一帧数据，主机向终端节点发送的一帧数据为 8B，这是在应用层的用户协议中定义的。状态机每接收一个字节的数据就将它存入数组中，并将状态值加 1，当状态值为 7 时再接收一个字节的数据，就完成了一帧数据的接收工作。然后对数据帧解码，根据数据帧中的主机指令，完成相应的工作，然后退出中断。

无论上位机是否发送测量指令，ADC 中断总由定时器中断按设定时间启动，完成一次数据采集工作，并将数据存储起来。每完成一次采集就更新一次存储数据。如果主机发送的是单次测量指令，就把当前的测量数据发送给主节点。如果是连续测量，每完成一次数据采集就把数据发送给主节点。主机发送标定指令时，数据帧的数据位是当前实际测量的湿度值，当接收到 3 个以上的实际测量湿度值时，就完成在线标定工作。主机发送查询指令时，在线的传感器节点会返回反馈应答数据帧，主机接收到应答数据帧后就在对应节点设定标识。

第三节　坝料压实状态实时监控技术开发

传统的压实度检测方法主要有环刀法、灌砂法和核子密实度仪法等。用这些传统方法进行检测有诸多弊端：首先，检测工作是在压实结束后取样进行，而无法在压实的过程中对压实状态进行测量和评估，做不到随时跟踪随时检测，检测具有滞后性和难以修复性；其次，由于是取样进行试验，且取用的试样材料数量有限，就会涉及是否具有代表性的问题，取样检测势必会有误差，很难具体到每一点反映出整条道路的压实情况，描述势必会不尽精确；再者，特别是试验往往是一项任务量较重的工作，需要较长的时间，随之而来的也是较高昂的费用；最后，也是比较关键的，具体施工过程中，可能会存在某些区段，因为受到不合理的材料级配影响，或者含量过低或过高的材料内水分的情况，从而影响材料压实度，产生“薄弱点”，这些“薄弱点”往往是道路质量的“死穴”，而传统的检测方法，却常常对这些“薄弱点”漏检，为日后的使用埋下隐患。

鉴于以上存在的现象和针对性的分析可以看出，为了实时控制整个压实过程，保证工程施工人员和监理人员对施工现场情况有充分的掌控，从而确保在每个施工段中，可以用最少的碾压遍数满足最高的施工要求，研究并发展路基土压实度连续检测技术是非常重要、必要、紧要和有现实意义的。另外，在进行现代化碾压工程中，对压实度而言，压实机械是最直接、重要的控制者。因此，评定压实效果的关键所在，是可以对压实机械的压实度进行连续检测的技术。

一、工作原理

振动压路机对碾压材料的压实是依赖其自重和振动的联合作用实现的，这样让压实的材料拥有充分的密实度。压实能够充分发挥碾压材料的强度，减少甚至避免沉降及不均匀沉降变形，还能够对碾压材料的不透水性有所提升，强度稳定性也能增加。

振动压路机的工作轮结构如图 13-5 所示。

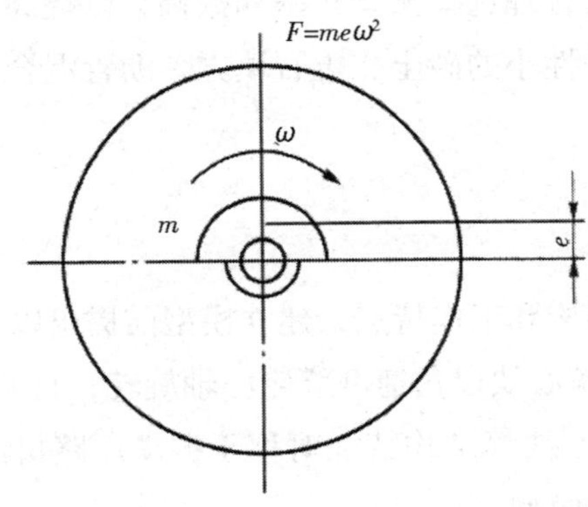

图 13-5 振动压路机的工作轮结构示意图

F——离心力；m——偏心块质量；e——偏心距；ω——角速度

压实机的原理是振动压路机利用离心力让轮子振动，轮子内的偏心轴会发生高速旋转，从而形成巨大的离心力 F，这个离心力会迫使轮子产生圆周振动，与地面接触时振动轮会反复给地面非常大的冲击，从而使土壤发生振动，获得较好的密实性。

我国对压路机压实度计的研究要晚于国外。自 1985 年以来，国内一些研究机构和厂家对机械式压实度计进行了研究，并在 20 世纪 90 年代初期分别开发了几种类型压实度计。有代表性的压实度检测仪归纳起来大致有 3 种形式：由东南大学、徐州工程机械厂、宝应四明仪器有限公司三家合作研制的 SMC–960A 密实度测量仪；水利水电科学研究院研制的 YS–1 型压实度计；苏州交通设计研究院和江阴交通工程机械厂联合开发的 MSY–100 压实度检测仪。

中国水利水电科学研究院研制的 YS–1 压实度计工作原理，是利用谐波与基波的比值反映土壤密实度的大小。YS–1 与其他相比不同的是压实度计在进行数据处理时，采用了去平均值的方法。同时，根据振动压路机振动频率的工作范围，YS–1 型压实计设置“恶劣频率选择”开关，以满足不同振动频率的工作要求。

振动压路机是工程施工的重要设备之一，振动压路机主要由发动机、传动系统、操作系统、行走装置振动轮和驱动轮以及机架等组成。传动系统包括两部分，即液压行走驱动系统和液压振动系统。振动压路机后面两个轮胎是主动轮，通过内部的发动机产生马达来驱动，行驶速度取决于发动机的功率。振动轮是从动轮，也是滚动轮。由于振动压路机采用了全液压传动技术，并且振动轮采用的是一种不平衡偏心块式结构。因此，当振动压路机在作业时，在振动轮自身重力及液压系统的作用下，振动轮带动偏心块高速旋转。振动压路机的振动轮在这个干扰力的作用下产生强迫振动，振动轮将振动作用传递到土壤上，这股冲击波使土壤由静止状态变成振动状态，急剧减小土壤颗粒间的内摩擦力和黏结力，使颗粒靠近，小的颗粒填充到大颗粒土的空隙中，土壤压实度增加，从而达到压实的目的。

振动压实的特点是其表面应力不大，过程时间短，加载频率大，同时还可以根据不同的铺筑材料和铺层厚度，合理选择振动频率和振幅，以提高压实效果、减少碾压遍数。振动压实机械可广泛用于黏性小的砂土、土石填方、沥青混合料和水泥混凝土混合料等的压实。

二、系统架构

根据振动压路机实际结构和工作特点，建立模型前提出以下简化和假设。

（1）振动轮中不平衡偏心块以角速度绕轮心轴旋转，且常数。

（2）振动轮质心及偏心块等结构特征对称于振动压路机的纵向轴线，振动轮—土壤系统因此可简化为平面振动模型。

（3）根据振动轮和机架的结构特征，认为振动轮和机架均为刚体，而且可以简化为具有一定质量的集中质量块。

（4）振动轮与前机架间橡胶减振器及被振实土壤被表征为弹簧和阻尼的多自由度系统时，弹簧和阻尼被认为是无质量的。

（5）由振动轮内偏心块圆周运动所产生的离心力只以其垂直方向的分量作用到模型上，实验研究证明，振动轮振动的水平分量几乎全部通过与被压实材料表面之间的相互滑动而被分散掉，并没有传至土壤中。

由上述简化，振动轮—土壤系统的数学模型可表示为图 13-6 所示，它由两个等量参数系统组成，其上部是说明振动压路机及振动轮的；下部是说明土壤压实性能的。

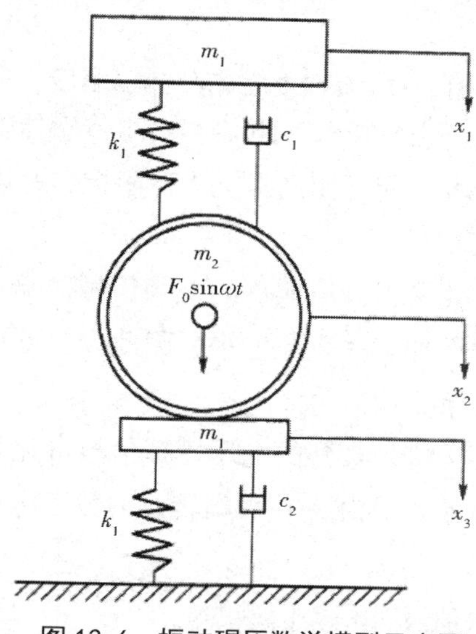

图 13-6　振动碾压数学模型示意图

m_1——上车质量；m_2——下车质量；m_3——随振土体质量；k_1——橡胶减振器刚度；k_2——土的刚度；c_1——橡胶减振器阻尼；c_2——土的阻尼；F_0——激振力；ω——工作频率；x_1——上车瞬时位移；x_2——下车瞬时位移；x_3——土体瞬时位移

上车质量 m_1 表示前机架分配在前轴上的质量；下车质量 m_2 表示振动轮及内框架的质量；F_0 表示偏心块的离心力，m_e 为偏心块的静偏心矩，振动轮被以角速度 ω 旋转的激振力 F_0 带动进入振动状态。

振动压路机的振动模型的主要目的是研究土壤对振动压实的反应，所以有关土壤性能描述有必要作进一步深入的接近真实性的探讨。将被振实的土壤分为所谓的一个接触区域和一个周围弹性状态区域，在一定的振动压实参数下，接触区域的范围即可确定，此范围内的土壤质量在此范围内土壤发生塑性变形，吸收振动压路机的振动能量，以改善土壤的结构特征，是振动压路机对土壤的有效作用范围，其力学性能的表现与振动压路机重复碾压的遍数有关。此外，振动压路机压实作业还影响其周围的弹性状态区域，在该区域内振动通过波辐射而传递到周围环境中，这部分所消耗的振动轮的振动能并没有用于改善土壤的结构。

压实度检测系统的基本构成如图 13–7 所示。

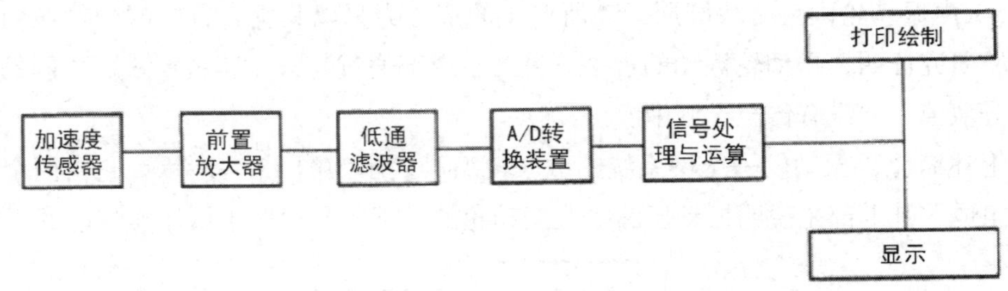

图 13–7　压实度检测系统构成框图

前置放大电路一般采用电荷、电压放大电器。由于传感器输出的信号十分微弱，且阻抗很高，经过放大器的前置放大，同时变高阻抗为低阻抗，并以电压信号输出，使信号由 μV 级上升为 mV 级的有用电压信号。

利用低通滤波器的目的主要是得到压实度的低频信号，要求低通稳定、滤波效果好。另外，在放大器输出的信号中叠加有一直流电平，因此设置低通滤波器的另一个作用是可以消除该部分所带来的直流分量。

A/D 转换装置的功能主要是将采集到的电压模拟信号量化和编码后，转变成数字信号并输出。信号处理与运算的目的是对由 A/D 采集转换的数字电压信号进行各种分析处理，一般是由一块单板机完成。

显示器用来完成压实度数值及其相关信息的显示。

压实度检测系统的传感器选用压电式加速度传感器。而压电式加速度传感器的基本工作原理是以压电效应为基础。即某些物质在机械力作用下发生变形时，内部产生极化现象，而在其上下两表面产生符号相反的电荷，去掉外力时电荷立即消失，这种现象称为压电效应。

传感器整个组件安装在一个基座上，并用金属壳体加以封罩。为了隔离试件的任何应变传递到压电元件上去，基座尺寸做的较大。测试时传感器的基座与测试件刚性连接。当测试件的振动频率远低于传感器的谐振频率时，传感器输出电荷（或电压）与测试件的加速度成正比，经电荷放大器或电压放大器即可测出加速度。如当一个被测加速度量作用在压电元件上产生的电荷量为 ΔQ，压电元件两端的电容为 C，压电元件两端产生电压 ΔU，由静电学定律可知，3 个量之间的关系为：

$$\Delta U = \frac{\Delta Q}{C}$$

压电式加速度由底座、质量块、敏感元件和外壳组成，工作原理是利用压电陶瓷的压电效应而制造出的一种机电换能产品。内置电路式 ICP 是将电路模块装入加速度传感器内，电压直接输出。

信号分析是对信号基本性质的研究和表征，其过程是将一复杂信号分解为若干简单信号分量叠加，并从这些分量的组成情况去考察信号的特性。这样的分解可以抓住信号的主要成分进行分析、处理和传输，使复杂问题简单化。实际上，这也是解决所有复杂问题最基本、最常用的方法。信号分析中一个最基本的方法就是信号的频谱分析，即把频率作为信号的自变量，在频域里进行信号的频谱分析。信号的频谱主要有两类，即幅值谱和相位谱。在测量与控制工程领域，信号分析技术有广泛的应用。在动态测试中，必须通过对被测信号的频谱分析，掌握其频谱特性，这些都需要用到频谱分析和快速傅里叶变换(FFT)。

信号处理是指对信号进行某种变换或运算（滤波、变换、增强、压缩、估计、识别等），广义的信号处理也可以包括信号分析。信号处理包括时域和频域处理，时域最典型的是波形分析。把信号从时域变换到频域进行分析和处理，可以获得更多的信息，因而频域处理更为重要。信号频域处理主要指滤波，即把信号中的有效信号提取出来，抑制（削弱或滤除）干扰或噪声的一种处理。

振动压路机激振信号的处理重点在于对激振信号的分析、确定信号的采样频率、滤波器的型号、窗函数的确定、频谱变换的算法和信号处理点数的选择。主要分析过程如下。

（1）噪声分析。

①记录通道中的噪声。

②发动机、液压泵和液压马达的影响。

（2）信号奇异点分析。

（3）趋势项分析。

（4）平滑处理。

为了验证压实度检测系统在运行中的稳定性、可靠性、准确性以及技术方案的可行性，这里通过一系列的室内试验和现场试验对系统进行测试。

首先，在实验室内对系统自身的稳定性、准确性进行验证；其次，通过振动台试验验证仪器的数据采集功能是否完善；再次，去施工现场进行振动压路机加速度信号采集以及土壤压实试验；最后，再回到实验室做击实试验和利用数据分析处理软件对现场采集数据进行各种分析处理，进一步验证技术方案的可行性。

传感器经检验合格后进行现场安装，传感器的安装方式和安装位置直接影响测量结果。安装方式不同会改变加速度传感器的使用频率（对振动值影响不大），一般选择下面几种方式安装：螺钉 5kHz（使用频率）、环氧或“502” 4kHz、磁吸盘 1.5kHz、双面胶 0.5kHz。根据振动压路机及现场实际情况，一般选择磁吸盘安装方式，首先将加速度传感器固定到磁座上，把安装面打磨平、擦净，然后取下传感器磁座上的绝缘片，把加速度传感器安装到振动轴或最能反映振动轮振动情况的位置上，如图 13-8 所示。

图 13-8　振动传感器外观

第四节　基于移动数据终端的施工质量检测技术开发

从 1862 年美国研制出世界上第一台以蒸汽机为动力的自行式光轮压路机到今天，压实机械已经有了长足的发展。对压实结果的现场测试，经过几十年的研究，发明了许多测定路基压实度的方法。目前现场测定土壤的密实度普遍采用传统的方法。这些方法是灌砂法、环刀法、水袋法、核子密实度法等。

（1）灌砂法。

灌砂法就是用均匀颗粒或单一粒径的砂，由一定高度下落到一规定容积的筒或洞内，根据其单位质量不变的原理，来测量试洞的容积。用试洞的容积代表洞中取出材料的体积。采用灌砂法测量土的密实度，首先在拟测量密度的地点挖凿一个圆形试洞，洞身通常应等于黏压层的厚度。在挖洞过程中，应使洞壁尽可能垂直，避免洞径上大下小。仔细收集洞中挖出的全部土或材料，勿使之丢失，并采取措施保护其含水量不受损失。及时称取洞中挖出的全部土或材料的质量，并取部分有代表性的样品作含水量试验。剩下的重要一步是量测试洞的容积。

密实度的具体算式为

$$w = \frac{M_w}{M_s} \rho_s$$

$$\rho_d = \frac{\rho_w}{1 + 0.01w}$$

式中：ρ_w——土的湿密度，g/cm^3；

ρ_s——量砂的单位质量，g/cm³；

ρ_d——土的干密度，g/cm³；

M_s——填灌试洞所需的砂的质量，g；

M_w——填灌试洞所需的湿砂的质量，g。

灌砂法是当前国际上施工过程中最通用的方法，在很多国家的土工试验法和稳定土材料试验法中，都将灌砂法列为现场测定密度的主要方法。

此方法表面上看来颇为简单，但实际操作时常常掌握不好，会引起较大误差；又因为它是测定压实度的依据，故经常是质量检测部门与施工单位之间发生矛盾或纠纷的环节，因此应严格遵循试验规程的每个细节，以提高试验精度。

（2）环刀法。

环刀法是我国最早应用于测定土的湿密度的一种方法。具体操作步骤如下。

①采用环刀法测试前先清除干净试验地点表面未压实土层，并将压实土层铲平一部分。

②利用齿钉将定向筒固定于铲平的地面上，顺次将环刀、环盖放入定向筒内。

③根据土质干湿和紧密程度的不同，可采用直接压人法、落锤打入法或手锤打入法将环刀压入或打入土中。

④去掉锤和定向筒，用镐将环刀及土样挖出。

⑤轻取环刀上的环盖，用土刀削去环刀两端，放入与土及环刀等重的砝码，直接称出环刀与湿土重。

⑥擦净环刀外壁，在天平放码一端放入与环刀等重的砝码，直接称出环刀重。

⑦自环刀中取出具有代表性的试样，测定其含水量。

采用环刀法测定土壤压实度的具体算式为

$$\rho_w = \frac{M_1 - M_2}{V}$$

$$\rho_d = \frac{\rho_w}{1 + 0.01w}$$

式中：ρ_w——土壤湿密度，g/cm³；

ρ_d——土的干密度，g/cm³；

V——环刀体积，g/cm³。

本方法的优点是简单、快捷地得到路面的压实度，但需要细心熟练的手工操作，如挖坑、称重和测量含水量等，因此存在费时、费工和破坏性强等缺点，而且传统的方法仅能提供有限测试点上的数据，所以带有较大的随机性。同时，传统的方法也不能实时在线地获得压实度的信息，因而在压实不足时只能返工重压、在过压实时则造成能量的浪费。另外，传统方法的测试对象存在一定的局限性，如环刀法适于测定黏性土的密实度。

（3）水袋法。

先在拟测量密实度的位置挖掘一个圆形试洞，对洞深的要求以及对称量洞中挖出的土或材料和取样品测量含水量的要求，均与上述灌砂法相同。测量试洞的容积时，将水袋法中使用的薄橡皮袋放入试洞内，在规定压力下将水压入橡皮袋中，使橡皮袋扩张到与试洞底和壁相接触，根据所用水量确定试洞体积。

（4）核子密实度法。

核子密实度法是20世纪80年代由国外引进的一种高效、快捷的检测方法。它利用放射性射线穿过物质时要发生衰减，其衰减量的大小与物质的密度成正比，这样通过放射性射线的衰减量可以反推物质的密度，故又称为射线法。核子密实度法的优点是：测量速度快，需要的人员少，方便，操作人员不必费力挖坑取大块试样称重；无损，不破坏土的结构，一些无规律的测定值可立即发现并检验，可用于测量各种土（包括冻土）和路面材料的密度及其含水量。

随着传感器、物联网、云计算、大数据等迅速发展，传统碾压质量检测手段无法满足现代化施工需求，实时、远程质量控制技术得以发展。

一、工作原理

应用装载在碾压车辆上的压力传感器、方向传感器、GNSS接收装载等设备，应用有线或无线网络，实时、远程采集、传输、存储、整理、分析碾压相关的参数指标，并与相关基准指标统计分析，判断压实质量。

（1）通过安装在碾压机械上的监测终端，实时采集碾压机械的动态坐标（经GPS基准站差分，采用动态RTK技术，定位精度可提高至厘米级）和激振力输出状态，经GPRS网络实时发送至远程数据库服务器中。

（2）通过有线或无线网络，采集、传输、存储实时数据，进行实时计算和分析，包括碾压质量参数（含行车轨迹、碾压遍数、压实高程、压实厚度和激振力）等监控指标。

（3）通过碾压试验，标定预设的控制标准，实时判断碾压机的行车速度、激振力输出是否超标，并发出相应预警信息。

二、系统架构

与传统压实度检测方法相比较，利用振动压路机压实度实时连续检测技术检测路基土压实度，具有检测方便快捷、检测范围全面覆盖压实土体、无检测遗漏点、节省检测费用、便于压实质量实时控制、对环境无污染等优点，经济效益和社会效益都比较显著。

其系统包括安装在碾压设备上的监控系统、通过数据差分为碾压设备提供精确位置参数的GPS基站、坝料运输车辆定位装置以及施工视频监控装置4个方面，如图14-9所示。

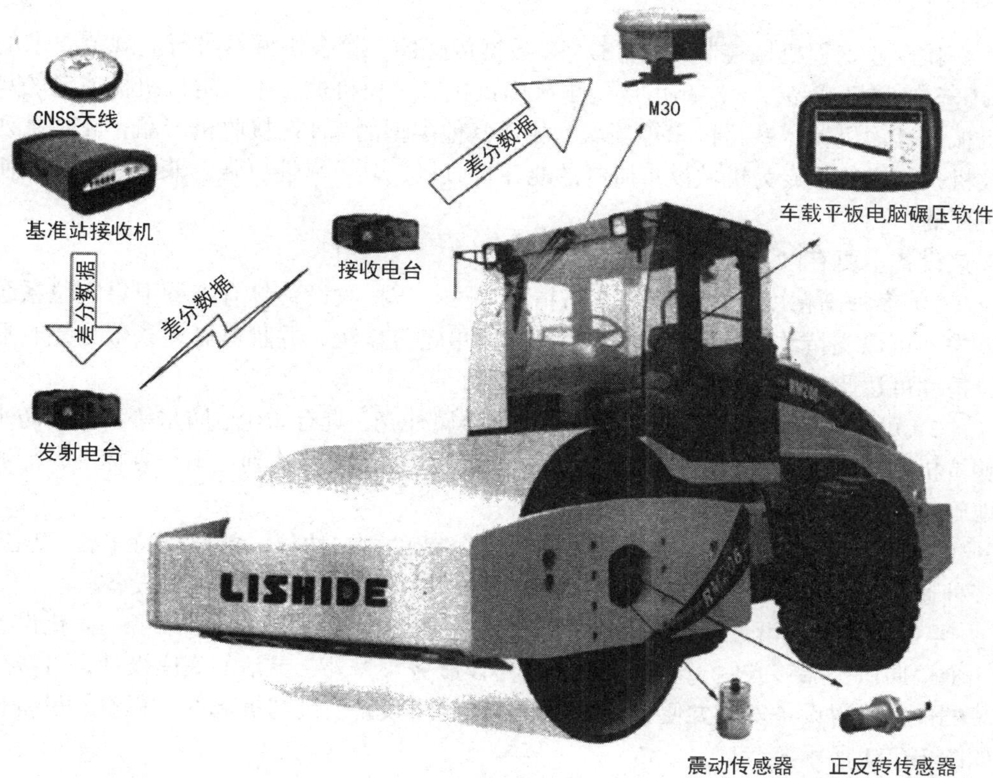

图 13-9　碾压硬件设备结构

(一) M30 型车载 GNSS 接收机

其主要用来对大坝填筑碾压设备定位使用，设备能够满足专业抗震设计，并且安装在工程碾压机械上使用，可以兼容北斗等定位系统，具有精度高、可靠性强以及操作便捷的特点，如图 13-10 所示。

图 13-10　GNSS 接收模块

一款专业工程机械控制终端，GNSS数据传感器，符合机械本身行业规范要求的独立的GNSS接收机产品。该产品可以用于矿山机械、工程机械、施工定位机械或者船只、打桩机械、运输机械、铁路机车等领域，相比其他类型的GNSS接收机产品，M30系列机型接收机是国内首款专为机械设备研制的北斗接收机，其可靠性更强、兼容性更高、使用操作更便捷。

该设备主要有以下几个方面的特点。

（1）多种高精度定位系统北斗高精度定位。该接收设备具有多种卫星定位系统的兼容能力，可以支持北斗、GPS及GLONASS卫星定位系统，并且具有多条信号接收通道，定位精度可达厘米级，数据更新率高。

（2）可靠的防护性与适应性，设备封装金属外壳，具有防尘、防水等工业三防水平，能够抗机械振动、冲击、防盐雾腐蚀，抗电磁干扰能力能够达到美国军方标准，能够适应各地施工现场的恶劣工作环境。

（3）系统兼容性较高。该设备具有较为宽泛的接口协议，能够支持串行、现场总线等多种通信方式，另外其兼容性较好，适用于各种类型的大坝填筑碾压设备。

（4）人性化的设计，为用户提供了较为方便的操作。该设备采用了一体化设计，单独一个接插口，能够方便、快捷地为工程建设服务。另外，灵活的底座设计，可减少各种安装配件，使得设备安装方便、坚固防滑，减少了设备安装与拆卸的工程量。设备相关配件如图13-11所示。

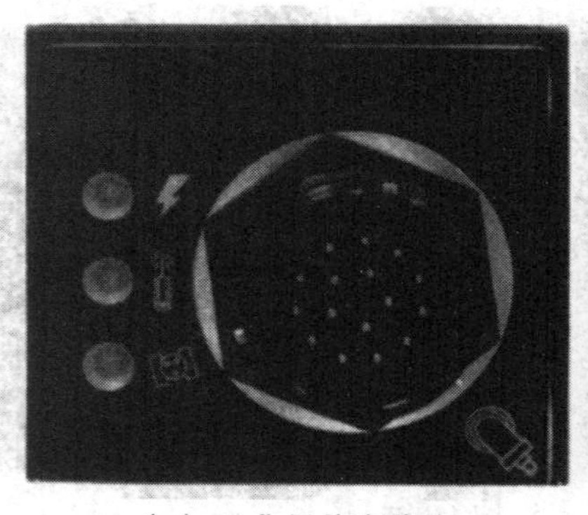

（a）工业级航空接头

（b）IP67防护

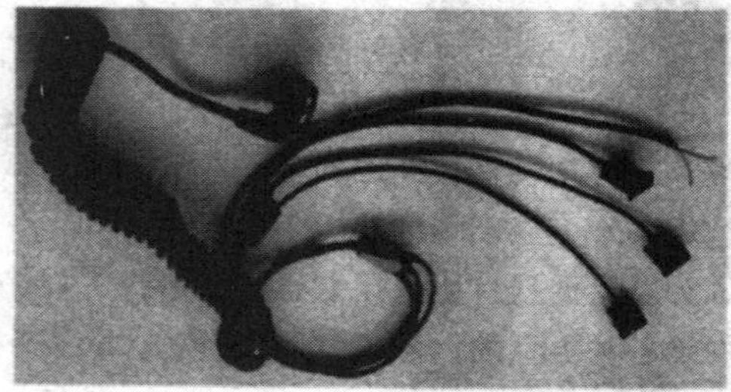

（c）接收机专用工业级电缆

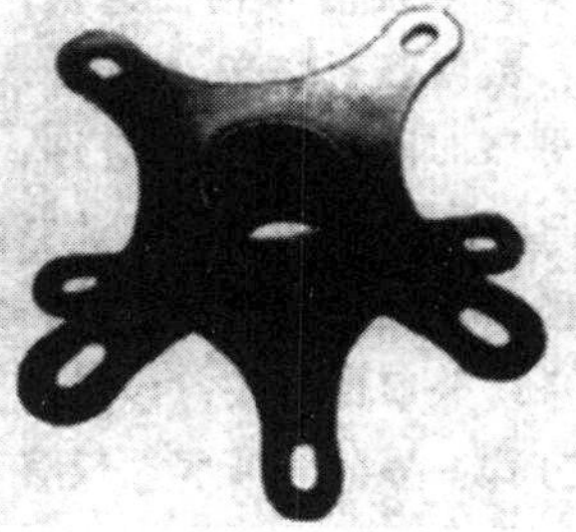

（d）不锈钢基座

图13-11　M30型车载GNSS接收机相关配件

（二）车载碾压控制平板电脑

主要安装在碾压设备驾驶室中进行碾压施工过程控制的操作系统，可以为设备驾驶员实时提供工作面碾压遍数、碾压层厚等施工信息，如图 13–12 所示。

（a）平板电脑全貌

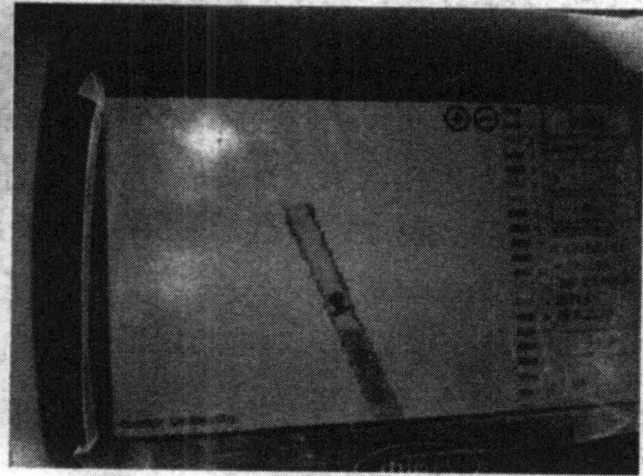

（b）平板电脑屏幕

图 13–12　工业用平板电脑

精巧、可靠、结实、搭载 Android 操作系统的全新 ZD800 强固型车载平板电脑为您在工程机械控制领域提供工作指引的直观与灵活性。8 寸高亮屏幕，安卓 4.3 操作系统，集终端信息显示、数据通信枢纽功能于一体，强固型防护结构设计、丰富的扩展接口，适于安装在工程机车驾驶室、监控室等各种恶劣场地环境。

该设备主要有以下几个方面的特点。

（1）强大的硬件性能：Freescale 工业级核心硬件平台，双核 CotexA9 处理器。

（2）强固型的结构：IP65 防护，抗冲击振动设计。

（3）高亮显示屏：阳光直射下也能高清显示可读。

（4）工业级电阻屏：支持手套操作的触控屏幕，方便施工人员触控操作。

（5）极速通信数据采集：自带 3G+ 电台双通信，数据链稳定高保障。

（三）正反转传感器

安装在碾压设备上的正反转传感器，主要用来判断碾压施工过程中碾压设备行驶方向，是前进还是后退，设备如图 13–13 所示。

图 13-13　前进、后退方向传感器

（四）振动传感器

安装在大坝填筑碾压设备主振轮上的振动传感器，主要用来对碾压设备振动状态以及大坝压实状况进行监测，并将得到的振动数据实时传输到工程建设云平台中，如图 13-14 所示。

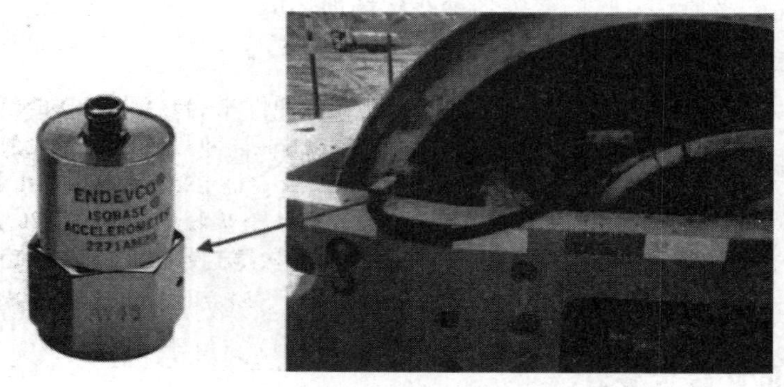

图 13-14　压实状况传感器

（五）GPS 基站及电台等配件

GPS 基站与相关电台，主要用来对大坝填筑碾压施工设备上安装的 M30 型接收机进行数据交互，通过差分数据精确定位碾压设备位置，并通过电台将相关数据实时发送到后台系统中。基站安装外观以及相关附件如图 13-15 所示。

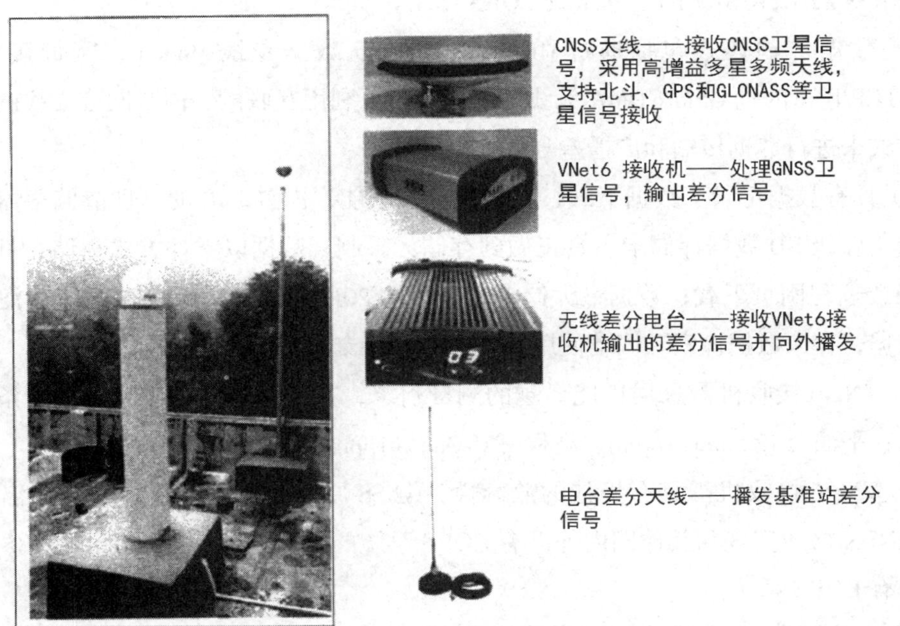

图 13-15　基站安装外观以及相关附件

VNet6 专业型参考站接收机，如图 13-16 是中海达新产品 VNet 系列测量系统的一部分，也是专门针对参考站应用而设计的专业型参考站接收机。基于天宝 BD970 主板，支持北斗 B1/B2+GPSL1/L2 / L5+GLONASSL1/L2+SBAS，是目前市场真正支持高精度的多频多星 CORS 系统专用接收机。可以通过 RS232 接口或网线接口进行实时数据传输，同时借助高性能的内置处理器，可以实现高达 20Hz 的数据采样率。

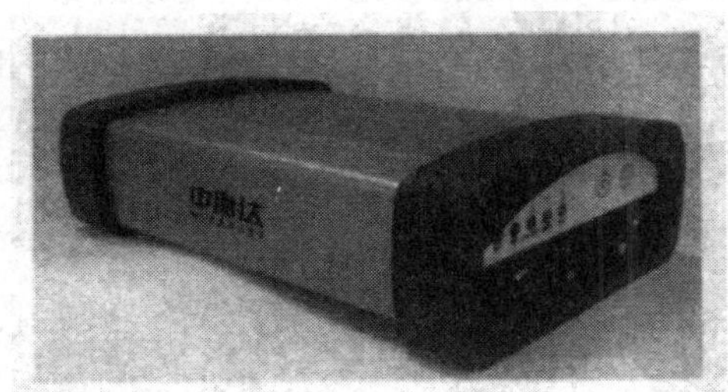

图 13-16　VNet6 接收机

VNet6 专业型参考站接收机为我国北斗卫星定位系统量身制作，同时也支持所有 GNSS 信号接收。VNet6 专业型参考站接收机配备有高达 220 个并行接收通道，可以最大限度地跟踪和观测所有可见 GNSS 卫星信号，从而提高测量精度和实时 RTK 测量的性能。

VNet6 接收机主要特点有以下几个方面。

（1）VNet6 接收机是基于 220 通道天宝 BD970 主板，支持北斗 B1/B2+GPS L1/L2/

L5+GLONASS L1/L2+SBAS 的单基站或 CORS 基站。

（2）数据传输模式包括通过 UHF 无线电台、数据专线 Modem、宽带接口、Fax Modem、TCP/IP，内置 GSM/CDMA 无线通信功能，可利用互联网、内联网或无线网络等多种通信方式来进行数据传输和广播差分数据。

（3）具有数据记录、数据下载、数据流传输功能，内置 IGB 的高性能储存器并可支持大容量工业级 SD 数据存储卡，真正做到存储无限制；数据以文件方式存储，可供本机复制下载或远程网页下载；数据最大储存速率可达 20Hz，能够存储 RINEX，中海达二进制格式数据，存人数据检索和调动使用网络下载，并支持循环存储功能。

（4）VNet6 接收机需采用性能卓越的测量引擎，在长基线、长时间观测的条件下，精度高达：平面 ±(2.5mm+1ppm)、高程 ±(5.0mm+1ppm)。

（5）VNet6 接收机需具有极佳的兼容性，GNSS 原始数据可以通过实时输出 RINEX 格式、BINEX 格式实现和其他国内外已有 CORS 系统的无缝兼容，用于新建 CORS 系统或者扩容现有 CORS 系统。

（6）工业级设计，坚固铝合金外壳，全密封防水、防尘。

（7）VNet6 接收机配备 3 个 RS232 数据端口。

（8）VNet6 接收机可连接外置式高增益测量天线支持北斗 B1/B2、GPS L1/L2/L5 以及 GLONASS L1/L2 多频多星系统，可满足目前测量设备多系统兼容的需求，能有效降低多路径信号的影响，精确地跟踪 GNSS（全球导航卫星系统）发射的信号。

（9）VNet6 接收机有 4 个独立电源端口，可接受 7—36V 电压输入。并且接收机不论因任何原因引起掉电时，自动复位功能能够把接收机复原到最后的设置状态下继续工作。

（10）通信方面能够使用 RJ45 连接器，支持 HTTP、NTRIP，支持 10 个同时存在的 TCP/IP，含有 GSM 天线接口支持 GSM、GPRS、CDMA 无线接入方式。

（五）坝料运输设备实时定位设备

大坝填筑施工过程中的坝料需要通过运输车辆从坝料运至大坝填筑工作面，对于不同的坝料，其使用位置是严格要求的，因此，采用坝料运输定位系统对坝料运输过程进行严格管理。

所使用的坝料运输设备实时定位设备是 Qmini M1 的工业级移动 GIS 产品。该产品具有较好的性能，各个方面都能够满足工程需要。该设备外观等如图 13-17 所示。

图 13-17　坝料运输设备实时定位设备外观

该设备主要有以下几个方面的特点。

（1）全强固式设计，双色模一体成型工艺。是该设备具有完美的工业三防技术，防尘防水 IP67 标准，抗 1.5m 自由跌落，使设备能够在任何恶劣工程环境下可靠地使用，满足工程需要。另外，3100mAh 超大容量锂电池，可连续工作 12h 以上，可以保证在全天工作的稳定性。

（2）领先的 PPP（精密单点定位）技术，作为中国高精度 GNSS 产业的领导者，能提供更高的 GPS 定位精度和可靠保障。单点定位也能达到更高精度。能够满足工程对大坝坝料运输控制的需求。

（3）专业的 H1-Q 多行业移动 GIS 软件，能够与多种软件与设备兼容，具有较广的应用范围，能够满足多种设备在共同的数据处理平台进行数据传输与交互的需求。

（4）Windows Mobile 6.5 智能操作系统，具有较好的操作系统二次开发基础。

（5）806MHz 高速处理器的畅快体验，保证数据采集与处理的效率。

（6）256MB RAM 内存，8GB 大容量闪存，保证能够满足工程需求。

（七）碾压施工视频监控设备及传输部件

需要在碾压设备上安装视频监控系统，可以实时地将碾压车前后的碾压工作面情况真实地反映在质量监控云系统平台中，为施工现场的远程调度与施工组织优化提供重要的借鉴与参考。

除安装在工程碾压设备上的视频监控系统外，还在施工现场安装固定的视频监控系统，对整个施工现场的工程施工状态进行监控。

采用的视频监控设备是 JF-6107G 专业多功能车载 SD 卡录像机，如图 13-18 和图 13-19 所示，该设备是专为车载视频监控和远程监控开发的一款高性价比、功能可扩展性好的设备。它采用高速处理器和嵌入式操作系统，结合 IT 领域中最先进的 H.264 视频压缩 / 解压缩技术、4G 网络技术、GPS 定位技术，可实现 CIF、HDI 和 Dl 格式的录像，汽车行驶信息记录和视频数据上传，以SD卡作为存储介质。配合中心软件可实现报警联动的中央监控、远程管理及回放分析。其主要技术特点有以下几个方面。

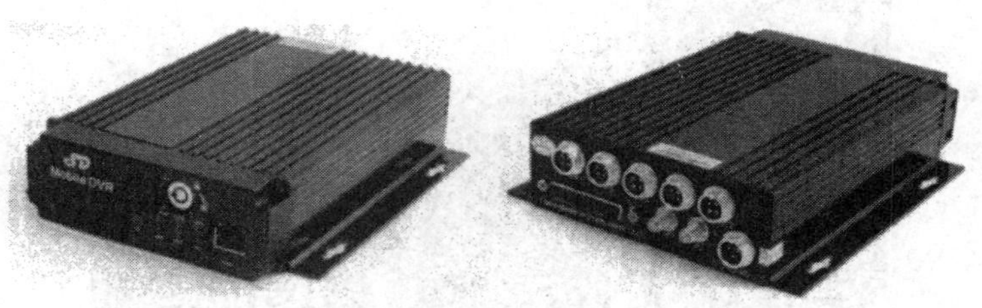

图13-18　移动视频监控设备示意图

图13-19　移动视频监控设备布置

（1）H.264硬压缩模式，支持4路实时720P百万AHD高清输入以及模拟标清摄像头输入。

（2）独家预分配式车载专用文件系统技术，解决反复擦写产生文件碎片问题，解决SD文件系统崩溃数据丢失、找不到SD卡以及文件乱码现象，保障数据稳定、完整。

（3）可内置EVDO/WCDMA/TD-SCDMA等通信模块，可轻松通过数据传输通道将现场施工信息传送到建立的工程施工质量监控云平台系统中。

（4）10—36V自适应宽电压输入，超低功耗设计。

（5）SD卡存储(可支持两张大容量SD卡，最大支持128GB)可完全抵抗车上震动灰尘等导致的数据损坏。

（6）支持GPS/BD/G-SENSOR模块扩展。

（7）高可靠性航空头接头，性价比超高，稳定可靠。

三、控制流程及技术方案

（一）标定

运用静态标定信号的相关采集系统，来观察区分出所要试验的系统在标定前后的具体精度。

（1）试验所要用的器材。JF–2 型激振信号发生器、数据采集仪 (YE6263)、机械振动综合实验台、万用表、笔记本电脑、示波器、加速度传感器、激振器、电荷放大器 (TYPE5853) 等。

（2）试验的具体步骤。

①利用磁座（或螺钉）的安装方式，将传感器固定到振动台上，之后用电缆线将传感器和放大电荷的放大器连接起来，将电荷放大器的放大倍数调整到 100 倍，将灵敏度的设置参数调整为传感器灵敏度的 10 倍。将示波器与电荷放大器输出端相连，并适当调整示出波形，读出并记录下峰峰值和频率值。

②将数据采集仪通过网线与电脑相连，取下与电荷放大器相连的接头，迅速接到数据采集仪的输入端。打开 YE7600 软件，启动软件后进行相关参数的设置，采集试验压路机的振动波形来计算出特征值，与此同时，需要读出和记录下波形的频率与峰值。

③调节试验的信号发生器，选择不同频率、振幅的信号，重复以上步骤，进行多组试验，记录下相应数据。

④分析试验所得数据。可以调整数据采集系统中相关的一些参数设置值，通过不断标定与修整直到标定的误差最小为止。

（二）现场碾压试验

碾压质量实时监控系统以碾压机械为监控对象，碾压质量过程控制指标中的碾压速度、碾压遍数、铺层厚度指标均为碾压机机械运动的结果，振动状态指标则是碾压机内部电路状态的反映：激振力大小是通过挡位开关来确定的，一般有高挡和低挡两种状态。另外还有手动、自动状态以及频率高、低状态，开关挡位通过电压高低来触发。因此，选取空间定位技术实现对于碾压速度、碾压遍数、铺层厚度指标的监控，选取电平转换技术，实现电子电路向数字信号的转换继而提取出振动状态。

《碾压式土石坝施工规范》(DL/T 5129–2007) 规定，大坝填筑料的摊铺厚度误差不得超过规定摊铺厚度的 10%。心墙堆石坝粗堆石料摊铺厚度一般在 100cm 左右，反滤料摊铺厚度一般在 60cm 左右，防渗土料摊铺厚度一般在 30cm 左右，因此，竖直方向上的定位精度应在 3cm 之内。对于摊铺厚度，如采用轻型移动机械作为空间定位设备载体进行监测，在增加人力、物力消耗的同时还可能影响施工进度；如采用推土机、平地机作为空间定位设备载体进行监测，载体的行进高速性造成的剧烈颠簸、推（平）土部件高度的人工可操作性会导致监测数据误差偏大、可靠性差。故本系统采用以碾压机作为空间定位设备载体监测碾压高程以计算压实厚度的方式，实现自动监测压实厚度与人工测量铺料厚度的填筑层厚度“双控”。

结合不同粒径级配的填筑坝料，其施工过程控制指标类别基本相同，但是其指标量值是不同的。根据碾压施工现场试验，设定不同的坝内洒水量、铺料方法、铺料厚度、碾压遍数、碾压速度、碾压过程中激振状态以及激振能量、搭接宽度等指标。碾压完成后，对填筑坝料碾压后的物理指标进行检测，建立含水量、压水遍数、激振力与压实度的相关模型。

以此为据，进行后期工程及碾压压实度相关模型的完善和优化。通过常规检测成果，建立不断更新的施工碾压压实度控制模型。

（三）现场碾压施工

碾压一般采用自行式双滚筒振动碾。振动碾自重一般不低于 10t，产生 50~100kg/cm 滚筒宽度的冲击力，振动碾行走速度不超过 2.0km/h。碾压应分条带进行，条带间应采用搭接法，碾压条带间的搭接宽度为 10~20cm，端头部位的搭接宽度为 100cm 左右。连续上升铺筑的混凝土，层间允许间隔时间应控制在混凝土初凝时间内，混凝土拌和物从拌和到碾压完毕的时间尽量控制在 1.0h 以内，应不大于 2.0h。碾压混凝土压实度的质量控制标准：二级配不小于 98%；三级配不小于 97%。

（1）粗堆石料填筑施工过程控制。

①施工单位根据施工图纸每层放样、画线，测量监理进行抽查复核，保证粗堆石料区中粗、细堆石料的位置、尺寸、铺料厚度满足设计要求。

②铺料前，要求施工单位对先期填筑体的边坡松渣进行挖除至密实部位，形成与铺料后作业面同高程的平台，监理工程师方可同意本层填筑料的铺筑。

③粗堆石料填筑采用进占法卸料，岸坡接触部位细堆石料填筑采用后退法卸料，推土机平料；应用移动标尺、目视、工具测量控制层厚，仓面起伏差不得超过层厚的 10%；每一填筑层碾压前后均按 20m × 20m 网格定点测量高程，据此检查铺料厚度与压实层厚；在定点测量检查铺料层厚满足要求后，监理工程师方同意施工单位进行碾压作业。

④要求施工单位对岸坡接触部位 3m 宽细堆石料与大面积粗堆石料同层铺筑、同层碾压。

⑤粗堆石料加水采用坝外加水与坝面补水相结合的方式。坝外加水按不同车型控制加水量，坝内加水以单位面积洒水量控制，洒水车洒水。对坝料加水实时旁站及巡视监理，无坝外加水条件时停止堆石料填筑。

⑥碾压前进行坝面补洒水。碾压采用进退错距法，沿坝轴线方向碾压，靠近岸坡接触部位 2m 范围内采用平行于岸坡方向碾压，监理单位按照批复的施工参数实施旁站监理。

⑧大面积碾压完成后进行边角处理，要求并监督施工单位针对岸坡接触部位易出现的粗骨料集中现象，每层均须用反铲进行处理，之后使用自行式振动碾顺岸坡方向碾压。局部岸坡边角部位采用平板振动夯夯实或小型振动碾压实，该部位要求尽量铺填细料并减薄铺料层厚度。

续表

⑧只有在旁站监理施工参数满足要求、试验检测合格、边角处理经现场监理工程师验收合格后方可进行下一层的填筑。

（2）细堆石料填筑施工过程控制。

①施工单位根据施工图纸每层放样、画线，测量监理进行抽查复核，保证细堆石料的位置、尺寸、铺料厚度满足设计要求。

②细堆石料采用后退法卸料，人工配合反铲摊铺，推土机平料；应用移动标尺、目视、工具测量控制层厚，仓面起伏差不得超过层厚的 10%；须清除细堆石料与反滤料交界处细堆石料分离出的直径大于 100mm 的块石；采用定点方格网测量摊铺层厚度满足设计要求后方可碾压。

③细堆石料与反滤料须平起填筑，骑缝碾压；采用进退错距法平行于坝轴线碾压，对碾压参数实施旁站监理。

④填筑料与岸坡接触部位 2m 范围内采用平行于岸坡进行碾压，局部大型碾压设备碾压不到的部位采用平板振动夯实或小型振动碾压实，该部位要求尽量铺填较细料或减薄铺料层厚度。

⑤只有在旁站监理施工参数满足要求、试验检测合格、边角处理经现场监理工程师验收合格后方可进行下一层的填筑。

（3）碾压施工过程。

①碾压铺筑应分条带进行，各条带铺料、平仓、碾压方向应与坝轴线平行。采用自卸汽车直接入仓卸料时，应采用退铺法依次卸料。

②严禁在仓内加水，不合格的碾压材料不得入仓，已进仓的不合格料应予挖除或采用经批准的方法处理后继续铺筑。

③用于碾压摊铺的平仓设备应是宽平板式履带推土机或类似产品，并配备控制铺料厚度或斜层铺料坡度的激光仪。平仓厚度根据现场试验确定，应满足压实厚度的要求。

④碾压尽可能采用大仓面通仓薄层、均衡连续铺筑。

⑤碾压在卸料位置适时就地铺开，土料宜卸在未碾压的面上。

⑥铺筑过的碾压层表面应平整，无凹坑，并稍向上游倾斜，坡度为 1 ： 50，不允许有向河床倾斜的坡度。

⑦当采用斜层铺筑法时，开仓前按拟定的斜层坡度在模板上放样，并严格按放样要求进行摊铺。摊铺沿坝轴线由坡顶至坡脚，为避免坡脚处的骨料被压碎，摊铺时应形成“靴”形。“靴”长 3~4 倍层厚，厚度与层厚相同。

⑧所有施工机械进仓前必须冲洗干净。仓内施工机械设备不得有污染土料的现象发生；否则按正常工作缝处理。

（四）现场检测及分析评价

在采集到的大坝填筑施工过程数据基础上，要实现远程数据访问与整理分析，应该结合相关的工程建设管理流程与规范规程，在此基础上进行数据分析技术的研究与开发。主要的数据分析技术有以下几个方面。

（1）数据稀疏技术与实现。由于在实际工程中，GPS 系统所采集到的施工过程中的坐标点非常多，这样可能使数据库中的数据异常巨大，此时开发的在线系统如果网络环境不是特别好的情况下，可能导致数据查询或者相关的质量分析会非常慢，因此，在此基础上，要对数据库中采集到的施工数据进行抽稀处理，也就是在进行数据分析时，对给定的区域内平均抽取一定数目的数据进行分析。另外，抽稀操作也是将采集的数据中冗余、无效的数据进行去除，对有效的数据进行在同样整体效果下按规定比例抽取，存储在数据库的新表中，与原始数据分开，并将其显示在云图上，抽稀操作处理示意图如图 13–20 所示。

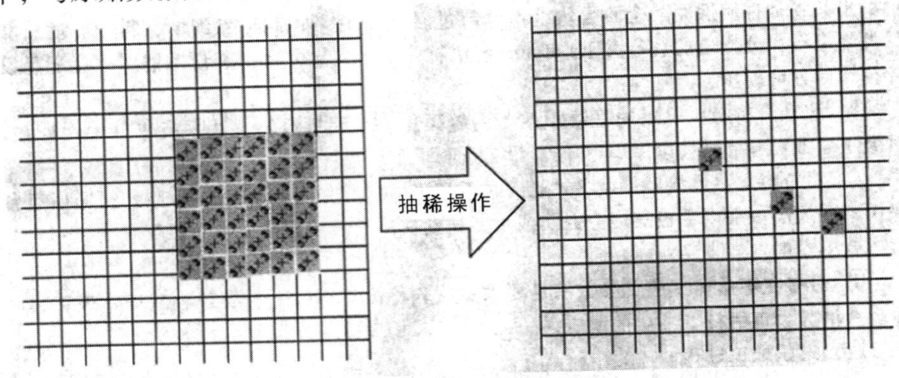

图 13–20　抽稀操作处理示意图

（2）坝料摊铺厚度的分析。根据记录的定位坐标数据，确定该层每个网格填筑的最后碾压高程（即定位坐标数据库中每个网格上的最后一个点的高程），记为 $z(m, n, k)$，其中，(m, n) 是平面坐标矩阵中的坐标，而是为层序。

根据（m, n）寻找该网格下面一层碾压高程 2（$m, n, k-1$），特殊的如 $z(m, n, k)$ 中无下一层碾压，则 $z(m, n, k-1)$ 不存在，则此网格是不进行压实厚度计算的。

可以计算得到已有的每一层的压实厚度，即

$$\Delta z = z(m, n, k) - z(m, n, k-1)$$

以上是压实厚度计算的数学公式。

（3）碾压遍数的统计与分析。将 GPS 定位天线安装于车顶中心位置（即碾压滚轮中心位置），滚轮宽度 Lcm；碾压区域数字化，为进行碾压遍数计算将仓面进行网格化，网格越小则计算精度越高。

网格剖分方法为：采用一足够大的能包含大坝各分区形体的长方体，高程从上到下按层剖分网格，然后与大坝分区相交，确定各填筑分区的网格编号及其坐标。碾压遍数计算示意图如图 13–21 所示。

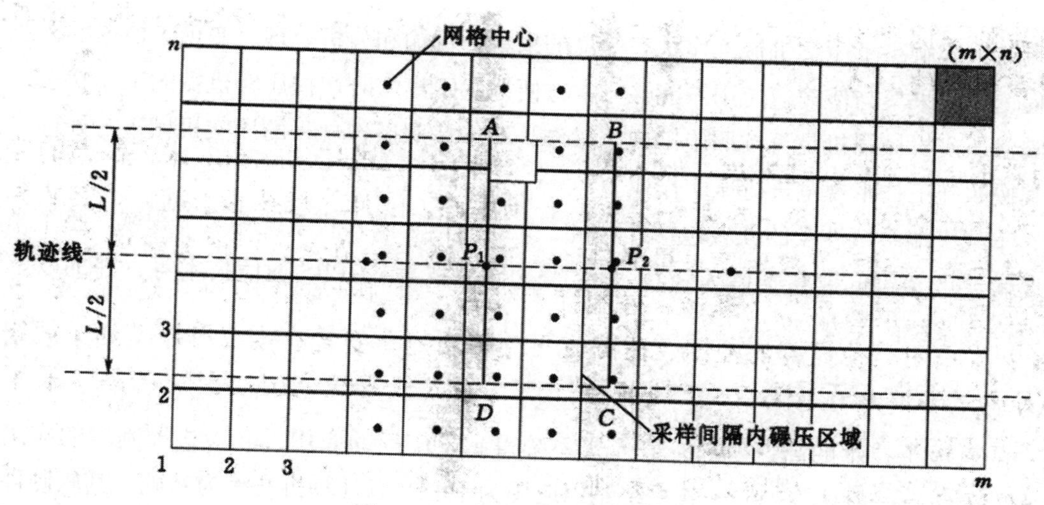

图 13-21 碾压遍数计算示意图

在对数据库抽稀处理之后，小方格的各焦点坐标都可以计算出来，则根据小方格中不同时间落入的坐标点的时间与数值，可以用来分析在实际施工的大坝填筑过程中某一点的碾压遍数。

（4）碾压设备行进速度的计算分析。根据处理之后的坐标数据及其时间信息，可求出碾压机某个时刻的行走速度。设某碾压设备相邻时刻 t_1 与 t_2 的点位坐标分别为 $P_1(x_1,y_2,z_3)$ 和 $P_2(x_2,y_2,z_2)$，则两点间的距离为

$$P_1P_2=\sqrt{(x_1-x_2)^2+(y_1-y_2)^2+(z_1-z_2)^2}$$

数据采集间隔为，则碾压设备的行走速度为

$$\upsilon=\frac{P_1P_2}{\Delta t}=\frac{\sqrt{(x_1-x_2)^2+(y_1-y_2)^2+(z_1-z_2)^2}}{t_1-t_1}$$

（5）碾压轨迹的分析。对于碾压设备的轨迹而言，则计算比较简单，将相邻时刻的两点左边连起来就可以形成碾压设备的碾压轨迹。

四、关键技术

通过 GNSS 卫星定位获得压实机械的速度和轨迹信息，压实机械的状态信息来自机械本身，GPRS 无线通信模块将数据采集模块采集到压实机械各种参数信息传输到后台管理系统进行分析处理。后台管理软件开发模式采用 B/S 构架，它是随着互联网技术的发展在 C/S 构架的基础上改进而来的。GPRS（General Packet Radio Service，通用分组无线业务）的数据承载和传输方式是在以前的 GSM 业务的基础上发展起来的。GPRS 具有传输距离远、实时性和可靠性好、传输速率高的优点。

该系统解决了压实机械工作状态信息的采集、传输和分析处理，实现了数据的无线、远程、实时采集与传输，使用户能够非常方便地远距离实时掌握压实机械的工作状态，从而监督压实机械司机是否按照施工规范操作，对未按照操作规程的压实机械进行处理，强制其按照施工技术规范进行压实作业。

车载终端系统涉及的领域包括计算机、无线通信、嵌入式系统等多个领域，整个系统需要解决的关键问题包括嵌入式技术、GNSS 定位技术、GPRS 通信技术等，并加以解决是设计该系统的关键。

（一）嵌入式技术

随着电子技术的高速发展，嵌入式系统得到了广泛的应用，嵌入式控制器的应用几乎无处不在。一般认为，嵌入式系统是以应用为中心，以计算机技术为基础，其软硬件可以裁剪，适用于应用系统对功能、可靠性、成本、体积、功耗有严格要求的专用计算机系统。它主要包含嵌入式微处理器、外围硬件设备、嵌入式操作系统以及应用程序四大部分，能够实现对其他设备的控制、监测或管理等功能。安装在压实机械上的车载终端系统就是 GNSS 定位模块及 GPRS 无线通信模块与嵌入式系统完美结合的产品。采用嵌入式技术的产品具有自己独特的优点。

（1）嵌入式系统采用微处理器和独立的操作系统，实现的功能相对单一，这就使得它不需要大量的外围硬件设备，因此具有体积小、功耗低的优势。

（2）嵌入式系统作为软、硬件高度结合的产物，一般将软件固化在存储器芯片和单片机本身之中，使其系统的可靠性和执行速度得到大大提高。

（3）许多嵌入式系统为了适应分布处理结构和应用上网的需要，配置一种或多种标准的网络通信接口，新一代的嵌入式系统还具备了 IEEE 1394，USB、CAN、Bluetooth 或 Ir DA 通信接口，使联网成为必然趋势。

（4）实时性的操作系统作为嵌入式软件的基本要求，使得嵌入式系统具有很强的实时性。因此，采用嵌入式系统的设备能够在限定的时间内执行完设定的功能，并对外部的激励做出快速响应。

与普通的操作系统相比，嵌入式操作系统是更可靠、成本更低、特性更完备的操作系统。由于嵌入式系统的功能日趋复杂，硬件条件日趋完善，对嵌入式系统的选择变得越来越有必要，可以说嵌入式系统的采用成为了最经济可行的方案。

（二）GNSS 卫星定位技术

卫星定位技术是指人类利用人造卫星确定测点位置的技术。卫星导航系统常分为单向测距系统和双向测距系统两类。单向测距系统可以测量距离或测量距离的变化率，通常采用地面发送信号到空中（上行）或者空中发送信号到地面（下行）方式；双向测距系统，信号则在用户和卫星之间往返传播。目前已知的全球卫星导航系统(GPS、GLONASS和Galileo)均为下行单向测距，我国研究开发的北斗-2系统也是全球下行单向测距系统。

假设有一个待测点 O，在 t 时刻GPS接收机同时测得该点到4颗GPS卫星的距离分别为 ρ_1、ρ_2、ρ_3、ρ_4，利用导航电文解读出该时刻4颗GPS卫星的三维坐标值分别为（x_j,y_j,z_j）(j=1,2,3,4)，则有

$$\left[(X_1-X)^2+(Y_1-X)^2+(Z_1-X)^2\right]^{1/2}+c\left(V_{t_1}-V_{t_0}\right)=\rho_1$$

$$\left[(X_2-X)^2+(Y_2-X)^2+(Z_2-X)^2\right]^{1/2}+c\left(V_{t_2}-V_{t_0}\right)=\rho_2$$

$$\left[(X_3-X)^2+(Y_3-X)^2+(Z_3-X)^2\right]^{1/2}+c\left(V_{t_3}-V_{t_0}\right)=\rho_3$$

$$\left[(X_4-X)^2+(Y_4-X)^2+(Z_4-X)^2\right]^{1/2}+c\left(V_{t_4}-V_{t_0}\right)=\rho_4$$

上述公式中待测点坐标 X、Y、Z 和 V_{t0} 为未知量，其中 $\rho_i=c\Delta t_i(i=1,2,3,4)$。

$\Delta t_i(i=1,2,3,4)$ 分别为卫星1、2、3、4的测码信号到接收机所经历的时间。c 为卫星测码信号传播的速度，即光速。

X、Y、Z 为待测点的三维坐标。V_{t1} 分别为卫星1、2、3、4的卫星钟差，由卫星星历提供。

V_{t0} 为接收机钟差。

由上述方程可以解算出待测点的三维坐标和接收机钟差 V_{t0}。

（三）GPRS通信技术

GPRS（General Packet Radio Service，通用无线分组业务）是一种无线分组交换技术，充分利用了已有的GSM系统，提供端到端的、广域的无线IP连接。

GPRS利用GSM系统原有的信道种类和网络结构，实现GSM系统上的移动分组业务。

GPRS网络结构基于GSM系统实现，语音部分仍采用原先的基本处理单元，而对于数据部分则新增了一些数据处理单元和接口。

GPRS系统的构建来自GSM系统思想，因此GSM系统中的大部分硬件都不需要改变，对软件做相应升级即可。

原有的GSM网络基于电路交换(CSD)方式，GPRS在此基础上引入两个新的网络节点，即GPRS服务支持节点(SGSN)和网关支持节点(GGSN)。SGSN和MSC属于同一等级水平，安全功能和接入控制是靠跟踪单个MS的存储单元来实现的，并通过帧中继与基站系统连接。

GGSN支持与外部分组交换网的互相通信,并经过基于IP的GPRS骨干网与SGSN连接。

GPRS终端通过接口获取客户端数据，并将处理过的GPRS分组数据发送到GSM基站。经SGSN封装后得到的分组数据，通过GPRS骨干网与网关支持接点GGSN进行通信。

GGSN将进行相应的处理分组数据发送到目标网络，如Internet或X．25网络。如果分组数据是发送到其他GPRS终端，则数据由GPRS骨干网发送到SGSN，再经过BSS发送到GPRS终端。

第十四章 工程施工安全管理

第一节 安全生产管理主要内容

安全生产是指在生产经营活动中，为了避免造成人员伤害和财产损失的事故而采取相应的事故预防和控制措施，以保证从业人员的人身安全，保证生产经营活动得以顺利进行的工作。安全生产是安全与生产的统一，其宗旨是安全促进生产，生产必须安全。搞好安全工作，改善劳动条件，可以调动职工的生产积极性；减少职工伤亡，可以减少劳动力的损失；减少财产损失，可以增加企业效益，促进生产的发展；而生产必须安全，因为安全是生产的前提条件，没有安全就无法生产。

一、危险源辨识与风险评价

（一）两类危险源

危险源是安全管理的主要对象，在实际生活和生产过程中的危险源是以多种多样的形式存在的。虽然危险源的表现形式不同，但从本质上说，能够造成危害后果的（如伤亡事故、人身健康受损害、物体受破坏和环境污染等），均可归结为能量的意外释放或约束、限制能量和危险物质措施失控的结果。所以，存在能量、有害物质以及对能量和有害物质失去控制是危险源导致事故的根源和状态。

根据危险源在事故发生发展中的作用把危险源分为两大类。即第一类危险源和第二类危险源。

第一类危险源。

能量和危险物质的存在是危害产生的最根本原因，通常把可能发生意外释放的能量（能源或能量载体）或危险物质称作第一类危险源。第一类危险源是事故发生的物理本质，一般地说，系统具有的能量越大，存在的危险物质越多，则其潜在的危险性和危害性也就越大。例如，锅炉爆炸产生的冲击波、温度和压力、高处作业或吊起重物的势能、带电导体的电能、噪声的声能、生产中需要的热能、机械和车辆的动能、各类辐射能等，在一定条件下都可能造成事故，能破坏设备和物体的效能，损伤人体的生理机能和正常的代谢功能。例如，在油漆作业中，苯和其他溶剂中毒是主要的职业危害。急性苯中毒主要是对中枢神经系统有麻醉作用，另外尚有肌肉抽搐和黏膜刺激作用。慢性苯中毒可引起造血器官损害，使得白细胞和血小板减少，最后导致再生障碍性贫血，甚至白血病。

第二类危险源。

造成约束、限制能量和危险物质措施失控的各种不安全因素称作第二类危险源。第二类危险源主要体现在设备故障或缺陷（物的不安全状态）、人为失误（人的不安全行为）和管理缺陷等几个方面。它们之间会互相影响，大部分是随机出现的，具有渐变性和突发性的特点，很难准确判定它们何时、何地、以何种方式发生，是事故发生的条件和可能性的主要因素。

设备故障或缺陷极易产生安全事故。如：电缆绝缘层破坏会造成人员触电；压力容器破裂会造成有毒气体或可燃气体泄漏导致中毒或爆炸；脚手架扣件质量低劣给高处坠落事故提供了条件；起重机钢绳断裂导致重物坠落伤人毁物等。

人的不安全行为大多是因为对安全不重视、态度不正确、技能或知识不足、健康或生理状态不佳和劳动条件不良等因素造成的。人的不安全行为可归纳为操作失误、忽视安全、忽视警告，造成安全装置失效；使用不安全设备；用手代替工具操作；物体存放不当；冒险进入危险场所；攀、坐不安全位置；在吊物下作业、停留；在机器运转时进行加油、修理、检查、调整、焊接、清扫等工作；有分散注意力行为；在必须使用个人防护用品用具的作业或场合中，忽视其使用；不安全装束；对易燃、易爆等危险物品处理错误等行为。

管理缺陷会引起设备故障或人员失误，许多事故的发生是由于管理不到位而造成的。

（二）危险源辨识

1. 危险源类型

在平地上滑倒（跌倒）；人员从高处坠落（包括从地平处坠入深坑）；工具和材料等从高处坠落；头顶以上空间不足；用手举起、搬运工具、材料等有关的危险源；与装配、试车、操作、维护、改造、修理和拆除等有关的装置、机械的危险源；车辆危险源，包括场地运输和公路运输等；火灾和爆炸；临近高压线路和起重设备伸出界外；可吸入的物质；可伤害眼睛的物质或试剂；可通过皮肤接触和吸收而造成伤害的物质；可通过摄入（如通过口腔进入体内）而造成伤害的物质；有害能量（如电、辐射、噪声以及振动等）；由于经常性的重复动作而造成的与工作有关的上肢损伤；不适的热环境（如过热等）；照度；易滑、不平坦的场地（地面）；不合适的楼梯护栏和扶手等。以上所列并不全面，应根据工程项目的具体情况，提出各自的危险源提示表。

2. 危险源辨识方法。

（1）专家调查法是通过向有经验的专家咨询、调查，辨识、分析和评价危险源的一类方法，其优点是简便、易行，其缺点是受专家的知识、经验和占有资料的限制，可能出现遗漏。常用的有：头脑风暴法和德尔菲法。头脑风暴法是通过专家创造性的思考，从而产生大量的观点、问题和议题的方法。德尔菲法是采用背对背的方式对专家进行调查，其特点是避免集体讨论中的从众性倾向，更代表专家的真实意见。要求对调查的各种意见进行汇总统计处理，再反馈给专家反复征求意见。

（2）安全检查表法。安全检查表实际上就是实施安全检查和诊断项目的明细表。运用已编制好的安全检查表，进行系统的安全检查，辨识工程项目存在的危险源。检查表的内容一般包括分类项目、检查内容及要求、检查以后处理意见等。可以用“是”、“否”作回答或“√”、“×”符号作标记，同时注明检查日期，并由检查人员和被检单位同时签字。

二、施工安全技术措施

（一）施工安全控制

1. 施工安全控制的特点

（1）控制面广：由于建筑工程规模较大，生产工艺复杂、工序多，在建造过程中流动作业多，高处作业多，作业位置多变，遇到的不确定因素多，安全控制工作涉及范围大，控制面广。

（2）控制的动态性：由于建筑工程项目的单件性，使得每项工程所处的条件不同，所面临的危险因素和防范措施也会有所改变，员工在转移工地后，熟悉一个新的工作环境需要一定的时间，有些工作制度和安全技术措施也会有所调整，员工同样有个熟悉的过程。

建筑工程项目施工的分散性。因为现场施工是分散于施工现场的各个部位，尽管有各种规章制度和安全技术交底的环节，但是面对具体的生产环境时，仍然需要自己的判断和处理，有经验的人员还必须适应不断变化的情况。

（3）控制系统交叉性：建筑工程项目是开放系统，受自然环境和社会环境影响很大，同时也会对社会和环境造成影响，安全控制需要把工程系统、环境系统及社会系统结合起来。

（4）控制的严谨性：由于建筑工程施工的危害因素复杂、风险程度高、伤亡事故多，所以预防控制措施必须严谨，如有疏漏就可能发展到失控而酿成事故，造成损失和伤害。

2. 施工安全控制程序

施工安全控制程序包括确定每项具体建筑工程项目的安全目标，编制建筑工程项目安全技术措施计划，安全技术措施计划的落实和实施，安全技术措施计划的验证，持续改进等。

（二）施工安全技术措施的一般要求

（1）施工安全技术措施必须在工程开工前制订。施工安全技术措施是施工组织设计的重要组成部分，应在工程开工前与施工组织设计一同编制。为保证各项安全设施的落实，在工程图纸会审时，就应特别注意考虑安全施工的问题，并在开工前制订好安全技术措施，使得用于该工程的各种安全设施有较充分的时间进行采购、制作和维护等准备工作。

（2）施工安全技术措施要有全面性。按照有关法律法规的要求，在编制工程施工组织设计时，应当根据工程特点制订相应的施工安全技术措施。对于大中型工程项目、结构复杂的重点工程，除必须在施工组织设计中编制施工安全技术措施外，还应编制专项工程施工安全技术措施，详细说明有关安全方面的防护要求和措施，确保单位工程或分部分项工程的施工安全。对爆破、拆除、起重吊装、水下、基坑支护和降水、土方开挖、脚手架、模板等危险性较大的作业，必须编制专项安全施工技术方案。

（3)施工安全技术措施要有针对性。施工安全技术措施是针对每项工程的特点制定的，编制安全技术措施的技术人员必须掌握工程概况、施工方法、施工环境、条件等一手资料，并熟悉安全法规、标准等，才能制订有针对性的安全技术措施。

（4）施工安全技术措施应力求全面、具体、可靠，施工安全技术措施应把可能出现的各种不安全因素考虑周全，制订的对策措施方案应力求全面、具体、可靠，这样才能真正做到预防事故的发生。但是，全面具体不等于罗列一般通常的操作工艺、施工方法以及日常安全工作制度、安全纪律等。这些制度性规定，安全技术措施中不需要再作抄录，但必须严格执行。

（5）施工安全技术措施必须包括应急预案。由于施工安全技术措施是在相应的工程施工实施之前制订的，所涉及的施工条件和危险情况大都是建立在可预测的基础上，而建筑工程施工过程是开放的过程，在施工期间的变化是经常发生的，还可能出现预测不到的突发事件或灾害（如地震、火灾、台风、洪水等）。所以，施工技术措施计划必须包括面对突发事件或紧急状态的各种应急设施、人员逃生和救援预案，以便在紧急情况下，能及时启动应急预案，减少损失，保护人员安全。

（6）施工安全技术措施要有可行性和可操作性。施工安全技术措施应能够在每个施工工序之中得到贯彻实施，既要考虑保证安全要求，又要考虑现场环境条件和施工技术条件能够做得到。

三、建议单位安全检查内容

（一）安全检查的注意事项

（1）安全检查要深入基层、紧紧依靠职工，坚持领导与群众相结合的原则，组织好检查工作。

（2）建立检查的组织领导机构，配备适当的检查力量，挑选具有较高技术业务水平的专业人员参加。

（3）做好检查的各项准备工作，包括思想、业务知识、法规政策和物资、奖金准备。

（4）明确检查的目的和要求。既要严格要求，又要防止“一刀切”，要从实际出发，分清主、次矛盾，力求实效。

（5）把自查与互查有机结合起来。基层以自检为主，企业内相应部门间互相检查，取长补短，相互学习和借鉴。

（6）坚持查改结合。检查不是目的，只是一种手段，整改才是最终目的。发现问题，要及时采取切实有效的防范措施。

（7）建立检查档案。结合安全检查表的实施，逐步建立健全检查档案，收集基本的数据，掌握基本安全状况，为及时消除隐患提供数据，同时也为以后的职业健康安全检查奠定基础。

（8）在制定安全检查表时，应根据用途和目的具体确定安全检查表的种类。安全检查表的主要种类有：设计用安全检查表；厂级安全检查表；车间安全检查表；班组及岗位安全检查表；专业安全检查表等。制定安全检查表要在安全技术部门的指导下，充分依靠职工来进行。初步制定出来的检查表，要经过群众的讨论，反复试行，再加以修订，最后由安全技术部门审定后方可正式实行。

（二）安全检查的主要内容

（1）查思想：检查企业领导和员工对安全生产方针的认识程度，建立健全安全生产管理和安全生产规章制度。

（2）查管理：主要检查安全生产管理是否有效，安全生产管理和规章制度是否真正得到落实。

（3）查隐患：主要检查生产作业现场是否符合安全生产要求，检查人员应深入作业现场，检查工人的劳动条件、卫生设施、安全通道，零部件的存放、防护设施状况、电气设备、压力容器、化学用品的储存、粉尘及有毒有害作业部位点的达标情况、车间内的通风照明设施、个人劳动防护用品的使用是否符合规定等。要特别注意对一些要害部位和设备加强检查，如锅炉房、变电所、各种剧毒、易燃、易爆等场所。

（4）查整改：主要检查对过去提出的安全问题和发生生产事故及安全隐患是否采取了安全技术措施和安全管理措施，进行整改的效果如何。

（5）查事故处理：检查对伤亡事故是否及时报告，对责任人是否已经作出严肃处理。在安全检查中必须成立一个适应安全检查工作需要的检查组，配备适当的人力、物力。检查结束后应编写安全检查报告，说明已达标项目，未达标项目，存在问题，原因分析，作出纠正和预防措施的建议。

（三）施工安全生产规章制度的检查

为了实施安全生产管理制度，工程承包企业应结合本身的实际情况，建立健全一整套本企业的安全生产规章制度，并落实到具体的工程项目施工任务中。在安全检查时，应对企业的施工安全生产规章制度进行检查。施工安全生产规章制度一般应包括内容为安全生产奖励制度；安全值班制度；各种安全技术操作规程；危险作业管理审批制度；易燃、易爆、剧毒、放射性、腐蚀性等危险物品生产、储运使用的安全管理制度；防护物品的发放和使用制度；安全用电制度；加班加点审批制度；危险场所动火作业审批制度；防火、防爆、防雷、防静电制度；危险岗位巡回检查制度；安全标志管理制度。

第二节　施工安全管理体系

建筑施工是一个细节繁多、内容复杂的建设过程，并且危险源众多，任何一个细节的忽略都可能会导致安全事故的发生。施工人员的生命安全是整个安全管理中的头等大事，建立健全工程施工项目安全管理体系是保障施工人员安全的重要手段。

一、项目施工安全管理体系的概念

施工项目安全管理体系实质上是一种安全管理模式，其目的是提高企业管理水平，保证施工人员的生命安全和施工单位的财产安全。2002 年 11 月 1 日我国开始正式实施《中华人民共和国安全生产法》，2004 年 2 月 1 日正式开始实施《建设工程安全生产管理条例》。这些安全生产法律的不断完善和健全也体现了国家对安全生产的重视，同时这些法律也为我国企业的安全生产管理提供了科学规范的参考依据。

二、项目施工安全管理体系的内容

建立健全施工安全管理体系主要包括以下几个方面的内容。

（1）管理立法机关应加快我国安全生产管理的立法进程，尽快形成完整的安全生产管理法律体系。

（2）企业应结合自身的施工和生产实际，结合相关法律制定科学有效的建筑安全生产管理标准。

（3）提高安全生产在企业经营管理中的地位，设置专门的企业职能部门对企业的施工或生产进行监督和管理。

（4）建立企业岗位责任制，明确每个工作人员在安全管理中的岗位职责。

（5）加强对员工的培训，保证员工的工作能力能够满足其工作岗位的工作需求。

（6）企业内部成立检查小组，经常进行现场检查，并自觉接受行业专门检查机构检查。建立健全建筑安全管理稽查体系。

三、施工安全管理体系的建立

（一）基本制度的建立

根据国家的有关安全生产的法律、法规、规范、标准，企业应建立以下几项安全管理基本制度。

1. 建立健全安全生产责任制

安全生产责任制是安全管理的核心，是保障安全生产的重要手段，它能有效地预防事故的发生。

安全生产责任制是根据“管生产必须管安全”、“安全生产人人有责”的原则。明确各级领导和各职能部门及各类人员在生产活动中应负的安全职责的制度。有些安全生产责任制，就能把安全与生产从组织形式上统一起来，把“管生产必须管安全”的原则从制度上固定下来，从而增强了各级管理人员的安全责任心，使安全管理纵向到底、横向到边、专管成线、群管成网、责任明确、协调配合、共同努力，真正把安全生产工作落到实处。

安全生产责任制的内容要分级制定和细化，如企业、项目、班组都应建立各级安全生产责任制，按其职责分工，确定各自的安全责任，并组织实施和考评，保证安全生产责任制的落实。

2. 制定安全教育制度

安全教育制度是企业对职工进行安全法律、法规、规范、标准、安全知识和操作规程培训教育的制度，是提高职工安全意识的重要手段，是企业安全管理的一项重要内容。

安全教育制度内容应规定：定期和不定期安全教育的时间、应受教育的人员、教育的内容和形式，如新工人、外施工队人员等进场前必须接受三级（公司、项目、班组）安全教育。从事危险性较大的特殊工种的人员必须经过专门的培训机构培训合格后持证上岗，每年还必须进行一次安全操作规程的训练和再教育。对采用新工艺、新设备、新技术和变换工种的人员应进行安全操作规程和安全知识的培训和教育。

3. 制定安全检查制度

安全检查是发现隐患、消除隐患、防止事故、改善劳动条件和环境的重要措施，是企业预防安全生产事故的一项重要手段。

安全检查制度内容应规定：安全检查负责人、检查时间、检查内容和检查方式。它包括经常性的检查、专业性的检查、季节性的检查和专项性的检查，以及群众性的检查等。对于检查出的隐患应进行登记，并采取定人、定时间、定措施的“三定”办法给予解决，同时对整改情况进行复查验收，彻底消除隐患。

4. 制定各工种安全操作规程

工种安全操作规程是消除和控制劳动过程中的不安全行为，预防伤亡事故，确保作业人员的安全和健康的需要的措施，也是企业安全管理的重要制度之一。

安全操作规程的内容应根据国家和行业安全生产法律、法规、标准、规范，结合施工现场的实际情况制定出各种安全操作规程。同时根据现场使用的新工艺、新设备、新技术，制定出相应的安全操作规程，并监督其实施。

5. 制定安全生产奖罚办法

企业制定安全生产奖罚办法的目的是不断提高劳动者进行安全生产的自觉性，调动劳动者的积极性和创造性，防止和纠正违反法律、法规和劳动纪律的行为，也是企业安全管理重要制度之一。

安全生产奖罚办法规定奖罚的目的、条件、种类、数额、实施程序等。企业只有建立安全生产奖罚办法，做到有奖有罚、奖罚分明，才能鼓励先进、督促落后。

6. 制定施工现场安全管理规定

施工现场安全管理规定是施工现场安全管理制度的基础，目的是规范施工现场安全防护设施的标准化、定型化。

施工现场安全管理规定的内容包括：施工现场一般安全规定、安全技术管理、脚手架工程安全管理（包括特殊脚手架、工具式脚手架等）、电梯井操作平台安全管理、马路搭设安全管理、大模板拆装存放安全管理、水平安全网、井字架龙门架安全管理、孔洞临边防护安全管理、拆除工程安全管理等。

7. 制定机械设备安全管理制度

机械设备是指目前建筑施工普遍使用的垂直运输和加工机具，由于机械设备本身存在一定的危险性。管理不当就可能造成机毁人亡。所以它是目前施工安全管理的重点对象。

机械设备安全管理制度应规定，大型设备应到上级有关部门备案，符合国家和行业有关规定，还应设专人负责定期进行安全检查、保养，保证机械设备处于良好的状态，以及各种机械设备的安全管理制度。

8. 制定施工现场临时用电安全管理制度

施工现场临时用电是目前建筑施工现场离不开的一项操作，由于其使用广泛、危险性比较大，因此它牵涉到每个劳动者的安全，也是施工现场一项重要的安全管理制度。

施工现场临时用电管理制度的内容应包括：外电的防护、地下电缆的保护、设备的接地与接零保护、配电箱的设置及安全管理规定（总箱、分箱、开关箱）、现场照明、配电线路、电器装置、变配电装置、用电档案的管理等。

9. 制定劳动防护用品管理制度

使用劳动防护用品是为了减轻或避免劳动过程中，劳动者受到的伤害和职业危害，保护劳动者安全健康的一项预防性辅助措施，是安全生产防止职业性伤害的需要，对于减少职业危害起着相当重要的作用。

劳动防护用品制度的内容应包括：安全网、安全帽、安全带、绝缘用品、防职业病用品等。

（二）安全组织机构的建立

施工企业一般都有安全组织机构，但必须建立健全项目安全组织机构，确定安全生产目标，明确参与各方对安全管理的具体分工，安全岗位责任与经济利益挂钩，根据项目的性质规模不同，采用不同的安全管理模式。对于大型项目，必须安排专门的安全总负责人，并配以合理的班子，共同进行安全管理，建立安全生产管理的资料档案。实行单位领导对整个施工现场负责，专职安全员对部位负责，班组长和施工技术员对各自的施工区域负责，操作者对自己的工作范围负责的“四负责”制度。

（三）体系建立步骤

1. 领导决策

最高管理者亲自决策，以便获得各方面的支持和在体系建立过程中所需的资源保证。

2. 成立工作组

最高管理者或授权管理者代表成立的工作小组负责建立安全管理体系。工作小组的成员要覆盖组织的主要职能部门，组长最好由管理者代表担任，以保证小组对人力、资金、信息的获取。

3. 人员培训

培训的目的是使有关人员了解建立安全管理体系的重要性，了解标准的主要思想和内容。

4. 初始状态评审

初始状态评审要对组织过去和现在的安全信息、状态进行收集、调查分析、识别和获取现有的、适用的法律、法规和其他要求，进行危险源辨识和风险评价，评审的结果将作为制定安全方针、管理方案、编制体系文件的基础。

5. 制定方针、目标、指标的管理方案

方针是组织对其安全行为的原则和意图的声明，也是组织自觉承担其责任和义务的承诺，方针不仅为组织确定了总的指导方向和行动准则，而是评价一切后续活动的依据，并为更加具体的目标和指标提供一个框架。

安全目标、指标的制定是组织为了实现其在安全方针中所体现出的管理理念及其对整体绩效的期许与原则，与企业的总目标相一致。

管理方案是实现目标、指标的行动方案。为保证安全管理体系的实现，需结合年度管理目标和企业客观实际情况，策划制定安全管理方案。该方案应明确旨在实现目标、指标的相关部门的职责、方法、时间表以及资源的要求。

（四）企业安全检查

1. 安全检查的内容

安全检查的内容是否全面与企业安全管理的质量有着紧密的关系。一般来说，企业安全检查的内容如表 14–1、表 14–2 所示。

表 14–1 企业、项目经理部或工程对安全检查的内容

检查项目	检查内容
安全生产制度	安全生产管理制度是否健全并认真执行；安全生产责任制是否落实安全生产；安全生产计划编制、执行得如何；安全生产管理机构是否健全，人员配备是否得当
安全教育	是否坚持新工人入场三级教育；特殊工种的安全教育坚持得如何；改变工种和采用新技术等人员的安全教育情况怎样；对工人日常安全教育进行得怎样；各级领导干部和业务员的安全教育如何
安全技术	有无完善的安全技术操作规程；安全技术措施计划是否完善、及时；主要安全设施是否可靠；各种机具、机电设备是否安全可靠；防尘、防毒、防爆、防冻等措施是否得当；防火措施是否得当；安全帽、安全带、安全网及其他防护用品和设施得当否
安全检查	是否坚持执行安全检查制度；是否有违纪、违章现象；隐患处理得如何；交通安全管理得怎样

表 14-2　班组安全检查的内容

检查项目	检查内容
安全业务工作	记录、台账、资料、报表等管理得怎样；安全事故报告是否及时；是否开展事故预测和分析；安全竞赛、评比、总结等工作进行否
作业前检查	班前安全会是否开过；是否坚持每周一次的安全活动； 安全网点的活动开展得怎样；岗位安全生产责任制是否落实；本工种安全技术操作规程掌握如何；机具、设备准备得如何；作业环境和作业位置是否清楚，并符合安全要求；是否穿戴好个人防护用品；主要安全设施是否可靠；有无其他特殊问题
作业中检查	有无违反安全纪律现象；有无违章作业现象；有无违章指挥现象；有无不懂、不会操作现象；有无故意违反技术操作规程现象；作业人员的意识反应如何
作业后检查	材料、物资是否整理；料具、设备是否整顿；清扫工作做得如何；其他问题解决得如何

2. 企业安全检查的一般方法。

安全检查的一般方法有很多，具体如表 14-3 所示。

表 14-3　安全检查的一般方法

方　法	内　容
看	看现场环境和作业条件，看实物和实际操作，看记录和资料等
听	听汇报、听介绍、听反映、听意见和批评、听机械设备的运转响声或承重物发出的微弱声等
嗅	对挥发物、腐蚀物、有毒气体进行辨别
问	对影响安全的问题，详细询问，寻根究底
查	查明问题、查对数据、查清原因、追查责任
测	测量、测试、监测
析	进行必要的实验和化验
验	分析安全事故的隐患、原因

第三节　职业健康安全管理

职业健康安全管理的目的是在生产活动中，通过职业健康安全生产的管理活动，对影响生产的具体因素进行状态控制，使生产因素中的不安全行为和状态尽可能减少或消除，且不引发事故，以保证生产活动中人员的健康和安全。对于建设工程项目，职业健康安全管理的目的是防止和尽可能减少生产安全事故、保护产品生产者的健康与安全，保障人民群众的生产和财产免受损失，控制影响或可能影响工作场所内的员工或其他工作人员、访问者或任何其他人员的健康安全条件和因素，避免管理不当对在组织控制下工作的人员健康和安全造成危害。

一、管理内容

建筑工程项目职业健康安全管理的内容如下：

（1）职业健康安全组织管理。

（2）职业健康安全制度管理。

（3）施工人员操作规范化管理。

（4）职业健康安全技术管理。

（5）施工现场职业健康安全设施管理。

二、管理程序

建筑工程项目职业健康安全管理的程序如下：

（1）识别并评价危险源及风险。

（2）确定职业健康安全管理目标。

（3）编制并实施项目职业健康安全技术措施计划。

（4）职业健康安全技术措施计划实施结果验证。

（5）持续改进相关措施和绩效。

三、管理目标

建筑工程项目职业健康安全管理目标是根据企业的整体职业健康安全目标，结合本工程的性质、规模、特点、技术复杂程度等实际情况，确定职业健康安全生产所要达到的目标。

（一）控制目标

（1）控制和杜绝因公负伤、死亡事故的发生（负伤频率在3.6%以下，死亡率为零）。

（2）一般事故频率控制目标（通常在0.6%以内）。

（3）无重大设备、火灾和中毒事故。

（4）无环境污染和严重扰民事件。

（二）管理目标

（1）及时消除重大事故隐患，一般隐患整改率达到的目标不应低于95%。

（2）扬尘、噪声、职业危害作业点达到国家规定标准的合格率为100%。

（3）保证施工现场达到当地省（市）级文明安全工地。

（三）工作目标

（1）施工现场实现全员职业健康安全教育，特种作业人员持证上岗率达到100%，操作人员三级职业健康安全教育率为100%。

（2）按期开展安全检查活动，隐患整改达到“五定”要求，即定整改责任人、定整改措施、定整改完成时间、定整改完成人、定整改验收人。

（3）必须把好职业健康安全生产的“七关”要求，即教育关、措施关、交底关、防护关、文明关、验收关、检查关。

（4）认真开展重大职业健康安全活动和施工项目的日常职业健康安全活动。

（5）职业健康安全生严达标合格率为100%，优良率为80%以上。

四、措施计划的编制

建筑工程项目职业健康安全技术措施计划应在项目管理实施规划中由项目经理主持编制，经有关部门批准后，由专职安全管理员进行现场监督实施。

（一）职业健康安全技术措施计划的编制依据

职业健康安全技术措施计划的编制是依据以下几方面的情况来进行的。

（1）国家职业健康安全法规、条例、规程、政策，以及与企业有关的职业健康安全规章制度。

（2）在职业健康安全生产检查中发现的，但尚未解决的问题。

（3）造成工伤事故与职业病的主要设备与技术原因，应采取的有效防止措施。

（4）生产发展需要所采取的职业健康安全技术与工业卫生技术措施。

（5）职业健康安全技术革新项目和职工提出的合理化建议项目。

（二）编制内容

建筑工程项目职业健康安全技术措施计划应根据工程特点、施工方法、施工程序、安全法规和标准的要求，采取可靠的技术措施来编制，以消除安全隐患，保证施工安全。其内容可根据项目运行实际情况增减，一般应包括工程概况、控制目标、控制程序、组织结构、职责权限、规章制度、资源配置、职业健康安全技术措施、检查评价和奖惩制度，以及对分包的职业健康安全管理等内容。

（三）安全技术措施

建筑工程结构复杂多变，工程施工涉及专业和工种很多，职业健康安全技术措施内容很广泛，但归结起来，可以分为一般工程施工职业健康安全技术措施、特殊工程施工职业健康安全技术措施、季节性施工职业健康安全技术措施和应急措施等。

1. 一般工程施工职业健康安全技术措施

一般工程是指结构共性较多的工程，其施工生产作业既有共性，也有不同之处。由于施工条件、环境等不同，同类工程的不同之处在共性措施中就无法解决。应根据相关法规，结合以往的施工经验与教训，制定职业健康安全技术措施。

2. 特殊工程施工职业健康安全技术措施

结构比较复杂、技术含量高的工程称为特殊工程。对于特殊工程，应编制单项的职业健康安全技术措施。例如，爆破、大型吊装、沉箱、沉井、烟囱、水塔、特殊架设作业。高层脚手架、井架和拆除工程必须制定专项施工职业健康安全技术措施，并注明设计依据，做到有计算、有详图、有文字说明。

3. 季节性施工职业健康安全技术措施

季节性施工职业健康安全技术措施是考虑不同季节的气候条件对施工生产带来的不安全因素和可能造成的各种突发性事件，从技术上、管理上采取的各种预防措施。一般工程施工方案中的职业健康安全技术措施中，都需要编制季节施工职业健康安全技术措施。对危险性大、高温期长的建筑工程，应单独编制季节性施工职业健康安全技术措施。季节主要指夏季、雨季和冬季。各季节性施工职业健康安全的主要内容如下：

（1）夏季气候炎热，高温时间持续较长，主要是做好防暑降温工作，避免员工中暑和因长时间暴晒引发的职业病。

（2）雨季作业时，主要应做好防触电、防雷击、防水淹泡、防塌方、防台风和防洪等工作。

（3）冬季作业时，主要应做好防冻、防风、防火、防滑、防煤气中毒等工作。

4. 应急措施

应急措施是在事故发生或各种自然灾害发生的情况下采取的应对措施。为了在最短的时间内达到救援、逃生、防护的目的，必须在平时就准备好各种应急措施和预案，并进行模拟训练，尽量使损失减小到最低限度。应急措施可包括以下几种：

（1）应急指挥和组织机构。

（2）施工场内应急计划、事故应急处理程序和措施。

（3）施工场外应急计划和向外报警程序及方式。

（4）安全装置、报警装置、疏散口装置、避难场所等。

（5）有足够数量并符合规格的安全进、出通道。

（6）急救设备（担架、氧气瓶、防护用品、冲洗设施等）。

（7）通信联络与报警系统。

（8）与应急服务机构（医院、消防等）建立联系渠道。

（9）定期进行事故应急训练和演习。

第四节　职业健康安全管理体系

职业健康安全管理的目标使企业的职业伤害事故、职业病持续减少。实现这一目标的重要组织保证体系，是企业建立持续有效并不断改进的职业健康安全管理体系（简称 OS-HMS）。其核心是要求企业采用现代化的管理模式、使包括安全生产管理在内的所有生产经营活动科学、规范并有效，通过建立安全健康风险的预测、评价、定期审核和持续改进完善机制，从而预防事故发生和控制职业危害。

值得说明的是，对 OSHMS 的中文名称很不统一，有称“职业健康安全管理体系”的，也有称“职业安全健康管理体系”的，还有称“职业安全卫生管理体系”的。无论如何，职业健康（卫生）应当是安全管理的重要内容。除了一些法规性文件外，这里一律称 OSHMS 为“职业健康安全管理体系”。

国标《职业健康安全管理体系要求》已于 2011 年 12 月 30 日更新至 GB/T28001–2011 版本，等同采用 OSHMS18001:2007 新版标准（英文版），并于 2012 年 2 月 1 日实施。GB/T 28001–2011 标准与 OHSAS18001：2007 在体系的宗旨、结构和内容上相同或相近。

一、体系标准简介

OSHMS 具有系统性、动态性、预防性、全员性和全过程控制的特征。OS-HMS 以“系统安全”思想为核心，将企业的各个生产要素组合起来作为一个系统，通过危险辨识、风险评价和控制等手段来达到控制事故发生的目的；OSHMS 将管理重点放在对事故的预防上，在管理过程中持续不断地根据预先确定的程序和目标，定期审核和完善系统的不安全因素，使系统达到最佳的安全状态。

（一）标准的主要内涵

职业健康安全管理体系结构如图 14–1 所示。它包括五个一级要素，即：职业健康安全方针 (4.2)；策划 (4.3)；实施和运行 (4.4)；检查 (4.5)；管理评审 (4.6)。显然，这五个一级要素中的策划、实施和运行、检查和纠正措施三个要素来自 PDCA 循环，其余两个要素即职业健康安全方针和管理评审，一个是总方针和总目标的明确，一个是为了实现持续改进的管理措施。也即，其中心仍是 PDCA 循环的基本要素。

这五个一级要素，包括 17 个二级要素，即：职业健康安全方针；对危险源辨识、风险评价和风险控制的策划；法规和其他要求；目标；职业健康安全管理方案；结构和职责；培训、意识和能力；协商和沟通；文件；文件和资料控制；运行控制；应急准备和响应；绩效测量和监视；事故、事件、不符合、纠正和预防措施；记录和记录管理；审核；管理评审。这 17 个二级要素中一部分是体现体系主体框架和基本功能的核心要素，包括有：职业健康安全方针，对危险源辨识、风险评价和风险控制的策划，法规和其他要求，目标，职业健康安全管理方案，结构和职责，运行控制，绩效测量和监视，审核和管理评审。一部分是支持体系主体框架和保证实现基本功能的辅助要素，包括有：培训、意识和能力，协商和沟通，文件，文件和资料控制，应急准备和响应，事故、事件、不符合、纠正和预防措施，记录和记录管理。

职业健康安全管理体系的 17 个要素的目标和意图如图 14–1。

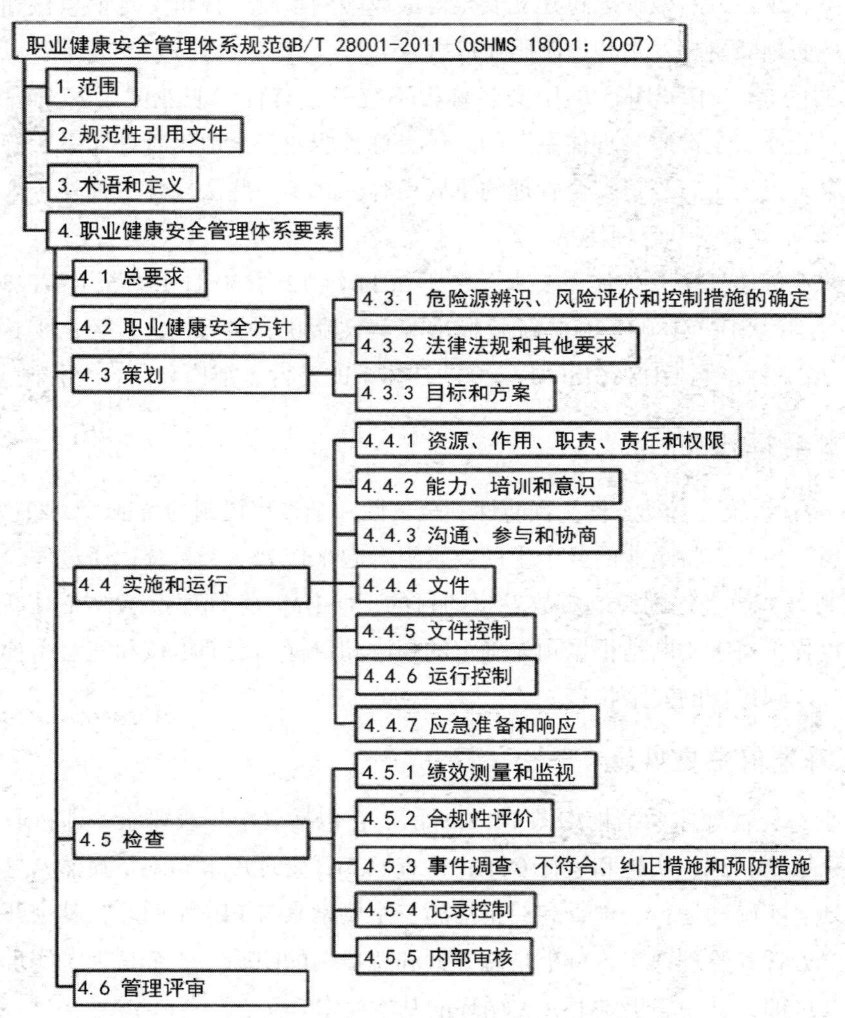

图 14–1　职业健康安全管理体系结构

1. 职业健康安全方针

（1）确定职业健康安全管理的总方向和总原则及职责和绩效目标。

（2）表明组织对职业健康安全管理的承诺，特别是最高管理者的承诺。

2. 危险源辨识、风险评价和控制措施的确定

（1）对危险源辨识和风险评价，组织对其管理范围内的重大职业健康安全危险源获得一个清晰的认识和总的评价，并使组织明确应控制的职业健康安全风险。

（2）建立危险源辨识、风险评价和风险控制与其他要素之间的联系，为组织的整体职业健康安全体系奠定基础。

3. 法律法规和其他要求

（1）促进组织认识和了解其所应履行的法律义务，并对其影响有一个清醒的认识，并就此信息与员工进行沟通。

（2）识别对职业健康安全法规和其他要求的需求和获取途径。

4. 目标和方案

（1）使组织的职业健康安全方针能够得到真正落实。

（2）保证组织内部对职业健康安全方针的各方面建立可测量的目标。

（3）寻求实现职业健康安全方针和目标的途径和方法。

（4）制订适宜的战略和行动计划，并实现组织所确定的各项目标。

5. 资源、作用、职责和权限

建立适宜于职业健康安全管理体系的组织结构。

确定管理体系实施和运行过程中有关人员的作用、职责和权限。

确定实施、控制和改进管理体系的各种资源。

（1）建立、实施、控制和改进职业健康安全管理体系所需要的资源。

（2）对作用、职责和权限作出明确规定，形成文件并沟通。

（3）按照 OSHMS 标准建立、实施和保持职业健康安全管理体系。

（4）向最高管理者报告职业健康安全管理体系运行的绩效，以供评审，并作为改进职业健康安全管理体系的依据。

6. 培训、意识和能力

（1）增强员工的职业健康安全意识。

（2）确保员工有能力履行相应的职责，完成影响工作场所内职业健康安全的任务。

7. 沟通、参与和协商

（1）确保与员工和其他相关方就有关职业健康安全的信息进行相互沟通。

（2）鼓励所有受组织运行影响的人员参与职业健康安全事务，对组织的职业健康安全方针和目标予以支持。

8. 文件

（1）确保组织的职业健康安全管理体系得到充分理解并有效运行。

（2）按有效性和效率要求，设计并尽量减少文件的数量。

9. 文件控制

（1）建立并保持文件和资料的控制程序。

（2）识别和控制体系运行和职业健康安全的关键文件和资料。

10. 运行控制

（1）制订计划和安排，确定控制和预防措施的有效实施。

（2）根据实现职业健康安全的方针、目标、遵守法规和其他要求的需要，使与危险有关的运行和活动均处于受控状态。

11. 应急准备和响应

（1）主动评价潜在的事故和紧急情况，识别应急响应要求。

（2）制订应急准备和响应计划，以减少和预防可能引发的病症和突发事件造成的伤害。

12. 绩效测量和监视

持续不断地对组织的职业健康安全绩效进行监测和测量，以识别体系的运行状态，保证体系的有效运行。

13. 合规性评价

（1）组织建立、实施并保持一个或多个程序，以定期评价对适用法律法规的遵守情况。

（2）评价对组织同意遵守的其他要求的遵守情况。

14. 事件调查、不符合、纠正措施和预防措施

（1）组织应建立、实施并保持一个或多个程序，用于记录、调查及分析事件，以便确定可能造成或引发事件的潜在的职业健康安全管理的缺陷或其他原因；识别采取纠正措施的需求；识别采取预防措施的机会；识别持续改进的机会；沟通事件的调查结果。

事件调查应及时进行。任何识别的纠正措施需求或预防措施的机会应该按照相关规定处理。

（2）不符合、纠正措施和预防措施。组织应建立、实施并保持一个或多个程序，用来处理实际或潜在的不符合，并采取纠正措施或预防措施。程序中应规定下列要求：

①识别并纠正不符合，并采取措施以减少对职业健康安全的影响。

②调查不符合情况，确定其原因，并采取措施以防止再度发生。

③评价采取预防措施的需求，实施所制订的适当预防措施，以预防不符合的发生。

④记录并沟通所采取纠正措施和预防措施的结果。

⑤评价所采取纠正措施和预防措施的有效性。

15. 记录控制

（1）组织应根据需要，建立并保持所必需的记录，用以证实其职业健康安全管理体系达到 OSHMS 标准各项要求结果的符合性。

（2）组织应建立、实施并保持一个或多个程序，用于对记录的标识、存放、保护、检索、留存和处置。记录应保持字迹清楚、标识明确、易读，并具有可追溯性。

16. 内部审核

（1）持续评估组织的职业健康安全管理体系的有效性。

（2）组织通过内部审核，自我评审本组织建立的职业健康安全体系与标准要求的符合性。

（3）确定对形成文件的程序的符合程度。

（4）评价管理体系是否有效满足组织的职业健康安全目标。

17. 管理评审

（1）评价管理体系是否完全实施和是否持续保持。

（2）评价组织的职业健康安全方针是否继续合适。

（3）为了组织的未来发展要求，重新制订组织的职业健康安全目标或修改现有的职业健康安全目标，并考虑为此是否需要修改有关的职业健康安全管理体系的要素。

（二）基本特点

建筑企业在建立与实施自身职业健康安全管理体系时，应注意充分体现建筑业的基本特点。

（1）危害辨识、风险评价和风险控制策划的动态管理。建筑企业在实施职业健康安全管理体系时，应根据客观状况的变化，及时对危害辨识、风险评价和风险控制过程进行评审，并注意在发生变化前即采取适当的预防性措施。

（2）强化承包方的教育与管理。建筑企业在实施职业健康安全管理体系时，应特别注意通过适当的培训与教育形式来提高承包方人员的职业安全健康意识与知识，并建立相应的程序与规定，确保他们遵守企业的各项安全健康规定与要求，并促进他们积极地参与体系实施和以高度责任感完成其相应的职责。

（3）加强与各相关方的信息交流。建筑企业在施工过程中往往涉及多个相关方，如承包方、业主、监理方和供货方等。为了确保职业健康安全管理体系的有效实施与不断改进，必须依据相应的程序与规定，通过各种形式加强与各相关方的信息交流。

（4）强化施工组织设计等设计活动的管理。必须通过体系的实施，建立和完善对施工组织设计或施工方案以及单项安全技术措施方案的管理，确保每一设计中的安全技术措施都根据工程的特点、施工方法、劳动组织和作业环境等提出有针对性的具体要求，从而促进建筑施工的本质安全。

（5）强化生活区安全健康管理。每一承包项目的施工活动中都要涉及现场临建设施及施工人员住宿与餐饮等管理问题，这也是建筑施工队伍容易出现安全与中毒事故的关键环节。实施职业安全健康管理体系时，必须控制现场临建设施及施工人员住宿与餐饮管理中的风险，建立与保持相应的程序和规定。

（6）融合。建筑企业应将职业安全健康管理体系作为其全面管理的一个组成部分，它的建立与运行应融合于整个企业的价值取向，包括体系内各要素、程序和功能与其他管理体系的融合。

（三）建立 OSHMS 的作用和意义

（1）有助于提高企业的职业安全健康管理水平。OSHMS 概括了发达国家多年的管理经验。同时，体系本身具有相当的弹性，容许企业根据自身特点加以发挥和运用，结合企业自身的管理实践进行管理创新。OSHMS 通过开展周而复始的策划、实施、检查和评审改进等活动，保持体系的持续改进与不断完善，这种持续改进、螺旋上升的运行模式，将不断地提高企业的职业安全健康管理水平。

（2）有助于推动职业安全健康法规的贯彻落实。OSHMS 将政府的宏观管理和企业自身的微观管理结合起来，使职业安全健康管理成为组织全面管理的一个重要组成部分，突破了以强制性政府指令为主要手段的单一管理模式，使企业由消极被动地接受监督转变为主动地参与的市场行为，有助于国家有关法律法规的贯彻落实。

（3）有助于降低经营成本，提高企业经济效益。OSHMS 要求企业对各个部门的员工进行相应的培训，使他们了解职业安全健康方针及各自岗位的操作规程，提高全体职工的安全意识，预防及减少安全事故的发生，降低安全事故的经济损失和经营成本。同时，OSHMS 还要求企业不断改善劳动者的作业条件，保障劳动者的身心健康，这有助于提高企业职工的劳动效率，并进而提高企业的经济效益。

（4）有助于提高企业的形象和社会效益。为建立 OSHMS，企业必须对员工和相关方的安全健康提供有力的保证。这个过程体现了企业对员工生命和劳动的尊重，有利于改善企业的公共关系，提升社会形象，增强凝聚力，提高企业在金融、保险业中的信誉度和美誉度，从而增加获得贷款、降低保险成本的机会，增强其市场竞争力。

（5）有助于促进我国建筑企业进入国际市场。建筑业属于劳动密集型产业。我国建筑业由于具有低劳动力成本的特点，在国际市场中比较有优势。但当前不少发达国家为保护其传统产业采用了一些非关税壁垒（如安全健康环保等准入标准）来阻止发展中国家的产品与劳务进入本国市场。因此，我国企业要进入国际市场，就必须按照国际惯例规范自身的管理，冲破发达国家设置的种种准入限制。OSHMS 作为第三张标准化管理的国际通行证，它的实施将有助于我国建筑企业进入国际市场，并提高其在国际市场上的竞争力。

二、管理体系认证程序

建立 OSHMS 的步骤如下：领导决策→成立工作组→人员培训→危害辨识及风险评价→初始状态评审→职业安全健康管理体系策划与设计→体系文件编制→体系试运行→内部审核→管理评审→第三方审核及认证注册等。

建筑企业可参考如下步骤来制订建立与实施职业安全健康管理体系的推进计划。

（1）学习与培训。职业安全健康管理体系的建立和完善的过程，是始于教育、终于教育的过程，也是提高认识和统一认识的过程。教育培训要分层次、循序渐进地进行，需要企业所有人员的参与和支持。在全员培训基础上，要有针对性地抓好管理层和内审员的培训。

（2）初始评审。初始评审的目的是为职业安全健康管理体系建立和实施提供基础，为职业安全健康管理体系的持续改进建立绩效基准。

初始评审主要包括以下内容：

①收集相关的职业安全健康法律、法规和其他要求，对其适用性及需遵守的内容进行确认，并对遵守情况进行调查和评价。

②对现有的或计划的建筑施工相关活动进行危害辨识和风险评价。

③确定现有措施或计划采取的措施是否能够消除危害或控制风险。

④对所有现行职业安全健康管理的规定、过程和程序等进行检查，并评价其对管理体系要求的有效性和适用性。

⑤分析以往建筑安全事故情况以及员工健康监护数据等相关资料，包括人员伤亡、职业病、财产损失的统计、防护记录和趋势分析。

⑥对现行组织机构、资源配备和职责分工等进行评价。

初始评审的结果应形成文件，并作为建立职业安全健康管理体系的基础。

为实现职业安全健康管理体系绩效的持续改进，建筑企业应参照职业安全健康管理体系实施章节中初始评审的要求定期进行复评。

（3）体系策划。根据初始评审的结果和本企业的资源，进行职业安全健康管理体系的策划。策划工作主要包括：

①确立职业安全健康方针。

②制订职业安全健康体系目标及其管理方案。

③结合职业安全健康管理体系要求进行职能分配和机构职责分工。

④确定职业安全健康管理体系文件结构和各层次文件清单。

⑤为建立和实施职业安全健康管理体系准备必要的资源。

⑥文件编写。

（4）体系试运行。各个部门和所有人员都按照职业安全健康管理体系的要求开展相应的安全健康管理和建筑施工活动，对职业安全健康管理体系进行试运行，以检验体系策划与文件化规定的充分性、有效性和适宜性。

（5）评审完善。通过职业安全健康管理体系的试运行，特别是依据绩效监测和测量、审核以及管理评审的结果，检查与确认职业安全健康管理体系各要素是否按照计划安排有效运行，是否达到了预期的目标，并采取相应的改进措施，使所建立的职业安全健康管理体系得到进一步的完善。

三、施工企业职业安全健康管理体系认证的重点工作

（一）建立健全组织体系

建筑企业的最高管理者应对保护企业员工的安全与健康负全面责任，并应在企业内设立各级职业安全健康管理的领导岗位，针对那些对其施工活动、设施（设备）和管理过程的职业安全健康风险有一定影响的从事管理、执行和监督的各级管理人员，规定其作用、职责和权限，以确保职业安全健康管理体系的有效建立、实施与运行并实现职业安全健康目标。

（二）全员参与及培训

建筑企业为了有效地开展体系的策划、实施、检查与改进工作，必须基于相应的培训来确保所有相关人员均具备必要的职业安全健康知识，熟悉有关安全生产规章制度和安全操作规程，正确使用和维护安全和职业病防护设备及个体防护用品，具备本岗位的安全健康操作技能，及时发现和报告事故隐患或者其他安全健康危险因素。

（三）协商与交流

建筑企业应通过建立有效的协商与交流机制，确保员工及其代表在职业安全健康方面的权利，并鼓励他们参与职业安全健康活动，促进各职能部门之间的职业安全健康信息交流和及时接收处理相关方关于职业安全健康方面的意见和建议，为实现建筑企业职业安全健康方针和目标提供支持。

（四）文件化

与ISO 9000和ISO 14000类似，职业安全健康管理体系的文件可分为管理手册（A层次）、程序文件（B层次）、作业文件（C层次，即工作指令、作业指导书、记录表格等）三个层次，如图 14–2 所示。

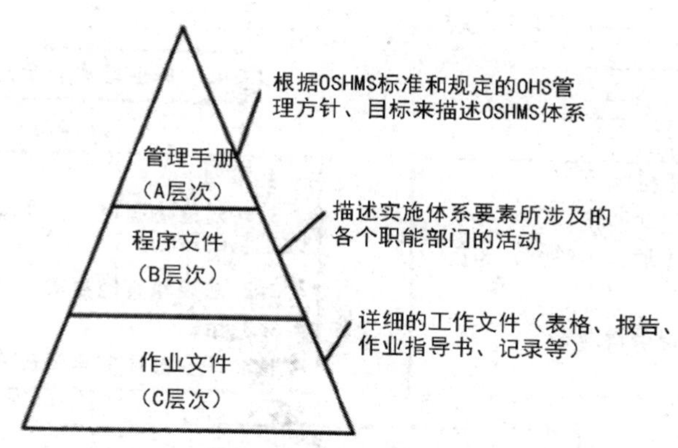

图 14-2 职业安全健康管理体系文件的层次关系

（五）应急预案与响应

建筑企业应依据危害辨识、风险评价和风险控制的结果、法律法规等的要求，以往事故、事件和紧急状况的经历以及应急响应演练及改进措施效果的评审结果，针对施工安全事故、火灾、安全控制设备失灵、特殊气候、突然停电等潜在事故或紧急情况从预案与响应的角度建立并保持应急计划。

（六）评价

评价的目的是要求建筑企业定期或及时地发现其职业安全健康管理体系的运行过程或体系自身所存在的问题，并确定出问题产生的根源或需要持续改进的地方。体系评价主要包括绩效测量与监测、事故和事件以及不符合的调查、审核、管理评审。

（七）改进措施

改进措施的目的是要求建筑企业针对组织职业安全健康管理体系绩效测量与监测、事故和事件，以及不符合的调查、审核以及管理评审活动所提出的纠正与预防措施的要求，制订具体的实施方案并予以保持，确保体系的自我完善功能，并依据管理评审等评价的结果，不断寻求方法持续改进建筑企业自身职业安全健康管理体系及其职业安全健康绩效，从而不断消除、降低或控制各类职业安全健康危害和风险。职业安全健康管理体系的改进措施主要包括纠正与预防措施和持续改进两个方面。

四、PDCA 循环简介

与 ISO 9000 质量管理体系标准、ISO 14000 环境管理体系标准、SA8000 社会责任国际管理体系标准一样，实施职业健康安全管理体系的模式或方法也是 PDCA 循环。PDCA 循环就是按计划、实施、检查、处理 (Plan，Do，Check，Action) 的科学程序进行的管理循环，如图 14-3 所示。其具体内容为：

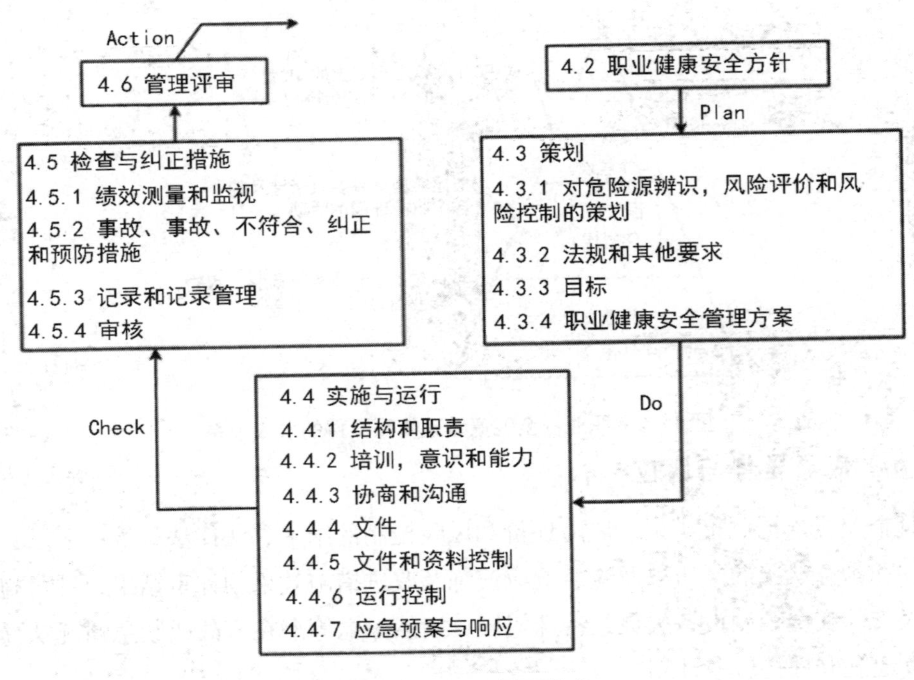

图 14-3 PDCA 循环程序

（一）计划阶段 (Plan)

包括制定安全方针、目标措施和管理项目等计划活动，这个阶段的工作内容又包括四个步骤：

（1）分析安全现状，找出存在的问题。

①通过对企业现场的安全检查了解发现企业生产、管理中存在的安全问题；

②通过对企业生产、管理、事故等的原始记录分析，采用数理统计等手段计算分析企业生产、管理存在的安全问题；

③通过与国家或国际先进标准、规范、规程的对照分析，发现企业生产、管理中存在的安全问题；

④通过与国内外先进企业的对比分析，来寻找企业生产、管理中存在的问题。

在分析过程中，可以采用排列图、直方图和控制图等工具进行统计分析。

（2）分析产生安全问题的原因。对产生安全问题的原因加以分析，通常采用工具为因果分析图法。因果分析图是事故危险辨识技术中的一种文字表格法，是分析事故原因的有效工具，因其形状像鱼骨，故简称为鱼刺图。

（3）寻找影响安全的主要原因。影响安全的因素通常有很多，但其中总有起控制、主要作用的因素。采用排列图或散布图法，可以发现影响安全的主要因素。

（4）针对影响安全的主要原因，制订控制对策与控制计划。

制定对策、计划应具体，切实可行。制定对策和计划的过程，必须明确以下六个问题，又称 SWIH：

① What（应做什么），说明要达到的目标；

② Why（为什么这样做），说明为什么制订各项计划或措施；

③ Who（谁来做），明确有谁来做；

④ When（何时做），明确计划实施的时间表，何时做，何时完成；

⑤ Where（哪一个机构或组织、部门，在哪里做），说明有哪个部门负责实施，在什么地方实施；

⑥ How(如何做)，明确如何完成该项计划，实施计划所需的资源与对策措施。

（二）实施阶段 (Do)

计划的具体实施阶段。该阶段只有一个步骤，即实施计划。它要求按照预先制定的计划和措施，具体组织实施和严格地执行的过程。

（三）检查阶段 (Check)

对照计划，检查实施的效果。该阶段也只有一个步骤，即检查效果。根据所制订的计划、措施，检查计划实施的进度和计划执行的效果是否达到预期的目标。可采用排列图、直方图、控制图等分析检验计划实施的效果，预测未来趋势。

（四）处理阶段 (Action)

对不符合计划的项目采取纠正措施，对符合的项目总结成功经验。该阶段包括两个步骤。

（1）总结经验，巩固成绩。根据检查的结果进行总结，把成果的经验加以肯定，纳入有关的标准、规定和制度，以便在以后的工作中遵循；把不符合部分进行总结整理、记录在案，并提出纠正措施，防止以后再次发生。

（2）持续改进。将符合项目成功的经验和不符合项目的纠正措施，转入下一个循环中，作为下一个循环计划制订的资料和依据。

职业健康安全管理体系运行模式见图 14–4。

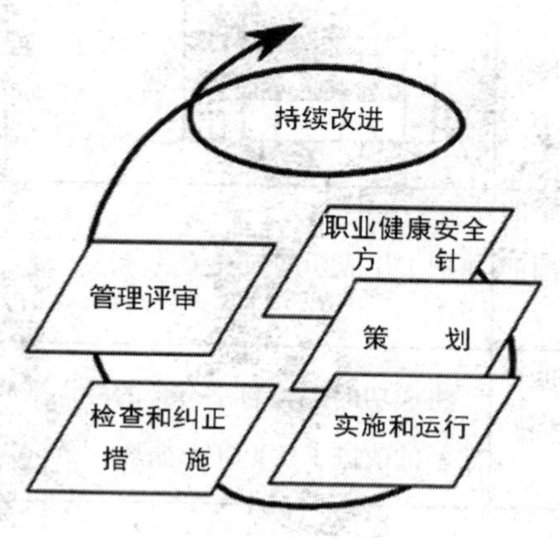

图 14–4　职业健康安全管理体系运行模式

五、PDCA 循环实施步骤

PDCA 循环的四个阶段、八个步骤和常用的统计工具，见表 14-4。

表 14-4　PDCA 循环的四个阶段、八个步骤和常用统计工具

阶段	步骤		方法
P	1	找出存在的安全问题（可用排列图、直方图、控制图等工具）	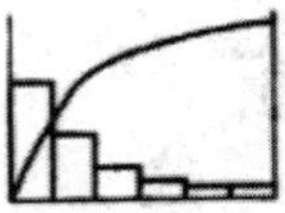 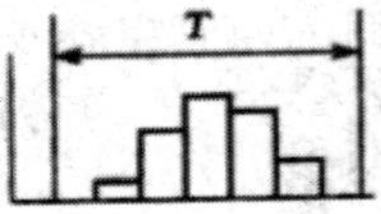 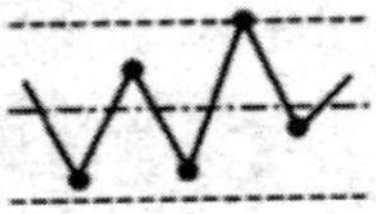 T
	2	找出存在安全问题的原因（可采用因果分析图法）	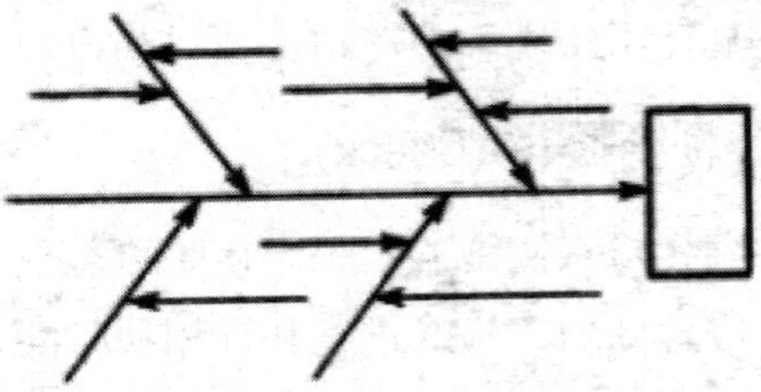
	3	找出存在安全问题的主要原因（可用排列图、散布图法）	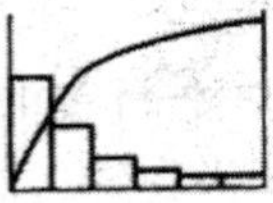 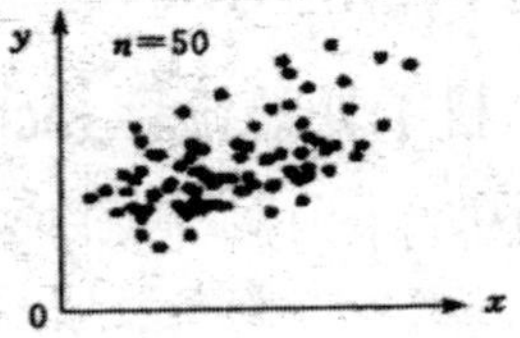 y　n=50　0　x
	4	制订计划与对策（针对主要原因，制订措施）	应用“5W1H”核对措施的落实情况 ① What，应做什么；② Why，为什么这样做；③ Who，谁来做；④ When，何时做；⑤ Where，哪一个机构或组织、部门，在哪里做；⑥ How，如何做
D	5	实施计划	严格按计划执行
C	6	检查实施效果（可用直方图、控制图、排列图等）	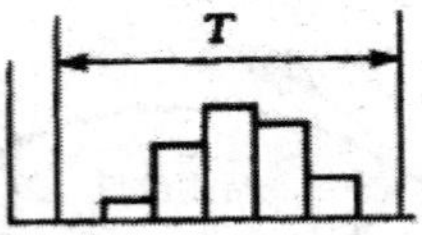 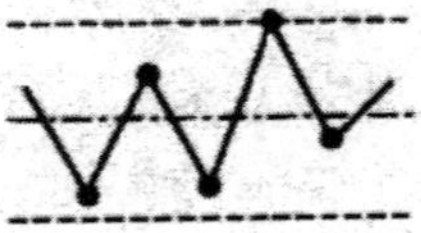 T
A	7	总结项目成功实施的经验，以及不符合项的教训	把工作成功纳入有关的标准、规定和制度中
	8	将项目成功实施的经验与不符合项的教训转入下一循环	将成功的经验与不符合的教训反映到下一循环的计划中，重新开始新的改进了的 PDCA 循环

第五节　安全生产应急救援

根据《安全生产法》第69条的规定，建筑施工单位应当建立应急救援组织；生产经营规模较小，可以不建立应急救援组织的，应当指定兼职的应急救援人员。危险物品的生产、经营、储存单位以及矿山、建筑施工单位应当配备必要的应急救援器材、设备，并进行经常性维护、保养，保证正常运转。

一、目的

为快速科学应对建设工程施工中可能发生的重大安全事故，有效预防、及时控制和最大限度消除事故的危害，保护人民群众的生命财产安全，规范建筑工程安全事故的应急救援管理和应急救援响应程序，明确有关机构职责，建立统一指挥、协调的应急救援工作保障机制，保障建筑工程生产安全，维护正常的社会秩序和工作秩序。

二、工作原则

保障人民群众的生命和财产安全，最大限度地减少人员伤亡和财产损失。不断改进和完善应急救援手段和装备，切实加强应急救援人员的安全防护，充分发挥专家、专业技术人员和人民群众的创造性，实现科学救援与指挥。

三、编制依据

（1）《中华人民共和国安全生产法》。

（2）《建设工程安全生产管理条例》。

（3）《国务院关于特大安全事故行政责任追究的规定》。

（4）《国务院关于进一步加强安全生产工作的决定》。

（5）原建设部《建设工程重大质量安全事故应急预案》。

（6）《生产经营单位安全生产事故应急预案编制导则》(AQ/T9002-2006)。

四、应急救援预案的分类

根据事故应急预案的对象和级别，应急预案可分为下列3种类型：

（1）综合应急预案。综合应急预案是从总体上阐述处理事故的应急方针、政策，应急组织结构及相关应急职责，应急行动、措施和保障等基本要求和程序，是应对各类事故的综合性文件。此类预案适用于集团公司、子公司或分公司。

（2）专项应急预案。这类预案是针对现场每项设施和危险场所可能发生的事故情况编制的应急预案，如现场防火、防爆的应急预案，高空坠落应急预案以及防触电应急预案等。应急预案要包括所有可能的危险状况，明确有关人员在紧急状况下的职责，这类预案仅说明处理紧急事务的必需的行动，不包括事前要求和事后措施，此类预案适用于所有工程指挥部、项目部。建筑施工企业常见的事故专项应急预案主要有坍塌事故应急预案、火灾事故应急预案、高处坠落事故应急预案、中毒事故应急预案等。

（3）现场处置方案。现场处置方案是针对具体的装置或设施、岗位所制定的应急处置措施。现场处置方案应具体、简单、针对性强。并且应根据风险评估及危险性控制措施逐一编制，做到事故相关人员应知应会，熟练掌握，并通过应急演练，做到迅速反应、正确处置。按照事故类型分，施工项目部现场处置方案主要包括高处坠落事故现场处置方案、物体打击事故现场处置方案、触电事故现场处置方案、机械伤害事故现场处置方案、坍塌事故现场处置方案、火灾事故现场处置方案、中毒事故现场处置方案等。

五、应急救援预案的基本内容

（一）组织机构及其职责

（1）明确应急响应组织机构、参加单位、人员及其作用。

（2）明确应急响应总负责人，以及每一具体行动的负责人。

（3）列出施工现场以外能提供援助的有关机构。

（4）明确企业各部门在事故应急中各自的职责。

（二）危害辨识与风险评价

（1）确认可能发生的事故类型、地点及具体部位。

（2）确定事故影响范围及可能影响的人数。

（3）按所需应急反应的级别，划分事故严重程度。

（三）通告程序和报警系统

（1）确定报警系统及程序。

（2）确定现场 24 小时的通告、报警方式，如电话、手机等。

（3）确定 24 小时与地方政府主管部门的通信、联络方式，以便应急指挥和疏散人员。

（4）明确相互认可的通告、报警形式和内容（避免误解）。

（5）明确应急反应人员向外求援的方式。

（6）明确应急指挥中心怎样保证有关人员理解并对应急报警反应。

第六节　安全事故应急预案

根据 2005 年 1 月 26 日国务院第 79 次常务会议通过的《国家突发公共事件总体应急预案》，按照不同的责任主体，国家突发公共事件应急预案体系设计为国家总体应急预案、专项应急预案、部门应急预案、地方应急预案、企事业单位应急预案五个层次。

《水利工程建设重大质量与安全事故应急预案》属于部门预案，是关于事故灾难的应急预案，其主要内容包括：

（1）《水利工程建设重大质量与安全事故应急预案》适用于水利工程建设过程中突然发生且已经造成或者可能造成重大人员伤亡、重大财产损失，有重大社会影响或涉及公共安全的重大质量与安全事故的应急处置工作。按照水利工程建设质量与安全事故发生的过程、性质和机理，水利工程建设重大质量与安全事故主要包括：

①施工中土石方塌方和结构坍塌安全事故；

②特种设备或施工机械安全事故；

③施工围堰坍塌安全事故；

④施工爆破安全事故；

⑤施工场地内道路交通安全事故；

⑥施工中发生的各种重大质量事故；

⑦其他原因造成的水利工程建设重大质量与安全事故。水利工程建设中发生的自然灾害（如洪水、地震等）、公共卫生事件、社会安全等事件，依照国家和地方相应应急预案执行。

（2）应急工作应当遵循“以人为本，安全第一；分级管理，分级负责；属地为主，条块结合；集中领导，统一指挥；信息准确，运转高效；预防为主，平战结合”的原则。

（3）水利工程建设重大质量与安全事故应急组织指挥体系由水利部及流域机构、各级水行政主管部门的水利工程建设重大质量与安全事故应急指挥部、地方各级人民政府、水利工程建设项目法人以及施工等工程参建单位的质量与安全事故应急指挥部组成。

（4）在本级水行政主管部门的指导下，水利工程建设项目法人应当组织制定本工程项目建设质量与安全事故应急预案（水利工程项目建设质量与安全事故应急预案应当报工程所在地县级以上水行政主管部门以及项目法人的主管部门备案）。建立工程项目建设质量与安全事故应急处置指挥部。工程项目建设质量与安全事故应急处置指挥部的组成如下：

指挥：项目法人或主要负责人；

副指挥：各参建单位主要负责人；

成员：各参建单位有关人员。

（5）承担水利工程施工的施工单位应当制定本单位施工质量与安全事故应急预案，建立应急救援组织或者配备应急救援人员，配备必要的应急救援器材、设备，并定期组织演练。水利工程施工企业应明确专人维护救援器材、设备等。在工程项目开工前，施工单位应当根据所承担的工程项目施工特点和范围，制定施工现场施工质量与安全事故应急预案，建立应急救援组织或配备应急救援人员并明确职责。在承包单位的统一组织下，工程施工分包单位（包括工程分包和劳务作业分包）应当按照施工现场施工质量与安全事故应急预案，建立应急救援组织或配备应急救援人员并明确职责。施工单位的施工质量与安全事故应急预案、应急救援组织或配备的应急救援人员和职责应当与项目法人制定的水利工程项目建设质量与安全事故应急预案协调一致，并将应急预案报项目法人备案。

（6）重大质量与安全事故发生后，在当地政府的统一领导下，应当迅速组建重大质量与安全事故现场应急处置指挥机构，负责事故现场应急救援和处置的统一领导与指挥。

（7）预警预防行动。施工单位应当根据建设工程的施工特点和范围，加强对施工现场易发生重大事故的部位、环节进行监控，配备救援器材、设备，并定期组织演练。

（8）按事故的严重程度和影响范围，将水利工程建设质量与安全事故分为Ⅰ、Ⅱ、Ⅲ、Ⅳ四级。对应相应事故等级，采取Ⅰ级、Ⅱ级、Ⅲ级、Ⅳ级应急响应行动。其中：

①Ⅰ级（特别重大质量与安全事故）。已经或者可能导致死亡（含失踪）30人以上（含本数，下同），或重伤（中毒）100人以上，或需要紧急转移安置10万人以上，或直接经济损失1亿元以上的事故。

②Ⅱ级（特大质量与安全事故）。已经或者可能导致死亡（含失踪）10人以上、30人以下（不含本数，下同），或重伤（中毒）50人以上、100人以下，或需要紧急转移安置1万人以上、10万人以下，或直接经济损失5000万元以上、1亿元以下的事故。

③Ⅲ级（重大质量与安全事故）。已经或者可能导致死亡（含失踪）3人以上、10人以下，或重伤（中毒）30人以上、50人以下，或直接经济损失1000万元以上、5000万元以下的事故。

④Ⅳ级（较大质量与安全事故）。已经或者可能导致死亡（含失踪）3人以下，或重伤（中毒）30人以下，或直接经济损失1000万元以下的事故。

（9）水利工程建设重大质量与安全事故报告程序如下：

①水利工程建设重大质量与安全事故发生后，事故现场有关人员应当立即报告本单位负责人。项目法人、施工等单位应当立即将事故情况按项目管理权限如实向流域机构或水行政主管部门和事故所在地人民政府报告，最迟不得超过4小时。流域机构或水行政主管部门接到事故报告后，应当立即报告上级水行政主管部门和水利部工程建设事故应急指挥部。水利工程建设过程中发生生产安全事故的，应当同时向事故所在地安全生产监督局报告；特种设备发生事故，应当同时向特种设备安全监督管理部门报告。接到报告的部门应当按照国家有关规定，如实上报。报告的方式可先采用电话口头报告，随后递交正式书面

报告。在法定工作日向水利部工程建设事故应急指挥部办公室报告：夜间和节假日向水利部总值班室报告，总值班室归口负责向国务院报告。

②各级水行政主管部门接到水利工程建设重大质量与安全事故报告后，应当遵循“迅速、准确”的原则，立即逐级报告同级人民政府和上级水行政主管部门。

③对于水利部直管的水利工程建设项目以及跨省（自治区、直辖市）的水利工程项目，在报告水利部的同时应当报告有关流域机构。

④特别紧急的情况下，项目法人和施工单位以及各级水行政主管部门可直接向水利部报告。

（10）事故报告内容分为事故发生时报告的内容以及事故处理过程中报告的内容，其中：

①事故发生后及时报告以下内容：

a. 发生事故的工程名称、地点、建设规模和工期，事故发生的时间、地点、简要经过、事故类别和等级、人员伤亡及直接经济损失初步估算；

b. 有关项目法人、施工单位、主管部门名称及负责人联系电话，施工等单位的名称、资质等级；

c. 事故报告的单位、报告签发人及报告时间和联系电话等。

②根据事故处置情况及时续报以下内容：

a. 有关项目法人、勘察、设计、施工、监理等工程参建单位名称、资质等级情况，单位以及项目负责人的姓名以及相关执业资格；

b. 事故原因分析；

c. 事故发生后采取的应急处置措施及事故控制情况；

d. 抢险交通道路可使用情况；

e. 其他需要报告的有关事项等。

（11）事故现场指挥协调和紧急处置：

①水利工程建设发生质量与安全事故后，在工程所在地人民政府的统一领导下，迅速成立事故现场应急处置指挥机构负责统一领导、统一指挥、统一协调事故应急救援工作。事故现场应急处置指挥机构由到达现场的各级应急指挥部和项目法人、施工等工程参建单位组成。

②水利工程建设发生重大质量与安全事故后，项目法人和施工等工程参建单位必须迅速、有效地实施先期处置，防止事故进一步扩大，并全力协助开展事故应急处置工作。

（12）各级应急指挥部应当组织好三支应急救援基本队伍：

①工程设施抢险队伍，由工程施工等参建单位的人员组成，负责事故现场的工程设施抢险和安全保障工作。

②专家咨询队伍，由从事科研、勘察、设计、施工、监理、质量监督、安全监督、质量检测等工作的技术人员组成，负责事故现场的工程设施安全性能评价与鉴定，研究应急方案、提出相应应急对策和意见；并负责从工程技术角度对已发事故还可能引起或产生的危险因素进行及时分析预测。

③应急管理队伍，由各级水行政主管部门的有关人员组成，负责接收同级人民政府和上级水行政主管部门的应急指令、组织各有关单位对水利工程建设重大质量与安全事故进行应急处置，并与有关部门进行协调和信息交换。

经费与物资保障应当做到地方各级应急指挥部确保应急处置过程中的资金和物资供给。

（13）宣传、培训和演练。

其中，公众信息交流应当做到：

①水利部应急预案及相关信息公布范围至流域机构、省级水行政主管部门。

②项目法人制定的应急预案应当公布至工程各参建单位及相关责任人，并向工程所在地人民政府及有关部门备案。

培训应当做到：

①水利部负责对各级水行政主管部门以及国家重点建设项目的项目法人应急指挥机构有关工作人员进行培训。

②项目法人应当组织水利工程建设各参建单位人员进行各类质量与安全事故及应急预案教育，对应急救援人员进行上岗前培训和常规性培训。培训工作应结合实际，采取多种形式，定期与不定期相结合，原则上每年至少组织一次。

（14）监督检查。水利部工程建设事故应急指挥部对流域机构、省级水行政主管部门应急指挥部实施应急预案进行指导和协调。按照水利工程建设管理事权划分，由水行政主管部门应急指挥部对项目法人以及工程项目施工单位应急预案进行监督检查。项目法人应急指挥部对工程各参建单位实施应急预案进行督促检查。

第十五章　水利信息化建设项目评价与信息管理

第一节　项目评价

水利建设项目具有防洪、治涝、发电、城镇供水、灌溉、航运、水产养殖、旅游等功能。《水利产业政策》将水利建设项目根据其功能和作用划分为甲、乙两类。甲类为防洪除涝、农田灌排骨干工程、城市防洪、水土保持、水资源保护等以社会效益为主、公益性较强的项目；乙类为供水、水力发电、水库养殖、水上旅游及水利综合经营等以经济效益为主，兼有一定社会效益的项目。甲类项目公益性较强，不具备盈利能力；乙类项目具有一定的盈利能力。

以上不同类型的水利建设项目的评价工作具有不同的侧重点。从广义的角度而言，水利建设项目的环境影响评价、经济评价都包括在社会评价的范畴，但是由于水利项目经济评价已制定了比较完善的规范和一套比较成熟的评价方法，环境评价也有具体的评价规范和评价方法，因而此处将社会评价称之为狭义的社会评价。据此可把水利建设项目评价分为三个部分，即经济评价、环境影响评价和社会评价。

项目的经济评价主要包括项目的国民经济评价和项目的财务评价。国民经济评价又称为社会经济评价，目前，其计算参数和方法以 2006 年国家发改委和建设部发布的《建设项目经济评价方法与参数》（第三版）（以下简称《方法与参数》）和 1994 年水利部颁布的《水利建设项目经济评价规范》(SI72–1994) 为依据。

根据项目实施的阶段，还可以将水利建设项目评价划分为项目前期评价、项目中期评价和后期评价。

水利建设项目的类型众多，其经济、技术、社会、环境及运行、经营管理等情况涉及面广，情况复杂，因而每个建设项目评价的内容、步骤和方法并不完全一致。但从总体上看，一般项目的评价都遵循一个客观的、循序渐进的基本程序，选择适宜的方法及设置一套科学合理的评价指标体系，以全面反映项目的实际状况。

水利建设项目评价的一般步骤可分为提出问题、筹划准备、深入调查搜集资料、选择评价指标、分析评价和编制评价报告。选择合适的评价方法和评价指标是最为重要的阶段。评价主要指标可以根据水利建设项目的功能情况增减。如属于社会公益性质或者财务收入很少的水利建设项目，评价指标可以适当减少；涉及外汇收支的项目，应增加经济换汇成本、经济节汇成本等指标。

第二节　财务评价

一、概述

财务评价是从项目核算单位的角度出发，根据国家现行财税制度和价格体系，分析项目的财务支出和收益，考察项目的财务盈利能力和财务清偿能力等财务状况，判别项目的财务可行性。水利水电建设项目财务评价必须符合新的财务、会计、税制法规等方面的改革情况。

（1）财务评价中对财务的效果衡量只限于项目的直接费用和直接收益，不计算间接费用和间接效益。其中建设项目的直接费用包括固定资产投资、流动资金、贷款利息、年运行费和应纳税金等各项费用。建设项目的直接效益，包括出售水利、水电产品的销售收入和提供服务所获得的财务收入。

（2）财务评价时，无论费用支出和效益收入均使用财务价格。

（3）水利建设项目进行财务评价时，当项目的财务内部收益率 (FIRR) 不小于规定的行业财务基准收益率时，该项目在财务上可行。

财务评价的内容一般包括七项：①财务费用计算；②财务收益计算；③清偿能力分析；④盈利能力分析；⑤不确定性分析；⑥提出资金筹措方案；⑦提出优惠政策方案。

二、财务支出与财务收入

（一）财务支出

水利建设项目的财务支出包括建设项目总投资、年运行费、流动资金和税金等费用。

建设项目总投资主要由固定资产投资、固定资产投资方向调节税、建设期和部分运行期的借款利息和流动资金四部分组成。

（1）固定资产投资。是指项目按建设规模建成所需的费用，包括建筑工程费、机电设备及安装工程费、金属结构设备及安装工程费、临时工程费、建设占地及水库淹没处理补偿费、其他费用和预备费。

（2）固定资产投资方向调节税。这是贯彻国家产业政策，引导投资方向，调整产业结构而设置的税种。根据财政部、国家税务总局、国家发改委的相关政策，对《中华人民共和国固定资产投资方向调节税暂行条例》规定的纳税义务人，固定资产投资应税项目自2000年1月1日起新发生的投资额，暂停征收固定资产投资方向调节税。

（3）建设期和部分运行期的借款利息。这是项目总投资的一部分。《水利建设项目经济评价规范》(SI72–94) 规定，运行初期的借款利息应根据不同情况，分别计入固定资产总投资或项目总成本费用。

（4）流动资金。水利水电工程的流动资金通常可以按 30~ 60 天周转期的需要量估列，一般可参照类似工程流动资金占销售收入或固定资产投资的比率或单位产量占流动资金的比率来确定。例如，对于供水项目，可按固定资产投资的 1‰ ~2‰估列，对于防洪治涝等公益性质的水利项目，可以不列流动资金。

年运行费是指项目建成后，为了维持正常运行每年需要支出的费用，包括工资及福利费、水源费、燃料及动力费、工程维护费（含库区维护费）、管理费和其他费用。

产品销售税金及附加、所得税等税金根据项目性质，按照国家现行税法规定的税目、税率进行计算。

（二）总成本费用

水利建设项目总成本费用指项目在一定时期内为生产、运行以及销售产品和提供服务所花费的全部成本和费用。总成本费用可以按经济用途分类计算，也可以按照经济性质分类计算。

1. 按照经济用途分类计算

按照经济用途分类计算应包括制造成本和期间费用。

（1）制造成本。包括直接材料费、直接工资、其他直接支出和制造费用等项。

（2）期间费用。包括管理费用、财务费用和销售费用。

①管理费用。是指企业行政管理部门为组织和管理生产经营活动而发生的各项费用，包括工厂总部管理人员的工资及福利费、折旧费、修理费、无形及递延资产摊销、物料损失、低值易耗品摊销及其他管理费用（办公费、差旅费劳动保护费、技术转让费、土地使用税、工会经费及其他）。

②财务费用。是指为筹集资金而发生的各项费用，包括生产经营期间发生的利息净支出及其他财务费用（汇兑净损失、调剂外汇手续费和金融机构手续费等）。

③销售费用指企业在销售产品和提供劳务过程中所发生的各种费用，包括运输费、装卸费、包装费、保险费、展览费和销售部门人员工资及福利、折旧费、修理费及其他销售费用。因而项目总成本的计算公式为：

项目总成本＝制造成本＋销售费用＋管理费用＋财务费用

2. 按照经济性质分类计算

按经济性质分类计算应包括材料、燃料及动力费、工资及福利费、维护费、折旧费、摊销费、利息净支出及其他费用等项。

（三）财务收入与利润

水利项目的财务收入是指出售水利产品和提供服务所得的收入，年利润总额是指年财务收入扣除年总成本和年销售税金及附加后的余额。计算公式为：

年利润总额＝年财务收入－年总成本费用－年销售税金及附加

三、财务评价指标

水利项目财务评价指标分主要和次要两类：主要财务指标有财务内部收益率、财务净现值、投资回收期、资产负债率和借款偿还期；次要指标有投资利润率、投资利税率、资本金利润率、流动比率、速动比率、负债权益比和偿债保证比等。《方法和参数》中取消了投资利润率、投资利税率、资本金利润率、借款偿还期、流动比率、速动比率等指标，新增了总投资收益率、项目资本金净利润率、利息备付率、偿债备付率等指标，并正式给出了相应的融资前税前财务基准收益率、资本金税后财务基准收益率、资产负债率合理区间，利息备付率最低可接受值、偿债备付率最低可接受值、流动比率合理区间、速动比率合理区间。

财务评价指标可分为分析项目盈利能力参数和分析项目偿债能力参数。分析项目盈利能力的指标主要包括财务内部收益率、总投资收益率、投资回收期、财务净现值、项目资本金净利润率、投资利润率、投资利税率等指标。

分析项目偿债能力的指标主要包括利息备付率、偿债备付率、资产负债率、流动比率、速动比率、借款偿还期等。

现对其中部分指标作如下说明。

（一）资产负债率

资产负债率是指反映项目所面临财务风险程度及偿债能力的指标，其计算公式为：

$$资产负债率 = \frac{负债总额}{资产总额}$$

西方企业一般此比率保持在0.5~0.7之间（世界银行要求0.6~0.7）。

（二）总投资收益率

总投资收益率表示总投资的盈利水平，指项目达到设计能力后正常年份的年息税前利润或运营期内年平均息税前利润与项目总投资的比率，总投资收益率计算公式为：

$$总投资收益率 = \frac{年息税前利润或年均息税前利润}{项目总投资} \times 100$$

总投资收益率不小于基准总投资收益率指标的投资项目才具有财务可行性。

（三）利息备付率

利息备付率也称已获利息倍数，是指项目在借款偿还期内各年可用于支付利息的税息前利润与当期应付利息费用的比值。其表达式为：

$$息备付率 = \frac{税息前利润}{当期应付利息} \times 100\%$$

其中税息前利润 = 利润总和 + 计入总成本费用的利息费用

当期应付利息是指计入总成本费用的全部利息。

（四）偿债备付率

偿债备付率是指项目在借款偿还期内，各年可用于还本付息的资金与当期应还本付息金额的比值。其表达式为：

$$偿债备付率 = \frac{可用于还本付息的资金}{当期应还本付息的金额} \times 100\%$$

式中，可用于还本付息的资金包括可用于还款的折旧和摊销、成本中列支的利息费用、可用于还款的利润等；当期应还本付息的金额包括当期应还贷款本金额及计入成本费用的利息。

（五）流动比率

流动比率也称营运资金比率或真实比率，是指企业流动资产与流动负债的比率，反映企业短期偿债能力的指标。其计算公式为：

$$动比率=\frac{流动资产}{流动负债}$$

流动比率越高，说明资产的流动性越大，短期偿债能力越强。一般认为流动比率不宜过高也不宜过低，应维持在 2 ： 1 左右。过高的流动比率，说明企业有较多的资金滞留在流动资产上未加以更好地运用，如出现存货超储积压，存在大量应收账款，拥有过分充裕的现金等，资金周转可能减慢从而影响其获利能力。有时，尽管企业现金流量出现赤字，但是企业可能仍然拥有一个较高的流动比率。

（六）速动比率

速动比率又称“酸性测验比率”，是指速动资产对流动负债的比率。它是衡量企业流动资产中可以立即变现用于偿还流动负债的能力。其计算公式为：

$$速动比率=\frac{流动资产总额-存货总额}{流动资产总额}$$

速动比率的高低能直接反映企业的短期偿债能力强弱，它是对流动比率的补充，并且比流动比率反映得更加直观可信。如果流动比率较高，但流动资产的流动性却很低，则企业的短期偿债能力仍然不高。在流动资产中有价证券一般可以立刻在证券市场上出售，转化为现金、应收账款、应收票据、预付账款等项目，可以在短时期内变现，而存货、待摊费用等项目变现时间较长，特别是存货很可能发生积压、滞销、残次、冷背等情况，其流动性较差。因此流动比率较高的企业并不一定偿还短期债务的能力很强，而速动比率就避免了这种情况的发生。速动比率更能准确地表明企业的偿债能力。

一般来说，速动比率越高，企业偿还负债能力越高；相反，企业偿还短期负债能力则弱。它的值一般以 100% 为恰当。

（七）负债权益比

负债权益比反映的是资产负债表中的资本结构，说明借人资本与股东自有资本的比例关系，显示财务杠杆的利用程度。负债权益比是一个敏感的指数，太高了不好，资本风险太大；太低了也不好，显得资本运营能力差。在美国市场，负债权益比一般是 1:1，在日本市场是 2 ： 1。长期贷款时，银行看重的就是负债权益比，长期负债如果超过净资产的一半，银行会怀疑企业还贷的能力。其计算公式为：

$$负债权益比=\frac{负债}{权益资本}=\frac{总投资-权益资本}{权益资本}$$

（八）偿债保证比

通过对项目（或企业）运营时期偿债资金来源和需要量的比较以表示项目在某一年内

偿还债务的保证程度，这一比值的经验标准要求一般在 1.3~1.5，小于此数就意味着权益资本的回收和股利的获得可能落空。其计算公式为：

$$偿债保证比 = \frac{自有资金}{偿债准备}$$

其中，偿债准备包括当年需偿还的贷款本金和当年需偿还的利息。

四、国民经济评价

国民经济评价是从国家（全社会）整体的角度分析，采用影子价格，计算项目对国民经济的净贡献，据此评价项目的经济合理性。水利建设项目经济评价应以国民经济评价为主，对于国民经济评价结论不可行的项目，一般应予以否定。如项目财务评价与国民经济评价结论均属可行，此时该项目应予通过。如国民经济评价合理，而财务评价不可行，而此项目又属于国计民生所急需，此时可进行财务分析计算，提出维持项目正常运行需由国家补贴的资金数额、需要采取的经济优惠措施及有关政策，提供上级决策部门参考。

国民经济评价在项目决策阶段进行称为项目国民经济前评价。项目国民经济后评价是在项目建成并经过一段时间生产运行后进行。项目国民经济前评价的主要目的是评价项目的经济合理性，为科学决策提供依据，除国家规定的参数外，主要采用预测估算值，一般仅包括项目经济合理的评价结论。项目国民经济后评价的主要目的是为了总结经验和教训，以改善项目的国民经济效益并提高项目国民经济评价的质量和决策水平。项目国民经济后评价所依据数据除国家规定的经济参数外，项目后评价时点以前，采用实际发生数据；在项目后评价时点以后，采用以实际发生值为基础的新的预测估算值。项目国民经济后评价除包括项目经济合理性的评价结论，还包括项目从国民经济角度存在的问题，以及提高项目经济效益的意见和建议。

水利建设项目的国民经济评价指标可以分为两类：一类反映国民经济盈利能力指标，如经济内部收益率 (EIRR)、经济净现值 (ENPV)、经济效益费用比 (EBCR)；另一类在后评价中使用，反映项目后评价指标与前评价指标两者的偏离程度，如实际经济内部收益率的偏离率、实际经济净现值的偏离率、实际经济效益费用比的偏离率。以上国民经济评价指标的计算，都可以通过编制国民经济效益费用流量表求出。

第三节 环境影响评价

一、水利建设项目环境影响评价的内容

水利建设项目环境影响评价编制的主要内容应包括工程概况、工程分析、环境现状调查、环境影响识别、环境影响预测和评价、环境保护对策措施、环境监测与管理、投资估算、环境影响经济损益分析、环境风险分析、公众参与和评价结论等。

环境影响评价可根据内容分为水文、泥沙、局地气候、水环境、环境地质、土壤环境、陆生生物、水生生物、生态完整性与敏感生态环境问题、大气环境、声环境、固体废物、人群健康、景观和文物、移民、社会经济等环境要素及因子的评价。

（一）水文泥沙情势影响分析

因建设拦蓄、调水工程等水利水电工程，改变了河道的天然状态，因而对河道乃至流域的水文、泥沙情势造成了影响。水文、泥沙情势的变化是导致工程建设、运行期所有生态与环境问题影响的原动力，对其变化影响进行评价，具有重要意义。如河道冲刷可能对下游的水利工程和桥涵等产生影响。

（二）水环境影响

水环境影响涉及地面水和地下水两个部分。水库蓄水后，水深增大，水体交换速度减缓，从而改变了水汽交界面的热交换和水体内部的热传导过程。水温直接关系水的使用，如水库泄放低温水对下游灌区水稻生长有一定影响。水利工程建设项目还影响水体水质迁移转化的规律，如塔里木农业灌溉排水一期工程渭干河项目区排出的高含盐水排入塔里木河，将影响塔里木河水质，为此工程设计中研究了多种排水方案。

（三）土壤环境及土地资源影响

不同工程类型及工程施工期、运行期对于土壤环境影响的范围、程度及方式不同，总体可以归纳工程占地影响和对土壤演化因素的影响两大方面。工程占地，蓄水、输水建筑物淹没、浸没，移民，水资源调度和使用不当，污染物排放对土地资源都会造成影响。

（四）陆生生态影响

建设工程项目改变了区域生态环境，会影响工程区的植被、野生动物、珍稀濒危动植物等种类、数量及分布。例如，黄河人民胜利渠灌区开发后，建立了豫北黄河故道天鹅自然保护区。

（五）水生生态影响

水利工程的水的生态作用主要表现为水利工程引起水生物个体、种群、群落及其生存环境的变化。水利工程对浮游生物、底栖生物、高等水生植物、鱼类、湿地等生态系统将产生相应的影响。

（六）施工环境影响

水利水电工程建设在工程施工过程中，会对施工区及其周边地区的自然环境和生态环境带来一定的影响和干扰，如工程施工废水和施工人员生活污水排放会污染施工区附近的河流湖泊。通过预测和分析工程施工过程中可能产生的水质、大气环境、声环境、固体废物环境影响，并提出减缓这些不利影响的对策和措施。

（七）移民环境影响

水利水电工程移民安置是工程建设不可分割的重要组成部分，通过环境评价，从环境保护的角度保证工程建设的顺利进行，做好移民安置工程。

（八）环境水利医学影响

水利工程环境对人群健康会造成影响，为某些疾病的传播和扩散提供可能。如狮子滩水电站施工期疟疾发病率上升了 3 倍。国家技术监督局和卫生部 1995 年颁布了《水利水电工程环境影响医医评价技术规范》，作为实践指导性文件。

（九）经济社会影响

水利水电项目对经济及社会的影响分为有利影响和不利影响，分析给出影响区人口受益和受损情况，并研究补偿和扩大经济社会效益的措施。

（十）气候、地质、景观及文物影响

水利工程建设影响局部气候，使水体面积、体积、形状等改变，水陆之间水热条件、空气动力特征发生变化，工程建设对水体上空及周边陆地气温、湿度、风、降水、雾等产生影响。例如，三门峡水库修建后，对库岸附近 5km 河谷盆地范围内的气候产生一定影响，年平均气温降低 0.4~0.9℃。

水利水电工程建设改变了自然界原有的岩土力学平衡，加剧或引发了隐患区地质灾害的发生，比较常见或影响较大的有水库诱发地震、浸没、淤积与冲刷、坍塌与滑坡、渗漏、水质污染、土壤盐渍化等。水利水电建设还会影响景观区和文物保护工作。

水利水电工程建设项目对环境的影响包括对自然环境的影响和对社会环境的影响两个方面。评价内容的选取、各项内容的评价详略程度以及所采用的评价方法，应当按照不同的水利水电工程所处的自然环境、社会环境及经济条件来具体确定。

二、水利建设项目环境影响评价的方法和步骤

水利水电工程环境影响是一个复杂的系统，编制水利建设项目环境影响评价归纳起来有以下步骤：

（1）确定水利工程及其配套工程环境影响评价的范围。

（2）制定水利建设工程项目环境影响评价工作大纲。

（3）调查分析工程概况及工程影响区环境现状。

（4）工程环境影响要素识别与评价因子筛选。

（5）进行环境影响预测和评价，编制报告书。

该工作一般按四个层次进行：环境总体（包括自然环境和社会环境）、环境种类、环境要素、环境因子。环境因子是基本单元，由相应的环境因子群构成环境要素，由相同类型的环境组成构成环境种类，由环境种类构成环境总体。

目前水利工程环境影响评价工作的评价标准和评价方法大多仍以定性分析环境影响为主，按照调查或监测环境影响，最终得出工程环境影响评价结论。环境影响评价报告书流于形式，环保措施的制定针对性较低，实施效果较差等。因此，建立科学的评价标准和构建适用的评价模型十分必要，并且具有重要的现实意义。

从评价方法上来说，经过几十年的发展，目前在文献中有报道的评价方法已有上百种。常用的方法可分为两种类型：综合评价方法、专项分析评价方法。

综合评价法主要是用于综合地描述、识别、分析和评价一项开发活动对各种环境因子的影响或引起总体环境质的变化。专项分析评价方法常用于定性、定量地确定环境影响程度、大小及重要性，并对影响大小排序、分级，用于描述单项环境要素及各种评价因子量的现状或变化，还可对不同性质的影响，按照环境价值的判断进行归一化处理。随着研究的不断深入，越来越多的新方法应用到环境影响评价中，如人工神经网络法、系统动力学法、模糊数学方法、生态评价方法、环境经济学方法、灰色聚类方法等。

第四节　社会评价

一、社会评价的含义及作用

社会是由经济、政治、文化、教育、卫生、安全、国防、环境等各个领域组成的，社会发展目标涉及以上各个领域。这里所指的社会评价仅限定为狭义的社会评价。水利建设

项目社会评价是指工程项目为实现社会发展目标所做贡献与影响的一种评价方法。它是从全社会角度研究水利项目的可行性，为选择最优方案提供更科学的决策。

当前社会评价可分为四种：第一种包括国民经济评价中的社会效益分析；第二种指经济评价加收入分配分析；第三种指项目的国家宏观经济分析；第四种指社会（影响）评价或称社会分析。

二、水利建设项目社会影响评价内容与指标体系

水利建设项目社会评价的内容包括社会效益与影响评价，以及水利建设项目与社会发展相互适应的分析。既分析水利建设项目对社会的贡献与影响，又分析项目对社会政策贯彻的效用，揭示项目的社会风险，提出风险防范措施，研究项目的社会可行性，为项目决策提供科学依据。水利建设项目社会评价与经济评价内容和方法不同，经济评价有相应的经济效益指标和判断项目是否可行的评价标准，及具体的计算方法。社会评价内容广泛，一般包括定性与定量两个部分：定性部分选择用文字描述项目对社会影响的好坏及程度；而定量部分则选择一些定量指标如具体的数字或比例来表示，可以实物量或货币量表示，也可选择相对值或绝对值。

（一）水利建设项目社会影响评价内容

一般来讲，广义的水利建设项目社会影响评价内容应该包括以下三个方面的内容：一是评价项目对社会环境和社会经济方面可能产生的影响和社会问题，也就是狭义的社会影响评价；二是项目与当地技术、组织和文化的相互适应性分析；三是项目的风险分析。从理论上讲，任何水利工程项目都与人和社会有着密切的联系，上述社会影响评价三方面的内容适合于各类水利工程项目的评价，但不同类型的水利工程项目，同一工程项目在不同的阶段，其社会影响评价的具体内容会有较大差别。

狭义的水利建设项目社会影响评价内容仅指评价项目对社会环境和社会经济的两方面的影响，在国家、地区或流域、项目三个层次上进行分析。对国家和地区的影响属于宏观方面的影响，对项目社区属于微观层次的影响。

1. 对社会环境影响方面

水利建设项目对社会环境的影响是影响评价的重点，包括项目对社会、政治、人口、就业、文化、教育、卫生等方面的影响，基本涵盖以下方面：

（1）对当地人口的影响。水利建设项目实施后，一方面，能改善当地的生存条件，提高当地人民的生活水平，并可能吸引贫困地区的大量人口迁入项目区，另一方面，大型水利建设项目，尤其是大型水库工程，往往引发大规模的人口迁移，分析移民与安置区居民之间的各种矛盾问题并妥善解决，事关水利建设项目的成败，是分析研究的重点。

（2）对就业及公平分配效益的影响。分析评价拟建项目的直接投资所产生的就业人数即直接就业人数，以及相关项目新增就业人数，即间接就业人数。在宏观层次分析上，主要根据地区的社会统计数据，分析地区的社会发展水平，提出项目对地区发展水平的适应程度。在微观层次上，分析项目的实施的受益人群及受损人群的利益分配问题，或者项目的实施能否改善现有效益分配的各种不平等现象。

（3）对社会安全、稳定的影响。要评价水利建设项目，尤其是防洪、治涝、河道整治、跨流域调水等项目在促进社会安全稳定，缓解上下游，左右岸，调水区与受水区，省际、县际、人际间的水事矛盾，增强人们的安全感和稳定感，避免发生毁灭性灾害，减免人员伤亡等方面的社会效益和影响。

（4）对当地文化卫生保健事业的影响。水利建设项目能使项目区的文化教育事业得到改善。要分析评价项目在减少文盲、半文盲的比率，提高中小学普及率，促进成人教育、夜大、职大的普及与发展等方面的社会效益与影响。分析评价水利建设项目对改善农村医疗卫生条件等方面的贡献与影响，包括各级（乡级、村级）医院或卫生所的普及、乡村医护人员的增加以及疾病发病率的变化等。

（5）对提高项目区农民生活水平和牛活质量的影响。主要分析评价项目对提高人均纯收入、农民家庭收入，以及改善其衣、食、行条件等方面的贡献和影响。

（6）对提高妇女地位的影响。从项目区妇女总劳动量、受教育情况和受技术培训情况的变化分析项目的实施是否有利于妇女地位的提高。

（7）对民族及宗教关系的影响。边远地区、少数民族地区及多民族聚居区的水利建设项目要特别重视各民族自己的文化历史、风俗习惯、宗教信仰、生活方式等因素对建设项目的影响和作用，对不利影响要尽量避免，并研究如何增加项目的有利影响和贡献。

（8）对提高国家国际威望的影响。尤其对于大型水利项目，要重点分析。

（9）对项目区基础设施、服务设施的影响。分析评价水利建设项目在改善流域的水利和交通条件，增加干流航道里程，改善能源供应，改善基础设施和服务设施等方面的效益，以及迫使公路、铁路、通信线路改线等对地区基础设施的不利影响。

（10）其他社会影响。包括对国防的影响，对社区社会结构的影响，对社区生产的社会组织的影响，对人际关系的影响，对社区凝聚力的影响，对社区人民社会福利、社会保障的影响等。

2. 社会经济方面的影响

水利建设项目社会评价中的社会经济影响应从宏观经济角度进行分析和评价，避免与项目的国民经济评价内容重复，特别要注意不能忽略掉负效益的影响。具体内容包括对国家经济发展目标的影响；对流域经济、地区经济发展的影响；对部门经济发展的影响；对我国科学技术进步的影响；节约时间的效益等方面。

3. 项目与社会适应性及风险分析

分析项目是否与地区要求、群众的需要相适应，当地对项目是否满意并能积极支持项目的实施，研究项目与地区是否协调。对于大中型水利建设项目，要分析项目对国家、地方发展重点的适应性问题。通过分析，防范社会风险，保证项目生存的持续性和项目效果的持续性，促进社会适应性项目的生存与发展，以促进社会的进步与发展。一般包括下列内容：项目对国家、地区发展重点的适应性分析、项目对当地人民需求的适应性分析、项目的社会风险分析（如对于国际河流上的水利建设项目，分析引起国际纠纷的可能性，提出处理协调措施等）、受损群体的补偿措施分析、项目的参与水平分析、项目的持续性分析（环境功能的持续性、经济增长的持续性和项目效果的持续性等）。

（二）水利建设项目社会评价的指标体系

用于水利系统各个部门各专业，反映各个方面的一系列互为联系和补充的评价指标的集合即为水利建设项目社会评价指标体系。水利建设项目社会评价指标体系是根据水利建设项目社会评价内容而设置的，是项目社会评价内容的重要体现和组成部分。

水利建设项目社会评价的定量指标大体可分为通用和专用两类，通用是相对专用而言，即为针对水利建设项目社会评价指标体系当中的通用指标。这些指标的设置，是根据项目的建设必须考虑的社会发展的政策或问题（如消除贫困、公平问题、公众参与等），以及水利建设项目的兴建对项目影响区域内社会构成的各要素（如文化、卫生教育、自然资源、生态环境等方面）的影响和大中型水利工程可能发生的耕地淹没、占用和移民等影响而设置的。具体定量指标详细请见《水利建设项目社会评价指南》（以下简称《指南》），在《指南》中设计了水利建设项目社会评价的定量指标，在进行实际工作中可参考选用。对于具体的建设项目，可根据项目的特点及存在的关键问题，适当地选用一些主要指标作为评价指标，组成社会评价指标体系。

除应包括定量指标外，还必须选择一定数量的定性指标，而有时定性指标的设置往往在社会评价中占有相当重要的位置。指标的设置应本着少而精的原则，应可以较为全面地反映项目取得的社会贡献与影响，力求科学、实用和简便易行。

第五节　项目信息系统

一、施工项目信息系统构成

广义的管理信息系统是指存在于任何组织内部、为管理决策服务的信息收集、加工、存储、传递、检索和输出系统。狭义的管理信息系统是指按照系统思想建立起来的以计算机为基础、为管理决策服务的信息系统。它是一个综合的人—机系统，是信息管理中现代管理科学、系统科学、计算机技术及通信技术的综合性具体应用。施工项目信息管理系统是以施工项目为目标系统，利用计算机辅助管理施工项目的信息系统。施工项目信息管理系统通过及时地对施工项目中的数据进行收集和加工处理，向施工项目部门提供有关信息，支持项目管理人员确定项目规划，在项目实施过程中控制项目目标。项目管理信息系统结构由项目信息、项目公共信息、项目目录清单 3 个子系统组成，3 个子系统共享数据库，相互之间有联系。项目信息管理系统结构如图 15–1 所示。

（一）项目信息

“项目电子文档名称 I ”一般以具有指代意义的项目名称作为项目的电子文档名称（目录名称），里面包括单位工程电子文档名称 1、单位工程电子文档名称 2、单位工程电子文档名称 M 和单位工程电子文档名称 N。

“单位工程电子文档名称 M”一般以具有指代意义的单位工程名称作为单位工程的电子文档名称（目录名称），其信息库应包括：工程概况信息；施工记录信息；施工技术资料信息；工程协调信息；工程进度及资源计划信息；成本信息；资源需要量计划信息；商务信息；安全文明施工及行政管理信息；竣工验收信息等。这些信息所包含的表即为“单位工程电子文档名称 M”的信息库中的表；除以上数据库文档以外的反映单位工程信息的文档归为“其他”。

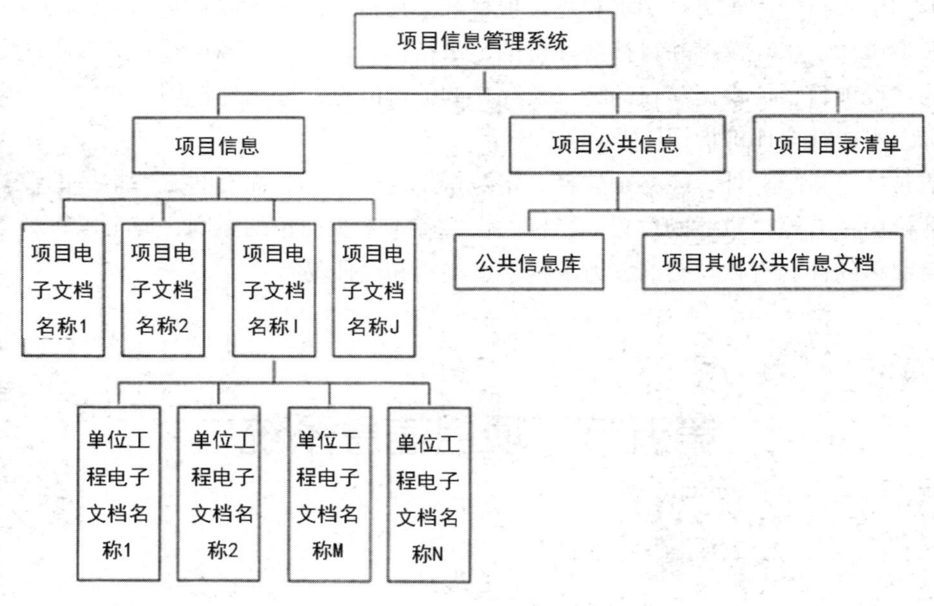

图 15–1　项目信息管理系统结构

（二）项目公共信息

公共信息库中应包括的信息表有：法规和部门规章表；材料价格表；材料供应商表；机械设备供应商表；机械设备价格表；新技术表；自然条件表等。

“项目其他公共信息文档”是指除“公共信息库”中文档以外的项目公共文档。

（三）项目目录清单

指的是记载有关施工项目的明细单，如土石方工程、砌筑工程、装饰装修工程等工程量所需的全部费用。

二、施工项目信息系统内容

（一）建立信息代码系统

信息是工程建设三大监控目标实现的基础，是监理决策的依据，是各方单位之间关系的纽带，是监理工程师做好协调组织工作的重要媒介。将各类信息按信息管理的要求分门别类，并赋予能反映其主要特征的代码，代码应符合唯一化、规范化、系统化、标准化的要求，方便施工信息的存储、检索和使用，以便利用计算机进行管理。代码体系结构应易于理解和掌握，科学合理、结构清晰、层次分明、易于扩充，能满足施工项目管理需要。

（二）明确施工项目管理中的信息流程

根据施工项目管理工作的要求和对项目组织结构、业务功能及流程的分析，建立各单位及人员之间、上下级之间、内外之间的信息连接，并要保持纵横内外信息流动的渠道畅通有序，否则施工项目管理人员无法及时得到必要的信息，就会失去控制的基础、决策的依据和协调的媒介，将影响施工项目管理工作顺利进行。

（三）建立施工项目管理中的信息收集制度

项目信息管理应适应项目管理的需要，为预测未来和正确决策提供依据，提高管理水平。相关工作部门应负责收集、整理、管理项目范围内的信息，并将信息准确、完整地传递给使用单位和人员。实行总分包的项目，项目分包人应负责分包范围的信息收集整理，承包人负责汇总、整理各分包人的全部信息。经签字确认的项目信息应及时存入计算机。项目信息管理系统必须目录完整、层次清晰、结构严密、表格自动生成。

（四）建立施工项目管理中的信息处理

信息处理的过程主要包括信息的获取、储存、加工、发布和表示。

三、施工项目信息系统结构的基本要求

（1）进行项目信息管理体系的设计时，应同时考虑项目组织和项目启动的需要，包

括信息的准备、收集、编目、分类、整理和归档等。信息应包括事件发生时的条件，搜集内容应包括必要的录像、摄影、音响等信息资料，重要部分刻盘保存，以便使用前核查其有效性、真实性、可靠性、准确性和完整性。

（2）项目信息管理系统应目录完整、层次清晰、结构严密、表格自动生成。

（3）项目信息管理系统应方便项目信息输入、整理与存储，并利于用户随时提取信息，调整数据、表格与文档，能灵活补充、修改与删除数据。

（4）项目信息管理系统应能使各种施工项目信息有良好的接口，系统内含信息种类与数量满足项目管理的全部需要。

（5）项目信息管理系统应能连接项目经理部内部各职能部门之间以及项目经理部与各职能部门、作业层、企业各职能部门、企业法定代表人、发包人和分包人、监理机构等，通过建立企业内部的信息库和网络平台，各项目监理机构之间通过网络平台确保信息畅通，资源共享。

人力、资金、物资、信息、生产、供应、销售及综合分析决策等，是企业管理工作不能缺少的职能，按照这些管理职能划分管理部门，建立管理机构，是传统企业组织设计的基本原则，管理信息系统也多是按照这些职能划分由相互关联的子系统组成。科学技术的快速发展、顾客需求的日趋多样和多变、产品生命周期的日趋缩短，使市场竞争日趋激烈，一个产品从概念提出到提供给顾客的品质和周期成为企业竞争力的主要标志。然而，管理过程的职能分割可能导致产品生产过程的分割，造成各环节之间信息交流和协调的困难，致使企业对市场环境的适应能力和应变能力变差。多功能、小跨度的项目管理因此正在被越来越多的企业采用。项目管理承担一项产品全过程的工作，打破了企业内部的职能分割，集多种管理功能为一体，能以最小的管理跨度按最佳效率和最佳效益的要求重新组织一体化的业务流程，可增强各管理职能部门之间横向联系和沟通协调的能力。自然，这种综合性、快节奏、高强度的管理工作离不开高效能的管理信息系统的支持。多目标、多业务、多功能、一体化、多层次的综合性管理信息系统，为企业业务流程中各个环节之间的协调和控制提供了现代化的管理方法和手段。

信息是工程建设三大监控目标实现的基础，是监理决策的依据，是各方单位之间关系的纽带、是监理工程师做好协调组织工作的重要媒介。信息管理是工程建设监理中的重要组成部分，是确保质量、进度、投资控制有效进行的有力手段。建筑工程既涉及众多的土建承包商、众多的材料供货单位、业主、管理单位，也涉及政府各个相关部门，相互之间的联系、函件、报表、文件的数量是惊人的。因此必须建立有效的信息管理组织、程序和方法，及时把握有关项目的相关信息，确保信息资料收集的真实性，信息传递途径畅顺、查阅简便、资料齐备等，使业主在整个项目进行过程中能够及时得到各种管理信息，对项目执行情况全面、细致、准确地掌握与控制，才能有效地提高各方的工作效率，减轻工作强度，提高工作质量。

第六节　计算机在项目管理中的运用

以计算机为基础的现代信息处理技术在项目管理中的应用，为大型项目信息管理系统的规划、设计和实施提供了全新的信息管理理念、技术支撑平台和全面解决方案。计算辅助建设项目管理是投资者、开发商、承包商和工程咨询方等进行建设项目管理的手段。运用项目管理信息系统是为了及时、准确、完整地收集、存储、处理项目的投资、进度、质量的规划和实际的信息，以迅速采取措施，尽可能好地实现项目的目标。

一、工程建设行业项目管理软件（Primavera Project Planner for Construction）

随着我国项目管理水平的不断提高，越来越多的项目管理公司希望有一个强大的工具来提升项目管理的水平，于是于 20 世纪 90 年代引进了 P3 项目管理软件。P3 软件在国内大型项目实施过程中，越来越受到项目管理人员的推崇，在应用过程中也积累了较丰富的应用经验，目前已升级换代为 P3 E/C 软件。P3 E/C 系列软件是美国 Primavera 公司在 P3 的基础上发展起来的新一代企业级项目管理软件，它集中了 P3 软件 20 多年的项目管理模式精髓和经验，是一个综合的、多项目计划和控制软件。通过采用最新的 IT 技术，在大型关系数据库上构架企业级的、包涵现代项目管理知识体系的、具有高度灵活性的、以计划—协同—跟踪—管理—控制—积累为主线的企业级项目管理软件，是现代项目管理理论变为实用技术的作品。

二、项目管理软件（Microsoft Project 2007）

项目管理软件（Microsoft Project）是 Microsoft 公司推出的项目管理软件，可用于项目计划、实施、监督和调整等方面的工作，在输入项目的基本信息之后，进行项目的任务规划，给任务分配资源和成本，完成并公布计划，管理和跟踪项目等。在项目实施阶段，Microsoft Project 能够跟踪和分析项目进度，分析、预测和控制项目成本，以保证项目如期顺利完成，资源得到有效利用，从而提高经济效益。

根据美国项目管理协会的定义，项目的管理过程被划分成 4 个阶段（过程组），见表 15-1。

表 15-1　项目管理过程

阶段	内容
建议阶段	1. 确立项目需求和目标； 2. 定义项目的基本信息，包括工期和预算； 3. 预约人力资源和材料资源； 4. 检查项目的全景，获得干系人的批准
启动和计划阶段	1. 对所收集的资料进行筛选、校核、分组、排序、汇总、计算平均数等整理工作，建立索引或目录文件； 2. 将基础数据综合成决策信息； 3. 运用网络计划技术模型、线性规划模型、存储模型等，对数据进行统计分析和预测
控制阶段	1. 分析项目信息； 2. 沟通和报告； 3. 生成报告，展示项目进展、成本和资源的利用状况
收尾阶段	1. 总结经验教训； 2. 创建项目模板； 3. 整理与归档项目文件

三、工程项目计划管理系统 (TZ–Project 7.2)

TZ–Project7.2 是国内公司自主研发推出的项目管理软件，在国内市场应用广泛。项目管理人员利用该软件可以快速完成计划的制定工作，并能对项目的实施实行动态控制。该软件具有网络计划编制、网络计划动态调整、资源优化、费用管理、日历管理、系统安全、分类剪裁输出功能和可扩展性等功能，确保质量、进度、投资控制能够有效进行。

四、建筑信息模型 BIM(Building Information Modeling)

BIM 技术是一种应用于工程设计建造管理的数据化工具，通过参数模型整合各种项目的相关信息，在项目策划、运行和维护的全生命周期过程中进行共享和传递，使工程技术人员对各种建筑信息作出正确理解和高效应对，为设计团队以及包括建筑运营单位在内的各方建设主体提供协同工作的基础，在提高生产效率、节约成本和缩短工期方面发挥重要作用。它具有下列五大特点：

（1）可视化。随着近几年建筑业的建筑形式各异，复杂造型不断推出，图纸上采用线条绘制表达已远远不能满足建筑业参与人员的工作需求了，BIM 的可视化让人们将以往的线条式的构件形成一种三维的立体实物图形展示在人们的面前。建筑信息模型构件的可视结果不仅可以用来完成效果图的展示及报表的生成，更重要的是，项目设计、建造、运营过程中的沟通、讨论、决策都在可视化的状态下进行。

（2）协调性。不管是施工单位，还是业主及设计单位，都在做着协调及相配合的工作。在设计时，往往由于各部门之间的沟通不到位，而出现各专业之间的碰撞问题。BIM 的协调性服务就可通过处理这种问题，提供出协调数据。它还可以解决例如电梯井布置与其他设计布置及净空要求之协调，防火分区与其他设计布置之协调，地下排水布置与其他设计布置之协调等问题。

（3）模拟性。模拟性并不是只能模拟设计出的建筑物模型，还可以模拟不能够在真实世界中进行操作的事物。在招投标和施工阶段可以进行 4D 模拟（三维模型加项目的发展时间），也就是根据施工的组织设计模拟实际施工，从而来确定合理的施工方案来指导施工。

（4）优化性。优化受三样东西的制约：信息、复杂程度和时间。现代建筑物的复杂程度大多超过参与人员本身的能力极限，BIM 及与其配套的各种优化工具提供了对复杂项目进行优化的可能。基于 BIM 的优化，可以通过项目方案优化及特殊项目的设计优化带来显著的工期和造价改进。

（5）可出图性。通过对建筑物进行了可视化展示、协调、模拟、优化以后，可以出综合结构留洞图、综合管线图和建议改进方案，有效提高各方的工作效率，减轻工作强度，提高工作质量。

五、个人信息门户 PIP(Personal Information Portal)

PIP 是一种个人信息管理的软件，可以管理个人的各种信息，包括文档、文件、数据表格、网页，既可以存储，也可以查询。它主要是以 Intenet 为通信工具，以现代计算机技术、大型服务器和数据库技术为数据处理和储存技术支撑，形成以项目为中心的网络虚拟环境，将项目各参与方、各阶段和管理要素都集成起来，以网站的形式展现出来。

该阶段的软件系统的主要功能不仅能满足项目管理职能（三大控制、合同、信息管理）的要求，而且为项目参与方提供一个个性化项目信息的单一人口，可以满足项目多方进行信息交流、协同工作、实时传送和共享数据信息等功能，最终形成一个高效率信息交流和共同工作的信息平台和网络虚拟环境。PIP 项目信息管理流程如图 15-2 所示。

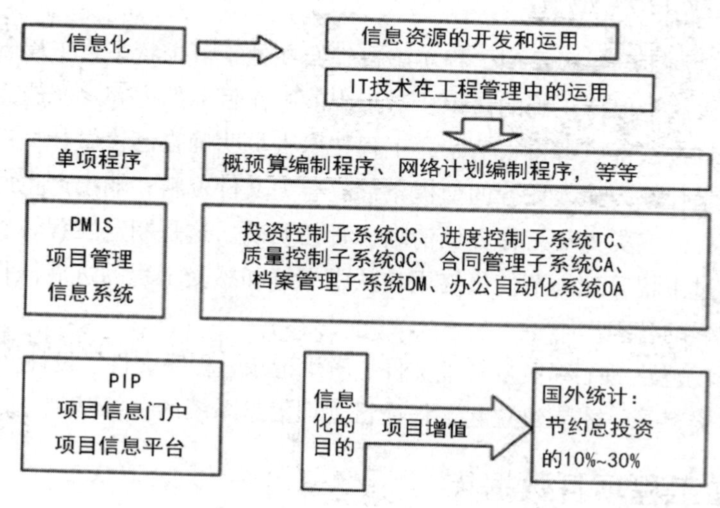

图 15-2　PIP 项目信息管理流程

六、工程项目管理系统 PKPM

工程项目管理系统 PKPM 是以工程数据库为核心，以施工管理为目标，针对施工企业的特点而开发的。

（1）标书制作及管理软件：提供标书全套文档编辑、管理、打印功能，根据投标所需内容选取相关内容，导人其他模块生成的各种资源图表和施工网络计划图以及施工平面图。

（2）施工平面图设计及绘制软件：生成图文并茂的计算书，供施工组织设计使用，还可提供自主版权的通用图形平台，并可利用平台完成各种复杂的施工平面图。

（3）项目管理软件：是施工项目管理的核心模块，以《建设工程施工项目管理规范》(GB/T50326–2006) 为依据进行开发，软件自动读取预算数据，生成工序，确定资源、完成项目的进度、成本计划的编制，生成各类资源需求量计划、成本降低计划，施工作业计划以及质量安全责任目标，通过网络计划技术、多种优化、流水作业方案、进度报表、前锋线等手段实施进度的动态跟踪与控制，通过质量测评、预控及通病防治实施质量控制。

第七节　项目管理信息系统应用

项目管理信息系统的应用步骤主要有以下几个方面。

一、工程项目规范化

保证工程质量的主要手段是使工程实施过程始终处于可控状态，工程管理人员要时刻对工程进展和工程质量保持正确的认识，对于当前工作目标的内容、实施人员及其责任、权利以及技术监督方法都了解得很清楚；工程技术人员明确自己该做什么以及怎么做，工作的输入和输出是什么（输入任务的前提条件，有关文件资料；输出产生的工作记录、总结等）；参与工程的各类人员工作界面清晰，责任明确。这是制定工程管理规范最直接的目的。同时，通过工程管理规范使最终用户从中了解和感受工程的进展流程，在认同的基础上协助系统工程的管理。

只有建立了规范化的工程质量管理文件、质量记录、程序文件、设计文件、技术档案、合同文件、技术资料等，才能建立起工程项目管理信息系统的良好基础。

二、建立工程项目数据库

在规范化文档的基础上分析、建立工程项目数据库。工程项目数据库可建立在工程项目管理软件之上，或者用其他数据库来实现，如可用微软的 Project 发布用户的工程图表信息，也可用 Access 或其他数据库存储项目条件。

三、建立工程项目相关应用

在工程应用数据库上建立任务管理系统、工作量管理系统、文档管理系统、设备控制管理系统、物流管理系统、人员管理系统、资金管理系统、质量管理系统、决策管理系统等。

如任务管理系统的实现可在建立任务数据的基础上，建立任务管理控制流程。首先，进行任务拆分以模拟实际操作中的任务细划；其次，建立项目间的关系，表示出项目改变对其他项目的影响；最后，可进行工作日、任务的设置，改进工作分配信息，为每个任务定义开始及结束时间、工作进度及成本比率，或通过改变资源的数量来控制任务的工期。这些功能都可以用微软的 Project 的项目计划控制来实现。

四、系统测试、运行、维护

在建立工程项目数据库及工程项目相关应用之后，测试是保证工程项目管理系统顺利实施的一项重要工作。通过测试可确保软件系统的安全与可靠性，如数据库被正确处理和信息准确输出。测试后的工程项目管理系统在投入运行后，需要良好的维护以确保数据库的安全与可靠及应用系统高效率运作。

在工程规模不断扩大、工期要求愈来愈严格的今天，应用先进的工程项目管理软件是大型工程项目管理中保证工期、减少事物性重复工作、高效率高质量完成工程项目的必要条件，而开发适合国情的工程项目管理软件是当前项目管理领域的一项重要工作。

第八节 项目信息沟通

一、建设工程项目协调管理

（一）建设工程项目协调管理的特点

1. 协调工作内容复杂

工程项目作为一个系统工程，由于参与方较多，涉及的协调工作内容复杂。除了项目业主外，要与承包方、监理公司、勘查设计单位、政府建设主管部门、工程建设质量与安全监督站、银行等部门和单位发生联系。由于各部门和单位的工作性质与工作关系不同，因此，协调的内容具有一定的复杂性。

2. 以人际管理为主

工程项目实施过程中，相关因素很多，如人员、资金、材料、设备等。要争取工作各方和谐地配合，不可避免地要对各方的工作进行协调。在不同的管理对象中，最难协调和管理的就是人际管理，因为各种资源的使用、各项工作的开展都是以人为主导的，工作协调首先应是对人的协调。因此，项目管理者要熟悉人际关系中的科学管理方法，要懂得人的行为动机，因人而异，因势利导，做好关键人物的协调工作。

3. 以信息交流为主要方式

沟通是组织协调的手段之一，是解决组织成员间工作障碍的基本方法。沟通就是信息交流，沟通通常能够达成共识或取得相互谅解。工程项目管理工作的特性决定了必须通过经常性的沟通与联络，加强信息交流，达到项目各参与方对彼此工作情况的了解与正确认识，对工程建设中的问题做出及时而正确的决策，确保项目的顺利实施。

4. 协调工作全过程

协调工作贯穿于项目的整个建设工程。在初期，项目管理人员要熟悉合同内工程对象的内外部环境和条件，又要与各方人员进行工作上的接触和交流，必然要经历一个相互了解、相互适应的过程。只有持续协调沟通，才可能缩短这个适应过程。为此，协调工作是全过程的。

（二）建设工程项目协调管理的内容

在工程项目实施的不同阶段，协调管理的内容各有不同。建设工程项目协调的主要内容有外部环境协调、项目参与单位之间的协调、项目参与单位内部的协调。

1. 外部环境的协调

包括与规划、城建、市政、消防、环保等政府管理部门之间的协调，供水、供电、通信等资源供应部门的协调，与材料、设备、劳动力和资金等生产因素方面的协调等。

2. 项目参与单位之间的协调

主要指涉及项目建设的发包单位、设计单位、施工单位、监理单位、供货单位等之间的协调。

3. 项目参与单位内部的协调

即项目参与单位内部各部门、各部门与个人之间的协调。

（三）建设工程项目协调原则

1. 以工程项目合同为依据

项目管理者在业主委托授权范围内，以工程项目合同为依据，按照有关法律、法规、技术规范及程序解决和处理项目实施过程中的各种问题，正确把握和运用业主授予的各项权利，既不越权、侵权，也不弃权、缩权，这是进行有效协调的基本保证。

2. 不应代替原则

项目管理者在项目实施过程中对承包人的工作进行检查、监督、协调时，所得出的意见或结论，都应以专业建议的方式提出，不应对承包人应承担的义务实施任何程度的替代。

3. 调查研究的原则

了解情况，弄清问题的实质所在，是项目协调的前提。进行协调时，项目管理者不能听一面之词，只有调查研究、深入了解，做到心中有数，才能提出协调意见，避免协调工作的片面性。切忌主观武断，贸然行事，否则是达不到协调目的的。

4. 服从全局的原则

在实际工作中，各种类型的矛盾很多，但多数矛盾属于局部利益与全局利益之间的矛盾。在协调这类矛盾时，项目管理者必须坚持局部服从全局的原则，从长远性和根本性出发，使项目各方统一认识，积极配合，以完成项目目标。

（四）建设工程项目协调方法

由于工程项目建设是个长期而复杂的过程，且涉及的企业组织多、专业工种多、材料设备多、政府部门多，需要协调的内容多而复杂。因此，项目管理的协调方式必须采用多种形式。针对不同的对象，不同的内容，采用不同的协调方法，才能达到协调的最佳效果。

协调可以采用“口头语言”的协调，也可以是“书面函件”的协调；可以是正式的“会议”协调，也可以是非正式的“碰头”协调。一般正式的会议和书面形式更能引起被协调者的重视。

二、建设工程项目沟通管理

沟通是现代管理学研究的内容之一。沟通是指可理解的信息或思想在两个或两个以上人群中的传递或交换的过程。项目组织协调的程度和效果依赖于项目参与者之间沟通的程度。

沟通在建设工程项目管理中的主要作用是使项目各参与者对项目系统目标达成共识；化解矛盾，避免参与各方的冲突，确保工程项目各项任务的完成；通过沟通可以使项目系统各成员相互理解，不仅建立良好的个人关系，而且建立良好的团队精神，提高工作效率，确保各参与方的工作、各子项目的工作以及各项任务之间协调配合，相互支持。同时可以使各成员对项目实施的状况心中有数，当项目出现困难或突发事故时有良好的心理承受能力，并能迅速采取有效办法齐心克服。

（一）影响沟通的因素

现代工程建设项目规模大、投资长、技术复杂、参与方多，因此，项目沟通面广，内容杂而多，使得工程项目实施过程中的项目沟通十分困难。常见的影响因素有以下几方面。

1．专业分工

现代工程建设项目技术复杂，新技术、新材料、新工艺的使用，专业化和社会化的分工，加之项目管理的综合性，增加了相互交流和沟通的难度。不同专业、工种、工序之间难以做到协调配合。

2．个性和兴趣

由于工程项目各参与方来自不同的地区，人们的社会心理、文化教育、习惯、语言等都各异，理解和接受能力各异，并且个人的爱好不同，感兴趣的话题也不同，因而产生了沟通的障碍。

3．责、权、利

由于项目各参与者在项目实施中各自的责、权、利不同，因此项目行为的出发点不同，对项目的期望和要求也就不同。因此，协调配合的主动性、积极性相差较大，影响协调的效果。

4．态度和情感

由于工程项目是一次性的，项目中的成员、对象、任务都是全新的，因此需要改变各参与者的行为方式和习惯，要求他们接受并适应新的结构和过程，这必然对他们的行为、心理产生影响。

5．外部因素

项目实施过程中，外部因素影响较大，如政治环境、经济环境等，特别是项目的企业的战略方针和政策应保持其稳定性，否则会造成协调的困难；而在项目周期中，外部影响因素是很难保持稳定不变的。

（二）建设项目管理中常见的沟通类型

建设项目管理中的沟通管理包括项目经理与业主的沟通、项目经理与项目组成员的沟通、项目管理者与承包商的沟通和项目经理与部门经理的沟通等 4 种类型。

1．项目经理与业主的沟通

业主代表项目的所有者，对工程项目承担全部责任，行使项目的最高权力。项目经理作为项目管理者，接受业主的委托管理工程，对项目实行全面的管理。业主的支持是项目成功的关键，项目经理应保证与业主及时、准确的沟通。

（1）项目经理必须反复阅读、认真研究项目任务文件或合同，充分理解项目的目标和范围，理解业主的意图。

（2）项目经理必须与业主进行及时有效的沟通，让业主参与到项目中来。及时汇报项目的进展状况，成本、时间等资源的消耗，项目实施可能的结果，以及对将来可能发生的问题的预测，使他加深对项目过程和困难的认识，积极为项目提供帮助，减少非程序干预。

（3）项目经理必须与业主建立良好的关系，要尊重业主，不能擅自做出权限外的决策。

（4）项目经理应灵活地待人处事，对于业主的领导或其他人员对项目的各种建议，应耐心地倾听并做解释和说明。

总之，项目组织本身是一个权利分享的系统，每个人来自不同的部门，有着不同的个人目的以及处事方式，这种权利系统处于一种不平衡的状态，项目经理只有依靠业主或高层领导强有力的支持，项目才有可能成功。

2. 项目经理与项目组成员的沟通

项目经理所领导的项目经理部是项目组织的领导核心，而项目经理部内各成员都能从项目整体目标出发，理解和履行自己的职责，相互协作和支持，使整个项目经理部的工作处于协调有序的状态，就要求项目经理与项目组成员之间及项目组各成员之间经常沟通协商，建立良好的工作关系。

项目经理在项目经理部内部的沟通中起着关键作用，为此必须在项目小组内部建立一个有效的沟通机制，协调各职能工作，激励项目经理部成员，组建一个有效的团队。

（1）建立完备的项目管理信息系统，明确规定项目中沟通的方式、渠道和时间，使大家按规则办事，形成有效的沟通机制。

（2）项目经理要关心项目成员的成长，对项目组成员进行激励。项目经理激励员工的方式与一般职能部门经理不同，在激励员工方面可以采取的措施包括给员工创造挑战的机会、关心和尊重项目组成员、事务处理公开等。

（3）在项目经理部内部建立绩效考评标准和方法，客观、公平、公正地对成员进行业绩考评，对成绩显著者进行表彰，以调动大家的积极性。

3. 项目管理者与承包商的沟通

工程项目中各承包商之间存在着复杂的界面联系，且承包商的责任是圆满地履行合同，并获得合同规定的价款，工程的最终效益与他没有直接的经济关系，因此，他们较少考虑项目的整体的长远的利益。作为项目管理者及其项目部成员应与承包商进行有效沟通，共同完成项目目标。

（1）通过沟通，让承包商能充分理解项目的总目标、阶段目标和实施方案，让他们对自己在项目实施过程中的工作任务和各自的职责清楚明了，以免他们为了各自的利益，推卸界面上的工作责任，增加项目管理者的管理工作和管理难度。

（2）作为项目管理者，要主动关心承包商的工作状况，不以管理者自居，要欢迎或鼓励他们与自己多沟通，将项目实施工作中的问题及时汇报，以便项目经理部及时发现管理中的问题或及时做出科学的决策，做到事前控制，将不利因素或管理难题控制在萌芽状态。

（3）在项目实施过程中，项目管理者应通过各种沟通方式，让承包商及时掌握相关信息，了解事情的状况，以做出正确的选择，进行科学的决策，为项目管理的顺利进行打下良好的基础。

（4）项目管理者应注重指导和培训承包方工作人员，特别是基层管理者，指导他们如何具体操作，并和他们协商如何将事情做得更好，不能发布指令后就不闻不问。

总之，在项目的实施工程中，项目管理者只有与承包商进行及时、有效的沟通，才能得到承包商的理解和全方位的配合，共同实现项目的目标。

4. 项目经理与部门经理的沟通

项目经理担负着项目成功的重大责任，那就必须赋予他一定的权利。项目经理权利的大小是相对于职能部门经理而言的，取决于项目在组织中的地位及项目的组织结构形式。项目经理与部门经理在企业中所担任的角色，各自所承担的责任、权利与义务各不相同，他们必然产生矛盾。但在项目管理中，他们之间有高度的依赖性，项目需要职能部门提供资源和管理工作上的大力支持。因此，他们之间的沟通是十分重要的，特别是在矩阵式组织结构中。

（1）一个项目要取得好的绩效，一个关键的因素就是项目经理要组建一个有效的团队。项目经理必须主动与职能部门经理沟通，与之建立良好的工作关系，确保管理工作的顺利进行。

（2）在项目实施过程中，项目经理与部门经理要建立一个畅通的沟通渠道。特别是在矩阵式项目结构中，项目经理部成员受职能部门经理和项目经理的双重领导，当双方目标不一致或有矛盾时，会使当事人无所适从。此外，由于矩阵式组织的复杂性和项目结合部的增加，会发生信息沟通量的膨胀和沟通渠道的复杂化，出现信息梗阻和信息失真，会给协调工作带来困难。

（3）部门经理要尊重项目经理所提出的要求。不能因为职能管理是企业管理等级的一部分，自己是“常任的”，并且可以与公司领导直接汇报、联系，有强大的高层支持，而项目经理是“临时的”，就挤压项目经理。

（4）项目经理与部门经理在行使自己权利的同时，要勇于承担责任，不能互相推诿。项目经理具体负责项目的组织、人员的组成以及项目实施的指导、计划和控制，而部门经理则可能对项目技术的选择、人员的安排方面施加影响。在承担责任方面，部门经理是直接的技术监督者，而项目经理是一个促成者。

（三）项目中的争执

1. 常见的争执情况

在工程实际中，冲突是不可避免的，但不是每次沟通协调都能成功。沟通的障碍常会导致组织争执，因此组织争执在工程实际中普遍存在，不可避免。项目中，常见争执有以下几种：

（1）项目各组织间的争执。冲突是项目结构的必然产物，作为一种冲突性目标的结果，争执在组织的任何层次都会发生。如项目的不同组织间的权利、利益的争执，合同缺陷、合同界面责任的互相推诿等。

（2）目标争执。工程项目实施过程中，项目组成员都有自己的目标和要求，而且项目组织中的不同部门由于没有充分认识和理解项目的总目标，对工程项目三大目标（质量、成本、工期）有时过分强调了某一方面，必然使其他目标受到损害，就会发生目标争执。研究发现，项目班子成员对特定目标（费用、进度计划、技术性能）越不理解，冲突越容易发生。项目班子对上级目标越一致，有害冲突越少。

（3）角色争执。在项目组织中，需明确部门和岗位及相应的职责。项目班子成员角色越不明确，越容易引起冲突。另外，存在双重角色的人，既在项目中分担一部分工作，又在企业的职能部门或其他岗位分担另一部分工作。因此，在工作时存在一个角色转变问题，有时常以这种角色的要求或心态去干另一角色的工作。

（4）专业争执。工程项目本身投资大，涉及专业、工种多，因此，在项目设计时，难免存在建筑设计与结构设计、设计方案与施工方案不一致、矛盾的现象。国外学者戴维·威尔蒙总结发现，项目班子成员的专业技术差异越大，其间发生冲突的可能越大。

（5）过程的争执。工程项目建设周期长，中间影响因素多，因此，存在前期决策与计划及后期实施控制时的矛盾。

2. 争执的解决

在项目管理过程中，项目管理者要通过争执发现问题，不但要广开言路，获得信息，而且要通过争执作积极的引导，展开大讨论，多方协调沟通，寻求最佳解决方案，使各方满意。争执的解决意味着项目中已有了人们彼此之间相互依靠的协作。只有这样，才能在争执中求发展，共进步，顺利完成项目目标。

在实际工作中，项目经理可以采用各种方法解决争执。常见的有：

（1）撤出。从某个实际的或可能的争执中撤出或退出。

（2）缓和。淡化或避开争执中不一致的部分，异中求同。

（3）妥协。尽量寻求使争执双方在一定程度上都能满意的中间办法。

（4）通过协调或双方合作的方法解决。

（5）交由上级领导解决。

（6）采用强硬方式解决，如进行仲裁或诉讼。

参考文献

[1] 赵宇飞，祝云宪，姜龙，杨峰，金雅芬 . 水利工程建设管理信息化技术应用 [M]. 北京：中国水利水电出版社，2018.

[2] 薛亚云，赵守高，黄勇 . 水利事业单位财务信息化建设理论与实践 [M]. 北京：中国水利水电出版社，2018.

[3] 李建星，陈兆东，徐法义 . 黄河水利工程管理与建设 [M]. 北京：红旗出版社，2017.

[4] 严登华，石军，杨志勇，鲁帆，马志伟 . 沈阳市水利信息化建设理论与实践 [M]. 郑州：黄河水利出版社，2011.

[5] 唐世青，贾若昀 . 大数据时代水利财务信息化建设思考 [J]. 中国水利，2020(10)：57–59.

[6] 黄迪 . 水利工程设计信息化建设分析 [J]. 河南科技，2020(14)：59–61.

[7] 邱建东 . 水库工程管理信息化建设探讨 [J]. 科技创新导报，2020，17(14)：175–176.

[8] 刘卓，田浩，刘玉龙 . 水利工程建设中水利防汛信息技术的应用 [J]. 科技创新导报，2020，17(13)：16–18.

[9] 许源 . 大数据技术在水利工程信息化建设中的运用研究 [J]. 科技创新导报，2020，17(13)：41–42.

[10] 赵金明，唐培勇 . 水利工程建设的信息化管理 [J]. 居舍，2020(12)：166.

[11] 闫秀敏 . 水利工程项目档案信息化建设管理思路探究 [J]. 城建档案，2020(04)：21–22.

[12] 马玉英 . 水利工程建设档案信息化面临的困境和出路 [J]. 黑龙江档案，2020(02)：38–39.

[13] 肖燕 . 水利工程档案管理信息化建设思考 [J]. 兰台内外，2020(10)：1–2.

[14] 叶凡，马莹，林强，叶雍 . 水利水电设计计算机网络信息化的建设应用研究 [J]. 科教导刊 (中旬刊)，2020(02)：40–41.

[15] 张阳 . 水利信息化建设及其成效分析 [J]. 内蒙古水利，2020(01)：70–71.

[16] 潘涛，弋昭媛 . 水利工程信息化管理应用现状及对策 [J]. 城市建设理论研究 (电子版)，2019(34)：51.

[17] 佟保根 . 云 GIS 技术在区域水利信息化综合服务平台的研究与应用 [J]. 电脑知识与技术，2019，15(32)：258–260.

[18] 沙特尔・买买提 . 水利水电设计计算机网络信息化的建设运用研究 [J]. 珠江水运，2019(21)：71–72.

[19] 郭若杨 . 水利工程建设中水利防汛信息技术的应用 [J]. 科技创新与应用，2019(29)：167–168.

[20] 周开欣 . 浅析水利水电设计的计算机网络信息化建设运用 [J]. 机电信息，2019(29)：171–172.

[21] 刘伟翌 .GIS 技术在新时代水利工程信息化中的运用 [J]. 工程技术研究，2019，4(19)：83–84.

[22] 陈磊 . 分析水利工程档案管理信息化建设的现状和优化措施 [J]. 地产，2019(19)：111.

[23] 陈仰坤 . 水利工程管理信息化建设的探讨 [J]. 四川水泥，2019(08)：217.

[24] 梁小荣 . 新时期水利工程档案信息化管理建设初探 [J]. 办公室业务，2019(12)：77.

[25] 苗丰慧 . 信息化技术在水利工程建设管理中的应用 [J]. 农业科技与信息，2019(07)：119–120.

[26] 周宇 . 水利工程信息化建设必要性及发展方向初探 [J]. 现代物业 (中旬刊)，2019(04)：57.

[27] 杨越 . 水利信息化建设中云计算运用探析 [J]. 农民致富之友，2019(10)：114.

[28] 慈芳芳 . 水利信息化工程的建设和运行管理初探 [J]. 建材与装饰，2019(08)：285–286.

[29] 宋倍，李琦 . 水利信息化标准建设的探讨 [J]. 电脑知识与技术，2018，14(36)：263–264.

[30] 张大鹏 . 水利信息化建设中大数据技术的应用探讨 [J]. 数字通信世界，2018(11)：224.

[31] 马萌萌 . 新时期水利工程管理信息化分析 [J]. 智能城市，2018，4(18)：132–133.

[32] 王梦旭，林思群 . 水利信息化建设促进水利现代化发展 [J]. 中国新技术新产品，

2018(14)：138–139.

[33]孟光．信息化技术在水利工程建设管理中的应用[J].中小企业管理与科技(下旬刊)，2018(07)：120–121.

[34]贾伟，潘俞静．水文水资源信息化建设现状及优化措施[J].河南水利与南水北调，2018，47(04)：76–77.

[35]朱彤．水利信息化建设的难点与对策探索[J].智能城市，2018，4(08)：167–168.

[36]周印光．信息化时代水利工程建设对生态环境的影响及对策分析[J].信息记录材料，2018，19(03)：215–216.

[37]杨冬．水利信息化建设中云计算的应用[J].吉林水利，2018(01)：41–42–45.

[38]张子寅．信息技术手段在水利工程建设管理中的应用[J].信息记录材料，2018，19(03)：26–27.

[39]杨飞，王敏琪．水利信息化建设中存在的问题及对策[J].中国新技术新产品，2017(20)：118–119.

[40]徐霖侃．信息化技术在水利工程建设管理中的应用[J].智能城市，2017，3(09)：200.

[41]钟小鹏．水利工程档案管理的信息化建设[J].兰台世界，2017(S2)：160–161.

[42]王涛．我国水利信息化发展研究综述[J].水利技术监督，2017，25(05)：31–33.

[43]杨松起．水利信息化工程建设管理存在问题及解决途径[J].中国标准化，2017(16)：121–122.

[44]郭艳艳．云计算在水利信息化建设中的研究与应用[J].城市建设理论研究(电子版)，2017(18)：208–209.